Bacteriophages
Methods and Protocols（1-4）

噬菌体药理学
及其实验方法

（英）　M. R. J. 克洛基（Martha R. J. Clokie）
（加拿大）A. M. 克罗平斯基（Andrew M. Kropinski）编
（比利时）R. 拉维尼（Rob Lavigne）

刘玉庆　主译

化学工业出版社
·北京·

内 容 简 介

噬菌体是细菌特异性病毒，也是潜在的活体抗菌药物，必将在防治细菌感染和污染中发挥重要作用，亟待开展药理学研究和规范。本书以噬菌体药理学为主线，串联噬菌体分离、生物学性质，噬菌体-宿主相互作用，噬菌体评价方法、生物信息学，噬菌体应用的技术方法，将提高动物保护、植物保护、畜牧业、农业和食品行业人员的噬菌体研发和应用能力，在实施减抗降抗，控制超级细菌的国家战略中发挥积极作用。

北京市版权局著作权合同登记号：01-2021-6214

图书在版编目（CIP）数据

噬菌体药理学及其实验方法/（英）M. R. J. 克洛基（Martha R. J. Clokie），（加）A. M. 克罗平斯基（Andrew M. Kropinski），（比）R. 拉维尼（Rob Lavigne）编；刘玉庆主译．—北京：化学工业出版社，2022.1

书名原文：Bacteriophages：Methods and Protocols（Volume Ⅰ-Ⅳ）

ISBN 978-7-122-40213-4

Ⅰ.①噬… Ⅱ.①M…②A…③R…④刘… Ⅲ.①噬菌体-药理学-实验方法 Ⅳ.①Q939.48-33②R978.1-33

中国版本图书馆 CIP 数据核字（2021）第 220608 号

责任编辑：杨燕玲　　文字编辑：药欣荣　陈小滔
责任校对：宋　玮　　装帧设计：韩　飞

出版发行：化学工业出版社（北京市东城区青年湖南街 13 号　邮政编码 100011）
印　　装：河北鑫兆源印刷有限公司
787mm×1092mm　1/16　印张 28¾　彩插 6　字数 730 千字　2022 年 7 月北京第 1 版第 1 次印刷

购书咨询：010-64518888　　售后服务：010-64518899
网　　址：http://www.cip.com.cn
凡购买本书，如有缺损质量问题，本社销售中心负责调换。

定　　价：158.00 元

翻译人员名单

主　　译　刘玉庆

翻译人员　刘玉庆　M. R. J. 克洛基　胡　明　张　庆

赵效南　李璐璐　骆延波　单金玉　贾　莹

刘正洁　陈义宝　张　炜　王　萍　张　印

许晓晖　齐　静　蔡玉梅　刘长太　杜新永

吴赞锋　宋学磊　孙宪法　朱见深　侯云峰

聂　婧　汤文利　刘晓文　宋新慧　苑晓萌

李梦瑄　刘可可　李绍刚

序一

新型冠状病毒肺炎肆虐全球，举世震惊，拉开了构建我国强大公共卫生体系的序幕。

与烈性暴发的病毒感染不同，超级细菌因其抗药性和致病性变异、对人畜兽的共感染性、在食品和环境中的独立生存能力，成为持续、普遍的感染和污染，对公共卫生影响更大，也更强。我们不仅要偿还长期滥用抗生素导致的抗药性历史欠账，更要从公共卫生和生态学角度发展新的技术，替代或者与抗生素协同控制病原菌的感染和污染。噬菌体是其中一项很有潜力的技术，需要从宿主特异性和活体药物两方面进行系统研究和应用。

作为细菌的病毒，噬菌体在所有抗菌物质中最具特异性，这就需要区域性动态的流行病学监测，锁定流行菌株来筛选噬菌体。我国细菌性传染病分子分型实验室监测网络(PulseNet China)、山东省兽医抗药性监测网（Varms）都用于发现传染病跨地区传播和散在不同区域的暴发流行，监测抗药性水平并及时提出预警信息，为噬菌体应用提供准确动态的病原菌靶标。比如中国疾病预防控制中心在青海高原的兀鹫分离到大量的产气荚膜梭菌，具有较强的致病性，虽然其对于腐生动物兀鹫是不致病的，但是如果传播到其他地区养殖场是否引起传染暴发？能否预先筛选到噬菌体备用？这需要基于公共卫生的考虑进行跨领域、跨区域协作。肉鸡呼吸道和消化道的病毒感染往往继发大肠杆菌等感染，那么这种感染是随机的各种大肠杆菌感染，还是特定的致病性大肠杆菌感染？这涉及噬菌体筛选策略。

噬菌体是天然的生态因子，不是为着超级细菌而生的，它是所有细菌的特异性天敌，是来自自然的活体药物，其产业应该发展成为与抗生素、疫苗、中药产业相比肩的新产业。在大量的噬菌体生物学研究与噬菌体临床治疗之间，迫切需要建立噬菌体药理学技术体系和应用评价规则。著名噬菌体学家 Martha Clokie 教授创办了 *PHAGE*：*Therapy*，*Applications*，*and Research*，编著了四卷 *Bacteriophages*：*Methods & Protocols*，并与刘玉庆研究员团队合作出版了本书。作为精简版，本书以噬菌体药理学为主线，串起噬菌体的经典研究方法，突出噬菌体活体药物的特点，对于噬菌体在新时期研发应用大有裨益。比如以 96 点阵高通量药敏检测仪-噬菌体筛选仪、动态酶标仪为基础，建立的噬菌体裂解谱、抗菌曲线、联合抗菌曲线等方法就突破了抗菌药物药理学的框架，较好地量化了噬菌体与细菌作用的阈值效应。

这些技术的进步也促使我们思考药物管理的创新。传统的抗菌药物管理体系是针对和基于化学药物的标准化管理，比较静态化。对于区域性流行菌群，实际上需要的是药物群来动态综合防控，包括抗生素处方、中药复方、多价疫苗、微生态制剂，同样包括噬菌体群。按照这样的思路，噬菌体的管理就顺理成章了。管理部门除了保证噬菌体的安全性外，“锁定病原菌种群，以噬菌体等药物群进行区域动态防治”可能是值得探索的好路子。

从1928年青霉素抑菌现象的科学发现、1941～1942年青霉素药理学研究与技术工程的开拓，到第二次世界大战期间的广泛应用，乃至今日，抗生素经历了科学、技术与产业的发展历程。与之类似，噬菌体发现一百多年了，在“减抗降抗”的国际公共卫生背景和防控超级细菌的迫切需求下，近年噬菌体将进入技术工程和临床应用新时期。本书应时而生，希望成为噬菌体药理学研究和抗菌应用的晶核，发展结果。

公共卫生元年作序志念。

徐建国
中国工程院院士
中国疾病预防控制中心

序二[1]

我的合著者和我深感荣幸，我们编撰的《噬菌体：方法和规程》中许多章节被精选译成中文后，收录在《噬菌体药理学及其实验方法》一书中。早在 2005 年，Andrew M. Kropinski、Rob Lavigne 两位教授和我着手这项工作时就意识到：如果我们不“挽救”噬菌体生物学研究人员使用的众多实验规程和方法，这些规程和方法将有失传的可能性。因为此领域的先驱者面临退休，而大部分他们的实验规程分散在众多独立的论文中，有的甚至没有被正式写下来。此外，当时虽然有些年轻的科学家进入噬菌体生物学领域，但由于尚未形成自己独立的立场，还无法主动利用或整理这些资料。

我很欣慰地看到，近 20 年过后情况已经完全扭转了。噬菌体应用的需求和意识在持续增长扩大，表现为世界各地大学和公司的资金投入和研究热情都在不断地增加，同时也涌现出许多新兴而蓬勃发展的研究小组全心致力于噬菌体研发。噬菌体研究相关的核心技术已经过数十年的积累，显而易见，以这些技术为基础继续探索，而不必再进行从头摸索，将使研究人员受益无穷。希望这本书可以担当此任，为噬菌体生物学的全方位研究提供非常到家并精细的方法。

除了收录传统的实验规程之外，我们也尽可能涵盖新开发的方法。许多前沿和新颖的方法引发了噬菌体生物学领域真正的革命，这些方法也收集于本书中。我们对噬菌体的基因组、转录组和蛋白质进行测序分析，并在机制水平上理解其生物学，这是此前没有的。此外，我们还探索了噬菌体的生产和配方等问题。

尽管噬菌体发现于一个世纪之前，20 世纪 20～30 年代得以初步发展，但从本书呈现的分子生物学和遗传学的技术进步看，很有可能 21 世纪 20～30 年代才将是真正的“噬菌体时代”。因此，噬菌体以安全的方式得以开发，有赖于完全精通其生物学特性。

我们很高兴前期收集的资料得到了中国同行的精心翻译，特别对刘玉庆研究员和他的团队付出的努力深表感谢。全球性问题需要全球性的解决方案，很期待中国同行可以全面了解这本书的内容。我们致以最美好的祝愿，祝愿你们在探索这些实验方案和方法，在理解、驯化和利用噬菌体预防和控制疾病的过程中享受到快乐。

Martha R. J. Clokie

[1] Martha R. J. Clokie 为本书作序，原文为英文，本书主编翻译。

Preface for Chinese Version of Book

It is a great pleasure for myself, and my co-editors of Bacteriophages: methods and protocols, that so many of the chapters that we commissioned and edited have now been translated into Chinese within this volume. Myself, and professors Andrew Kropinski and Rob Lavigne were aware when we started this project in 2005, that if we did not 'save' many of the protocols and methodologies that were being used by practitioners of phage biology, that they would be lost to history. This is because the leaders in the field were generally about to retire, and their protocols were dispersed in many discrete papers or not even written down formally. Furthermore, at the time although a few young research scientists coming into the field of bacteriophage biology, they did not have their own independent positions and so were not actively using or collating such information.

I am happy to say that almost two decades later the situation has completely reversed. The need and awareness to use bacteriophages has increased and expanded, which is reflected in funding and research initiatives within universities and companies across the world. There are also many new and thriving research groups dedicated fully on phage. The core techniques involved in working with bacteriophages were developed over decades and it is clearly extremely useful to build on these rather than having to reinvent them. This book hopes to support this by bringing you well 'homed' and fine-tuned methods to investigate all aspects of phage biology.

In addition to saving the traditional protocols, we also tried to ensure we captured many new methods as they were developed. We include in this book many cutting-edge and novel approaches that have allowed the field of bacteriophage biology to be really revolutionised. Our ability to sequence the genomes, transcriptomes and proteins of these organisms, and carry out work to understand the biology at a mechanistic level is unparalleled. Furthermore, our ability to explore issues surrounding the production and formulation of phages is now possible.

Although bacteriophages were discovered over a century ago and initially developed in the 1920s-30s, in light of the technical advancements in molecular biology and genetics, many of which we present here, it is likely that the 2020s-2030s will be the true 'age of phage' . Therefore, phages will be able to be developed in a safe way which is fully conversant with an understanding of their biology.

We are happy that the work we did in gathering this material has been so meticulously translated by our Chinese colleagues, particularly Professor Yuqing Liu and his extended team, and we are grateful for all the work they did to do this. Global problems need global solutions, and we are pleased that our Chinese colleagues will have full access to this material. We wish you all the best of wishes and joy in discovering these protocols and in understanding, taming and exploiting your bacteriophages to prevent and control disease.

Martha R. J. Clokie

目录

绪论：噬菌体群体治疗药理学方法和框架 …… 1

第1部分
基础噬菌体学 23

1 水和土壤中噬菌体的富集 …… 25
2 环境样品中噬菌体的分离方法 …… 31
3 溶原诱导法分离噬菌体 …… 39
4 氯化铁絮凝回收海水中的噬菌体 …… 46
5 阴离子交换色谱法纯化噬菌体 …… 52
6 噬菌体计数——双层平板法 …… 60
7 噬菌体计数——直接涂板法 …… 66
8 噬菌体的计数——微量滴定板法 …… 69
9 噬菌体的电镜观察 …… 72
10 噬菌体宿主范围和裂解率的测定 …… 82
11 噬菌体对细胞吸附率的测定 …… 88
12 一步生长曲线测定 …… 92
13 利用纯化受体测定噬菌体的失活动力学 …… 97
14 噬菌体突变株的构建 …… 100
15 裂解性噬菌体的普遍性转导 …… 110
16 噬菌体的高通量筛选 …… 119
17 家蚕幼虫模型在噬菌体治疗实验中的应用 …… 123
18 大蜡螟幼虫替代动物作为感染模型分析病原菌致病力的应用 …… 130
19 果蝇感染模型和评价噬菌体抗菌效果的应用 …… 137
20 浮萍和紫苜蓿作为细菌感染模型系统的应用 …… 143
21 鸡胚致死试验评估噬菌体治疗效果的应用 …… 149
22 噬菌体-生物膜相互作用的评价技术 …… 154
23 使用噬菌体 FISH 法检测单细胞水平的噬菌体感染 …… 161
24 酶谱分析噬菌体裂解蛋白的肽聚糖水解活性 …… 177
25 即食食品中噬菌体效果的定量测定 …… 183

第 2 部分 噬菌体生物信息学 189

26 噬菌体的分类与命名 …… 191
27 病毒组研究方法 …… 194
28 常见细菌的噬菌体 …… 201
29 噬菌体研究的网络资源 …… 219
30 噬菌体表征的必要步骤：生物学、分类学和基因组分析 …… 224
31 使用 RAST 对噬菌体基因组注释 …… 238
32 噬菌体基因组数据的可视化分析：比较基因组学和作图 …… 244
33 噬菌体裂解物的制备和 DNA 纯化 …… 260
34 脉冲场凝胶电泳（PFGE）测定噬菌体基因组大小 …… 266
35 噬菌体基因组末端的高通量测序分析 …… 271
36 通过分析有尾噬菌体基因组的末端确定 DNA 包装策略 …… 290
37 来自单一噬菌斑的双链 DNA 噬菌体的基因组测序 …… 304
38 利用感染裂解性噬菌体的细胞构建 cDNA 文库以使用 RNA-Seq 进行转录组分析 …… 308
39 荧光定量 PCR 测定宿主菌和噬菌体 mRNA 的表达 …… 315
40 噬菌体的纯化以及噬菌体结构蛋白的 SDS-PAGE 分析 …… 324
41 噬菌体蛋白质组学：质谱的应用 …… 332

第 3 部分 噬菌体应用 341

42 噬菌体治疗 …… 343
43 使用 *Strep*-tag® Ⅱ 纯化分析噬菌体-宿主的蛋白质-蛋白质相互作用 …… 349
44 用于分枝杆菌药物敏感性试验的荧光杆菌噬菌体 …… 363
45 工程噬菌体生物传感器 …… 370
46 将噬菌体基因组导入大肠埃希菌的电穿孔法 …… 379
47 枯草芽孢杆菌噬菌体 SPO1 的定点突变 …… 384
48 电穿孔 DNA 噬菌体重组技术（BRED）在裂解性噬菌体基因操作中的应用 …… 391
49 用亲和层析法分离竞争性噬菌体修饰展示的 T4 噬菌体 …… 401
50 用于检测和生物防控的噬菌体及其蛋白质的固定化 …… 407
51 铜绿假单胞菌噬菌体中编码生长抑制性 ORFan 的筛选 …… 420
52 噬菌体展示技术 …… 432

绪论：噬菌体群体治疗药理学方法和框架

- 0.1 引言
- 0.2 噬菌体药理学研究方法

摘要

在大量重复的噬菌体生物学和临床治疗研究之间，如果没有系统量化的药理学研究，噬菌体就无法获得可重复的可靠疗效。噬菌体具有极其微小的生物结构和易变性、普遍分布的生态特点，需要从四个层面研究其药理学。①基因环境：全基因组测序，鉴定毒株，筛除毒素基因、抗药性基因和整合酶基因，甚至通过基因编辑剔除，防止有害基因的传播整合。②与细菌互作：包括目前的噬菌体生物学性质，传统的抗菌药物药理学指标，噬菌体后效应，与抗生素的联合抑菌作用，细菌对噬菌体的抗性。③与动物互作：药代动力学（pharmacokinetics），免疫反应，与疫苗联合预防作用，对肠道、呼吸道的微生物生态影响。④与生态互作：生态环境对噬菌体及其宿主菌分布的影响，噬菌体排出体外对环境微生物生态的后效应。另外，噬菌体是独特的活体药物，由于宿主菌和噬菌体两个庞大群体在相互作用过程中都存在增殖、变异、结合和降解的特点，因此它的药理学存在作用阈值现象，比抗生素的最低抑菌浓度更为复杂。最后，集中讨论噬菌体产业各个环节的安全性。

关键词：噬菌体药理学，全基因组序列，泛益子（moron），效价，噬菌谱，最佳感染复数（OMOI），完全抑菌浓度（CLC），一步生长曲线，杀菌曲线，宿主菌增殖阈值（proliferation threshold），噬菌体覆没阈值（inundation threshold），免疫浓度，联合抑菌作用，后效应，安全性

0.1 引言

经典的抗菌药物药理学包括药效动力学和药代动力学[1]。药物作用于细菌和动物两个生物体。药效动力学研究抗菌药物与细菌的相互作用力，偏重于抗菌作用，细菌对抗菌药物的代谢作用归结为细菌抗药性；药代动力学研究动物机体对抗菌药物的吸收、分布、代谢、清除的动态过程，而抗菌药物对机体的作用归结为毒理学[2]。噬菌体是细菌特异性的病毒。噬菌体治疗是使用裂解性噬菌体防治病原菌的感染和污染，包括两个过程：噬菌体吸附进入靶细菌，随后增殖裂解靶细菌[3]。噬菌体药理学的概念体系逐步建立起来[4~11]。

噬菌体具有极其微小的生物结构和变异性、普遍分布的生态特点，需要从基因组、细菌、动物、生态四个层面研究其药理学和安全性。与抗生素比较，活体药物噬菌体显著特点是依赖于宿主菌的特异性增殖和宿主动物的免疫反应[12]，但是整体的药理学框架是一致的。以往的研究主要集中在两个方面，即噬菌体生物学的大量基础研究、噬菌体治疗的大量探索[3,13~17]。后者典型的模式就是，针对某一具有重要临床价值的病原菌，从靶动物中分离致病性菌株，再以此为宿主菌株筛选噬菌体；然后反过来，用噬菌体较大剂量治疗宿主菌感染的靶动物，治愈[18]。这个过程存在两个重大问题，一是临床真正分离的致病性菌株不一定是该噬菌体的宿主菌，甚至分离不到裂解性噬菌体，没有一个完备的噬菌体库，就无法应对临床大量的未知菌株群；二是噬菌体的使用方法没有量化和优化的规范，即药理学的缺失，不能保证噬菌体治疗的可靠性和安全性可重复。这给临床应用带来极大的困扰，成为现阶段噬菌体群体治疗的瓶颈[19~23]。

另外，与抗生素不同的特点是，噬菌体是容易变异的[24,25]，不受抗药性的限制，可以大范围筛选，甚至基因编辑。因此，噬菌体的药效动力学重心不在药敏试验上，而是在噬菌体的高通量筛选和基因编辑上，研发成本低、周期短。这为噬菌体的应用提供了广阔的空间。

目前，由于抗生素滥用导致普遍的细菌抗药性和毒副作用，全球都趋于克制使用抗生素，监抗减抗降抗（监测抗药性、减少抗生素使用量、降低抗药性水平）是我国《遏制细菌耐药国家行动计划（2016—2020年）》的主要任务。替代抗生素的技术和产品引发一场研发热潮，而与病原菌直接作用的生态因素应该被重点考虑和应用，主要包括四类：①细菌之间竞争（抗生素、微生态制剂）；②植物宿主（抗菌中药，增强动物免疫机能）；③动物宿主的免疫清除（疫苗、抗体、细胞因子）；④细菌寄生物（裂解性噬菌体）。四种因素综合作用、协同抗菌，才能遏制细菌抗药性，防治细菌感染。四者的产业化程度依次递减，但应用潜力递增，因为解决“菌变而抗菌药物不变”“抗菌药物的种类很有限”的抗药性难题的能力逐渐提高，活体药物的特性越来越强。在技术创新的同时，管理政策创新也需要与时俱进。对于不断变化变异的流行菌株群体，就是需要相应变化的药物群体（益生菌、复方中药、复方抗生素、多价疫苗、多价抗体、噬菌体鸡尾酒）应对，包括不同种类药物的协同，这是最自然不过的逻辑了，不能固守化学药物的管理模式来套用所有活体药物。

定种分群区域动态管理是未来值得探讨和实践的科学模式。噬菌体作为生态系统中种类和数量最多的主要生态因子[13,26]，必然用于病原菌的生态防治，而目前超级细菌仅是阶段性的迫切需求[27]。噬菌体可以广泛应用于动保、植保、环保、医疗、疾控、食品等领域[14,15,28~30]，与抗生素、疫苗、中药、微生物制剂协同作用，保障人类和经济动物植物健康[31~34]。

本书源自莱斯特大学 Martha R. J. Clokie 教授等编撰的四卷噬菌体研究方法专著，以噬菌体药理学为主线，精简串联各种研究方法，从而引导性地帮助同行开展噬菌体的研发应用。本节先介绍药理学框架和典型方法，后续各章细致说明具体方法。

0.2 噬菌体药理学研究方法

0.2.1 双层板噬菌斑试验

噬菌体与高浓度宿主细菌混合于半固体的琼脂培养基，再均匀倾注到固体培养基上。宿主细菌在半固体培养基中生长成为菌苔，只有在感染性噬菌体裂解并抑制细菌生长的位置，才会形成局部透明或半透明的噬菌斑。噬菌斑形态（清晰与浑浊、菌斑大小、有无晕圈）、噬菌体突变体的分离表征是分离纯化噬菌体的基础，也是间接计量噬菌体浓度、评估噬菌体裂解性的基本工具。该技术适用于大多数常见细菌种类，如大肠埃希菌、沙门菌和铜绿假单胞菌、金黄色葡萄球菌等易培养的细菌和裂解性噬菌体，但产芽孢的细菌、厌氧菌、真菌等本身不容易分离培养，或不能在固体培养基上形成菌苔，或者温和噬菌体（又称溶原性噬菌体）产生的裂解性后代找不到宿主菌不足以形成可见的噬菌斑，都限制了噬菌体的分离，需要发展新的方法，这也是噬菌体研发的根本性技术瓶颈。

0.2.2 基因环境与分类学鉴定

采用双层平板法分离纯化宿主菌的噬菌体，电镜下观测形态，测定噬菌体基因组序列，分辨危害基因，确定分类和进化树。

0.2.2.1 噬菌体的电镜形态[35]

将噬菌体十倍稀释至合适梯度，与其宿主菌混合后进行双层板实验，选取噬菌斑彼此融合的平板，加入 3mL SM 缓冲液，密封后正置放入 4℃低温摇床内，缓慢摇动约 6h 后，悬液以 5000r/min 离心 10min，0.22μm 的滤器过滤。

将铜网在紫外光下 10～15cm 处照射 10min 杀菌，有膜的一面受紫外光照射，用镊子取铜网时只捏住铜网边缘，注意不要破坏铜网的膜。将干净的封口膜铺于工作台上，铜网有膜一面朝上置于封口膜上，取待测噬菌体样本 30μL 滴于铜网上，等待 2～5min。用滤纸从铜网一侧吸走多余水分，滴加蒸馏水，再用滤纸从铜网一侧吸走水分，反复三次，注意不要让铜网完全干透。将 10μL 1%乙酸铀滴加到铜网上，等待 3min，再用滤纸从铜网一侧吸取液体，反复两次。干燥后以 H-7650 透射电镜在 80kV 下观察噬菌体颗粒。如图 0-1，噬菌体为有尾目噬菌体，由二十面体头部与尾部组成，头部直径约为 75nm，整个噬菌体长度约 163nm。

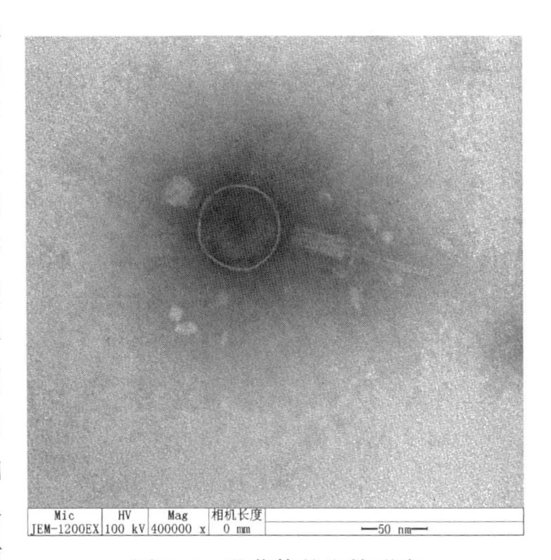

图 0-1 噬菌体的电镜形态

0.2.2.2 噬菌体基因组测序与进化树分类

使用 E. Z. N. A® Viral DNA kit（OMEGA）提取噬菌体总 DNA，以 1μg DNA 起始量建库（Illumina TruSeq™ Nano DNA Sample Prep Kit），并用 illumina novaseq 平台进行测序[36]。

首先，使用 ABySS（http://www.bcgsc.ca/platform/bioinfo/software/abyss）拼接软件对优化序列进行多个 Kmer 参数的拼接[37]，得到最优的组装结果。

其次，运用 GapCloser（https://sourceforge.net/projects/soapdenovo2/files/GapCloser/）软件对组装结果进行局部内洞填充和碱基校正[38]。获得组装好的序列号，使用 GeneMarkS 软件可以对新测序的基因组进行编码基因预测[39]。

最后，将预测基因的蛋白质序列分别与 Nr、Genes、eggNOG 和 GO 数据库进行 blastp 比对（BLAST+2.7.1，比对标准：E 值不大于 $1e^{-5}$），从而获得预测基因的注释信息。

基因组分析以铜绿假单胞菌的噬菌体 MH12-Q 为例（图 0-2），基因组大小为 92.8kb，

GC 含量为 49.54%。将基因组序列于 NCBI 数据库中比对，与一株铜绿假单胞菌噬菌体 YS35 的相似度为 97.6%，属肌尾噬菌体科（Myoviridae）。噬菌体基因注释图标签上标注的为该预测基因编码的蛋白质，该噬菌体基因组含有核糖、烟酰胺代谢相关基因，以及尾丝蛋白、结合蛋白、末端酶等基因。MH12-Q 基因组中未发现抗药性基因、毒力基因和整合酶基因，保证了其使用的安全性。

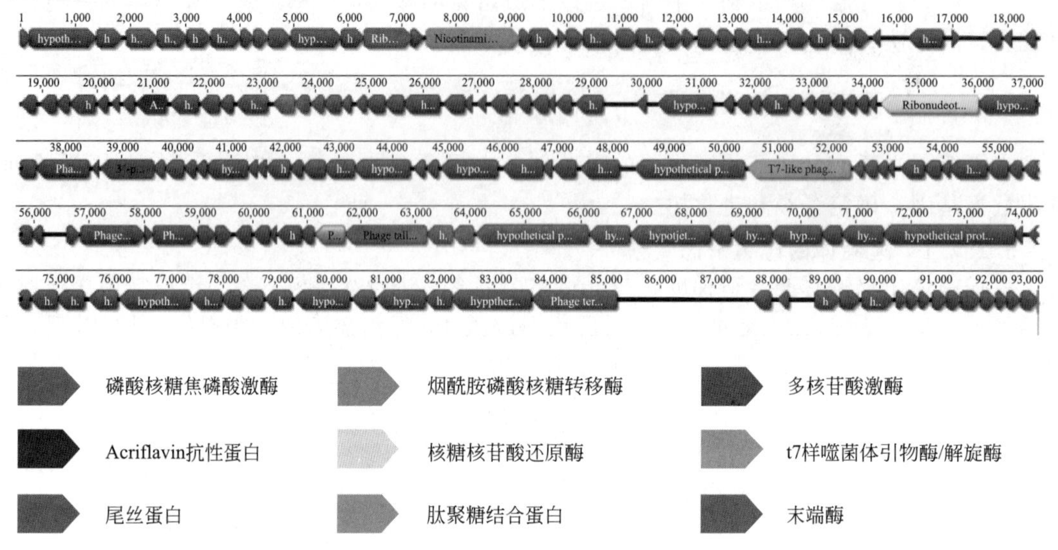

图 0-2 噬菌体 MH12-Q 的基因注释（见文后彩页）

以沙门菌的噬菌体 86YS 为例，基因组大小为 41.4kb，GC 含量为 49.43%。将基因组序列于 NCBI 数据库中比对，与 Salmonella phage vB _ SenS-EnJE6 的相似度为 97.36%，属长尾科（Siphoviridae），其基因组如图 0-3 所示。

针对某种细菌的大量噬菌体可以同源基因作聚类分析。采用 OrthoMCL v2.0.3 软件[40]对所有参与分析的物种的氨基酸（或核苷酸）序列进行比对，选取阈值（BLASTP *E* 值不大于 $1e^{-5}$，MCL _ INFLATION=1.5）对所测的 50 株噬菌体进行相似性聚类分析，直系同源基因如图 0-4 所示。

在同源基因聚类分析的基础上，选取参与分析的物种都含有且为单一拷贝的同源基因（避免旁系同源蛋白的干扰），进行多序列比对（用 MUSCLE v3.7 软件，http://www.ebi.ac.uk/Tools/msa/muscle/），将所有比齐后的同源基因串联起来获得全基因组水平上的比对结果，确定各噬菌体的同源性程度。该结果后续可用多种算法进行全基因组进化树（图 0-5）的构建（用软件 MEGA5[41]）。

0.2.2.3 噬菌体有害基因鉴定

泛益子（moron） 广泛分布于溶原性噬菌体，分散在基因组的基因群中，如编码毒力、抗药性等的基因。它们虽然不是噬菌体生存必需的保守基因，但是对于溶原性宿主菌感染和生存有益，因此对噬菌体自身生存和复制有益，但携带溶原性噬菌体的宿主菌对于人类是灾难[42]！

毒力基因 大肠埃希菌毒力基因包括 *eaeA*、*stx1*、*stx2*、*fyuA*、*fimC*、*hlyF*、*sitA*、*astA*、*cva/cvi*、*vat*、*tsh*、*iss*、*papC*、*iucD*、*irp2*，有的是溶原性噬菌体携带，有的是临时裹挟传播并整合到新的宿主菌，可能加剧病原菌致病力风险。各种病原菌的毒力基因见病原菌毒力因子数据库[43]（https://card.mcmaster.ca），毒力机制见表 0-1。

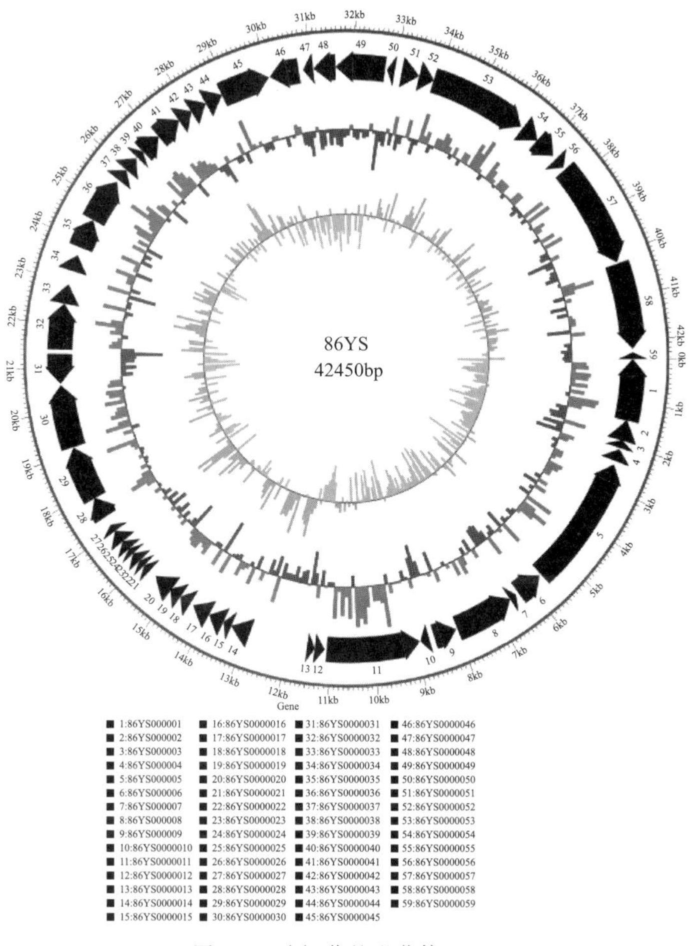

图 0-3　沙门菌的噬菌体 86YS

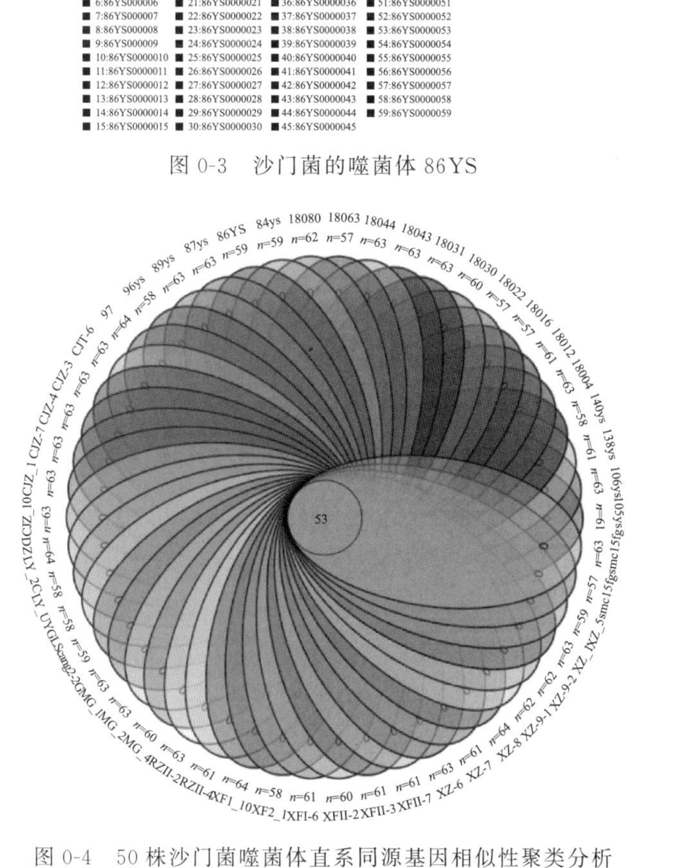

图 0-4　50 株沙门菌噬菌体直系同源基因相似性聚类分析

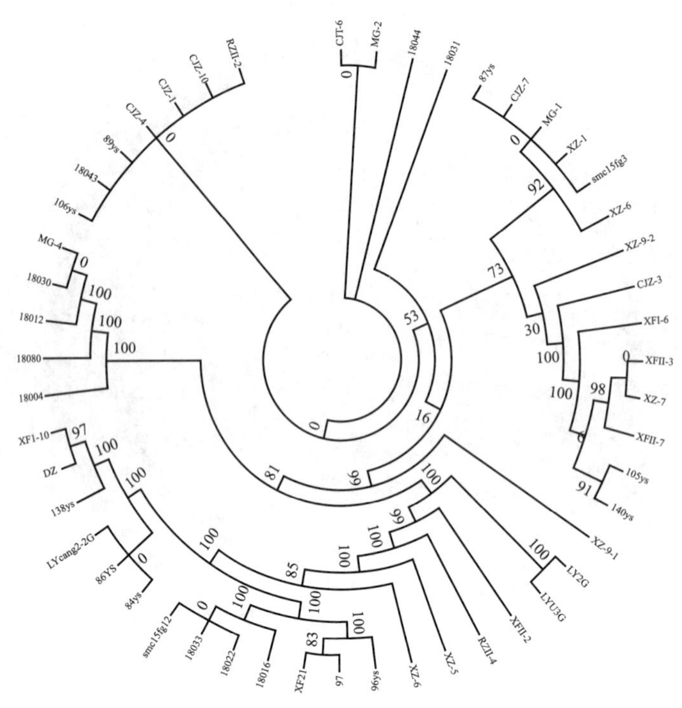

图 0-5　50 株沙门菌噬菌体直系同源基因进化树

表 0-1　部分基因的毒力机制

基因	毒力机制
aatA	APEC 分泌蛋白基因 A
astA	编码热稳定肠毒素 ESAT-1 的基因
cva/cvi	大肠埃希菌素 V 操纵子的结构基因
eaeA	肠细胞脱落位点毒力岛(LEE)核心区基因,紧密黏附素基因
fimC	type1 菌毛基因之一,其变异可导致菌毛合成功能的丧失。D-甘露糖特异性黏附素
fyuA	耶尔森强毒力岛(HPI)核心基因,编码鼠疫菌素受体,与细菌的摄铁能力调节有关
hlyF	溶血素基因
ibeA	脑血屏障侵袭基因
ibeB	脑血屏障侵袭基因
iroN	儿茶酚酸酯铁载体受体基因
irp2	耶尔森强毒力岛(HPI)核心基因,铁抑制蛋白基因
iss	脂多糖(LPS)核心型 R4 相关基因,编码补体抗性的基因
iucD	气杆菌素家族合成有关的基因
neuC	K1 荚膜多糖基因
papC	肾盂肾炎相关 P 菌毛的有关基因
sitA	铁结合蛋白
stx1	志贺毒素 1
stx2	志贺毒素 2
tsh	脂多糖(LPS)核心型 R4 相关基因,温度敏感血凝素
vat	空泡形成毒素
yijP	脑血屏障侵袭基因

抗药性基因　抗生素进入细菌的细胞并与靶蛋白结合而导致细菌死亡是非常复杂的一个

长链条，包括细胞壁和细胞膜渗透性改变、外排泵活性变化或变异、靶蛋白变异或修饰及表达量变化、抗生素的酶解或修饰、细菌 SOS 应答修复、细菌群体的生物膜、芽孢休止等，细菌的任何环节变化和变异都会导致抗生素失效。而细菌 10^{12} 个/mL 的庞大数量、15～30min 分裂一次的繁殖更新速度、复杂的生化机制保证了：只要使用抗生素，细菌群体肯定能通过自身固有的生化代谢途径调整和基因变异来适应和克服抗生素的杀灭性影响，即产生抗药性。抗药性机制阐明了这一原理，即只要用抗生素就会产生相应程度的抗药性，不存在特殊的所谓抗药性基因，只是方便表述的称谓而已。噬菌体与一些可移动的抗药性基因有关，基因组中有大量的抗药性基因注释[44]（https：//card. mcmaster. ca），主要涉及可移动的抗药性基因如表 0-2。

表 0-2　一些药物的抗药性机制及基因

药物种类	抗药性机制	抗药性基因
氨基糖苷类	乙酰转移酶(aac)	*aac-2-Ⅰa,aac-2-Ⅰb,aac-2-Ⅰc,aac-2-Ⅰd,aac-2-Ⅰ,aac-3-Ⅰa,aac-3-Ⅱa,aac-3-Ⅱb,aac-3-Ⅲ,aac-3-Ⅳ,aac-3-Ⅸ,aac-3-Ⅵ,aac-3-Ⅷ,aac-3-Ⅶ,aac-3-Ⅹ,aac-6-Ⅰ,aac-6-Ⅰa,aac-6-Ⅰb,aac-6-Ⅰc,aac-6-Ⅰe,aac-6-Ⅰf,aac-6-Ⅰg,aac-6-Ⅱa,aac-6-Ⅱb*
	核苷酸转移酶	*aadD,ant-2-Ⅰa,ant-2-Ⅰb,ant-3-Ⅰa,ant-4-Ⅱa,ant-6-Ⅰa,aad9,aad-9-Ⅰb*
	磷酸转移酶	*aph-3-Ⅰa,aph-3-Ⅰb,aph-3-Ⅲa,aph-3-Ⅳa,aph-3-Ⅰa,aph-3-Ⅰb,aph-3-Ⅰc,aph-3-Ⅶa,aph-3-Ⅵa,aph-3-Ⅴa,aph-3-Ⅴb,aph-4-Ⅰb,aph-6-Ⅰa,aph-6-Ⅰb,aph-6-Ⅰc,aph-6-Ⅰd*
β-内酰胺类	A 组 β-内酰胺酶	bla_{IMI},bla_{CTX-M},bla_{GES},bla_{KPC},bla_{PER},bla_{VEB},bla_{SME},bla_{TEM},bla_{AER},bla_{CARB},$bla_{SHV-LEN}$,bla_{BEL},bla_{OXY},bla_{OKP},bla_{ROB},bla_{TLA},bla_{VCC}
	B 组 β-内酰胺酶	*bla-B1,bla-B2,bla-B3*
	C 组 β-内酰胺酶	bla_{ACC},bla_{ACT},bla_{DHA},bla_{FOX},bla_{MIR},bla_{OCH},bla_{SRT},bla_{PDC},bla_{AQU},bla_{ADC},bla_{CepS},bla_{BUT}
	D 组 β-内酰胺酶	bla_{OXA},bla_{LCR},bla_{NPS},$bla_{MSI-OXA}$
大环内酯-林可酰胺-链阳菌素(MLSB)	*erm* 类 rRNA 甲基化酶	*ermA,ermB,ermC,ermD,ermE,ermF,ermG,ermH,ermN,ermO,ermQ,ermR,ermS,ermT,ermU,ermV,ermW,ermX,ermY*
	ATP 结合转运蛋白	*carA,msrA,oleB,srmB,tlrC,vgaA,vgaB*
	超家族转运蛋白	*lmrA,lmrB,mefA*
	酯酶	*ereA,ereB*
	水解酶	*vgbA,vgbB*
	转移酶	*lnuA,lnuB,vatA,vatB,vatC,vatD,vatE*
	磷酸化酶	*mphA,mphB,mphC*
多药转运蛋白	ATP 结合盒式转运蛋白	*lsa*
	超家族转运蛋白	*bmr,emeA,pmrA,rosA*
四环素类	四环素外排蛋白	*otrB,tcr-3,tet30,tet31,tet33,tet38,tet39,tet40,tet41,tetA,tetB,tetC,tetD,tetE,tetG,tetH,tetJ,tetK,tetL,tetPA,tetV,tetY,tetZ*
	核糖体保护蛋白	*otrA,tet,tet32,tet36,tetM,tetO,tetPB,tetQ,tetS,tetT,tetW*
万古霉素	vanA 操纵子	*vanA,vanHA,vanRA,vanSA,vanXA,vanYA*
	vanB 操纵子	*vanB,vanHB,vanRB,vanSB,vanWB,vanXB,vanYB*
	vanC 操纵子	*vanC,vanRC,vanSC,vanT,vanXYC*
	vanD 操纵子	*vanD,vanHD,vanRD,vanSD,vanXD,vanYD*
	vanE 操纵子	*vanE,vanRE,vanSE,vanTE,vanXYE*
	vanG 操纵子	*vanG,vanRG,vanSG,vanTG,vanUG,vanWG,vanXYG,vanYG*
碳青霉烯类	NDM 新德里金属 β-内酰胺酶	bla_{NDM-1},bla_{NDM-2},…,bla_{NDM-17}
可移动多黏菌素	MCR 磷酸乙醇胺转移酶	*mcr-1,mcr-2,mcr-3,mcr-4,mcr-5*

整合酶基因 整合酶只有一种 Integrase，可能是序列有差别。要剔除含有整合酶的溶原性噬菌体。

0.2.2.4 噬菌体的基因编辑

根据噬菌体和宿主的特性，要敲除泛益子（moron），或者改善噬菌体的特定功能，噬菌体的基因编辑可以选择以下不同的方案[45,46]。

① 类似细菌基因组修饰的双交换方法。首先构建一个中间质粒转入细菌中，该质粒含有修饰噬菌体的外源 DNA 序列和两段噬菌体同源序列。噬菌体侵染细菌之后，在细菌同源重组系统的作用下，噬菌体 DNA 即可与质粒发生同源重组，获得的重组噬菌体用 PCR 鉴定。

② 对于电转化效率高的细菌，可以共转化噬菌体 DNA 和修饰噬菌体的线性 DNA 片段，获得重组噬菌体。

③ 如果在细菌里可以表达 Red 重组系统，以上两种方案的同源臂长度可以从 500bp 缩减为 50bp，不仅提高了重组效率，而且简化了外源 DNA 的制备；借助 CRISPR-Cas 系统切割野生型噬菌体，可以富集重组噬菌体。

④ 在酵母里利用 TAR（transformation-associated recombination，含同源序列的 DNA 片段的自由末端在酵母细胞内高效同源重组）系统，构建含有噬菌体全基因组序列的感染性克隆，并对噬菌体基因组进行修饰，然后将感染性克隆转入原始宿主之中，进行噬菌体拯救，该拯救也可以在无细胞体系中完成。

0.2.2.5 溶原性噬菌体的诱导

挑取溶原性菌株的单菌落于 3mL LB 液体培养基，37℃振荡培养 2～3h 至指数生长期，4000r/min、5min，离心洗涤 2 次，加入 200mL 含丝裂霉素 C（20ng/mL）的 LB 中，37℃振荡培养 6～7h，将培养液低温 10000r/min、5min，离心 3 次去沉淀，上清液以 0.22μm 超滤；滤液加入 1/4 体积的含 20% PEG 8000 和 10% NaCl 的液体并混匀，冰浴 40min，10000r/min、5min，离心沉淀噬菌体，用少量 TES 缓冲液溶解，4℃保存[47]。

溶原性噬菌体需要找到合适的可裂解宿主，并敲除有害基因泛益子，避免转导到新的致病性宿主菌。

0.2.3 噬菌体与细菌互作——药效动力学

0.2.3.1 噬菌体对宿主菌（沙门菌为例）的药效动力学

不管人医还是兽医，临床面对的都是噬菌体分型和生物学性质未知的一群菌株和不确定的噬菌体群，需要快速且系统地筛选出裂解率和生物学性质最好的噬菌体。以 20 株沙门菌×10 株噬菌体为例，全面地介绍试验。

对上述基因检测安全的噬菌体，通过初步效价确定噬菌谱[48]，筛选累计裂解率最高的噬菌体；不同种属的细菌之间，噬菌体交叉裂解很困难，因此噬菌谱主要指同一种内不同菌株的裂解谱。针对某待测菌株群，从噬菌体库中高通量筛选裂解性噬菌体[49]，根据裂解率及其裂解谱互补性，确定噬菌体组合，根据经验，要达到确切临床疗效至少要覆盖 70%以上的宿主菌；这些菌群的裂解率结果累积到噬菌体库数据中，噬菌体按裂解率降序排列。

选择裂解谱最宽的菌株，最好覆盖上述全部噬菌体，用最佳感染复数（optimal multiplicity of infection，OMOI）找出各噬菌体最高生产效价[50]，然后利用双层平板法和传统方法（先点种菌液，再原位点种噬菌体）测定各噬菌体对各菌株的完全裂解浓度（complete lysis concentration，CLC)，统计各噬菌体组合的 CLC 频率分布，按每个组合均达到 90%裂解率，计算噬菌体组合 CLC_{90} 折点值。由于宿主菌和噬菌体在相互作用过程中都是可增殖的活体，存在增殖、抗性变异、降解、结合等特性，因此噬菌体有效裂解宿主菌需要宿主菌浓度超过增殖阈值（proliferation threshold)，噬菌体浓度要超过覆没阈值（inundation threshold)[7]。菌株和噬菌体进行荧光蛋白标记后，可以用 96 孔板微量肉汤棋盘试验，通过动态酶标仪直接测定两个阈值，甚至两者残留阈值（residual threshold)。

对于生产用的噬菌体，用动态酶标仪测定其对代表性宿主菌的最适作用条件（温度、pH、培养基)[51] 和最适保存条件（温度、pH、培养基)[52,53]、一步杀菌曲线、噬菌体浓度-时间-杀菌曲线，确定初步的噬菌体使用剂量、时机。筛选出的噬菌体需要进一步用生产菌株培养驯化，以适应生产工艺要求。

利用低等的小型模式动植物分析病原菌的致病力和噬菌体的杀菌效果，比如蜡螟幼虫（*Galleria mellonella*)、蚕幼虫、果蝇、浮萍（*Lemna minor*）和苜蓿（*Medicago sativa*)、鸡胚等[54-57]。

SPF 鸡口服 1mL 10^8cfu 沙门菌，以 CLC×10^n 倍噬菌体口服治疗，检测肠道沙门菌残余量，观察鸡的状态，确定治疗剂量。与抗菌药物的药效动力学类似，只是抗生素的药敏试验，变成了噬菌体 CLC 筛选试验。

（1）噬菌体的初步效价和噬菌谱

① 噬菌体初步效价测定（双层平板法)[58]。将培养到指数期的细菌与噬菌体原液各 1mL 混合，加入 20mL LB 液体培养基中，37℃过夜振荡培养；10000r/min 离心 10min，取上清液，0.22μm 微孔超滤后，取 100μL 滤液用 SM 缓冲液以十倍稀释 8 个梯度，将噬菌体滤液与指数期菌液各 100μL 混匀后，静置 15min，与 LB 半固体琼脂 5mL 混匀后，倾注并完整覆盖于 20mL LB 固体培养基平板（直径 9cm）上，然后置于 37℃恒温箱中倒置培养 4～6h（根据宿主菌的生长曲线而定，多数需要 8～12h)，选择噬菌斑数量在 50～300 个可数的平板，计数，计算噬菌体效价（pfu/mL)＝噬菌斑个数×稀释倍数/所取样品体积 (mL)。pfu 为噬菌斑形成单位（plaque forming unit)，类似菌落形成单位（colony forming unit，cfu)。

② 噬菌谱测定（96 点阵高通量法)。96 点阵噬菌体筛选系统包括：一次性无菌单包装 96 孔噬菌体板（存放噬菌体)、双层琼脂宿主菌检测板（平底盒，与 96 孔板相同外形尺寸，下层为 LB 固体培养基 20mL；上层为半固体 LB 培养基 10mL，其中均匀混合待测宿主菌 100μL；每板 1 菌)、96 点阵接种仪、图像识别分析仪。

将指数期的细菌与噬菌体原液各 1mL 混合，加入 20mL LB 液体培养基中，37℃过夜培养；10000r/min 离心 10min，取上清液，0.22μm 微孔超滤后，取 200μL 滤液转移到无菌 96 孔板；不同的噬菌体标注各自的位置。满 94 孔为准，96 孔中留出 LB 液体培养基阴性对照孔和甲醛阳性对照孔。

倾倒 20mL 55～60℃热 LB 琼脂于双层琼脂检测板中，环摇使琼脂均匀分布底部，水平放置冷凝；取临床未知裂解性噬菌体的菌株若干，分别挑取复苏后的单菌落于 1mL LB 液体培养基中，37℃静置过夜培养，取 100μL 菌液与 10mL 40～50℃半固体 LB 琼脂培养基混合，倾倒于 LB 固体琼脂培养基的上层，冷凝。此为宿主菌检测板。

用 96 点阵接种仪从 96 孔噬菌体板中蘸取 94 株噬菌体液，整体点种各个宿主菌检测板，37℃培养 4～6h。

将每个检测板推入图像识别分析仪，拍照，识别（图 0-6)，转化为宿主菌与噬菌体互作表。行为 94 株噬菌体，列为若干宿主菌，有噬菌斑标注为 * 。

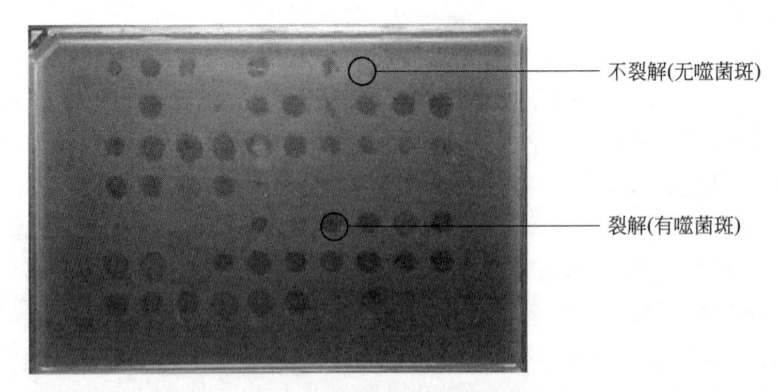

图 0-6　宿主菌与噬菌体互作结果

按照裂解率降序排列噬菌体（图 0-7），选择前 10 株左右为备选株，根据噬菌谱的互补性确定鸡尾酒治疗的噬菌体初步组方，再进行各株噬菌体的生物学性质、基因组和药理学性质优化组合。

按照宿主菌被裂解率降序排列宿主菌，选择最高的 4 株为备选株，进行攻毒试验和发酵密度试验。挑选生长旺盛的弱毒株，或者对毒力基因、抗药性的质粒进行基因敲除，优化生产菌株，避免后续纯化困难。汇集未能裂解的宿主菌，搜集新的样本，筛选新噬菌体。

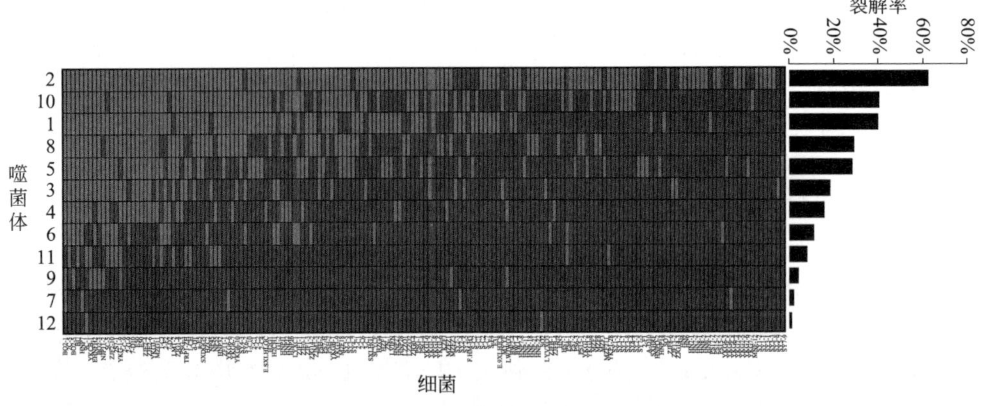

图 0-7　12 株噬菌体对 171 株细菌的裂解谱（见文后彩页）

（2）噬菌体最佳感染复数（OMOI）测定

① 传统法[59]。将培养至对数期的宿主菌离心后用 LB 培养液洗涤，然后将菌液浓度调整为 1.0×10^8cfu/mL。设置感染复数（MOI）分别为 0.001、0.01、0.1、1、10，将相应数量的噬菌体液加入已准备好的菌液中（二者体积分别为 500μL），混匀，37℃，160r/min 振荡培养 5h。混合培养物 10000r/min 离心 10min，测噬菌体效价。效价最高的感染复数即为 OMOI。在 OMOI 条件下，设置三个以上重复，测定确切效价。

这是一个标准化的方法，感染过程中宿主菌数量是变化的，而且宿主菌和噬菌体都有各自生长和互作，这可能不是生产或杀菌需要的最高效价。

② 动态酶标仪棋盘法。先用 96 孔培养板纵向 10 倍梯度稀释噬菌体，再利用新的 96 孔板横向 10 倍梯度稀释菌液，最后用排枪分别从稀释好的噬菌体孔板和稀释好的菌液孔板中

各吸取 100μL，转移到另一新 96 孔板中相应位置，在动态酶标仪中 37℃混合培养过夜，记录 OD_{600}（细菌）、宿主菌和噬菌体的荧光吸收度动态曲线，最终观察各孔澄清度。用 96 点阵接种器蘸取过夜培养的混合液，接种于宿主菌双层平板（LB 固体琼脂与 LB 半固体琼脂检测板）上，37℃培养 14h，观察噬菌斑变化过程和最终结果。

以完全澄清区域为杀菌区域，噬菌体荧光吸收峰值为 OMOI。

（3）完全裂解浓度（CLC）测定

① 传统法。在固体琼脂检测板底面标注位置，将细菌浓度调整为 10^5cfu/mL，取 2μL 加于固体琼脂检测板对应位置，待其渗入琼脂；于 96 孔板中十倍稀释的噬菌体液，分别取 2μL 加于每一个相应细菌斑上，培养 12～18h 后观察有无菌落形成。以无菌落形成的最低噬菌体浓度为 CLC。

② 棋盘法。制备各株菌的双层平板，将母液 10^8cfu/mL 十倍稀释，接种量设置 4 个梯度（10^5～10^8cfu/mL）；将噬菌体最大效价，提前十倍稀释 6 个梯度，转移到 96 孔板 12 列的一半；用移液工作站点种 8 株（96 孔板的 8 排）噬菌体 2μL 于双层平板上。37℃培养过夜，观测有无噬菌斑。以接种量为行，噬菌体梯度为列，作表格，确定 CLC 区域。

这与我们平常用噬菌体最高效价和粗放的宿主菌接种量的噬菌谱试验不同，后者是特例。

（4）噬菌体治疗的阈值[7] 噬菌体的生长速度取决于宿主种群，Wiggins 和 Alexander[60] 研究了这种阈值细菌浓度的存在，发现在一系列细菌宿主上的噬菌体生长大约需要 10^4pfu/mL 的浓度。Payne 和 Jansen[61] 随后使用噬菌体-细菌相互作用的数学模型得出了该阈值的公式，并将其称为增殖阈值（proliferation threshold）：细菌种群必须超过的浓度，以使总噬菌体数量增加。同样，在噬菌体浓度中有一个临界阈值，即覆没阈值（inundation threshold），这是细菌种群下降所必须达到的最小噬菌体浓度。覆没阈值在抗生素治疗中具有相似之处（最低抑菌浓度，MIC），但增殖阈值是自我复制抗菌剂所独有的。

在噬菌体治疗中，理论上可以分为主动治疗和被动治疗。主动治疗需要不断复制噬菌体，以使噬菌体浓度达到或维持在足以主动控制细菌的数量；被动治疗是指初始剂量和原发感染本身足以使细菌被动地大量减少。通常治疗中，初始噬菌体剂量足够大以抑制细菌种群（被动治疗）并通过噬菌体复制维持在该水平（主动治疗），两种模式可以在同一处理中发生，但是从概念上必须认识到主动治疗只能在细菌浓度超过增殖阈值时发生，而被动治疗中噬菌体初始浓度必须超过覆没阈值[22]。双双超阈值是治疗奏效的前提。动态酶标仪棋盘法测定 CLC 和 OMOI 的方法都可以用于测定宿主菌增殖阈值、噬菌体覆没阈值及两者残留阈值，两者与阈值本质是相通的。

（5）噬菌体的最适作用条件[51]

① 温度。将噬菌体原液按照 OMOI 稀释到合适的浓度，取 100μL 与等量菌液（10^5cfu/mL）混合，倒入双层平板，分别置于 20℃、30℃、37℃、40℃和 50℃下培养 4～6h，根据噬菌斑数量计算噬菌体效价，绘制温度-效价曲线，确定最高点的温度范围。

② pH。将 LB 液体培养基的 pH 分别调整为 3、4、5、6、7、8、9、10、11、12，各取 100μL LB 液体培养基，与 100μL 10^5cfu/mL 菌液、100μL OMOI 浓度噬菌体液混合，制备双层平板，置于 37℃作用 12h，观察噬菌斑变化和最终结果，绘制 pH-效价曲线，确定最高点的 pH 范围。

（6）噬菌体的保存条件[53]

① 温度。将噬菌体液体或者固体产品分别置于4℃、20℃、30℃、37℃、40℃和50℃存放，在1周、2周、3周、1月、2月、3月、4月、5月、6月，分别取100μL 10^5cfu/mL菌液；将噬菌体样本按照OMOI稀释到合适的浓度，取100μL与等量菌液混合，倒双层平板，分别置于37℃培养4～6h，根据噬菌斑数量计算噬菌体效价，绘制温度-时间-效价曲线，确定最高点的温度范围和可靠的保存时间。

② pH。将噬菌体保存液的pH分别调整为3、4、5、6、7、8、9、10、11、12，在1周、2周、3周、1月、2月、3月、4月、5月、6月，分别将LB液体培养基的pH调整为7，各取100μL LB液体培养基，与100μL 10^5cfu/mL菌液、100μL OMOI浓度噬菌体液混合，制备双层平板，置于37℃作用12h，观察噬菌斑变化和最终结果，绘制pH-时间-效价曲线，确定最高点的pH范围。

（7）噬菌体的一步生长曲线[51]　取噬菌体液与指数期宿主菌液各2mL，以最佳感染复数需要的比例混合，37℃静置孵育15min。10000r/min离心1min，将沉淀用LB液体培养基10000r/min离心30s，弃去上清，去除游离的噬菌体颗粒。以1mL LB培养液重悬，分别取100μL宿主菌液20份，加入100μL 37℃预热的LB液体培养基，迅速置于动态酶标仪96孔板的孔中，37℃振荡培养。每隔10min取1孔计数噬菌斑数量。

噬菌体一步生长曲线测定结果显示，噬菌体感染宿主菌30min内，噬菌体数量无增加，这段时间称为潜伏期；感染宿主菌后的30～80min，噬菌体数量急速增加，这个时期为噬菌体的爆发期，即噬菌体的爆发期约为60min。也可以动态酶标仪每10分钟进行一次扫描，自动记录荧光标记噬菌体技术动态曲线。

（8）浓度-时间依赖性　动态酶标仪的96孔板中接种10^5cfu宿主菌和10^4、10^5、10^6、10^7、10^8、10^9pfu噬菌体，37℃培养，每隔5min扫描测定，自动记录荧光标记噬菌体技术的噬菌体浓度-时间-OD动态曲线。

0.2.3.2 噬菌体的后效应

（1）宿主菌对噬菌体的抗性[62]　可以检测宿主菌-噬菌体连续传代后宿主菌对原噬菌体的敏感性，也可以检测某区域的宿主菌群对原噬菌体鸡尾酒制剂的敏感性。实际上是检测宿主菌对噬菌体的代谢和免疫能力变化。

（2）抗噬菌体突变株的自发突变率（终点滴定-返浊法）　宿主菌培养至OD_{600}=0.6左右，涂板计数为10^9cfu/mL。10倍比稀释细菌终浓度分别为10^1、10^2、10^3、10^4、10^5、10^6、10^7cfu/mL后，分别加入10μL效价为10^9pfu/mL的噬菌体液混匀。另外，取10μL噬菌体液加入1mL液体LB培养基中作为对照，30℃、160r/min振荡培养24h，做10个平行管（图0-8）。

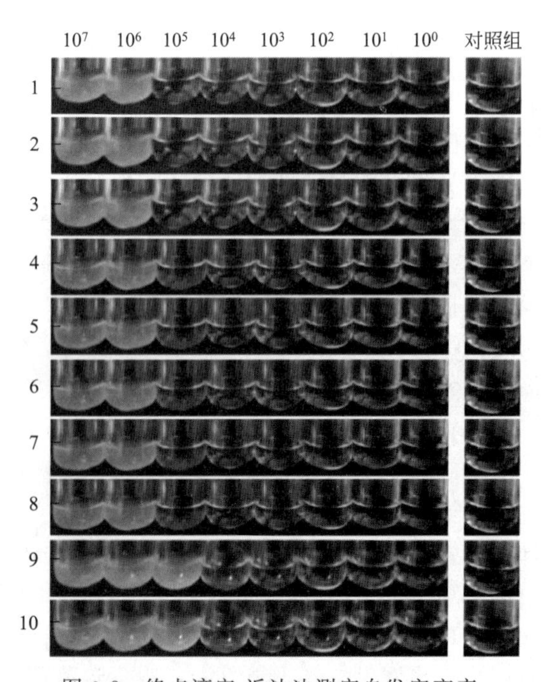

图0-8　终点滴定-返浊法测定自发突变率

将宿主菌和噬菌体振荡培养24h，观察试管中培养物能返浊的最低浓度管中所含细菌数的倒数即为抗性突变的频率。如果最后一个返浊的试管中，存在1～9个对噬菌体抗性的突变细胞，平均表观突变频率为1.06×10^{-5}[63]。

（3）对抗生素的抗药性降低（以6株铜绿假单胞菌及其噬菌体为例） 6株铜绿假单胞菌抗药性测定：使用微量肉汤稀释法对6株菌进行药敏检测，记录其MIC值。

噬菌体处理：在20mL液体培养基中接种单菌落，37℃、200r/min培养2.5h，使其达到指数生长期，加入1mL 10^{10}pfu噬菌体，37℃、200r/min过夜培养。将培养物离心处理，取沉淀连续在平板传代三次以除去噬菌体，得到纯化菌株。

噬菌体处理后的细菌的抗药性测定：将纯化后的菌株使用微量肉汤稀释法进行细菌药物敏感性测定，记录MIC值。

结果表明，噬菌体处理后的菌株对红霉素、氟苯尼考、庆大霉素、环丙沙星、头孢噻肟、美罗培南、多西环素的MIC显著降低，对氨苄西林、头孢他啶、氧氟沙星的MIC也降低但不显著（图0-9）。可说明，使用噬菌体处理可降低细菌的抗药性，优化抗生素的治疗效果。在降低抗药性的同时，也有研究表明，细菌的致病性也有减弱。

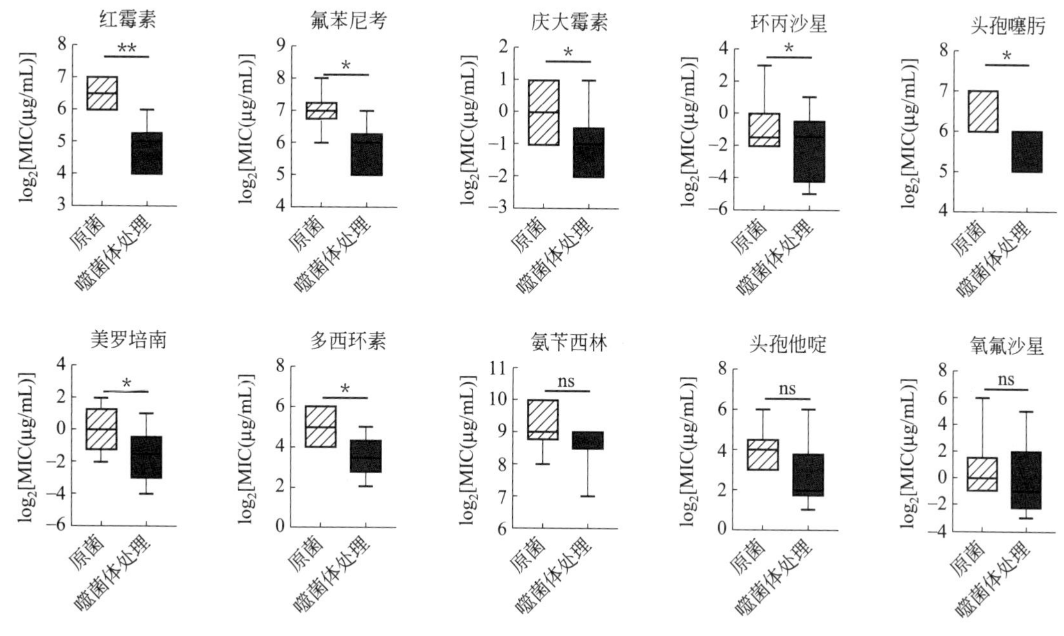

图0-9 噬菌体处理后的细菌抗药性

0.2.3.3 噬菌体与抗生素的联合作用（棋盘法）

动态酶标仪的96孔板中，将抗菌药物从256μg/mL、噬菌体液从10^8pfu/mL纵横向交叉倍比稀释，终体积为100μL，后加入10^5cfu/mL的菌液100μL，置于37℃振荡培养，每隔5min测定OD_{600}，测定至24h。

药效动力学结果显示，铜绿假单胞菌2h就进入指数生长期，且OD_{600}达到1.6。24h内，浓度为8～256μg/mL的恩诺沙星可完全抑制10^5cfu/mL细菌生长，0.5～8μg/mL的恩诺沙星只能在一定程度上抑制10^5cfu/mL细菌生长，且抑菌能力具有剂量效应（图0-10）。

抗生素联合噬菌体后，4～256μg/mL的恩诺沙星可完全抑制10^5cfu/mL细菌生长，此时的MIC值为单一抗生素的1/2，且抑菌效果更为显著。因为单一抗生素在0.5～4μg/mL时，菌株$OD_{600}>0.8$；联合用药时细菌生长$OD_{600}<0.8$，且生长延后（图0-11）。与单一

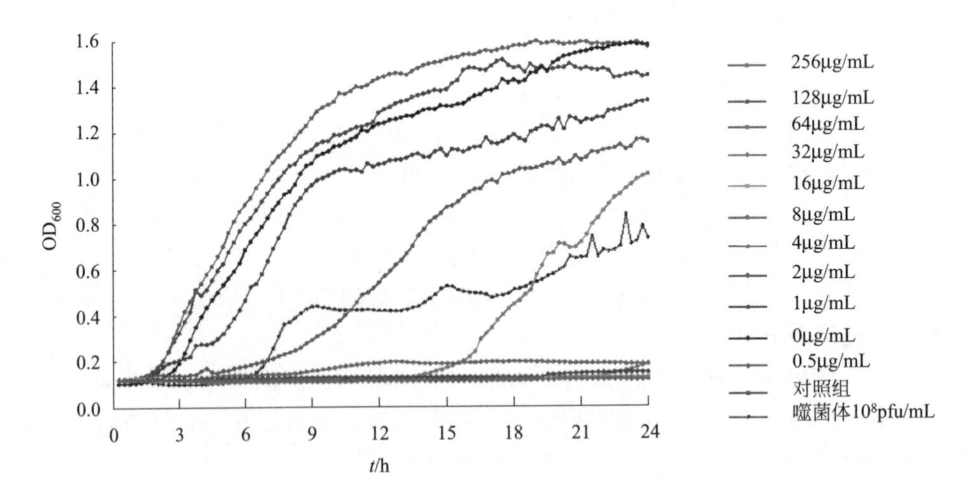

图 0-10 单一抗生素抑菌效果（见文后彩页）

噬菌体比较来看，联合抑菌效果也是较好的。

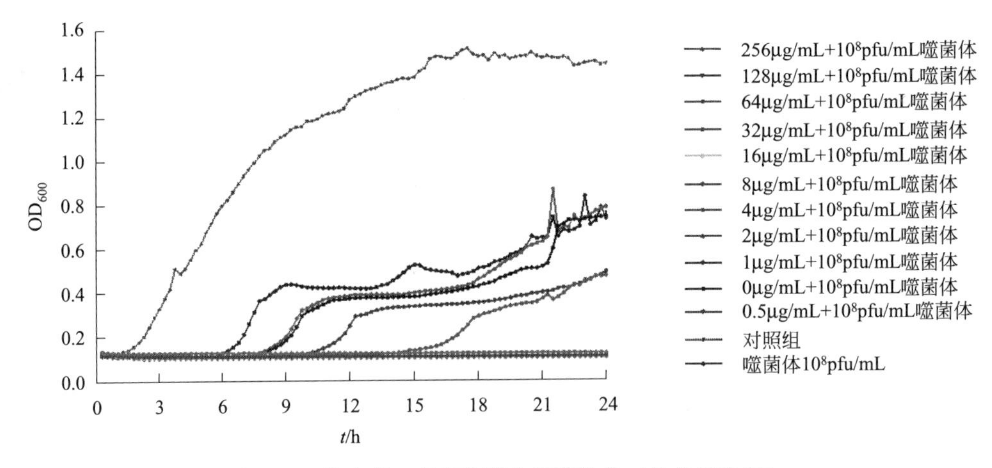

图 0-11 抗生素、噬菌体联合抑菌效果（见文后彩页）

0.2.3.4 活体内噬菌体杀菌作用

对于兽用噬菌体，虽然不像人用噬菌体受到严格的伦理限制，其可以直接采用动物进行活体治疗试验，但仍然成本高，操作复杂。因此，多利用低等小型模式动植物分析病原菌的致病力，比如蜡螟幼虫（*Galleria mellonella*）、蚕幼虫、果蝇、浮萍（*Lemna minor*）、苜蓿（*Medicago sativa*）和鸡胚等[54～57]。

0.2.3.5 噬菌体防治SPF鸡沙门菌的评估试验[64]

沙门菌是具有重要公共卫生意义的人畜共患病原菌，引起食物中毒，导致胃肠炎、伤寒和副伤寒。沙门菌自然寄生于家养或野生、冷血或温血动物和人类胃肠道，排泄到环境后，可在水中存活数周、在土壤中存活数年，成为感染的疫源地，也可通过污染食品或水源等途径感染人类。沙门菌可在较宽温度范围内生长（8～45℃），即使一般对细菌存活威胁大的干燥和冷冻也不能完全杀灭沙门菌。由于沙门菌血清型多，临床上缺乏理想的疫苗用于预防，因此治疗细菌感染性疾病的主要措施是使用抗生素，导致严重的抗药性。噬菌体是理想的替代技术。本部分以噬菌体 ϕst1 治疗鼠伤寒沙门菌 8720/06 感染的 SPF 鸡为例，说明噬菌体治疗的临床评估方法。

沙门菌 8720/06，LB 肉汤中过夜培养后，1%（体积分数）转移到新鲜的 LB 肉汤中，37℃ 180r/min 摇床孵育，大约 3h，到达对数生长期。培养液在 4℃、5000*g* 离心 15min。沉淀物用 PBS 重悬，浓度大约为 10^{10} cfu/mL。

选用 200 只 1 日龄健康 SPF 鸡，将 SPF 鸡随机分为四组，每组 50 只：①每只鸡灌服 0.25mL PBS；②每只鸡灌服 0.25mL 10^{12} pfu/mL 噬菌体 ϕst1；③每只鸡灌服 0.25mL 10^{10} cfu/mL 沙门菌，1h 后，灌服 0.25mL 10^{12} pfu/mL 噬菌体 ϕst1；④每只鸡灌服 0.25mL 10^{10} cfu/mL 沙门菌。在感染沙门菌 6h、12h、24h、48h 和 72h 后，采集肛门棉拭子进行沙门菌的检测，然后采集肝脏、脾脏、心脏和盲肠内容物进行沙门菌计数。

组①和组②中没有检测到沙门菌。在感染 3h 和 6h 后，在④组中 83% 雏鸡的泄殖腔中检测到了沙门菌。但是，在感染 12h 和 24h 后，33% 雏鸡泄殖腔中检测到鼠伤寒沙门菌，到 48h 和 72h，没有检测到沙门菌。在感染 3h 后，在④组雏鸡的心脏中检测到沙门菌；在感染 6h 后，分别在肝脏 1/6（17%）、心脏 2/6（33%）和脾脏 1/6（17%）中检测到鼠伤寒沙门菌。在随后的采样中，④组雏鸡的肝脏、心脏和脾脏中均未检测到沙门菌（表 0-3）。③组在任何采样周期中，均未在雏鸡的肝脏、心脏和脾脏检出鼠伤寒沙门菌。研究发现，用噬菌体 Φst1 处理的雏鸡可显著降低泄殖腔中沙门菌的数量。

表 0-3 ③组（治疗组）和④组（阳性对照组）雏鸡中泄殖腔和其他器官中伤寒沙门菌的检出

处理组	器官拭子	感染后时间/h						
		0	3	6	12	24	48	72
		(*n* 阳性/总数;%)						
③组	泄殖腔	0/6(0)	3/6(50)	1/6(17)*	3/6(50)	0/6(0)	0/6(0)	0/6(0)
	肝脏	0/6(0)	0/6(0)	0/6(0)	0/6(0)	0/6(0)	0/6(0)	0/6(0)
	心脏	0/6(0)	0/6(0)	0/6(0)	0/6(0)	0/6(0)	0/6(0)	0/6(0)
	脾脏	0/6(0)	0/6(0)	0/6(0)	0/6(0)	0/6(0)	0/6(0)	0/6(0)
④组	泄殖腔	0/6(0)	5/6(83)	5/6(83)*	2/6(33)	2/6(33)	0/6(0)	0/6(0)
	肝脏	0/6(0)	0/6(0)	1/6(17)	0/6(0)	0/6(0)	0/6(0)	0/6(0)
	心脏	0/6(0)	1/6(17)	2/6(33)	0/6(0)	0/6(0)	0/6(0)	0/6(0)
	脾脏	0/6(0)	0/6(0)	1/6(17)	0/6(0)	0/6(0)	0/6(0)	0/6(0)

* 采用 Pearson chi-square 检测，表示不同的治疗组之间存在显著性差异（$P<0.05$）。

注：1. ①组（PBS 组）和②组（噬菌体组）中每个样品的沙门菌的回收率不超过 10cfu。所有组的雏鸡均以每只鸡 0.25mL 接种液的方式进行。

2. 数据表示从抽样的雏鸡总数（6）中获得的阳性的雏鸡数（*n*）。考虑到阳性结果的样本中，目标菌的回收率需超过 10 个细菌菌落。括号内的数据标识的是百分比。

0.2.4 噬菌体与动物互作——药代动力学

噬菌体施用后疗效的一个重要因素取决于噬菌体药代动力学，即能否在肠道和血液复活以及有效渗透到靶组织，肝脾肾消除效率和免疫反应程度。

波兰科学院赫斯菲尔德（Hirszfeld）免疫学和实验治疗研究所 Krystyna Dąbrowska 分析 220 篇文献，其中 236 个独立试验，145 个研究噬菌体的渗透、91 个研究噬菌体在肠道的运输。研究表明，不同噬菌体、不同宿主菌、不同的动物和年龄、是否有敏感的细菌都影响噬菌体在肠道的复活，并且存在噬菌体的剂量效应[65]。

宿主菌和噬菌体形态对噬菌体的渗透没有显著影响，只有不同的动物和施用途径对其有影响。对于人，从施用部位到血液的渗透率依次是：（皮下、皮内、肌内、静脉）注射

98.5%、鼻腔雾化吸入 66.7%、局部涂抹 50%、口服 41.1%（图 0-12）。

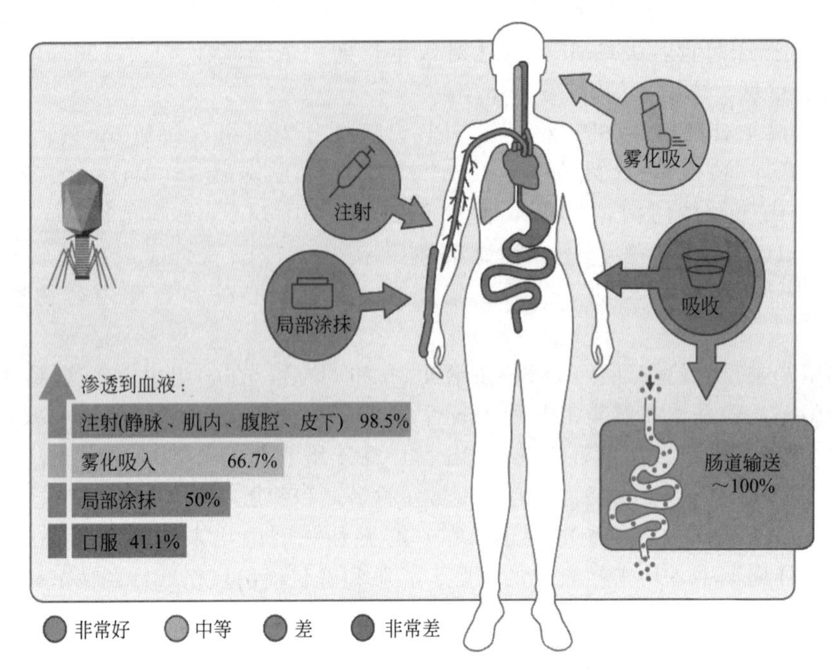

图 0-12 噬菌体药代动力学给药方案和生物利用度（见文后彩页）

肝、脾、天然免疫系统的巨噬细胞和补体有效消除噬菌体，随尿排出占比较少。量子点模型表明，分子的大小是引导分子分泌（尿）或 MPS（单核吞噬细胞系统）过滤的主要因素[66]。如图 0-13，噬菌体抗原引起的抗体反应与疫苗免疫类似。

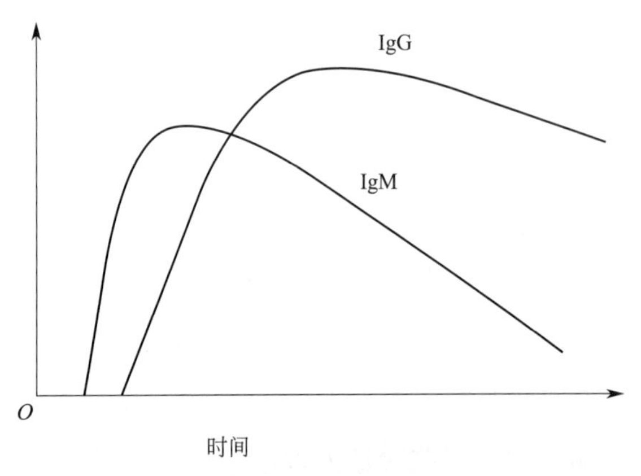

图 0-13 噬菌体抗原引起的抗体反应

用 T4 噬菌体 2×10^{10} pfu 饲喂小鼠：100 天饲喂、112 天停喂、28 天饲喂。结果粪便中噬菌体浓度略降低，随饲喂即时变化；抗体水平有诱导-维持效应，如图 0-14[67]。

不同的噬菌体产生抗体的阳性率也不同：T4 82%、F8 15%、LMA-2 11%、P1 40%、A3R 40%、676Z 43%[68]。

总之，从防治角度看，口服对于消化道感染最有效，免疫反应弱，需要持续饲喂噬菌体；注射对于快速治疗器官感染最有效，但是免疫反应较强，肝脾肾的消除和抗体中和都发挥作用；不同噬菌体的抗体反应程度不同，为筛选和驯化提供了依据（表 0-4）。

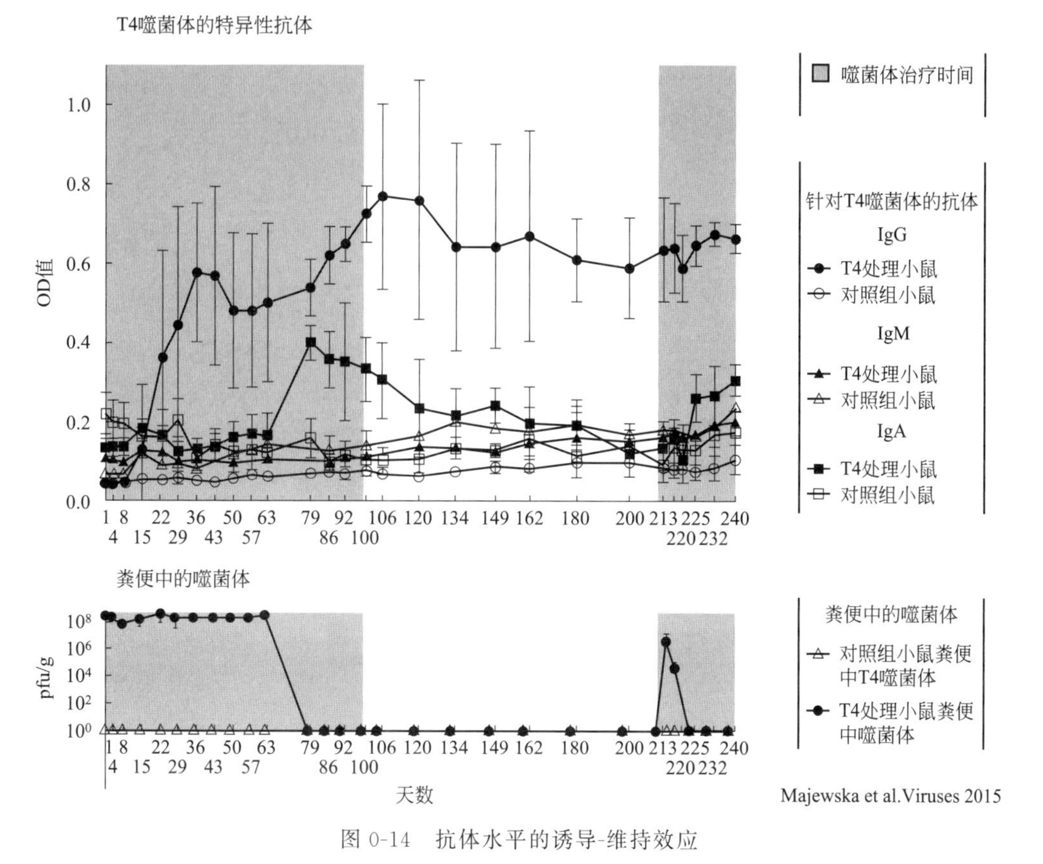

图 0-14 抗体水平的诱导-维持效应

表 0-4 噬菌体不同给药方式的比较

方式	优势	劣势	解决措施
腹腔	剂量可能更高；可扩散至其他部位	人类中对其他部位的影响程度可能被高估（大多数数据来自小动物）	多个给药部位
肌内	噬菌体传递至感染部位	噬菌体（可能）扩散较慢； 低剂量	多剂量给药
皮下	局部和全身扩散	低剂量	多剂量给药
静脉	快速全身扩散	免疫系统快速清除噬菌体	低免疫原噬菌体的体内筛选
局部	感染部位高剂量的噬菌体扩散	如果噬菌体悬浮在液体中，可从目标位置流出	在凝胶和敷料中加入噬菌体
栓剂	噬菌体长期缓慢地稳定释放	使用受限或部位受限； 剂量不足的风险； 技术上具有挑战性	需仔细考虑噬菌体药代动力学
口服	使用方便，更高剂量；适合消化道感染	胃酸降低噬菌体效价；噬菌体对胃内容物和其他微量元素的非特异性吸附	在缓冲液中加入碳酸钙； 微囊化可将噬菌体运送到靶位
气溶胶	相对容易扩散，可到达受感染肺部中灌注不良的区域	大部分噬菌体的丢失； 黏液和生物膜会影响噬菌体的转运	使用解聚酶来减少黏液

0.2.5 噬菌体的安全性

噬菌体由于基因短小、易变和传递灵活，安全性一直备受关注。

噬菌体的安全性贯穿噬菌体筛选、研制和使用的全程，基本原则是：①靶细菌必须是感染或污染的致病性流行菌株；②要筛选裂解性噬菌体，筛出溶原性噬菌体，基因组测序确认无泛益子基因，或者敲除泛益子，建立完备的裂解性噬菌体库；③选择能够尽可能覆盖流行菌株（60%以上裂解率）的裂解性噬菌体组合，增强杀菌力，防止宿主菌突变脱靶；④选择能够尽可能覆盖裂解性噬菌体组合的宿主菌，进行泛益子基因清除，检测其市场销售的噬菌体效价；⑤进行噬菌体生物学、药理学分析，制定可靠的防治方法；⑥超滤提纯，保证噬菌体的纯粹性，避免对靶动物产生副作用；⑦进行必要的靶动物传代驯化，减弱靶动物对噬菌体的免疫反应；⑧区域性流行病学监测、抗生素抗药性评估与噬菌体使用耦合，噬菌体与抗生素联合使用，实现“监抗减抗降抗”的模式和目标（图 0-15）。

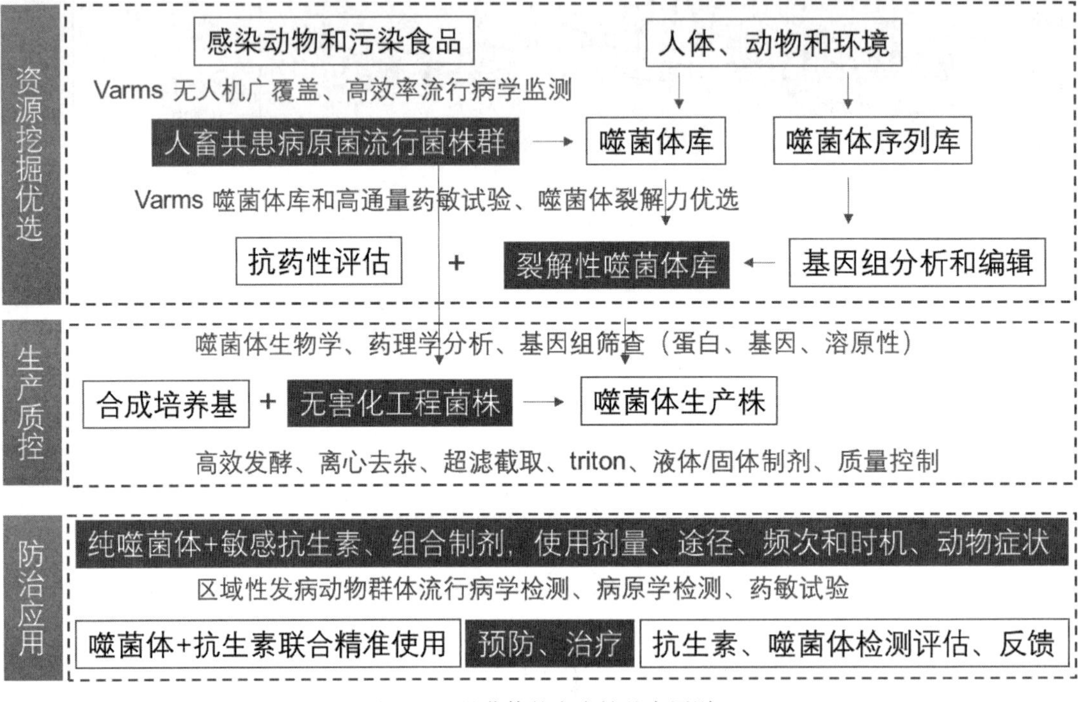

图 0-15　噬菌体的安全性基本原则

参考文献

1. Currie GM(2018) Pharmacology, Part 1: Introduction to Pharmacology and Pharmacodynamics.J Nucl Med Technol 46(2): 81-86.doi: 10.2967/jnmt.117.199588
2. Currie GM(2018) Pharmacology, Part 2: Introduction to Pharmacokinetics.J Nucl Med Technol 46 (3): 221-230. doi: 10. 2967/jnmt.117.199638
3. Cisek AA, Dąbrowska I, Gregorczyk KP, Wyżewski Z(2017) Phage Therapy in Bacterial Infections Treatment: One Hundred Years after the Discovery of Bacteriophages.Curr Microbiol 74(2): 277-283.doi: 10.1007/s00284-016-1166-x
4. Levin BR, Bull JJ(2004) Population and evolutionary dynamics of phage therapy.Nat Rev Microbiol 2(2): 166-173.doi: 10.1038/nrmicro822
5. Capparelli R, Parlato M, Borriello G, Salvatore P, Iannelli D(2007) Experimental phage therapy against Staphylococcus aureus in mice. Antimicrob Agents Chemother 51(8): 2765-2773.doi: 10.1128/AAC.01513-06
6. Nishikawa H, Yasuda M, Uchiyama J, Rashel

M, Maeda Y, Takemura I, Sugihara S, Ujihara T, Shimizu Y, Shuin T, Matsuzaki S(2008) T-even-related bacteriophages as candidates for treatment of Escherichia coli urinary tract infections.Arch Virol 153(3):507-515.doi:10.1007/s00705-007-0031-4

7. Cairns BJ, Timms AR, Jansen VAA, Connerton IF, Payne RJH(2009) Quantitative models of in vitro bacteriophage-host dynamics and their application to phage therapy.PLoS Pathog 5(1):e1000253.doi:10.1371/journal.ppat.1000253
8. Cairns BJ, Payne RJH (2008) Bacteriophage therapy and the mutant selection window.Antimicrob Agents Chemother 52(12):4344-4350.doi:10.1128/AAC.00574-08
9. Bull JJ, Regoes RR(2006) Pharmacodynamics of non-replicating viruses, bacteriocins and lysins.Proc Biol Sci 273(1602):2703-2712.doi:10.1098/rspb.2006.3640
10. Zuber S, Boissin-Delaporte C, Michot L, Iversen C, Diep B, Brüssow H, Breeuwer P (2008) Decreasing Enterobacter sakazakii (Cronobacter spp.) food contamination level with bacteriophages: prospects and problems. Microb Biotechnol 1(6): 532-543. doi: 10.1111/j.1751-7915.2008.00058.x
11. Da̧browska K, Abedon ST(2019) Pharmacologically Aware Phage Therapy: Pharmacodynamic and Pharmacokinetic Obstacles to Phage Antibacterial Action in Animal and Human Bodies. Microbiol Mol Biol Rev 83 (4): e00012-00019.doi:10.1128/MMBR.00012-19
12. Krut O, Bekeredjian-Ding I(2018) Contribution of the Immune Response to Phage Therapy.J Immunol 200(9): 3037-3044. doi: 10.4049/jimmunol.1701745
13. Campbell A(2003) The future of bacteriophage biology.Nat Rev Genet 4(6):471-477.doi:10.1038/nrg1089
14. Gordillo Altamirano FL, Barr JJ(2019) Phage Therapy in the Postantibiotic Era.Clin Microbiol Rev 32(2): e00066-00018.doi: 10.1128/CMR.00066-18
15. Rehman S, Ali Z, Khan M, Bostan N, Naseem S (2019) The dawn of phage therapy.Rev Med Virol 29(4):e2041.doi:10.1002/rmv.2041
16. Ofir G, Sorek R(2018) Contemporary Phage Biology: From Classic Models to New Insights. Cell 172(6): 1260-1270. doi: 10.1016/j.cell.2017.10.045
17. Hyman P(2019) Phages for Phage Therapy: Isolation, Characterization, and Host Range Breadth.Pharmaceuticals(Basel) 12(1):35.doi:10.3390/ph12010035
18. Manohar P, Tamhankar AJ, Lundborg CS, Ramesh N (2018) Isolation, characterization and in vivo efficacy of Escherichia phage myPSH1131.PLoS One 13(10):e0206278.doi:10.1371/journal.pone.0206278
19. Pelfrene E, Willebrand E, Cavaleiro Sanches A, Sebris Z, Cavaleri M(2016) Bacteriophage therapy: a regulatory perspective.J Antimicrob Chemother 71(8): 2071-2074. doi: 10.1093/jac/dkw083
20. Rossitto M, Fiscarelli EV, Rosati P (2018) Challenges and Promises for Planning Future Clinical Research Into Bacteriophage Therapy Against Pseudomonas aeruginosa in Cystic Fibrosis.An Argumentative Review.Front Microbiol 9:775.doi:10.3389/fmicb.2018.00775
21. Loc-Carrillo C, Abedon ST (2011) Pros and cons of phage therapy.Bacteriophage 1(2):111-114.doi:10.4161/bact.1.2.14590
22. Payne RJH, Jansen VAA(2003) Pharmacokinetic principles of bacteriophage therapy.Clin Pharmacokinet 42(4):315-325.doi: 10.2165/00003088-200342040-00002
23. Abedon ST, Thomas-Abedon C (2010) Phage therapy pharmacology.Curr Pharm Biotechnol 11(1):28-47.doi:10.2174/138920110790725410
24. Kupczok A, Neve H, Huang KD, Hoeppner MP, Heller KJ, Franz CMAP, Dagan T(2018) Rates of Mutation and Recombination in Siphoviridae Phage Genome Evolution over

Three Decades.Mol Biol Evol 35(5):1147-1159.doi:10.1093/molbev/msy027
25. Sackman AM, McGee LW, Morrison AJ, Pierce J, Anisman J, Hamilton H, Sanderbeck S, Newman C, Rokyta DR(2017) Mutation-Driven Parallel Evolution during Viral Adaptation.Mol Biol Evol 34(12):3243-3253.doi:10.1093/molbev/msx257
26. Hatfull GF, Hendrix RW(2011) Bacteriophages and their genomes.Curr Opin Virol 1(4):298-303.doi:10.1016/j.coviro.2011.06.009
27. Golkar Z, Bagasra O, Pace DG(2014) Bacteriophage therapy: a potential solution for the antibiotic resistance crisis.J Infect Dev Ctries 8(2):129-136.doi:10.3855/jidc.3573
28. Lewis R, Hill C(2019) Overcoming barriers to phage application in food and feed.Curr Opin Biotechnol 61: 38-44. doi: 10. 1016/j. copbio. 2019.09.018
29. Balogh B, Jones JB, Iriarte FB, Momol MT (2010) Phage therapy for plant disease control. Curr Pharm Biotechnol 11(1):48-57.doi:10.2174/138920110790725302
30. Ye M, Sun M, Huang D, Zhang Z, Zhang H, Zhang S, Hu F, Jiang X, Jiao W(2019) A review of bacteriophage therapy for pathogenic bacteria inactivation in the soil environment. Environ Int 129:488-496.doi:10.1016/j.envint.2019.05.062
31. Tagliaferri TL, Jansen M, Horz H-P(2019) Fighting Pathogenic Bacteria on Two Fronts: Phages and Antibiotics as Combined Strategy. Front Cell Infect Microbiol 9:22.doi:10.3389/fcimb.2019.00022
32. Hoggarth A, Weaver A, Pu Q, Huang T, Schettler J, Chen F, Yuan X, Wu M(2019) Mechanistic research holds promise for bacterial vaccines and phage therapies for Pseudomonas aeruginosa. Drug Des Devel Ther 13: 909-924.doi:10.2147/DDDT.S189847
33. Dini C, Bolla PA, de Urraza PJ(2016) Treatment of in vitro enterohemorrhagic Escherichia coli infection using phage and probiotics.J Appl Microbiol 121(1):78-88.doi:10.1111/jam.13124
34. Xia F, Li X, Wang B, Gong P, Xiao F, Yang M, Zhang L, Song J, Hu L, Cheng M, Sun C, Feng X, Lei L, Ouyang S, Liu Z-J, Li X, Gu J, Han W(2015) Combination Therapy of LysGH15 and Apigenin as a New Strategy for Treating Pneumonia Caused by Staphylococcus aureus.Appl Environ Microbiol 82(1):87-94.doi:10.1128/AEM.02581-15
35. Ackermann H-W(2009) Basic phage electron microscopy.Methods Mol Biol 501: 113-126. doi:10.1007/978-1-60327-164-6_12
36. Russell DA(2018) Sequencing, Assembling, and Finishing Complete Bacteriophage Genomes.Methods Mol Biol 1681: 109-125.doi: 10.1007/978-1-4939-7343-9_9
37. Jackman SD, Vandervalk BP, Mohamadi H, Chu J, Yeo S, Hammond SA, Jahesh G, Khan H, Coombe L, Warren RL, Birol I(2017) ABySS 2.0: resource-efficient assembly of large genomes using a Bloom filter.Genome Res 27(5):768-777.doi:10.1101/gr.214346.116
38. Luo R, Liu B, Xie Y, Li Z, Huang W, Yuan J, He G, Chen Y, Pan Q, Liu Y, Tang J, Wu G, Zhang H, Shi Y, Liu Y, Yu C, Wang B, Lu Y, Han C, Cheung DW, Yiu S-M, Peng S, Xiaoqian Z, Liu G, Liao X, Li Y, Yang H, Wang J, Lam T-W, Wang J(2012) SOAPdenovo2: an empirically improved memory-efficient short-read de novo assembler.Gigascience 1(1):18.doi:10.1186/2047-217X-1-18
39. Besemer J, Lomsadze A, Borodovsky M(2001) GeneMarkS: a self-training method for prediction of gene starts in microbial genomes.Implications for finding sequence motifs in regulatory regions.Nucleic Acids Res 29(12):2607-2618.doi:10.1093/nar/29.12.2607
40. Li L, Stoeckert CJ, Jr., Roos DS(2003) OrthoMCL: identification of ortholog groups for eukaryotic genomes. Genome Res 13(9):2178-

2189.doi：10.1101/gr.1224503

41. Tamura K，Peterson D，Peterson N，Stecher G，Nei M，Kumar S(2011) MEGA5：molecular evolutionary genetics analysis using maximum likelihood，evolutionary distance，and maximum parsimony methods. Mol Biol Evol 28 (10)：2731-2739.doi：10.1093/molbev/msr121
42. Taylor VL，Fitzpatrick AD，Islam Z，Maxwell KL(2019) The Diverse Impacts of Phage Morons on Bacterial Fitness and Virulence. Adv Virus Res 103：1-31.doi：10.1016/bs.aivir.2018.08.001
43. Liu B，Zheng D，Jin Q，Chen L，Yang J(2019) VFDB 2019：a comparative pathogenomic platform with an interactive web interface.Nucleic Acids Res 47(D1)：D687-D692.doi：10.1093/nar/gky1080
44. Jia B，Raphenya AR，Alcock B，Waglechner N，Guo P，Tsang KK，Lago BA，Dave BM，Pereira S，Sharma AN，Doshi S，Courtot M，Lo R，Williams LE，Frye JG，Elsayegh T，Sardar D，Westman EL，Pawlowski AC，Johnson TA，Brinkman FSL，Wright GD，McArthur AG(2017) CARD 2017：expansion and model-centric curation of the comprehensive antibiotic resistance database.Nucleic Acids Res 45 (D1)：D566-D573.doi：10.1093/nar/gkw1004
45. Bárdy P，Pantůček R，Benešík M，Doškař J (2016) Genetically modified bacteriophages in applied microbiology. J Appl Microbiol 121 (3)：618-633.doi：10.1111/jam.13207
46. Sagona AP，Grigonyte AM，MacDonald PR，Jaramillo A(2016) Genetically modified bacteriophages.Integr Biol(Camb) 8(4)：465-474. doi：10.1039/c5ib00267b
47. Raya RlR，H´Bert EM (2009) Isolation of Phage via Induction of Lysogens.Methods Mol Biol 501：23-32.doi：10.1007/978-1-60327-164-6_3
48. de Jonge PA，Nobrega FL，Brouns SJJ，Dutilh BE(2019) Molecular and Evolutionary Determinants of Bacteriophage Host Range. Trends Microbiol 27(1)：51-63. doi：10.1016/j.tim.2018.08.006
49. 刘玉庆 一种高通量筛选人畜共患病原菌噬菌体检测板及其应用.CN110656038A
50. Agboluaje M，Sauvageau D(2018) Bacteriophage Production in Bioreactors.Methods Mol Biol 1693：173-193. doi：10.1007/978-1-4939-7395-8_15
51. 宋新慧，商延，张庆，宋胜敏，柳林，由佳，朱应民，齐静，李璐璐，胡明，骆延波，张印，戴美学，刘玉庆(2018)噬菌体 vB_SalS_DZ 的生物学特性及对鸡沙门氏菌病的疗效.山东农业科学 50(07)：42-47
52. 丛聪，袁玉玉，渠坤丽，耿慧君，王丽丽，李晓宇，徐永平(2017)关于噬菌体实用保藏方法的研究进展.中国抗生素杂志 42 (09)：742-748
53. 金晓琳，张克斌，胡福泉(2001)噬菌体最佳保存方法探讨.第三军医大学学报(07)：863-864
54. Kamal F，Peters DL，McCutcheon JG，Dunphy GB，Dennis JJ(2019) Use of Greater Wax Moth Larvae(Galleria mellonella) as an Alternative Animal Infection Model for Analysis of Bacterial Pathogenesis. Methods Mol Biol 1898：163-171.doi：10.1007/978-1-4939-8940-9_13
55. Uchiyama J，Takemura-Uchiyama I，Matsuzaki S(2019) Use of a Silkworm Larva Model in Phage Therapy Experiments.Methods Mol Biol 1898：173-181.doi：10.1007/978-1-4939-8940-9_14
56. Jang H-J，Bae H-W，Cho Y-H(2019) Exploitation of Drosophila Infection Models to Evaluate Antibacterial Efficacy of Phages.Methods Mol Biol 1898：183-190. doi：10.1007/978-1-4939-8940-9_15
57. Kamal F，Radziwon A，Davis CM，Dennis JJ (2019) Duckweed(Lemna minor) and Alfalfa (Medicago sativa) as Bacterial Infection Model Systems.Methods Mol Biol 1898：191-198.doi：10.1007/978-1-4939-8940-9_16

58. Kropinski AM, Mazzocco A, Waddell TE, Lingohr E, Johnson RP (2009) Enumeration of bacteriophages by double agar overlay plaque assay. Methods Mol Biol 501: 69-76. doi: 10.1007/978-1-60327-164-6_7
59. Hyman P, Abedon ST (2009) Practical methods for determining phage growth parameters. Methods Mol Biol 501: 175-202. doi: 10.1007/978-1-60327-164-6_18
60. Wiggins BA, Alexander M (1985) Minimum bacterial density for bacteriophage replication: implications for significance of bacteriophages in natural ecosystems. Appl Environ Microbiol 49(1): 19-23
61. Payne RJ, Phil D, Jansen VA (2000) Phage therapy: the peculiar kinetics of self-replicating pharmaceuticals. Clin Pharmacol Ther 68(3): 225-230. doi: 10.1067/mcp.2000.109520
62. Seed KD (2015) Battling Phages: How Bacteria Defend against Viral Attack. PLoS Pathog 11(6): e1004847. doi: 10.1371/journal.ppat.1004847
63. 龚梦馨，孙庆惠，张茜茜，黄志伟，杨洪江(2019)路德维希肠杆菌噬菌体的分离及生物学特性.微生物学通报 46(11): 3040-3047
64. Wong CL, Sieo CC, Tan WS, Abdullah N, Hair-Bejo M, Abu J, Ho YW (2014) Evaluation of a lytic bacteriophage, Φst1, for biocontrol of Salmonella enterica serovar Typhimurium in chickens. International Journal of Food Microbiology 172: 92-101. doi: https://doi.org/10.1016/j.ijfoodmicro.2013.11.034
65. Dąbrowska K (2019) Phage therapy: What factors shape phage pharmacokinetics and bioavailability? Systematic and critical review. Med Res Rev 39(5): 2000-2025. doi: 10.1002/med.21572
66. Choi HS, Liu W, Misra P, Tanaka E, Frangioni JV (2007) Renal clearance of quantum dots. Nature Biotechnology 25(10): 1165-1170
67. Majewska J, Beta W, Lecion D, Hodyra-Stefaniak K, Kłopot A, Kaźmierczak Z, Miernikiewicz P, Piotrowicz A, Ciekot J, Owczarek B, Kopciuch A, Wojtyna K, Harhala M, Mąkosa M, Dąbrowska K (2015) Oral Application of T4 Phage Induces Weak Antibody Production in the Gut and in the Blood. Viruses 7(8): 4783-4799. doi: 10.3390/v7082845
68. Dąbrowska K, Miernikiewicz P, Piotrowicz A, Hodyra K, Owczarek B, Lecion D, Kaźmierczak Z, Letarov A, Górski A (2014) Immunogenicity studies of proteins forming the T4 phage head surface. J Virol 88(21): 12551-12557. doi: 10.1128/JVI.02043-14

第 1 部分

基础噬菌体学

1 水和土壤中噬菌体的富集

- 1.1 引言
- 1.2 材料
- 1.3 方法
- 1.4 注释

摘要

由 Sergius Winogradsky（1856—1953）和 Martinus Beijerinck（1851—1931）设计的富集细菌的经典方法，稍作修改后可以用来富集细菌的特异性病毒。本章介绍了从水样（例如，污水和土壤）中富集噬菌体的方法。

关键词： 富集，土壤，污水，芽孢杆菌，假单胞菌，肠道，富集偏好，滤膜，水

1.1 引言

噬菌体是地球上最丰富的生命形式。它们在细菌生态学、适应新环境、细菌进化[1~5] 和发病机制[6] 中发挥着重要作用。噬菌体常见于土壤中，利用直接计数的方法，发现每克土壤[7,8] 中有 10^7～10^9 个。病毒在淡水和海水中非常丰富，每毫升大约 10^7 个[9~13]。全球估计为 10^{31} 个。然而，有时很难直接分离出特定的噬菌体，因此通常需要富集程序。但缺点是噬菌体的多样性将被限制，因为任何富集方案都会导致偏倚，即在实验条件下最有效繁殖的噬菌体占优势[14]。

本章将介绍在研究生研究阶段和本科实验室练习阶段成功使用的简单富集技术。例如，其在英属哥伦比亚大学（加拿大温哥华）、女王大学（加拿大安大略省金斯顿）和圭尔夫大学（加拿大安大略省）得到了有效利用。除了基本的富集程序之外，还将介绍由 Francisco Lucena 在巴塞罗那大学（西班牙）的团队开发的一项新技术，该技术已经广泛地用于噬菌体生态学研究[15~17]。

污水处理厂是分离噬菌体的理想地点。由于污水处理厂具有不同的生态系统，包括原始输入污水，以及好氧和厌氧消化罐，因此富含大量的细菌。其他来源包括池塘、湖泊、河流或海洋水域。

1.2 材料

1.2.1 收集材料

① 将收集的土壤样品放入无菌瓶中。

② 收集1L的池水、池底沉淀物、污水等样品，放入无菌锥形瓶或旋盖瓶中（注释①）。取样时最好使用钉在长杆上的罐子或宽颈塑料罐。由于大雨会稀释污水，因此建议在大雨过后几天取水样。

1.2.2 从水体中富集噬菌体

① 离心机（如Beckmann Avanti系列离心机，转子能容纳50～250mL样品）。

② 无菌的2×LB或2×TSB肉汤，均添加2mmol/L $CaCl_2$。储存在100mL或500mL无菌耐热玻璃瓶中备用。

③ 125mL无菌锥形瓶。

④ 用5～10mL 1×LB或TSB过夜培养的宿主菌。

⑤ 添加1mmol/L $CaCl_2$ 的LB或TSB的琼脂板。

1.2.3 滤膜吸附-洗脱法浓缩水样中噬菌体

① 离心机（如Beckmann Avanti系列离心机，转子能容纳50～250mL样品）。

② 固体 $MgSO_4$ 试剂。

③ 0.22μm（直径为47mm）混合纤维素酯GSWP过滤器（Millipore Corp.；Billerica，MA；http：//www.millipore.com/；cataloguenumber：GSWP04700）。

④ 洗脱液：10～30g/L Bacto浓缩牛肉汁，3%（体积分数）聚山梨酯80（吐温80，Sigma-Aldrich St. Louis，MO；http：//www.sigmaaldrich.com），50mmol/L氯化钠。

⑤ 超声波洗净槽。

⑥ 用5～10mL单倍剂量的LB或TSB肉汤过夜培养的宿主菌。

1.2.4 土壤环境中噬菌体的富集

① 无菌TSB肉汤。

② 15mL无菌塑料管（Falcon）。

③ 台式离心机。

④ 用5～10mL TSB肉汤过夜培养的宿主菌。

1.2.5 快速纯化噬菌体的基础程序

① LB或TSB琼脂平板（添加1mmol/L $CaCl_2$）。

② 用5～10mL LB或TSB肉汤过夜培养的宿主菌。

③ 装有3mL上层培养基（TSB或LB：含有1mmol/L $CaCl_2$，0.6%的琼脂）的试管。

1.3 方法

1.3.1 浓缩

① 使用离心机以10000*g*离心污水悬浮液10min，以除去颗粒。利用快速分裂的细菌培养物（包括肠内细菌、假单胞菌、芽孢杆菌）可以直接富集上清液；另外，也可以通过0.2μm低蛋白结合膜过滤器[Millipore Express（PES）或Durapore（PVDF），Pall-Gelman Supor膜（PES）及What-man无机氧化铝膜]进行过滤。已报道的低蛋白结合膜

材料一般为聚四氟乙烯、聚丙烯、聚碳酸酯、聚砜和醋酸纤维素。

② 向上清液中加入几毫升氯仿，用玻璃瓶或耐溶剂塑料瓶在4℃储存。

③ 对于需氧宿主，用移液器吸取10mL无菌2×TSB肉汤（含2mmol/L $CaCl_2$）加入125mL锥形瓶中，并加入10mL澄清（和过滤）的污水（注释②、③和④）。

④ 用0.1mL所需宿主菌的过夜培养液接种到锥形瓶中，并在适当的生长温度下温和振荡（50r/min）培养。

⑤ 培养24～48h后，将锥形瓶培养物10000*g* 离心10min。将上清液装入旋盖瓶或一系列带盖试管中。注意：如果不使用过滤的污水，则经过澄清的污水中存在的细菌芽孢将萌发生长，并且在孵育48h后，会散发出很臭的味道。

⑥ 按照一般规程，在澄清的原裂解物中添加约0.5mL氯仿，摇匀并在4℃储存（注释⑤）。

1.3.2 噬菌体富集试验

在富集阶段，建议利用宿主细菌的菌液进行斑点试验，来验证是否含有宿主细菌的噬菌体。可以通过以下方式实现。

① 用添加 Ca^{2+} 的培养基琼脂平板，在其表面上涂布一圈宿主细菌。

② 待液体干燥后，将5μL的澄清浓缩物滴在条带上，培养过夜，观察细菌裂解区域（图1-1）。

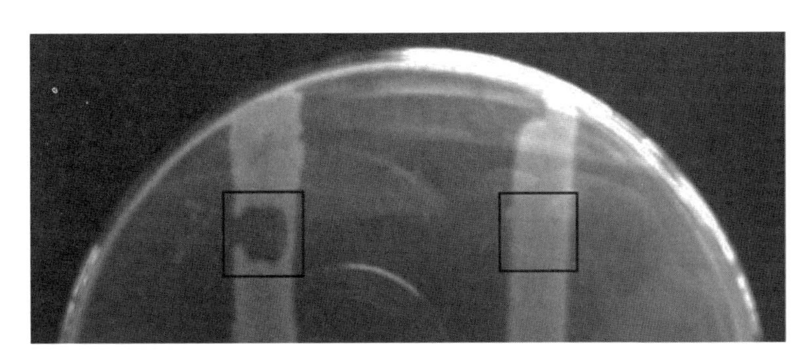

图1-1 噬菌体斑点试验

在细菌条带（左方框区域）上进行噬菌体斑点试验。右边为对照：将肉汤接种到条纹上。

图片由Erika J. Lingohr（PHAC-LFZ）提供

1.3.3 利用滤膜吸附和洗脱富集水样中浓缩噬菌体[16]

① 以10000*g* 的转速离心水样10min，以除去大颗粒和细菌。

② 加入50mmol/L固体 $MgSO_4$。

③ 使用0.22μm（直径为47mm）混合纤维素酯GSWP过滤器缓慢过滤水样。

④ 将滤膜切成若干块，放入装有5mL洗脱液的烧瓶中。

⑤ 在超声波洗槽中放置4min以帮助洗脱病毒。

⑥ 这种物理方法富集的制备物可以直接使用或利用1.3.5节所述的“基础程序”进行加工。

1.3.4 以芽孢杆菌为模式菌富集土壤中的噬菌体

① 收集至少5g的土壤置于无菌容器中，注意记录土壤的来源和性质［潮湿或干燥、质

地（粗、中、细）和类型（黏土、壤土、沙子、堆肥）；注释⑥、⑦和⑧]。

② 称取 0.5g 土壤，加入 15mL 无菌离心管中。向样品中加入 4.5mL 的 TSB（1∶10 稀释液），混合均匀（注释⑨和⑩[1]）。

③ 在室温下孵育至少 1h，使游离噬菌体悬浮在液体成分中。在孵育期频繁倒置试管，以破坏颗粒物质，从而使噬菌体分布在整个溶液中。

④ 在台式离心机中以全速离心样品 5min。

⑤ 可以按照步骤③的操作进行，或者按以下步骤分离芽孢杆菌噬菌体。

⑥ 将 3mL 上清液加到 15mL 无菌离心管中，接种 0.1mL 过夜培养的芽孢杆菌。

⑦ 在 30℃摇瓶中过夜培养，使细菌生长和富集特异性噬菌体。

⑧ 过夜浓缩后，以 1000*g* 离心 10min，然后小心地将上清液加到另一个含有氯仿的无菌管中。在试管上贴上标签，并在 4℃下储存。

⑨ 富集之后，测定噬菌体悬浮液效价。或者挑选单个噬菌斑，在新鲜的培养基中再次悬浮、稀释，然后进行平板试验以测定效价。

1.3.5 噬菌体纯化的基本程序

① 将分离良好的噬菌体颗粒重新悬浮在 1mL 无菌肉汤中。

② 在 LB 或 TSB 琼脂平板（添加 1mmol/L $CaCl_2$）上划线（和分离细菌的单菌落方法相似），将平板在室温下干燥。

③ 制备包含宿主细胞的上层覆盖物，将其从含有噬菌体颗粒稀释程度最高的区域开始倾倒在平板表面，并使其扩散至主要接种区域。

④ 上层覆盖物凝固（15min）并过夜培养后，将清晰地看到单个分离良好的斑点。

1.4 注释

① 建议在采集样品时，应注意样品的采集方式，不能污染储存容器或感染收集样品的人。注意：未处理的污水中肯定含有人体病原菌。

② 对于上面列出的细菌，使用 LB 肉汤或 TSB 培养基效果较好。对于没有提到的细菌，建议首先使用推荐的培养基来培养宿主细菌，参见美国模式菌种保存中心（ATCC，http://www.atcc.org/Home.cfm）或者德国微生物和细胞培养中心（DSMZ，http://www.dsmz.de/）。

③ 许多噬菌体需要 1～10mmol/L 的二价离子（Ca^{2+} 或 Mg^{2+}）来附着，或帮助其生长[18～20]。在处理噬菌体混合物或未鉴定的噬菌体时，适宜在培养基中加入 1～2mmol/L 的 Ca^{2+}。

④ 含脂质的噬菌体［囊状噬菌体科（ϕ6），覆盖噬菌体科（PM2），原质噬菌体科（L2），和复层噬菌体科（PRD1）］将被这种处理方式灭活。此外，病毒科的某些成员虽然缺乏脂质，但也对溶剂敏感，可以将初级裂解液过滤除菌。

⑤ 与污水样品类似，尽量不要在大雨过后立即收集土壤样品。实验室的经验是，潮湿的土壤作为芽孢杆菌噬菌体的来源远不如干燥的土壤。事实上，已经公开使用了 5 年以上的土壤是后备资源。我们发现，如果将新收集的土壤在 37℃下干燥过夜，将显著提高富集的

---

[1] 英文原稿无⑩。

成功率。

⑥ 为了便于发表文章，您可能需要咨询土壤专家，以严格评估您使用的土壤样本类型。

⑦ 土壤类型不同，病毒粒子的绝对数量可相差 5 倍，森林土壤的病毒粒子数量比农业土壤多[7]。

⑧ Williamson 等[7,8] 评估了多种溶液对噬菌体从土壤中释放的效果。这些溶液包括使用 0.05mol/L 磷酸二钠-5.7mmol/L-水柠檬酸（pH 9.0）溶解的 10%牛肉提取物；1%柠檬酸钾-5.4mmol/L $Na_2HPO_4 \cdot 7H_2O$-1.8mmol/L KH_2PO_4（pH 7）。其他洗脱剂包括水[21]、5～10mmol/L 焦磷酸钠（pH 7.0）[8,22,23]、胰蛋白胨豆汤（pH 9.0）[13]。此外，有机基础溶液比无机基础溶液效果更好。

⑨ 虽然许多方案要求使用涡旋式混合器或超声波进行强力混合处理，但这种方法可能会损坏许多较大的病毒颗粒。因此，建议通过反复倒置的方式进行混合。

参考文献

1. Daubin, V. and H. Ochman. 2004. Bacterial genomes as new gene homes: the genealogy of ORFans in *E. coli*. Genome Research *14*:1036–1042.
2. Miao, E.A. and S.I. Miller. 1999. Bacteriophages in the evolution of pathogen-host interactions. Proceedings of the National Academy of Sciences of the United States of America *96*:9452–9454.
3. Ai, Y., F. Meng, and Y. Zeng. 2000. The evolution of pathogen-host interactions mediated by bacteriophages. Wei Sheng Wu Hsueh Pao – Acta Microbiologica Sinica *40*: 657–660.
4. Dobrindt, U. and J. Reidl. 2000. Pathogenicity islands and phage conversion: evolutionary aspects of bacterial pathogenesis. Ijmm International Journal of Medical Microbiology *290*:519–527.
5. Canchaya, C., G. Fournous, S. Chibani-Chennoufi, M.L. Dillmann, and H. Brussow. 2003. Phage as agents of lateral gene transfer. Current Opinion in Microbiology *6*: 417–424.
6. Sakaguchi, Y., T. Hayashi, K. Kurokawa, K. Nakayama, K. Oshima, Y. Fujinaga, M. Ohnishi, E. Ohtsubo, et al. 2005. The genome sequence of *Clostridium botulinum* type C neurotoxin-converting phage and the molecular mechanisms of unstable lysogeny. Proceedings of the National Academy of Sciences of the United States of America *102*: 17472–17477.
7. Williamson, K.E., M. Radosevich, and K.E. Wommack. 2005. Abundance and diversity of viruses in six Delaware soils. Applied & Environmental Microbiology *71*:3119–3125.
8. Williamson, K.E., K.E. Wommack, M. Radosevich, K.E. Williamson, K.E. Wommack, and M. Radosevich. 2003. Sampling natural viral communities from soil for culture-independent analyses. Applied & Environmental Microbiology *69*:6628–6633.
9. Rohwer, F. 2003. Global phage diversity. Cell *113*:141.
10. Breitbart, M., L. Wegley, S. Leeds, T. Schoenfeld, and F. Rohwer. 2004. Phage community dynamics in hot springs. Applied & Environmental Microbiology *70*: 1633–1640.
11. Filee, J., F. Tetart, C.A. Suttle, H.M. Krisch, J. Filee, F. Tetart, C.A. Suttle, and H.M. Krisch. 2005. Marine T4-type bacteriophages, a ubiquitous component of the dark matter of the biosphere. Proceedings of the National Academy of Sciences of the United States of America *102*:12471–12476.
12. Kepner, R.L., Jr., R.A. Wharton, Jr., and C.A. Suttle. 1998. Viruses in Antarctic lakes. Limnology & Oceanography *43*:1754–1761.
13. Paul, J.H., J.B. Rose, S.C. Jiang, C.A. Kellogg, L. Dickson, J.H. Paul, J.B. Rose, S.C. Jiang, et al. 1993. Distribution of viral abundance in the reef environment of Key Largo, Florida. Applied & Environmental Microbiology *59*:718–724.
14. Dunbar, J., S. White, and L. Forney. 1997. Genetic diversity through the looking glass: Effect of enrichment bias. Applied & Environmental Microbiology *63*:1326–1331.
15. Mendez, J., A. Audicana, M. Cancer, A. Isern, J. Llaneza, B. Moreno, M. Navarro, M.L. Tarancon, et al. 2004. Assessment of drinking water quality using indicator bacteria and bacteriophages. Journal of Water & Health *2*:201–214.
16. Mendez, J., A. Audicana, A. Isern, J. Llaneza, B. Moreno, M.L. Tarancon, J. Jofre, F. Lucena, et al. 2004. Standardised evaluation of the performance of a simple membrane filtration-elution method to concentrate bacteriophages from drinking water. Journal of Virological Methods *117*:19–25.
17. Lucena, F., F. Ribas, A.E. Duran, S. Skraber, C. Gantzer, C. Campos, A. Moron, E. Calderon, et al. 2006. Occurrence of bacterial

indicators and bacteriophages infecting enteric bacteria in groundwater in different geographical areas. Journal of Applied Microbiology *101*:96–102.

18. Haberer, K. and J. Maniloff. 1982. Adsorption of the tailed mycoplasma virus L3 to cell membranes. Journal of Virology *41*:501–507.
19. Landry, E.F. and R.M. Zsigray. 1980. Effects of calcium on the lytic cycle of *Bacillus subtilis* phage 41c. Journal of General Virology *51*:125–135.
20. Mahony, D.E., P.D. Bell, and K.B. Easterbrook. 1985. Two bacteriophages of *Clostridium difficile*. Journal of Clinical Microbiology *21*:251–254.
21. Ashelford, K.E., M.J. Day, and J.C. Fry. 2003. Elevated abundance of bacteriophage infecting bacteria in soil. Applied & Environmental Microbiology *69*:285–289.
22. Danovaro, R., E. Manini, and A. Dell'Anno. 2002. Higher abundance of bacteria than viruses in deep Mediterranean sediment. Applied & Environmental Microbiology *68*:1468–1472.
23. Danovaro, R., A. Dell'Anno, M. Serresi, and S. Vanucci. 2001. Determination of virus adundance in marine sediments. Applied & Environmental Microbiology *67*:1384–1387.

2 环境样品中噬菌体的分离方法

▶ 2.1 引言
▶ 2.2 材料
▶ 2.3 方法
▶ 2.4 注释

摘要

噬菌体在水、土壤和沉积物的微生物生态系统中无处不在且非常丰富。在几乎所有水生和多孔介质环境（土壤和沉积物）的报告中，噬菌体丰度比同时发生的宿主种群高10～100倍。利用宏基因组对DNA序列分析发现，当前的数据是正确的，即噬菌体是地球上无数未知基因的最大储存库。利用显微镜和分子遗传学工具证明噬菌体是微生物生态系统的动态组成部分至关重要，这些微生态系统能够显著影响其宿主种群数量的生产力和种群生物学。而且，这些方法描述和限制了噬菌体群落的巨大遗传多样性。将与培养无关的方法应用于噬菌体生态学中，关键的第一步是从环境样品中获得噬菌体浓缩物，从而以足够高的丰度检测到噬菌体。本章详细介绍了从水、土壤和水生沉积物样品中分离和浓缩噬菌体的方法。

关键词： 浮游动物，病毒浓缩液，洗脱液，超滤液，切向流，微孔滤膜

2.1 引言

从 Anton van Leeuwenhoek 发明第一台显微镜开始[1]，我们对生物世界的理解最显著的变化是能直接观察环境样品中的微生物。大约在20世纪40年代，人们才意识到海洋中细菌的巨大多样性和生物地球化学的重要性，并于1977年首次报道了准确的直接计数方法[2]。这一发现也突出了基于培养方法的不足之处，从环境样本（水、土壤或沉积物）直接获得的细菌数量通常超出相应培养数量（菌落形成单位或最可能的数量）100～1000倍，这一现象被称为“平板计数大异常”[3]，是应用敏感分子遗传工具研究细菌多样性和生态学的重要推动力。

噬菌体由于体积小，已成为使用直接观察法检查的最后一种微生物。对水样中的噬菌体进行准确的直接计数显示，噬菌体是地球上最丰富的微生物[4]。在大多数水生环境中，噬菌体的数量通常在每毫升10^4～10^8个，通常比同期的细菌多10倍[5,6]。虽然水生环境的研究首次指出了微生物生态系统中噬菌体的普遍存在性，但与土壤和水体沉积物相比，水生噬

菌体的丰度相形见绌。有关对土壤中噬菌体直接计数的首次报道出现在十几年前[7,13]。在迄今检测的少量土壤样本中，病毒丰度范围为每克干重土壤含有 $10^8 \sim 10^9$ 个噬菌体，在湿润的林地土壤中丰度最高，但在集约化管理的农业土壤中丰度较低[7]。直接对水生沉积物中的噬菌体进行计数，结果发现每毫升沉积物中噬菌体含量大约为 10^9 个，噬菌体丰度比土壤中多 10～100 倍。在水生沉积物中观察到的最低噬菌体丰度大致等于土壤中最高的噬菌体丰度。在富含有机质的河口沉积物中，噬菌体丰度接近每毫升 10^{11} 个，沉积物间隙水中噬菌体丰度占总丰度的 1%或更少[14,16]❶。

尽管在水生和多孔介质环境中存在大量的噬菌体，但将显微镜和分子遗传工具应用于病毒生态学研究，通常需要提取噬菌体颗粒并将其浓缩。因为群落生态学（生态关系）研究的理想目标是，以同等的效率对一个群落的所有成员进行检测，所以选择的方法应尽量最大限度地减少噬菌体浓缩过程中的人为偏差，并提供不含污染物的样本，因为污染物会干扰显微镜观察或分子基因检测。因此，利用吸附-洗脱的传统方法培养环境样品中噬菌体[8]，在很大程度上不适用于非培养的噬菌体生态学研究。鉴于此，提出了从水、土壤和沉积物样品中获取噬菌体浓缩物的方法，随后可用于透射电子和荧光显微镜以及各种分子遗传学分析。

2.2 材料

2.2.1 大规模水样切向流过滤系统

① 20L 和 50L 带盖的聚丙烯瓶（Nalgene）。

② 直径为 9.5mm 的药物医学蠕动泵管（Cole-Parmer 仪器公司；Vernon Hills，IL；http：//www.coleparmer.com/）。

③ 直径为 9.5mm 的聚乙烯管，用于连接过滤器、泵和储液槽之间的管道（Nalgene；Nalge Nunc International；Rochester，NY；http：//www.nalgenunc.com/）。

④ 筒式沉淀物过滤器由线绕聚丙烯纤维（Kenmore，Sears，Roebuck&Co. HoffmanEst.，Il）制成，能够去除直径>25μm 的颗粒。

⑤ 筒式沉淀物过滤器的过滤器外壳。

⑥ 蠕动泵能够为 $0.85m^2$ 超滤膜提供足够的横流（如 M12，Millipore，Corp. Bedford，MA）。

⑦ $0.5m^2$、0.22μm 的 Pellicon 微孔切向流膜（Millipore，Corp.；Billerica，MA；http：//www.millipore.com/）。

⑧ $0.85m^2$ Helicon S10 截留分子量（MWCO）30kDa 的超滤柱（Millipore，Corp.）。

2.2.2 小规模水样切向流超滤

① 2L 和 500mL 带盖小型聚丙烯瓶（Nalgene）。

② 直径为 6.4mm 的药物医学蠕动泵管（Cole-Parmer）。

③ 直径为 6.4mm 的聚乙烯管，用于连接过滤器、泵和储液槽之间的管道（Nalgene）。

④ 蠕动泵能够为 $0.1m^2$ 超滤膜（Cole Parmer）提供足够的横流。

⑤ $0.1m^2$ 分子截留超滤滤芯（Millipore，Corp.）。

---

❶ 文献出现顺序与中文书稿格式不一致，是因为完全依据英文原稿格式。

⑥ 秒表。

⑦ 1L 或 2L 的量筒。

2.2.3 水样中噬菌体浓缩物的后处理

① 60mL 无菌鲁尔（luer）锁定注射器（Becton Dickenson；Franklin Lakes，NJ；http：//www.bd.com/）。

② 0.22μm 无菌鲁尔锁定滤筒式过滤器，例如 Sterivex（Millipore Corp.）。

③ 50mL 锥形无菌聚丙烯离心管。

④ 配备 30kDa MWCO 超滤膜的 Centri-prep 80 离心超滤管（Millipore，Corp.）。

⑤ 低速台式离心机，带有可容纳 250mL 样品的转子。

2.2.4 提取：土壤

① 柠檬酸钾（1%），每升：10g$K_3C_6H_5O_7 \cdot H_2O$（Fisher）；1.44g$Na_2HPO_4 \cdot 7H_2O$（Fisher）；0.24g KH_2PO_4（Fisher）；pH 7。

② Branson185 超声发生器（Branson Ultrasonics Corp.；Danbury，CT；http：//www.bransonultrasonics.com/）。

③ 低速台式离心机。

④ 冰桶。

⑤ 50mL 无菌锥形聚丙烯离心管。

2.2.5 提取：水生沉积物

① 焦磷酸钠 10mmol/L 和 EDTA 5mmol/L。

② 拉链式塑料袋。

③ 可容纳 50mL 离心管的涡旋混合器。

④ 0.22μm Sterivex（Millipore，Corp.）过滤器。

⑤ 15mL 和 50mL 无菌聚丙烯锥形离心管。

⑥ 10mL 鲁尔锁定注射器。

⑦ 低速台式离心机。

2.3 方法

由于样品之间存在物理差异，因此从水、土壤和沉积物样品中浓缩噬菌体颗粒的方法不同。虽然在许多水生环境中噬菌体丰度超过 10^6 个/mL，但即使是组合中最丰富的菌株，其分离效率也<1%[9]。因此，为了获得足够的材料用于下游分子遗传学分析（例如，菌群分析和宏基因组分析）和培养，必须有丰度大于 100 倍的噬菌体颗粒。从水样中回收和浓缩噬菌体需要使用截留值至少为 100kDa 或更小的超滤膜。通常，将 30kDa 截留分子量过滤器与切向过滤（TFF）结合使用，该过滤方法可最大限度地减少过滤器堵塞。在 TFF 中，过程流体（水样）切向穿过过滤器，同时施加了较小的跨膜压力以推动水和较小的溶质通过滤膜孔。尽管在水样的保留部分中颗粒浓度>100 倍，循环水样的切向流动仍可防止过滤器堵塞。TFF 技术细节可以从 Millipore 公司[10] 的技术简介 #32 中找到。几家制造商提供了 TFF 膜，适用于浓缩水样中的噬菌体。本文详细介绍了预过滤与噬菌体浓缩过滤器以及设备的特定组合，在从海水样品中回收和浓缩噬菌体方面效率为50%～80%[11]。如将这些方法应用于其他制造商的过滤器和超滤膜，需要测试以确定适当的运行条件，以最大限度地提高浓缩效率。从大量水样品（>20L）中浓缩噬菌体颗粒的过程分为6个步骤：①预过滤去除直径大于25μm的颗粒和细胞；②通过0.22μm微孔滤膜进行切向流过滤，去除细菌；③使用大容量（0.85m^2）30kDa MWCO切向过滤膜将噬菌体浓缩至2L；④使用小型（约0.1m^2）30kDa MWCO TFF膜将样品体积浓缩至250mL；⑤使用0.22μm注射过滤器对噬菌体浓缩物进行过滤除菌；⑥使用超滤离心柱将噬菌体浓缩至大约2mL。

从土壤或水生沉积物样品中获得噬菌体颗粒样品，需要将噬菌体颗粒从多孔介质中提取到缓冲溶液中。理想情况下，缓冲溶液通过破坏病毒和多孔介质之间的静电和疏水作用来竞争和驱除沉积物颗粒中的噬菌体[12]。因此，蛋白质缓冲液，如10%牛肉提取物，有利于从土壤和水生沉积物中回收噬菌体。但牛肉提取物溶液中提取的噬菌体颗粒的样品与许多下游分析（尤其是荧光显微镜）不兼容[13]。因此，最好使用中性pH的缓冲盐溶液（如柠檬酸钾或焦磷酸钠）及物理破坏方法（如超声处理或涡旋混合）从多孔介质样品中洗脱噬菌体颗粒。通过洗脱和物理破坏方法，只需一次就可以从土壤[7]或水生沉积物[16]样品中提取60%～70%的噬菌体。提取后，将噬菌体悬浮液过滤除菌。如需超纯样品，则可以在超速离心机中按照既定程序，使用CsCl溶液梯度浓度法进一步浓缩和分离悬浮液中的噬菌体[15]。由于土壤和沉积物中噬菌体丰度很高，通常在显微镜或分子遗传学分析之前，不需要进一步浓缩噬菌体颗粒。

2.3.1 大规模（>20L）水样品中噬菌体的浓缩

① 将20～50L水样通过缠绕聚丙烯纤维的沉淀物过滤器进行预过滤，该聚丙烯纤维能够去除直径大于25μm的颗粒（注释①）。这些过滤器是商业化的家用水过滤装置。通过隔膜泵或蠕动泵将水样泵入过滤器中，然后收集到适当大小的玻璃瓶中。

② 在填充前，用几升25μm滤膜预过滤的水冲洗设备。灌装前，用滤液冲洗所有玻璃瓶3次。

③ 通过聚乙烯管线将0.22μm 0.5m^2的Pellicon TFF过滤器连接到截留和渗透端口。从玻璃瓶到蠕动泵头和截留端口之间的管是进液管，而从另一个截留端口回到玻璃瓶的管是回液管。蠕动泵头内的进液管路部分应该由同样大小的PharMed管代替，它可以长期蠕动。由于Pellicon滤筒中的切向流没有设定方向，因此Pellicon外壳上的截留端口可以用作进液口或回流口。渗透管是从Pellicon过滤器外壳的渗透端口到收集0.22μm孔径过滤水的玻璃瓶的一段管道。大型TFF系统的管道示意图如图2-1所示。

④ 由于TFF是基于压力过滤，所以蠕动流动的方向是从水样流向过滤器。

⑤ 关闭渗透控制阀，以10%的低泵速开始泵送25μm过滤水通过Pellicon过滤器，并将蠕动泵头的扬程设置为5。继续低速泵送，直到管道和过滤器完全充满并且所有空气完全排出为止。如果有必要的话，可升高进液管和回液管以协助排出空气。一旦系统完全启动，将咬合设置调回3，以减少对PharMed管道的磨损。

⑥ 慢慢将泵速提高到45%，打开渗透阀，使截留与渗透流量比为2∶1。在给定的时间内收集渗透液和截留液来确定相对流速。相同时间内，收集的当从截留液水量是渗透液水量的2倍时，即达到2∶1的流量比。

⑦ 随着切向流过滤的进行，细菌和直径在0.22～25μm之间的颗粒将被截留在Pellicon过滤器中。Pellicon过滤渗透液中包括病毒和小于0.22μm的溶质。

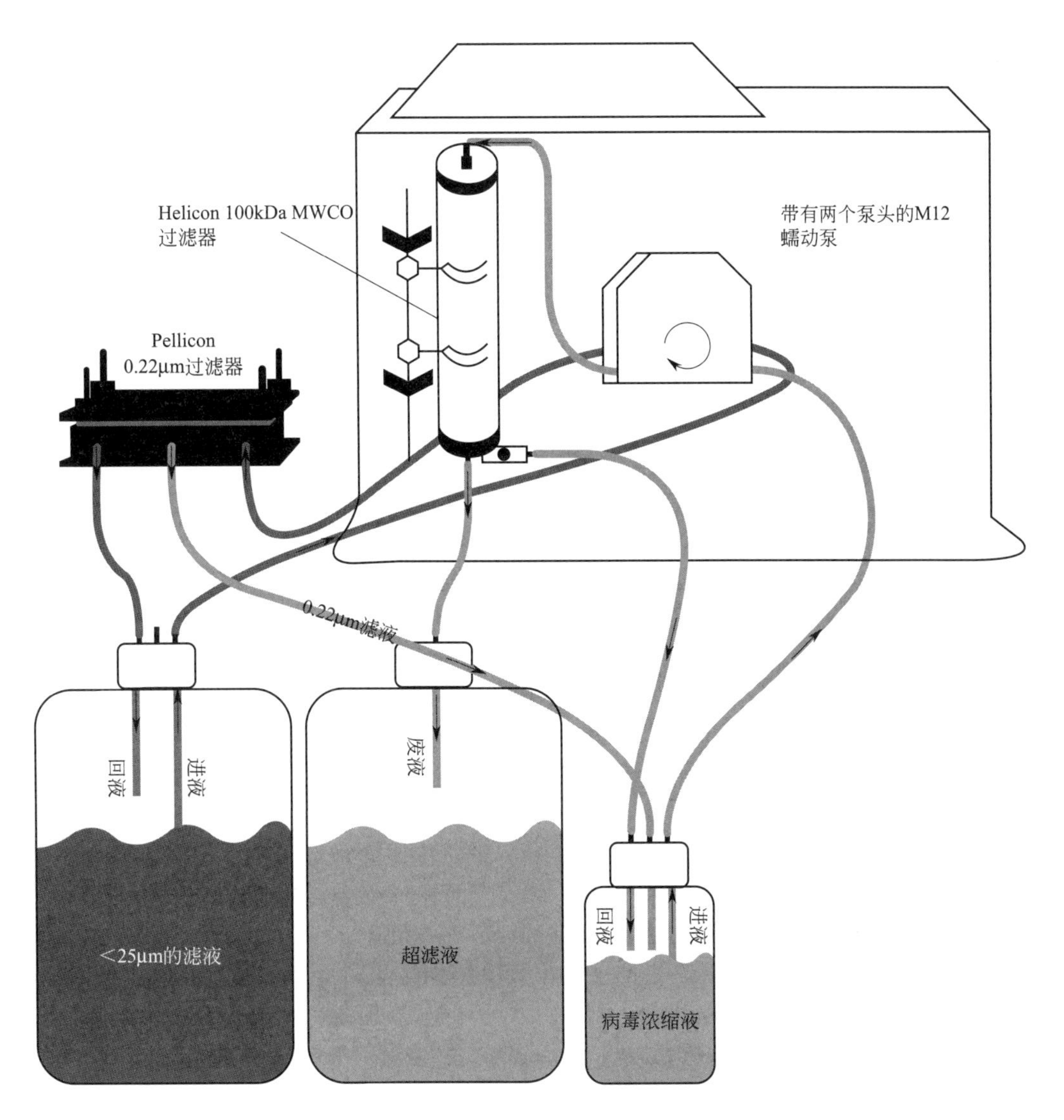

图 2-1 用于水样病毒浓缩的 TFF 过滤装置原理

⑧ 一旦获得至少 20L 0.22μm 过滤水，就可以开始使用 TFF 浓缩噬菌体颗粒。在一个泵上同时使用两个蠕动泵头运行 Pellicon 过滤器和 0.85m^2 Helicon S10 30kDa MWCO 超滤芯。

⑨ 在将泵速降低到 10%后停止，在步骤③中用与 Pellicon 类似的方式对超滤芯的进液管和回液管进行连接。

⑩ 打开渗透控制阀，将泵头上的旋钮设置为 5，以便对管线和 Helicon 滤芯进行预热。启动泵设置在 10%的低档位，然后提高到 20%，以填补滤筒和驱逐空气。滤筒一旦装满并排出所有空气，将咬合旋钮调整回 3。

⑪ 缓慢将泵速提高到 45%，然后慢慢减小渗透控制阀，直到截留液与渗透液流量比为 3∶1。

⑫ 病毒和溶解的溶质大小在 30kDa 至 0.22μm 之间，将浓缩在 Helicon 过滤器截留液中。Helicon 过滤器的渗透液实际上不含病毒。

⑬ 将1L无噬菌体的渗透液收集在2L塑料瓶中，以便随后冲洗Helicon过滤器。

⑭ 将剩余的无噬菌体渗透液装在50L的玻璃瓶中，用于后续清洗TFF过滤器。

⑮ 继续进行TFF过滤，直到滤筒的截留液水平接近过滤系统的最小截留体积（大约1L）。不要让过滤器过干或冒泡。打开渗透阀，将泵的转速降低到10%，然后停止。从蠕动泵头上打开进液管，让Helicon滤芯和管线完全排干。将1L噬菌体浓缩物于4℃环境中储存。

⑯ 将进液管、回液管和渗透液管放入之前收集的1L体积的无噬菌体渗透液中。将进液管放回蠕动泵头，咬合设置为5，泵转速为10%，将主要的管路和过滤器中的全部空气排出。

⑰ 以30%泵速将无噬菌体渗透液通过Helicon过滤器再循环约5min。在此过程中避免空气过量而起气泡。

⑱ 将泵速降至10%，停止泵液，打开泵头，将所有管路排入2L无噬菌体渗透冲洗瓶中。

⑲ 将1L冲洗水加入1L噬菌体浓缩物中。将噬菌体浓缩物在4℃储存，直到进行进一步的TFF浓缩。

⑳ 首先使用25L无噬菌体渗透液在至少45%的泵速设置下冲洗Pellicon过滤器。在初始洗涤之后，使用约25L反渗透液或蒸馏水清洗。冲洗不是通过再循环来实现的，而是通过将回流和渗透管线导向废液来实现的。在洗涤过程中，反转切向流的方向到2×，以协助漂洗。不要排干过滤器，反而要夹紧管道以保持滤筒充满超纯水。

㉑ 用类似的方式清洗Helicon滤筒；但是，在过滤器中，气流的方向不能反转。将滤筒装满超纯水，持续2天（注释④）。

2.3.2 小规模（小于2L）水样品中噬菌体浓度的研究

① 在处理小规模水样品时，通过0.22μm过滤器过滤去除细菌和小颗粒，可以直接使用Helicon过滤器中的噬菌体浓缩物，从而省略预过滤的步骤。

② 由于Prep-Scale过滤器的流向是固定的，因此进行与Helicon过滤器类似的垂直过滤。打开渗透阀，并缓慢提高泵速，将空气从过滤器中排出。一旦泵速达到1L/min，缓慢关闭渗透阀，直到截留液与渗透液的比例达到3∶1，并从渗透管中平稳滴出。

③ 将100mL无病毒渗透液收集在250mL或500mL聚碳酸酯瓶中。

④ 一旦截留液的体积接近Prep-Scale过滤器和管路的最小截留体积（约100mL），打开渗透控制阀，并将泵速减慢直到完全停止。从蠕动泵头上卸下输送管，并排干系统，就得到噬菌体浓缩样品。

⑤ 从含有无噬菌体渗透液的聚碳酸酯瓶中运行进料、截留和渗透管线。灌注无噬菌体渗透液约5min，然后冲洗Prep-Scale过滤器，避免过量的气泡通过样品。

⑥ 排干过滤器，把步骤④中的噬菌体浓缩物和漂洗水收集在一起，最后的体积约为300mL。

⑦ 为了确保噬菌体浓缩物无菌，使用带有0.22μm滤膜的注射器过滤，防止细菌污染。

⑧ 使用大约2L无噬菌体渗滤液冲洗Prep-Scale过滤器，随后用4L超纯水冲洗。

⑨ 如果超过2天或更长时间不使用滤芯，则应按照制造商的说明清洁滤膜。必须注意确保清洗和储存溶液与过滤膜兼容。使用5～10次后，根据制造商的指示测试过滤器的完整性。

2.3.3 水体沉积物中噬菌体的提取和洗脱

① 如果仅用于提取噬菌体，可立即处理沉积物样品或储存在−20℃。

② 低速离心选择性地去除孔隙水，对描述沉积物噬菌体群落特性是必需的。在河口沉积物中，孔隙水噬菌体种群占到沉积物噬菌体总丰度的5%或更少[16]。如果沉积物太厚，不能通过直接离心去除孔隙水，那么可以使用图2-2所示的装置来去除。

③ 将2mL的沉积物样品放置在50mL的锥形离心管中，每个管中加入8mL经0.02μm过滤的10mmol/L焦磷酸钠和8μL 5mmol/L的EDTA。

④ 将离心管放入两个拉链式塑料袋中，然后水平放置在涡旋混合器上，在最高转速下涡旋20min。

⑤ 以2000g，20℃离心25min，从离心机中小心地取出离心管，防止颗粒再悬浮。

⑥ 将上清液小心地倒入10mL鲁尔锁式注射器，其装有0.22μm Sterivex（Millipore Corp.）过滤器。按压活塞，将样品缓慢地通过过滤器推入干净的15mL无菌试管中。样品储存条件或是否添加生物固定剂取决于样品的用途。通常，在液氮中快速冷冻，然后储存在−80℃，是保存噬菌体颗粒的最佳方式[16]。

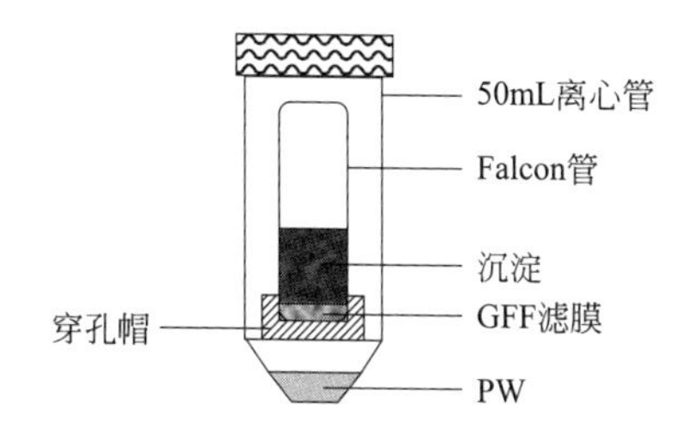

图2-2 从沉积物样品中提取孔隙水的装置

用一根18号的针在管（Falcon）的盖上戳5个十字形的孔（即X）。将2～5g沉淀物加入离心管（Falcon）中，在穿孔帽和管开口之间放入GFF过滤器。将管（Falcon）放入50mL离心管中，离心机设置为1000g、20℃、20min。孔隙水将收集在50mL管的底部

2.3.4 从土壤样品中提取和洗脱病毒

① 使用标准方法测定土壤样品[17]的干重和水分含量。

② 将5mg干重的土壤样品加入50mL的锥形离心管中，加入15mL 1%柠檬酸钾提取缓冲液，并短暂涡旋混匀。

③ 将样品放置在冰上20～30min。

④ 在冰上对样品进行超声波处理3次，每次间隔1min。使用Branson S-450a型号超声仪［1/2英寸（1英寸=2.54cm，下同）外螺纹干扰器+3/4英寸和1/8英寸锥形微尖，占空比设置为30%，输出控制设置为3］。

⑤ 用低速台式离心机在4℃下将土壤缓冲液混合物3000g离心30min。

⑥ 仔细去除上清液并通过0.22μm Sterivex（Millipore，Corp.）过滤器过滤。

⑦ 如果样品用于在显微镜下观察噬菌体颗粒，则应将样品放入冷冻管中，在液氮中快速冷冻，并在−80℃储存，为显微镜观察做准备。

2.4 注释

① 由于在后续过滤过程中，颗粒大于100μm的会导致切向流过滤筒内的通道堵塞，因此必须进行预过滤。

② 如果细菌和颗粒（0.22～25μm）浓度过高将难以清洗，并可能导致过滤器堵塞。

③ 切向流动的方向是针对滤筒（Helicon）设置的，不应该颠倒。

④ 如果超过 2 天或更长时间不使用滤芯，则应按照制造商的说明清洁滤膜。必须注意确保清洗和储存溶液与过滤膜兼容。在使用 5～10 次后，根据制造商的指示测试过滤器的完整性。

致谢

感谢以下机构的支持：美国国家科学基金会（NSF）微生物观测计划（授权号：MCB-0132070）；美国农业部合作国家研究、教育和推广服务国家研究计划（授权号：2005-35107-15214）；美国农业部国家需求研究生奖学金（授予 S. R. Bench）；美国国家科学基金会（NSF）准博士奖学金（授予 D. M. Winget）；EPASTAR 研究生奖学金（授予号：U916129）。

参考文献

1. Ford, B.J., *The Royal Society and the microscope*. Notes Rec. R. Soc. Lond., 2001. **55**(1): 29–49.
2. Hobbie, J.E., R.J. Daley, and S. Jasper, *Use of nucleopore filters for counting bacteria by fluorescence microscopy*. Appl. Environ. Microbiol., 1977. **33**: 1225–1228.
3. Staley, J.T. and A. Konopka, *Measurement of in situ activities of nonphotosynthetic microorganisms in aquatic and terrestrial habitats*. Annu. Rev. Microbiol., 1985. **39**: 321–46.
4. Bergh, O., et al., *High abundance of viruses found in aquatic environments*. Nature (London), 1989. **340**: 467–468.
5. Weinbauer, M.G., *Ecology of prokaryotic viruses*. FEMS Microbiol. Rev., 2004. **28**(2): 127–81.
6. Wommack, K.E. and R.R. Colwell, *Virioplankton: Viruses in aquatic ecosystems*. Microbiol. Molec. Biol. Rev., 2000. **64**: 69–114.
7. Williamson, K.E., M. Radosevich, and K.E. Wommack, *Abundance and diversity of viruses in six Delaware soils*. Appl. Environ. Microbiol., 2005. **71**(6): 3119–25.
8. Sobsey, M.D., et al., *Development and evaluation of methods to detect coliphages in large volumes of water*. Water Sci. Technol., 2004. **50**(1): 211–7.
9. Edwards, R.A. and F. Rohwer, *Viral metagenomics*. Nat. Rev. Microbiol., 2005. **3**(6): 504–10.
10. Millipore. *Protein concentration and diafiltration by tangential flow filtration*. 2003 6 (cited; Available from: http://www.millipore.com/publications.nsf/docs/tb032.
11. Suttle, C.A., A.M. Chan, and M.T. Cottrell, *Use of ultrafiltration to isolate viruses from seawater which are pathogens of marine phytoplankton*. Appl. Environ. Microbiol., 1991. **57**: 721–726.
12. Gerba, C.P., *Applied and theoretical aspects of virus adsorption to surfaces*. Adv. Appl. Microbiol., 1984. **30**: 133–68.
13. Williamson, K.E., K.E. Wommack, and M. Radosevich, *Sampling natural viral communities from soil for culture-independent analyses*. Appl. Environ. Microbiol., 2003. **69**(11): 6628–33.
14. Danovaro, R., et al., *Determination of virus abundance in marine sediments*. Appl. Environ. Microbiol., 2001. **67**(3): 1384–1387.
15. Sambrook, J. and D.W. Russell, *Molecular cloning: a laboratory manual*. 2001, Cold Spring Harbor: Cold Spring Harbor Laboratory.
16. Helton, R.R., L. Liu, and K.E. Wommack, *Assessment of factors influencing direct enumeration of viruses within estuarine sediments*. Appl. Environ. Microbiol., 2006. **72**(7): 4767–74.
17. Dane, J.H. and G.C. Topp, eds. *Methods of Soil Analysis, Part 4, Physical Methods*. Soil Science Society of America Book Series. Vol. 5. 2002, Soil Science Society of America: Madison, WI. 1692.

3 溶原诱导法分离噬菌体

▶ 3.1 引言
▶ 3.2 材料
▶ 3.3 方法
▶ 3.4 注释

摘要

大多数细菌携带的原噬菌体基因组，要么整合到宿主DNA中，要么作为受抑制的质粒存在。本章介绍了用丝裂霉素C诱导原噬菌体以及从携带原噬菌体的溶原性细菌中分离噬菌体的方法。

关键词： 溶原性细菌，诱导，裂解周期，溶原周期，原噬菌体，整合，SOS应答，丝裂霉素，RecA，阻遏物

3.1 引言

噬菌体感染细菌后，遵循裂解周期或溶原周期两种方式进行复制。在裂解周期中，噬菌体复制其基因组，并将数百个新子代组装在一起，这些子代在细胞裂解后释放。而在溶原周期中，溶原性噬菌体的基因组与宿主遗传器官可逆地相互作用，不导致增殖，但噬菌体基因组可以在宿主DNA复制和细胞分裂时同步复制。这种以质粒或者整合到宿主染色体的方式存在于宿主内的噬菌体基因组，称为原噬菌体。因此携带原噬菌体的细菌被称为溶原性细菌，在某些特定环境下，原噬菌体被诱导进入噬菌体繁殖的裂解周期。

细菌普遍具有溶原性[1]。对整个细菌的基因组比较分析[2]表明，除少数细菌外，大多数噬菌体是细菌基因组非常重要的组成部分（例如，大肠杆菌O157：H7的多溶原Sakai菌株包含18种原噬菌体，大约12%细菌基因组与原噬菌体的基因序列相对应）。溶原性噬菌体包含肌尾病毒科、长尾病毒科和短尾病毒科的dsDNA尾部结构，以及丝状病毒科成员的结构（ssDNA；丝状）。大多数噬菌体基因组具有相同的遗传结构：由两组基因组成，每组基因控制着相关的功能，并以不同的方式转录。其中一组包含参与溶原周期发生的整合和维持的基因；另一组包含参与裂解周期的基因。这些基因组具有由非同源区域点缀的保守序列镶嵌结构[3,4]。这些数据表明，原噬菌体是通过基因水平转移并经同源重组交换模式进化的[4,5]。

原噬菌体和噬菌体元件是细菌多样性和进化的主要贡献者[4~7]。它们为受感染的细菌提供了对其他相关噬菌体重复感染的免疫力，修饰基因组结构，作为转移毒力基因的被动载

体（通过转导或溶原性转化）或是调节细菌发病机理的活性成分。一些原噬菌体编码多种公认的、已确定的毒力因子，这些毒力因子可能会改变溶原细胞的表型，从而产生毒素、毒力因子或表达修饰过的细胞表面抗原[2,4～6,8～10]。

λ噬菌体是溶原现象的范例，在λ噬菌体基因转换中，调节蛋白CⅠ能够促进溶原现象的发生，CⅠ蛋白的相对表达率决定了是进行裂解还是溶原性转换，而Cro蛋白有利于裂解周期的进行[11]。在溶原过程中，关键调节因子是CⅡ蛋白，其抑制裂解启动子的转录以及正向调节其自身的合成。

CⅡ蛋白的稳定性是由细胞能量水平决定的，其中包括细胞内信号分子环AMP（cAMP）的水平。当细胞处于饥饿状态时，cAMP浓度高，CⅡ蛋白较稳定，从而促进溶原现象发生。然而，当细胞有足够的营养时，细胞内cAMP水平较低，溶原化作用较弱（由于CⅡ蛋白水解作用增强）。cAMP水平的影响作用可以在实验中加以利用，因为在噬菌体吸附之前细胞的饥饿会增强溶原性。进一步促进溶原化的方法是在高感染倍数下感染细胞。

进入新细胞的噬菌体能够感知细胞密度，并确定是否有足够的能量进入裂解周期并产生高的裂解量或能量水平是否低，这显然是噬菌体的一个优势，因此为了生存，最好的策略是进入原噬菌体状态。从溶原状态到裂解细菌的发展转变，称为溶原性诱导或原噬菌体诱导。

应激DNA损伤（用丝裂霉素C处理后）被激活时发生SOS应答。通过这一途径，噬菌体为传播提供了最后一道防线。在SOS应答的诱导下，活化的RecA蛋白降解CⅠ阻遏物，然后将原噬菌体基因从细菌基因组中切除，并恢复裂解途径。如上所述，细胞的能量状态对裂解性噬菌体感染过程有显著影响，因此诱导噬菌体很大程度上受到诱导前一刻宿主的状态以及营养物质等条件的影响。非常差的生长条件有利于溶原途径，而良好的生长条件有利于裂解反应[11]。

本章提出了溶原性噬菌体及其诱导条件最重要的事实，特别提及了乳酸菌的噬菌体。必须指出的是，虽然所描述的一般特征适用于多种噬菌体，但几乎所有噬菌体菌株的生长情况各不相同，因此必须针对正在研究的特定噬菌体修改方案。

3.2 材料

3.2.1 培养基

① MRS（培养乳杆菌[12]）。10g/L蛋白胨，10g/L肉汤提取物，5g/L酵母提取物，20g/L葡萄糖，5g/L醋酸钠，1g/L聚山梨酯80，2g/L柠檬酸铵，2g/L磷酸氢二钾，0.2g/L七水硫酸镁，0.05g/L四水硫酸锰；pH6.5。121℃下高压灭菌15min。添加15g/L琼脂制作固体培养基，准备6.5g/L琼脂的培养基来制作半固体培养基。如果需要，可以添加氯化钙至终浓度为10mmol/L。

② M17-glu（培养乳球菌[13]）。5g/L植物蛋白胨，5g/L多价蛋白胨，2.5g/L酵母提取物，5g/L牛肉提取物，0.5g/L维生素C，5g/L葡萄糖，19.0g/L *β*-甘油磷酸钠，1mg 1mol/L七水硫酸镁。121℃下高压灭菌15min。添加15g/L琼脂制作固体培养基，准备6.5g/L琼脂制作半固体培养基。如果需要，可以添加氯化钙至终浓度为10mmol/L。

③ 高压灭菌后的培养基可以室温保存4～6个月。

3.2.2 溶液和缓冲液

丝裂霉素C 0.5μg/μL（丝裂霉素C储存液）

丝裂霉素 C　2mg
添加无菌 0.1mol/L 硫酸镁　4mL
丝裂霉素 C　50ng/μL（工作液）
在无菌 0.1mol/L 硫酸镁中稀释 1/10 丝裂霉素 C 储存液

1mol/L 氯化钙
氯化钙　11.1g
添加蒸馏水　100mL
121℃高压灭菌 20min

0.1mol/L 硫酸镁
硫酸镁　12.0g
添加蒸馏水　100mL
121℃高压灭菌 20min

0.1mol/L 氢氧化钠
氢氧化钠　0.2g
添加蒸馏水　50mL

1mol/L Tris-HCl，pH7.6
三（羟甲基）氨基甲烷　12.1g
添加蒸馏水　90mL
调整 pH 到 7.6
加水将最终体积调整到　100mL
121℃高压灭菌 20min

噬菌体缓冲液
10mmol/L Tris-HCl，pH7.6　1mL 1mol/L Tris-HCl
0.4%氯化钠　0.4g
0.1%明胶　0.4g
121℃高压灭菌 20min

3.2.3 仪器和材料

将细菌置于最佳生长温度（30℃用于培养乳球菌和嗜温乳杆菌，37℃用于培养嗜热乳杆菌）的水浴中，水浴设定为 45℃。培养箱设定在 30℃或 37℃。分光光度计（吸光度在 600nm)，冷冻离心机，pH 测量仪，摇床，紫外线箱配备的是通用电气的 G1578 的 15W 的短波杀菌灯，0.45μm 孔径过滤器，无菌离心管，无菌拭子，玻璃涂布棒，无菌移液管（1mL、5mL)，无菌带盖离心管，无菌玻璃培养皿，微量移液器和无菌枪头。

待测溶原菌株的 24h 培养物，含 MRS 或 M17 肉汤（5mL）的旋盖试管。5mL 0.05mol/L 硫酸镁 MRS 或 M17 肉汤，2×MRS 或 M17 肉汤（5mL），1/10 浓度 MRS 或 M17 肉汤，培养皿中加入含有 10mmol/L 六水氯化钙的固体培养基，含有 10mmol/L 六水氯化钙的 50mL 半固体培养基，乙醇，含有固体琼脂培养基的培养皿。

3.3 方法

除非另有说明，分别使用 MRS 和 M17-glu 培养基培养乳杆菌和乳球菌。嗜温乳杆菌和乳球菌在30℃温育，而嗜热乳杆菌在37℃温育。

3.3.1 丝裂霉素C诱导噬菌体法（注释①~③）

① 将50μL待测菌株的过夜培养液接种到5mL新鲜肉汤生长培养基中做溶原性诱导。测量OD_{600}。在细菌最佳生长温度下水浴30min（注释②）。

② 添加丝裂霉素C至终浓度为0.1～0.5μg/mL（注释④和⑤），每隔1h测量OD_{600}，持续6～8h（或直至观察到光密度降低）。

③ 培养液离心，条件为3000g、4℃、12min。

④ 用氢氧化钠将上清液pH调整至7.0。

⑤ 将上清液通过孔径为0.45μm的滤膜过滤除菌。

⑥ 无菌上清液于4℃保存（注释⑫）。

3.3.2 紫外线诱导噬菌体法（注释①~③）

① 将100μL待测菌株的过夜培养液接种到5mL新鲜肉汤生长培养基（MRS或M17）中进行溶原性诱导。

② 30℃或37℃下培养（对应不同培养基）3h。

③ 将培养液转移到无菌离心管中，室温下6000g离心10min。

④ 用5mL无菌的0.1mol/L硫酸镁重悬细菌沉淀。

⑤ 将菌液转移到无菌玻璃培养皿中。

⑥ 经恒定旋转（120r/min）紫外照射20～30s。培养皿应距离杀菌短波灯16cm。

⑦ 将细菌转移到含有5mL 2×培养液（MRS或M17）的螺盖试管中。

⑧ 30℃（乳球菌）或37℃（乳杆菌）恒温水浴培养，注：避光培养。

⑨ 每隔45min测量OD_{600}，持续6h，或直到吸光度有明显的降低（用含0.05mol/L硫酸镁的MRS或M17培养液将吸光度调零），绘制时间（h）与吸光度（OD_{600}）的关系图。

⑩ 将裂解液在3000g、4℃下离心12min。

⑪ 测量上清液的pH，用0.1mol/L氢氧化钠调整pH至7.0。

⑫ 无菌上清液于4℃保存。

3.3.3 通过噬菌斑试验测定宿主菌范围（注释⑥）

① 将100μL潜在指示菌株的过夜培养物和3mL半固体培养基在无菌试管中混合，并将混合物倒入含有15mL固体培养基的培养皿中，旋转培养皿将混合物均匀地铺展在平板上。

② 将培养皿放在工作台上，直到半固体培养基凝固（约10min）。步骤①和②的替代方案是，用指示细菌的过夜培养液润湿无菌拭子，擦拭在固体培养基平板的表面。然后按照步骤③和④所述进行操作。

③ 将5μL无菌上清液（3.3.1中获得）倒在固化的半固体培养基上，在指示菌株的最佳生长温度下过夜培养。

④ 第二天，检查培养皿上的透亮区域。

3.3.4 原噬菌体固化衍生物的分离（注释⑦）

① 按照3.3.2中的步骤①至步骤⑥进行操作。

② 对于经过紫外线辐射的细菌，在1/10浓度肉汤中制备十倍稀释液，并在适当的琼脂

培养基上接种 100μL 梯度为 10、10^{-1} 和 10^{-2} 的稀释液。

③ 在细菌的最佳生长温度下培养 36h。

④ 挑取几个菌落到新鲜的培养基中，在细菌最适宜的生长温度下过夜培养。

⑤ 继续进行步骤①～④，如 3.3.3 中所述。

⑥ 保留对噬菌体裂解表现出阳性的细菌（清除区），以便进一步鉴定和作为潜在的指示细菌。

3.3.5 噬菌体双层板测定法（注释⑧和⑨）

① 在无菌试管中，将 100μL 指示菌株的过夜培养液与 100μL 以十倍稀释比稀释（通常至 10^{-7}）的噬菌体裂解物混合。使用 1/10 无菌肉汤培养基制备噬菌体稀释液，添加氯化钙至终浓度为 10mmol/L。

② 将试管在 30℃或 37℃下预培养 8min，以便吸附噬菌体。

③ 添加 3mL 含有 10mmol/L 氯化钙的 45℃液体状态的半固体琼脂。

④ 轻轻摇动试管，直到充分混匀（必须小心，以免在熔化的琼脂中形成气泡），然后将溶液倒入装有 25mL 固体琼脂的培养皿中。转动培养皿，使混合物均匀地分布在平板上（注释⑩）。

⑤ 将培养皿放置在工作台上，待半固体琼脂凝固（约 10min）后，将培养皿倒置，并在最适宜的生长温度下过夜培养。

⑥ 第二天，计算噬菌斑的数量。以 pfu/mL 计算效价（每毫升菌液中的噬菌斑形成单位，其等于噬菌斑数×10 倍稀释因子的倒数）。

3.3.6 噬菌体在固体培养基中的生长（注释⑪）

① 将 100μL 在 MRS 或 M17 肉汤中过夜培养的指示剂或原噬菌体固化的衍生菌株，与 100μL 含有 10^4～10^5 pfu/mL 的噬菌体裂解物悬浮液混合（应使用噬菌体缓冲液稀释噬菌体）。加入氯化钙至终浓度为 10mmol/L。

② 将混合液在 30℃或 37℃下培养 8min，以便吸附噬菌体。

③ 将细菌-噬菌体混合液加入含有 3mL、45℃的 MRS-Ca^{2+} 半固体琼脂的试管中。轻轻摇晃试管，倒入含有 25mL MRS-Ca^{2+} 固体琼脂培养皿中。加入后立即将培养皿在工作台上画圈旋转，使半固体琼脂均匀地分布在平板上。

④ 将培养皿放在工作台上，直到半固体琼脂凝固（10min）。

⑤ 在适当的温度下，将培养皿过夜培养，不要倒置。

⑥ 在平板上加入 4mL 噬菌体缓冲液，并轻微摇动 30min，显示半融合裂解（噬菌斑应彼此接触，仅在相邻斑块之间的连接处可见细菌生长）。

⑦ 用微量移液枪收集尽可能多的噬菌体缓冲液，并将其转移到无菌离心管中。

⑧ 重复步骤⑥和⑦（使用新的缓冲液）。

⑨ 将含有缓冲液的复合噬菌体在 4℃下 4000g 离心 15min。

⑩ 用 0.45μm 滤膜过滤上清液。

⑪ 无菌上清液于 4℃保存。

3.3.7 噬菌体在液体培养基中的生长（注释⑪）

① 将 100μL 过夜培养的宿主菌液接种到 5mL 新鲜的 MRS 或 M17 肉汤中。

② 加入氯化钙至终浓度为 10mmol/L。

③ 在适宜温度下水浴 30min。

④ 加入 100μL 噬菌体裂解液 [效价至少为 5×10^6pfu/mL——感染复数 (MOI) 约为 0.1]。

⑤ 继续培养 6～8h 直至裂解。

⑥ 3000g、4℃下离心 10min。

⑦ 用 0.1mol/L 氢氧化钠调节 pH 至 7.0。

⑧ 用 0.45μm 的滤膜过滤含有噬菌体裂解产物的上清液。

⑨ 无菌裂解液于 4℃保存。

3.4 注释(另见参考文献[14])

① 溶原性噬菌体可自发诱导裂解周期，也可通过生理刺激和破坏 DNA 完整性的方式诱导。丝裂霉素 C 可导致细菌 DNA 损伤，是用于激活溶原性噬菌体裂解周期的标准化学药物。诱导原噬菌体的其他物理或化学处理方法包括：破坏 DNA 的物质（紫外线、抗肿瘤药物）；破坏 DNA 复制的试剂（抗酶试剂、抗叶酸剂和 DNA 拓扑异构酶Ⅱ抑制剂，如氟喹诺酮类抗生素）；过氧化氢等。噬菌体的再次感染也可以促进诱导原噬菌体。然而，许多原噬菌体是不可诱导的，而许多其他的诱导具有不同的效率与替代诱导物。

② 噬菌体诱导与丝裂霉素 C 的浓度、培养物的培养时间和培养温度有关。应使用每种待测菌株的最佳生长条件。高营养培养基通常用于诱导和培养噬菌体。然而，复合培养基更容易制备并且通常产生高效价的噬菌体。一些噬菌体在二价阳离子存在的条件下最稳定；常用复合培养基中的这种离子的水平是足够的，因此通常不需要向介质中加入二价阳离子。

③ 微生物在活动的情况下，应该注意一些附着在细菌鞭毛上的噬菌体，这种噬菌体通常只会感染高度运动的微生物。在这种情况下，应通过显微镜检查细菌运动性。

④ 丝裂霉素 C 的用量范围为 0.1～2μg/mL；较高浓度的丝裂霉素 C 对细菌有毒性。因此建议嗜热乳杆菌使用 0.1～0.2μg/mL；嗜温乳杆菌 0.5～1.0μg/mL；乳球菌 1.0μg/mL。建议在制备新鲜接种物 30min 后或在 0.1 的光密度下加入诱导剂。

⑤ 用丝裂霉素 C 处理诱变溶液时，请戴上一次性手套和合适的防护衣。在 4℃下储存丝裂霉素溶液，以保护药物免受光照和高温的影响。

⑥ 溶原性噬菌体通常表现出较窄的宿主范围。对于大多数溶原菌，不容易定义合适的指示细菌或裂解条件，并且仅限于在透射电子显微镜（TEM）证明这些噬菌体样颗粒，或者用 SYBRGold 或 SYBRGreen Ⅰ将噬菌体基因组染色后，通过落射荧光显微镜（EFM）观察（参考文献 [15] ）。大多数溶原性噬菌体表现出的狭窄宿主范围表明，存在同源免疫或限制性修饰系统。质粒 DNA 转导已成为裂解噬菌斑分析的替代方法，以确定乳杆菌噬菌体的宿主范围，即将经 Φadh 转导的质粒 DNA 的高频转导颗粒导入几个乳杆菌细胞中，否则，这些细胞不支持噬菌体 Φadh 的裂解生长[16]。

⑦ 原噬菌体固化的衍生菌株可用于证明噬菌体复制的经典裂解和溶原性循环。对噬菌体裂解生长敏感且不能用丝裂霉素 C 诱导的固化菌株可充当重建溶原性的宿主。赋予原始宿主和新的溶原菌对重复感染噬菌体的免疫力。

⑧ 一些噬菌体依赖二价阳离子获得最佳感染性（主要是 Ca^{2+}，在某些情况下为 Mg^{2+}）。琼脂的 pH 也很重要；例如，加氏乳杆菌噬菌体 Φadh，虽然能够诱导裂解细菌并

在其指示细菌上形成透明区，但在 pH 6.5、含有氯化钙的 MRS 琼脂上不形成噬菌斑，仅当培养基的初始 pH 为 5.5 时才能检测到噬菌斑。

⑨ 如果细菌在固体培养基上不能形成菌苔，则不能用于估测噬菌体效价，但可使用近似数。

⑩ 剧烈地混合含有噬菌体-宿主菌混合物的试管可能会损坏噬菌体颗粒并将气泡引入软琼脂中。

⑪ 一些溶原性噬菌体在液体培养基中不容易复制，因此导致不完全裂解。通常，噬菌体在固体培养基中的繁殖比在液体培养基中好。

⑫ 在不含脂质的噬菌体裂解液中加入几滴氯仿后，可以在 4℃下储存数年。一些噬菌体可以储存数月甚至数年，效价不会降低。然而，大多数噬菌体是不稳定的且必须经常扩增以保持活性。

参考文献

1. Weinbauer, M.G. (2004). Ecology of prokaryotic viruses. *FEMS Microbiol. Rev.* **28,** 127–181.
2. Canchaya, C., G. Fournous and H. Brüssow. (2004) The impact of prophages on bacterial chromosomes. *Mol. Microbiol.* **53,** 9–18.
3. Botstein, D. (1980). A theory of modular evolution in bacteriophages. *Ann. NY Acad. Sci.* **354,** 484–491.
4. Brüssow, H., C. Canchaya and W.-D. Hardt. (2004). Phages and the evolution of bacterial pathogens: from genomic rearrangements to lysogenic conversion. *Microbiol. Mol. Biol. Rev.* **68,** 560–602.
5. Casjens, S. (2003). Prophages and bacterial genomics: what we have learned so far? *Mol. Microbiol.* **49,** 277–300.
6. Hendrix, R.W., M.C. Smith, R.N. Burns, M.E. Ford and G.F. Hatfull. (1999). Evolutionary relationships among diverse bacteriophages and prophages: all the world's a phage. *Proc. Natl. Acad. Sci. USA* **96,** 2192–2197.
7. Moreira, D. (2000). Multiple independent horizontal transfers of informational genes from bacteria to plasmids and phages: implications for the origin of bacterial replication machinery. *Mol. Microbiol.* **35:** 1–5.
8. Boyd, E.F. (2005). Bacteriophages and bacterial virulence, in *Bacteriophages: Biology and Applications,* (Kutter E. and Sulakvelidze A., ed.), CRP Press, FL, pp. 223–265.
9. Chopin, A., A. Bolotin, A. Sorokin, S.D. Ehrlich and M.-C. Chopin. (2001). Analysis of six prophages in *Lactococcus lactis* IL1403: different genetic structure of temperate and virulent phage populations. *Nucleic Acids Res.* **29,** 644–651.
10. Waldor, M. K. and J. J. Mekalanos. (1996). Lysogenic conversion by a filamentous phage encoding cholera toxin. *Science* **272,** 1910–1914.
11. Guttman, B., R. Raya and E. Kutter. (2005). Basic phage biology, in *Bacteriophages: Biology and Applications,* (Kutter E. and Sulakvelidze A., ed.), CRP Press, FL, pp. 29–66.
12. De Man, J., M. Rogosa and M. Sharpe. (1960) A medium for the cultivation of lactobacilli. *J. Appl. Bacteriol.* **23,** 130–135.
13. Terzaghi, B.E. and W.E. Sandine. (1975). Improved medium for lactic streptococci and their bacteriophages. *Appl. Microbiol.* **29,** 807–813.
14. Carlson, K. (2005) Appendix: working with bacteriophages: Common techniques and methodological approaches, in *Bacteriophages: Biology and Applications,* (Kutter E. and Sulakvelidze A., ed.), CRP Press, FL, pp. 437–494.
15. Wen, K., A.C. Ortmann and C.A. Suttle. (2004). Accurate estimation of viral abundance by epifluorescence microscopy. *Appl. Environ. Microbiol.* **70,** 3862–3867.
16. Raya, R.R., E.G. Kleeman, J.B. Luchansky and T.R. Klaenhammer. (1989). Characterization of the temperate bacteriophage phi-adh and plasmid transduction in *Lactobacillus acidophilus* ADH. *Appl. Environ. Microbiol.* **55,** 2206–2213.

4 氯化铁絮凝回收海水中的噬菌体

▶ 4.1 引言
▶ 4.2 材料
▶ 4.3 方法
▶ 4.4 注释

摘要

病毒通过调节微生物宿主种群动态、进化轨迹和代谢产物来影响生态系统。虽然病毒在多种生态系统中很重要，但从自然群落取样时获得的生物量通常极少，因此研究病毒具有挑战性。本章介绍了一种利用化学絮凝、过滤和再悬浮的技术从海水和其他天然水中回收噬菌体的方法。该方法是利用铁离子沉淀病毒，将其通过过滤回收到大孔径膜上，然后使用含有镁和还原剂（抗坏血酸或草酸）的缓冲液在微酸性（pH 6～6.5）条件下重新悬浮病毒。使用铁絮凝的方法回收噬菌体是有效的（>90%），且价格低廉、可靠，能够通过下一代DNA测序、蛋白质组学进行下游分析，并且可用于研究病毒-宿主之间的相互作用。

关键词： 氯化铁絮凝，海洋病毒，噬菌体，病毒生态学

4.1 引言

海洋中的病毒非常丰富[1,2]，病毒通过裂解其宿主微生物[3～5]，水平转移基因[6]和编码调节海洋生态系统潜在微生物代谢的宿主基因，在生态系统动力学中发挥重要作用。由于海洋中的病毒含量相对较低，研究海洋病毒的能力取决于能够从大量水中有效和可重复地浓缩病毒。水生病毒学家最常使用的方法是切向流过滤（TFF）[13～15]。TFF对于从大样本量浓缩病毒是有效的，但过滤器比较昂贵，不适合现场使用，更重要的是，存在多种因素影响病毒的回收率[16,17]。因此本章重点介绍一种替代TFF的使用氯化铁化学絮凝的方法，其可以更容易地应用于各种现场条件，价格低廉并且需要的技术专业知识很少。该技术改良于废水处理方法[18]，并已成功地用于获得海洋病毒进行宏基因组测序[19]。当在周围pH为中性的水中加入铁时，铁将以氢氧化铁颗粒的形式絮凝，并与带负电荷的病毒结合。然后，这些大的絮凝颗粒可以通过大孔径（1μm）的膜回收，将过滤器放置在4℃，以防止病毒降解，并防止铁重结晶成不同的更难溶解的氢氧化铁矿物。可以使用含有还原剂的缓冲液从过滤器中回收病毒，该缓冲液（抗坏血酸或草酸）可溶解氢氧化铁矿物、EDTA可以螯合溶液中

的铁并防止铁矿物的再沉淀，而镁（Mg）可维持病毒颗粒的完整性。如果草酸用作重悬缓冲液中的还原剂，则重悬的病毒颗粒可用于下游分析，包括宏基因组测序、蛋白质组学及传染性测定[19,20]。该方法专门用来分离病毒，然后用于基于时间和空间分辨的太平洋海洋病毒体（POV）数据集[21]，以及塔拉海洋考察队（TARA Oceans Expedition）所代表的全球地表水（TOV）数据集的宏基因组测序。从这些病毒样本中得到的信息揭示了对海洋病毒生态学的新见解，并扩展了存在于世界海洋中的噬菌体库[22,23]。

4.2 材料

所有溶液的配制都应以水为溶剂，该水为通过过滤系统纯化的去离子水，过滤系统大于 18MΩ·cm，或从可靠的供应商购买的“分子生物学”级别水（MQ-H_2O）。使用的化学品应为分析级或更高级。在指定的情况下，如果进行深度测序，溶液应用 0.2μm 滤膜过滤，然后用 0.02μm 滤膜（Whatman Anotop25，Sigma-Aldrich）过滤，以最大限度减少污染。

4.2.1 使用氯化铁沉淀海水中的病毒

① 10g/L Fe 原液。称取 4.83g $FeCl_3 \cdot 6H_2O$，转移到装有 100mL MQ-H_2O 的烧杯中，搅拌至溶解。在室温或 4℃储存（注释①～④）。

② 海水。使用经酸洗和漂洗过的容器收集海水（注释⑤）。收集的水量取决于下游分析。下一代测序方法至少需要 10^9 个病毒样颗粒构建 DNA 测序文库。

4.2.2 过滤除菌

① 两个 142mm 的过滤塔（关于备选的预过滤方法，请参见注释⑥）。

② 带压力表［最大压力为 15psi（1psi＝6894.757Pa，下同）］和合适管道的蠕动泵（注释⑦）。

③ 150mm Whatman GF/A 预过滤器（保留 1.6μm）。

④ 142mm Millipore Express Plus 过滤器（孔径 0.22μm）。

⑤ 收集过滤水的经酸洗过的瓶（注释⑤）。

4.2.3 过滤收集铁沉淀噬菌体

① 142mm 过滤塔。

② 带压力表和合适管道的蠕动泵（注释⑦）。

③ 142mm GE Waters、聚碳酸酯膜收集过滤器（孔径 1.0μm；可通过 Midland Scientific 提供）（注释⑧）。

④ 142mm Supor-800 背衬过滤器（孔径 0.8μm；Pall Corporation）（注释⑨）。

⑤ 50mL 无菌离心管，过滤钳，封口膜。

4.2.4 病毒的重悬浮

① 重悬浮缓冲液。0.1mol/L EDTA-0.2mol/L $MgCl_2$-0.2mol/L 抗坏血酸缓冲液，注：现用现配。将 1.51g Tris 溶解在 80mL MQ-H_2O 中，加入 3.72g EDTA-2Na·$2H_2O$，搅拌至完全溶解。然后，加入 4.07g $MgCl_2 \cdot 6H_2O$，搅拌至完全溶解。用 5mol/L NaOH（20g

NaOH 加入 100mL MQ-H_2O 制备）以 0.5mL 滴加调整 pH 至 6.5。最后加入 3.52g 抗坏血酸，搅拌至完全溶解。用 5mol/L 氢氧化钠将终 pH 调整到 6.0。用 MQ-H_2O 将终体积调整到 100mL（注释⑩）。

② 当使用抗坏血酸作为还原剂时，可能影响病毒颗粒的活力。可以使用二水草酸来代替，但 $MgCl_2 \cdot 6H_2O$ 的量必须减少一半（注释⑪）。将重悬浮缓冲液在室温下储存，避光。如果后续计划进行宏基因组测序，则可以用 0.2μm 或者 0.02μm（Whatman Anotop 针头式过滤器）过滤器进行过滤。

4.3 方法

4.3.1 病毒沉淀

① 组装两个 142mm 过滤塔，并将过滤装置连接到带压力表的蠕动泵上（有关替代预过滤方法，见注释⑥）。

② 戴上手套并使用镊子处理所有过滤器。

③ 使用 150mm Whatman GF/A 过滤器，然后使用 0.22μm、142mm Millipore Express Plus 过滤器，将 20L 海水用预过滤器过滤后收集到经过酸洗和漂洗的大罐中（注释⑤）。

④ 用 $FeCl_3$ 处理病毒（0.22μm 滤液），每 20L 海水（过滤后）加入 1mL 10g/L 铁储备液以沉淀病毒。加入铁后立即轻轻摇动混合 1min。

⑤ 每 20L 滤液添加 1mL 的 10g/L 铁原液（每 20L 滤液加入 2mL 铁原液），摇晃 1min，重复摇动几次。

⑥ 将经过 $FeCl_3$ 处理的滤液在室温下静置 1h。

⑦ 将过滤装置连接到蠕动泵，并通过 0.8μm、142mm 支撑过滤器顶部的 1.0μm、142mm 聚碳酸酯（PC）膜过滤 $FeCl_3$ 处理过的滤液（Pall 公司；注释⑧和⑨）。

⑧ 用镊子将所有聚碳酸酯过滤器放入 50mL 无菌离心管中，小心不要刮掉管边缘的 $FeCl_3$（注释⑬）。丢弃 Supor 支撑膜。

⑨ 盖好盖子，并用封口膜密封装有过滤器的管子。在 4℃下保存，直到准备重悬沉淀的病毒（注释⑭和⑮）。

4.3.2 病毒重悬

① 制备新鲜的 0.1mol/L EDTA-0.2mol/L $MgCl_2$-0.2mol/L 抗坏血酸（或草酸）缓冲液，pH6.5（注释⑩～⑫）。

② 确保将过滤器在 50mL 离心管中转为沉淀侧，使缓冲液与沉淀物直接接触（注释⑯）。

③ 每 1mg 铁加入 1mL 新鲜悬浮缓冲液，即 20mL 海水沉淀物，加入 20mL 缓冲液。用力摇动管子。

④ 将管子放在旋转器或振荡器上，并在 4℃下避光过夜（注释⑰）。

⑤ 通过将液体吸取到新管中来回收重悬的病毒沉淀物。切记需要回收残留在过滤器上的液体，将过滤器扣在管道边缘上方 2～3mm 处，并用盖子固定到位。低速（500g）离心 3～5min，使剩余的液体落到管底部。如果过滤器仍然残留沉淀物，可以向其中添加额外的悬浮缓冲液并再旋转 1～2h（注释⑱）。重复离心步骤以回收液体。

⑥ 将病毒悬浮液进行下游处理。可以利用显微镜进行计数以确定回收的病毒数量。通过 CsCl 密度离心进一步纯化病毒，同时也可从制剂中除去残余的铁。或者提取病毒核酸用于测序（注释⑲和⑳）。

4.4 注释

① $FeCl_3$ 溶液呈酸性，应小心处理。

② $FeCl_3 \cdot 6H_2O$ 溶液的计算是基于铁的量，而不是盐的量。原液每升含铁 10g。对于沉淀，最佳浓度是每升海水加入 1mg 铁，相当于每升海水中加入 2.9mg $FeCl_3$ 或每升海水加入 4.83mg $FeCl_3 \cdot 6H_2O$。

③ 如果形成浑浊沉淀，则应除去氯化铁溶液。不要稀释溶液，因为会迅速形成氢氧化铁沉淀。

④ 在船上使用时，最好将氯化铁预先称重，并在巡航过程中根据需要加水：将 0.966g $FeCl_3 \cdot 6H_2O$ 预先称重，加入若干 50mL 管中。从海水中沉淀病毒前，加入 20mL MQ-H_2O。

⑤ 使用 1mol/L HCl 清洗玻璃瓶和管道：用 MQ-H_2O 稀释浓 HCl（12mol/L），MQ-H_2O 与 HCl 稀释比为 1∶12。方法为：将大约 1L 1mol/L HCl 倒入待清洁的瓶子（或其他容器）中，拧紧瓶盖，在瓶子中搅拌 5min 左右。将酸倒入酸性容器中（可以无限期重复使用）。然后使用 MQ-H_2O 以类似的方法清洗掉玻璃瓶中的酸，并重复三次冲洗。对于管道的清洗方法为，将管道浸泡在 1mol/L HCl 中 5～10min，并用 MQ-H_2O 至少冲洗三次。使用前检查管道，如果破损则更换。

⑥ 另一种预处理海水的方法是通过 Whatman GF/D 玻璃纤维过滤器对这些海水进行预过滤，以去除大颗粒（2.7μm 保留）。滤液用 0.22μm 孔径的 Millipore Steripak GP10（＜10L）或 GP20（＜20L）再次过滤。较大的过滤器（Pall Acropak 200、500、1000 和 1500）能够过滤 100～200L。大部分细菌被截留在过滤器上，而部分病毒通过滤膜进入滤液中。

⑦ 应在最大压力 15psi 下进行过滤，以免损坏病毒颗粒或细胞。蠕动泵（例如带有简易负载泵头的 MasterFlex I/P）应使用合适的管道（例如上述泵的 Platinum 硅胶管 I/P82）以获得最佳性能。塑料软管夹和连接器应该紧紧地安装在管子周围。如果出现松动，应立即关闭泵以防止漏水。

⑧ 推荐使用 GE Waters 的 1.0μm 聚碳酸酯膜收集沉淀病毒。该膜在加拿大制造，可通过 Midland Scientific 在美国销售，可能需要 4～5 周才能交付。如果没有这种膜，可以使用 0.8μm 的 Millipore Isopore 膜代替。尽管尚未评估该膜的 VLP 定量回收，但已使用它们成功制备了测序文库。从地表海水中收集 20L 体积的沉淀物，需要 1～3 个过滤器。

⑨ Super-800 膜是一种背衬过滤器，用于支撑过滤装置中的聚碳酸酯收集膜。该过滤器的孔径并不重要，但使用大于预过滤器的孔径能够防止堵塞。通常，仅需要一个背衬膜来过滤每批海水（新鲜的聚碳酸酯膜放置在顶部），当完成过滤时可以将其丢弃。

⑩ 由于还原剂（抗坏血酸）不稳定，应该使用新鲜的重悬浮缓冲液，并且必须溶解铁沉淀物。缓冲液应在制备后 24～48h 内使用。24h 后缓冲液可能会变色。

⑪ EDTA-Mg 缓冲液的原始配方中使用的 J. T. Baker 的二镁乙二胺四乙酸（$C_{10}H_{12}Mg_2N_2O_8$）已不再供货。应使用 EDTA-2Na · $2H_2O$ 和 $MgCl_2 \cdot 6H_2O$ 重新配制重

悬浮缓冲液。配置此缓冲液时请注意，在 pH 高于 8.0 的情况下，EDTA 才能溶解，当 pH 降至 5.0 以下时，将从溶液中析出。0.125mol/L Tris 碱溶液的 pH>10，能够使 EDTA 快速溶解。$MgCl_2$ 和抗坏血酸会降低 pH。因此，最好在加入这两种化学物质后，将 pH 调节至接近最终所需的 pH（6.0～6.5）。

⑫ 还原剂（抗坏血酸或草酸）量的使用为 0.125～0.25mol/L；该配方使用 0.2mol/L。使用 EDTA-2Na 和 $MgCl_2$ 重新配制缓冲液时，加入草酸会形成不可逆的沉淀。因此，当用草酸二水合物（2.52g/100mL，0.2mol/L）制备缓冲液时，$MgCl_2 \cdot 6H_2O$ 的量应减少一半（2.04g/100mL）以防止形成沉淀。

⑬ 过滤后在处理 PC 过滤器时，需要用两对钳子将膜折叠成四分之一大小，然后放入 50mL 离心管中。使沉淀物朝外有助于溶解沉淀物，但这样做时要小心不要丢失管边缘的沉淀物。

⑭ 病毒沉淀在悬浮之前不能使过滤器太干燥，因此不能甩掉多余的液体，因为多余的液体能够使密封管保持潮湿。如果不留存多余的液体，可以向管中加入 1～2mL 的无菌水或经 0.22μm 滤膜过滤的海水来保持过滤器湿润。

⑮ 过滤器应保持在 4℃下直至处理完毕。最好在收集后尽快完成，如果储存得当，可在数年后重新悬浮颗粒。

⑯ 将过滤器沉淀侧朝外是能够有效再悬浮的关键。处理过滤器的钳子应在 10%漂白剂中消毒，并用 MQ-H_2O 冲洗。在实验室工作台上铺上铝箔纸，可以为打开折叠的过滤器提供一个干净的表面；在更换样品时需要更换新的铝箔纸。

⑰ 可以用铝箔包装过滤器和盛有重悬浮缓冲液的管子，并一起放在旋转器或振荡器上，以便在重悬浮时使它们保持在黑暗环境中。目的是从过滤器中去除所有的沉淀物，因此过滤器与缓冲液的接触很重要。

⑱ 重悬浮溶液会多次改变颜色。这是铁的氧化而导致的。如果在液体中形成沉淀物，则有可能将病毒捕获或黏附到颗粒上。取出尽可能多的液体，然后轻轻离心，使沉淀物呈颗粒状。添加额外的重悬浮缓冲液以重新溶解或洗涤沉淀物，并回收含有残留病毒的液体。

⑲ 可以通过多种方法提取 DNA。实验室通常用 DNase Ⅰ 处理重悬的病毒（从病毒制剂中去除游离 DNA），用 EDTA 和 EGTA（终浓度 0.1mol/L）以化学方式使酶失活，然后用 Amicon Ultra 100kDa 离心浓缩器（1000g，间隔 10min）浓缩。使用 Wizard Prep 树脂和 Promega 的微型柱，以 0.5mL 病毒悬浮液与 1.0mL Wizard Prep 树脂的比例从该悬浮液中提取 DNA。以这种方式分离的 DNA 已成功用于下一代（454 和 Illumina）测序文库的制备。由于去除了重悬浮缓冲液中的 EDTA 和过量的镁，能够利用 PCR 进行 DNA 的检测。

⑳ 本方法的更新以及本章中提到的其他方法可参见 protocols.io 网站（https://www.protocols.io/view/Iron-Chloride-Precipitation-of-Viruses-from-Seawat-c2wyfd）或沙利文实验室网页（http://u.osu.edu/viruslab/）。

致谢

非常感谢 JenniferBrum 和众多病毒生态学家对这一方法改进以及其在不同样本类型中应用的反馈。这项工作已通过 M. B. S. 和 S. G. J. 的合作项目得到 Gordon and Betty Moore 基金会资助，以及发展补助金的支持。

参考文献

1. Bergh O, Borsheim KY, Bratbak G, Heldal M (1989) High abundance of viruses found in aquatic environments. Nature 340:467–468
2. Proctor LM, Fuhrman JA (1990) Viral mortality of marine bacteria and cyanobacteria. Nature 343:60–62
3. Wommack KE, Colwell RR (2000) Virioplankton: viruses in aquatic ecosystems. Microbiol Mol Biol Rev 64:69–114
4. Suttle CA (2007) Marine viruses – major players in the global ecosystem. Nat Rev Microbiol 5:801–812
5. Breitbart M, Thompson LR, Suttle CA, Sullivan MB (2007) Exploring the vast diversity of marine viruses. Oceanography 20:135–139
6. Paul JH (1999) Microbial gene transfer: an ecological perspective. J Mol Microbiol Biotechnol 1:45–50
7. Mann NH, Cook A, Millard A, Bailey S, Clokie M (2003) Bacterial photosynthesis genes in a virus. Nature 424:741
8. Sullivan MB, Lindell D, Lee JA, Thompson LR, Bielawski JP, Chisholm SW (2006) Prevalence and evolution of core photosystem II genes in marine cyanobacterial viruses their hosts. PLoS Biol 4:e234
9. Anantharaman KA, Duhaime MB, Breier JA, Wendt K, Toner BM, Dick GJ (2014) Sulfur oxidation genes in diverse deep-sea viruses. Science 344:757–760
10. Sullivan MB, Huang KH, Ignacio-Espinoza JC, Berlin AM, Kelly L, Weigele PR, DeFrancesco AS, Kern SE, Thompson LR, Young S, Yandava C, Fu R, Krastins B, Chase M, Sarracino D, Osburne MS, Henn MR, Chisholm SW (2010) Genomic analysis of oceanic cyanobacterial myoviruses compared with T4-like myoviruses from diverse hosts and environments. Environ Microbiol 12:3035–3056
11. Hurwitz BL, Hallam SJ, Sullivan MB (2013) Metabolic reprogramming by viruses in the sunlit and dark ocean. Genome Biol 14:R123
12. Hurwitz BL, Brum JR, Sullivan MB (2015) Depth-stratified functional and taxonomic niche specialization in the core and flexible Pacific Ocean Virome. ISME J 9:472–484
13. Suttle CA, Chan AM, Cottrell MT (1991) Use of ultrafiltration to isolate viruses from seawater which are pathogens of marine phytoplankton. Appl Environ Microbiol 57:721–726
14. Wommack KE, Sime-Nogando T, Winget DM, Jamindar S, Helton RR (2010) Filtration-based methods for the collection of viral concentrates from large water samples. In: Wilheim SW, Weinbauer MG, Suttle CA (eds) Manual of aquatic viral ecology. American Society of Limnology and Oceanography, Waco, Texas, pp 110–117
15. Rohwer F (2013) How to set up a TFF. https://www.Youtube.Com/watch?V=d38ys3SxAZ0. Accessed 2 May 2015
16. Colombet J, Robin A, Lavie L, Bettarel Y, Cauchie HM, West S, Mann NH (2007) Viroplankton 'pegylation': use of PEG (polyethylene glycol) to concentrate and purify viruses in pelagic ecosystems. J Microbiol Methods 71:212–219
17. John SG, Mendez CB, Deng L, Poulos B, Kaufmann AKM, Kern S, Brum J, Polz MF, Boyle EA, Sullivan MB (2011) A simple and efficient method for concentration of ocean viruses by chemical flocculation. Environ Microbiol Reports 3:195–202
18. Zhu B, Clifford DA, Chellam S (2005) Virus removal by iron coagulation-microfiltration. Water Res 39:5153–5161
19. Hurwitz BL, Deng L, Poulos BT, Sullivan MB (2013) Evaluation of methods to concentrate and purify ocean virus communities through comparative, replicated metagenomics. Environ Microbiol 15:1428–1440
20. Duhaime MB, Sullivan MB (2012) Ocean viruses: rigorously evaluating the metagenomics sample-to-sequence pipeline. Virology 434:181–186
21. Hurwitz BL, Sullivan MB (2013) The Pacific Ocean Virome (POV): a marine viral metagenomic dataset and associated protein clusters for quantitative viral ecology. PLoS One 8: e57355
22. Brum JR, Ignacio-Espinoza JC, Roux S, Doulcier G, Acinas SG, Alberti A, Chaffron S, Cruaud C, de Vargas C, Gasol JM, Gorsky G, Gregory AC, Guidi L, Hingamp P, Iudicone D, Not F, Ogata H, Pesant S, Poulos BT, Schwenck SM, Speich S, Dimier C, Kandels-Lewis S, Picheral M, Searson S, Tara Oceans Coordinators Bork P, Bowler C, Sunagawa S, Wincker P, Karsenti E, Sullivan MB (2015) Patterns and ecological drivers of ocean viral communities. Science 348:1261498
23. Brum JR, Sullivan MB (2015) Rising to the challenge: accelerated pace of discovery transforms marine virology. Nat Rev Microbiol 13:147–159

5 阴离子交换色谱法纯化噬菌体

▶ 5.1　引言
▶ 5.2　材料
▶ 5.3　方法
▶ 5.4　注释

摘要

在噬菌体研究和治疗中，大多数需要使用高纯度的噬菌体悬浮液。其中氯化铯密度梯度超速离心法是纯化噬菌体的标准技术。但这种技术的缺点是烦琐、复杂、昂贵。此外，它不适于大量噬菌体悬浮液的纯化。

本章介绍的方法是使用阴离子交换色谱法将噬菌体结合到固定相，是FLPC系统与对流相互作用介质（CIM®）相结合完成的。清洗色谱柱以去除CIM®中的杂质。使用具有高离子强度的缓冲溶液，将噬菌体从柱上洗脱并收集起来。这种方式可以有效地纯化和浓缩噬菌体。

该方案可用于确定最佳缓冲液、固定相化学和洗脱条件，以及色谱柱的最大容量和回收率。
关键词：噬菌体，浓缩，氯化铯（CsCl），离子交换色谱，纯化

5.1 引言

噬菌体的研究和应用（例如，噬菌体展示、蛋白质组学、基因组学、晶体学和噬菌体治疗）需要纯化噬菌体悬浮液。如今，标准方法仍然是聚乙二醇（PEG）沉淀法和/或CsCl密度梯度超速离心法[1]。虽然PEG沉淀法是一种简单且廉价的浓缩噬菌体的方法，但往往无法获得足够纯的噬菌体制剂。CsCl密度梯度超速离心法能够得到高度纯化的噬菌体颗粒悬浮液，但非常复杂、耗时、昂贵，并且不适合工业上大体积、大规模的纯化。此外，一些噬菌体不能通过这种方法进行纯化，因为它们在高密度CsCl梯度的高渗透环境中不稳定[2~4]。因此，仍需要探索用于噬菌体纯化的高通量方法。

色谱法可作为噬菌体纯化的替代方法。1953年，阴离子交换色谱法被认为是有效纯化和浓缩噬菌体的方法[5]。Creaser和Taussig使用树脂的噬菌体阴离子交换色谱法建立了一个可靠而简便的方案[6]。近年来，阴离子交换柱被用于纯化生物分子（如质粒DNA、病毒、蛋白质）。空心通道的高度互连的网络具有大且清晰的孔径，可创建坚固的海绵状结构。

这样可以实现流动相的层流分布，即使在高流速下，也可以确保具有有限压力的液滴拥有较大的接触表面。这些条件有利于提高大分子（如噬菌体）的结合能力[8,9]。此外，分辨率和容量不受流速影响。这些特点使得该技术适用于大批量加工，因此不仅在实验室中适用，而且也适用于工业和生物医学领域。

离子交换色谱已被证明可用于纯化噬菌体，最近几年发表了越来越多关于描述各种噬菌体纯化的研究[3,8~11]。通过这种方法可回收的噬菌体量很高，通常是噬菌体原始数量的35%～70%，有时甚至高达99.99%[3]。该技术特异性高，根据每种噬菌体洗脱条件的不同，可以将不同的噬菌体从混合物中分离出来[9]。Lock及其同事根据洗脱峰成功将包装的DNA和空病毒衣壳分离[12]。虽然其具有比较高的分辨率，可以通过比较峰表面的差异，对不同组分进行相对定量，但是如将这些颗粒分离成不同的组分，则需要更高的分辨率。尽管该研究是使用与噬菌体完全不同的病毒进行的，但是可以区分空的和含有DNA的颗粒，这一事实表明了用离子交换色谱进行高度纯化的可行性。

色谱柱尺寸范围为0.1mL（用于小规模研究）到8000mL（适用于中试测试和噬菌体裂解液的工业纯化），流速为2～10L/min。可以预先使用小规模色谱柱优化结合和洗脱条件，然后转移到更大的色谱柱，无需进一步优化[13]。虽然噬菌体的离子交换色谱纯化方法需要精心优化，但该方法优点为快速、可重复，可处理高通量体积，易于升级到工业规模，几乎可以完全自动化[3,7,10]。这些优点使该技术成为经典CsCl密度梯度纯化的替代方法。

本章介绍了可应用于所有噬菌体的，最佳的噬菌体纯化的步骤，该方法利用Convective Interaction Media（CIM）公司生产的BIA Separation阴离子交换柱，基于AKTA FPLC系统（或者是最新的AKTA纯化系统，GE医疗，英国）运行UNICORN软件。

5.2 材料

5.2.1 培养基配制

① 脱气超纯水。

② 上样缓冲液。20mmol/L Tris-HCl，pH 7.5，0.22μm滤膜过滤除菌（注释①）。

③ 洗脱缓冲液。20mmol/L Tris-HCl，pH 7.5，2mol/L NaCl，0.22μm滤膜过滤除菌（注释①）。

④ 清洗缓冲液。1mol/L NaOH，0.22μm滤膜过滤除菌。

⑤ 储存缓冲液。20%（体积分数）乙醇，0.22μm滤膜过滤除菌。

⑥ 噬菌体悬浮液，0.22μm滤膜过滤除菌（注释②）。

5.2.2 FPLC及其附件

① CIM® 阴离子交换柱DEAE或QA（BIA Separations，Slovenia）。

② 带分析软件的HPLC或FPLC系统（注释③）。

5.3 方法

使用阴离子交换色谱法纯化噬菌体时，需要对每种噬菌体分离物进行优化，然后采用逐步梯度纯化方法来纯化其他的裂解物。优化是一个分步进行的过程，涉及不同的参数，如缓冲液组成、结合和洗脱条件，以及色谱柱化学。在此之前，应在使用的缓冲液及 pH 条件下，检测噬菌体的稳定性。

在进行该方案之前，应在上样缓冲液中稀释过滤的噬菌体悬浮液（体积比为 1∶1），以降低所装载样品的离子强度（注释④）。

缩写	定义
CV	柱体积，由制造商定义的柱体积
FT	穿流，装载的样品在柱上运行并随后收集
E	洗脱液，在洗脱步骤收集的体积
$W_{0\%}$	用 0%洗脱缓冲液洗脱柱上未结合的颗粒
$W_{100\%}$	用 100%洗脱缓冲液洗脱柱上所有结合的颗粒

5.3.1 准备用于纯化噬菌体的 FPLC

不使用时，建议将 FPLC 和整个柱子浸泡在 20%乙醇储存缓冲液中。纯化噬菌体之前应先去除乙醇或其他化学物质，因为这些物质可能对噬菌体有害，因此在纯化噬菌体之前第一步是除去储存缓冲液。

① 将所选的 CIM® 盘（QA 或 DEAE）放置在色谱柱外壳中，按流动路径将其连接。

② 用脱气的超纯水冲洗泵、样品定量环、色谱柱和 FPLC 系统的流动路径，以除去储存缓冲液中少量的乙醇，并在色谱柱中创造最佳结合条件。

③ 将泵 A 放入含有上样缓冲液的瓶子中，将泵 B 放入含有洗脱缓冲液的瓶子中。用各自的缓冲溶液填充两个泵，确保缓冲液能够浸没泵。

④ 用洗脱缓冲液冲洗系统，直到紫外吸光度和电导率信号保持稳定。

⑤ 通过将上样缓冲液流经系统来创造结合条件，直到紫外吸光度和电导率信号达到稳定的基线。

⑥ 将噬菌体悬浮液加到样品定量环上，并将带有噬菌体悬浮液的样品定量环连接到进样阀的正确位置上。

本步骤能使机器保持洁净，可以随时使用。下面的方法（流程）要求首先执行该步骤，才能开始。

在两种噬菌体纯化方法之间，必须创建正确的结合条件，这是通过重复本流程的第④～⑥步来完成的，但这一重复步骤需要在确定一个净化方法之后、下一个步骤开始之前进行。最后一次纯化噬菌体时，需要清洗色谱柱和机器，见清洁方法。

5.3.2 结合条件的优化方案：一步梯度

本流程是优化噬菌体色谱纯化的第一步。噬菌体的结合条件取决于色谱柱化学性质、缓冲液组成和 pH，或噬菌体悬浮液的离子强度。

① 在 0%洗脱缓冲液浓度下，将少量噬菌体悬浮液加到色谱柱上。当装载噬菌体悬浮液时，FPLC 软件将在色谱图上显示 UV 吸光度峰值，可用于确定噬菌体装载到色谱柱上所需的时间。

② 使用上样缓冲液清洗色谱柱，直至达到 UV 吸光度和电导率的基线并保持稳定。

③ 用试管收集所有 FT 和 $W_{0\%}$。

④ 使用100%洗脱缓冲液从色谱柱中洗脱结合的颗粒。

⑤ 收集洗脱液（*E*）至试管中。紫外吸收峰表明与色谱柱结合的颗粒的洗脱。

⑥ 使用双层平板法（在适合纯化噬菌体的条件下）滴定 FT+$W_{0\%}$ 和 *E* 馏分。理想的结合条件是在 FT+$W_{0\%}$ 部分中没有发现噬菌体，大部分噬菌体存在于 *E* 中。可以通过进一步稀释噬菌体悬浮液，改变上样缓冲液的化学性质、pH 或改变色谱柱化学性质来优化该步骤。

5.3.3 洗脱条件的优化方案：线性梯度

线性梯度有助于确定洗脱噬菌体的条件。结合噬菌体从色谱柱上洗脱下来的洗脱缓冲液的百分比可以精确定义。目标是找到噬菌体从色谱柱中洗脱下来的确切条件，同时使不需要的杂质与色谱柱结合，以便将噬菌体与杂质分离。

① 在0%洗脱缓冲液浓度下，往柱上加少量噬菌体悬浮液。用上样缓冲液洗涤色谱柱，直到 UV 吸光度和电导率信号达到各自的基线。

② 用试管收集 FT 和 $W_{0\%}$。

③ 设置系统，以将洗脱缓冲液的比例从0%线性增加到100%。确保在足量体积中进行，以获得最佳洗脱条件。梯度色谱输出见图 5-1。

④ 使用单独试管定期收集 1～2mL 的洗脱液。

⑤ 用100%的洗脱缓冲液（$W_{100\%}$）洗涤色谱柱，直到紫外吸收光不再出现峰值，并且达到基线，电导率信号稳定。收集 $W_{100\%}$ 的部分。

⑥ 使用双层平板法（在适合纯化噬菌体的条件下）滴定所有收集的馏分。

⑦ 用色谱图上显示的 UV 吸光度峰标记每个 *E* 馏分的效价（图 5-1），将会显示哪些峰是由噬菌体洗脱引起的，哪些是由洗脱杂质引起的。根据该数据，可以计算洗脱缓冲液中洗脱下来的杂质和噬菌体浓度。如果 $W_{100\%}$ 馏分的效价高于装载在色谱柱上的总噬菌体含量的1%，结合条件过于严格，则需要增加洗脱缓冲液的离子强度。

5.3.4 确定容量的优化方案

一旦设置了最佳结合条件，就可以确定色谱柱的容量，进而可以确定与色谱柱结合的噬菌体颗粒的最大值，然后进行纯化（注释⑤）。简而言之，这是通过将过量的噬菌体装载到色谱柱上来完成的。当噬菌体开始从柱子上流出时，达到了结合噬菌体的最大量。通过将装载到柱上的噬菌体总数减去 FT 中噬菌体的数量，可以得到与柱结合的噬菌体的确切数量。

① 装载过量的噬菌体。文献显示对不同噬菌体，色谱柱容量有较高的多样性，CIM 整体柱的体积能够容纳噬菌体浓度为 10^9～10^{12}pfu/mL，CV 等于 0.34mL[3]。为了正确确定容量，装载的噬菌体数量应超过最大容量。

② 收集 FT 至试管中，弃去 $W_{0\%}$、*E* 和 $W_{100\%}$。

③ 用双层平板法（在适合纯化噬菌体的条件下）滴定 FT 部分。在 FT 中发现的噬菌体是不能与柱子结合的噬菌体。确定容量的方法如下：

$$容量=装载噬菌体的总数-FT 中的噬菌体数量$$

当在 FT 中没有发现噬菌体时，表明没有达到最大容量，无法得到正确的色谱柱的容量。

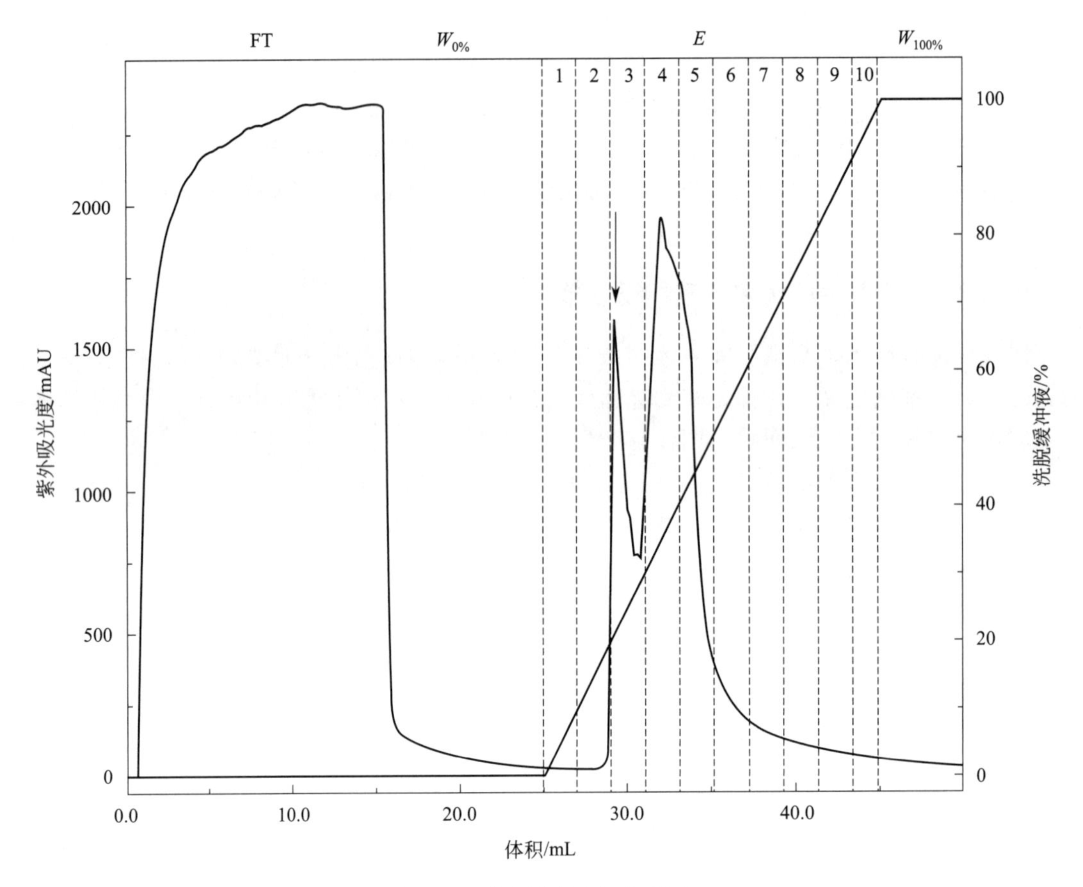

图 5-1 线性梯度洗脱色谱图

使用 DEAE 柱进行噬菌体纯化的线性梯度。在相应的洗脱缓冲液浓度（灰色曲线）下给出紫外吸光度（黑色曲线）。在图的顶部指示了该过程中的不同阶段：穿流（FT）；上样后洗涤柱（$W_{0\%}$）；洗脱液（E），数字表示不同的收集馏分；最后洗涤再生色谱柱（$W_{100\%}$）。箭头表示与存在的噬菌体相对应的峰

5.3.5 使用整体阴离子交换柱纯化噬菌体：逐步梯度

一旦设定好所有参数，便可纯化和浓缩噬菌体。噬菌体的量不应超过色谱柱的容量，选用前面步骤中确定的最佳结合和洗脱条件（注释⑥）。将分三个不同的阶段进行洗脱（图 5-2）。

① 以 0%的洗脱缓冲液浓度将样品容量环中的噬菌体悬浮液装到色谱柱上，达到但不超过柱的容量。弃掉 FT（注释⑦）。

② 用加样缓冲液清洗色谱柱，直至紫外吸光度和电导率信号达到稳定的基线，以去除所有杂质。弃掉 $W_{0\%}$。

③ 通过线性梯度测定，将洗脱缓冲液的百分比提高至比噬菌体洗脱的最佳浓度低 5%～10%。这将洗涤掉柱中所有结合较弱的杂质。

④ 将洗脱缓冲液的百分比提高到最佳浓度的 5%～10%，用于洗脱噬菌体颗粒。收集含有纯化噬菌体的洗脱液。

⑤ 将洗脱缓冲液的百分比提高到 100%，以去除色谱柱中的所有残余颗粒并重新生成。弃掉 $W_{100\%}$。

⑥ 使用双层平板法（在适合纯化的噬菌体的条件下）滴定洗脱的噬菌体馏分。可以按

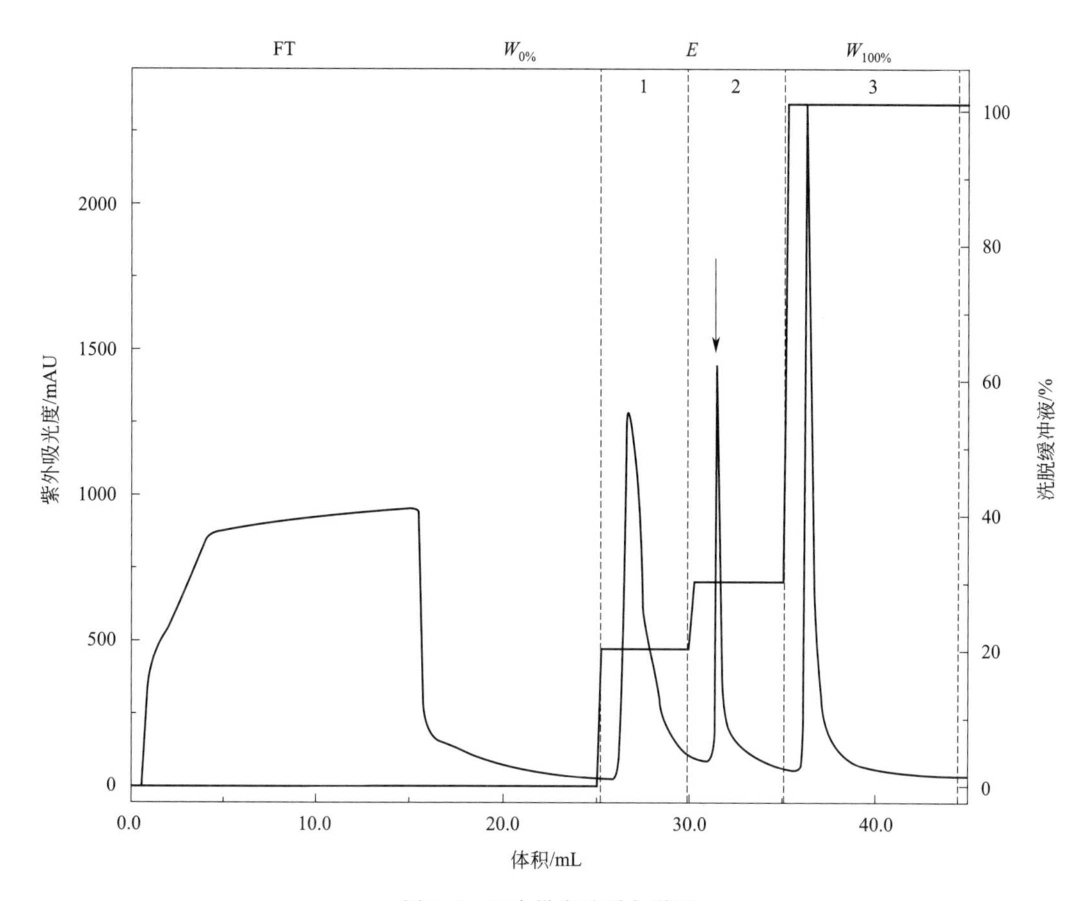

图 5-2 逐步梯度洗脱色谱图

使用 DEAE 柱逐步纯化噬菌体。在相应的洗脱缓冲液浓度（灰色曲线）下给出 UV 吸光度（黑色曲线）。在该图的顶部，指示了该过程中的不同阶段：穿流（FT），上样后洗涤柱（$W_{0\%}$），洗脱（E）和最终洗涤再生色谱柱（$W_{100\%}$）。E 的第一部分含有杂质；第二部分是纯化噬菌体。箭头表示与存在的噬菌体相对应的峰

如下方式计算最大限度从色谱柱中回收的噬菌体（注释⑧）：

$$回收率=\frac{纯馏分中噬菌体的总数}{装载的噬菌体总数}$$

回收率反映了色谱柱的效率。

该逐步梯度方法最终产生含有纯化噬菌体的馏分，可在步骤④中收集。

该逐步梯度方法可用于纯化相同的噬菌体。

5.3.6 使用 FPLC 清洁噬菌体纯化后的方法

为了避免与随后的实验和纯化产生交叉污染，需要对 FPLC、样品容量环和色谱柱进行彻底清洗，以清除所有残留的噬菌体。每次运行后都应执行此清理方案。

① 用 1mol/L NaOH 清洗缓冲液填充样品容量环。

② 用清洗缓冲液填充 FPLC 的泵 A。让清洗缓冲液流过整个线路以清洁系统。确保色谱柱与通路一致，使至少 10 个 CV 通过色谱柱。

③ 用大量脱气的超纯水冲洗样品容量环、泵、机器流路和柱子中的清洗缓冲液，直到 pH 恢复到中性。

④ 通过传递十个 CV 来重新生成离子交换柱上 100%洗脱缓冲液。再生后，柱子可以再次使用。

⑤ 长期储存的方法为：用储存缓冲液冲洗泵、线路和色谱柱，直到 UV 吸光度和电导率信号达到稳定的基线。将柱子从其外壳中取出并储存在封闭的小瓶中，浸没在 4℃的无菌储存缓冲液中，以达到最佳保存效果。

5.4 注释

① 上样和洗脱缓冲液的成分取决于所使用的噬菌体。最近出版物中使用的实例包括磷酸盐和 HEPES 缓冲液，尽管后者用于真核肠道病毒而不是噬菌体[3,14]。噬菌体在进行色谱之前，应该在不同缓冲液和不同 pH 下进行噬菌体的稳定性测试。相应地，调整缓冲液组成和 pH。

② 噬菌体扩增通常是非优化的步骤，限制了其纯化和浓缩过程的可用性。该方案可以从高度浓缩的悬浮液以及含低浓度噬菌体的悬浮液中纯化噬菌体。为了获得纯化噬菌体的最佳产量，建议调整噬菌体悬浮液的负载量以达到柱的容量。当由于 FPLC 系统的限制性，不允许装载足够量的噬菌体裂解物时，可能导致产量较低，尽管纯化的噬菌体悬浮液的质量不受影响。

③ 使用 A-KTA™ FPLC 系统优化该方案，配备 P900 泵和 UNICORN™ 控制和分析软件（GEHealthcare）以及总柱体积为 0.34mL（BIASeparations）的 CIM® 盘。根据制造商的说明，使用 2mL/min 的恒定流速（注释⑨）。由于适应性差，该方案仅适用于类似的系统和设置。

④ 离子强度高会导致噬菌体不能结合到柱子上。具有高离子强度的噬菌体裂解物需要更大的稀释度，而低离子强度悬浮液不需要稀释，可以使用原液。

⑤ 对于每个噬菌体，色谱柱的最大容量是不同的。对于使用 0.34mL 色谱柱的实验室规模纯化，通常未达到最大容量。主要的限制因素是只能装载有限的噬菌体悬浮液，以及有限的噬菌体扩增效率。

⑥ 为防止不必要的噬菌体丢失，建议选择最大容量的 70%左右。由于容量可能受到不同因素（例如温度、缓冲条件、柱龄）的影响，因此宜使用略微次优的噬菌体量以确保所有噬菌体都可以与柱结合。

⑦ 首次进行逐步梯度洗脱时，需要收集不同的馏分。如果纯化部分中的噬菌体效价较低，则滴定所有收集的部分可以指示问题所在。

⑧ 此公式仅在未超过柱容量时有效。

⑨ 仔细阅读色谱柱制造商的说明书，验证最佳工作条件（例如流速、对酸性或碱性溶液的耐化学性、最大背压）。切勿忽略这些重要说明并相应调整方案，以避免对 FPLC 系统或离子交换柱造成损害。

参考文献

1. Boulanger P (2009) Chapter 13: purification of bacteriophages and SDS-PAGE analysis of phage structural proteins from ghost particles. In: Clokie MRJ, Kropinski AM (eds) Bacteriophages: methods and protocols, volume 2: molecular and applied aspects. Humana Press, New York, pp 227–238
2. Sillankorva S, Pleteneva E, Shaburova O, Santos S, Carvalho C, Azeredo J, Krylov V (2010) Salmonella enteritidis bacteriophage

candidates for phage therapy of poultry. J Appl Microbiol 108(4):1175–1186

3. Adriaenssens EM, Lehman SM, Vandersteegen K, Vandenheuvel D, Philippe DL, Cornelissen A, Clokie MRJ, García AJ, De Proft M, Maes M, Lavigne R (2012) CIM® monolithic anion-exchange chromatography as a useful alternative to CsCl gradient purification of bacteriophage particles. Virology 434(2):265–270
4. Carlson K (2005) Appendix: working with bacteriophages: common techniques and methodological approaches. In: Kutter E, Sulakvelidze A (eds) Bacteriophages: biology and applications. CRC Press, Boca Raton, pp 437–494
5. Puck T, Sagik B (1953) Virus and cell interaction with ion exchangers. J Exp Med 97 (6):807–820
6. Creaser EH, Taussig A (1957) The purification and chromatography of bacteriophages on anion-exchange cellulose. Virology 4 (2):200–208
7. Oksanen HM, Domanska A, Bamford DH (2012) Monolithic ion exchange chromatographic methods for virus purification. Virology 434(2):271–277
8. Kramberger P, Honour RC, Herman RE, Smrekar F, Peterka M (2010) Purification of the Staphylococcus Aureus bacteriophages VDX-10 on methacrylate monoliths. J Virol Methods 166(1–2):60–64
9. Smrekar F, Ciringer M, Štrancar A, Podgornik A (2011) Characterisation of methacrylate monoliths for bacteriophage purification. J Chromatogr A 1218(17):2438–2444
10. Smrekar F, Ciringer M, Peterka M, Podgornik A, Štrancar A (2008) Purification and concentration of bacteriophage T4 using monolithic chromatographic supports. J Chromatogr B 861(2):177–180
11. Monjezi R, Tey BT, Sieo CC, Tan WS (2010) Purification of bacteriophage M13 by anion exchange chromatography. J Chromatogr B 878(21):1855–1859
12. Lock M, Alvira MR, Wilson JM (2012) Analysis of particle content of recombinant adeno-associated virus serotype 8 vectors by ion-exchange chromatography. Hum Gene Ther Methods 23(1):56–64
13. Liu K, Wen Z, Li N, Yang W, Hu L, Wang J, Yin Z, Dong X, Li J (2012) Purification and concentration of mycobacteriophage D29 using monolithic chromatographic columns. J Virol Methods 186(1–2):7–13
14. Kattur Venkatachalam A, Szyporta M, Kiener T, Balraj P, Kwang J (2014) Concentration and purification of enterovirus 71 using a weak anion-exchange monolithic column. Virol J 11(1):99

6 噬菌体计数——双层平板法

- 6.1 引言
- 6.2 材料
- 6.3 方法
- 6.4 注释
- 6.5 附加点

摘要

测定感染性噬菌体颗粒浓度是了解噬菌体生物学、遗传学和分子生物学的基础。本章介绍了经典的双层平板技术。

关键词： 噬菌斑，双层平板技术，噬菌斑形成单位，pfu，噬菌斑的形态，直接平板法

6.1 引言

测定感染性噬菌体颗粒浓度是研究细菌病毒的基本方法。最常见的方法是噬菌斑试验，即将稀释的噬菌体制剂与宿主细菌混合，均匀涂布到固体培养基上。在培养过程中，宿主细菌在固体培养基上生长，只有在感染性噬菌体颗粒溶解或抑制细胞生长的情况下，才会形成局部透明或半透明区域，称为噬菌斑。因此感染性噬菌体被称为噬菌斑形成单位（pfu）。肉眼可见的单个空斑比较容易计算。噬菌斑形态（清晰与浑浊、菌斑大小、有无晕圈）和噬菌体突变体的分离表征是分离噬菌体的基础。

噬菌斑测定法依赖于宿主细菌在固体培养基上形成完整菌斑的能力，以及噬菌斑的局部扩展直到肉眼可见。噬菌斑的扩展需要从每个被感染的细菌细胞中获得足够数量的子代噬菌体，以引起局部感染和裂解，或者改变邻近细菌的生长。下面和后续章节中介绍的技术包括双层平板法、直接涂布法和微量滴定板法（图 6-1），已被有效地用于研究噬菌体。

该种技术已用于假单胞菌、大肠埃希菌、沙门菌和芽孢杆菌，具有微小的差异，但应该能够适用于大多数细菌种类。噬菌体需要宿主细菌才能生存，但宿主细菌不能在固体培养基上形成菌苔，或者产生的后代不足以形成可见的噬菌斑，可以通过除噬菌斑测定以外的方法进行计数[1]，例如电子显微镜[2,3]、荧光显微镜[4] 和定量 PCR[5]。

双琼脂覆盖噬菌斑测定法，也称为噬菌斑测定的“软琼脂覆盖”“双琼脂层”或“双层”方法。双琼脂覆盖法最初由 Andre Gratia[6,7] 概述，并由 MarkAdams[3] 正式确定。将噬菌体悬浮液的稀释液与宿主细菌在稀释的熔融琼脂或琼脂糖基质（“顶层琼脂”或“覆盖

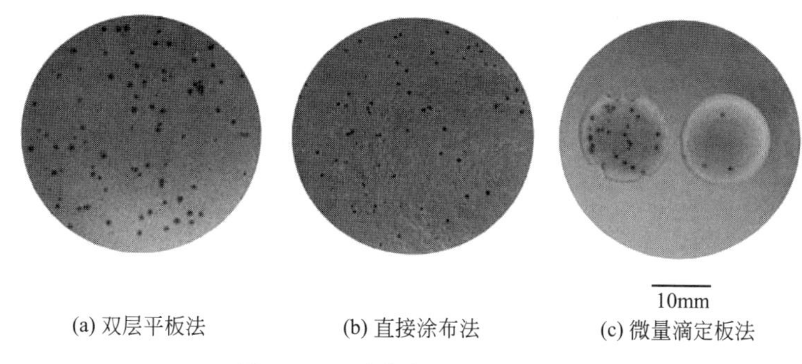

图 6-1 三种分离噬菌体的方法
10mm 的条仅适用于微量滴定板法（c）

层”）中混合，将其均匀涂布在固化的标准琼脂平板上（“底层琼脂”）。过夜培养后，菌苔上出现的清除区域（或减少生长）即为噬菌斑。

6.2 材料

① 用于制备肉汤和固体培养基的用品和设备：90mm 培养皿，带有金属帽的 13mm×100mm 玻璃管（Morton Culture Tube Closures，Fisher Scientific）或带盖的塑料瓶（Kaputs，Bellco Biotechnology，Inc. Vineland，NJ；注释①）。

② 微量移液器，规格为 1mL、100μL 和 10μL，配有无菌移液器吸头（注释②）。

③ 无菌稀释管（1.5mL 带盖的微量离心管，13mm×100mm 带盖小管或类似物）。

④ 无菌注射器（例如 Wheaton Self-Filling Repetitive Syringe；Fisher Scientific 或 VWR），或类似装置，用于分配 3mL 体积的温热介质。

⑤ 用于 13mm×100mm 管的加热块或水浴，维持 48℃。

6.2.1 培养基

通常使用琼脂浓度不同的肉汤培养基制备上层和下层培养基，制备过程中仅需向肉汤中加入不同量的琼脂。

对于上面列出的细菌属的成员，使用 Luria Bertani（LB）肉汤、Lennox 或胰蛋白胨大豆肉汤（Difco Laboratories，Division of Becton Dickinson&Co.）培养效果较好。改良的营养琼脂（MNA，参见直接平板法）也适用于这些噬菌体。

对于上文未提及的细菌噬菌体的噬菌斑测定，推荐使用培养宿主细菌的培养基［参见美国模式菌种保存中心（ATCC），或 Deutsche Sammlung von Mikroorganismen und Zellkulturen（DSMZ）］。

用于配置细菌培养基的标准琼脂适用于许多噬菌体宿主系统。对于某些生物，例如柄杆菌，琼脂中的杂质会抑制细菌生长，因此最好在使用前用蒸馏水充分洗涤琼脂。或者，可以使用分子生物级琼脂糖[8]。

许多噬菌体生长需要 1～10mmol/L 二价离子，如 Ca^{2+} 或 Mg^{2+}，用于附着或在细胞内生长[9～11]。因此可制备无菌的 1mol/L $CaCl_2$ 溶液。当使用噬菌体混合物或无特征的噬菌体时，最好在底层和覆盖层培养基中加入 1～2mmol/L Ca^{2+}。为了确定噬菌体形成噬菌斑是否需要二价离子，可以检测不含 Ca^{2+}、添加 50mmol/L 柠檬酸盐的培养基中，以及含有

1～10mmol/L Ca^{2+} 的培养基中的噬菌体。如果需要 Ca^{2+}，则在不含 Ca^{2+} 的培养基中，噬菌体的效价会显著降低[12]。

6.2.1.1　下层琼脂平板

① 根据制造商的说明书准备培养基，加入琼脂（或琼脂糖）至终浓度为 15g/L，加热灭菌。

② 当培养基冷却至 55～60℃时，加入无菌的 1mol/L $CaCl_2$ 至所需的终浓度（1～10mmol/L 或 1～10mL/L）。将培养基维持在 48～50℃。

③ 向每个平板中倾倒 18～25mL 培养基，待冷却后，将平板包装并在 4℃储存。袋装板可存放长达 2 个月。

6.2.1.2　上层琼脂平板

① 按照制造商的说明准备肉汤培养基，加入琼脂（或琼脂糖）至终浓度为 4～6g/L（对于产生小噬菌斑的噬菌体，在较低的琼脂浓度下更明显）。

② 加热使琼脂或琼脂糖熔化，然后将 1mol/L $CaCl_2$ 加入到熔融的肉汤/琼脂混合物中至所需浓度（1～10mmol/L 或 1～10mL/L）。

③ 将 3mL 体积的培养基立即倾倒于无菌的 13mm×100mm 玻璃管中，用金属或塑料盖盖住管子，加热灭菌，可在 4℃下储存长达 1 个月（注释③）。

④ 使用时，加热带有琼脂的试管，使琼脂熔化，并在水浴或加热块中保持在 46～48℃（注：需彻底熔化琼脂，否则可能存在结晶，影响结果）（注释④）。

6.2.1.3　稀释液

① 可以用培养宿主细菌的肉汤培养基（不含琼脂或琼脂糖）稀释噬菌体，方法如下。

a. SM 稀释剂加凝胶（SMG）[8]。50mmol/L Tris-HCl（pH7.5），含有 100mmol/L NaCl、8.1mmol/L $MgSO_4$ 和 0.1g/L 明胶。

NaCl	5.8g
$MgSO_4 \cdot 7H_2O$	2.0g
1mol/L Tris-HCl（pH 7.5）	50mL
20g/L 凝胶	5mL
蒸馏水	至 1000mL

b. Lambda（λ）稀释剂[13]。10mmol/L Tris-HCl（pH 7.5），8.1mmol/L $MgSO_4$。

$MgSO_4 \cdot 7H_2O$	2.0g
1mol/L Tris-HCl（pH 7.5）	10mL
蒸馏水	至 1000mL

② 将稀释液以 10mL（用于一个稀释梯度的噬菌体）的体积分装到带螺旋盖的小瓶或试管中，盖上盖子并加热灭菌，可在 4℃下储存长达 3 个月（注释 5）。

6.3 方法

含量在 10^6～10^{11} pfu/mL 的典型噬菌体裂解液适用于双层平板法。

① 取出所需数量的底层琼脂平板（通常需要 7 个平板：6 个用于噬菌体稀释液，1 个用于不含噬菌体的细菌对照），并在 37℃培养箱中干燥 1～2h 或在层流罩中部分暴露 10～15min（注释⑥）。

② 当平板干燥时，将待稀释的稀释液（例如“10^{-4}”至“10^{-9}”）和“对照物”依次

分组和编号。

③ 取出所需数量的含有 3mL 培养基的试管，并将琼脂熔化，然后将试管置于 48℃的水浴中或放到加热器中（注释⑦）。

④ 取 9 个无菌加盖试管或微量离心管。根据稀释倍数（例如，“10^{-1}”至“10^{-9}”）对它们进行编号，并向每个管中加 900μL 无菌稀释剂（注释⑧）。

⑤ 向第一个试管中加入 100μL 噬菌体裂解液，混合，更换移液管吸头并将 100μL 转移至第二个试管（注释⑨）。

⑥ 每次使用新的移液器吸头进行转移，继续进行 10 倍稀释。在最后一个试管中，噬菌体制剂将稀释至 10^{-9}（注释⑩）。

⑦ 取 100μL 噬菌体稀释液加到含有温热培养基的带盖试管中，立即加入 2 滴（约 100μL）过夜培养的宿主细菌，混合均匀并倒入干燥带标记的平板中（注释⑪、⑫、⑬和⑭）。

⑧ 每个稀释管需使用新的移液管吸头，重复步骤⑦。

⑨ 使上层培养基硬化 30min，然后将平板在所需温度下倒置培养（注释⑮）。

⑩ 继续培养 18～24h，然后对噬菌斑数量在 30～300 个的平板进行计数（注释⑯）。

⑪ 通过以下方法计算原始噬菌体制剂的效价（pfu/mL）：噬斑数平均数×10×计数稀释度的倒数。

6.4 注释

① Kaputs 被认为是一次性的，但可以高压灭菌并重复使用多次。

② 移液器每周应至少灭菌一次，并定期进行重新校准。

③ 将培养基以 50～100mL 等分试样分装到螺旋盖玻璃瓶中，加热灭菌，可在 4℃下储存长达 3 个月。

④ 如果将培养基大量储存在密封的玻璃瓶中，请预先煮沸培养基，然后分装到 13mm×100mm 的无菌玻璃带盖试管中（3mL/管）。

⑤ 将大量稀释液分装到旋盖瓶中，盖上盖子，加热灭菌，然后在 4℃条件下储存，最多 3 个月。使用时，将所需体积的稀释液转移到无菌管中。

⑥“底层”培养基不应该太干或太潮湿，因为这两个因素会影响噬菌斑形成。

⑦ 培养基必须完全熔化并且没有结块。

⑧ 由于大多数噬菌体裂解液中噬菌体的含量在 10^{6}～10^{11}pfu/mL，因此 10^{-5} 至 10^{-9} 的稀释液有一定的噬菌体浓度，从而具有可数的噬菌斑数量。经验将有助于估计裂解物中噬菌体的可能浓度。请注意，在纯化过程中，浓度可能超过 10^{13}pfu/mL，那么稀释液的稀释倍数必须继续超过 10^{-9}。

⑨ 通过用手指轻弹试管，或利用低转速的涡旋混合器，或将试管倒置来混合均匀。不建议剧烈混合噬菌体悬浮液。

⑩ 稀释液可以在 4℃环境中储存，直到测定完成并获得准确的计数。

⑪ 根据经验，要想获得清晰可见的噬菌斑，宿主细菌的用量通常为 50～200μL。

⑫ 混合的目的是使噬菌体和宿主细胞在上层培养基中均匀分布，而不会损坏噬菌体颗粒或引入气泡，这些气泡可能会被误认为是噬菌斑。

⑬ 重要的是要在上层琼脂开始固化之前完成噬菌体稀释液和宿主细菌的添加，以及混

合和倾倒。如果琼脂发生凝固，将形成带有小颗粒的粗糙表面。

⑭ 根据经验，可以减少用于滴定的稀释液的数量（使用相同的微量移液器，将 100μL 转移至下一个稀释液管）。

⑮ 对于生长较快的细菌，如大肠埃希菌，通常在 4h 内可见噬菌斑。如蜡样芽孢杆菌噬菌斑生长过度，应在可见时尽快计数（T. ElArabi，个人交流）。

⑯ 小的噬菌斑可以精确计数到数百个。但准确计数大噬菌斑（例如由噬菌体 T7 产生的噬菌斑）比较困难。

6.5 附加点

某些噬菌斑由于大小不同，裂解不完全或其温和性质而难以区分。很少有研究集中在影响噬菌斑形态和效价的因素上，而这些因素主要集中在乳酸菌的噬菌体上[13~15]。尽管一般的方法无法描述，但许多研究的结果可能会提供一些有关如何获得更多可见噬菌斑的见解。

在某些情况下，可以加入氧化/还原染料来增强噬菌斑的可见性。当在上层培养基中加入经过滤除菌的浓度为 50～300μg/mL 的四唑鎓染料（例如 2,3,5-三苯基氯化四氮唑）时，生长的细菌可将可溶性无色染料还原为不溶性的红色甲臜。由于噬菌斑在周围红色背景下未被染色，可以此来增强噬菌斑的可见性[16~18]。也可以使用亚甲蓝，但在这种情况下，噬菌体在稻草色琼脂培养基中被染成蓝色。这些试剂的最佳浓度应通过实验来确定。如果是亚甲蓝，则应在黑暗中孵育平板，以防止光动力效应。

噬菌斑的大小受多种因素的影响[1]。据报道，有多种方法可以增强噬菌斑的大小。

① 培养基中添加 0.006%的叠氮化钠（对于大肠埃希杆菌 T2）或 0.03%的叠氮化钠（对于葡萄球菌噬菌体 42D）将会增大噬菌斑[19]。

② 将琼脂浓度从 0.6%降低到 0.3%，可能会使噬菌斑增大。

③ McConnell 和 Wright[20] 指出，许多肠杆菌噬菌体先在厌氧条件下培养 24h，然后在有氧条件下培养 16h，噬菌斑将增大 2～8 倍。

④ 虽然通常使用宿主细菌的过夜培养物测定噬菌斑，但在某些情况下，对数期细菌的培养物的测定效果最佳[13]。

参考文献

1. Carlson, K. 2005. Working with bacteriophages: Common techniques and methodological approaches., *In* E. Kutter and A. Sulakvelidze (Eds.), Bacteriophages: Biology and Applications. CRC Press, Baco Raton, FL.
2. Ackermann, H.-W. 2005. Electron microscopy., *In* E. Kutter and A. Sulakvelidze (Eds.), Bacteriophages: Biology and Applications. CRC Press, Boca Ratan, FL.
3. Adams, M.D. 1959. Bacteriophages. Interscience Publishers, Inc., New York.
4. Carlson, K. 2005. Working with bacteriophages: Common techniques and methodological approaches., *In* E. Kutter and A. Sulakvelidze (Eds.), Bacteriophages: Biology and Applications. CRC Press, Boca Ratan, FL.
5. Edelman, D.C. and J. Barletta. 2007. Real-time PCR provides improved detection and titer determination of bacteriophage. BioTechniques *35*:368–375.
6. Gratia, A. 1936. Des relations numeriques entre bactéries lysogenes et particules de bactériophage. Annales de l'Institut Pasteur *57*:652–676.
7. Gratia, J.-P. 2000. André Gratia: A forerunner in microbial and viral genetics. Genetics *156*:471–476.
8. Sambrook, J. and D.W. Russell. 2001. Molecular Cloning: A Laboratory Manual. Cold Spring Harbor Press, Cold Spring Harbor, New York.
9. Haberer, K. and J. Maniloff. 1982. Adsorption of the tailed mycoplasma virus L3 to cell mem-

branes. Journal of Virology *41*:501–507.

10. Landry, E.F. and R.M. Zsigray. 1980. Effects of calcium on the lytic cycle of *Bacillus subtilis* phage 41c. Journal of General Virology *51*:125–135.
11. Mahony, D.E., P.D. Bell, and K.B. Easterbrook. 1985. Two bacteriophages of *Clostridium difficile*. Journal of Clinical Microbiology *21*:251–254.
12. Sechter, I. and C.B. Gerichter. 1968. Phage typing scheme for *Salmonella braenderup*. Applied Microbiology *16*:1708–1712.
13. Hongo, M. and A. Murata. 1965. Bacteriophages of *Clostridium saccharoperbutylacetonicum*. II. Enumeration of phages by application of the plaque-count technique and some factors influencing the plaque formation. Agricultural and Biological Chemistry *29*: 1140–1145.
14. Lillehaug, D. 1997. An improved plaque assay for poor plaque-producing temperate lactococal bacteriophages. Journal of Applied Microbiology *83*:85–90.
15. Mullan, M.W.A. 1979. Lactic streptococcal bacteriophage enumeration. A review of factors affecting plaque formation. Dairy Industries International *44*:11–14.
16. Pattee, P.A. 1966. Use of tetrazolium for improved resolution of bacteriophage plaques. Journal of Bacteriology *92*:787–788.
17. Fraser, D. and J. Crum. 1975. Enhancement of Mycoplasma virus plaque visibility by tetrazolium. Applied Microbiology *29*:305–306.
18. Hurst, C.J., J.C. Blannon, R.L. Hardaway, and W.C. Jackson. 1994. Differential effect of tetrazolium dyes upon bacteriophage plaque assay titres. Applied & Environmental Microbiology *60*:3462–3465.
19. Qanber, A.A. and J. Douglas. 1976. Enhancement of plaque size of a staphylococcal phage. Journal of Applied Bacteriology *40*:109–110.
20. McConnell, M. and A. Wright. 1975. An anaerobic technique for increasing bacteriophage plaque size. Virology *65*:588–590.

7 噬菌体计数——直接涂板法

▶ 7.1 引言
▶ 7.2 材料
▶ 7.3 方法
▶ 7.4 注释

摘要

本章主要介绍了通过直接涂板法测定感染性噬菌体颗粒浓度，该方法比双层平板法更简单、更快速。

关键词：噬菌斑，双层平板法，噬菌斑形成单位，pfu，直接涂板法

7.1 引言

通常认为双层平板法对噬菌体计数是最准确的，因为此方法能够形成形态清晰且较大的噬菌斑。但是通过直接涂板法可以对噬菌体进行可靠的计数，最初由 d'Herelle 于 1917 年[1] 提出，并由 Adams 引用[2]。由于直接涂板法不需要覆盖层或上层琼脂，因此操作起来更简单、快捷。该方法已成功用于对肠产毒性大肠埃希菌和沙门菌噬菌体的计数。

7.2 材料

7.2.1 设备

① 用于制备肉汤和固体培养基的用品和设备。

② 微量移液器，规格分别为 1mL、100μL 和 10μL（注释①和注释②）。

③ 用于微量移液器的无菌移液器吸头。

④ 无菌稀释管（1.5mL 带盖的微量离心管），或者放置于 8×12 试管架的无菌滴定管 Titertubes® （BioRad）。

⑤ 无菌平板。

7.2.2 培养基

前一章提到的底层（底部琼脂）或下面给出的 MNA 培养基都可以使用。MNA 培养基

中添加了盐和葡萄糖，用于修饰 LB 底层琼脂，最初由 Arber 等[3] 使用，后被 Sambrook[4] 引用。它比其他培养基更透明，噬菌斑的可视化效果更好。每升 MNA 培养基中各成分添加量：

营养肉汤	180.0g
NaCl	76.5g
AgarNo.1（Oxoid）	90.0g
$CaCl_2$	74.7mg
$FeCl_3$	9.9mg
$MgSO_4 \cdot 7H_2O$	4.5g
蒸馏水	至 1000mL
30%无菌葡萄糖	10mL（高压灭菌后加入）

往每个平板中分别倾倒 20～30mL，并使其在室温下凝固。置于塑料管中可在 4℃下储存 4 个月。

7.2.3 稀释液

① 噬菌体可以使用培养宿主细菌的肉汤培养基作为稀释液（不含琼脂或琼脂糖），或者使用下面的稀释液。

a. SM 稀释液加凝胶（SMG）[4]。50mmol/L 的 Tris-HCl（pH 7.5），100mmol/L NaCl，8.1mmol/L $MgSO_4$ 和 0.1g/L 明胶，每升稀释液中各成分添加量：

NaCl	5.8g
$MgSO_4 \cdot 7H_2O$	2.0g
1mol/L Tris-HCl（pH 7.5）	50mL
20g/L 凝胶	5mL
蒸馏水	至 1000mL

b. λ 稀释剂[21]。10mmol/L Tris-HCl（pH 7.5），8.1mmol/L $MgSO_4$，每升稀释液中各成分添加量：

$MgSO_4 \cdot 7H_2O$	2.0g
1mol/L Tris-HCl（pH 7.5）	10mL
蒸馏水	至 1000mL

② 将 10mL 体积的稀释液（足以稀释一系列噬菌体）分装到带有螺旋盖的小瓶或试管中，加热灭菌，并在 4℃下储存长达 3 个月（注释③）。

7.3 方法

下面所描述的方法适用于使用直接涂板法测定典型噬菌体制剂（噬菌体含量为 10^8～10^{10}pfu/mL）的噬菌斑。稀释范围和重复数将决定使用的平板数量。含有 10^8～10^{10}pfu/mL 的噬菌体原液最少使用三个稀释倍数（10^{-6}～10^{-8}）进行涂板。但是，测试更大范围的系列稀释液以验证初始稀释液的准确性通常是有益的。根据样品的预期效价测试稀释度，或者在未知预期效价的情况下测试更大范围的稀释度。

① 取出 3 个（或更多）MNA 培养基平板，倒置倾斜并在 37℃培养箱中干燥 1～2h，或室温条件下在层流罩中干燥 10～15min。根据待测试的稀释度对平板进行编号，例如 10^{-6}、

10^{-7} 和 10^{-8}（注释④）。

② 噬菌体制备，设置 8 个稀释管，编号为“10^{-1}”至“10^{-8}”。向每个管中加入 450μL 无菌稀释剂。

③ 向第一个试管中加入 50μL 未稀释的噬菌体，并使其与稀释剂充分混合。然后从第一个试管中取 50μL 混合液至第二管。对剩余的稀释梯度重复此过程。每转移 50μL 混合液需要更换新的移液管吸头。

④ 向待倒板的稀释液（例如 10^{-6}～10^{-8} 稀释液）中加入 100μL 过夜的宿主细菌培养物（菌液浓度通常为 10^{8}～10^{9} cfu/mL）。每个管应使用干净的移液管吸头，并通过反复抽吸混合，如步骤③（注释⑤）。

⑤ 将试管在 37℃培养 15～20min，使噬菌体吸附在细菌上（注释⑥）。

⑥ 吸取 200μL 稀释液后迅速滴落并涂布到相应编号的琼脂平板上（例如 10^{-6}、10^{-7} 和 10^{-8}；注释⑦）。

⑦ 将平板放在层流罩中干燥 30min，然后倒置，并在 37℃下培养 20～24h。

⑧ 选择噬菌斑数量在 30～300 个平板进行计数，并根据以下公式计算噬菌体制剂的效价（pfu/mL）：噬菌斑的平均数×5×稀释倍数的倒数。

7.4 注释

① 使用 200μL 的微量移液器和 8×12 规格的小管可以提高稀释和接种效率（Titertubes BioRad Laboratories；Hercules，CA）。

② 移液器每周应至少灭菌一次，并定期进行重新校准。

③ 将大量稀释液分配到旋盖瓶中，盖上盖子，加热灭菌，然后在 4℃条件下储存，最多 3 个月。使用时，将所需体积的稀释液转移到无菌管中。

④“底层”培养基不应该太干或太潮湿，因为这两个因素会影响噬菌斑的形成。

⑤ 根据经验，要想获得清晰可见的噬菌斑，宿主细菌的用量通常为 50～200μL。

⑥ 噬菌体吸附细菌所需的时间因不同的噬菌体-宿主系统而异。

⑦ 为了确保形成均匀的细菌培养基，建议使用棒状或“L 形”涂布器，有助于将接种物快速均匀地涂布在琼脂上，而不会损坏琼脂表面。

参考文献

1. d'Herelle, F. 1917. Sur un microbe invisible antagoniste des bacilles dysentériques. Comptes rendus Académie Sciences *165*: 373–375.
2. Adams, M.D. 1959. Bacteriophages. Interscience Publishers, Inc., New York.
3. Arber, W.L., L. Enquist, B. Hohn, N.E. Murray, and K. Murray. 1983. Experimental Methods for use with Lambda., p. 433. *In* Lambda II. Cold Spring Harbor Laboratory Press, Cold Spring Harbor Laboratory, NY.
4. Sambrook, J. and D.W. Russell. 2001. Molecular Cloning: A Laboratory Manual. Cold Spring Harbor Press, Cold Spring Harbor, New York.

8 噬菌体的计数——微量滴定板法

▶ 8.1 引言
▶ 8.2 材料
▶ 8.3 方法
▶ 8.4 注释

摘要

测定感染性噬菌体颗粒浓度是了解噬菌体生物学、遗传学和分子生物学的基础。本章将介绍微量滴定板法，它比传统的双层平板法或直接涂板法更简单、快速和有效，大大提高了处理大量样品的效率。

关键词： 噬菌斑，双层平板法，噬菌斑形成单位，pfu，噬菌斑形态，直接涂板法，微量滴定板法，噬菌斑测定

8.1 引言

先前已经描述了双层平板法和直接涂板法，这里将描述微量滴定板法。

在同时测定大量样品的情况下，微量滴定板法的效率更高，更具有经济性。将宿主细菌和接种噬菌体原液的稀释液进行混合和短暂培养后，取微量（例如 20μL）稀释液滴到合适的琼脂平板上。过夜培养后，在 10～12mm 的圆形细菌培养基上出现清晰可见的噬菌斑。该方法与直接涂板法非常相似。

微量滴定板法能够形成易于观察的噬菌斑，为观察肠产毒性大肠埃希菌和沙门菌噬菌体提供了便利。与直接涂板法一样，使用微量移液器和 8×12 规格的小管，大大提高了检测样品的效率。

8.2 材料

8.2.1 设备

① 用于制备肉汤和固体培养基的用品和设备。

② 微量移液器，规格分别为 1mL、100μL 和 10μL（注释①和注释②）。

③ 用于微量移液器的无菌移液器吸头。

④ 无菌稀释管（1.5mL 带盖的微量离心管），或者放置于 8×12 试管架的无菌滴定管

Titertubes® (BioRad)。

⑤ 无菌平板。

8.2.2 培养基

底层平板（底部琼脂）或下面给出的MNA培养基均可使用。MNA培养基中添加了盐和葡萄糖，用于修饰LB底层琼脂，最初由Arber等人[1] 使用，后被引用[2]。它比其他培养基更透明，噬菌斑的可视化效果更好。每升MNA培养基中各成分添加量：

营养肉汤	180.0g
NaCl	76.5g
Agar No.1 (Oxoid)	90.0g
$CaCl_2$	74.7mg
$FeCl_3$	9.9mg
$MgSO_4 \cdot 7H_2O$	4.5g
蒸馏水	至1000mL
30%无菌葡萄糖	10mL（高压灭菌后加入）

往每个平板中分别倾倒20～30mL，并使其在室温下凝固置于塑料管中可在4℃下储存4个月。

8.2.3 稀释液

① 噬菌体可以利用培养宿主细菌的肉汤培养基作为稀释液（不含琼脂或琼脂糖），或者利用下面的稀释液。

a. SM稀释液加凝胶（SMG）[2]。50mmol/L的Tris-HCl（pH 7.5），100mmol/L NaCl，8.1mmol/L $MgSO_4$ 和0.1g/L明胶，每升稀释液中各成分添加量：

NaCl	5.8g
$MgSO_4 \cdot 7H_2O$	2.0g
1mol/L Tris-HCl（pH 7.5）	50mL
20g/L凝胶	5mL
蒸馏水	至1000mL

b. λ稀释剂[21]❶。10mmol/L Tris-HCl（pH 7.5），8.1mmol/L $MgSO_4$，每升稀释液中各成分添加量：

$MgSO_4 \cdot 7H_2O$	2.0g
1mol/L Tris-HCl（pH 7.5）	10mL
蒸馏水	至1000mL

② 将10mL体积的稀释液（足以稀释一系列噬菌体）分装到带有螺旋盖的小瓶或试管中，加热灭菌，并在4℃下储存长达3个月（注释③）。

8.3 方法

下面所描述的方法适用于利用微量滴定板法测定典型噬菌体制剂（噬菌体含量为 10^6～10^{10} pfu/mL）的噬菌斑。稀释范围和重复数决定使用的平板数量。在标准的90mm琼脂平

❶ 跟随原稿。

板上间隔均匀地点 8～10 滴大约 20μL 混合液。通常，检测含有 10^6～10^{10} pfu/mL 的噬菌体，需要将原液稀释到 10^{-8}。根据样品的预期效价测试其稀释度，或者在未知预期效价的情况下测试更大范围的稀释度。

① 取出 2 个 MNA 平板，倒置倾斜并在 37℃ 培养箱中干燥 1～2h，或室温条件下在层流罩中干燥 10～15min。根据噬菌体具有的特性标记平板。

② 设置 8 个稀释管，编号为"10^{-1}"至"10^{-8}"，并加上"对照"管。每管加入 180μL 无菌稀释液。

③ 将 20μL 未稀释的噬菌体加入第一个试管中并混合均匀，然后从第一个试管中取 20μL 混合液至第二管，对剩余的稀释梯度重复此过程。每转移 20μL 混合液需要更换新的移液管吸头。不要将噬菌体添加到对照管中。

④ 向对照管和稀释管中加入 20μL 宿主细菌的过夜培养物（菌液浓度通常为 10^8～10^9 cfu/mL）。如步骤③所述，对每个试管使用干净的移液管吸头，并通过反复吹吸进行混合。将试管在 37℃ 培养 15～20min，使噬菌体附着在细菌上（注释④和⑤）。

⑤ 将 20μL 稀释混合物置于"10^{-8}"管（待检测的最高稀释度）中，并将其点在标记的琼脂平板上。对同一管重复上述步骤，即在第二块板上点 20μL（注释⑥、⑦和⑧）。噬菌体吸附在细菌上（注释⑥、⑦和⑧）。

⑥ 其他稀释管和对照管重复步骤⑤，从 8 个稀释梯度中分别取 20μL 点到平板上，每个梯度需要 2 个平板进行质量控制（注释⑨和⑩）。

⑦ 将平板放在层流罩中干燥 30min，然后倒置，并在 37℃ 下培养 20～24h。

⑧ 选择噬菌斑数量在 3～30 个平板进行计数，并根据以下公式计算噬菌体制剂的效价（pfu/mL）：噬菌斑的平均数×50×稀释倍数的倒数。

8.4 注释

① 使用 200μL 的微量移液器和 8×12 规格的小管可以提高稀释和接种效率（Titertubes BioRad Laboratories；Hercules，CA）。

② 移液器每周应至少灭菌一次，并定期进行重新校准。

③ 将大量稀释液分装到旋盖瓶中，盖上盖子，加热灭菌，然后在 4℃ 条件下储存，最多 3 个月。使用时，将所需体积的稀释液转移到无菌管中。

④ 根据经验，要想获得清晰可见噬菌斑，宿主细菌的用量通常为 10～30μL。

⑤ 噬菌体吸附细菌所需的时间因不同的噬菌体-宿主系统而异。

⑥ 请轻轻地将液滴滴在平板上，首先使其悬在移液器尖端，然后通过触碰琼脂表面滴下。不要在移液器吸头中残留液体，否则可能导致噬菌体/细菌混合物溅到平板的其他区域。

⑦ 如果噬菌体出现的噬菌斑过大，可根据需要调整液滴大小。

⑧ 培养基不应该太干或太潮湿，因为这两个因素会影响噬菌斑的形成。

⑨ 如果滴加的顺序是从最高梯度到最低梯度，则不需要更换吸头。

⑩ 首先测试所有稀释梯度是否有用，根据经验可以减少到 4 个或 5 个梯度。

参考文献

1. Arber, W. L., Enquist, L., Hohn, B., Murray, N. E., & Murray, K. (1983) in *Lambda II* (Cold Spring Harbor Laboratory Press, Cold Spring Harbor Laboratory,NY), p. 433.
2. Sambrook, J. & Russell, D. W. (2001) *Molecular Cloning: A Laboratory Manual* (Cold Spring Harbor Press, Cold Spring Harbor, New York).

9 噬菌体的电镜观察

- 9.1 引言
- 9.2 材料
- 9.3 方法
- 9.4 数字电子显微镜：买家须知
- 9.5 注释

摘要

负染色技术是病毒学中最重要的电子显微镜技术。所使用的染色液主要是磷钨酸盐和乙酸铀酰，两者各存在优点和缺点。在摄影中通常会遇到校准放大倍数测量和伪影的解释等特殊问题。

关键词： 伪影，对比，放大，负染色，正染色，磷钨酸盐，乙酸铀酰

9.1 引言

早在1940年，噬菌体的第一张电子显微照片就已发表[1,2]。负染色技术于1959年引入[3]，彻底改变了对病毒的研究。电子显微镜（EM）成为比较病毒学和分类学的基础，目前已有许多电子显微镜技术。一般来说，可以把电子显微镜看作是一个巨大的相机，电子显微照片往往是可供调查的唯一的永久性记录。显微照片的质量与其说取决于染料和技术，不如说取决于电子显微镜操作师的技能和奉献。

透射电子显微镜（TEM）技术主要包括分离病毒颗粒的负染色和正染色技术，超薄切片，显影，免疫EM，具有三维图像重建的冷冻EM，网格上的酶促颗粒消化以及Kleinschmidt技术，DNA在蛋白质膜上的单层分子膜法[4]。这些技术大多数已经过时，但仍在一些专业实验室中使用。例如，通过扫描电子显微镜（SEM）可观察到吸附在细菌上的噬菌体，很少再进行显影处理，但这在噬菌体研究中意义不大。负染色技术是一种极其简单的技术，在病毒学中具有重要意义。它可以对病毒进行即时比较、分类和鉴定。

噬菌体电子显微镜已在其他地方进行了详细的讨论[5]。在20世纪80年代至21世纪初，其质量急剧下降[6]；事实上，电子显微镜技术的发展与近年来文献中常见的噬菌体描述方法形成了鲜明的对比。有专门描述负染色技术的书本[7]，已在许多论文和书籍章节中提到[5,7~11]。其重要性体现在电子显微镜已经观察了超过5000种噬菌体[12]。

负染色技术的原理是将颗粒样品与小分子重金属盐混合，颗粒样品（如细菌）如同被嵌入水墨画中，并在深色背景中呈白色。在噬菌体研究中使用的染液主要为：钨酸盐（磷钨酸钾和钠、钨酸锂、硅钨酸钠），铀酰盐（乙酸盐、甲酸盐、乙酸镁、硝酸盐、草酸盐），钼酸铵或钼酸盐和钼酸[5]。在基本染色方法中存在许多技术创新：从琼脂表面“直接抠取”噬菌体，用喷雾器喷涂染液和病毒[10]。数字电子显微镜和印刷技术的出现创造了一个全新的局面，这些技术很少被应用或仅具有历史意义。

本章仅涉及两种最常见的染液，磷钨酸盐和乙酸铀酰，以及最常见的染色技术。另外，电镜观察噬菌体步骤较多，除了简单染色外，还涉及一系列技术：

① 纯化噬菌体颗粒。

② 染色。

③ 观察。

④ 摄影。

⑤ 控制放大倍率。

⑥ 测量。

⑦ 错误和伪影的解释。

9.2 材料

9.2.1 纯化

① 中型离心机，转速可达 25000g，配有定角转子。

② （1～2mL）带盖离心管以防止蒸发。

③ 0.1mol/L 乙酸铵溶液，pH 7[13]。

④ 巴斯德吸管，通过火焰将管的末端制成尖头。

9.2.2 染色

① 磷钨酸盐（钾或钠），2%，pH 7.2。乙酸铀酰，2%，pH 4～4.5。

② 乙酸铀酰，2%，pH 4～4.5。

③ PT 和 UA 中需补充添加 2～3 滴杆菌肽溶液（100mL 水中加 50μg）。

④ 尖头巴斯德吸管。

⑤ 尖头镊子。

⑥ 电子显微镜网格，200～400 平方网（雅典娜型），铜或钢，带有用 2～10nm 厚碳层稳定的模板或火棉胶膜。

⑦ 滤纸条。

⑧ 用滤纸槽或带格子的盒子放置培养皿。

将磷钨酸盐溶解在蒸馏水中，并用 KOH 或 NaOH 调节 pH。然后放置在带盖的瓶中，4℃条件下至少保存 2 年。随着时间的推移，溶液可能会因吸收二氧化碳变成酸性[7]，会导致噬菌体轮廓不清晰，并且尾部没有横条纹。在噬菌体[5] 观察中使用的钼酸铵与磷钨酸盐染色性质大致相同。

将乙酸铀酰溶于蒸馏水中。该化学品具有毒性和放射性，应小心处理。用 1mol/L KOH 或 NaOH 调节 pH，然后放置在带盖的瓶中，4℃条件下至少可保存 2 年。

噬菌体在亲水性网格中吸附性差，噬菌体和染液分布不均匀。但通过高压辉光放电（40Pa，50kV，60s）可以使网格具有亲水性。辉光放电能够电离真空中的分子和原子，在网格上产生负电荷并使其具有亲水性[15,16]。或者，可以用润湿剂（阿尔新蓝，杆菌肽，聚赖氨酸，血清白蛋白，蔗糖）冲洗网格或用紫外线处理[16,17]。补充 2～3 滴/mL 杆菌肽的磷钨酸盐或乙酸铀酰溶液，染色效果更好[17]。同时还发现，在电子显微镜下呈现疏水性的网格可能只是被噬菌体和染色剂重新充电。受光束照射后，通常可使其再次亲水。

9.2.3 暗室或“湿”摄影

暗室摄影的所有程序众所周知[8]，并且有（或曾经有）无数摄影产品可供使用。由于引入了数字记录和打印，某些供应商最近更改或取消了部分产品，因此该主题正在不断发展。例如，伊士曼·柯达（EastmanKodak）（纽约州罗彻斯特）以前生产的优质纸张和用于自动显影的化学药品已不复存在。对于手动开发，请使用以下物品。

① 暗室基本设备。安全灯、胶片和纸张托盘、钳子。

② 35mm 或 70mm 细纹正面胶片，最好无孔。现在电子显微镜中很少使用照相底片，因为它们体积大且易碎，与胶片相比没有任何优势。

③ 胶片用化学药品。高速和高对比度显影剂、停显剂（3%乙酸）、定影剂、亚硫酸盐清除剂。

④ 肥皂或洗涤剂溶液。

⑤ 高品质的放大器。

⑥ 分级明胶过滤器。

⑦ 纸张。有光泽，多对比度类型，具有或不具有树脂涂层。

⑧ 纸张所用化学品。显影剂，停显剂（3%乙酸），定影剂，亚硫酸盐清除剂。

⑨ 对于不具有树脂涂层的纸张，请使用洗衣机和烘干机。

⑩ 其他用品。松香油，用于消除划痕；氟利昂除尘器；四氯化碳，用于清除薄膜上的指纹和污垢斑点；纸板或汤匙，用于进行选择性曝光（“躲避”）；测试液，用于检查纸张消耗；纸张的润色液。

9.2.4 放大倍数控制（校准）

电子显微镜的透镜电流及放大倍数在同一天内可能会有波动。制造商的放大倍数规格不可靠，需要经常进行控制和调整。然而，许多测试样品不适合高倍数放大（特别是衍射光栅副本），甚至不适合光束收缩（乳胶球）。唯一可接受的高放大倍数控制的（尽管不完美）是牛肉肝过氧化氢酶晶体，该晶体具有 8.8nm[18] 周期性的平行亚单位线和延伸的 T4 噬菌体尾部。T4 噬菌体尾部（由过氧化氢酶控制的制剂测定）的长度为 114nm（包括基底）。

① 带有磷钨酸盐染色的牛肝过氧化氢酶晶体的网格。晶体悬架和现成的网格可购买。带有磷钨酸盐染色的过氧化氢酶晶体的网格可以保存至少 2 个月。

② 或者，使用带有 T4 噬菌体尾部的网格。T4 噬菌体可在实验室中按如下所述进行制备（9.3.1 和 9.3.2）。磷钨酸盐和乙酸铀酰染色的网格均可重复使用。磷钨酸盐网格可以使用一个月，而乙酸铀酰网格可以使用一年。T4 噬菌体尾部比过氧化氢酶晶体更容易使用。

9.3 方法

9.3.1 纯化

电镜观察中最重要的步骤之一是对噬菌体进行纯化，因为细菌裂解物含有蛋白质和其他杂质，这两者会干扰染色，影响噬菌体的颗粒观察。对于异常噬菌体和污染噬菌体的检测，也必须进行纯化。从琼脂裂解区提取粗噬菌体偶尔也可以进行鉴定。在其他情况下，纯化是强制性的；一般来说，粗裂解物的检查是无用的，是被禁止的。

最好通过离心和在缓冲液中洗涤进行纯化，可以在超速离心机中使用摆桶式转子（70000～80000g，持续4～6h）完成。然而，固定角度的转子减小了在沉淀过程中噬菌体颗粒必须经过的距离，从而大大降低了离心力和离心时间，因此可以使用相对便宜的中等尺寸的离心机。以下是故障安全程序。

① 制备无菌高效价裂解物（每毫升10^8个活噬菌体或更高）。

② 以25000g、60min沉淀噬菌体。

③ 弃去上清液，并用乙酸铵溶液代替。

④ 再次于60℃、25000g沉淀噬菌体。

⑤ 重复该过程一次或两次。对最终的沉淀物进行染色。

⑥ 将沉淀物保存起来用于进一步检查：在4℃下可以储存2周，液体形式在−20℃下可储存几个月甚至几年。只能冻融一次以免破坏噬菌体颗粒。

纯化的噬菌体制剂通常会含有噬菌体和细胞碎片（细胞壁、菌毛、鞭毛），甚至完整的细菌。不过通过电子显微镜能够找出没有这些成分的区域。根据噬菌体裂解物纯度的初始状态，制备物中可能会存在数量不等的蛋白质。有时这是有益的，因为蛋白质是润湿剂，可增强噬菌体和污渍的扩散。在某些情况下，有必要将噬菌体清洗三遍，但应记住，任何操作都会增加损害和丢失噬菌体的风险。

密度梯度（CsCl、Cs_2SO_4、蔗糖、甲氨酰胺）离心纯化是一种标准的生化技术。例如，CsCl中的有尾噬菌体条带为1.4～1.45g/mL，丝状噬菌体条带为1.3g/mL。该技术比简单的离心和洗涤复杂得多而且耗时。经验丰富的研究人员可用此种方法纯化噬菌体，但必须注意需充分对噬菌体制剂进行透析。

9.3.2 染色

在经典版本中，将一滴噬菌体悬浮液滴加在网格上，使噬菌体吸附1min，并加入一滴染液。1min后，用滤纸将多余液体吸出。待网格干燥后，进行镜检。检测限为每毫升10^5个颗粒。如果噬菌体悬浮液浓度太高而无法检测，则将步骤倒置（先染色，后加噬菌体）。

磷钨酸盐和乙酸铀酰在颗粒周围形成玻璃状薄膜并穿透空衣壳。这两种染色都不会引起噬菌体DNA喷射或尾部收缩。染液是互补的且不能等同。两者都有可取和不足之处（表9-1），并且应始终同时使用这两种染料（在不同的载网上）。染色的格子需存放在培养皿或特殊的小盒子中。磷钨酸盐染色制剂的保质期通常为一个月。当储存在特殊的网格盒中时，乙酸铀酰染色的制剂可保存长达28年。它们的寿命基本上受支持薄膜稳定性的限制。然而，储存在培养皿中的磷钨酸盐和乙酸铀酰网格，可能会在一整夜潮湿的空气中由于染液的重结晶而被破坏。

表 9-1 磷钨酸盐和乙酸铀酰的比较

参数			磷钨酸盐	乙酸铀酰
一般性	pH		中性	酸性
	在网格上结晶		−	+/−
	定影		−	+
	对比		+/−	+
	对网格的黏附力		+/−	+
	负染色		+	+/−
	正染色		−	+/−
	衣壳周围的光晕		−	#
	噬菌体周围沉淀		−	+
保存	网格的寿命		几个月	几年
	衣壳	有角的	+/−	+
		圆形的	+/−	−
		扁平的	+/−	−
		凹陷的	−	#/−
		隆起的	−	+/−
	尾巴	直线形	+/−	+
		微球形	−	+
		条纹状	+/−	+
		纤维状	+/−	+/−
			+/−	
检测	五角形衣壳		+/−	+
	聚合头部		+	−
	多尾		+	+/−
	污染噬菌体		+	+/−

注：+，是的；−，不是；#，负染色颗粒；+/−，结果不确定，可能是，也可能不是。

9.3.2.1 磷钨酸盐[5,7]

磷钨酸盐是中性染色剂，不起固定作用，仅用于负染色，并且不会在网格上结晶。病毒衣壳可能被压扁，看起来变大，尾巴很细，轮廓分明。磷钨酸盐通常聚集在噬菌体头部周围，导致尾部染色不佳。磷钨酸盐非常适合检测异常形式和受污染的噬菌体。

9.3.2.2 乙酸铀酰[5,7,19]

乙酸铀酰是酸性的，起固定剂的作用，能使噬菌体失活，而且是不可预测的，因为它在没有明显原因的情况下，在同一网格上同时产生负染色和正染色［图 9-1(a)］，通常对比度比较好。负染色的噬菌体头部通常比磷钨酸盐染色的衣壳更规则，但负染色后尾部和其他蛋白质结构（例如，空衣壳）似乎增厚［图 9-1(b)］，五角形衣壳比磷钨酸盐染色更明显。正染色是由于乙酸铀酰对双链 DNA（dsDNA）的亲和力强[20]。正染色的噬菌体头部为深黑色，没有边缘，比负染色的衣壳小 30%，无法测量它们。但是，当仅对噬菌体计数时，乙酸铀酰正染色在环境研究中是很有意义的，因为在低放大倍数下计数时，噬菌体深黑色的头部很容易被检测到。乙酸铀酰的缺点是倾向于在网格上结晶并产生粉红色背景差。

9.3.3 观察

在大约 60kV 的电压下用电镜进行检测。为了避免碳氢化合物分子污染噬菌体，可以用液氮冷却电子显微镜的物镜。

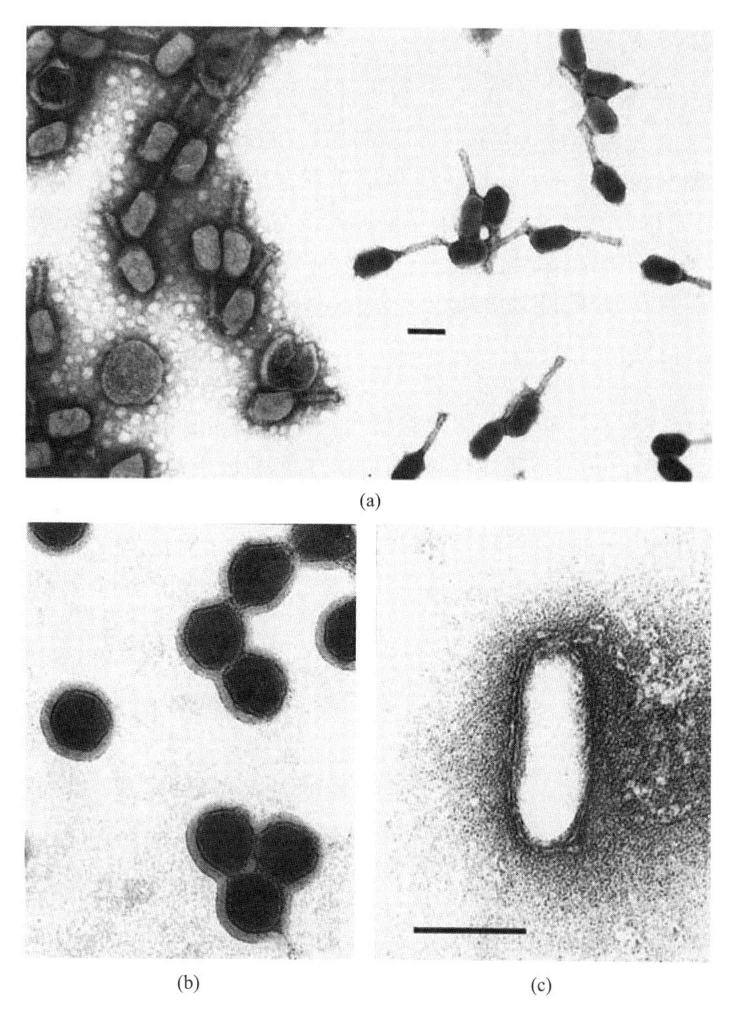

图 9-1 乙酸铀酰染色结果

（a）的放大倍数：×92400；（b）和（c），×3297000，线段长度表示 100nm。（a）同一区域内的负染色和正染色。正染色的噬菌体头部是黑色的。鲑产气单胞菌噬菌体 65。（b）假膜（晕圈）呈正染色，霍乱弧菌分型噬菌体 I。（c）染色沉淀表明沙门菌新港噬菌体 7-11 周围有包膜

9.3.4 显影

9.3.4.1 暗室显影

胶片和纸张显影的原理比较古老，这里不再赘述。根据所用产品来确定试剂的确切浓度和工作条件。在冲洗胶片时，在浴缸中先进行显影浴然后进行停显浴，最后进行定影浴。然后将胶卷漂洗 5min，浸泡在肥皂液中以避免形成水滴，用挤压器擦干并硬化 20min。在纸张显影（“打印”）中，曝光印相纸 2～6s，然后依次进行显影、停止显影和定影。在现代树脂涂膜印相纸中，不需要中和定影剂。漂洗印相纸并干燥 5min。没有树脂涂层的印相纸必须洗涤 30min 并在专用机器中干燥和上釉。使用滤镜可以大大提高照片的对比度。有时在低对比度下比在高对比度下可以更好地看到诸如尾部条纹和尾部纤维之类的细节。

9.3.4.2 数字摄影

详见 9.4。

9.3.5 放大倍数的控制

在常规透射电子显微镜中，以 20～50 次曝光系列和最高放大倍数拍摄过氧化氢酶晶体或 T4 噬菌体照片。首先调整放大器的头部，例如，在 300000×的放大倍数下，一个过氧化氢酶晶体的 20 条平行线对应 5.2cm。可能很难找到合适的过氧化氢酶晶体，因为该晶体易弯曲或破裂并溶解成单个的亚基。在相同的放大倍数下，T4 噬菌体尾部长 114nm，体长 3.4cm，优点是可以在任何噬菌体实验室中轻松制备并且易于测量。但是，体积相对较小（因此会引起测量误差），经乙酸铀酰染色后会被拉伸（经磷钨酸染色不会被拉伸）。

9.3.6 测量

通常，噬菌体应该保持完整，以便构建模型。在常规透射电子显微镜中，每张照片（不是胶片或底板）至少测量 10 个噬菌体颗粒。可以在数字透射电子显微镜屏幕上直接测量噬菌体，但不适合测量小型噬菌体组件，如尾部纤维。颗粒应完好无损且保存完好。衣壳应有角度且侧面平行。在相对的顶点之间测量等距衣壳（比在相对的两侧之间更容易测量）。测量出每个噬菌体衣壳的三个直径，并计算平均值。在任何情况下都不应测量正染色的衣壳。

9.3.7 错误和伪影（请参阅 9.3.2）

除了噬菌体衣壳的正染色和皱缩外，乙酸铀酰染色可能会产生晕圈和沉淀物形式的假包膜（图 9-1）并导致噬菌体尾部肿胀［图 9-2(a)］。此外，通过细菌菌毛或黏液丝的存在来观察禽病毒样结构［图 9-2(b)］。具有立方对称性的无尾噬菌体（例如复层噬菌体家族的成员）通过以下方式模拟：①失去尾巴的尾状噬菌体；②本质上无尾巴的噬菌体头部（溶原性缺陷）；③尾巴为噬菌体的噬菌体；④带有 DNA 冷凝物的无尾头部［图 9-2(c)］。用盐水洗涤噬菌体会在周围产生盐沉淀，从而干扰观察［图 9-2(d)］。

噬菌体电子显微镜中误差及做与不做见表 9-2 和表 9-3。

表 9-2 噬菌体电子显微镜中的误差来源

错误	原因
衣壳皱缩	乙酸铀酰染色
尾部肿胀	乙酸铀酰的酸度
假包膜	围绕乙酸铀酰正染色的噬菌体头部的晕圈
	在噬菌体周围沉淀
假肌力病毒	菌毛
	细菌黏液通过离心制成丝状
假立方噬菌体	损坏的尾部噬菌体，无尾的有缺陷的噬菌体，尾巴很短的短尾病毒（一些霍乱噬菌体）
伪病毒	DNA 在无尾噬菌体头部凝结

表 9-3 做和不做

做	不做
纯化噬菌体	检查粗裂解液
使用两种染液（磷钨酸盐和乙酸铀酰）	用盐水洗涤噬菌体
使用滤镜进行对比	修复噬菌体
用过氧化氢酶晶体或 T4 噬菌体尾巴进行校准	用衍射光栅复制品进行校准
测量 10 个或更多颗粒	测量正染色的噬菌体
给出完整的尺寸	使用没有碳层的网格
添加比例标记	

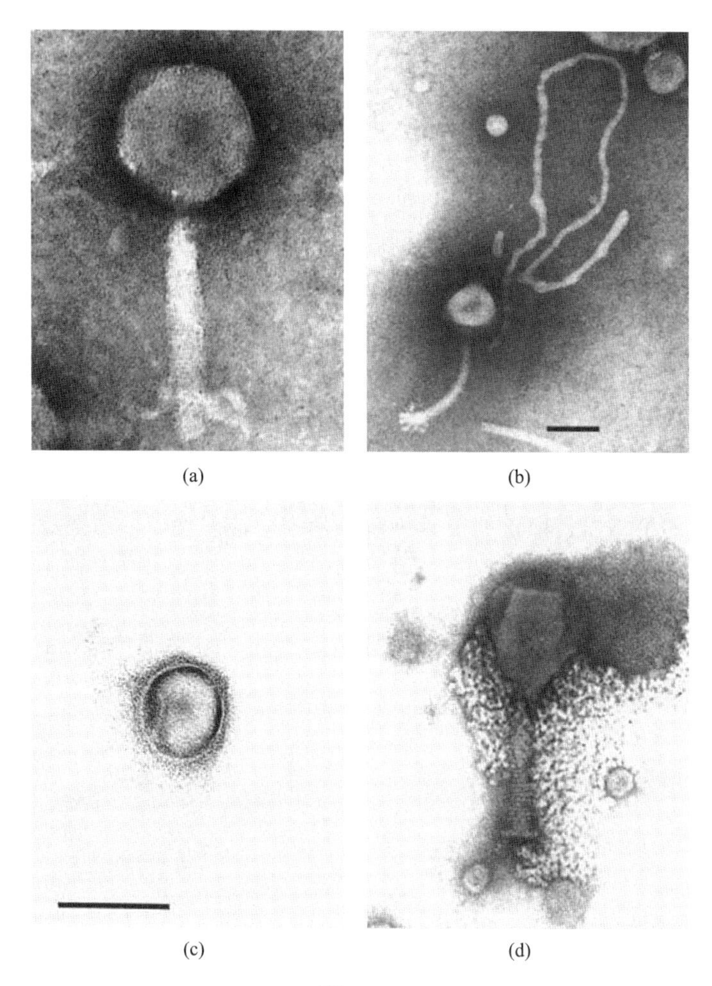

图 9-2
（a）乙酸铀酰染色铜绿假单胞菌噬菌体 φKZ 头部异常肿胀，很难辨别尾部条纹和纤维。
（b）磷钨酸盐染色假丝状噬菌体和地衣芽孢杆菌病毒 BL1，纤维的黏液性质在其可变直径上很明显。
（c）磷钨酸盐染色假丝裂病毒，无尾和头部的双球菌肌病毒 SPM2。其含量与杯状病毒内部囊泡难以区分。
（d）NaCl 在大肠埃希菌 T4 周围沉淀，磷钨酸盐染色。
各种图例。图（c）×148500；其他：×297000。线条表示 100nm

9.4 数字电子显微镜：买家须知

数字电子显微镜正逐渐取代传统的透射电子显微镜。部分原因是来自电子显微镜使用人员的压力，尤其是对于不熟练的新手，现在只需按一下按钮即可纠正焦点和散光，完全避开暗室显影。同时，主要摄影材料的制造商正在减少或逐步淘汰电子显微镜所使用生物胶片和印相纸。数字电子显微镜的分辨率好（与传统的电子显微镜一样），但其图像质量不太令人满意。大多数具有数字电子显微镜的实验室不得已继续使用火棉胶摄影法进行打印。即使是咨询过的公司代表，也认为暗室显影是 Nec＋ultra 的图像。

9.4.1 优点

自动调节焦距、散光和对准；图像记录，打印和存储非常简单；可以立即查看图像，与其他实验室共享；提供比例尺，并与其他显微照片结合使用；不需要暗室工作，简化了电子显微镜室的教学。

9.4.2 缺点

① 数字电子显微镜价格昂贵。对数字电子显微镜的使用导致其价格巨幅上涨。在电子显微镜的基础上，必须添加：一台高质量的打印相机（4×4K=1600万像素，约30万美元；2×2K=400万像素；约10万美元）、一台高质量的打印机（5000～6000美元）和同样昂贵的特殊纸张。较便宜的相机和普通打印机图像质量差别较大，相比之下，一台老式的传统飞利浦EM300相机售价为2000美元。

② 需使用电子显微镜的人员几乎无法操作电子显微镜，完全依赖于公司技术人员、服务合同和相机软件。由此产生的放大倍数的校准和服务合同未涵盖的电子显微镜的高额维修费令人担忧。

③ 几乎很少看到令人满意的高倍率数码病毒图像。电子显微镜公司以缺乏经验的用户为目标，并以较高的价格出售廉价的工具。病毒学家应该怎么做？形势必然会演变。在相机变得更好、更便宜之前，以下方案似乎是最好的。

a. 尽可能保留传统的电子显微镜。

b. 如果购买数字电子显微镜，需要购买最好的设备，坚持使用传统的底板或胶片相机，并使用火棉胶摄影法拍摄重要的显微照片。

9.5 注释

9.5.1 纯化

① 不要用盐水漂洗。

② 使用戊二醛进行固定[5] 使操作复杂化，并且因为乙酸铀酰保留了噬菌体，所以不必要进行该步骤。利用戊二醛固定噬菌体的照片质量通常比较差。但是，对于不能立即检查且必须经过数周才能送达实验室的海洋样品，可能需要使用2.5%戊二醛固定[15]。

③ 对于颗粒计数，可将噬菌体直接离心到网格上。使用的贝克曼库尔特气垫机（加利福尼亚州富勒顿）体积小（180～240μL）且时间短（3～5min）。噬菌体T4和T7在115000g的条件下能够存活，但通常在185000g的条件下会受到破坏[5]。对于较大体积的噬菌体，特别是研究环境中的噬菌体，锥形离心管配有平坦的环氧树脂底部，将网格沉积在上面，然后将噬菌体在80000g下离心90min，无需进一步纯化，并用乙酸铀酰染色[21]。

9.5.2 染色

① 磷钨酸盐和乙酸铀酰的使用浓度为0.5%～4%。

② 电子显微镜操作人员可制备带有支撑膜的网格[8,11,14]，但过程烦琐。可购买现成的网格。

③ 仅用于快速身份检查的捷径是在琼脂平板上的噬菌斑区域滴一滴磷钨酸盐溶液，轻轻搅动以使噬菌体漂浮，并用网格收集噬菌体。该技术适用于体积较大的噬菌体，但不能代替常规纯化程序。

9.5.3 暗室显影

① 胶片应在4℃储存，并在使用前干燥。

② 显影温度对胶卷至关重要。在胶片上涂上松节油可以消除划痕。

③ 在纸张显影中，显影剂的使用年限并不重要，但在使用 20～25 张全尺寸纸张后必须重新开始停显浴。

④ 通过用纸板或勺子覆盖噬菌体头部来实现对部分结构（例如噬菌体尾部）的选择性暴露。

⑤ 可以使用润饰液在纸上纠正白色斑点、划痕和其他小瑕疵。

9.5.4 衣壳形状

通过同时观察具有六边形和五边形轮廓的颗粒，可以得到等距病毒衣壳的二十面体形状。仅对六边形进行简单观察是不充分的，因为八面体、十二面体和二十面体都可能呈现六边形轮廓。

参考文献

1. Pfankuch, E. and Kausche, G.A. 1940. Isolierung und übermikroskopische Abbildung eines Bakteriophagen. *Naturwissenschaften 28*,46.
2. Ruska H. 1940. Über die Sichtbarmachung der bakteriophagen Lyse im Übermikroskop. *Naturwissenschaften 28*, 45–46.
3. Brenner, S. and Horne, R.W. (1959) A negative staining method for high resolution electron microscopy of viruses. *Biochim. Biophys. Acta 34*, 103–110.
4. Kleinschmidt, A.K. (1968) Molecular weight and conformation of DNA, in *Nucleic Acids, Meth. Enzymol. 12B*, (Grossman L, Moldave, K, eds.), Academic Press, New York, NY, pp. 361–372.
5. Ackermann, H.-W. and DuBow, M.S. (1987) *Viruses of Prokaryotes*,Vol. 1. *General Properties of Bacteriophages, CRC* Press, Boca Raton, FL, pp. 103–130.
6. Ackermann, H.-W. (2004) Declining electron microscopy. *Lab. News*2004 (12), 25. **See also:** BEG News 21, 2–3, http://www.phage.org/
7. Hayat, M.A. and Miller, S.E. (1990) *Negative Staining*,McGraw-Hill, New York, NY, pp. 1–50.
8. Dykstra, M.J. (1992) *Biological Electron Microscopy. Theory, Techniques, and Troubleshooting*.Plenum Press, New York, NY, pp. 103–105, 183–208, 218–221.
9. Horne, RW. (1965) Negative staining methods, in *Techniques for Electron Microscopy*, 2nd ed. (Kay, D.H., ed.), Blackwell Scientific Publications, Oxford, UK, pp. 328–355.
10. Nermut, M.V. (1973) Methods of negative staining, in *Methodensammlung der Elektronenmikroskopie* (Schimmel, G. and Vogell, W, eds.), Wissenschaftliche Verlagsgesellschaft Stuttgart, Germany, Section 3.1.2.3.
11. Tikhonenko, A.S. (1970). *Infrastructure of Bacterial Viruses*, Plenum Press, New York, pp. 1–22.
12. Ackermann, H.-W. (2007) 5500 Phages examined in the eletron microscope. *Arch. Virol. 152*, 277–243.
13. Bradley, D.E. (1967) Ultrastructure of bacteriophages and bacteriocins. *J. Bacteriol. 31*, 230–314.
14. Bradley, D.E. (1965) The preparation of specimen support films, in *Techniques for Electron Microscopy*, 2nd ed. (Kay, D.H., ed.), Blackwell Scientific Publications, Oxford, UK, pp. 58–74.
15. Cochlan, W.P., Wikner, J., Steward, G.F., Smith, D.C., and Azam, F. 1993. Spatial distribution of viruses, bacteria and chlorophyll *a*in neritic, oceanic and estuarine environments. *Mar. Ecol. Prog. Ser. 92*, 77–87.
16. Gentile, M. and Gelderblom, H.R. (2005) Rapid viral diagnosis: role of electron microscopy. *New Microbiol. 28*, 1–12.
17. Gregory, D.W. and Pirie, B.J.S. (1973) Wetting agents for biological electron microscopy. I. General considerations and negative staining. *J. Microsc. 99*, 251–205.
18. Luftig, R.B. (1967) An accurate measurement of the catalase crystal period and its use as an internal marker for electron microscopy. *J. Ultrastruct. Res. 20*, 91–102.
19. Ackermann, H.-W., Jolicoeur, P., and Berthiaume, L. 1974. Avantages et inconvénients de l'acétate d'uranyle en virologie comparée: étude de quatre bacteriophages caudés. *Can. J. Microbiol. 20*, 1093–1099.
20. Huxley, H.E. and Zubay, G. (1961) Preferential staining of nucleic acid-containing structures for electron microscopy. *J. Biophys. Biochem. Cytol. 11*, 273–296.
21. Børsheim, K.Y., Bratbak, G., and Heldal, M. (1990) Enumeration and biomass estimation of planktonic bacteria and viruses by transmission electron microscopy. *Appl. Environ. Microbiol. 56*, 352–356.

10 噬菌体宿主范围和裂解率的测定

▶ 10.1 引言
▶ 10.2 材料
▶ 10.3 方法

摘要

噬菌体的宿主范围是由其可以裂解的细菌属、种和菌株决定的，是特定细菌病毒的生物学特征之一。由于宿主因素，例如影响注射的O抗原的掩盖和限制性内切酶的存在，相对裂解率（EOP），即给定细菌细胞系的噬菌体的效价与观察到的最大效价的比值，可能会有很大的不同。本章介绍了快速确定噬菌体的宿主范围和平板接种的相对效率的方法。

关键词： 细菌素，噬菌斑，宿主范围，广泛的宿主范围，裂解率，假单胞菌，大肠埃希菌，污水，无裂解，CEV1，斑点试验，EcoR，Felix d'Herelle细菌病毒参考中心

10.1 引言

本章在噬菌体接种和噬菌体分型的概念和技术的基础上进行了扩展，以探讨噬菌体感染多种不同宿主菌株的相对能力这一广泛问题。

从环境样品（例如污水、水、土壤或粪便）中分离噬菌体，在分离噬菌体的过程中需要使用特定的宿主菌株，最终在平板上形成噬菌斑，每个噬菌斑应来自单个噬菌体颗粒。虽然该样本中可能存在数百万或数十亿的噬菌体，但只有特定菌株的噬菌体能形成噬菌斑。当样品中含有针对特定细菌的足够噬菌体时，使用该菌株作为宿主直接铺平板时会形成噬菌斑，或者需要通过稀释才能看到单个噬菌斑。然而，更常见的是样品中噬菌体浓度太低，只能通过富集技术才能获得针对特定宿主的噬菌体，即首先杀死或过滤样品中的大多数细菌（或固体样品的液体提取物），然后加入浓缩营养液、几种目标菌株，在细菌的最佳生长温度下培养一天或多天，用氯仿裂解培养物，并使用靶细菌作为宿主菌。

例如，使用0.5L澄清污水［其中富含1/10体积的10×胰蛋白胨大豆肉汤（TSB）培养基］来分离，可以分离出几乎所有感染大肠埃希菌和假单胞菌的噬菌体。然而，将10g粪样放入肉汤发酵富集获得的大肠埃希菌O157的噬菌体比从污水中获得的多。例如，从牛饲养场不同围栏采集样品，针对O157噬菌体的分布进行研究。结果发现在没有富集的样品中分离不到噬菌体，最终从富集的60份样品中分离到39株大肠埃希菌O157的噬菌体，58株大肠埃希菌B的噬菌体[9]。卡尔森描述了在不同环境中分离噬菌体的多种方法，还详述介

绍了一系列处理噬菌体的技术[1]。

以这种方式获得的某些噬菌体宿主范围可能比较窄，而有些噬菌体的宿主范围可能较宽。通常，当从 ATCC 或 Felix d'Herelle 细菌病毒参考中心获得噬菌体时，它们会提供相应的宿主。很少有人清楚这仅仅是它们偶然分离出的宿主，还是选自研究中的任意细菌的活性宿主，还是生长良好的普通实验室菌株，例如大肠埃希菌 B 或 K12 用于分离大部分 T4 类噬菌体。

某些噬菌体具有较广的特异性、感染性或裂解性。例如，所有铜绿假单胞菌噬菌体（噬菌体 PB1，D. Bradley，个人交流），所有荧光假单胞菌噬菌体（ϕS1）[2] 或沙门菌噬菌体(Felix O1)[3]。其他噬菌体的宿主范围非常窄[4]。

10.1.1 开发相关细菌集合

确定给定噬菌体宿主范围的第一步是收集大量细菌进行测试。理想情况下，这是一个特征明确的集合，例如大肠埃希菌参考集合（EcoR）[5,6]。然而，最常见的是，它只是为特定目的而收集的大量细菌，例如来自一组特定患者或医院的病原体菌株。在后一种情况下，人们通常不知道所讨论的菌株多样性或者该种细菌的代表性如何。因此将分型方法应用于特定细菌，例如脉冲场凝胶电泳（PFGE）、限制性片段长度多态性（RFLP）、多位点序列分型（MLST）或来自 16S rRNA 的序列数据，但这些方法不会提供有关其对噬菌体感染的易感性信息。因此，利用噬菌体对菌株进行分型对确定其广度和相关性非常有帮助。它还可以让人们选择菌株集合的一个子集，该子集可用于测试新噬菌体的初始宿主范围，由一组 6～8 种类型的噬菌体确定，选择一个或多个每种“噬菌体类型”的代表，并针对该组宿主测试每个目标新噬菌体。

10.1.2 斑点试验测试噬菌体宿主范围

第二步是对所选宿主菌株的噬菌体进行斑点试验。同时检测多个噬菌体是比较容易的，使用正方形平板，可同时检测 36 种噬菌体。如果使用一组已经通过噬菌体分型鉴定过的宿主菌，则可以将这组分型噬菌体作为对照，并确保菌株正常生长。

试验的技术关键是过夜培养每种待测细菌或培养至对数中期并放置在冰上保存。对于大肠埃希菌和假单胞菌，使用 Difco TSB 培养基以及 TSB 平板和上层琼脂。

10.1.3 噬菌体对易感菌株的裂解率（EOP）

许多噬菌体（如 T4）在最佳条件下裂解率为 100%——每个附着在宿主细胞上的噬菌体颗粒都能在理想的条件下侵入菌株并形成噬菌斑。然而，影响裂解率的因素有很多，包括特定的宿主菌株，因此，检查各种敏感菌株的相对裂解率非常重要。

10.2 材料

10.2.1 开发相关细菌集合

请参阅上面的讨论，准备培养相关细菌的培养基、培养皿以及合适的生长条件。

10.2.2 斑点试验测试噬菌体宿主范围

① 10μL 微量移液管以及吸头。

② 每株细菌配备两个含有底层琼脂的平板，底部标有菌株的名称和日期（正方形平板，

如图 10-1 所示，适用于测试大量噬菌体；如果测试少量噬菌体，用背面标记着网格的圆形平板就足够了）。

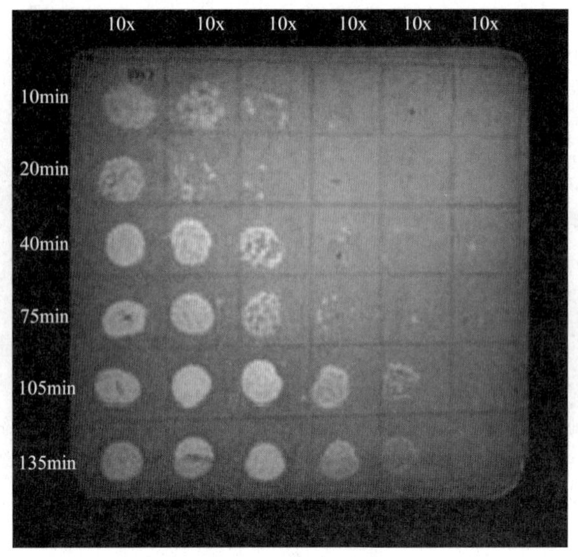

图 10-1　斑点试验

在正方形平板上观察 6 组噬菌体连续稀释液。该方法用于系统地比较各种噬菌体对特定宿主菌株的裂解效率，以及立即观察噬菌体感染实验主要步骤的噬菌体效价

③ 每个宿主菌配备两个玻璃试管；试管内装有琼脂（方形平板需 4mL 琼脂，圆形平板需 3mL 琼脂），通过煮沸将它们彻底熔化。

④ 设定加热块温度为 46℃，用于放置煮沸后的玻璃试管或新煮沸的上层琼脂管。

⑤ 培养待测菌株。对于大规模的宿主范围的研究，通常在大试管中加入 5mL 培养基与适量菌液轻微振荡过夜培养。

⑥ 在微量离心管（Eppendorf）中，加入噬菌体的等分试样，浓度约为 10^{-8}pfu/mL。

10.2.3　噬菌体对易感菌株的裂解率

材料如上所述。

10.3 方法

10.3.1　开发相关细菌集合

见上面的讨论。

10.3.2　斑点试验测试噬菌体宿主范围

① 将半固体琼脂小心地放入烧杯中煮沸或在微波炉中煮沸，期间轻轻混合（注：琼脂应完全溶解，否则会影响计数）。

② 将试管放入加热块中，静置 10min，使琼脂冷却至 46℃（以免杀死细菌），然后加入细菌并倒入固体平板。

③ 将 0.1～0.3mL 待测试的第一个细菌分别加入前两个试管中，混合均匀后倒平板

（检查细菌平板，生长良好的细菌会产生菌膜）。

④ 半固体琼脂至少放置 15min，每种噬菌体分别取 10μL，并依次点在平板上。

⑤ 每个样品应做两份斑点测试，以防一块平板出现问题。

⑥ 将噬菌体以完全相同的顺序点在每个平板上以便于分析并减少失误。

⑦ 第二天，检查并对噬菌斑进行分类。评估噬菌体感染成功与否的常用系统是：

＋4，噬菌斑透亮；

＋3，噬菌斑透亮，但有微弱的朦胧背景；

＋2，整个点样区域浊度很大；

＋1，个别一些噬菌体斑块；

0，没有噬菌斑，但可能会看到移液器吸头接触琼脂的地方。

拍摄平板数码照片以供将来参考。

在 EcoR 中，已经通过对 35 种不同酶的电泳和/或功能模式的分析确定了系统发育树（图 10-2）。

在对来自全球的 59 个噬菌体进行的 EcoR 宿主范围初步测试中，发现宿主敏感度存在很大差异（由斑点测试中的＋3 或＋4 水平的噬菌斑决定）。如图 10-2(a) 所示，敏感度和系统发育关系之间几乎没有相关性，其中以与系统发育树相同的模式绘制了对每个宿主敏感的噬菌体的数量。如图 10-2(c) 所示，不同的噬菌体在该菌落中感染的细菌数量不同。图 10-2(a) 和图 10-2(b) 中的箭头，突出显示了对噬菌体 CEV1 易感的菌株，CEV1 是一种 T4 类噬菌体，从对大肠埃希菌 O157：H7 接种耐受的绵羊的粪便中分离得到[7]。可以看出，只有大约 10％的 EcoR 菌株对 CEV1 敏感，但是它们分布在大肠埃希菌的所有主要系统发育组中。与该系列中的大多数噬菌体一样，CEV1 也可以感染普通实验室大肠埃希菌菌株 K12 和 B，它们均缺乏 O 抗原，非常适合分离宿主范围相对较广的噬菌体[8,9]。

有趣的发现是，使用浓缩技术从 500mL 当地污水中很容易分离到噬菌体，即使是针对经典系列中只被一个噬菌体所裂解的细菌；然而，这些噬菌体通常具有非常窄的宿主范围。因此与细胞的其余部分相比，一些大肠埃希菌的表型可能由于环境压力发生非常大的变化。

10.3.3　噬菌体对易感菌株的裂解效率

许多噬菌体，例如 T4，在最佳条件下裂解效率为 100％，即附着于宿主细胞的每个噬菌体颗粒都可以在理想条件下进入并在适当的菌株上形成噬菌斑。然而，许多因素会影响裂解效率，包括特定的宿主菌，因此检查各种易感宿主的裂解相对效率非常重要。

① 检查确定指数培养或过夜培养能否为你正在使用的方法提供更好的噬菌体计数结果。

② 在宿主范围斑点试验测定中，培养被测噬菌体呈阳性的各种细菌培养物。

③ 在 Eppendorf 管中待测试的每个噬菌体进行一系列 10 倍稀释，每个步骤使用新的移液管吸头。

④ 如上所述，准备好平板进行现场测试；其中方形平板特别有用。每个平板可检测 6 个噬菌体，每行可检查一个噬菌体的 6 个稀释梯度。

⑤ 噬菌体计数。对于可形成大噬菌斑的噬菌体，在数小时后检查平板，并在噬菌斑清晰可见后立即计数。对于产生小噬菌斑的噬菌体，通常第二天最多可计数 20 个噬菌斑/斑点。即使噬菌体在特定菌株上的效率是原始宿主的 10 倍，该稀释系列也可以提供合理的数据；如果最后一个稀释度仍然不可数，则需进一步稀释。在一组宿主中，效价差异高达 10 倍的范围并不罕见。多个数量级的差异使人怀疑特定菌株是否对特定噬菌体敏感。

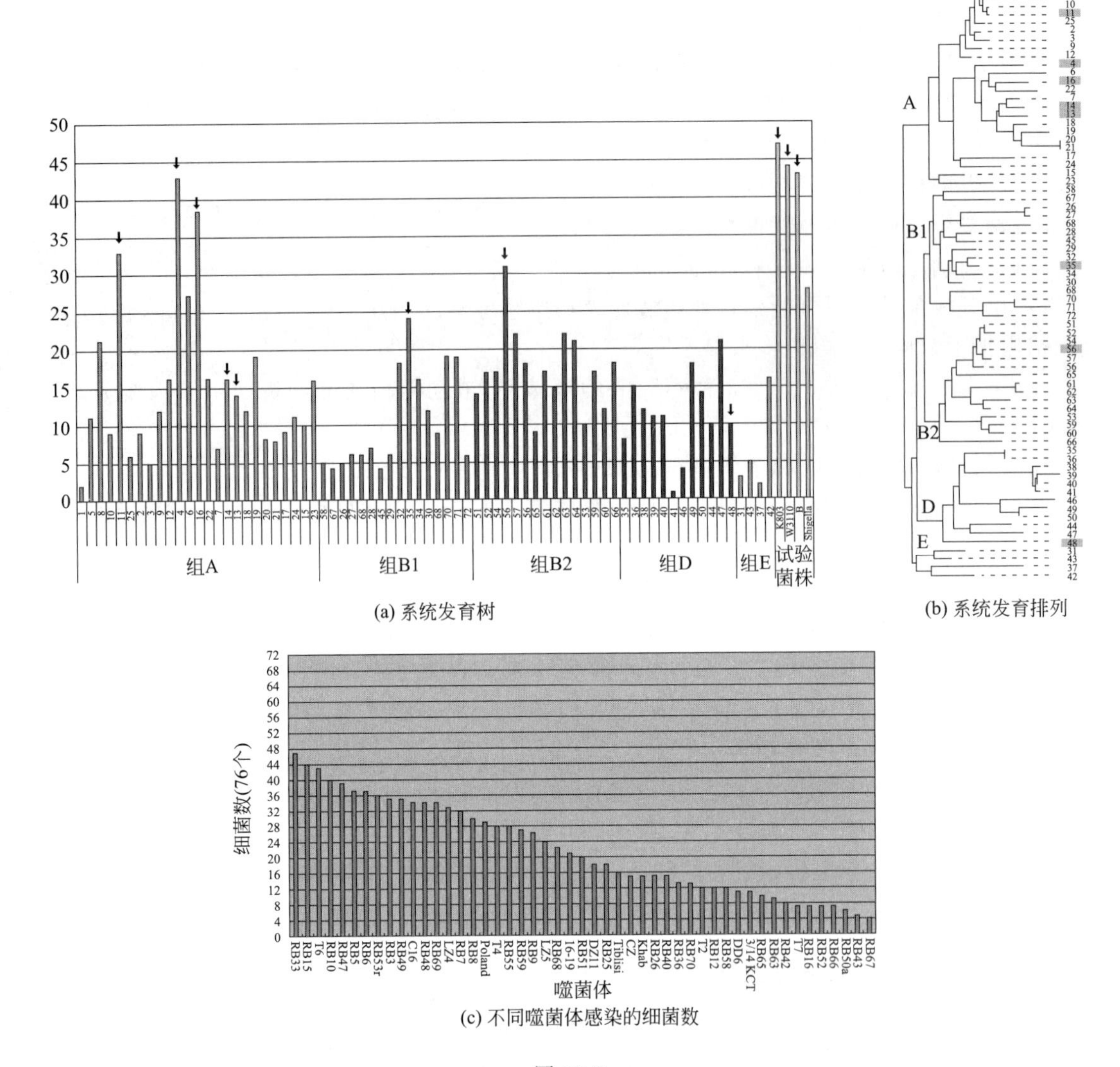

(a) 系统发育树

(b) 系统发育排列

(c) 不同噬菌体感染的细菌数

图 10-2

(c) 通过斑点试验确定每个噬菌体可感染细菌数量的分布。试验菌株包括 72 个 EcoR 菌株集合以及实验室菌株大肠埃希菌 K803、W3110 和 B 以及宋内志贺杆菌。来自世界各地的各个实验室，噬菌体几乎全是 T4 家族的成员，包括格鲁吉亚使用的治疗性噬菌体。(b) 基于 35 个酶位点的 72 个 EcoR 菌株的遗传关系。系统发育编号由字母 A 至 E。改编自 Selander 等[6]。(a) 可感染 EcoR 中每个成员的噬菌体数量，其显示数量与图 10-2 (b) 所示的系统发育排列相同。箭头［以及 (b) 中的突出显示］表示可被一种特定噬菌体 CEV1 感染的菌株

⑥ 为更精确地分析噬菌斑数量，并比较每个菌株的噬菌斑大小和形态，需要确定噬菌体合适的稀释度。

最近在使用新的假单胞菌噬菌体的工作中再次强调了 EOP 测试的重要性，而不是依赖于简单的单浓度斑点测试。该噬菌体在所有测试的宿主上的噬菌斑清晰的显示出＋4。但是，随后的 EOP 研究表明，尽管在前两种稀释液中获得了清晰的裂解，但对其进一步稀释时没有观察到裂解，也从未观察到单独的噬菌斑。

结论是，噬菌体可能通过外源的裂解而与该菌株结合并引起细菌死亡，但不能在该菌株

中产生足够的子代噬菌体以形成噬菌斑。例如，某些噬菌体具有特定的系统，当多种裂解性噬菌体感染细胞时，这些系统会导致细胞能量崩溃，从而“自杀”，但保护其余宿主群不受感染。这就是 T4rⅡ突变体终止对大肠埃希菌 CR63（λ）感染的原因，当这些 rⅡ突变体感染带有不同噬菌体的 *E. coli* B 时，无裂解抑制作用和噬菌斑扩大的现象[10]。或者，某些不相关的细菌素可能导致细菌裂解。当不兼容的限制修改系统引起阻滞时，会出现噬菌斑，但噬菌斑的效价要低几个数量级。少数设法被修饰而不是被限制的感染噬菌体对新宿主进行了修饰，可以形成正常的噬菌斑。

Carlson[1] 提供了对于杀灭效价的解释说明。当噬菌体进入细胞但产生的颗粒太少，无法形成噬菌斑时，利用杀灭试验可确定对宿主致命的噬菌体颗粒的实际浓度。

参考文献

1. Carlson, K (2005) Appendix: Working with Bacteriophages. In Kutter, E. and A. Sulakvelidze. Bacteriophages: Biology and Applications. CRC Press 2005.
2. Kelln, R. A. & Warren, R. A. (1971). Isolation and properties of a bacteriophage lytic for a wide variety of pseudomonads. *Can. J. Microbiol.* **17:** 677–682.
3. Kuhn, J., Suissa, M., Chiswell, D., Azriel, A., Berman, B., Shahar, D., Reznick, S., Sharf, R., Wyse, J., Bar-On, T. *et al.* (2002). A bacteriophage reagent for *Salmonella*: molecular studies on Felix 01. *International Journal of Food Microbiology* **74:** 217–227.
4. Bigby, D. & Kropinski, A. M. (1989). Isolation and characterization of a *Pseudomonas aeruginosa* bacteriophage with a very limited host range.*Can. J. Microbiol.* **35:** 630–635.
5. Ochman, H. and R. K. Selander, (1984). Evidence for clonal population structure in *Escherichia coli*. Proc. Natl. Acad. Sci. U.S.A. **157:** 690–693.
6. Selander, R. K., Caugant, D. A. and Whittam, T.S. (1987). Genetic Structure and Variation in Natural Populations of *Escherichia coli*. In (F.C. Neidhardt, Editor in Chief) *Escherichia coli* and*Salmonella Typhimurium* CRC Press.
7. Raya, R.R., Varey, P., Oot, R.A., Dyen, M.R., Callaway, T.R., Edrington, T., S., Kutter, E.M., and Brabban, A.D. (2006). Isolation and Characterization of a New T-Even Bacteriophage, CEV1, and Determination of Its Potential To Reduce Escherichia coli O157:H7 Levels in Sheep. Appl Environ Microbiol. **72:** 6405–64103.
8. Chibani-Chennoufi, S., Sidoti, J., Dillmann, M.-L., Bruttin, A., Kutter, E., Krisch, H., Sarker, S., and Brüssow, H. Isolation of Bacteriophages from the Stool of Pediatric Diarrhea Patients. J. Bacteriol. **186:** 8287–8294.
9. Oot, R.A., Raya, R.R., Callaway, T.R., Edrington, T.S., Kutter , E.M. and Brabban, A.D.. (2007) Prevalence of Escherichia coli O157 and O157:H7-infecting bacteriophages in feedlot cattle feces. Letters in Applied Microbiology. **45:** 445–453.
10. Paddison, P., Abedon, S.T., Dressman, H..K., Gailbreath, K., Tracy, J., Mosser, E., Neitzel, J., Guttman, B., and Kutter, E. (1998). The Roles of the Bacteriophage T4 *r* Genes in Lysis Inhibition and Fine-Structure Genetics: A New Perspective. Genetics **148:** 1539–1550.

11 噬菌体对细胞吸附率的测定

▶ 11.1 引言
▶ 11.2 材料
▶ 11.3 方法
▶ 11.4 注释

摘要

本章主要描述了用于研究噬菌体对细胞的吸附率以及病毒与其表面受体之间相互作用的实用方法。

关键词：吸附，中和，失活，受体，T4，M13，氯仿，盖病毒科，脂多糖

11.1 引言

确定细菌细胞中的吸附率是研究噬菌体生态学以评估捕食者（噬菌体）对猎物（宿主细胞）群体影响的基础。在一步生长试验和噬菌体感染细胞的转录研究中，确保噬菌体感染的同步性也很重要。以下方法可用于定义细胞受体的性质。

1931 年，Krueger[1] 证明了噬菌体颗粒与生存或死亡的细菌细胞的结合遵循一级动力学，如图 11-1 中带有正方形的线所示，由以下等式定义：

$$k=\frac{2.3}{Bt}\lg\frac{P_{o}}{P}$$

式中，k 是吸附速率常数，mL/min；B 是细菌细胞的浓度；t 是效价从 P_{o}（开始）下降到 P（结束）的时间间隔。

Schlesinger[2] 扩展了这项工作，以表明 k 在很宽的浓度范围内均与细菌细胞或噬菌体的浓度无关，还证明了噬菌体制剂的吸附特性——不均一性。吸附分析均显示存在吸附较慢或不吸附的亚组分（如图 11-1 中带有三角形的线所示）。虽然这通常仅占噬菌体（例如大肠埃希菌噬菌体 T4 和 T7）的 5%，但也可能与假单胞菌噬菌体 ϕS1[3] 一样，是种群中相当大的一部分。

诸多因素，包括细胞的生长阶段、氯化钠（特别是二价离子）的存在、有机化合物（T4 噬菌体需要色氨酸进行吸附）、搅拌、温度、细胞大小和表面受体的密度都会影响 k 值[4,5]。Kasman 等[6] 指出，可识别每个细胞数百个受体位点的大肠埃希菌噬菌体 T4 的 k 值为 2.4×10^{-9} mL/min。而与 F 菌毛尖端结合的 M13，仅识别两个或三个受体，因此其吸附速率常数很低（3×10^{-11} mL/min）。

将噬菌体-宿主混合物在含有氯仿的肉汤中稀释会受到三个方面的影响。温度低通常会消除可逆的结合，而稀释会使吸附速率减少95%。此外，利用氯仿来杀死细菌细胞，能够有效地去除感染中心（噬菌体感染的细胞，否则会产生噬菌斑）。毋庸置疑，这种技术不适用于对氯仿敏感的病毒，如盖病毒科的成员。在这些情况下，建议将噬菌体-宿主混合物在冷却的肉汤中稀释。将噬菌体复合物离心（10000g，10min），并测定上清液中噬菌体的效价。此外，如果研究噬菌体对多个宿主菌的吸附率，则确定宿主菌是否含有溶原性噬菌体是很有必要的。因为它可能会影响噬菌体计数的准确性。

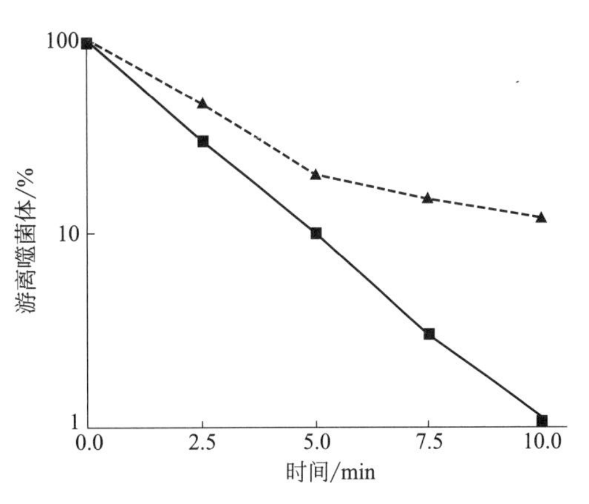

图 11-1 噬菌体对细胞的吸附动力学

■-所有噬菌体都遵循一级动力学；

▲-其中存在较慢的吸附亚组分

11.2 材料

① 微量移液器（规格 1.0mL、0.1mL 和 0.01mL），如 Finnpipette 或 Eppendorf 移液器（FisherScientific）。应定期进行校准。

② 无菌枪头。

③ 13mm×100mm 无菌带盖试管。

④ 两个 125mL 无菌瓶。

⑤ 加热块或恒温水槽设置在 48℃。

⑥ 将水浴摇床温度设置到适合细菌的生长温度。

⑦ 将分光光度计设置在 650nm 处。

⑧ 在选择性培养基中加入 1～10mmol/L $CaCl_2$ 对细菌进行过夜培养，培养至对数中期（注释①）。

⑨ 使用含有 Ca^{2+} 的液体培养基将噬菌体稀释至效价为 1～3×10^5pfu/mL。在实验开始之前，预热到检测温度。

⑩ 装有碎冰的桶或泡沫塑料盒。

⑪ 琼脂板和覆盖物。

11.3 方法

① 将 0.95mL 培养基分别加入 12 支 13mm×100mm 试管中，并将其编号为 A1～A10、C1 和 C2（注释①）。

② 使用巴斯德移液管向每根试管中加入 3 滴氯仿，然后按数字顺序放在冰上。

③ 至少冰浴 10min。

④ 将细菌培养至对数中期并将其稀释至 10mL，OD_{650} 为 0.1～0.2（注释②）。

⑤ 将两个 125mL 的烧瓶标为“A”和“C”，9mL 细胞悬液标为“A”，9mL 培养基标为“C”（注释③）。

⑥ 在加入噬菌体之前，将烧瓶置于 60r/min 的水浴摇床中预热 5min（注释④）。

⑦ 将细胞悬浮液的剩余部分置于冰上。

⑧ 在 $t=0$ 时，向烧瓶 A 中加入 1mL 效价为 $1\times10^5\sim3\times10^5$ pfu/mL 的温热噬菌体悬浮液并计时（注释⑤）。

⑨ 立即向烧瓶 C 中加入 1mL 噬菌体。

⑩ 每隔 1min，从烧瓶 A 中取出 0.05mL 样品加入冷冻管中。

⑪ 使用涡旋式混合器用力混匀 10s，然后放回冰上。

⑫ 继续从烧瓶 A 中取出样品，直到 $t=10$（注释⑥）。

⑬ 将 0.05mL 样品从烧瓶 C 转移至 C1 和 C2 管。混合后放在冰上。

⑭ 然后，移液器换新枪头从氯仿管中取出 0.1mL 液体，加入装有半固体培养基的试管中，加入宿主菌，混匀并倒入平板。

⑮ 将细菌细胞悬浮液稀释至 10^{-6} 稀释度，分别从 10^{-4} 至 10^{-6} 稀释度中取 0.1mL 等分试样，涂布在平板上，以获得分离的菌落。

⑯ 在适当的温度下培养所有的培养皿，培养完后对噬菌斑进行计数（步骤⑭）和对菌落进行计数（步骤⑮）。记录相关数据，包括稀释度、噬菌斑数量和菌体数量。

⑰ 从步骤⑮和⑯的结果，能够计算每 OD_{650} 的细菌数量（cfu）。在后续实验中会用到这些数据。

⑱ 使用 2 个或 3 个周期半对数纸，在 x 轴上标注时间坐标（0～10min），在 y 轴上标注噬菌斑的数量（注释⑦）。

⑲ 当 $t=0$ 时，平板上的噬菌斑数量对应于 C1 和 C2。

⑳ 填写数据，并使用透明标尺在这些点上绘制出最符合逻辑的线（或多条线）（注释⑧）。确定减少 50%未吸附噬菌体所需的时间。

㉑ 吸附速率常数可以根据步骤⑮～⑰中确定的细菌浓度计算得出（注意：烧瓶 A 的细菌密度实际上是这个值的 90%）。根据上面给出的公式计算达到 50%吸附所需要的时间。

11.4 注释

① 建议使用推荐的培养基来培养细菌和噬菌体。例如，American Type Culture Collection（ATCC）或 Deutsche Sammlung von Mikroorganismen und Zellkulturen（DSMZ）。注意：许多噬菌体需要 1～10mmol/L 二价离子（如 Ca^{2+} 或 Mg^{2+}）进行吸附，因此在培养基中补充这些离子[21,22]。

② 在第一次预实验之后，要对细胞密度或取样时间作更改。

③ 为了获得理想的结果，加样需要极其精确且方法一致。

④ 建议不要将细胞悬浮液置于冰上或用冷的培养基，因为可能会影响噬菌体对细菌的吸附能力。

⑤ 根据中等或小的噬菌斑确定效价。对具有 100～300 个噬菌斑的平板进行计数。对于产生非常大的噬菌斑的噬菌体（如 T7），需要降低噬菌体初始效价或采取一些减小噬菌斑的方法。

⑥ 由于一些噬菌体潜伏期短，因此不建议在 10min 后取样。

⑦ 不需要计算效价。

⑧ 没有必要对数据进行统计分析。

参考文献

1. Krueger,A.P. 1931. The sorption of bacteriophage by living and dead susceptible bacteria. Journal of General Physiology *14*:493–503.
2. Schlesinger, M. 1965. Adsorption of phages to homologous bacteria. II. Quantitative investigations of adsorption velocity and saturation. Estimation of the particle size of the bacteriophage. Z. Hyg. Immunitaetsforsch. 114:149–160 (1932). Translated from German., p. 26–36. *In* G.S. Stent (Ed.), Papers on bacterial viruses. Little Brown and Company, Boston, Massachusetts.
3. Kelln,R.A. and R.A.Warren. 1971. Isolation and properties of a bacteriophage lytic for a wide range of pseudomonads. Canadian Journal of Microbiology *17*:677–682.
4. Adams,M.D. 1959. Bacteriophages. Interscience Publishers, Inc., New York.
5. Delbrück,M. 1940. Adsorption of bacteriophages under various physiological conditions of the host. Journal of Physiological Chemistry *23*:631–642.
6. Kasman,L.M., A.Kasman, C.Westwater, J.Dolan, M.G.Schmidt, and J.S.Norris. 2002. Overcoming the phage replication threshold: a mathematical model with implications for phage therapy. Journal of Virology *76*: 5557–5564.
7. Haberer,K. and J.Maniloff. 1982. Adsorption of the tailed mycoplasma virus L3 to cell membranes. Journal of Virology *41*: 501–507.

12 一步生长曲线测定

- 12.1 引言
- 12.2 材料
- 12.3 方法
- 12.4 注释

摘要

一步生长曲线是描述一种新的噬菌体的基础。针对快速生长的细菌培养物将相关方法进行了优化。

关键词：吸附，一步生长曲线，潜伏期，裂解量

12.1 引言

一步生长曲线试验[1] 是一种鉴定新分离株的经典噬菌体技术，还可确定其潜伏期及裂解量。尽管过去讨论了与本试验相关的理论[2]，但已经得到了许多关于如何进行一步生长曲线试验的具体说明。以下方案基于 Symond 的方法[3]，以及大肠埃希菌和假单胞菌菌株的初步经验。

12.1.1 初步要点

① 本试验需要在预试验之后加以改进从而确定潜伏期的长短。

② 它依据的假设是在 5min 内 90%～95%的噬菌体会吸附到宿主细胞上。如果吸附效果不好，必须采取办法去除未吸附的噬菌体（注释①）。

③ 虽然设备和培养基应严格无菌，但如果要处理快速生长的细菌，则无需采用严格无菌技术。

④ 在规定的时间内保证移液的准确性至关重要。

⑤ 如果噬菌体（如大肠埃希菌噬菌体 T7）在 37℃时潜伏期很短，则可以考虑在 30℃下进行一步生长曲线试验。

⑥ 该方法的目的是避免在涂布平板之前进行稀释。

⑦ 并不是可以一次性获得结果的试验类型；而且采集的样本越多越好。

12.2 材料

① 将水浴温度设置为细菌（或噬菌体）的最适生长温度。

② 细菌培养至对数期。

③ 将噬菌体制剂效价稀释为 10^7pfu/mL（对于小斑块，1mm）或 5×10^6pfu/mL（用于形成大的噬菌斑，>2mm；例如大肠埃希菌噬菌体 T7）。

④ 四个小的无菌锥形瓶，一个为空瓶，一个加 9.9mL 的肉汤，两个加 9.0mL 的肉汤。

⑤ 大量的 1000μL 和 100μL 无菌移液器枪头。

⑥ 一个空的 13mm×100mm 试管。

⑦ 将含有 50μL 氯仿的 13mm×100mm 试管放在冰上。

⑧ 半固体培养基在 48℃中水浴（注释②）。

⑨ 新鲜的预热琼脂平板（底盘；注释②）。

⑩ 准确的计时器。

⑪ 巴斯德吸管和灯泡。

12.3 方法

① 在选择培养基中添加 2mmol/L $CaCl_2$ 培养宿主菌，并生长至对数中期（OD_{650} 约 0.5）。

② 如图 12-1 所示，将小烧瓶贴上标签并水浴。

③ 用移液管吸取 9.9mL 噬菌体原液于空瓶中，在适宜的培养温度下放置 5min。

④ 用移液器将几毫升宿主菌的培养物转移到 13mm×100mm 的试管中，并且放置在带有巴斯德移液器和灯泡的架子上（电镀主机）。

⑤ 在 9.9mL 培养基（吸附瓶）中加入 0.1mL 的噬菌体制剂，轻轻混匀，在恒温箱中培养 5min（注：以噬菌体效价的 1/100 稀释：1×10^5pfu/mL）。

⑥ 5min 后，从瓶中取 0.1mL 液体移至 9.9mL 的新鲜预热的培养基中（瓶 A，营养肉汤：以 1/100 稀释；效价：1×10^3pfu/mL），混合均匀。

⑦ 从瓶 A 取 1.0mL 转移到含有氯仿的试管中，涡旋 10s；在冰上孵育（吸附控制；注释③）。

⑧ 从瓶 A 取 1.0mL 转移到 9.0mL 预热培养基中（瓶 B，营养肉汤：以 1/10 稀释；效价：1×10^2pfu/mL），混匀。

⑨ 从瓶 B 取 1.0mL 转移至 9.0mL 预热的培养基瓶中（瓶 C，营养肉汤：以 1/10 稀释；1×10^1pfu/mL），混合均匀（注释④）。

⑩ 在不同时间，从合适的锥形瓶（A、B 或 C）中取出 0.1mL，加入半固体琼脂；加入 1～3 滴宿主菌；混合并倒入固体平板表面（注释⑤）。

⑪ 在取样平板的末端，通过吸附控制的叠加程序得到两个 0.1mL 样品。

⑫ 当半固体琼脂凝固（约 15min）后，倒置平板并将其放置在恒温箱中。

⑬ 经过适当的潜伏期（对大肠埃希菌或铜绿假单胞菌而言），计算每个平板上的噬菌斑（注释⑥）。

12.3.1 数据分析

① 通过将从“吸附控制”和“烧瓶 A”中取样获得的噬菌体数量乘以 10，使所有数据标准化为烧瓶 A 中的噬菌体浓度。瓶 B 乘以 100，瓶 C 乘以 1000。结果表示为 pfu/mL。

② 利用商业软件包如 Microsoft Excel、GraphPad Prism 或者半记录纸手动记录数据

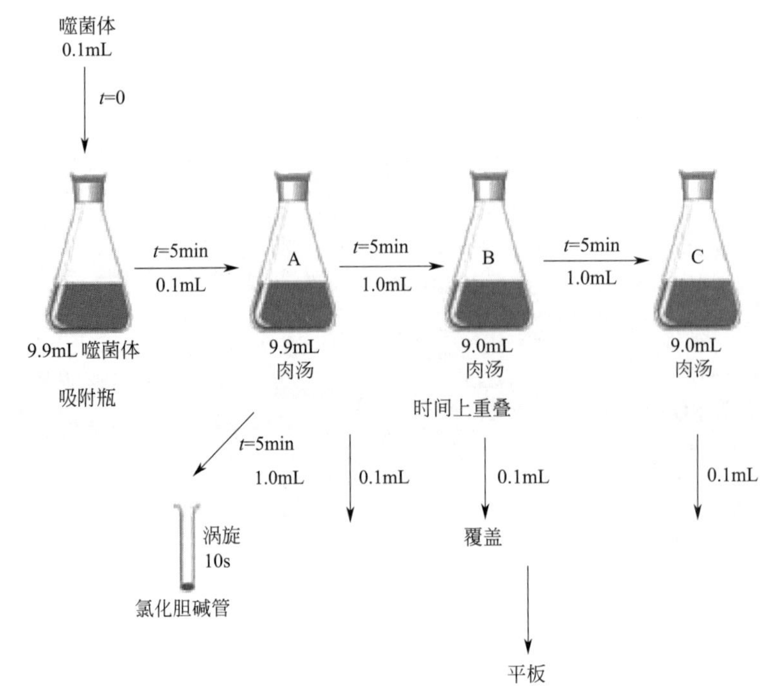

图 12-1 一步生长曲线试验示意

（表 12-1；pfu/mL）并绘制生长曲线图（图 12-2）。

③ 通过从“平均值 1”中减去“吸附控制”中的噬菌体数量，确定感染细胞的平均数量。如果将此值除以“平均值 2”，则将获得噬菌体的平均大小。

④ 确定平均值 1 线与斜率之间的相交点将是噬菌体的潜伏期。

表 12-1 一步生长曲线试验数据

时间/min	噬菌斑数量（锥形瓶 A）	效价/(pfu/mL)	噬菌斑数量（锥形瓶 B）	效价/(pfu/mL)	噬菌斑数量（锥形瓶 C）	效价/(pfu/mL)
6	100	1000				
8	100	1000				
10	100	1000				
12	100	1000				
14	100	1000				
16	100	1000				
18	100	1000				
20	100	1000				
22	100	1000				
24	100	1000				
26	100	1000				
28	100	1000				
30	100	1000	10	1000		
32	300	3000	30	3000		
34	TMTC		80	8000		
36			110	10000		
38			200	20000	20	20000
40			300	30000	30	30000

续表

时间/min	噬菌斑数量(锥形瓶 A)	效价/(pfu/mL)	噬菌斑数量(锥形瓶 B)	效价/(pfu/mL)	噬菌斑数量(锥形瓶 C)	效价/(pfu/mL)
42			TMTC		40	40000
44					50	50000
46					70	70000
48					90	90000
50					95	95000
52					100	100000
54					100	100000
56					100	100000
58					100	100000
60					100	100000

注：TMTC，数量较多。

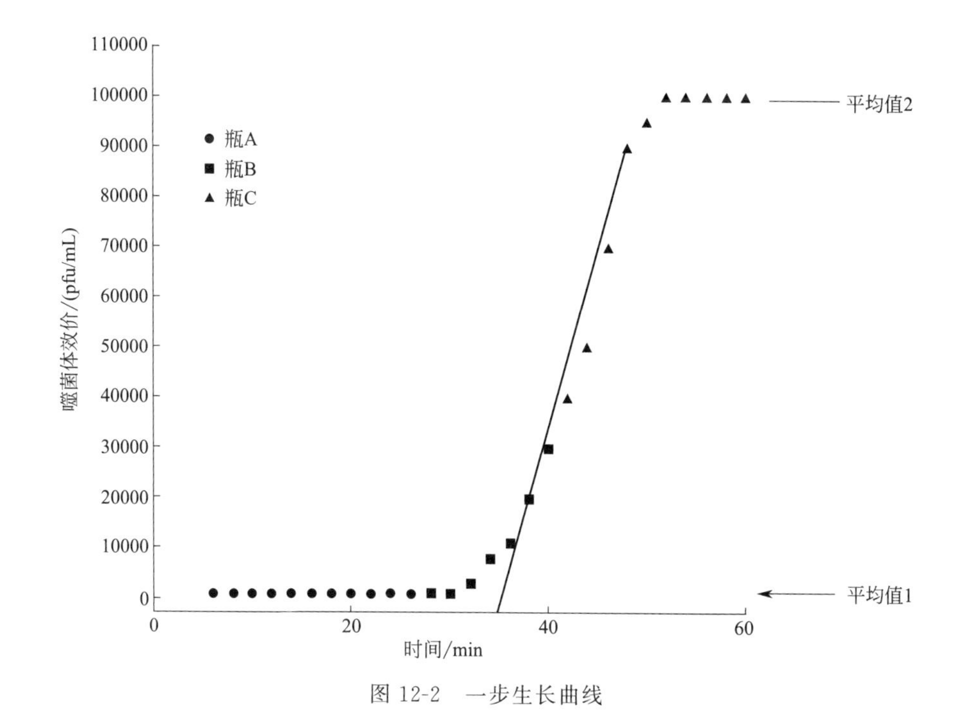

图 12-2 一步生长曲线

12.4 注释

① 一些噬菌体，如假单胞菌噬菌体 ϕS1[4]，在识别一种常见的受体时，如 LPS，对宿主的吸附能力较差。在其他情况下，如菌毛或鞭毛特异性噬菌体，可能识别受体能力差，这也使一步生长试验变得复杂化。传统上，使用抗噬菌体血清可以避免存在未被吸附的噬菌体。另一种方法是在不同的宿主上对噬菌体进行测试，以选择噬菌体吸附效果最好的菌株。或者，在吸附 5min 后，可将吸附瓶的内容物快速离心并重悬在新鲜的预热培养基中；或收集在 0.45μm 低蛋白结合滤膜上，然后将其倒置并洗去细胞。请注意，这两种技术都需要快速实施。不建议对噬菌体-宿主混合物进行冷冻。

② 噬菌体的生长、培养基的组成主要取决于宿主。建议在培养基中加入 2mmol/L $CaCl_2$，使噬菌体能够有效吸附宿主[5]。

③ 由于皮质病毒科、囊肿病毒科、血浆病毒科和盖病毒科的成员都含有脂质，因此利用氯仿可能不能杀死噬菌体感染的细胞。尾病毒目的大量成员也对溶剂敏感（Ackermann，个人交流）。在这些情况下，通过在微量离心机中快速旋转或使用 0.22～0.45μm 低蛋白质结合过滤器进行过滤，将会从游离噬菌体颗粒中去除噬菌体感染的细胞。

④ 必须在 2min 内完成稀释过程。

⑤ 如果只是在预试验中确定潜伏期，则不需要瓶 B 或瓶 C。

⑥ 在进行一步生长曲线的预试验后，能够判断应在多长时间后取样以及从哪个烧瓶中取样。为了方便取样，建议从每个烧瓶中取样的时间重叠。

参考文献

1. Ellis EL, Delbrück M (1939) The growth of bacteriophage. J Gen Physiol 22:365–384
2. Hyman P, Abedon ST (2009) Practical methods for determining phage growth parameters. Methods Mol Biol 501:175–202
3. Symonds ND (1968) Experiment 14 – One-step growth curve and the Doermann experiment. In: Clowes RC, Hayes W (eds) Experiments in microbial genetics. Blackwell, Oxford, pp 75–78
4. Kelln RA, Warren RA (1971) Isolation and properties of a bacteriophage lytic for a wide range of pseudomonads. Can J Microbiol 17:677–682
5. Kropinski AM (2009) Measurement of the rate of attachment of bacteriophage to cells. Methods Mol Biol 501:151–155

13 利用纯化受体测定噬菌体的失活动力学

▶ 13.1 引言
▶ 13.2 材料
▶ 13.3 方法
▶ 13.4 注释

摘要

本章介绍了研究细菌病毒与其表面受体之间相互作用的实用方法。

关键词： 吸附，中和，失活，受体，T4，M13，脂多糖，外膜蛋白，鞭毛，磷壁酸，菌毛

13.1 引言

噬菌体所结合的细胞表面受体包括：菌毛（M13，D3112，F116）[1,2]，鞭毛（χ，SP3，PBP1）[3~5]，脂多糖（LPS）（T7，P22），表面蛋白（T1，T5，λ，AR1）[6]，磷壁酸（SP50，ϕ25）[7] 和囊膜（K29，K1F，H4489A）[8~11]。在某些情况下，例如T4，可以结合两种受体[12]。这些发现为噬菌体筛选受体缺陷突变体和鉴定特定受体菌株提供了非常有用的工具。后者是针对细菌分型系统中使用的噬菌体。

除了使用活细胞外，还对细胞提取物[13]、细胞壁制剂[14,15]、纯化的脂多糖[16,17] 以及外膜蛋白与LPS的复合物[12,15] 进行了受体研究。在许多情况下，噬菌体与其分离的受体不可逆地结合，导致失活。可以通过以下方法测试噬菌体的失活，该方法对噬菌体-LPS相互作用的研究进行了优化[17~20]。

13.2 材料

① 微量移液器（规格1.0mL、0.1mL和0.01mL），如Finnpipette或Eppendorf移液器（Fisher Scientific）。应定期进行校准。

② 无菌枪头。

③ 13mm×100mm无菌带盖试管。

④ 两个 125mL 无菌瓶。

⑤ 加热块或恒温水槽设置在 48℃。

⑥ 将水浴摇床温度设置到适合细菌的生长温度。

⑦ 将分光光度计设置在 650nm 处。

⑧ 在选择性培养基中加入 1～10mmol/L $CaCl_2$ 对细菌进行过夜培养，培养至对数中期（注释①）。

⑨ 使用含有 Ca^{2+} 的液体培养基将噬菌体稀释至效价为 1×10^5～3×10^5pfu/mL。在试验开始之前，预热到检测温度。

⑩ 装有碎冰的桶或泡沫塑料盒。

⑪ 琼脂板和覆盖物。

13.3 方法

① 准备一个装有 12 个规格为 13mm×100mm 玻璃试管的架子，并在第一管中小心地加入 1.6mL 的蒸馏水或缓冲液（注释②）。

② 加入 0.9mL 水或缓冲液至剩余试管中。

③ 试管的编号为 1～11，最后一个试管编号为 C。

④ 在第一个试管中加入 0.2mL 的脂多糖，使终浓度达到 200μg/mL。LPS 的原液为 1.7mg/mL。

⑤ 混合均匀，并换用新枪头从试管“1”中取 0.9mL 至试管“2”。混合并继续倍比稀释至试管“11”。

⑥ 从试管“11”中弃掉 0.9mL 液体。

⑦ 往每个试管中加入 0.1mL 效价为 3×10^3pfu/mL 的噬菌体制剂（注释③）。

⑧ 将试管放置于水浴或加热块中，使其达到所需要的温度。

⑨ 孵育 1h 后，从试管中取出 0.1mL 液体，置于熔融的半固体培养基中，加入宿主细胞，并倒平板。

⑩ 经过适当的孵育后进行计数并记录噬菌斑的数量，计算每种 LPS 浓度下中和的噬菌体百分比。

⑪ 在两个或三个周期的半圆纸上（或在软件包中用对数标尺）绘制数据，最后用对数标尺记录 LPS 的浓度和线性标度上的噬菌斑数量。由此可以很容易地计算出 PhI_{50}，即让 50%噬菌体失活的 LPS 浓度。

13.4 注释

① 建议使用推荐的培养基来培养细菌和噬菌体。（例如，American Type Culture Collection（ATCC）或 Deutsche Sammlung von Mikroorganismen und Zellkulturen（DSMZ）。注意：许多噬菌体需要 1～10mmol/L 二价离子（如 Ca^{2+} 或 Mg^{2+}）进行吸附，因此需在培养基中补充这些离子[21,22]。

② 在肉汤中稀释 LPS 对 PhI_{50} 有抑制作用。

③ 该方法适用于产生小噬菌斑的噬菌体，可以对 300 个噬菌斑进行精确的计数。因为有些噬菌体会产生比较大的噬菌斑，因此准确计算噬菌体（如 T7）的数量要更困难。

参考文献

1. Pemberton,J.M. 1973. F116: a DNA bacteriophage specific for the pili of *Pseudomonas aeruginosa* strain PAO. Virology *55*: 558–560.
2. Roncero,C., A.Darzins, and M.J.Casadaban. 1990. *Pseudomonas aeruginosa* transposable bacteriophages D3112 and B3 require pili and surface growth for adsorption. Journal of Bacteriology *172*:1899–1904.
3. Shea,T.B. and E.Seaman. 1984. SP3: a flagellotropic bacteriophage of *Bacillus subtilis.* Journal of General Virology *65*: 2073–2076.
4. Samuel,A.D., T.P.Pitta, W.S.Ryu, P.N.Danese, E.C.Leung, and H.C.Berg. 1999. Flagellar determinants of bacterial sensitivity to chiphage. Proceedings of the National Academy of Sciences of the United States of America *96*:9863–9866.
5. Lovett,P.S. 1972. PBPI: a flagella specific bacteriophage mediating transduction in *Bacillus pumilus.* Virology *47*:743–752.
6. Berrier,C., M.Bonhivers, L.Letellier, and A.Ghazi. 2000. High-conductance channel induced by the interaction of phage lambda with its receptor maltoporin. FEBS Letters *476*:129–133.
7. Givan,A.L., K.Glassey, R.S.Green, W.K.Lang, A.J.Anderson, and A.R.Archibald. 1982. Relation between wall teichoic acid content of *Bacillus subtilis* and efficiency of adsorption of bacteriophages SP 50 and ϕ25. Archives of Microbiology *133*:318–322.
8. Suthereland,I.W., K.A.Hughes, L.C.Skillman, and K.Tait. 2004. The interaction of phage and biofilms. FEMS Microbiology Letters *232*:1–6.
9. Stummeyer,K., A.Dickmanns, M.Muhlenhoff, R.Gerardy-Schahn, and R.Ficner. 2005. Crystal structure of the polysialic acid-degrading endosialidase of bacteriophage K1F. Nature Structural & Molecular Biology *12*:90–96.
10. Baker,J.R., S.Dong, and D.G.Pritchard. 2002. The hyaluronan lyase of *Streptococcus pyogenes* bacteriophage H4489A. Biochemical Journal *365*:317–322.
11. Bayer,M.E., H.Thurow, and M.H.Bayer. 1979. Penetration of the polysaccharide capsule of *Escherichia coli* (Bi161/42) by bacteriophage K29. Virology *94*:95–118.
12. Hantke,K. 1978. Major outer membrane proteins of *E. coli* K12 serve as receptors for the phages T2 (protein Ia) and 434 (protein Ib). Molecular & General Genetics *164*:131–135.
13. Tokunaga,T., T.Kataoka, K.Suda, and T.Yasuda. 1969. [Bacteriophage receptor of mycobacteria. 2. Inactivation of mycobacteriophages with the ethanol-ether extract from the cell wall fraction and electron microscopic studies]. [Japanese]. Igaku to Seibutsugaku – Medicine & Biology *78*:141–145.
14. Valyasevi,R., W.E.Sandine, and B.L.Geller. 1990. The bacteriophage kh receptor of *Lactococcus lactis* subsp. cremoris KH is the rhamnose of the extracellular wall polysaccharide. Applied & Environmental Microbiology *56*:1882–1889.
15. Yu,F. and S.Mizushima. 1982. Roles of lipopolysaccharide and outer membrane protein OmpC of *Escherichia coli* K-12 in the receptor function for bacteriophage T4. Journal of Bacteriology *151*:718–722.
16. Patel,I.R. and K.K.Rao. 1983. Studies on the *Pseudomonas aeruginosa* PAO1 bacteriophage receptors. Archives of Microbiology *135*: 155–157.
17. Jarrell,K. and A.M.Kropinski. 1977. Identification of the cell wall receptor for bacteriophage E79 in *Pseudomonas aeruginosa* strain PAO. Journal of Virology *23*:461–466.
18. Jarrell,K. and A.M.Kropinski. 1976. The isolation and characterization of a lipopolysaccharide-specific *Pseudomonas aeruginosa* bacteriophage. Journal of General Virology *33*:99–106.
19. Jarrell,K.F. and A.M.Kropinski. 1981. *Pseudomonas aeruginosa* bacteriophage phi PLS27-lipopolysaccharide interactions. Journal of Virology *40*:411–420.
20. Jarrell,K.F. and A.M.Kropinski. 1981. Isolation and characterization of a bacteriophage specific for the lipopolysaccharide of rough derivatives of *Pseudomonas aeruginosa* strain PAO. Journal of Virology *38*:529–538.
21. Haberer,K. and J.Maniloff. 1982. Adsorption of the tailed mycoplasma virus L3 to cell membranes. Journal of Virology *41*:501–507.
22. Adams,M.D. 1959. Bacteriophages. Interscience Publishers, Inc., New York.
23. Krueger,A.P. 1931. The sorption of bacteriophage by living and dead susceptible bacteria. Journal of General Physiology *14*: 493–503.

14 噬菌体突变株的构建

▶ 14.1 引言
▶ 14.2 材料
▶ 14.3 方法
▶ 14.4 注释

摘要

最近的研究已经证实，具有最丰富生命形式的噬菌体，已经对生物圈、细菌进化、细菌基因组和基因的水平传播产生了重大影响。重要的是，噬菌体已经作为并且将持续作为有价值的模型系统而存在。这些研究重新引起了人们对于噬菌体和噬菌体基因组研究的浓厚兴趣。要想确定噬菌体参与这些重要过程和活性的细节，为噬菌体基因产物分配特定的功能是至关重要的。通过对噬菌体基因组和这些特异性基因产物的一般诱变，可以进行最初的功能和基因分配。目前重新引发人们兴趣的一个翔实的诱变方案是使用羟胺。这个诱变方案可以获得肠炎沙门菌变种15+的噬菌体 ε^{34}（此后简写为噬菌体 ε^{34}）的溶原性循环和分离噬菌体 ε^{34} 的条件性致死突变株。同时也描述了类似技术在质粒中的使用。本章提出了一种能够从羟胺诱变后分离出的突变群体中快速测定基因数目的方法——平板互补法。

关键词： 互补，ε^{34}，羟胺（HA），诱变，噬菌体，琥珀（am）突变株，温度敏感性（ts）突变株，抑制，允许温度，限制温度，沙门菌

14.1 引言

羟胺（HA）在基因鉴定、基因产物分析和基因调控等方面有着悠久而丰富的历史。其本质原因是突变，它可以引发不可逆的胞嘧啶→胸腺嘧啶的单核苷酸替换[1]。羟胺的作用包括两个过程[2]。经典报告显示，第一步是诱变处理快速灭活 T4 噬菌体，但这种灭活不是诱变性的。第一步依赖于金属失活的过程。第二步诱变噬菌体，但相当慢。螯合剂的加入消除了第一步，使诱变成为一级反应和非常有效的工具。这个方案已经用于构建几种不同类型的 ε^{34} 突变株和沙门菌噬菌体 P22 宿主范围内的突变株[3]。Humphreys 等开发了噬菌体 HA 方案的一个非常有用的分支，用于多重拷贝的质粒[4]。质粒版本可以用于可拷贝的噬菌体和其他基因或者基因组（如参考文献［5～7］和该作者实验室的未公开数据）。

14.2 材料

14.2.1 细菌和噬菌体的生长

14.2.1.1 细菌菌株（注释①）

对于本章介绍的大多数沙门菌菌株，目前人们都有一个统一的命名法，但是为了简洁，这里将遵循最初的实验室命名法。下面进行概述。目前更多人将抑制性沙门菌或 A1ε^{15}（实验室称为 BV7001）命名为肠炎沙门菌变种 15＋。菌株 37A2su＋ε^{15}（或 BV7004[8]）是菌株 A1ε^{15} 的衍生菌株，包含了一个谷氨酰胺的抑制性突变[8]。本章主要介绍的噬菌体称为 ε^{34}，其全称是肠炎沙门菌变种 15＋的噬菌体 ε^{34}。该噬菌体是基因 *cI* 中的透明噬菌斑突变株（ε^{34}C16）[9]。

质粒 DNApJS28（来自美国卡耐基梅隆大学的 PeterBerget 博士）来源于菌株 BV1300。该质粒包含噬菌体 P22 的野生型尾穗基因的克隆版本[7]。在本实验方案中，质粒 pJS28 的浓度为 0.1μg/μL。BV1300 是包含 WTP22 尾穗基因克隆拷贝的质粒 pJS28 的宿主菌株[7]。BV1300 等同于 KK2186（pJS28），但是 KK2186 是一株大肠埃希菌，而 JM103 是 P1—。

14.2.1.2 CsCl 储存液（用于噬菌体颗粒的纯化）

CsCl 分子量是 168.4Da。对于 CsCl 密度梯度离心，需要使用 4 种密度，密度（ρ）分别为 1.3g/mL、1.4g/mL、1.5g/mL 和 1.7g/mL。这些浓度可以通过配制 CsCl 的浓缩液来实现：ρ 为 1.3 等同于 2.4mol/L CsCl（在 100mL 噬菌体溶液中加入 40.41g CsCl），ρ 为 1.4 等同于 3.2mol/L CsCl（在 100mL 噬菌体溶液中加入 53.88g CsCl），ρ 为 1.5 等同于 4.0mol/L CsCl（在 100mL 噬菌体溶液中加入 67.48g CsCl），ρ 为 1.7 等同于 5.6mol/L CsCl（在 100mL 噬菌体溶液中加入 94.29g CsCl；注释②）。

14.2.1.3 透析盒

皮尔斯滑动式透析盒（Cat No.66810；Pierce，Rockford，IL），其截留分子量（MW-CO）是 10000，容量值为 3～12mL。

14.2.1.4 LB 肉汤

每升水中加入 10g 细菌用蛋白胨（Baxter），5g 细菌用酵母提取物，5g NaCl，1mL 1.0mol/L 的 NaOH，随后高压灭菌（103.4kPa，121℃，25min）。

14.2.1.5 LB 琼脂培养基

每升 LB 肉汤中加入 15g 细菌用琼脂，高压灭菌。

14.2.1.6 LB 上层琼脂（TA）

TA 是在每升水中加入 6g 细菌用琼脂和 LB 肉汤的组分后高压灭菌而制成。熔化的 TA 被分装到无菌玻璃瓶中，随后冷凝。

14.2.1.7 噬菌体溶液

噬菌体溶液含有 50mmol/L 的 Tris-HCl（pH 7.4），100mmol/L 的 $MgCl_2$，10mmol/L 的 NaCl，随后高压灭菌[9]。

14.2.1.8 无菌牙签

用于挑取和修补噬菌体斑块。

14.2.1.9 管子：小管

带有盖的小管用于噬菌体成斑。这里使用的是一次性培养管：Fisher13mm×100mm 的硼硅酸盐玻璃管（Cat. No. 14-961-27）。稀释管用于稀释噬菌体和细菌。这里使用的是一次性培养管：Fisher 16mm×150mm 的硼硅酸盐玻璃管（Cat. No. 14-961-31）。

14.2.2 羟胺诱变噬菌体

14.2.2.1 羟胺/NaOH 储存液（1mol/L，pH 6）

向无菌小管中加入 0.175g 羟胺（NH_2OH，Cat. No. ＃255580；Sigma-Aldrich St. Louis，MO）和 0.28mL 4mol/L 的 NaOH，终体积为 2.5mL。

14.2.2.2 LBSE[10]

在 100mL LB 肉汤中加入 0.2mL 0.5mol/L 的 EDTA 和 5.85g NaCl，随后高压灭菌 20min。

14.2.2.3 EDTA 的磷酸缓冲液（羟胺诱变）

将 6.8g KH_2PO_4 加入 70mL 灭菌水。溶解后，使用 1mol/L KOH 调整 pH 至 6.0。再添加灭菌水至 99mL。最后在溶液中加入 1mL 0.5mol/L 的 EDTA，高压灭菌 20min。

14.2.3 羟胺诱变质粒 DNA

14.2.3.1 感受态细胞

电转感受态细胞来自 Novagen（EMD Biosciences；San Diego，CA）。它们被称为 NovaBlue GigaSingles 感受态细胞（分类号 71227-3）。

14.2.3.2 DNA 透析缓冲液（TE）

10mmol/L Tris-HCl，1mmol/L EDTA，pH 8。

14.2.3.3 质粒 DNA

质粒 DNA 的制备按照 Qiagen plasmid Midi 试剂盒的说明书要求进行操作（QIAGEN-Inc.；Valencia，CA）。

14.3 方法

14.3.1 细菌生长条件

① 在 BV7001 或 BV7004 的 LB 生长平板上挑取单菌落至含有 5mL 经高压灭菌的 LB 肉汤的管中，随后在 New Brunswick Scientific（NBS）旋转水浴锅中 37℃培养至少 12h[11]。

② 上述培养物用来测试噬菌体的效价。此培养物可在 4℃条件下放置长达 2 周。

③ 可使用 Klett 比色计或者分光光度计（590nm）来测定培养物中细菌的 OD。同时也要进行活细胞的计数。这些参数是通过稀释游离细胞进行计数从而进行测量。这些参数通过使用 LB 肉汤将新鲜过夜培养的培养物以 1∶20 的比例稀释至 125mL 的灭菌 Erlenmeyer 瓶中，并在 37℃水浴摇床中使细胞在 LB 肉汤中生长来进行测定。在特定时间提取细胞，将其进行稀释后涂布在 LB 平板上以确定菌落形成单位（cfu），达到特定的 OD。使用 Klett 比色计测试时，通常细菌浓度为 2×10^8 个/mL，读数为 70。这种对应可以采用多种方式进行，包括使用 Petroff-House 计数玻片代替在 Petri 板上使活细胞成斑（注释③）。

④ 细菌培养物可在 LB 培养板上，4℃保存 1 个月。

14.3.2 噬菌体储存液的制备

① 将 0.5mL 过夜培养的 BV7001 细胞的培养物，添加至含有 30mL LB 肉汤的 125mL 无菌烧瓶中，制备 ε^{34} 的噬菌体储存液。

② 通过使用大口径巴斯德移液管，得到巴斯德移液管中部的噬菌斑，并将噬菌斑添加到含有细胞的烧瓶中，在30℃条件下（注释④）摇动孵育，直至裂解完成。噬菌体效价约10^6pfu，此时浑浊的细胞悬浮液会变成完全澄清的溶液（约4h）。

③ 无论裂解是否完成，5h后，在含有培养物的烧瓶中加入约1mL的氯仿来停止裂解。在添加氯仿后需要再摇动培养物5min（注释④）。

④ 小心地将裂解后的细胞（注意不要包括氯仿）倒入50mL无菌Oakridge塑料管中，并在Sorval SS34转子（或等同物）中以7000r/min（约11000g）在4℃条件下离心15min，从而从噬菌体中分离出不需要的细菌碎片。

⑤ 离心后，将噬菌体上清液转移至另一个无菌的Oakridge塑料管中，并在SS34转子中以15000r/min（约23000g）离心90min。细胞被重悬在1～2mL的噬菌体溶液中，这是常规操作所需要的噬菌体储存液。

⑥ 通常，30mL的感染培养物可以产生效价为10^{11}pfu/mL的1～2mL的噬菌体储存液。使用噬菌体突变株可以显著提高噬菌体的产量[12]。

⑦ 如果已知正在研究的噬菌体在结构上是脆弱的，那么硬旋转可以被更温和的相分离[13] 所取代。得到的上清液终浓度中含有0.5mol/L NaCl和6%的聚乙二醇（PEG）（根据经验测定噬菌体ε^{34}），并且在4℃条件下缓慢搅拌过夜。

⑧ 在6000r/min（9000g）、4℃条件下离心20min后得到PEG/NaCl-噬菌体复合物。

⑨ 倒置颗粒细胞以使残留的PEG倒出（注释⑤）。然后在噬菌体溶液中悬浮，噬菌体在噬菌体溶液中进一步透析。

⑩ 用CsCl纯化噬菌体。对于常规研究，按上述步骤制备少量的噬菌体储存液就足够了，但对于诱变或者其他研究，建议使用下述方法制备更大的噬菌体库并且进行纯化。如上所述，使用PEG处理1L的感染细胞，使用10mL噬菌体缓冲液对颗粒细胞进行重悬，然后在CsCl梯度下纯化[12]。CsCl梯度的形成是通过在13mL聚丙烯离心管（Beckman，SW41Ti转子）的底部放置2mL 1.7ρ的CsCl，然后仔细分层（一个在另一个的上面），依次加入3mL 1.5ρ的CsCl、3mL 1.4ρ的CsCl、1mL 1.3ρ的CsCl，然后在其上面放置3mL的噬菌体样品。然后在20℃条件下，使用SW41Ti转子在28000r/min（141000g）离心90min。所得的病毒条带呈蓝色，用20号注射器小心取出，并放入MWCO为10000的透析盒中，在4℃条件下，每8h用1000倍过量的噬菌体缓冲液透析三次。

14.3.3 噬菌体储存液浓度（效价）的测定

相对噬菌体浓度（噬菌体效价）由平板覆盖法（注释⑥）确定。噬菌体分布在宿主细胞（电镀细菌）上，步骤如下。

① 将无菌固化的TA在微波炉中熔化至液态。将其放置在55℃水浴锅中，并且在此温度下至少平衡30min。

② 此时分装3mL TA至小管中，在55℃条件下放置在试管加温器或者水浴中（注释⑦）。

③ 将5mL无菌噬菌体溶液加至5个无菌加盖稀释管中，全程无菌操作，这将作为储存液，在被稀释后确定噬菌体效价。

④ 将50μL待稀释的噬菌体添加到第一个稀释管中，这形成噬菌体原液1∶100的稀释（10^{-2}的稀释）。同样的，进行10^{-4}、10^{-6}、10^{-7}、10^{-8}的稀释操作（注释⑧）。

⑤ 使用无菌移液管将1滴细菌过夜培养液加入含有3mL TA和0.1mL噬菌体稀释液的小管中。此时快速混匀和倾倒室温下的LB琼脂。凝固时间大约为20min（以避免凝结液滴

到 Petri 板的表面)，并且在 30℃条件下孵育至少 16h。30℃这个温度对于某些 37℃温度敏感型噬菌体是必需的，如沙门菌噬菌体 P22 和 ε^{34}。

⑥ 在这些条件下，从 10^{-7} 稀释液中取出 0.1mL，可以在平板上发现几百个噬菌斑。野生型噬菌体表现为浑浊区域的溶解，即浑浊斑（其原因是这些温和型噬菌体能够使其宿主溶原化）。浓度单位为 pfu/mL。如果在 10^{-7} 平板上为 200pfu，那么效价就为 2×10^{10} pfu/mL。

⑦ 通常，30mL 经感染的培养物可产生的 1～2mL 噬菌体储存液的效价为 10^{10}～10^{11} pfu/mL。

⑧ 虽然在此阶段可以进行诱变方案，但是最好使用纯化的噬菌体进行诱变（使用 CsCl)，以避免细菌碎片污染的可能性。

14.3.4 噬菌体 ε^{34}C16 的羟胺诱变[2, 10, 14]

① 将 0.4mL 磷酸盐-EDTA 缓冲液和 0.4mL 无菌双蒸水、0.8mL HA、0.2mL 100mmol/L $MgSO_4$、10^9～10^{11} pfu/mL 的 0.2mL ε^{34}（或相关噬菌体）加入小管中。同时对照组使用噬菌体缓冲液代替羟胺，作为对照反应。

② 对照组和噬菌体诱变反应的小管被密封，并且在 37℃条件下进行孵育，一般大约 48h。

③ 噬菌体颗粒的诱变作用将导致使用斑块覆盖技术所测量到的活菌噬菌体减少。取出小份样本，并且滴定噬菌体。图 14-1 反映了无诱变剂、0.4mol/L HA 和 0.8mol/L HA 对于噬菌体存活的作用。通常使用 0.4mol/L HA 进行诱变反应。对噬菌体使用诱变剂 48h 后，与噬菌体原始浓度相比，可以引起噬菌体效价降低 0.2%～2%。这些存活下来的噬菌体通常会引发单核苷酸替换的突变反应。形成浑浊斑块的温和噬菌体诱变的另一个指标是，随着诱变剂孵育时间的增加，会出现越来越多的透明斑块。

④ 在缓冲液中，使用 Pierce SlideA-Lyzer 盒对诱变后的噬菌体在 4℃条件下进行透析，每隔 12h 改变三次缓冲液（注释⑨）。透析后的溶液可用于分离各种类型的突变株。

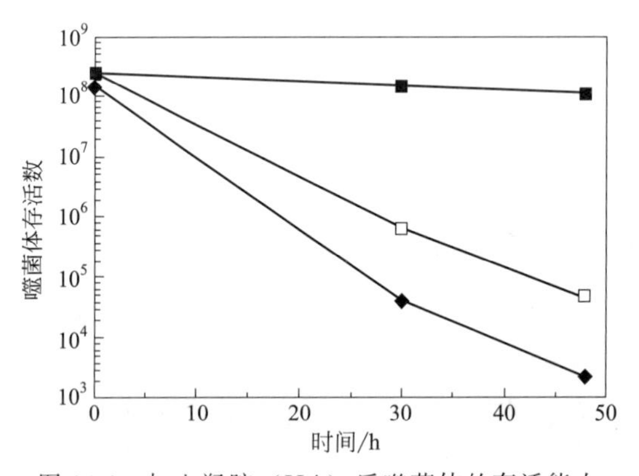

图 14-1 加入羟胺（HA）后噬菌体的存活能力

图中，填充的方块对应噬菌体反应的对照组，对照组中不使用诱变剂；而空白方块和填充的菱形符号则分别表示使用 0.4mol/L HA、0.8mol/L HA 孵育噬菌体的反应。噬菌体的存活率分别在 HA 孵育 0h、30h 和 48h 后进行测定

14.3.5 噬菌体 ε^{34} 不同突变株的分离

14.3.5.1 琥珀噬菌体突变株的分离

① 在噬菌体 ε^{34} C16 中分离琥珀突变株。此时使用细菌菌株 BV7001（su—）和 BV7004 (su+)，分别为抑制型阴性和 gln-抑制。该系统中琥珀突变株的最佳定义是在 BV7004（抑制菌株）上形成噬菌斑的噬菌体，而在 BV7001（抑制阴性株）上不能形成噬菌斑。

② 为了扩增突变株，BV7004 被诱变的 10^6 pfu 的 $ε^{34}$ C16 噬菌体所感染。在生长的突变株中，含有由插入的谷氨酰胺抑制的琥珀突变的突变株（注释⑩）。

③ 按照 14.3.2 节制备噬菌体储存液，按照 14.3.3 节测试菌株 BV7004 中噬菌体的效价。

④ 然后从噬菌体效价平板上出现的噬菌体斑块中选择琥珀突变株。

⑤ LB 平板分别接种 BV7001 和 BV7004，将 1 滴细菌加入 3mL TA 中，并倾倒至 LB 平板的表面。在室温下 Petri 平板至少需要凝固 30min。

⑥ 用无菌牙签在噬菌体滴定板的中心轻轻地接触噬菌斑，用 BV7001（su－）接触接种的培养板表面，然后用 BV7004（su+）以类似的方法接触接种板的表面。这一步骤可以重复操作，用于在两个种子平板的表面上挑取并修补许多噬菌斑斑块。

⑦ 已接种的平板需要在 30℃孵育至少 16h。

⑧ 假定突变株是那些仅在 BV7000 培养板而不在 BV7001 培养板上发现的噬菌体。这些琥珀突变株的储存液是使用 BV7004 进行制备的。

⑨ 一旦制备好琥珀噬菌体储存液，那么就可以通过回复分析确定每个噬菌体突变株上是否存在一个多余的琥珀突变。一种噬菌体突变在细菌系统中以 10^{-8}～10^{-6} 的频率进行回复突变。因此，两个琥珀突变同时逆转的频率为(10^{-8}～10^{-6})×(10^{-8}～10^{-6})或 10^{-16}～10^{-12}。

⑩ 逆转频率为噬菌体在非允许条件下的效价（例如琥珀突变株的野生型宿主菌株）除以允许条件下的效价。表 14-1 显示了从 $ε^{34}$ C16 噬菌体的羟胺处理获得的琥珀噬菌体突变株的逆转频率。

表 14-1 $ε^{34}$ C16 琥珀衍生物的逆转频率

噬菌体	A1$ε^{15}$效价	37A2su+$ε^{15}$效价	逆转频率
$ε^{34}$C16am3.1	$1.0×10^3$	$7.7×10^9$	$1.2×10^{-6}$
$ε^{34}$C16am4.1	$1.1×10^4$	$3.4×10^{10}$	$2.7×10^{-7}$
$ε^{34}$C16am5.1	$3.7×10^4$	$7.7×10^{10}$	$4.0×10^{-5}$
$ε^{34}$C16am6.1	$3.0×10^4$	$6.1×10^9$	$4.9×10^{-6}$
$ε^{34}$C16am9.2	$3.0×10^3$	$2.4×10^9$	$1.3×10^{-5}$
$ε^{34}$C16am10.1	$4.0×10^4$	$4.8×10^9$	$8.3×10^{-6}$
$ε^{34}$C16am12.1	$5.3×10^5$	$1.4×10^{10}$	$3.8×10^{-5}$
$ε^{34}$C16am13.1	$1.0×10^4$	$5.4×10^9$	$1.8×10^{-6}$
$ε^{34}$C16am15.1	$6.0×10^5$	$1.1×10^{10}$	$4.3×10^{-6}$
$ε^{34}$C16am16.1	$9.0×10^4$	$7.3×10^{10}$	$1.2×10^{-6}$
$ε^{34}$C16am18.1	$4.9×10^4$	$1.6×10^9$	$3.1×10^{-5}$
$ε^{34}$C16am19.1	$1.1×10^4$	$3.2×10^8$	$3.5×10^{-5}$
$ε^{34}$C16am22.1	$1.0×10^6$	$1.0×10^{11}$	$1.0×10^{-6}$
$ε^{34}$C16am23.1	$5.0×10^5$	$1.0×10^{11}$	$5.0×10^{-6}$
$ε^{34}$C16am24.1	$1.3×10^5$	$1.5×10^{10}$	$8.7×10^{-6}$

14.3.5.2 温度敏感型（ts）噬菌体突变株的分离

① 使用菌株 BV7001（su－）来分离噬菌体 $ε^{34}$C16ts 突变株。该系统中 ts 噬菌体突变株的最佳定义是 30℃时能够在 BV7001 上形成噬菌斑，但在 39℃或更高温时形成效率为 0.01 或低于 0.01 或根本不形成噬菌斑的噬菌体。

② 使用 10^6 pfu 的已突变的 $ε^{34}$ C16 噬菌体感染 BV7001。这个噬菌体储存液需要在 30℃

条件下生长。

③ 30℃条件下测定噬菌体的效价（14.3.3 节）。这些测定噬菌体效价的平板可以作为 ts 突变株的来源。

④ 通过在 3mL TA 中加入 1 滴细菌，并倾倒至 LB 平板表面，将 BV7001 接种至两个 LB 平板。一个平板在允许温度（30℃）孵育，而另一个在限制温度（39℃）孵育。挑选每个噬菌体突变株并放置在两个平板上，一个标记为 30℃，另一个标记为 39℃。

⑤ 一旦标记为 39℃的平板上的 TA 凝固，将平板放置在温度设定为 39℃左右的取暖器上，或者使平板保持温暖。这个平板将为突变株维持限制温度，在整个挑取和修补过程中保持平板温度的恒定。如果不能保证平板一直维持在大约 39℃，则应快速完成此步骤，以使噬菌体在此温度下不会在平板上生长（注释⑪）。

⑥ 选取一个噬菌体效价板，用无菌牙签轻轻地戳一个噬菌斑，并接触两个已接种 BV7001（su－）的平板表面，其中一个平板标记为 30℃，另一个平板标记为 39℃。这一步骤可以重复进行，用于两个种子平板表面挑取和修补许多噬菌斑。

⑦ 将平板分别放置在其适合的温度下孵育至少 16h。

⑧ 准备配制 ts 突变株的噬菌体储存液。

⑨ 一旦 ts 噬菌体储存液配制完成，就将进行逆转分析，以确定每个突变株是否只包含一个 ts 突变。这将通过对假定的琥珀突变株进行类似分析来完成。噬菌体突变在细菌系统中以 10^{-7}～10^{-5} 的频率回复。两个 ts 突变的同时逆转将不被检测到。

⑩ 逆转频率为噬菌体非允许条件（如不同温度）的效价除以允许条件下的效价。表 14-1 显示了从 ε^{34} C16 噬菌体分离出的羟胺处理的琥珀噬菌体突变株中的逆转频率，但是这种类型的表格亦可用于 ts 突变株。

14.3.6 平板互补测定：噬菌体 ε^{34}突变中基因的识别

为了确定突变库中存在的必需基因的最小数量，进行互补测定。互补研究只是将两个突变置于相同的细菌细胞中，一般处于限制性条件下。对于一个 ts 噬菌体突变株或琥珀噬菌体突变株的野生型（WT）宿主，这个温度可能略高。这种检测是一种捷径，其结果往往是可靠的，但应通过将两个噬菌体感染到同一个细胞株中来证实[15]。为了解释这些分析是如何进行的，进行了两组研究。一组是使用羟胺诱变来分离 ε^{34} 噬菌体颗粒溶原功能中的许多突变的集合（图 14-2）。从 WT ε^{34}噬菌体中分离到这些透明斑块噬菌体的突变株，导致斑块的外观从浑浊或朦胧（WT）变为透明。在透明突变株中的互补引起了浑浊斑块，从而取代了“限制性”条件，这些条件更具有表型意义。另一组则包含羟胺诱变分离后的琥珀突变（如上所述）。对于这两组突变株，方案其实本质上是相同的。

① 使用无菌移液管将 1 滴过夜培养的 BV7001 添加到含有 3mL TA 的小管中。快速混合后，均匀地倾倒在室温 LB 平板的表面上。其在室温下凝固需要约 20min。

② 将五个清晰的 ε^{34}噬菌体的突变株 ε^{34} C20、ε^{34} C26、ε^{34} C51、ε^{34} C61 和 ε^{34} C82 稀释至约 10^{6} pfu/mL 。

③ 将 1 滴清洗的噬菌斑突变株以约 45°的角度保持在种子平板的顶部，尽可能在靠近平板的左侧边缘位置添加，使其基本滴到平板的底部。重复该过程，直到测试的所有噬菌体突变株都滴在该平板的一侧（注释⑫）。该平板在工作台上放置最多 20min。

④ 然后将平板旋转 90°并且重复该过程。结果每个清晰的噬菌斑突变株与其他清晰的噬菌斑突变株相交，交叉点相当于多重感染的细胞（在这种情况下有两种类型的清晰噬菌斑突变

株)。在图 14-2 (a) 中，从左到右的垂直条纹可以明显看出，透明斑块突变株与噬菌体突变株 ε^{34} C26 和 ε^{34} C51 互补，因为这两种噬菌体的交叉点在双重感染细胞的交叉点处产生浑浊的方形斑块。如图所示，该噬菌体与自身的交叉点产生了一个清晰的正方形斑块，正如预期的那样(注释⑬)。清晰的噬菌斑突变株 ε^{34}C20、ε^{34}C26 和 ε^{34}C51 代表三种不同噬菌体基因中的清晰噬菌斑等位基因。在图 14-2 (b) 中，三个清晰的噬菌斑突变株用于补充另外两种清晰的噬菌斑突变株 ε^{34}C61 和 ε^{34}C82。结果表明，ε^{34}C61 噬菌体代表另一种基因定义的等位基因。该 Petri 平板滴落互补测定显示，ε^{34}噬菌体至少含有四个参与溶原形成的基因，将这些称为 *c Ⅰ*、*c Ⅱ*、*c Ⅲ*和 *c Ⅳ*[9]。图 14-2 (b) 给了重要提示，噬菌体突变株 ε^{34}C82 不与任何其他透明噬菌体突变株互补。这强烈暗示该突变株中阻遏蛋白结合的位点已被改变。这种简单的 Petri 平板滴液互补作用试验表明存在四个清晰的噬菌斑基因和阻遏蛋白结合位点。

⑤ 在图 14-3 中，图中的 7、8 和 9 被认定为琥珀突变株，并且定义了两个基因。噬菌体 7 和 9 是同一基因的等位基因。在该研究中使用的细胞是 WT su-细胞，其是这些条件致死突变株的限制性条件。清晰的方形噬菌斑表明，它们相交的两条噬菌体条纹之间发生了互补。

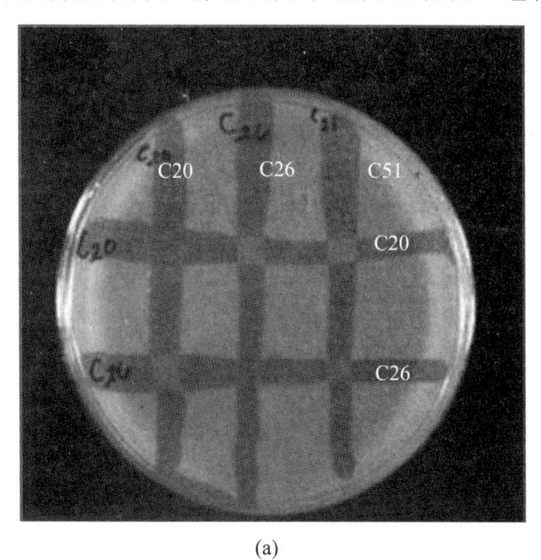

(a)

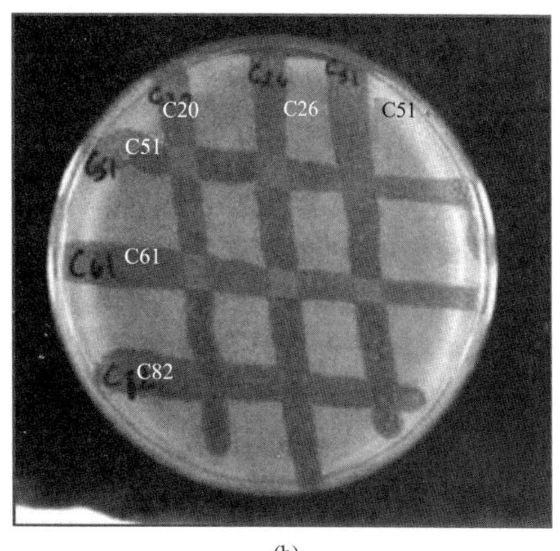

(b)

图 14-2 通过平板互补分析定义 ε^{34} 四个清晰的噬菌斑基因

(a) 从左到右的垂直噬菌体条纹是 C20、C26 和 C51，从上到下的水平条纹是 C20 和 C26。浑浊的斑块表明已经发生了互补，而且在 C20、C26 和 C51 之间发生了互补。(b) 从左到右的垂直噬菌体条纹是 C20、C26 和 C51，从上到下的水平条纹是 C51 和 C82。两条垂直条纹相交的浑浊斑块表明发生了互补，而且 C20、C51 和 C61 之间发生了互补

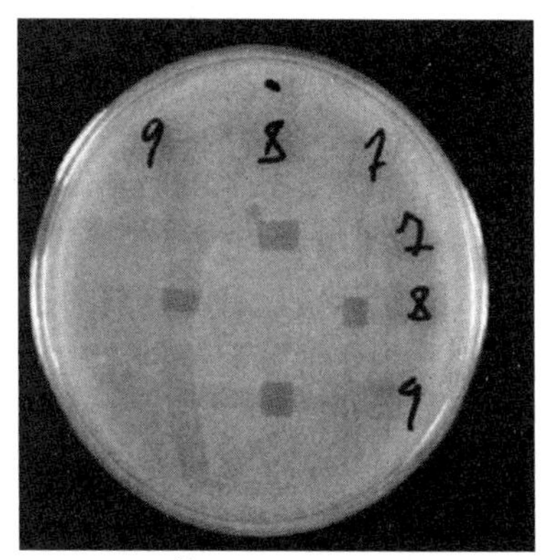

图 14-3 ε^{34}琥珀突变株之间的互补

琥珀等位基因 *am7*、*am8* 和 *am9* 是互补的。数据表明三个琥珀等位基因代表了两个基因

14.3.7 质粒源噬菌体基因的 HA 诱变

① 设计了一种 HA 通用诱变方案以突变质粒携带的基因[4]。该质粒 HA 诱变方法已经被广泛使用。

② 将水浴锅温度设置为 65℃，并且当达到此温度后开始试验操作。

③ 对于在单独的质粒 DNA 上进行的每个诱变反应，需要三个无菌的 Eppendorf 小管(1.5mL)。第一个管中样品是没有诱变混合物的对照，第二个管含有孵育 30min 的样品，而最后一个管含有与 HA 一起孵育 60min 的质粒样品。

④ 将纯质粒 DNA 样品，加入 5 倍体积的磷酸盐-EDTA 缓冲液（pH 6）和 4 倍体积的含有 1mmol/L EDTA 的羟胺盐酸盐（用 1mol/L NaOH 调节至 pH 6）中。通常使用的质粒量是 3μg pJS28 DNA（DNA 为 1μg/10μL）。因此，一个体积样品变为 30μL，混合物的总体积通常为 200μL。

⑤ 在每个反应管中加入下列物质：

30μL DNA（约 3μg 的 pJS28 DNA；DNA 为 1μg/10μL）；150μL 磷酸盐-EDTA 缓冲液，pH6；120μL 1mol/L pH 6 的羟胺，1mmol/L EDTA（使用 NaOH 进行校正）。

⑥ 将混合液置于冰上 45min。

⑦ 将诱变样品在 65℃孵育两个时间段：30min 和 60min。

⑧ 将从 65℃水浴中取出的样品立即置于标记的透析盒（SLIDE-A-LYZER-Pierce，Cat-No. 66415，66430）中，在 4%条件下两次添加 TE（每次 2L TE）进行透析。

⑨ 将诱变后的质粒样品用于研究（注释⑭）。

14.4 注释

① 细菌细胞在 50%甘油中可在－80℃条件下长期储存。在用新鲜培养物替换之前，培养细菌的 Petri 平板仅能使用一个月。储存超过一个月的平板会导致细菌失去存活力并且导致 Petri 平板干燥。

② 应使用折射计通过折光指数检查密度。请注意，其他噬菌体可能需要不同的 CsCl 浓度。

③ 在这类感染之前，通过在含有 LB 琼脂的培养皿上稀释和滴定来对活细菌细胞进行计数。

④ 4h 后，用加入的氯仿裂解含有噬菌体的感染细胞。必须加入足够的氯仿以使噬菌体沉淀到底部。

⑤ 当温和涡旋重悬 PEG-NaCl-噬菌体沉淀时，Oak Ridge 管壁上的残留 PEG 会减弱重悬沉淀的结果。在将管倒置存放后，通常用棉签擦拭颗粒周围的区域以除去 PEG。

⑥ 使用术语“相对”是因为人们只能测量那些能够形成斑块的噬菌体颗粒。然而，众所周知，产生的大部分噬菌体不具有感染性，特别是当裂解细菌细胞作为其噬菌体储存液制备方案的一部分时。

⑦ 大约 55℃是使 TA 仍然保持液态的最低温度。TA 在此温度下不应该超过 3h，因为其中一些成分可能会沉淀。

⑧ 测试噬菌体浓度所需要的稀释可以使用 EP 管在更小规模的基础上完成，可以使用这些 EP 管中的 500μL 噬菌体稀释缓冲液进行稀释。通过加入 5μL 噬菌体溶液来达到 1∶100

的稀释。然而进行这种操作时，则必须考虑到黏附在这些移液管上稀释液中的噬菌体，这种方式同时增加了交叉污染的可能性。

⑨ 当使用透析袋时，将它们在 1mmol/L EDTA 溶液中煮沸数次，最后在 4℃下储存于该溶液中。由于手上存在核酸酶和蛋白酶，因此必须始终使用手套。

⑩ 如果由于操作疏忽，使诱变的噬菌体在 BV7001（su－）中生长，那么倾向于避免分离琥珀突变株。在该菌株中，基因内的琥珀突变将导致蛋白质片段的产生，所述蛋白质片段通常会被宿主蛋白酶降解。

⑪ 温度敏感性突变株可以在各种温度缺陷中获得。根据表达 ts 缺陷基因的噬菌体生命周期中的点和缺陷的性质，如果在非限制性温度下保持足够的时间，则不会看到 ts 表型。建议使用载玻片加热器（Fisher 和 VWR 是众多供应商之一）隔离各种有缺陷的 ts 等位基因。

⑫ 必须注意不要让条纹在底部混合，因为它可能会导致所有条纹的混合，影响结果的判读。

⑬ 由于基因内互补，人们有可能获得具有单个等位基因的轻微浑浊的横截面，这也被认为是缺陷基因的多聚体性质的证据[15]。

⑭ 这种质粒突变方案在以下情况最有效：有一些克隆片段的序列信息和/或功能缺失的简易表型分析。

参考文献

1. Freese, E., Bautz, E. and Freese, E. B. (1961) The chemical and mutagenic specificity of hydroxylamine. *Proc. Natl. Acad. Sci.* **47**, 845–855.
2. Tessman, I. (1968) Mutagenic treatment of double- and single-stranded DNA phages T4 and S13 with hydroxylamine. *Virology.* **34**, 330–333.
3. Venza Colon, C. J., Vasquez Leon, A. Y. and Villafane, R. J. (2004) Initial interaction of the P22 phage with the Salmonella typhimurium surface. *P. R. Health Sci. J.* **23**, 95–101.
4. Humphreys, G. O., Willshaw, G. A., Smith, H. A. and Anderson, E. S. (1976) Mutagenesis of plasmid DNA with hydroxylamine: Isolation of mutants of multi-copy plasmids. *Molec. Gen. Genet.* **145**, 101–108.
5. McClain, W. H., Gabriel, K., Lee, D. and Otten, S.(2004) Structure-function analysis of tRNA-gln in an Escherichia coli knockout strain. *RNA* **10**, 795–804.
6. Sapunaric, F. and Levy, S. B. (2003) Second-site suppressor mutations for the serine-202 to phenylalanine substitution wihin the interdomain loop of the tetracycline efflux protein Tet(C). *J. Biol. Chem.* **278**, 28588–28592.
7. Schwarz, J. J. and Berget, P. B. (1989) The isolation and sequence of missense and nonsense mutations in the cloned bacteriophage P22 tailspike protein gene. *Genetics* **121**, 635–649.
8. Salgado, C. J., Zayas, M. and Villafane, R. (2004) Homology between two different *Salmonella* phages: Salmonella enterica serovar Typhimurium phage P22 and Salmonella enterica serovar Anatum var, 15+ phage ε^{34}. *Virus Genes* **29**, 87–98.
9. Villafane, R. and Black, J. (1994) Identification of four genes involved in the lysogenic pathway of the *Salmonella newington* bacterial virus ε^{34}. *Arch. Virol.* **135**, 179–183.
10. Maloy, S. (1990) *Experimental techniques in bacterial genetics.* Jones and Barlett, Boston, MA.
11. Greenberg, M., Dunlap, J. and Villafane, R. (1995) Identification of the tailspike protein from the *Salmonella newington* phage ε^{34} and partial characterization of its phage-associated properties. *J. Struct. Biol.* **115**, 283–289.
12. Villafane, R. and King, J. (1988). The nature and distribution of temperature sensitive folding mutations in the tailspike gene of bacteriophage P22. *J. Mol. Biol.* **204**, 607–619.
13. Yamamoto, K., Alberts, B. M., Benzinger, R., Lawhorne, L. and Treiber, G. (1970) Rapid bacteriophage sedimentation in the presence of polyethylene glycol and its application to large scale virus purification. *Virology.* **40**, 734–744.
14. Davis, R. W., Botstein, D. and Roth, J. (1982) In *Advances in Bacterial Genetics.* Cold Spring Harbor, New York, pp. 94–97.
15. Botstein, D., Chan, R. K. and Waddell, C. H. (1972) Genetics of bacteriophage P22. II. Gene order and gene function. *Virology* 49, 268–282.

15 裂解性噬菌体的普遍性转导

▶ 15.1 引言
▶ 15.2 材料
▶ 15.3 方法
▶ 15.4 注释

摘要

裂解性噬菌体可以用于抗微生物治疗或者减少病原菌对环境污染的治疗。随着治疗用裂解性噬菌体的增加，需要确定噬菌体的使用是否会通过普遍性转导而引起毒力因子的传播，如温和噬菌体所发生的那样。本章介绍了一种简单方法，以确定裂解性噬菌体 rV5 是否可以介导大肠埃希菌 O157：H7 的普遍性转导。这些灵敏的方法可以很轻易地适用于研究有毒和无毒细菌菌株之间的普遍性转导。

关键词： 噬菌体，转导，溶解转导，毒力，大肠埃希菌 O157：H7，噬菌体治疗，安全性

15.1 引言

由于可以识别宿主染色体上的假 pac 位点，从而导致细菌 DNA 的衣壳化，因此感染细菌中的噬菌体包装是不精确的过程。理论上，这些含有宿主 DNA 的病毒颗粒可以将基因从一种细菌转移（转导）到另一种细菌。对于毒性噬菌体，这种现象是不可能的，因为宿主基因组通常在被毒性噬菌体感染期间广泛降解，并且将被转导颗粒（TP）和噬菌斑形成颗粒（PFP）共感染的细胞裂解。然而，在非常规的测试条件下，已经证明许多毒性噬菌体可介导普遍性转导，如沙雷菌噬菌体 ϕIF3[1]，大肠埃希菌噬菌体 T1[2~5]、T4[6,7]、RB43[8] 和 RB49[9]，伤寒沙门菌噬菌体 Vi I[10]、假单胞菌噬菌体 ϕKZE97[11] 和 pf16[13~15]，黄杆菌噬菌体 XTP1[16]，古甲烷杆菌噬菌体 M1[17]，杆细菌噬菌体 ϕCr30T[18]，柠檬酸杆菌噬菌体 ϕCR1[19] 以及芽孢杆菌噬菌体 SPP1[20,21]。

为了证明裂解性噬菌体的转导，必须采用多重感染（MOI）来降低 TP 和 PFP 共感染的发生率。除 MOI 外，还采用了多种其他技术来降低噬菌体的毒力，包括紫外线照射[22]、抗血清[14]、受体中某些质粒的存在[11,12]，以及条件致死（经常是 ts 或 am）[9,14,18] 或其他[7] 噬菌体突变体。

该方法包括通过在含有染色体抗生素抗性标记的菌株上培养裂解性噬菌体和对照温和噬菌体来产生潜在的 TP；在低 MOI 下感染大量缺乏选择标记的同基因菌株；在噬菌体和抗血清存在时，从 PFP 感染的大量细胞中分离转导子。比较了毒性噬菌体和温和

噬菌体对标记基因的普遍性转导率。使用裂解性噬菌体 rV5 说明了这些方法，该方法已成功用于消除小牛中的大肠埃希菌 O157：H7 感染[23]（注释①），对比了温和噬菌体 v10 和大肠埃希菌 O157：H7 的同基因在染色体基因 *malM* 存在时卡那霉素抗性方面的不同。

以下将按照顺序说明用于从温和噬菌体 V10 和毒性噬菌体 rV5 产生 TP 的材料和方法，以及将这些 TP 广泛转导到宿主大肠埃希菌 O157：H7 菌株中的方法。

15.2 材料

15.2.1 温和噬菌体（V10）和毒性噬菌体（rV5）

① LB 肉汤培养基。

② LB 上层琼脂（9.5g/L NaCl、15.5g/L LB 肉汤基础，5g/L 琼脂，再额外添加 10mmol/L $MgSO_4$）（注释②）。

③ λ 稀释剂（10mmol/L Tris-HCl，pH 7.5，含有 2g/L $MgSO_4 \cdot 7H_2O$）。

④ 高效价的温和噬菌体储存液-大肠埃希菌 O157 温和噬菌体 V10。

⑤ 携带一个可选择性染色体标记的大肠埃希菌 O157：H7 菌株，如大肠埃希菌 O157：H7 298Kan-1；*malM*：：*kan*（大肠埃希菌 O157：H7 298Kan-1）。

⑥ 用于滴定温和噬菌体 V10 的大肠埃希菌 O157：H7 的同基因菌株，如大肠埃希菌 O157：H7 EC990298。

⑦ LB 肉汤。

⑧ 卡那霉素（Sigma-Aldrich）（25mg/mL；过滤除菌）。

⑨ 添加或不添加卡那霉素和抗血清的 LB 琼脂培养平板（注释③）。

⑩ 1mol/L $MgSO_4$，过滤除菌。

⑪ 氯仿。

15.2.2 普遍性转导（噬菌体 V10、rV5 和阴性对照）

① LB 琼脂。

② LB 肉汤。

③ 校正后的营养琼脂（MNA）。

④ λ 稀释剂（10mmol/L Tris-HCl，pH7.5，含有 2g/L $MgSO_4 \cdot 7H_2O$）。

⑤ 使用大肠埃希菌 O157：H7 纯化制备的高效价的温和噬菌体储存液。

⑥ 使用大肠埃希菌 O157：H7 298Kan-1 噬菌体 rV5 制备的高效价的纯化的裂解性噬菌体 rV5 储存液。

⑦ 用于滴定 V10 和 rV5 的大肠埃希菌 O157：H7 菌株，如大肠埃希菌 O157：H7 EC990298。

⑧ 卡那霉素（Sigma-Aldrich）（水中浓度为 25mg/mL，过滤灭菌）。

⑨ 不添加添加剂的 LB 琼脂培养平板，加入卡那霉素（100μg/mL）和具有一定稀释度的反相血清，同时加入卡那霉素（100μg/mL）和抗血清。

⑩ 1mol/L $MgSO_4$。

15.3 方法

15.3.1 温和噬菌体 V10 的培养

① 使用 LB 肉汤（不添加卡那霉素）对大肠埃希菌 O157：H7 进行培养，37℃摇床培养至培养物明显浑浊。如果挑取一个单菌落至 4mL 培养液中，那么这个过程大概需要 2～3h。

② 使用λ稀释剂对温和噬菌体 V10 进行连续 1∶10（体积比）的稀释。将 100μL 10^{-3}～10^{-6}的稀释液一式两份分装到试管中。对于其他噬菌体，该稀释范围可能不同。

③ 加入 100μL 细菌培养物，并且在 37℃条件下孵育 20min。

④ 将试管转移至 48℃的水浴锅。

⑤ 将含有 10mmol/L $MgSO_4$ 的 4mL 0.5% LB 顶部琼脂加入一个管中，通过温和倒置充分混合内容物。立即将混合物倾倒在 LB 琼脂平板的表面，然后快速但轻轻地倾斜平板，使熔化的琼脂完全覆盖表面。将培养板放平，在工作台上进行孵育，直至琼脂凝固。

⑥ 将平板在 37℃下直立孵育过夜，使噬菌体生长。

⑦ 检查平板上由于温和噬菌体的生长而存在的浑浊的细菌斑块。选择浑浊的生长区域中接近汇合的点。

⑧ 在每个选定的培养板上加入约 5mL 的λ稀释剂。用无菌塑料涂布器将顶层琼脂层分开。盖上平板，37℃孵育约 30min。

⑨ 将液体从培养板上转移至无菌耐氯仿的离心管中。

⑩ 将氯仿加入管中至约 1%（体积分数）。盖上试管，在室温下温和搅拌大约 10min。

⑪ 混合物在 6000g 下离心 15min。

⑫ 从管中取出上清液，注意不要破坏氯仿。收集上清液。

⑬ 通过无菌 0.45μm 和 0.2μm 低蛋白结合注射器过滤器过滤上清液，并检查在 LB 琼脂平板上滤液的无菌性。

⑭ 在过滤后的液体包装上标记日期、噬菌体名称和宿主菌株。

⑮ 使用大肠埃希菌 O157：H7 EC990298 滴定过滤后的上清液中的噬菌体，并在 4℃储存（注释④）。

15.3.2 裂解性噬菌体 rV5 的培养

① 仅在大肠埃希菌 O157：H7 298Kan-1 中以 0.01～0.1 的 MOI 培养测试的噬菌体一次（注释⑤）。

② 利用氯化铯梯度纯化噬菌体，然后在 4℃和－70℃条件下滴定和保存。

15.3.3 温和噬菌体常用的转导方法

有关此过程的流程，请参见图 15-1。

① 在 30mL LB 肉汤中制备大肠埃希菌 O157：H7 EC990298 的过夜培养物。假设每毫升培养物含有大约 10^9 个菌落形成单位（cfu)，并通过标准平板计数确定效价。将肉汤以（1∶100)～(1∶1000）稀释比在 30mL 新鲜 LB 肉汤中传代培养，在 37℃振荡孵育 2～4h，产生指数生长的新鲜培养物，用于滴定游离的噬菌体和与细胞结合的噬菌

体（计算被感染的细菌细胞的数量）。此时可同时用裂解性噬菌体和温和噬菌体进行转导实验。

② 分别将 0.5mL 培养物转移至两个无菌离心管中。将 2.5mL 2.5×10^{10} pfu 的噬菌体 V10 加入其中一个试管中，并标记为“V10”。在另一个试管中加入等体积的 LB 肉汤并标注为“阴性”。加入 30μL 1mol/L $MgSO_4$ 使其浓度达到 10mmol/L。将试管中的内容物充分混合，在 37℃ 条件下以 200r/min 振荡孵育 20min，使噬菌体吸附到细胞中。

③ 在此孵育期间，制备 2×0.5mL 肉汤，肉汤中含有中和试验噬菌体所需的抗血清量。

④ 孵育 20min 后，从培养物中除去以下样品，用于滴定总噬菌体（T1，吸附在细胞上的噬菌体和游离的噬菌体）、游离的噬菌体（F1）和活细菌细胞（C1）。将样品保持在冰上，并在下一步的孵育期间处理。

a. 对于总噬菌体浓度（T1），使用大肠埃希菌 O157：H7 EC990298 作为指示菌株，从管 V10 中稀释 10μL，在 MNA 上一式三份进行滴定。

b. 对于游离的噬菌体浓度（F1），将 50μL V10 培养液加入 450μL λ 稀释剂中进行稀释，将稀释样品通过 0.2μm 的注射器过滤器进行过滤，并使用大肠埃希菌 O157：H7 EC990298 作为指示菌株，在 MNA 上一式三份进行滴定。

c. 对于活细菌浓度（C1），分别从 V10 管和阴性管中取出 10μL，在 LB 琼脂上一式三份进行滴定。

d. 将培养板在 37℃ 条件下过夜孵育。

⑤ 通过在室温下以 6000r/min 离心 10min，在两个管中沉淀细菌细胞。弃去两个管中的上清液。

⑥ 将每个沉淀重悬于 0.5mL 含有该血清的 LB 肉汤中。将试管在 37℃ 下孵育 40min，同时以大约 200r/min 振荡，使转导子中的卡那霉素抗性基因表达。

⑦ 40min 后，如上述步骤④所述，确定管中活细菌细胞（C2）、总噬菌体（T2）和游离噬菌体（F2）的数量，留下每种培养物约 400μL。

⑧ 从 V10 和阴性管的培养物中取出等分的 3×125μL 试样，分别涂布在添加有抗血清的 LB 琼脂、添加卡那霉素（100μg/mL）的 LB 琼脂和 LB 琼脂上。并且将培养板在 37℃ 孵育过夜。

⑨ 检查平板，记录结果并且确保对照能取得预期的结果。

a. 添加抗血清物质的 LB 琼脂的对照。细菌融合生长表明噬菌体完全中和，与不含抗血清的 LB 琼脂上的生长相比，对细菌生长完全没有影响。

b. 添加卡那霉素的 LB 琼脂的对照。没有细菌生长，表明没有不需要的污染物影响结果。

c. LB 琼脂的对照。确保细菌的存活与生长，并且作为抗血清对细菌生长影响的对照。

⑩ 计算以下内容。

a. 步骤①中使用的大肠埃希菌 O157：H7 EC990298 的受体培养物的效价。使用该效价和测试噬菌体的已知效价来计算测定中的实际 MOI。

b. 吸附 20min（T1、F1、C1）和恢复 40min（T2、F2、C2）后，计算每毫升中总噬菌体（T）、游离噬菌体（F）和活菌（C）的效价。

c. 通过 T1 减去 F1 和 T2 减去 F2，分别在吸附 20min（IC1）和恢复 40min（IC2）后，计算感染细胞（IC）的效价（cfu/mL）。该计算假设仅通过一个噬菌体感染每个细菌细胞。

d. 通过将 IC2 的效价乘以样品体积（以 mL 计），例如 IC2 cfu/mL×5mL＝TIC2 cfu，计算 40min 回收后的感染细胞总数（TIC）（TIC2）。

e. 恢复 40min 后，用卡那霉素和抗血清将感染细胞（TICP）接种到 LB 琼脂，其感染细胞总数的公式为：恢复后感染细胞总数（TIC2 cfu）×接种到该琼脂上的体积（4mL）÷恢复期间的总体积（5mL）。

f. 转导子的数量（cfu）（具有卡那霉素和抗血清的一式三份 LB 琼脂平板上的卡那霉素抗性菌落的平均值）。

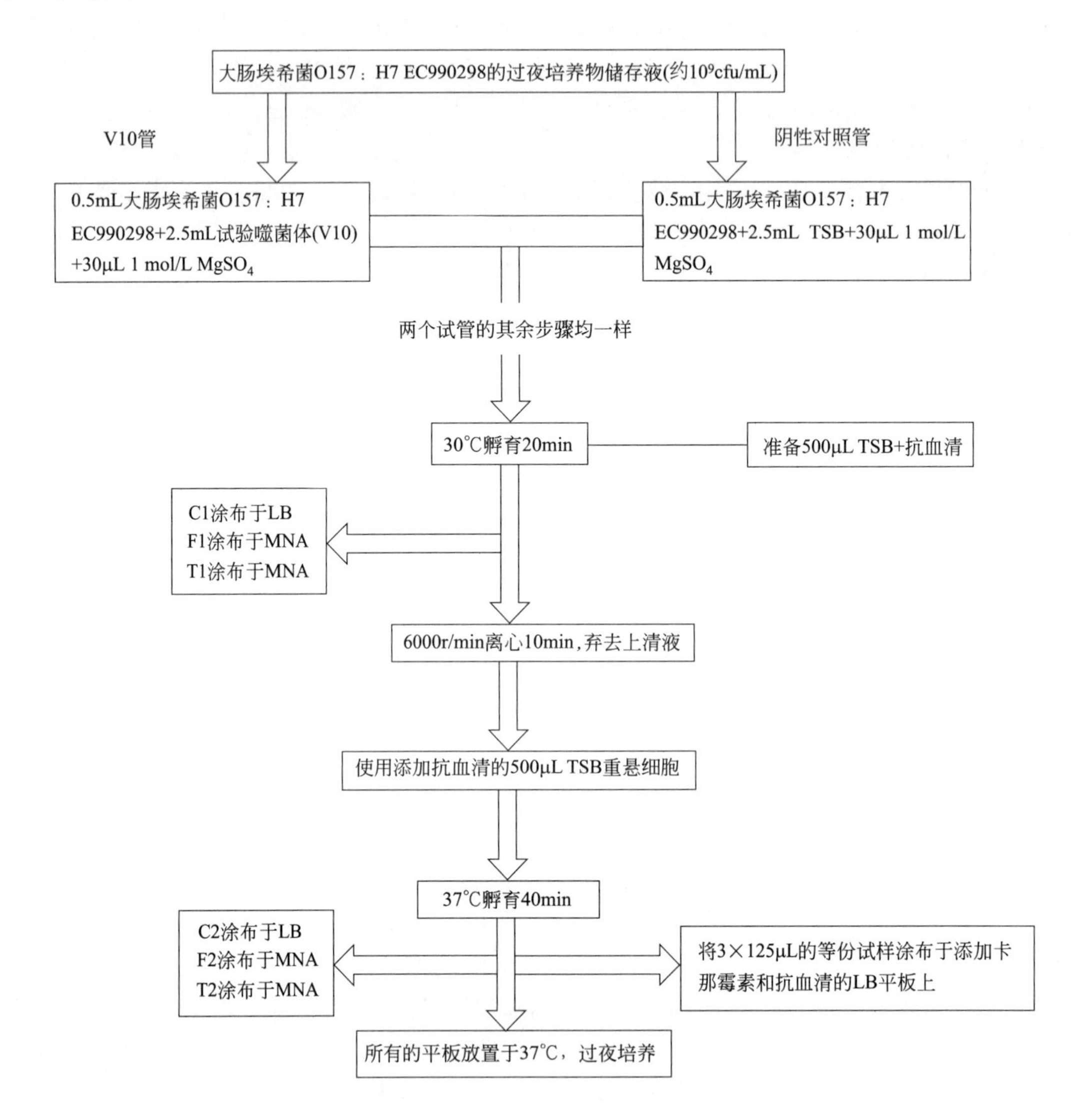

图 15-1 测试温和噬菌体 V10 对于卡那霉素抗性普遍性转导的流程
字母 C、T 和 F 分别代表活细菌浓度（C）、总噬菌体浓度（T）和游离噬菌体浓度（F）

15.3.4 裂解性噬菌体的普遍转导方法

图 15-2 是这一步骤的流程图。

① 使用 30mL LB 肉汤来制备大肠埃希菌 O157：H7EC990298 的过夜培养物。这个过

夜培养物可以作为 TP 的供体菌。假设细菌培养物大约为 10^9 cfu/mL，使用标准的平板计数法测试样品的效价。将肉汤以（1∶100）～（1∶1000）的比例在 30mL 新鲜 LB 肉汤中传代培养，在 37℃振荡孵育 2～4h，以产生指数生长的新鲜培养物，用于滴定游离噬菌体以及与细胞结合的噬菌体（计算被感染的细菌细胞的数量）。此时可同时用裂解性噬菌体和温和噬菌体进行转导试验。

② 转移 20mL 培养物至无菌的离心管中。加入 200μL 1mol/L $MgSO_4$ 使其浓度达到 10mmol/L。

③ 加入约 10^{10} pfu 的试验噬菌体使 MOI 达到 0.05～0.1。将试管中的内容物充分混合，在 37℃条件下以 200r/min 振荡孵育 20min，使噬菌体吸附到细胞中。

④ 在此孵育过程中，准备含有抗血清的 5mL LB 肉汤，用来在肉汤中中和试验所用的噬菌体（见上）。

⑤ 孵育 20min 后，从培养物中除去以下样品，用于滴定总噬菌体（T1，细胞吸附的和游离的噬菌体）、游离的噬菌体（F1）和活细菌细胞（C1）。将样品保持在冰上，并且在下一步的孵育期间处理。

⑥ 对于总噬菌体的浓度（T1），使用大肠埃希菌 O157：H7 EC990298 作为指示菌株，稀释 10μL 培养基，在 MNA 上一式三份进行滴定。

⑦ 对于游离噬菌体的浓度（F1），将 50μL 培养液加入 450μL λ 稀释剂中进行稀释，将稀释样品通过 0.2μm 的注射器过滤器进行过滤，并且使用大肠埃希菌 O157：H7 EC990298 作为指示菌株，在 MNA 上一式三份进行滴定。

⑧ 对于活细菌浓度（C1），从培养液中取出 10μL，在 LB 琼脂上一式三份进行滴定。将培养板在 37℃过夜培养。

⑨ 室温下 6000r/min 离心 10min 以浓缩细菌细胞。弃去上清液。

⑩ 使用含有抗血清的 5mL LB 肉汤重悬沉淀物。在 37℃、200r/min 条件下振荡孵育 40min，使转导子中卡那霉素抗性基因得以表达。

⑪ 40min 后，取出样品按照步骤⑥、⑦、⑧测试活细菌细胞数量（C2）、总噬菌体量（T2）和游离噬菌体数量（F2）。留存 5mL 培养液。

⑫ 对于另外的对照物，将 100μL 等分的培养物涂布到双层平板上，双层平板有三种类型：加入抗血清的 LB 平板、加入卡那霉素（100μg/mL）的 LB 平板和 LB 平板。将所有平板 37℃过夜孵育。

⑬ 将剩余培养物（约 4mL）以 200μL 等分式样涂布在含有卡那霉素（100μg/mL）和抗血清（约 20 个平板）的 LB 平板上。将平板在 37℃孵育过夜。记录涂板的体积量。

⑭ 检查平板，记录结果并且确保对照能取得预期的结果：

a. 添加抗血清的 LB 琼脂的对照。细菌融合生长表明噬菌体的完全中和，与不含抗血清的 LB 琼脂上的生长相比，对细菌生长没有影响。

b. 添加卡那霉素的 LB 琼脂的对照。没有细菌生长，表明没有不需要的污染物影响结果。

c：LB 琼脂的对照。用于确保细菌的存活与生长，并作为抗血清对细菌生长影响的对照。

⑮ 计算下列数值。

a. 步骤①中使用的大肠埃希菌 O157：H7 EC990298 的受体培养物的效价。使用该效价和测试噬菌体的已知效价来计算测定中的实际 MOI。

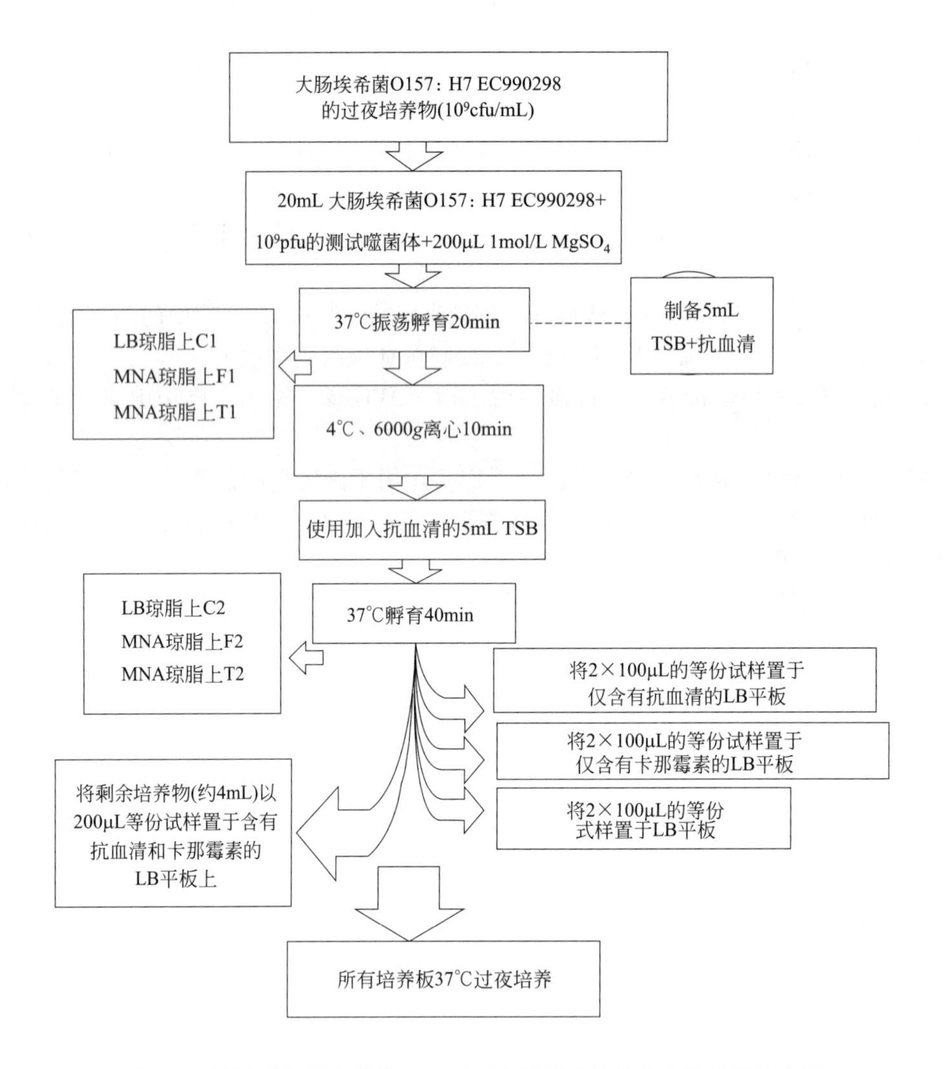

图 15-2 测试裂解性噬菌体 rV5 对于卡那霉素抗性普遍性转导的流程

字母 C、T 和 F 分别代表活细菌浓度（C）、总噬菌体浓度（T）和游离噬菌体浓度（F）

b. 吸附 20min（T1、F1、C1）和恢复 40min（T2、F2、C2）后，每毫升总噬菌体（T）、游离噬菌体（F）和活菌（C）的效价。

c. 通过 T1 减去 F1 和 T2 减去 F2，分别在吸附 20min（IC1）和恢复 40min（IC2）后，计算 IC 的效价（cfu/mL）。该计算假设仅通过一个噬菌体感染每个细菌细胞。

d. 通过将 IC2 的效价乘以样品体积（以 mL 计），例如 IC2 cfu/mL×5mL＝TIC2 cfu，计算恢复 40min 后的 TIC（TIC2）。

e. 将 TICP 加入含有卡那霉素和抗血清的 LB 琼脂中 40min 后恢复，公式为：恢复后感染细胞总数（TIC2 cfu）×接种于该琼脂的体积（约 4mL）÷恢复期间总体积（约 5mL）。

f. 计算转导子的数量（cfu）（具有卡那霉素和抗血清的一式三份 LB 琼脂平板上的卡那霉素抗性菌落的平均值）。

15.3.5 转导子的频率

使用下面的公式来计算转导子的频率。

频率=具有卡那霉素和抗血清的 LB 琼脂上的转导子的平均数量（来自先前的计算）÷接种到该培养基的感染细胞的总数（TICP）。

在没有转导物的情况下，结果表示大于在具有卡那霉素和抗血清的 LB 琼脂上铺板的细胞总数的频率。通过 rV5 和 V10 测试获得的结果是：

V10 转导子的频率为 1×10^{-8}，rV5 转导子的频率$<1\times10^{-11}$。

15.4 注释

① 由于作为噬菌体治疗剂的商业开发，rV5 的可用性受到限制。

② 使用上层琼脂之前，在等温高压锅中通过加热约 30min 将其熔化。在培养箱中将培养基冷却至约 60℃，然后加入 1∶100（体积比）1mol/L $MgSO_4$（确保在培养基瓶上标记其含有 $MgSO_4$）。培养基可以在 60℃下储存长达一周。在使用介质的当天将介质冷却至 48℃。

③ 含有抗血清和/或卡那霉素和 $MgSO_4$ 的 LB 培养基由抗血清、卡那霉素和 $MgSO_4$ 储备液的预制瓶装散制培养基制成。将块状介质在等温高压锅中熔化，然后冷却至约 60℃。添加所需体积的原料，倾倒平板，然后在 4℃储存。在使用之前，将平板加热至室温并在培养箱中干燥，以除去可能干扰细菌和噬菌体滴定的过量水分。

④ 如果最初存在太多细胞，则应当最小化添加到管中以增加温和噬菌体滴定的宿主菌株细菌的数量，因为它们的斑块将很难看到。要添加的培养物的数量需要通过反复试验确定。

⑤ 测试所用的噬菌体最初可能在该菌株中生长很差，特别是如果它来自不同的背景（属于不同血清型的非致病性菌株）。如果噬菌体在大肠埃希菌 O157：H7 298Kan-1 中生长不良，则将其在大肠埃希菌 O157：H7 EC990298 中孵育，直至获得令人满意的效价。然后仅在大肠埃希菌 O157：H7 298Kan-1 中孵育一次。

参考文献

1. Petty, N.K., I.J. Foulds, E. Pradel, J.J. Ewbank, G.P. Salmond, N.K. Petty, I.J. Foulds, E. Pradel, et al. 2006. A generalized transducing phage (ϕIF3) for the genomically sequenced *Serratia marcescens* strain Db11: a tool for functional genomics of an opportunistic human pathogen. Microbiology *152*: 1701–1708.
2. Bendig, M.M. and H. Drexler. 1977. Transduction of bacteriophage Mu by bacteriophage T1. Journal of Virology *22*:640–645.
3. Drexler, H. 1977. Specialized transduction of the biotin region of *Escherichia coli* by phage T1. Molecular & General Genetics *152*:59–63.
4. Drexler, H. 1970. Transduction by bacteriophage T1. Proceedings of the National Academy of Sciences of the United States of America *66*:1083–1088.
5. Roberts, M.D. and H. Drexler. 1981. Isolation and genetic characterization of T1-transducing mutants with increased transduction frequency. Virology *112*: 662–669.
6. Wilson, G.G., K.Y. Young, G.J. Edlin, W. Konigsberg, G.G. Wilson, K.Y. Young, G.J. Edlin, and W. Konigsberg. 1979. High-frequency generalised transduction by bacteriophage T4. Nature *280*:80–82.
7. Young, K.K., G.J. Edlin, and G.G. Wilson. 1982. Genetic analysis of bacteriophage T4 transducing bacteriophages. Journal of Virology *41*:345–347.

8. Tianiashin, V.I., V.I. Zimin, A.M. Boronin, V.I. Tianiashin, V.I. Zimin, and A.M. Boronin. 2003. The cotransduction of pET system plasmids by mutants of T4 and RB43 bacteriophages. Mikrobiologiia *72*:785–791.
9. Taniashin, V.I., A.A. Zimin, M.G. Shliapnikov, A.M. Boronin, V.I. Taniashin, A.A. Zimin, M.G. Shliapnikov, and A.M. Boronin. 2003. Transduction of plasmid antibiotic resistance determinants with pseudo-T-even bacteriophages. Genetika *39*:914–926.
10. Cerquetti, M.C., A.M. Hooke, M.C. Cerquetti, and A.M. Hooke. 1993. Vi I typing phage for generalized transduction of *Salmonella typhi*. Journal of Bacteriology *175*:5294–5296.
11. Dzhusupova, A.B., T.G. Plotnikova, V.N. Krylov, A.B. Dzhusupova, T.G. Plotnikova, and V.N. Krylov. 1982. Detection of transduction by virulent bacteriophage f KZ of *Pseudomonas aeruginosa* chromosomal markers in the presence of plasmid RMS148. Genetika *18*:1799–1802.
12. Morgan, A.F. 1979. Transduction of *Pseudomonas aeruginosa* with a mutant of bacteriophage E79. Journal of Bacteriology *139*: 137–140.
13. Gorbunova, S.A., V.S. Akhverdian, L.V. Cheremukhina, V.N. Krylov, S.A. Gorbunova, V.S. Akhverdian, L.V. Cheremukhina, and V.N. Krylov. 1985. Effective method of transduction with virulent phage pf16 using specific mutants of *Pseudomonas putida* PpG1. Genetika *21*:872–874.
14. Daz, R., T.G. De, J.L. Canovas, R. Daz, G. De Torrontegui, and J.L. Canovas. 1976. Generalized transduction of *Pseudomonas putida* with a thermosensitive mutant of phage pf16h2. Microbiologia Espanola *29*:33–45.
15. Rheinwald, J.G., A.M. Chakrabarty, and I.C. Gunsalus. 1973. A transmissible plasmid controlling camphor oxidation in *Pseudomonas putida*. Proceedings of the National Academy of Sciences of the United States of America *70*:885–889.
16. Weiss, B.D., M.A. Capage, M. Kessel, and S.A. Benson. 1994. Isolation and characterization of a generalized transducing phage for *Xanthomonas campestris* pv. *campestris*. Journal of Bacteriology *176*:3354–3359.
17. Meile, L., P. Abendschein, T. Leisinger, L. Meile, P. Abendschein, and T. Leisinger. 1990. Transduction in the archaebacterium *Methanobacterium thermoautotrophicum* Marburg. Journal of Bacteriology *172*: 3507–3508.
18. Bender, R.A. 1981. Improved generalized transducing bacteriophage for *Caulobacter crescentus*. Journal of Bacteriology *148*: 734–735.
19. Petty, N.K., A.L. Toribio, D. Goulding, I. Foulds, N. Thomson, G. Dougan, and G.P. Salmond. 2007. A generalized transducing phage for the murine pathogen *Citrobacter rodentium*. Microbiology *153*:2984–2988.
20. Canosi, U., G. Luder, and T.A. Trautner. 1982. SPP1-mediated plasmid transduction. Journal of Virology *44*:431–436.
21. de Lencastre, H. and L.J. Archer. 1980. Characterization of bacteriophage SPP1 transducing particles. Journal of General Microbiology *117*:347–355.
22. Riska, P.F., Y. Su, S. Bardarov, L. Freundlich, G. Sarkis, G. Hatfull, C. Carriere, V. Kumar, et al. 1999. Rapid film-based determination of antibiotic susceptibilities of *Mycobacterium tuberculosis* strains by using a luciferase reporter phage and the Bronx Box. Journal of Clinical Microbiology *37*:1144–1149.
23. Waddell, T.E., A. Mazzocco, J. Pacan, R. Johnson, R. Ahmed, C. Poppe, and C. Khakhria. 2002. Use of bacteriophages to control *Escherichia coli* O157 infections in cattle, United States Patent No. 6,485,902.

16 噬菌体的高通量筛选

▶ 16.1 引言
▶ 16.2 材料
▶ 16.3 噬菌体的高通量筛选

摘要

利用96点阵接种针将噬菌体检测板中的96株噬菌体，接种到含宿主菌的双层琼脂检测板中，培养后通过图像识别仪，根据噬菌斑统计裂解率，直接上传Varms数据库(www.varms.cn)。与传统的方法相比，高通量、智能化。

关键词：噬菌体，高通量，96点阵，噬菌斑，Varms数据库

16.1 引言

由于噬菌体在肠道、土壤、水体、沼液等环境广泛存在，近年来，噬菌体作为活体抗菌药物，越来越受到人们的青睐。面对兽医临床流行菌株群体（比如200株菌），需要高效率地分离噬菌体，并从几百株的噬菌体库中高效率筛选出裂解性噬菌体，这样才能有效防治流行菌株感染。

测定裂解谱一般用点滴法，从双层培养皿划区，依靠噬菌斑挑选裂解性噬菌体。但点滴法检测通量低、工作量较大，不能智能化统计分析。山东省农业科学院畜牧兽医研究所刘玉庆研究员带领团队研发的96点阵药敏检测仪，不仅可用于细菌药敏试验的快速筛选，也可用于噬菌体的高通量筛选。

利用这项技术可快速筛选出高裂解率的噬菌体。通过96点阵接种针将噬菌体检测板中的96株噬菌体，接种到含宿主菌的双层琼脂检测板中，培养后通过图像识别仪，根据噬菌斑统计裂解率，直接上传Varms数据库（www.varms.cn）。与传统的方法相比，高通量、智能化。

下面将对噬菌体的高通量筛选技术进行详述。

16.2 材料

16.2.1 噬菌体来源

分离噬菌体所用污水、粪便、沼液等，主要来自禽类养殖场和养猪场等。

16.2.2 试剂耗材

① SM缓冲液（Tris 6.057g，加浓盐酸调 pH 至 7.5，加入 5.8g NaCl 和 2g 的 $MgSO_4 \cdot 7H_2O$，定容至 1000 mL）。

② LB 半固体培养基（0.6% 琼脂）。

③ Dnase I、Rnase A、蛋白酶 K。

④ 十二烷基硫酸钠。

⑤ 无水乙醇。

⑥ PEG 8000。

⑦ 0.22μm 滤膜过滤器。

16.2.3 宿主菌的准备

将菌株划线活化、纯化，挑取平板上的单菌落于含 1mL 液体 LB 培养基的 2 mL EP 管中，37°C、180 r/min 恒温过夜振荡培养，菌液待用（最好不要使用超过两天的菌液，若使用周期较长应置于 4°C 冰箱但也不宜超过一周）。

16.2.4 样品预处理

若为粪样，则应取适量粪便样品置于 SM 缓冲液中，振荡几小时后，4000r/min 离心 15min。用覆有双层滤纸的漏斗过滤上清液于新的容器中。滤液需再次 8000r/min 离心 15min。然后用注射器吸取上清液后连接到 0.22μm 滤器，将上清液再次过滤到新的 50mL 洁净离心管中，备用。若样品为沼液或污水，可不需处理。

16.2.5 噬菌体的初步分离与纯化

使用双层平板法分离噬菌体，当平板上有噬菌斑出现，则挑取单个较为清透的噬菌斑于 SM 缓冲液中，静置约 4h 后再次重复此步骤。重复上述步骤 4～5 次以纯化噬菌斑，至双层平板上噬菌斑单一为止。

16.2.6 噬菌体的富集

将 100μL 菌液与 100μL 的噬菌体加入液体 LB 培养基中，37℃过夜振荡培养，培养物经 8000r/min 离心 15min，并用 0.22μm 滤膜过滤，得到富集原液，备用。

16.3 噬菌体的高通量筛选

96 点阵噬菌体筛选系统包括：一次性无菌单包装 96 孔噬菌体板（存放噬菌体）、双层琼脂宿主菌检测板（平底盒，与 96 孔板相同外形尺寸，下层为 LB 固体培养基 20mL，上层为半固体 LB 培养基 10mL，均匀混合待测宿主菌 100μL，每板 1 菌）、96 点阵接种仪、图像识别分析仪（图 16-1）。

16.3.1 制备噬菌体检测板

① 活化噬菌体宿主菌。用一次性接种环蘸取保存好的菌液，在 LB 琼脂培养基上进行三区划线，放置在 37℃恒温培养箱中，培养 24h。

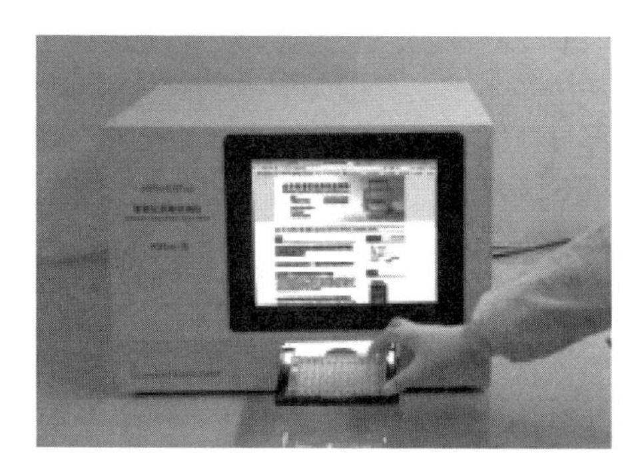
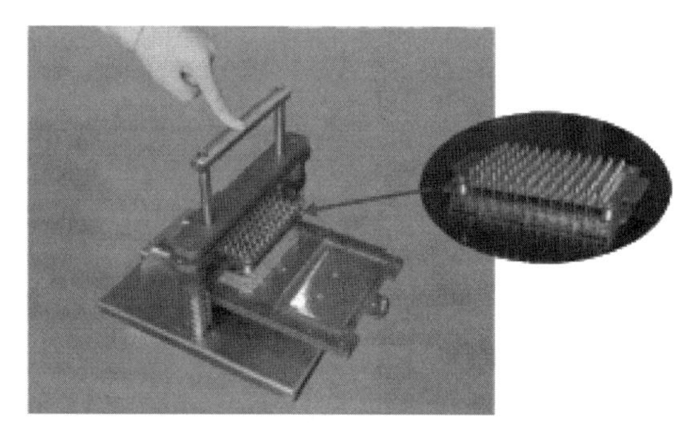

图 16-1 96 点阵接种仪器

② 摇菌。挑取上步培养好的单菌落，放置于装有 1mL LB 液体培养基的灭菌管中，于 37℃摇床中，180r/min 振荡培养 6 h，待液体浑浊，菌液到达指数期即可。

③ 利用双层平板法活化噬菌体。取无菌 5mL EP 管，加入 100μL 培养好的细菌菌液，同时加入对应的已稀释到合适梯度的噬菌体 100μL，随后加入事先冷却至 45～55℃半固体 LB 培养基 3mL，颠倒混匀（快速混匀，防止凝结），倾倒在事先准备好的固体琼脂板上，在超净工作台中冷却凝固，倒置放于 37 ℃恒温培养箱中，培养 3～6h，观察结果。

④ 获取噬菌体。挑取双层板上透明清晰的单个噬菌斑至 1mL SM 缓冲液中，4 ℃过夜。利用 0.22μm 滤膜过滤，获得噬菌体，待用。

⑤ 富集噬菌体。将 100μL 菌液与 100μL 噬菌体，加入装有 30mL LB 液体培养基的 50mL 离心管中，放置在摇床中，37℃、180r/min 振荡过夜。将富集好的噬菌体用离心机 10000r/min 离心 10min，并用 0.22μm 滤膜进行过滤，得到富集后的噬菌体液体，放于 4℃冰箱，备用。

⑥ 制备噬菌体检测板。各噬菌体按照编号进行排序，依序将噬菌体加入 96 深孔板中。利用自动加样仪将深孔板中的噬菌体分装到 96 孔板中（每孔 10μL），制备若干板。若不直接使用可放置在超净工作台干燥，备用。

⑦ 活化宿主菌株。将宿主菌在 MHA 琼脂培养基中划线培养。并挑取单菌落置于 LB 液体中，摇床振荡培养成菌悬液。

16.3.2 筛选试验（以沙门菌为例）

① 制备 LB 固体板。配置 LB 固体培养基，高压灭菌后在室温冷却至 55～70℃，然后倾倒于 96 点阵板中，铺平晾干。

② 制备带菌双层板。配置 LB 半固体培养基，高压灭菌后在室温冷却至 45～55℃，取出无菌 5 mL EP 管，加入 100 μL 制备好的宿主菌菌液，同时加入 5mL 半固体培养基，迅速摇匀倾倒平铺于 LB 固体板中，做成带菌的双层板。

③ 处理沙门菌噬菌体检测板。将上述制备好的沙门菌噬菌体检测板，利用自动加样仪在每孔中都加入 90 μL LB 液体，并将噬菌体吹打混匀。

④ 点板。利用点阵针蘸取上步的沙门菌噬菌体，接种到制备好的含菌双层检测板（接种时轻轻触碰半固体面，注意不要将半固体刺破，并确保每种噬菌体都成功接种），盖上盖子在超净工作台上静置晾干，倒置于恒温培养箱中，37 ℃培养 6 h。

⑤ 观察记录结果。观察双层点阵板中，每个位置噬菌斑的有无，并记录其对应的噬菌体编号，进行统计分析。

16.3.3 结果的统计与分析

检测板上噬菌斑的形态可见图 16-2。从图中可以看出，噬菌斑形态各不相同：有的噬菌斑呈圆形；有的噬菌斑形态破碎，不呈圆形；有的噬菌斑不透亮，非常模糊；没有噬菌斑。造成噬菌斑不同的原因可能是不同噬菌体对同一宿主菌或同一噬菌体对不同宿主菌裂解周期的不同，具体原因还需要进一步研究。

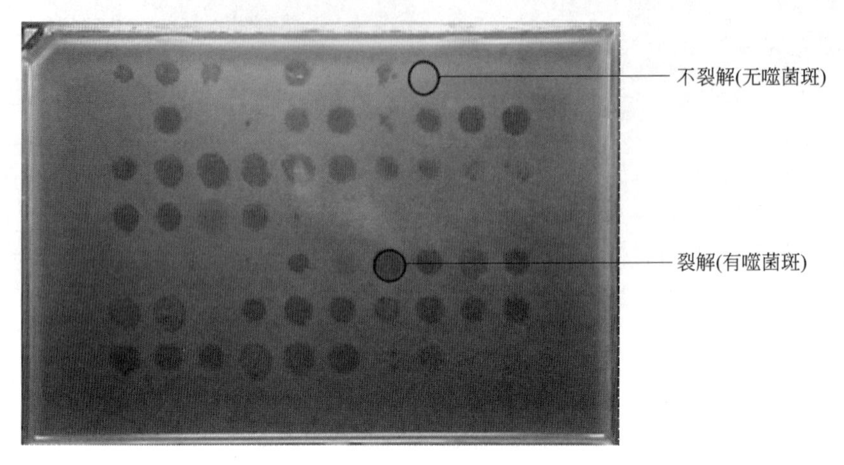

图 16-2 检测板上噬菌体形态

图像识别仪按照噬菌率降序自动排列噬菌体，选择前 10 株为备选株，根据噬菌谱的互补性确定鸡尾酒治疗的噬菌体初步组方，再进行各株噬菌体的生物学性质、基因组和药理学性质优化组合。

按照宿主菌被裂解率降序排列宿主菌，选择最高 4 株为备选株，进行攻毒试验和发酵密度试验。挑选生长旺盛的弱毒株，或者对毒力基因、抗药性的质粒进行基因敲除，优化生产菌株，避免后续纯化困难。汇集未能裂解的宿主菌，搜集新的样本，筛选新噬菌体。

17 家蚕幼虫模型在噬菌体治疗实验中的应用

- 17.1 引言
- 17.2 材料
- 17.3 方法
- 17.4 注释

摘要

抗药性细菌可导致人类和动物的顽固性感染，对医疗保健和经济产生破坏性影响。噬菌体疗法被认为是治疗感染的化学疗法的可替代方案，但在其引入社会及其进一步应用之前仍需要大量的体内实验。目前家蚕幼虫被认为是非常方便和有效的动物模型，同时是高等动物的替代品。本章介绍了用于治疗家蚕幼虫中金黄色葡萄球菌感染的噬菌体疗法的实验性方法。

关键词：动物模型，噬菌体纯化，噬菌体疗法，蚕幼虫，金黄色葡萄球菌

17.1 引言

抗药性细菌（如耐甲氧西林金黄色葡萄球菌和多重抗药性铜绿假单胞菌）可导致人类和养殖动物的顽固性感染，并且近年来这些感染的传播对医疗保健和经济产生了严重的有害影响[1,2]。因此，正在研究化学疗法的替代方法以解决由抗药菌引起的问题。

自第一个噬菌体被 Fe'lix d'Herelle 发现以来，噬菌体疗法在东欧就有着悠久的历史，但多年来它在西方国家几乎没有受到关注。然而，最近噬菌体疗法重新焕发了活力，现在正在重新评估，作为化学疗法治疗传染病的替代或补充[1,2]。

在开发化学治疗剂替代品的情况下，需要有效的体内实验技术来评估噬菌体疗法。为了减少动物实验的时间、劳动力和成本，已经提出将无脊椎动物（例如线虫和昆虫）作为脊椎动物模型的替代物[3~6]。目前，已有几种无脊椎动物模型可用于噬菌体治疗实验[7~10]。特别是，已经提出家蚕幼虫作为研究抗菌药物的有效模型[10~13]。在此描述噬菌体治疗实验的方法，其中使用家蚕幼虫作为模型，来评估体内治疗性噬菌体对金黄色葡萄球菌感染的治疗效果和安全性。

17.2 材料

17.2.1 碘克沙醇密度梯度超速离心法纯化噬菌体

① 金黄色葡萄球菌和金黄色葡萄球菌噬菌体。

② 胰蛋白胨大豆肉汤（TSB）。

③ 聚乙二醇 6000（简写为 PEG 6000）和 NaCl。

④ 无菌 TM 缓冲液。10mmol/L Tris-HCl（pH7.2）；5mmol/L $MgCl_2$；无菌生理盐水。

⑤ DNase Ⅰ（10mg/mL 储备液）和 RNase A（10mg/mL 储备液）。

⑥ 无菌 0.45μm 过滤器和 1mL 无菌一次性注射器。

⑦ 冷冻离心机，包括转子和离心管。

⑧ 碘克沙醇（OptiPrep^{TM}，Alere Technologies AS，Oslo，Norway）用无菌生理盐水稀释到 40%、35%、30%（注释①）。

⑨ 超速离心机包括转子和离心管。

17.2.2 家蚕幼虫感染模型的制备和噬菌体治疗实验

① 金黄色葡萄球菌和纯化的噬菌体悬浮液（制备方法见 17.3.1）。

② TSB 肉汤和无菌生理盐水。

③ 40%碘克沙醇（用无菌生理盐水稀释）。

④ HIMC。添加 50mmol/L $MgCl_2$ 和 50mmol/L $CaCl_2$ 的心浸出液肉汤。

⑤ 蚕（Hu・Yo×Tukuba・Ne）幼虫（注释②）。

⑥ 蚕幼虫居住笼。一次性塑料食品盒和擦拭纸（注释③）。

⑦ 蚕幼虫人工饲料（例如，Silkmate 2S；Nihon Nosan Kogyo，东京，日本）。

⑧ 无抗生素的蚕幼虫人工饲料（例如，Silkmate；Katakura Kogyo，东京，日本）。

⑨ 32 号一次性针头（例如，No.32 Dentronics Needle，Dentronics，东京，日本）和 1mL 无菌塑料注射器。

⑩ 密度计或比色计，以及细菌计数板（Hausser Scientific）。

⑪ 培养箱（27℃）。

17.3 方法

17.3.1 准备和纯化噬菌体

① 将金黄色葡萄球菌噬菌体在 300mL TSB 金黄色葡萄球菌菌液中培养。等细菌被裂解后，将悬浮的细菌噬菌体倒入 250mL 离心管并离心（4℃，10000*g*，10min）。通过离心除掉细菌以及细菌碎片后，向噬菌体裂解液分别直接加入终浓度为 10% 的 PEG 6000 和 0.5mol/L 的 NaCl。用磁力搅拌棒搅动混合。混合液离心（4℃，10000*g*，40min），将上清液全部移除。加入 2.3mL 无菌 TM 缓冲液重悬噬菌体沉淀物，转移到 15mL 离心管中，添加 50μg/mL 的 DNase Ⅰ 和 RNase A。摇床 37℃孵育 60min 后，将噬菌体粗提液转移到新的 1.5mL 离心管中，离心（20000*g*，30s）去除碎片。每个离心管中收集大约 1mL 上清液。

② 使用碘克沙醇梯度超速离心方法进行噬菌体粗提液的纯化。从干净的超速离心管底部开始，将最高浓度至最低浓度（40%、35%和30%）的1mL碘克沙醇溶液分层，手动构建不连续的碘克沙醇梯度［图17-1（a）］。将2mL噬菌体上清液添加到碘克沙醇顶层，离心（4℃，200000g，2h）。收集噬菌体条带，再用新的超速离心管建立新的碘克沙醇梯度离心，底层为40%碘克沙醇，中间为噬菌体条带，上层为30%碘克沙醇。在顶部添加2mL生理盐水，离心（4℃，200000g，2h）［图17-1（b）］。噬菌体条带用无菌0.45μm过滤器和1mL无菌注射器收集过滤。纯化的噬菌体于4℃保存，直至使用（注释④）。纯化浓缩的噬菌体在用于动物实验前，应做噬菌斑测试（测量噬菌斑形成单位）以测定噬菌体浓度（注释⑤）[14]。

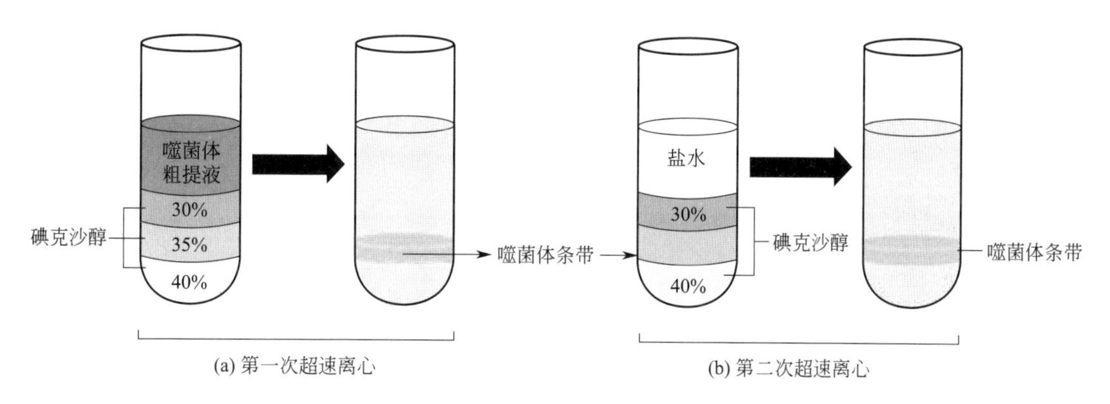

图17-1 碘克沙醇梯度超速离心制作步骤

先在超速离心管底部分别添加1mL 40%、1mL 35%、1mL 30%碘克沙醇和2mL噬菌体粗提液。完成第一步超速离心后，将上层的细菌碎片移除，收集噬菌体条带。将噬菌体悬浮液夹在40%和30%碘克沙醇之间构建新的超速离心梯度，在顶层加2mL生理盐水，再进行第二次超速离心

17.3.2 蚕幼虫实验

17.3.2.1 蚕幼虫噬菌体治疗实验的准备

① 用幼虫居住笼装着蚕幼虫，在27℃的培养箱中培养［图17-2（a）］。在四龄期的最后一天，用不含抗生素的人工饲料喂养蚕幼虫1天（注释⑥）。在第二天（五龄期的第一天），使用蚕幼虫进行动物模型实验。

② 需要对噬菌体本身以及所用的载体工具，如碘克沙醇和HIMC，进行检测。用32号注射针头和1mL一次性注射器在蚕的背侧面注射0.05mL噬菌体悬浮液、40%碘克沙醇和HIMC［图17-2（b）］（注释⑦）。然后把蚕幼虫转移到新的幼虫饲养笼并停止喂食。记录一周内幼虫的存活和活动情况。如果对家蚕幼虫使用任何菌株样品后均未观察到致死性，则可以进行噬菌体治疗实验。

17.3.2.2 用蚕幼虫进行噬菌体治疗实验

① 将菌株在TSB肉汤中培养到对数生长期，然后用生理盐水洗涤三次，使用无菌的生理盐水重悬。使用光密度计或比色计以及细菌计数板制备各种浓度的细菌悬液（注释⑧）。将每种细菌悬液0.05mL注入家蚕幼虫的背面血淋巴中（注释⑦）［图17-2（b）］。将被感染的家蚕幼虫保存在新的干净幼虫饲养笼中，无需进食。记录每天的致死率和活动情况。选择在第二天获得100%致死率的最小细菌浓度用于进一步实验［图17-2（c）］（注释⑨）。

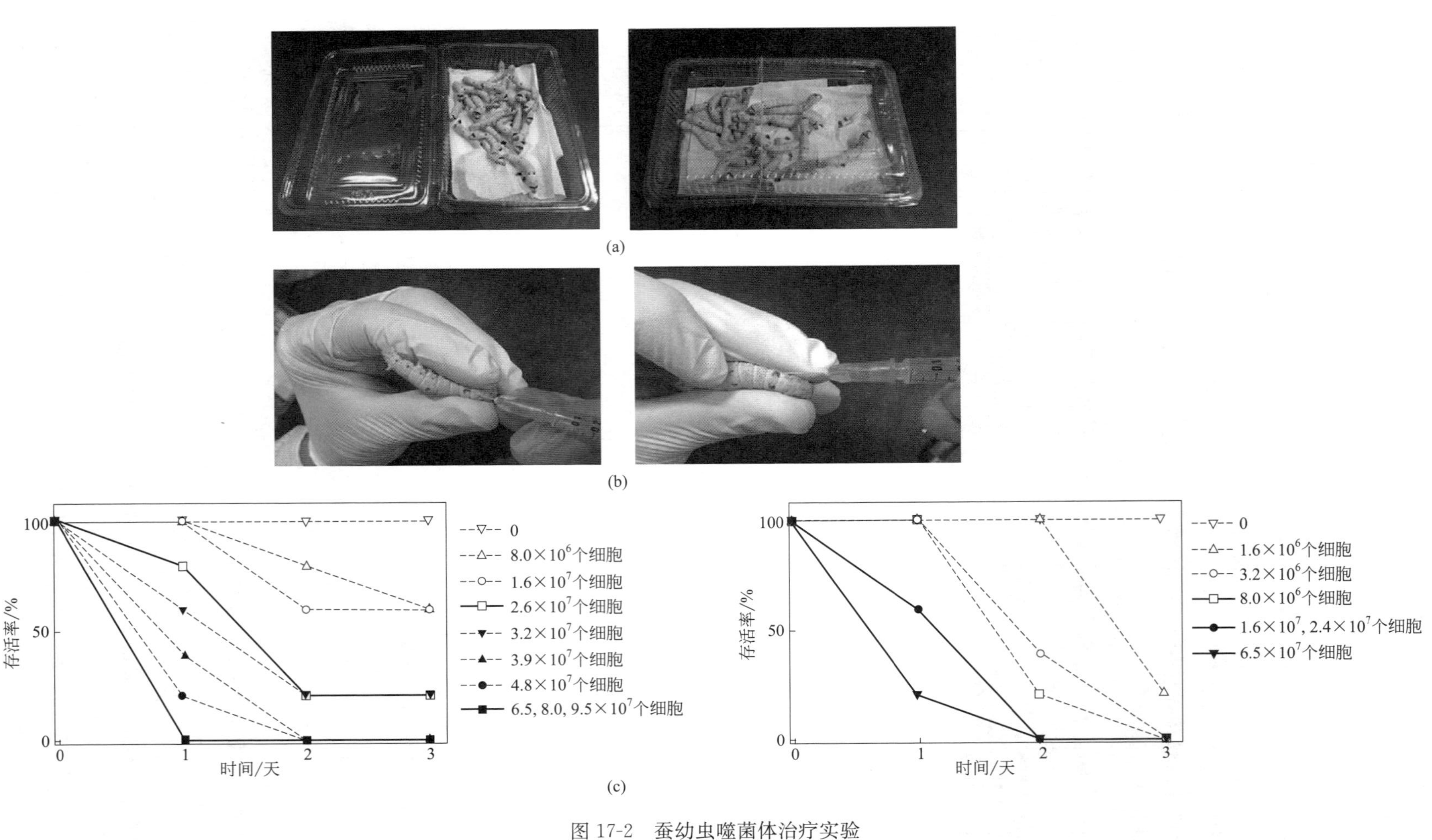

图 17-2　蚕幼虫噬菌体治疗实验

图(a)为蚕幼虫的笼子，打开盖子(左)，然后用橡皮筋封盒(右)。图(b)为家蚕幼虫的注射方法。用手指握住蚕幼虫(左)，并在蚕幼虫的背表面将针插入背血管，将最大剂量 0.05mL 缓慢注入血淋巴中(右)。图(c)为用金黄色葡萄球菌菌株 SA27(左)和 SA14(右)的家蚕幼虫感染实验的结果。金黄色葡萄球菌菌株 SA27 比 SA14 对噬菌体 S25-4 更敏感。选择细菌剂量，即在第二天获得 100%致死率的最小细菌浓度，用于进一步实验，即分别为菌株 SA27 和 SA14 的 3.9×10^{7} 和 1.6×10^{7} 细胞。这些数字是根据参考文献[10]的补充表 S2 和 S3 绘制的

② 将纯化的噬菌体在HIMC中稀释［例如与细菌接种剂量有关的感染复数（MOI）］。接下来，使用32号一次性针头和1mL无菌一次性塑料注射器，在背侧的相对侧，将0.05mL的噬菌体悬浮液或对照溶液（HIMC）注入每个被感染的蚕幼虫的血淋巴中［图17-3（a）］（注释⑦）。将蚕幼虫放在新的干净的蚕幼虫笼中，不用喂食。每天记录特定实验期间的致死率和活动情况［图17-3（b）］（注释⑩）。

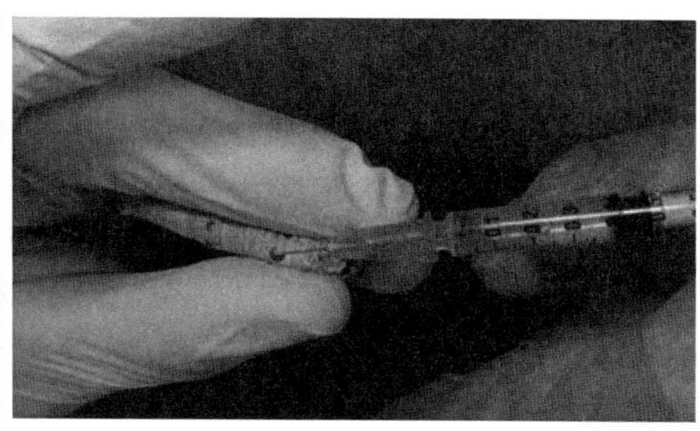

(a)

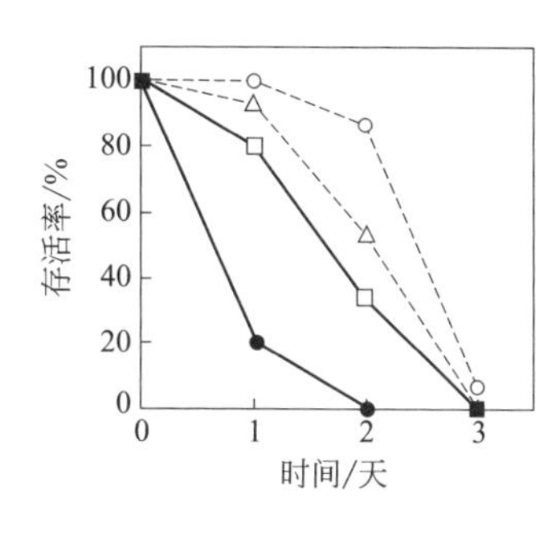

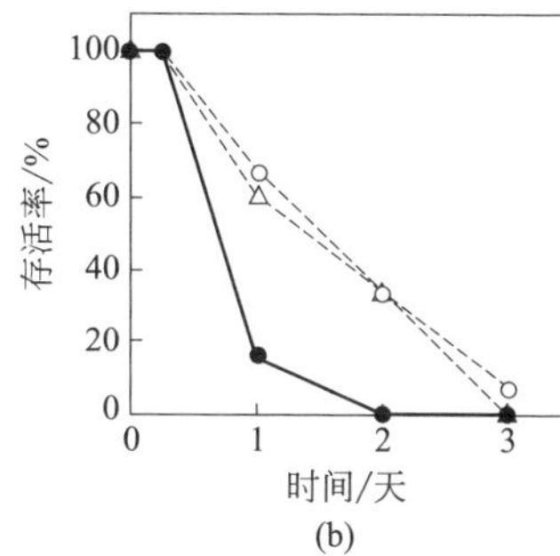

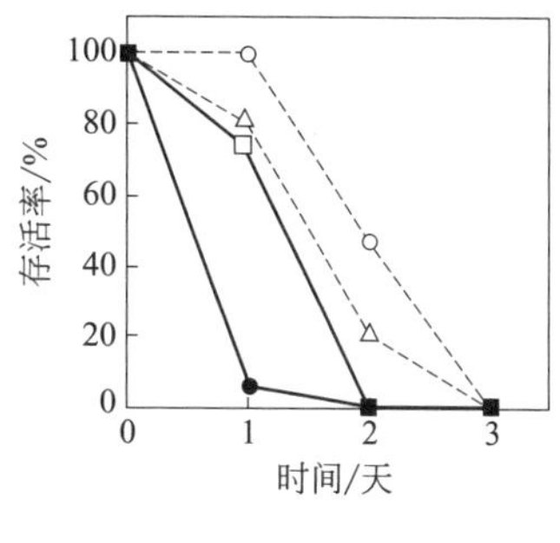

(b)

图17-3 用噬菌体S25-4建立葡萄球菌家蚕幼虫感染模型进行噬菌体治疗实验

图（a）为家蚕幼虫噬菌体给药程序。噬菌体S25-4为肌病毒科，*Kayvirus*属[15,16]。蚕幼虫的照片（左）中，带有“B”和“P”的箭头分别指示细菌接种和噬菌体注射的位点。家蚕幼虫被感染后，如图17-2（b）所示，噬菌体通过家蚕幼虫身体的另一侧注射，即相对于细菌接种部位的背表面（右）。图（b）为使用金黄色葡萄球菌噬菌体S24-4的噬菌体治疗实验的结果。家蚕幼虫感染了金黄色葡萄球菌菌株SA27（左图和中间图）或SA14（右图）。然后，在感染后10min（左图和右图）或感染后6h（中间图）给予噬菌体。每天记录家蚕幼虫的存活率。在每个治疗组中测试了五个蚕幼虫。噬菌体疗法实验一式三份（总共15个蚕幼虫）进行，阴性对照实验一式四份（总共20个蚕幼虫）进行。通过重复实验中存活的蚕幼虫总数计算存活率。左图和右图中的符号含义：○，MOI为1；△，MOI为10^{-2}；□，MOI为10^{-4}；●，HIMC处理过的对照。中间图中的符号含义：○，MOI为1；△，MOI为10^{-1}；●，HIMC处理的对照组。根据Fisher的精确检验，所有面板中噬菌体治疗组（MOI为1）和HIMC治疗组的存活率在第二天均存在显著差异（$P<0.01$）。与HIMC给药组相比，噬菌体给药组具有更强的寿命延长作用

17.4 注释

① 强烈建议使用碘克沙醇密度梯度超速离心法纯化噬菌体，因为碘克沙醇对于生物体是安全的。根据经验，如果通过常规CsCl密度梯度超速离心法纯化噬菌体，即使经过透析，纯化的噬菌体中仍会有CsCl残留物，这对蚕幼虫是有毒的。因此，对于蚕幼虫，碘克沙醇比CsCl更安全。此外，应将碘克沙醇在无菌工作台上用无菌盐水稀释，以避免意外污染。

② 蚕幼虫从卵中孵出，蜕皮四次，然后产生茧。幼虫的每个发育阶段都被称为“幼

虫”。例如，第四龄幼虫表明蚕的幼虫蜕变了三次。可以在蚕种公司［例如 EhimeSanshu (Ehime，Japan)］购买任何幼虫期的蚕种（例如四龄的 Hu·Yo×Tukuba·Ne)。如果无法获得市售的蚕幼虫，可以从公司购买虫卵并在实验室中饲养。它们应放在 27℃的培养箱中，孵化后将含抗生素的人工食物喂给蚕幼虫。

③ 要准备蚕幼虫的笼子，必须在一次性塑料容器的盖子上开个通风孔。可以使用冲压机或燃烧的接种环在盖子上打孔。在一次性塑料容器的底部放擦拭纸。当将蚕幼虫放在一次性塑料容器中时，应将盖子关牢固，以防止它们逃脱（例如，通过在塑料容器周围缠绕橡皮筋，或将盖子装订在塑料容器上)。

④ 每种噬菌体在稳定性上均表现出差异，尤其是在纯化后。因此，建议在特定时期（例如 1～3 个月）测量纯化的噬菌体浓度的变化，以利于进一步的动物实验。

⑤ 使用双层琼脂法。顶部和底部琼脂分别含有 0.5%和 1.5%的 TSB 肉汤。

⑥ 喂食含抗生素的人工食品，以保护蚕幼虫在养蚕期间不受细菌感染。但是，家蚕幼虫必须使用不含抗生素的人工食物喂养 1 天，以消除幼虫中的抗生素。添加或不含抗生素的人工饲料可以分别从日本东京的 Nihon Nosan Kogyo 和日本东京的 Katakura Kogyo 等公司购买。

⑦ 注射程序需要仔细且一致地执行。细针应以一定角度插入背侧血管，缓慢注入少量溶液（0.05mL)。在注射过程中可能会发生一些错误。例如，针可能会错误地插入背血管上方的中肠，从而无法将噬菌体注入血淋巴中。在注入过程中，针在家蚕幼虫的表面上扎了一个洞，可能会发生出血过多，从而严重影响蚕幼虫的健康。

⑧ 细菌浓度可以使用浊度计计算［例如，Klett-Summerson 光电比色计（Thomas Scientific）或分光光度计］。浊度对应于细菌浓度，可以使用细菌计数板进行测定。

⑨ 由于不喂食蚕幼虫，实验必须在几天内完成。如图 17-2（b）所示，选择在第二天获得 100%致死率的最小细菌浓度用于进一步的实验。

⑩ 蚕幼虫不同于脊椎动物（例如在其循环系统和免疫系统方面)，因此，在评估噬菌体的作用时，将延长寿命的功能作为指标。

致谢

感谢高知大学的 MasanoriDaibata 博士和 UchiharaTakako 女士为实验提供的支持。

参考文献

1. Borysowski J, Miedzybrodzki R, Gorski A (eds) (2014) Phage therapy: current research and applications. Caister Academic Press, Poole
2. Matsuzaki S, Rashel M, Uchiyama J, Sakurai S, Ujihara T, Kuroda M, Ikeuchi M, Tani T, Fujieda M, Wakiguchi H, Imai S (2005) Bacteriophage therapy: a revitalized therapy against bacterial infectious diseases. J Infect Chemother 11:211–219
3. Apidianakis Y, Rahme LG (2011) *Drosophila melanogaster* as a model for human intestinal infection and pathology. Dis Model Mech 4:21–30
4. Chibebe Junior J, Fuchs BB, Sabino CP, Junqueira JC, Jorge AO, Ribeiro MS, Gilmore MS, Rice LB, Tegos GP, Hamblin MR, Mylonakis E (2013) Photodynamic and antibiotic therapy impair the pathogenesis of *Enterococcus faecium* in a whole animal insect model. PLoS One 8:e55926
5. Ewbank JJ, Zugasti O (2011) *C. elegans*: model host and tool for antimicrobial drug discovery. Dis Model Mech 4:300–304
6. Seed KD, Dennis JJ (2008) Development of *Galleria mellonella* as an alternative infection model for the *Burkholderia cepacia* complex. Infect Immun 76:1267–1275
7. Heo YJ, Lee YR, Jung HH, Lee J, Ko G, Cho YH (2009) Antibacterial efficacy of phages

against *Pseudomonas aeruginosa* infections in mice and *Drosophila melanogaster*. Antimicrob Agents Chemother 53:2469–2474
8. Santander J, Robeson J (2004) Bacteriophage prophylaxis against *Salmonella enteritidis* and *Salmonella pullorum* using *Caenorhabditis elegans* as an assay system. Electron J Biotechnol 7:206–209
9. Seed KD, Dennis JJ (2009) Experimental bacteriophage therapy increases survival of *Galleria mellonella* larvae infected with clinically relevant strains of the *Burkholderia cepacia* complex. Antimicrob Agents Chemother 53:2205–2208
10. Takemura-Uchiyama I, Uchiyama J, Kato S, Inoue T, Ujihara T, Ohara N, Daibata M, Matsuzaki S (2013) Evaluating efficacy of bacteriophage therapy against *Staphylococcus aureus* infections using a silkworm larval infection model. FEMS Microbiol Lett 347:52–60
11. Hamamoto H, Kurokawa K, Kaito C, Kamura K, Manitra Razanajatovo I, Kusuhara H, Santa T, Sekimizu K (2004) Quantitative evaluation of the therapeutic effects of antibiotics using silkworms infected with human pathogenic microorganisms. Antimicrob Agents Chemother 48:774–779
12. Hamamoto H, Urai M, Ishii K, Yasukawa J, Paudel A, Murai M, Kaji T, Kuranaga T, Hamase K, Katsu T, Su J, Adachi T, Uchida R, Tomoda H, Yamada M, Souma M, Kurihara H, Inoue M, Sekimizu K (2015) Lysocin E is a new antibiotic that targets menaquinone in the bacterial membrane. Nat Chem Biol 11:127–133
13. Matsuzaki S, Uchiyama J, Takemura-Uchiyama I, Daibata M (2014) The age of the phage. Nature 509:S9
14. Kropinski AM, Mazzocco A, Waddell TE, Lingohr E, Johnson RP (2009) Enumeration of bacteriophages by double agar overlay plaque assay. In: Clokie MRJ, Kropinski AM (eds) Bacteriophages, methods in molecular biology, vol 501. Humana Press, New York City, NY, pp 69–76
15. Takemura-Uchiyama I, Uchiyama J, Kato S, Ujihara T, Daibata M, Matsuzaki S (2014) Genomic and phylogenetic traits of *Staphylococcus* phages S25-3 and S25-4 (family *Myoviridae*, genus Twort-like viruses). Ann Microbiol 64:1453–1456
16. Adams MJ, Lefkowitz EJ, King AMQ, Harrach B, Harrison RL, Knowles NJ, Kropinski AM, Krupovic M, Kuhn JH, Mushegian AR, Nibert M, Sabanadzovic S, Sanfaçon H, Siddell SG, Simmonds P, Varsani A, Zerbini FM, Gorbalenya AE, Davison AJ (2017) Changes to taxonomy and the International Code of Virus Classification and Nomenclature ratified by the International Committee on Taxonomy of Viruses (2017). Archives of Virology 162 (8):2505–2538

18 大蜡螟幼虫替代动物作为感染模型分析病原菌致病力的应用

▶ 18.1 引言
▶ 18.2 材料
▶ 18.3 方法
▶ 18.4 注释

摘要

由于细菌发病机制的替代感染模型能够复制在高等动物中观察到的一些疾病的特征，因此它们是有价值的。昆虫模型价格低廉，劳动密集度普遍较低，并且比高等生物的实验更符合伦理学要求，因而昆虫模型特别适用于模拟细菌感染。与动物相似，昆虫已被证明对病原菌具有先天免疫系统的反应。

关键词： 蜡螟幼虫，昆虫，感染模型，发病机理，幼虫

18.1 引言

大蜡螟（或蜂窝蛾）的幼虫是米白色的毛毛虫，有黑色的脚、黑色或棕色的小头（图18-1）。在它们的自然栖息地，“蜡螟幼虫”在蜂群中作为巢寄生虫存在，并且以蜂窝或蜂蜡为食，这是它们名字的由来。虽然它们不直接攻击蜜蜂，但因为它们能破坏蜂房并传播蜜蜂疾病，养蜂人将它们视为害虫。在商业用途中，蜡螟幼虫作为爬虫类宠物、鱼类和鸟类的食物而饲养。蜡螟幼虫也被广泛用作研究细菌病原体的替代感染模型，例如铜绿假单胞菌[1~3]、洋葱伯克霍尔德菌[4~6]、蜡状芽孢杆菌[7]、土拉热弗朗西斯菌[8]、嗜肺军团菌[9]、单核细胞增生性李斯特菌[10]、分枝杆菌[11,12]、奇异变形杆菌[13]、鼠伤寒沙门菌[14]、金黄色葡萄球菌[15] 和副溶血性弧菌[16]，以及几种真菌病原体[17~22]。

昆虫如大蜡螟的先天免疫系统与哺乳动物的先天免疫系统具有高度的结构和功能同源性[23,24]。尽管昆虫的免疫系统可能显示出先天性记忆而非克隆选择机制[25,26]，但它们可以表现出对微生物感染的抵抗力[27]。这种免疫防御包括细胞防御和体液防御[24]。昆虫的体液免疫反应包括黑化过程（图18-1）、血淋巴凝固、多种类型细胞因子的产生[28]，以及模式识别分子[29] 和许多有效抗菌肽的合成。与哺乳动物类似，启动和调节的细胞反应[30] 包括吞噬作用、球化作用和包囊作用。因此，分析昆虫对细菌病原体的反应可以准确再现高等生物

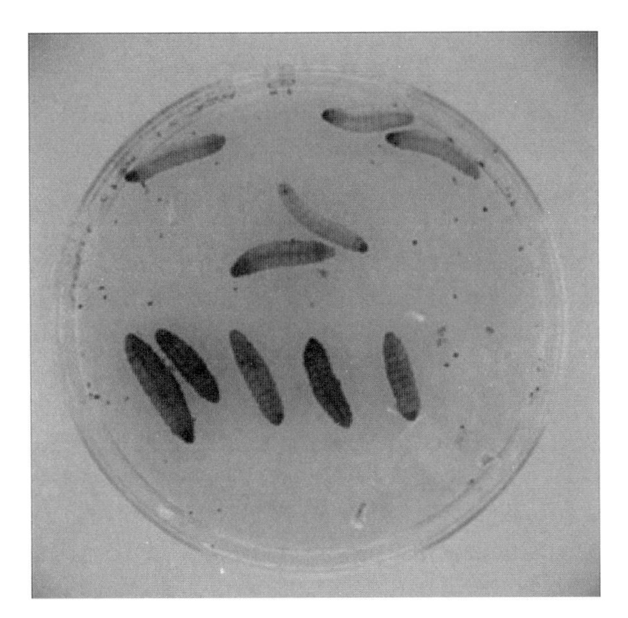

图 18-1 在直径 10cm 培养皿中的蜡螟幼虫
对于三只幼虫（在培养皿上 2 点至 4 点方位之间），蜡螟幼虫对触摸没有反应，
并且在致命剂量的致病菌感染后 48h 由于黑化作用而变成深棕色

中观察到的反应[24,31]。研究者已经证明了蜡螟幼虫和小鼠中病原体的毒力之间的相关性[2,26,32]。此外，由于大蜡螟幼虫可以保持在 37℃的温度下，因此蜡螟幼虫感染模型可以解释温度相关的细菌毒力的变化。最后，替代昆虫感染模型如大蜡螟幼虫提供了与高等生物相似的数据，但更具成本效益，劳动强度更低，伦理上更容易被接受。因此，大蜡螟幼虫成为一种引人关注的替代感染模型。

在一些情况下，蜡螟幼虫感染模型也被用于测试体内噬菌体对致病细菌的功效。在这些实验中，观察到噬菌体能够解救那些被致死剂量的致病细菌攻击的蜡螟幼虫。与已观察到的灭活或降低应用噬菌体活性的幼苗或植物感染模型不同[27,34]，蜡螟幼虫感染模型产生的噬菌体失活可忽略不计，并能提供一种更类似于在小鼠等高等生物体中观察到的治疗环境。在蜡螟幼虫感染模型中通过使用噬菌体，成功治疗的不同病原菌的实例包括洋葱伯克霍尔德菌群[5,34～36]、艰难梭菌[37]、阪崎肠杆菌[38]、肺炎克雷伯菌[39] 和铜绿假单胞菌[40～46]。

18.2 材料

① 从商业供应商处购买足量的大蜡螟幼虫（例如，Carolina Biological Supply Company，注释①，Knutson's Live Bait，注释②，Recorp Inc.，UK Waxworms Limited）。在欧洲，Vivara 通过当地供应商提供多样化的选择。

使用能够提供高质量幼虫的供应商非常重要。在运输过程中暴露于极高或极低温度的蜡螟幼虫会导致实验结果的巨大差异。蜡螟幼虫通常在第五或第六龄期（长 2～3cm）运输，并且适合立即使用。幼虫可以在室温或 4℃下在木片中储存长达 2 周，不需要食物。如果在 4℃下保存，蜡螟虫应在室温下保持数小时后再使用。健康的幼虫呈均匀奶油色，没有黑色变色区域，如果翻过来可以快速恢复原状。丢弃任何显示黑化（棕色或斑点）或化蛹迹象的幼虫。

② 需要 10μL Hamilton 注射器（Reno，NV）（可通过 Sigma-Aldrich 获得）将约 5μL 接种物注射到蜡螟幼虫中。可以使用替代注射器，包括一次性注射器或重复注射器（注释③）。

③ 对于细菌，将过夜培养物沉淀并重悬于 10mmol/L $MgSO_4$ 中。对于具有抗性的细菌，补充约 1.0mg/mL 氨苄西林（或其他抗生素）作为预防剂，以防止幼虫表面存在的正常常驻细菌感染。除非另有说明，否则所有试剂均可从 Sigma-Aldrich Canada（Oakville，ON）获得，并且所有培养基均可从 Difco Laboratories（Detroit，MI）获得（注释④）。

18.3 方法

18.3.1 大蜡螟幼虫感染

① 准备一个底部放置一圈 10cm 滤纸的 10cm 培养皿作为容器，来注射幼虫。使用钝头镊子，将 10 个大小相似的健康蜡螟幼虫放入培养皿中。

② 使用 10μL Hamilton 注射器通过最后面的左侧腹足或其基部的最前面的前胸腿将 5μL 等分试样注射到大蜡螟幼虫中。在注射之前，通过抽吸几个体积的 70% 乙醇冲洗注射器，然后用无菌水冲洗。注射后，将幼虫置于 30℃ 黑暗的静态培养箱中，这是蜡螟幼虫生长发育的最佳温度[4]。注射后，检查幼虫，确保它们开始爬行并且没有出血（清澈的黄色液体）以及肠内容物（褐色）或体脂（白色蜡组织）泄漏。同样，在感染几小时后检查幼虫，确保感染在最初 8h 内不会引起症状。

③ 对于半数致死量（LD_{50}）实验，将一系列 10 倍稀释的 10mmol/L $MgSO_4$ 溶液（添加有预防性的抗生素，并且其中含有 10^6～0 的细菌数量）注射到大蜡螟幼虫体内。对照幼虫仅注射 5μL 10mmol/L $MgSO_4$（添加预防性抗生素），以评估物理注射过程中的任何潜在致命效应。每个稀释梯度注射 10 只幼虫，30℃下培养，感染 48h 和 72h 后确认幼虫死亡或存活。

④ 当晃动培养皿或用吸管尖触碰培养皿底部时，幼虫没有任何动作或无法调整自己的姿势，就认为是死亡。黑化或色素沉着通常表明对感染的强烈免疫反应（注释⑤）。对于每种细菌菌株，结合来自三个独立实验的数据，此外 LD_{50} 需使用 Systat 计算机程序计算[24]。简言之，Systat（San Jose，CA）以下列形式拟合感染数据曲线：$Y=[A+(1-A)]/[1+\exp(B-G\times\ln X)]$，其中 Y 为被感染杀死的幼虫部分，A 是通过对照注射杀死的幼虫数量，X 是注射的细菌数量，B 和 G 是 Systat 产生的可变参数，旨在使曲线与数据点最佳拟合。对于 X 和 Y 之间的线性关系，使用 Systat 计算机程序的线性回归模型来确定 LD_{50}。

18.3.2 其他实验方案

① 对于死亡时间的实验，在感染后每 6～12h 监测存活与死亡的幼虫数量。如前所述，向大蜡螟幼虫注入连续稀释的细菌，并监测它们在 72h 内的存活率。对每种细菌菌株进行三次独立试验，每种细菌浓度注射 10 只蠕虫。在任何给定的试验中，对照幼虫死亡数量不应超过一只。在多于一只对照幼虫死亡的情况下，不能使用来自受感染幼虫的数据（注释⑥和⑦）。

② 为了监测幼虫血淋巴中的细菌负荷随时间的变化，向幼虫注射 500～800cfu。对于

更具毒力的细菌，可以减少 cfu 的数量。从零时间点，幼虫被感染，并在收集血淋巴之前静置 20min。在每个时间点从五只活体蠕虫中收集等量的血淋巴并转移到微量离心管中，连续稀释，并铺在琼脂上计数，每个时间点使用三组五只幼虫来量化细菌负荷。为了提取血淋巴，将含有蜡螟幼虫的培养皿放在冰上，直到观察不到幼虫的移动。用手术刀在幼虫尾巴附近的两个虫段之间切开，并将血淋巴挤压到微量离心管中。每只幼虫产生 15～50μL 的血淋巴。

③ 在血淋巴提取过程中，很容易意外破坏蜡螟幼虫的肠道，引起样品污染。为了减少污染的可能性，在最靠近尾巴并远离肠道处切幼虫。为了防止血淋巴凝固并变成棕色，血淋巴必须在 10min 内收集处理。根据当地安全规则高压灭菌并处理蜡螟幼虫（注释⑧和⑨）。

18.3.3 分析细菌毒性突变体

① 可以在蜡螟幼虫中筛选随机或位点特异性诱变的细菌，以减少导致蜡螟幼虫死亡的毒力因子。含有编码毒力因子的基因突变的细菌将使感染大肠埃希菌的幼虫存活，而野生型或亲本细菌细胞将杀死受感染的幼虫。

② 在这些实验中，与野生型对照相比，测定细菌毒力的损失是很重要的。在 OD_{600} 处将细菌细胞培养至特定浓度，洗涤并重悬于 10mmol/L $MgSO_4$ 中，并在 10mmol/L $MgSO_4$ 中适当稀释后，注入蜡螟幼虫中。在注入野生型细菌阳性对照的同一时间内经历黑化和死亡的蠕虫，在细菌中具有不影响细菌毒力的突变。然而，没有黑化和死亡的蠕虫，含有可以减少或消除细菌毒力的突变的细菌。这种细菌突变位点的分离可以确定编码蜡螟幼虫发病机制中涉及的毒力因子的基因。

③ 此外，如果要研究的细菌用携带外向启动子的转座子随机诱变，转录融合可以由插入转座子位点旁边的基因产生，并且与注射野生型细菌的蠕虫相比，毒力因子基因的表达增加将导致蜡螟幼虫死亡的时间减少。在这样的实验安排中，可以将 5～10 种不同细菌突变体的“库”组合并注入一种蠕虫中，大大减少了所用蠕虫的数量，以及筛选细菌突变体文库所需的时间。

18.4 注释

① Carolina Biological 运送第三至第四龄幼虫，但它们的体重各不相同，可对免疫力产生影响，因此，必须适当喂食。

② Knudson 用燕麦片与木屑运送第二至第三龄幼虫，但不确定它们是否会继续生长。

③ 对于后一种情况，32 号针是理想的；限制背部出血。在前胸（前腿）底部注射也可以减少出血。

④ 其他的预防性活动，还可以使用 70％乙醇洗涤幼虫 30s，并使用高压灭菌的吸水滤纸干燥昆虫。

⑤ 肠道的渗透导致胃液酶的释放可能引起类似的症状。

⑥ 该方案用于研究 Joanne MacKinnon 和 Andrew M. Kropinski（National Microbiology Laboratory@Guelph，个人交流）的空肠弯曲杆菌菌株的发病机理。这种细菌对大肠埃希菌没有显现出毒力，可能是由于这两种生物的最佳生长温度存在显著差异。

⑦ 在此类研究中，使用大蜡螟幼虫的突出问题之一是定性和定量响应的差异性。在此，提出消除这些问题的方法。已经确定了幼虫对包括激素在内的信号分子具有一定的响应[43]，

这个行为可以通过确保昆虫菌株的供应商的一致性或自己培养一个菌落来加以限制。后者的优点是可以确保幼虫的质量（例如健康状况、压力控制和免疫能力），并且与间断性购买相比，花费更少。

⑧ 为了限制菌株内的生理变化，一个限定的龄期（幼虫发育阶段）至关重要。尽管幼虫的生长受到传统谷物甘油培养基中幼虫饮食[44]的影响[45,46]，但始终可以达到六龄。具体的龄期可以基于测量幼虫的黑头囊而确定[47]。但是，即使在给定的幼龄期中，也已确定，由于血细胞数量和类型的差异而存在免疫学差异，与 250mg 的同龄幼虫相比，200mg 幼虫（第六龄）的反应减弱。使用体重为 250mg 的幼虫可以避免这些问题，从而确保其幼龄和生理状态相同，并排除性别和特定阶段的免疫学特性[48]。

⑨ 孵化温度影响血液化学[49]和血细胞活性[50]。可以通过已知的饮食提供良好的生长环境，将 200mg 冷藏幼虫孵育，直至体重达到 250mg 来消除这种情况。在这一点上，先前冷藏的幼虫对细菌的基本的细胞和体液反应在生理上可与非冷藏的 250mg 幼虫相差无几。

致谢

非常感谢阿尔伯塔大学毕业的学生 ErinM. Dockery 提供的启发性贡献。

参考文献

1. Hendrickson EL, Plotnikova J, Mahajan-Miklos-S, Rahme LG, Ausubel FM (2001) Differential roles of the *Pseudomonas aeruginosa* PA14 *rpoN* gene in pathogenicity in plants, nematodes, insects, and mice. J Bacteriol 183:7126–7134
2. Jander G, Rahme LG, Ausubel FM (2000) Positive correlation between virulence of Pseudomonas aeruginosa mutants in mice and insects. J Bacteriol 182:3843–3845
3. Miyata S, Casey M, Frank DW, Ausubel FM, Drenkard E (2003) Use of the *Galleria mellonella* caterpillar as a model host to study the role of the type III secretion system in *Pseudomonas aeruginosa* pathogenesis. Infect Immun 71:2404–2413
4. Seed KD, Dennis JJ (2008) Development of *Galleria mellonella* as an alternative infection model for the *Burkholderia cepacia* complex. Infect Immun 76(3):1267–1275
5. Seed KD, Dennis JJ (2009) Experimental bacteriophage therapy increases survival of *Galleria mellonella* larvae infected with clinically relevant strains of the *Burkholderia cepacia* complex. Antimicrob Agents Chemother 53 (5):2205–2208. https://doi.org/10.1128/AAC.01166-08 PubMed PMID: 19223640
6. Lithgow KV, Scott NE, Iwashkiw JA, Thomson EL, Foster LJ et al (2014) A general protein O-glycosylation system within the *Burkholderia cepacia* complex is involved in motility and virulence. Mol Microbiol 92 (1):116–137
7. Fedhila S, Daou N, Lereclus D, Nielsen-LeRoux C (2006) Identification of *Bacillus cereus* internalin and other candidate virulence genes specifically induced during oral infection in insects. Mol Microbiol 62:339–355
8. Aperis G, Burgwyn Fuchs B, Anderson CA, Warner JE, Calderwood SB et al (2007) *Galleria mellonella* as a model host to study infection by the *Francisella tularensis* live vaccine strain. Microbes Infect 9:729–734
9. Sousa PS, Silva IN, Moreira LM, Veríssimo A, Costa J (2018) Differences in virulence between *legionella pneumophila* isolates from human and non-human sources determined in *galleria mellonella* infection model. Front Cell Infect Microbiol 8:97
10. Rakic Martinez M, Wiedmann M, Ferguson M, Datta AR (2017) Assessment of *Listeria monocytogenes* virulence in the *Galleria mellonella* insect larvae model. PLoS One 12(9):e0184557
11. Entwistle FM, Coote PJ (2018) Evaluation of greater wax moth larvae, *Galleria mellonella*, as a novel *in vivo* model for non-tuberculosis Mycobacteria infections and antibiotic treatments. J Med Microbiol 67(4):585–597
12. Meir M, Grosfeld T, Barkan D (2018) Establishment and validation of *Galleria mellonella* as a novel model organism to study *Mycobacterium abscessus* infection, pathogenesis, and treatment. Antimicrob Agents Chemother 62 (4):e02539-17
13. Morton DB, Dunphy GB, Chadwick JS (1987) Reactions of hemocytes of immune and non-immune *Galleria mellonella* larvae to *Proteus mirabilis*. Dev Comp Immunol 11:47–55
14. Wang-Kan X, Blair JMA, Chirullo B, Betts J, La

Ragione RM, Ivens A, Ricci V, Opperman TJ, Piddock LJV (2017) Lack of AcrB efflux function confers loss of virulence on *Salmonella enterica* serovar typhimurium. MBio 8(4):e00968-17

15. Mannala GK, Koettnitz J, Mohamed W, Sommer U, Lips KS, Spröer C, Bunk B, Overmann J, Hain T, Heiss C, Domann E, Alt V (2018) Whole-genome comparison of high and low virulent *Staphylococcus aureus* isolates inducing implant-associated bone infections. Int J Med Microbiol S1438-4221 (17):30603–30603
16. Pérez-Reytor D, García K (2018) *Galleria mellonella*: a model of infection to discern novel mechanisms of pathogenesis of non-toxigenic *Vibrio parahaemolyticus* strains. Virulence 9 (1):22–24
17. Mylonakis E, Moreno R, El Khoury JB, Idnurm A, Heitman J et al (2005) *Galleria mellonella* as a model system to study *Cryptococcus neoformans* pathogenesis. Infect Immun 73:3842–3850
18. Reeves EP, Messina CG, Doyle S, Kavanagh K (2004) Correlation between gliotoxin production and virulence of *Aspergillus fumigatus* in *Galleria mellonella*. Mycopathologia 158:73–79
19. St. Leger RJ, Screen SE, Shams-Pirzadeh B (2000) Lack of host specialization in *Aspergillus flavus*. Appl Environ Microbiol 66:320–324
20. Cotter G, Doyle S, Kavanagh K (2000) Development of an insect model for the in vivo pathogenicity testing of yeasts. FEMS Immunol Med Microbiol 27:163–169
21. Borman AM (2018) Of mice and men and larvae: *Galleria mellonella* to model the early host-pathogen interactions after fungal infection. Virulence 9(1):9–12
22. Wuensch A, Trusch F, Iberahim NA, van West P (2018) *Galleria melonella* as an experimental in vivo host model for the fish-pathogenic oomycete *Saprolegnia parasitica*. Fungal Biol 122(2-3):182–189
23. Champion OL, Cooper IA, James SL, Ford D, Karlyshev A, Wren BW, Duffield M, Oyston PC, Titball RW (2009) *Galleria mellonella* as an alternative infection model for Yersinia pseudotuberculosis. Microbiology 155 (Pt 5):1516–1522. https://doi.org/10.1099/mic.0.026823-0
24. Hoffmann JA (1995) Innate immunity of insects. Curr Opin Immunol 7:4–10
25. Gourbal B, Pinaud S, Beckers GJM, Van Der Meer JWM, Conrath U, Netea MG (2018) Innate immune memory: An evolutionary perspective. Immunol Rev 283(1):21–40. https://doi.org/10.1111/imr.12647
26. Cooper D, Eleftherianos I (2017) Memory and specificity in the insect immune system: current perspectives and future challenges. Front Immunol 8:539. https://doi.org/10.3389/fimmu.2017.00539
27. Vilmos P, Kurucz E (1998) Insect immunity: Evolutionary roots of the mammalian innate immune system. Immunol Lett 62:59–66
28. Yu XQ, Zhu YF, Ma C, Fabrick JA, Kanost MR (2002) Pattern recognition proteins in *Manduca sexta* plasma. Insect Biochem Mol Biol 32 (10):1287–1293
29. Ishii K, Hamamoto H, Kamimura M, Nakamura Y, Noda H, Imamura K, Mita K, Sekimizu K (2010) Insect cytokine paralytic peptide (PP) induces cellular and humoral immune responses in the silkworm *Bombyx mori*. J Biol Chem 285(37):28635–28642. https://doi.org/10.1074/jbc.M110.138446
30. Paro S, Imler J-L (2016) Immunity in insects. In: Ratcliffe MJH (ed) Encyclopedia of immunobiology, vol 1. Academic Press, San Diego, pp 454–461
31. Kavanagh K, Reeves EP (2004) Exploiting the potential of insects for in vivo pathogenicity testing of microbial pathogens. FEMS Microbiol Rev 28:101–112
32. Brennan M, Thomas DY, Whiteway M, Kavanagh K (2002) Correlation between virulence of *Candida albicans* mutants in mice and *Galleria mellonella* larvae. FEMS Immunol Med Microbiol 34:153–157
33. Kocharunchitt C, Ross T, McNeil DL (2009) Use of bacteriophages as biocontrol agents to control *Salmonella* associated with seed sprouts. Int J Food Microbiol 128(3):453–459. https://doi.org/10.1016/j.ijfoodmicro.2008.10.014 PubMed PMID:18996610
34. Kamal F, Dennis JJ (2015) *Burkholderia cepacia* complex Phage-Antibiotic Synergy (PAS): antibiotics stimulate lytic phage activity. Appl Environ Microbiol 81(3):1132–1138. https://doi.org/10.1128/AEM.02850-14 PMID: 25452284
35. Lynch KH, Abdu AH, Schobert M, Dennis JJ (2013) Genomic characterization of JG068, a novel virulent podovirus active against Burkholderia cenocepacia. BMC Genomics 14:574. https://doi.org/10.1186/1471-2164-14-574 PMID: 23978260
36. Lynch KH, Seed KD, Stothard P, Dennis JJ (2010) Inactivation of *Burkholderia cepacia* complex phage KS9 gp41 identifies the phage repressor and generates lytic virions. J Virol 84 (3):1276–1288. https://doi.org/10.1128/JVI.01843-09 PMID: 19939932
37. Nale JY, Chutia M, Carr P, Hickenbotham PT, Clokie MR (2016) 'Get in early'; Biofilm and wax moth (*Galleria mellonella*) models reveal new insights into the therapeutic potential of *Clostridium difficile* bacteriophages. Front Microbiol 7:1383. https://doi.org/10.3389/fmicb.2016.01383 PubMed PMID: 27630633

38. Abbasifar R, Kropinski AM, Sabour PM, Chambers JR, MacKinnon J et al (2014) Efficiency of bacteriophage therapy against *Cronobacter sakazakii* in *Galleria mellonella* (greater wax moth) larvae. Arch Virol 159 (9):2253–2261. https://doi.org/10.1007/s00705-014-2055-x PubMed PMID: 24705602
39. D'Andrea MM, Marmo P, Henrici De Angelis L, Palmieri M et al (2017) φBO1E, a newly discovered lytic bacteriophage targeting carbapenemase-producing Klebsiella pneumoniae of the pandemic Clonal Group 258 clade II lineage. Sci Rep 7(1):2614. https://doi.org/10.1038/s41598-017-02788-9 PMID: 28572684
40. Beeton ML, Alves DR, Enright MC, Jenkins AT (2015) Assessing phage therapy against *Pseudomonas aeruginosa* using a *Galleria mellonella* infection model. Int J Antimicrob Agents 46(2):196–200. https://doi.org/10.1016/j.ijantimicag.2015.04.005 PubMed PMID: 26100212
41. Latz S, Krüttgen A, Häfner H, Buhl EM, Ritter K et al (2017) Differential effect of newly isolated phages belonging to PB1-like, phiKZ-like and LUZ24-like viruses against multi-drug resistant *Pseudomonas aeruginosa* under varying growth conditions. Viruses 9 (11):E315. https://doi.org/10.3390/v9110315 PMID: 29077053
42. Forti F, Roach DR, Cafora M, Pasini ME, Horner DS et al (2018) Design of a broad-range bacteriophage cocktail that reduces *Pseudomonas aeruginosa* biofilms and treats acute infections in two animal models. Antimicrob Agents Chemother:AAC.02573–AAC.02517. https://doi.org/10.1128/AAC.02573-17 PMID: 29555626
43. Muszyńska-Pytel M, Mikołajczyk P, Pszczółkowski MA, Cymborowski B (1992) Juvenilizing effect of ecdysone mimic RH 5849 in *Galleria mellonella* larvae. Experientia 48 (10):1013–1017
44. Kwadha CA, Ong'amo GO, Ndegwa PN, Raina SK, Fombong AT (2017) The biology and control of the greater wax moth, *Galleria mellonella*. Insects 8(2):E61. https://doi.org/10.3390/insects8020061
45. Dutsky SR, Thompson JV, Cantwell GE (1962) A technique for mass rearing of the greater wax moth (Lepidoptera : *Galleridae*). Proceed Entomol Soc Washington 64:56–58
46. Mohamed MA, Coppel HC (1983) Mass rearing of the greater wax moth, *Galleria mellonella* (Lepidoptera : Pyralidae), for small-scale laboratory studies. Great Lakes Entomol 16 (4):139–141
47. Rahman A, Bharali P, Borah L, Bathari M, Taye RR (2017) Post embryonic development of *Galleria mellonella* L. and its management strategy. J Entomol Zoo Stud 5(3):1523–1526
48. Meylaers K, Freitak D, Schoofs L (2007) Immunocompetence of *Galleria mellonella*: sex- and stage-specific differences and the physiological cost of mounting an immune response during metamorphosis. J Insect Physiol 53(2):146–156
49. Marek M (1979) Influence of cooling and glycerol on metabolism of proteins and esterase isoenzymes in hemolymph of pupae *Galleria mellonella* (L.). Comp Biochem Physiol A 63 (4):489–492
50. Browne N, Heelan M, Kavanagh K (2013) An analysis of the structural and functional similarities of insect hemocytes and mammalian phagocytes. Virulence 4(7):597–603

19 果蝇感染模型和评价噬菌体抗菌效果的应用

▶ 19.1 引言
▶ 19.2 材料
▶ 19.3 方法
▶ 19.4 注释

摘要

目前已经使用非哺乳动物感染模型来了解宿主与病原体相互作用的各个方面，并且还提供了创新的研究平台来鉴定毒力因子，筛选抗菌药物和评估抗菌效果。本章基于果蝇（黑腹果蝇）感染模型，介绍了一种相对简单的方法来评估噬菌体对人类机会致病菌——铜绿假单胞菌的抗菌功效。由于噬菌体与抗菌化学物质不同，可以通过简单的测定方法轻松而灵敏地进行计数，因此即使在这种小型感染模型中，也有可能研究噬菌体的药代动力学特性。

关键词： 小型的，感染模型，果蝇，铜绿假单胞菌，噬菌体，抗菌效果，药代动力学

19.1 引言

宿主与病原体相互作用的常见毒力和防御机制，主要基于分子决定簇在细菌毒力及细菌病原体的先天免疫中的保守性。过去十年，研究者们已经根据满足遗传易处理性和哺乳动物相似性之间的多种特征，开发并利用了各种感染模型。果蝇（黑腹果蝇）是一种经过广泛研究的感染模型宿主，在实验中被定义为具有相对良好特征的先天免疫系统，以应对细菌的感染[1,2]。

果蝇通过收集免疫反应的体液和细胞成分来防御自身感染细菌[2]。免疫反应的体液和细胞成分主要由两条平行的信号转导途径激活：Toll 和 Imd 途径[3]。Toll 途径主要在革兰阳性菌感染后被激活，并导致 Rel 家族转录因子 Dorsal 和 Dif 激活，而 Imd 途径主要由革兰阴性菌激活，并激活第三个 Rel 家族反式激活因子 Relish。果蝇中 Rel 家族反式激活因子的激活触发了适当的抗菌肽（AMP）的合成[2,3]。

Toll 和 Imd 途径分别与哺乳动物中的 Toll 样受体和肿瘤坏死因子 α 途径表现出显著的相似性。果蝇的这一特征和其遗传易处理性使其成为模拟人与病原体相互作用的最佳非哺乳动物宿主之一，已广泛用于分析铜绿假单胞菌（PA）的发病机理[4~7]。PA 是一种人类机

会致病菌，只需通过简单的针刺将其注射到果蝇背胸中，就可以引发急性感染。注入的细菌能够侵入性增殖，导致全身扩散，从而激发果蝇免疫系统在整个机体中的活化[8]。为了使用果蝇系统性感染模型评估和验证抗菌药物的生物活性，可以优先选择通过饲喂，即简单地将饥饿的果蝇转移到含有适量抗菌药物的果蝇培养基中，递送含有抗菌药物和治疗性噬菌体的抗菌剂。细菌感染和抗菌药物给药途径的结合已经成功用于评估治疗性噬菌体对 PA 的抗菌效果[9~11]。同样，能够测量果蝇体内噬菌体的时间进程分布，这是果蝇中噬菌体的基本药代动力学特性。基于这些，建议使用此简单方案可靠地测量各种 PA 噬菌体的抗菌功效。

19.2 材料

使用无菌的水和试剂制备所有的培养基和溶液。除玉米粉培养基外，所有耗材都需要高压灭菌。在室温下制备并储存所有试剂（除非另有说明）。处置废弃物时，请遵循废弃物处理法规，在使用细菌培养物时，请遵循生物安全准则，如其他地方所述[12]。

19.2.1 果蝇

① 果蝇购买。将活果蝇储存在 25℃玉米粉培养基中。这些菌株可从以下途径获得：卡罗莱纳生物供应公司，加州大学圣地亚哥果蝇存储中心，印第安纳大学布卢明顿果蝇存储中心或 Ward's 科学。

② 玉米粉培养基。0.93%琼脂，6.24%干酵母，4.08%玉米粉，8.62%葡萄糖，0.1% Tegosept（对羟基苯甲酸丁酯，果蝇抗真菌剂，USBiological），0.45%（体积分数）丙酸。

③ 蔗糖培养基。5%蔗糖，1%琼脂，0.1%对羟基苯甲酸丁酯。

19.2.2 噬菌体制备

① 噬菌体储存液。在－80℃下，噬菌体溶液和 60%甘油以 2∶1 的比例混合存储，或在 4℃的噬菌体缓冲液中存储（注释①）。

② 噬菌体缓冲液。10mmol/L $MgSO_4$、10mmol/L Tris（pH 7.6），1mmol/L EDTA。

③ 顶层琼脂。0.7%琼脂。

19.2.3 细菌培养

① PA 储存液。将细菌菌株的 LB 培养液和 60%甘油以 2∶1 比例混合，混合物于－80℃储存。

② LB 肉汤。1%胰蛋白胨，0.5%酵母提取物，1%NaCl。

③ LB 琼脂培养基。1%胰蛋白胨，0.5%酵母提取物，1%NaCl，2%细菌琼脂。

④ 十六烷三甲基溴化铵琼脂培养基。4.53%十六烷三甲基溴化铵琼脂（Difco），1%甘油。

19.2.4 感染果蝇

① 带软垫的果蝇设备，用于 CO_2 麻醉。

② 无菌的 0.4mm 钨针（注释②）。

③ 磷酸盐生理盐水缓冲液（PBS；1×）：137mmol/L NaCl，2.7mmol/L KCl，10mmol/L Na_2HPO_4，1.8mmol/L KH_2PO_4。

19.3 方法

除另有说明，所有操作均在室温下进行。

19.3.1 果蝇准备

① 使果蝇在玉米粉培养基上生长（注释③）。

② 收集新孵化的雌蝇，使其在25℃下保持5～7天（注释④）。

③ 每组使用15～30只果蝇进行实验。

19.13.2 噬菌体制备

① 在果蝇小瓶中准备1mL蔗糖培养基。

② 用少于100μL的噬菌体溶液覆盖培养基，其中噬菌体含有10^7～10^{10}pfu（注释⑤）。

③ 在层流下风干含噬菌体的蔗糖培养基1h。

19.3.3 细菌准备

① 将冷冻的PA储存液涂到新鲜的LB琼脂平板上，并在37℃下培养过夜（约14h）（注释⑥）。

② 将平板上的单个菌落接种到含有3mL LB肉汤的试管中，37℃培养过夜。

③ 使用3mL LB肉汤稀释培养物进行继代培养，使OD_{600}达到0.05。然后在37℃下培养，直到OD_{600}达到2.7～3.0，此时效价大约为10^9cfu/mL（注释⑦）。

④ 将1mL培养液离心，6000g、2min，弃去上清液。

⑤ 使用1mL PBS洗涤一次，重复步骤④。

⑥ 将细菌重悬于1mL PBS中，并通过连续稀释PBS中的细菌来制备OD_{600}为0.03（效价约为10^7cfu/mL）的细菌悬液（注释⑧）。

19.3.4 药代动力学的测量

① 将果蝇转移到一个空的小瓶中饥饿培养3h。

② 饥饿培养3h后，将果蝇转移到含有适量噬菌体的蔗糖培养基中，并将小瓶在25℃下保存12h（注释⑤）。

③ 将喂食的果蝇转移到没有噬菌体的新鲜蔗糖培养基中。

④ 每隔12h从小瓶中取出3～6只果蝇，并使用塑料杵在100μL噬菌体缓冲液中将每只果蝇匀浆化（注释⑨）。

⑤ 通过测量pfu确定匀浆中的噬菌体效价。通常进行两种测定（噬斑点和噬菌斑）（注释⑩）（图19-1）。

19.3.5 系统性感染

① 用CO_2麻醉果蝇，然后将它们成群放在软垫上。

② 将灭菌的0.4mm钨针浸入经PBS稀释的OD_{600}为0.03细菌悬液中（注释⑪）。

③ 将针尖插入胸腔，刺穿背胸（注释⑫）（图19-2）。

④ 重复步骤②～③，直到组中所有果蝇都被感染为止。

⑤ 将感染的果蝇转移到含有或不含有噬菌体的蔗糖培养基中，并在25℃下孵育。

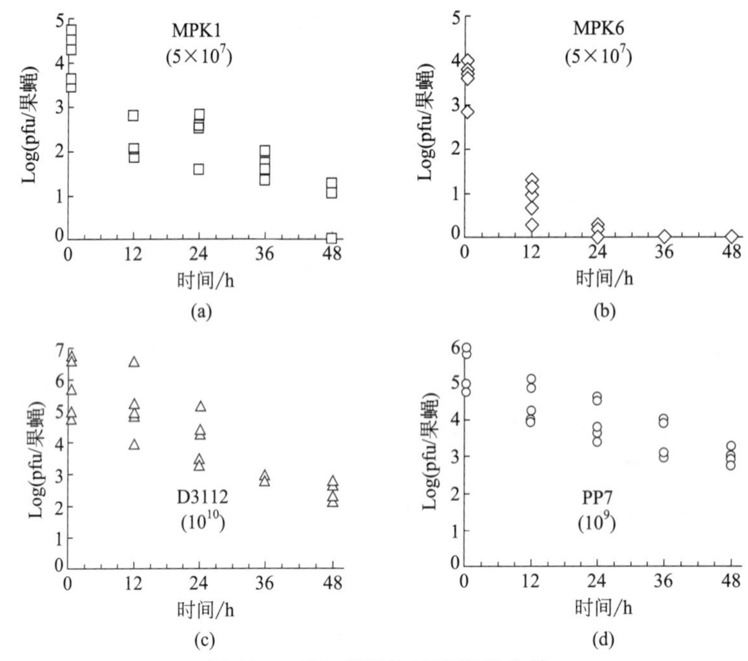

图 19-1　PA 噬菌体的药代动力学

将 MPK1[(a)肌尾噬菌体，方形]、MPK6[(b)短尾噬菌体，菱形]、D3112[(c)长尾噬菌体，三角形] 和 PP7[(d)光滑噬菌体，圆形] 上的噬菌体样本（50μL PBS）覆盖在 1mL 蔗糖培养基的表面。在 0.5h、12h、24h、36h 和 48h 收集了几组果蝇（$n=5$），将它们匀浆以测量每只果蝇的 pfu，以对数刻度显示。在蔗糖培养基中使用的噬菌体的数量是固定的

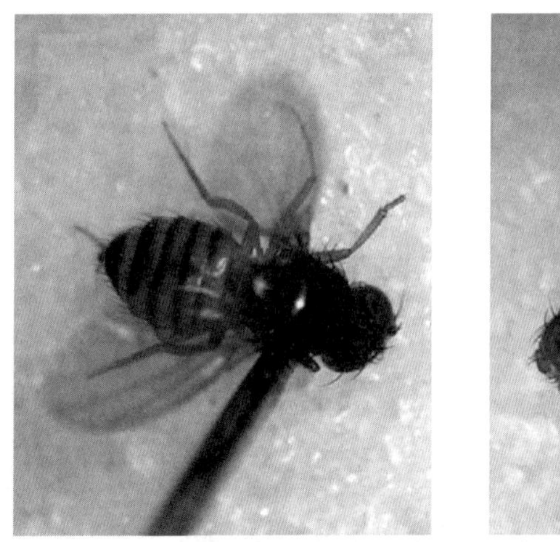

(a) 顶视图

(b) 侧视图

图 19-2　果蝇全身感染图

用略微浸入细菌悬液中的 0.4mm 钨针轻刺果蝇（深度小于 0.2mm）。背侧胸腔被针尖刺破

19.3.6　抗菌效果的评估

通常可以通过确定果蝇的存活率或果蝇组织内的细菌增殖来评估抗菌效果。

19.3.6.1　存活率测定

① 计算活果蝇的数量。果蝇在感染后 24h 左右开始死亡（注释⑬）。

② 监测果蝇的死亡需要超过 60h，尽管在感染后 48h 左右已达到 100%的死亡率。

③ 确定存活率与时间的函数曲线。

④ 进行独立实验五次以上。

⑤ 根据 Kaplan-Meier logrank 检验，（注释⑭）确定各组存活率差异的统计学意义（图 19-3）。

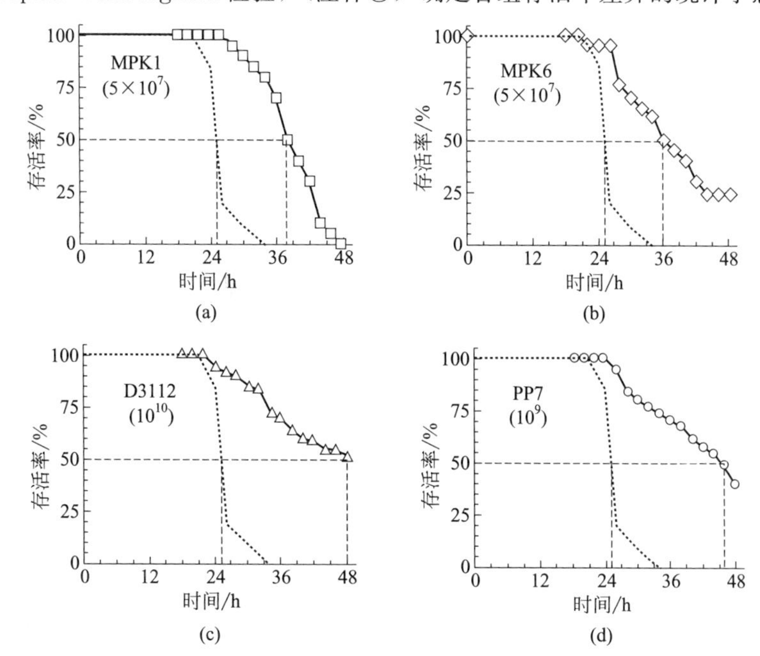

图 19-3 使用 PA 噬菌体以评估抗菌效果

如图 19-1 所示，将感染 PAO1 的苍蝇（$n=150$）转移到新的培养基上，不覆盖任何东西（虚线）或 MPK1（a）、MPK6（b）、D3112（c）和 PP7（d）的噬菌体样品。指定在 1mL 蔗糖培养基中使用的噬菌体的量。灰色虚线表示达到 50%死亡率所需的时间。基于 logrank 测试，当 $p<0.001$ 即表明差异显著

19.3.6.2 菌血症的测定

① 在不同时间点从小瓶中取出 6 只果蝇，并使用塑料杵将每只苍蝇分别在 100μL LB 肉汤中匀浆（注释⑨）。

② 将果蝇匀浆，连续稀释于十六烷三甲基溴化铵琼脂平板上，37℃孵育 18h。

③ 计数 cfu，以计算匀浆中的细菌量。

④ 进行独立实验五次以上。

19.4 注释

① 噬菌体悬液在 4℃可储存至少一周。

② 使用 0.1mm 的钨针也会产生良好的效果。

③ OregonR 或 CantonS 通常可以用作果蝇的野生型菌株。果蝇可能受到各种微生物的污染，应对其中的微生物进行额外处理。

④ 与使用雄蝇相比，使用雌蝇在点刺实验中得到的结果更加一致。

⑤ 噬菌体的量通常为 $10^{11}\sim10^{12}$pfu/mL，蔗糖培养基中最高的噬菌体效价实际上是 10^{10} pfu/mL，通常足以显示抗菌活性而没有毒性作用。通常使用的肌尾噬菌体和短尾噬菌体的效价是 10^{8}pfu/mL，光滑噬菌体的效价是 10^{9}pfu/mL，温和的长尾噬菌体的效价是 10^{10}pfu/mL[9-11]（图 19-1 和图 19-3）。应当使用适当数量的噬菌体，因为 PK 特性很大程度上取决于 1mL 蔗糖培养基中喂养的用量。

⑥ 由于其对多种分离噬菌体的敏感性，一直在使用 PAO1 菌株。

⑦ 倍增时间可能会有所不同，具体取决于所使用的菌株。对于 PAO1，此倍增时间大约需要 5h。

⑧ 通过省略洗涤步骤，可以简化步骤④～⑥：取 10μL 培养物并将其转移至 990μL PBS 中。对于 PA 菌株，可用 10mmol/L $MgSO_4$ 代替 PBS。

⑨ 通常在感染后 0.5h、12h、24h、36h 和 48h 进行观察。

⑩ 为了进行噬菌斑测定，将连续稀释的匀浆的液滴（3μL）在 OD_{600} 为 1.0 的情况下点加到铺有 50μL PAO1 细胞的 LB 培养基上。将平板在 37℃下孵育 16～24h。对于噬菌斑测定，将可能包含约 10^2 pfu 噬菌体的连续稀释的等分试样（10μL）与 10^7 cfu 的 PAO1 细胞在 OD_{600} 为 1.0 的条件下混合，并重悬于 100μL 噬菌体缓冲液中。在 37℃下孵育 10min 后，加入 3mL 顶部琼脂，将混合物铺在预先平衡的 LB 琼脂平板上。在 37℃下孵育 16～24h 后，可以看到噬菌斑。

⑪ 需要这样做以防止果蝇感染过程中的细菌沉淀。

⑫ 通过这种方式，可以有效地将 50～200 种细菌引入果蝇体内局部位置。

⑬ 通常每 3h 监测一次感染。一旦死亡开始，间隔 1h 更佳。

⑭ 排除在感染后 12h 之内死亡的果蝇，因为这种“初始”死亡可能是机械损伤或败血性休克的结果。“初始”死亡的百分比不应超过 5%，否则存活率可能会被混淆。

致谢

感谢 Cho 实验室成员技术帮助和有益意见。这项工作得到了韩国国家研究基金会（NRF）资助（NRF-2017R1A2B3005239）的支持。

参考文献

1. Shirasu-Hiza MM, Schneider DS (2007) Confronting physiology: how do infected flies die? Cell Microbiol 12:2775–2783
2. Lemaitre B, Hoffmann JA (2007) The host defense of *Drosophila melanogaster*. Annu Rev Immunol 25:697–743
3. Hoffmann JA, Reichhart JM (2002) *Drosophila* innate immunity: an evolutionary perspective. Nat Immunol 2:121–126
4. D'Argenio DA, Gallagher LA, Berg CA, Manoil C (2001) *Drosophila* as a model host for *Pseudomonas aeruginosa* infection. J Bacteriol 183:1466–1471
5. Lau GW, Goumnerov BC, Walendziewicz CL, Hewitson J, Xiao W, Mahajan-Miklos S, Tompkins RG, Perkins LA, Rahme LG (2003) The *Drosophila melanogaster* Toll pathway participates in resistance to infection by the gram-negative human pathogen *Pseudomonas aeruginosa*. Infect Immun 71:4059–4066
6. Lee J-S, Heo Y-J, Lee JK, Cho Y-H (2005) KatA, the major catalase, is critical for osmoprotection and virulence in *Pseudomonas aeruginosa* PA14. Infect Immun 73:4399–4403
7. Kim S-H, Park S-Y, Heo Y-J, Cho Y-H (2008) *Drosophila melanogaster*-based screening for multihost virulence factors of *Pseudomonas aeruginosa* PA14 and identification of a virulence-attenuating factor, HudA. Infect Immun 76:4152–4162
8. Apidianakis Y, Rahme LG (2009) *Drosophila melanogaster* as a model host for studying *Pseudomonas aeruginosa* infection. Nat Protoc 9:1285–1294
9. Heo Y-J, Lee Y-R, Jung H-H, Lee J, Ko G, Cho Y-H (2009) Antibacterial efficacy of phages against *Pseudomonas aeruginosa* infections in mice and *Drosophila melanogaster*. Antimicrob Agents Chemother 53:2469–2474
10. Chung I-Y, Sim N, Cho Y-H (2012) Antibacterial efficacy of temperate phage-mediated inhibition of bacterial group motilities. Antimicrob Agents Chemother 56:5612–5617
11. Bae H-W (2014) Antibacterial efficacy and host spectrum of a *Pseudomonas aeruginosa* RNA phage. Ph.D Thesis, Korea: CHA University
12. Lee, Y-J, Jang, H-J, Chung, I-Y, and Cho, Y-H (2018) *Drosophila melanogaster* as a polymicrobial infection model for *Pseudomonas aeruginosa* and *Staphylococcus aureus*. J Microbiol 56:534–541.

20 浮萍和紫苜蓿作为细菌感染模型系统的应用

▶ 20.1 引言
▶ 20.2 材料——紫苜蓿
▶ 20.3 方法——紫苜蓿
▶ 20.4 材料——浮萍
▶ 20.5 方法——浮萍
▶ 20.6 注释

摘要

目前已经建立了可替代的细菌感染的动物宿主模型，该模型再现了在高等动物中观察到的某些疾病情况。类似地，植物也可以用来模拟细菌的发病机制，甚至在某些情况下可以揭示广泛保守的感染机制。与动物相似，植物也被证明拥有对入侵的病毒、细菌和真菌做出反应的先天免疫系统。与许多动物感染模型相比，植物感染模型产生结果更快、更方便、更便宜。本章介绍了使用两种不同的植物感染模型来发现致病基因和致病因子。

关键词：细菌，发病机制，感染模型，毒力，毒力因子，浮萍，紫苜蓿

20.1 引言

许多动物模型，如小鼠和大鼠模型[1~5]，已经被用于细菌感染研究。此外，还开发了几种可供选择的动物感染模型，包括大蜡螟幼虫[6]、果蝇（普通果蝇）[7]、秀丽隐杆线虫(线虫)[8] 和斑马鱼胚胎[9]，应用本章中概述的方案。这些模型再现了在高等动物身上观察到的一些疾病情况。然而，植物在模拟细菌发病机制方面的作用也得到了认可，在某些情况下揭示了广泛保守的感染机制[10~13]。与动物相似，植物具有先天免疫系统，其对入侵的病毒、细菌和真菌[14,15] 产生氧化裂解、抗菌肽和次生代谢物[16,17]，做出反应。这些反应与入侵细菌在动物宿主中遇到的一些最重要的防御措施相一致。对于能够感染多种宿主的病原菌，植物是一种廉价且易于操作的感染模型，用于探索毒力因子、感染过程以及相对良性的细菌演变成病原体的过程。对于能够感染多种宿主的病原菌，如铜绿假单胞菌，利用多种感染模型，鉴定了几种共有的通用毒力因子[18]。然而，这种多宿主的方法也证实了，在感染特定宿主时，不一定会产生常见的细菌毒力因子[19]，尽管这种表达性的差异或许与感染植

物的部位有关，在根、茎和中叶存在着明显的差异[20]。之前已经有数个优秀的植物模型被用来研究细菌的发病机制，包括洋葱[23]、番茄[11]、生菜[24]、拟南芥[25~27] 和豌豆定植模型[28]。然而，本章的重点在目前使用的两个最便利和最有用的植物感染模型上，即紫苜蓿幼苗[21,29] 和浮萍[30,31] 感染模型。

紫苜蓿是豆科多年生开花草本植物，是世界上重要的饲料作物。根系较深，抗旱能力强，每株通常可存活 4～8 年，苗期生长缓慢。此外还建立了一种可替代的感染模型，将紫苜蓿幼苗连夜萌发，用一根针刺伤一片叶子，然后用稀释的细菌悬液接种。感染的紫苜蓿幼苗在 6 天内出现疾病症状，因此，这种替代宿主模式比许多动物感染模式更快、更方便、成本更低。紫苜蓿幼苗替代感染模型已被用于简化编码新毒力决定因子的基因的发现[21,29]。

普通浮萍（浮萍，浮萍科）是已知最小的浮萍开花植物之一，生长在世界各地的淡水水体表面。它是一种单子叶植物，通过受精和出芽进行有性繁殖。后一种策略提供了从一株植物中产生大量克隆种群的方法。通过消除目前植物和动物感染模型中常见的遗传变异性，浮萍模型能够以更高的重复性研究感染过程。浮萍的无菌培养物很容易获得，因此允许检查一个孤立的、二分细菌感染过程。浮萍模型的高通量潜力已经通过对一个新的洋葱伯克霍尔德菌突变文库的毒力因子筛选得到证实，从而鉴定出几个新的假定毒力因子[31]。

利用噬菌体在植物感染模型中直接控制致病菌已经在几个例子中进行了测试。在体内条件下，应用于植物感染模型的噬菌体的成功率有限。在某些情况下，可能存在内源性植物源性抑制化合物，使植物体内和组织中的噬菌体失活，因此噬菌体的直接治疗在植物模型中可能不如其他类型的感染模型有效。尽管如此，已经观察到表面或土壤对植物病原体的生物控制和促植物生长的作用[33~40]，并且可以通过噬菌体或噬菌体鸡尾酒的应用来促进此作用。这表明，噬菌体处理与根或叶相关的细菌可以成功地用于农业环境中，对抗植物的某些类型的细菌感染。在生物控制模型中已成功用噬菌体治疗的细菌种类包括达旦提狄克菌[33]、梨火疫病菌[34]、丁香假单胞菌[35,36]、青枯雷尔菌[37,38]、病原性沙门菌[39] 和木质部难养菌[40]。

20.2 材料——紫苜蓿

① 紫苜蓿种子（品种 57Q77）可从 Pioneer Hi-Bred International，Inc（美国爱荷华州约翰斯顿）获得。

② 紫苜蓿植株的生长和侵染是在水琼脂平板上进行的（无菌水与 1% Difco 细菌琼脂和 1% Difco Noble 琼脂固化）。原料可从 Difco 实验室（密歇根州底特律）购买。

③ 与细菌培养有关的试剂均可从 Difco 实验室获得。将细菌在含有 2mL LB 肉汤的 15mL 锥形管（VWR International，Radnor，PA，USA）30℃、有氧培养 18h，225r/min。

20.3 方法——紫苜蓿

20.3.1 萌发幼芽

① 将种子浸泡在浓硫酸（约 10mL，300 粒种子）中 20min，然后用 500mL 无菌蒸馏水（dH_2O）洗涤 4 次，以达到消毒和加速发芽的目的。

② 在 125mL 锥形瓶中用 60mL 无菌 dH_2O 覆盖紫苜蓿种子，并在 32℃下振荡培养 6～8h，以促进均匀发芽。

③ 种子用 60mL 无菌 dH_2O 漂洗两次，在 60mL 无菌 dH_2O 中振荡培养过夜。

④ 第二天，用无菌镊子将幼苗（每盘 10 株）放在水琼脂（无菌蒸馏水与 1% Difco 细菌琼脂和 1% Difco Noble 琼脂固化）表面。

⑤ 在 1h 内，用 20 号针刺伤每棵幼苗的一片叶子。

⑥ 叶片受伤后立即在幼苗表面接种 10mL 稀释的细菌细胞。

⑦ 将接种所用的细菌培养物在 0.85%的 NaCl 中连续稀释，稀释后的稀释液在 LB 琼脂平板上进行定量。

⑧ 含有幼苗的培养皿用石蜡膜密封以保持高湿度，并在 37℃的温暖房间中，在台灯下以 640lux 的强度，每天平均 8～12h 的人工光进行孵化。每种细菌接种约 20 株。

⑨ 在感染后 7 天，对幼苗进行目测并对疾病症状进行评分，以区分疾病症状的严重程度：a. 黄化，即由于缺乏叶绿素而导致的叶组织变黄；b. 根系生长受阻；c. 缺乏根毛；d. 幼苗的棕色区域出现很明显的坏死。

20.3.2 感染的紫苜蓿幼苗中细菌的复苏

① 对于每个细菌菌株，5～10 个受感染的幼苗经 Kontes 组织研磨机（Thermo Fisher Scientific）在 1mL 0.85%NaCl 中匀浆。

② 将所得到的悬浮液在 0.85% NaCl 中连续稀释，并涂布到 LB 琼脂培养基上，以测定每个幼苗中的数量（cfu/mL）。

③ 随机选择有疾病症状的幼苗进行细菌定量，但接种了不能引起疾病症状的菌株的幼苗除外（注释①和②）。

④ 方差分析（ANOVA）以及用 INSTAT 软件进行线性回归分析。

20.4 材料——浮萍

① 浮萍植物可以从任意来源获得，包括植物园、商业温室，或学术植物学部门。获得浮萍后，可以在非无菌水中以很低的额外成本进行连续繁殖。

② 为了进行细菌感染试验，植物在 24 孔板中在 30℃的无菌 Schenk-Hildebrandt 培养基中静态生长，添加来自 Sigma-Aldrich Canada（Oakville，ON）的 10g/L 蔗糖（SHS）。在细菌感染之前，植物应该保持 18h-6h 的光-暗周期，以促进无性繁殖。在这些条件下，浮萍植物每周将产生 2～3 代。

③ 与细菌生长有关的所有其他试剂均可从 Difco 实验室（密歇根州底特律）获得。将过夜的细菌培养物加在含有 2mL LB 肉汤的 15mL 锥形管（VWR International，Radnor，PA）中，在有氧培养条件下，30℃，225r/min 培养 18h。

④ 为了选择特定标记，可以从 Sigma-Aldrich Canada（Oakville，ON）获得抗生素。抗生素的使用量取决于所使用的细菌菌株，以抗生素的常用浓度加在细菌培养基中。例如，对于大肠埃希菌，以 10μg/mL 的量使用四环素（Tc），以 100μg/mL 的量使用甲氧苄啶（Tp）。

20.5 方法——浮萍

20.5.1 植物表面灭菌

① 对于无菌生长，使用无菌接种环将浮萍植物浸入 10%（体积分数）漂白剂中 10s。

② 将植物转移至70%（体积分数）乙醇中，然后如上所述浸没10s。

③ 最后，将植物转移到补充有10g/L蔗糖（SHS）的过量无菌Schenk-Hildebrandt培养基中进行回收。应在这种培养基中冲洗植物，直到没有漂白剂和乙醇残留。

20.5.2 植物感染

① 为了分别感染每株植物，在96孔板中，每孔加180μL SHS和一株包含2～3叶（大的裂开的叶子；例如，生长的中间阶段）的浮萍植物。

② 开始浮萍植物的感染，将1mL过夜细菌培养物5000g离心5min，然后将细胞沉淀轻轻重悬于1mL SHS中以洗涤细胞。

③ 重复上述细菌细胞离心操作，然后将细胞轻轻重悬至终体积为1mL的SHS中。对于表现出较高杀伤力的细菌，可以将SHS稀释至适当浓度以更好地观察感染过程。

④ 从96孔板的左侧开始，在整个板上进行连续十倍稀释：使用多通道微量移液器（例如，Eppendorf Research Plus微量移液器，德国汉堡），将20μL最终洗涤过的细菌细胞悬液添加到第一列中八孔的180μL中，确保整个板上每个孔中的稀释液的最终体积为180μL。

⑤ 感染板通常用玻璃纸包裹，以减少液体从孔中蒸发，并置于黑暗中，30℃。

⑥ 存活的植物可以在24h、48h或96h进行计数，具体取决于所用细菌菌株的杀伤力。当在选定的时间点中超过10%的植物仍保持绿色，并且显示绿色色素沉着损失>90%的植物被视为已死亡时，则将其标识为“存活”。根据经验，在高剂量细菌的作用下，24h时个别植物就开始出现发病迹象，到96h（4天）时，细菌感染才完成。在这段时间之后，存活的植物倾向于抵抗原始感染。

⑦ 应当进行几项独立的试验，包括连续稀释5倍的4～8个重复感染，并且每个试验都应培养单独的过夜细菌培养物。

⑧ 为了对每个孔中的细菌细胞进行计数，在稀释细胞后，可使用多通道微量移液器（Eppendorf）将每个稀释孔中的10μL滴到LB琼脂平板上，并在37℃孵育过夜。野生型非致病菌应作为对照进行平行试验。

⑨ LD_{50}的统计分析代表重复平均值±标准误差，并且可以使用t检验比较菌株之间的LD_{50}。浮萍感染的LD_{50}可以根据Randhawa[41]所述的方法确定，LD_{50}取自每个独立试验的总和，以产生平均误差和标准误差。

20.6 注释

① 对于在紫苜蓿模型中测试的所有细菌菌株，回收的细菌数量至少比接种量高十倍，这表明所有细菌都能够在紫苜蓿上生长。对于不能在紫苜蓿幼苗中引起疾病的细菌，可能是由于它们无法在幼苗上生长。

② 有时不同的细菌在紫苜蓿中表现出不同的作用。例如，铜绿假单胞菌感染局限于叶片受伤并产生更大的组织损伤，而洋葱伯克霍尔德菌复合体的某些菌株不需要叶片受伤，并且在37℃对幼苗的伤害更大，而不是30℃。

致谢

非常感谢阿尔伯塔大学毕业的学生Dockery，B. Bourrie和E. L. Thomson。

参考文献

1. Cash HA, Woods DE, McCullough B, Johanson WG, Bass JA (1979) A rat model of chronic respiratory infection with *Pseudomonas aeruginosa*. Am Rev Respir Dis 119:453–459
2. Woods DE, Sokol PA, Bryan LE, Storey DG, Mattingly SJ, Vogel HJ, Ceri H (1991) In vivo regulation of virulence in *Pseudomonas aeruginosa* associated with genetic rearrangement. J Infect Dis 163:143–149
3. Chiu CH, Ostry A, Speert DP (2001) Invasion of murine respiratory epithelial cells in vivo by *Burkholderia cepacia*. J Med Microbiol 50 (7):594–601
4. Singh KV, Qin X, Weinstock GM, Murray BE (1998) Generation and testing of mutants of *Enterococcus faecalis* in a mouse peritonitis model. J Infect Dis 178:1416–1420
5. Urban TA, Griffith A, Torok AM, Smolkin ME, Burns JL et al (2004) Contribution of *Burkholderia cenocepacia* flagella to infectivity and inflammation. Infect Immun 72 (9):5126–5113
6. Seed KD, Dennis JJ (2008) Development of *Galleria mellonella* as an alternative infection model for the *Burkholderia cepacia* complex. Infect Immun 76(3):1267–1275
7. Castonguay-Vanier J, Vial L, Tremblay J, Déziel E (2010) *Drosophila melanogaster* as a model host for the *Burkholderia cepacia* complex. PLoS One 5(7):e11467
8. Tan MW, Mahajan-Miklos S, Ausubel FM (1999) Killing of *Caenorhabditis elegans* by *Pseudomonas aeruginosa* used to model mammalian bacterial pathogenesis. Proc Natl Acad Sci U S A 96(2):715–720
9. Vergunst AC, Meijer AH, Renshaw SA, O'Callaghan D (2010) *Burkholderia cenocepacia* creates an intramacrophage replication niche in zebrafish embryos, followed by bacterial dissemination and establishment of systemic infection. Infect Immun 78(4):1495–1508
10. Kroupitski Y, Golberg D, Belausov E, Pinto R, Swartzberg D et al (2009) Internalization of *Salmonella enterica* in leaves is induced by light and involves chemotaxis and penetration through open stomata. Appl Environ Microbiol 75(19):6076–6086
11. Lee YH, Chen Y, Ouyang X, Gan YH (2010) Identification of tomato plant as a novel host model for *Burkholderia pseudomallei*. *BMC Microbiol* 10:28
12. Prithiviraj B, Weir T, Bais HP, Schweizer HP, Vivanco JM (2005) Plant models for animal pathogenesis. Cell Microbiol 7(3):315–324
13. Schikora A, Virlogeux-Payant I, Bueso E, Garcia AV, Nilau T et al (2011) Conservation of *Salmonella* infection mechanisms in plants and animals. PLoS One 6(9):e24112
14. Ronald PC, Beutler B (2010) Plant and animal sensors of conserved microbial signatures. Science 330(6007):1061–1064
15. Cao H, Baldini RL, Rahme LG (2001) Common mechanisms for pathogens of plants and animals. Annu Rev Phytopathol 39:259–284
16. Iriti M, Faoro F (2007) Review of innate and specific immunity in plants and animals. Mycopathologia 164(2):57–64
17. Stotz HU, Waller F, Wang K (2013) Innate immunity in plants: The role of antimicrobial peptides. In: Hiemstra PS (ed) Antimicrobial peptides and innate immunity. Springer, Basel, pp 29–51
18. Jander G, Rahme LG, Ausubel FM (2000) Positive correlation between virulence of *Pseudomonas aeruginosa* mutants in mice and insects. J Bacteriol 182(13):3843–3845
19. Uehlinger S, Schwager S, Bernier SP, Riedel K, Nguyen DT et al (2009) Identification of specific and universal virulence factors in *Burkholderia cenocepacia* strains by using multiple infection hosts. Infect Immun 77 (9):4102–4110
20. Walker TS, Bais HP, Deziel E, Schweizer HP, Rahme LG et al (2004) *Pseudomonas aeruginosa* plant root interactions: pathogenicity, biofilm formation, and root exudation. Plant Physiol 134:320–331
21. Silo-Suh L, Suh S-J, Sokol PA, Ohman DE (2002) A simple alfalfa seedling infection model for *Pseudomonas aeruginosa* strains associated with cystic fibrosis shows AlgT (sigma-22) and RhlR contribute to pathogenesis. Proc Natl Acad Sci U S A 99:15699–15704
22. Plotnikova JM, Rahme LG, Ausubel FM (2000) Pathogenesis of the human opportunistic pathogen *Pseudomonas aeruginosa* PA14 in *Arabidopsis*. Plant Physiol 124:1766–1774
23. Yohalem DS, Lorbeer JW (1997) Distribution of *Burkholderia cepacia* phenotypes by niche, method of isolation and pathogenicity to onion. Ann Appl Biol 130:467–479
24. Baldini RL, Lau GW, Rahme LG (2002) Use of plant and insect hosts to model bacterial pathogenesis. Methods Enzymol 358:3–13
25. Rahme LG, Stevens EJ, Wolfort SF, Shao J, Tompkins RG et al (1995) Common virulence factors for bacterial pathogenicity in plants and animals. Science 268:1899–1902
26. Jha AK, Bais HP, Vivanco JM (2005) *Enterococcus faecalis* mammalian virulence related factors exhibit potent pathogenicity in the *Arabidopsis thaliana* plant model. Infect Immun 73:464–475
27. Dong X, Mindrinos M, Davis KR, Ausubel FM (1991) Induction of *Arabidopsis* defense genes by virulent and avirulent *Pseudomonas syringae*

strains and by a cloned avirulence gene. Plant Cell 3:61–72

28. O'Sullivan LA, Weightman AJ, Jones TH, Marchbank AM, Tiedje JM (2007) Identifying the genetic basis of ecologically and biotechnologically useful functions of the bacterium *Burkholderia vietnamienesis*. Environ Microbiol 9 (4):1017–1034
29. Bernier SP, Silo-Suh L, Woods DE, Ohman DE, Sokol PA (2003) Comparative analysis of plant and animal models for characterization of *Burkholderia cepacia* virulence. Infect Immun 71(9):5306–5313
30. Zhang Y, Hu Y, Yang B, Ma F, Lu P et al (2010) Duckweed (*Lemna minor*) as a model plant system for the study of human microbial pathogenesis. PLoS One 5(10):e13527
31. Thomson EL, Dennis JJ (2013) Common duckweed (*Lemna minor*) is a versatile high-throughput infection model for the *Burkholderia cepacia* complex and other pathogenic bacteria. PLoS One 8(11):e80102
32. Kocharunchitt C, Ross T, McNeil DL (2009) Use of bacteriophages as biocontrol agents to control *Salmonella* associated with seed sprouts. Int J Food Microbiol 128 (3):453–459. https://doi.org/10.1016/j.ijfoodmicro.2008.10.014
33. Soleimani-Delfan A, Etemadifar Z, Emtiazi G, Bouzari M (2015) Isolation of *Dickeya dadantii* strains from potato disease and biocontrol by their bacteriophages. Braz J Microbiol 46(3):791–797. https://doi.org/10.1590/S1517-838246320140498
34. Born Y, Fieseler L, Thöny V, Leimer N, Duffy B et al (2017) Engineering of bacteriophages Y2::*dpoL1-C* and Y2::*luxAB* for efficient control and rapid detection of the fire blight pathogen, *Erwinia amylovora*. Appl Environ Microbiol 83(12). https://doi.org/10.1128/AEM.00341-17. pii: e00341-17
35. Frampton RA, Acedo EL, Young VL, Chen D, Tong B et al (2015) Genome, proteome and structure of a T7-like bacteriophage of the kiwifruit canker phytopathogen *Pseudomonas syringae pv. actinidiae*. Viruses 7 (7):3361–3379. https://doi.org/10.3390/v7072776
36. Yu JG, Lim JA, Song YR, Heu S, Kim GH et al (2016) Isolation and characterization of bacteriophages against *Pseudomonas syringae pv. actinidiae* causing bacterial canker disease in kiwifruit. J Microbiol Biotechnol 26 (2):385–393. https://doi.org/10.4014/jmb.1509.09012
37. Bhunchoth A, Phironrit N, Leksomboon C, Chatchawankanphanich O, Kotera S et al (2015) Isolation of *Ralstonia solanacearum*-infecting bacteriophages from tomato fields in Chiang Mai, Thailand, and their experimental use as biocontrol agents. J Appl Microbiol 118 (4):1023–1033. https://doi.org/10.1111/jam.12763
38. Wei C, Liu J, Maina AN, Mwaura FB, Yu J et al (2017) Developing a bacteriophage cocktail for biocontrol of potato bacterial wilt. Virol Sin 32 (6):476–484. https://doi.org/10.1007/s12250-017-3987-6
39. Ye J, Kostrzynska M, Dunfield K, Warriner K (2010) Control of *Salmonella* on sprouting mung bean and alfalfa seeds by using a biocontrol preparation based on antagonistic bacteria and lytic bacteriophages. J Food Prot 73 (1):9–17
40. Das M, Bhowmick TS, Ahern SJ, Young R, Gonzalez CF (2015) Control of Pierce's disease by phage. PLoS One 10(6):e0128902. https://doi.org/10.1371/journal.pone.0128902
41. Randhawa MA (2009) Calculation of LD50 values from the method of Miller and Tainter, 1944. J Ayub Med Coll Abbottabad 21 (3):184–185

21 鸡胚致死试验评估噬菌体治疗效果的应用

- 21.1 引言
- 21.2 材料
- 21.3 方法
- 21.4 注释

摘要

为了对抗人类和动物中抗性菌引起的传染病，噬菌体治疗已经重新受到科学界的关注。在接受噬菌体治疗之前，与抗生素一样，必须提供令人信服的详细实验数据。鸡胚模型已被用于研究许多病原菌的毒力。本章介绍了使用鸡胚致死试验来测试噬菌体治疗大肠埃希菌病的效果的方案，这可能也适用于其他细菌的感染。

关键词：动物模型，蛋，噬菌体治疗，鸡，大肠埃希菌

21.1 引言

近年来，在世界各地的家禽养殖场，由大肠埃希菌引起的病症复发率很高，导致禽大肠埃希菌病成为家禽业的主要细菌病[1]。禽致病性大肠埃希菌（APEC）可诱导多种肠外综合征，包括卵黄囊感染引起鸡胚死亡[2,3]。如果母鸡患有输卵管炎或在产蛋时鸡蛋被粪便污染，即会在卵内感染细菌[4]。此外，由于 APEC 菌株在系统发育上与人类大肠埃希菌致病菌株相关，因此 APEC 向人类传播是另一个值得关注的问题[5~7]。大肠埃希菌病通常可以使用抗菌药物控制，但由于频繁使用抗生素引发多重抗药性，因此抗生素耐药性的增加已成为又一个需要解决的问题。实际上，法国在 2015 年，母鸡/鸡的多重抗性菌的比例为 5.3%，火鸡为 2.7%。这使人们急需寻找替代疗法，包括噬菌体疗法[8]。研究者们已经进行了几项研究来评估噬菌体疗法预防或治疗禽大肠埃希菌病的疗效。试验已经证明，肌内注射 10^6 大肠埃希菌菌株 MW（O18：K1）后，注射 10^4 噬菌体 R 能够提供足够的保护，并且在颅内注射大肠埃希菌菌株 MW 后，使用 10^8 噬菌体 R 也可实现保护作用[9]。大肠埃希菌噬菌体 SPR02 和 DAF6 能够在血清型为 O2 的 APEC 菌株上繁殖。在通过呼吸途径将 APEC 菌株接种到鸡之前或之后，使用这两种噬菌体可实现保护动物的作用。当在接种 APEC 菌株 24h 后给予噬菌体时，能够观察到相对高水平的保护作用；而如果在接种 APEC

菌株 48h 后给予噬菌体，则保护作用不显著[10,11]。

在进行对照临床试验（靶向动物或人类）之前，在相关模型中评估噬菌体治疗的功效至关重要。这些模型很容易实现，如活禽胚胎，是必不可少的。

鸡胚可用作许多细菌感染的模型，包括大肠埃希菌、小肠结肠炎耶尔森菌、产气荚膜梭菌、盲肠肠球菌、粪肠球菌、单核细胞增生性李斯特菌、金黄色葡萄球菌、肠炎沙门菌和土拉热弗朗西斯菌[12-20]。此外，还发现鸡胚致死实验适用于区分毒力和无毒力分离株，使其成为一个功能强大的模型[15,21,22]。事实上，鸡的羊水中含有许多参与胚胎保护和防御的抗菌成分[23]。此外，在许多国家，禽类胚胎目前不受立法制约，可用于动物实验。因此，使用这种动物模型评估噬菌体治疗的效果在伦理上更易接受，并且与体外研究更相关。

本章描述了使用鸡胚作为模型在体内评估大肠埃希菌噬菌体对抗大肠埃希菌感染的治疗效果和安全性的方法。

21.2 材料

① 大肠埃希菌和纯化的大肠埃希菌悬液。
② 11 日龄的 SPF 鸡胚。
③ LB 肉汤[24]。
④ 70%乙醇。
⑤ 无菌/无热原的磷酸盐缓冲液（DPBS）。
⑥ 无菌/无热原的生理盐水。
⑦ 1mL 无菌的一次性塑料注射器。
⑧ 18G（1.2mm×40mm）无菌针头。
⑨ 25G（0.5mm×16mm）无菌针头。
⑩ 冷却的微量离心机、转子和管。
⑪ 便携式蛋烛光测试仪。
⑫ 鸡蛋孵化器或经典实验室培养箱。
⑬ 胶带。
⑭ 分光光度计。
⑮ 摇床（37℃）。

21.3 方法

21.3.1 鸡蛋孵化条件

① 从合适的公司获得无特定病原体（SPF）的鸡胚蛋。
② 将鸡蛋放入带有自动翻蛋器的鸡蛋孵化器中，定期旋转鸡蛋（图 21-1，注释①）。
③ 将鸡蛋在温度 37.8℃、湿度 45%条件下孵育，鸡蛋气室端向上（大端）。

21.3.2 照蛋

① 在孵化约 7 天或 8 天后，使用烛光灯检查鸡蛋是否受精。
② 从孵化器中取出鸡蛋并将它们放在黑暗的房间里。

③ 将每个鸡蛋的大端依次靠近烛台。

④ 观察鸡蛋以确定其是否受精（注释②和③）。

⑤ 丢弃未受精的鸡蛋，并将活鸡蛋放回孵化器。不要将鸡蛋放在培养箱外 30min 以上。

⑥ 在第 11 天，再次照蛋，并在气囊末端约 2mm 处用铅笔做标记。

图 21-1 鸡蛋孵化器的示例

21.3.3 感染受精蛋

① 接种细菌的 5mL LB 肉汤在 37℃下摇床（180r/min）振荡培养过夜。离心 1.5mL 过夜培养物，然后将细菌沉淀悬浮在 1.5mL DPBS 中。在 600nm 测量 1/10 稀释的细菌悬液的 OD 值，以便将接种物的细菌浓度调节至 10^3cfu/mL（注释④）。

② 用无菌/无热原盐水制备 2×10^4pfu/mL 噬菌体悬液。

③ 用 70%乙醇洗涤铅笔标记周围的蛋壳。

④ 使用 18G（1.2mm×40mm）无菌针头，在外壳铅笔标记处上打一个小孔，不要刺穿外壳膜。

⑤ 将细菌接种物吸入无菌 1mL 注射器中，并连接 25G（0.5mm×16mm）针头。

⑥ 小心地将注射器与针头以 45°插入孔中，而不是将 100μL 注入尿囊腔。

⑦ 用一小块胶带密封孔。

⑧ 用细菌接种 20 个鸡蛋，用 100μL DPBS 接种 10 个鸡蛋。

⑨ 将鸡蛋放回鸡蛋孵化器中，气室端朝上。

⑩ 细菌接种 2h 后，以与细菌相同的方式，将 100μL 噬菌体溶液注入 10 个鸡蛋（作为对照），并注入 10 个先前已经接种过细菌的鸡蛋。

⑪ 将鸡蛋放回孵化器中。

⑫ 每日照蛋，以监测最多 6 天的死亡率（注释⑤和⑥，图 21-2 和图 21-3）。

⑬ 将生存数据以 Kaplan-Meier 曲线呈现，并使用 logrank 检验进行分析[25]。

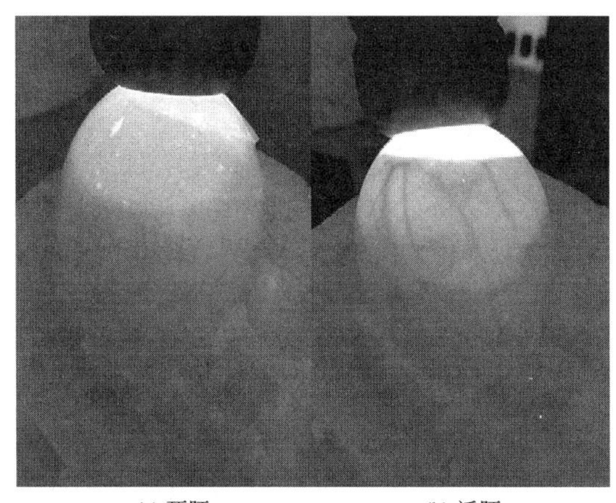

(a) 死胚　(b) 活胚

图 21-2 烛光法检测鸡胚致死率

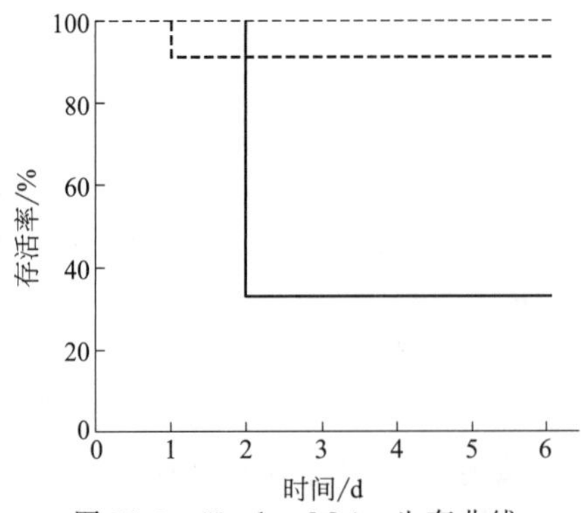

图 21-3 Kaplan-Meier 生存曲线

实线代表仅感染 100cfu 大肠埃希菌 BEN5202（一株血清型为 O2：K1 的禽源带毒菌株），虚线代表大肠埃希菌感染 2h 后给予 2000pfu 噬菌体 ESC05 治疗。作为对照，蓝色曲线代表接种 2000pfu 噬菌体 ESC05 的 10 个鸡蛋，红色虚线代表仅接种 100μL DPBS 的 10 个鸡蛋。y 轴表示存活率，x 轴表示感染的时间。结果表明，在感染禽致病性大肠埃希菌 BEN5202 后给予噬菌体治疗，鸡胚 100%存活，而对照组的存活率仅为 30%。然而，需要注意，在仅注射噬菌体的对照组，注射 1 天后即有一个鸡胚死亡

21.4 注释

① 使用特定的孵化器能够获得最佳的鸡蛋孵化条件。然而，在一些情况下，鸡蛋可以在传统的实验室培养箱中孵化。应将一盘水放入培养箱中以增加湿度。每天至少手动旋转鸡蛋两次。

② 导致豆状胚胎的细血管应该清晰可见。未受精的鸡蛋会出现一个带有可见蛋黄的小血斑。

③ 不要将鸡蛋放在孵化器外 30min 以上。

④ 由于噬菌体之间表现出稳定性的差异，在使用噬菌体之前，噬菌体效价可能会随着时间而下降，建议在使用噬菌体之前，测定新鲜制备的噬菌体溶液的浓度。

⑤ 缺乏运动和血管破裂是胚胎死亡的特征。

⑥ 还可以通过取样 100μL 的尿囊液来监测细菌和噬菌体的增殖，而不会导致胚胎的死亡。

致谢

感谢 INRA Val de Loire 的 PFIE（plateforme d'infectiologie expérimentale）人员提供 SPF 鸡胚。

参考文献

1. Zhuang QY, Wang SC, Li JP, Liu D, Liu S, Jiang WM, Chen JM (2014) A clinical survey of common avian infectious diseases in China. Avian Dis 58(2):297–302
2. Barnes HJ, L. K. Nolan, and J.-P. Vaillancourt (2008) Colibacillosis. In: Y. M. Saif, AM Fadly, J. R. Glisson, L. R. McDougald, L. K. Nolan, and D. E. Swayne (ed) Diseases of poultry. 12 Blackwell Publishing Hoboken, pp 691–737
3. Guabiraba R, Schouler C (2015) Avian colibacillosis: still many black holes. FEMS Microbiol Lett 362(15):fnv118. https://doi.org/10.1093/femsle/fnv118
4. Poulsen LL, Thofner I, Bisgaard M, Christensen JP, Olsen RH, Christensen H (2017) Longitudinal study of transmission of *Escherichia coli* from broiler breeders to broilers. Vet Microbiol 207:13–18. https://doi.org/10.1016/j.vetmic.2017.05.029
5. Mellata M (2013) Human and avian extraintestinal pathogenic *Escherichia coli*: infections, zoonotic risks, and antibiotic resistance trends. Foodborne Pathog Dis 10(11):916–932. https://doi.org/10.1089/fpd.2013.1533
6. Moulin-Schouleur M, Reperant M, Laurent S, Bree A, Mignon-Grasteau S, Germon P, Rasschaert D, Schouler C (2007) Extraintest-

inal pathogenic *Escherichia coli* strains of avian and human origin: link between phylogenetic relationships and common virulence patterns. J Clin Microbiol 45(10):3366–3376

7. Moulin-Schouleur M, Schouler C, Tailliez P, Kao MR, Bree A, Germon P, Oswald E, Mainil J, Blanco M, Blanco J (2006) Common virulence factors and genetic relationships between O18:K1:H7 *Escherichia coli* isolates of human and avian origin. J Clin Microbiol 44(10):3484–3492
8. Nobrega FL, Costa AR, Kluskens LD, Azeredo J (2015) Revisiting phage therapy: new applications for old resources. Trends Microbiol 23 (4):185–191. https://doi.org/10.1016/j.tim.2015.01.006
9. Barrow P, Lovell M, Berchieri A Jr (1998) Use of lytic bacteriophage for control of experimental *Escherichia coli* septicemia and meningitis in chickens and calves. Clin Diagn Lab Immunol 5(3):294–298
10. Huff WE, Huff GR, Rath NC, Balog JM, Donoghue AM (2002) Prevention of *Escherichia coli* infection in broiler chickens with a bacteriophage aerosol spray. Poult Sci 81 (10):1486–1491
11. Huff WE, Huff GR, Rath NC, Balog JM, Donoghue AM (2003) Evaluation of aerosol spray and intramuscular injection of bacteriophage to treat an *Escherichia coli* respiratory infection. Poult Sci 82(7):1108–1112
12. Alnassan AA, Shehata AA, Kotsch M, Lendner M, Daugschies A, Bangoura B (2013) Embryonated chicken eggs as an alternative model for mixed *Clostridium perfringens* and *Eimeria tenella* infection in chickens. Parasitol Res 112(6):2299–2306. https://doi.org/10.1007/s00436-013-3392-5
13. Blanco AE, Barz M, Cavero D, Icken W, Sharifi AR, Voss M, Buxade C, Preisinger R (2018) Characterization of *Enterococcus faecalis* isolates by chicken embryo lethality assay and ERIC-PCR. Avian Pathol 47(1):23–32. https://doi.org/10.1080/03079457.2017.1359404
14. Gibbs PS, Wooley RE (2003) Comparison of the intravenous chicken challenge method with the embryo lethality assay for studies in avian colibacillosis. Avian Dis 47(3):672–680. https://doi.org/10.1637/7011
15. Gripenland J, Andersson C, Johansson J (2014) Exploring the chicken embryo as a possible model for studying *Listeria monocytogenes* pathogenicity. Front Cell Infect Microbiol 4:170. https://doi.org/10.3389/fcimb.2014.00170
16. Horzempa J, O'Dee DM, Shanks RM, Nau GJ (2010) *Francisella tularensis* Delta*pyrF* mutants show that replication in nonmacrophages is sufficient for pathogenesis in vivo. Infect Immun 78(6):2607–2619. https://doi.org/10.1128/IAI.00134-10
17. Polakowska K, Lis MW, Helbin WM, Dubin G, Dubin A, Niedziolka JW, Miedzobrodzki J, Wladyka B (2012) The virulence of *Staphylococcus aureus* correlates with strain genotype in a chicken embryo model but not a nematode model. Microbes Infect 14(14):1352–1362. https://doi.org/10.1016/j.micinf.2012.09.006
18. Townsend MK, Carr NJ, Iyer JG, Horne SM, Gibbs PS, Pruss BM (2008) Pleiotropic phenotypes of a *Yersinia enterocolitica flhD* mutant include reduced lethality in a chicken embryo model. BMC Microbiol 8:12. https://doi.org/10.1186/1471-2180-8-12
19. Wang X, Carmichael DW, Cady EB, Gearing O, Bainbridge A, Ordidge RJ, Raivich G, Peebles DM (2008) Greater hypoxia-induced cell death in prenatal brain after bacterial-endotoxin pretreatment is not because of enhanced cerebral energy depletion: a chicken embryo model of the intrapartum response to hypoxia and infection. J Cereb Blood Flow Metab 28(5):948–960. https://doi.org/10.1038/sj.jcbfm.9600586
20. Wooley RE, Gibbs PS, Brown TP, Maurer JJ (2000) Chicken embryo lethality assay for determining the virulence of avian *Escherichia coli* isolates. Avian Dis 44(2):318–324
21. Borst LB, Suyemoto MM, Keelara S, Dunningan SE, Guy JS, Barnes HJ (2014) A chicken embryo lethality assay for pathogenic *Enterococcus cecorum*. Avian Dis 58(2):244–248
22. Nolan LK, Wooley RE, Brown J, Spears KR, Dickerson HW, Dekich M (1992) Comparison of a complement resistance test, a chicken embryo lethality test, and the chicken lethality test for determining virulence of avian *Escherichia coli*. Avian Dis 36(2):395–397
23. Da Silva M, Dombre C, Brionne A, Monget P, Chesse M, De Pauw M, Mills M, Combes-Soia L, Labas V, Guyot N, Nys Y, Rehault-Godbert S (2018) The unique features of proteins depicting the chicken amniotic fluid. Mol Cell Proteomics. https://doi.org/10.1074/mcp.RA117.000459
24. Bertani G (2004) Lysogeny at mid-twentieth century: P1, P2, and other experimental systems. J Bacteriol 186(3):595–600
25. Bewick V, Cheek L, Ball J (2004) Statistics review 12: survival analysis. Crit Care 8 (5):389–394. https://doi.org/10.1186/cc2955
26. Trotereau A, Gonnet M, Viardot A, Lalmanach AC, Guabiraba R, Chanteloup NK, Schouler C (2017) Complete genome sequences of two *Escherichia coli* phages, vB_EcoM_ ESCO5 and vB_EcoM_ESCO13, which are related to phAPEC8. Genome Announc 5(13). https://doi.org/10.1128/genomeA.01337-16

22 噬菌体-生物膜相互作用的评价技术

▶ 22.1 引言
▶ 22.2 材料
▶ 22.3 方法
▶ 22.4 注释

摘要

生物膜在自然界中无处不在，几乎存在于每一种生物和惰性物体的表面。它们基本上由附着在表面的微生物组成，并被一种自生的细胞外聚合物基质所包围。噬菌体已被证明在控制生物膜方面是成功的。本章介绍了表征噬菌体-生物膜相互作用的方法，特别适用于评估生物膜生物量和可视化生物膜结构，使用靶向分子探针识别感染细胞。

关键词： 噬菌体，细菌，生物膜，对照，显微镜

22.1 引言

生物膜是细菌一种重要的生存策略，经常被报道为致病菌的主要毒力因子。生物膜是包含在水合细胞外基质中的表面相关的细菌群落，有助于维持复杂的异质结构，提供物理保护以抵御外部压力[1]。生物膜具有很强的临床相关性，并且与许多使用相关医疗设备的疾病有关[2~4]。

由于噬菌体能够穿透生物膜的三维结构并杀死与生物膜相关的细胞，而常规的抗菌药物很难靶向作用于这些细胞，因此研究者们对噬菌体的兴趣日益增长[5~7]。

目前没有很多直接的可视化方法来评估生物膜中噬菌体-宿主的相互作用。使用具有荧光原位杂交（FISH）的核酸模拟物［肽核酸（PNA）和锁核酸（LNA）］可以很好地检测生物膜内的微生物细胞。FISH 技术基于分子探针，靶向作用于细胞内的特定序列[8]。目前基于这些探针进行显微镜的研究，使人们能够理解种间的相互作用，以及物种在多微生物群落中的空间分布[9,10]。与 FISH 相关的选择性探针的使用显然是生物膜研究中最先进的生物胶片技术，显示出许多优势。实际上，它们可以直接应用于天然生物膜中，从而维持生物膜的结构。可以将大量荧光标记附着到探针上，从而可以进行多重实验，而无需在实验期间改变微生物及其行为。此外，该技术还可用于表征噬菌体-生物膜的相互作用，因为在宿主内

部复制过程中，有可能靶向作用于噬菌体 mRNA，从而形成感染细胞的荧光。

在本章中，提出了表征噬菌体-生物膜相互作用的方案，不仅关注生物膜形成和生物量特征（22.3.1），还关注生物膜感染/对照实验后的噬菌体效果的评估（22.3.2）。最后，详细介绍了使用特异性探针的显微镜方案（22.3.6），该探针已成为研究噬菌体-宿主相互作用的优秀工具，能够对这些群落的不同方面进行分析。这里所描述的显微镜技术适用于生物膜形成的不同条件（例如，材料支撑、使用的介质、介质更换和孵育时间）以及噬菌体的不同处理（MOI、单噬菌体、噬菌体鸡尾酒和抗菌药物-噬菌体组合）。

22.2 材料

22.2.1 生物膜形成

① 24 孔微孔板（注释①）。

② 无菌培养基（注释①）。

③ 过夜培养的细菌。转移一接种环宿主细菌到含有 25mL 无菌培养基的 10mL 锥形瓶中，并在适合宿主生长的温度中孵育 16h。

④ 微孔板读数器（600nm 过滤器）。

⑤ 无菌细胞刮刀。

⑥ 摇床或轨道培养箱。

⑦ 无菌生理盐水（9g/L NaCl）。

⑧ 超声浴。

22.2.2 使用噬菌体控制生物膜

① 含有生物膜的 24 孔微孔板。

② 噬菌体。

③ 无菌培养基。

④ 无菌细胞刮刀。

⑤ 超声浴。

⑥ 摇床或轨道培养箱。

22.2.3 噬菌体滴定

① 无菌 SM 缓冲液（5.8g/L NaCl，2g/L $MgSO_4 \cdot 7H_2O$，50mL/L 1mol/L Tris-HCl pH 7.5）。

② 96 孔微孔板。

③ 无菌熔化的顶层琼脂（MTA）。

④含有一薄层琼脂和适当生长培养基的培养皿。

⑤ 过夜培养的细菌。

⑥ 静态培养箱。

22.2.4 生物膜细胞计数

① 带有适当生长培养基的琼脂平板（20 个平板）。

② 96 孔微孔板。
③ 无菌生理盐水：9g/L NaCl。
④ 静态培养箱。

22.2.5 结晶紫法测定生物量

① 感兴趣的细菌的生物膜。
② 无菌生理盐水：9g/L NaCl。
③ 甲醇。
④ 用水制备 1%（体积分数）的结晶紫溶液。
⑤ 用水制备 33%（体积分数）乙酸。
⑥ 无菌去离子水。
⑦ 微孔板读数器（570nm 过滤器）。

22.2.6 显微镜技术的生物膜固定

① 制备感兴趣细菌的生物膜（注释①）。
② 100%（体积分数）甲醇。
③ 纸巾。
④ 磷酸盐缓冲液（PBS）(137mmol/L NaCl，2.7mmol/L KCl，10mmol/L Na_2HPO_4，2mmol/L KH_2PO_4，pH 7.2)。
⑤ 用 PBS 制备的 4%（体积分数）多聚甲醛。
⑥ 用水制备的 50%（体积分数）乙醇。
⑦ 探针。将原始探针等分试样（冻干）溶解在 10%乙腈和 1%三氟乙酸中，使其终浓度为 100μmol/L。将 40μL 原始溶液加入 960μL 超纯水中，制备 4μmol/L 的探针储备液。在杂交液［10%硫酸葡聚糖，10mmol/L NaCl，30%甲酰胺，0.1%焦磷酸钠，0.2%聚乙烯吡咯烷酮（Sigma-Aldrich），2g/L Ficol，5mmol/L EDTA 二钠，0.1%聚乙二醇辛基苯基醚（TritonX-100），50mmol/L Tris-HCl（pH 7.5）］中，使用探针储备液制备 200nmol/L 的探针工作液，保护等分试样免受光照。
⑧ DAPI（4,6-二脒基-2-苯基吲哚）。用蒸馏水制备 5mg/mL DAPI 的储备液（Life Technologies/Thermo Fisher Scientific，美国）。用 PBS 或去离子水制备 100μg/mL 的工作液。
⑨ 无菌去离子水。
⑩ 洗涤液（5mmol/L Tris 碱，15mmol/L NaCl 和 1% TritonX-100，pH 10）。
⑪ 用铝箔包裹的培养皿，里面有湿润的吸水纸。
⑫ 盖玻片。
⑬ 静态培养箱。
⑭ 染色缸。
⑮ 显微镜浸油。

22.3 方法

除非另有说明，所有步骤在室温下进行。

22.3.1 生物膜形成

生物膜样品在无菌培养基中制备并使用合适的缓冲液洗涤，之后它们可以在黏附支撑物中直接染色或在固定步骤后染色以评估生物膜结构，或者用于定量方法，在缓冲液中超声处理后，确定生物膜中存在的细菌数量（cfu），并且测量生物膜感染中的噬菌斑形成单位（pfu）。

① 在24孔微量培养板中加入1mL无菌培养基。

②加入10μL稀释至OD_{600}值为1.0的过夜生长的细菌培养物。

③ 在适当温度的培养箱中并且在期望的条件下（120r/min）振荡一段时间（例如，1～7d）进行孵育。孵育超过1d的，需更换培养基（通过移液移除所有培养基并加入1mL新鲜培养基）去除浮游细菌和促进生物膜的形成。

④ 在所需生物膜形成期结束时，通过移液清除全部培养基和浮游细菌。

⑤ 用1mL盐水溶液洗涤两次。

⑥ 重悬于1mL盐水溶液中。

⑦ 使用细胞刮刀从孔表面刮去生物膜。

⑧ 将24孔微孔板放在超声浴中5min（注释②）。

⑨ 使用下面的方法量化存在于生物膜中的活细胞（22.3.4）（注释③）。

22.3.2 使用噬菌体控制生物膜

在量化生物膜中活细胞的数量后，三个独立实验至少要重复三次，可评估噬菌体对生物膜控制的效果。为了保持实验之间感染参数相同，必须使用初始感染复数（MOI）。MOI是根据每个活的宿主细胞数量的噬菌体数计算的，例如，MOI为1表示每个宿主细胞有一个噬菌体（注释④）。

① 生物膜形成和经过洗涤（22.3.1）后，添加950μL无菌培养基和一定浓度的50μL噬菌体，以确保所需的恒定感染复数（MOI）（注释⑤）。

② 将培养板置于带有轨道振荡器的培养箱中，在适当的温度下孵育至少4h（注释⑥）。

③ 通过取样分别量化浮游生物阶段中存在的噬菌体和活细胞数（22.3.3和22.3.4）（注释⑦）。

④ 去除用过的培养基，用盐水溶液洗涤两次，以去除未附着的细菌和噬菌体。

⑤ 加入1mL新鲜的盐水溶液。

⑥ 使用细胞刮刀从表面刮去生物膜。

⑦ 将24孔微孔板放在超声浴中5min。

⑧ 通过取样分别量化生物膜中存在的噬菌体和活细胞数（22.3.3和22.3.4）。

22.3.3 噬菌体效价

感染期间，在浮游生物和生物膜中发现噬菌体并且应定量。

① 在SM缓冲液中制备噬菌体溶液的连续稀释液（1∶10）(将20μL噬菌体溶液和180μL的SM缓冲液加入96孔微孔板中)。

② 向试管中加入100μL稀释的噬菌体溶液、100μL过夜生长的细菌和3μL的MTA（47℃），轻轻拍打。

③ 将混合物倒入含有薄层琼脂培养基的培养皿中，小心旋转。

④ 让平板干燥 1～2min。

⑤ 在最佳温度条件下倒置孵育过夜。

⑥ 计数稀释液中的噬菌体噬菌斑，得到 20～200 个噬菌斑。

⑦ 根据式（22-1）确定一式三份制剂的效价。

噬菌体效价(pfu/mL)＝(噬菌斑数量×稀释因子)÷噬菌体样本体积(mL)　(22-1)

22.3.4 生物膜细胞计数

① 在 96 孔板中，使用无菌生理盐水溶液将细菌样品连续稀释（20μL 样品加在 180μL 生理盐水溶液中）。

② 在含有固体培养基的培养皿中加入一滴 20μL 样品（注释⑧）。

③ 让液滴完全干燥。

④ 在适当的生长温度下孵育过夜（16～18h）。

⑤ 用 3～30 个菌落计数稀释液滴中形成的菌落。

⑥ 根据式（22-2）计算活细胞数量。

活细胞数量(cfu/mL)＝(菌落数量×稀释因子)÷样本体积(mL)　(22-2)

22.3.5 结晶紫法定量生物量

① 生物膜经过洗涤步骤（22.3.1）后，在每个孔中加入甲醇（1mL），使生物膜固定 15min。

② 除去甲醇，使孔在室温下干燥约 20min。

③ 向每个孔中加入 1mL 1%结晶紫，在室温下孵育 5min，不要摇动。

④ 用自来水去除多余的结晶紫。

⑤ 用 1mL 去离子水洗涤两次，使孔在室温下干燥。

⑥ 通过向每个孔中加入 1mL 33%乙酸来溶解细胞内形成的染料晶体。

⑦ 以 33%乙酸作为空白，读取 570nm 处的吸光度。

22.3.6 细胞显微镜技术的生物膜固定

生物膜形成并经过洗涤后（22.3.1 和 22.3.2），将其直接固定在载体上，并使用 PNA FISH（特定染色）和 DAPI 染色（非特异性染色）来评估生物膜空间组织和物种分布。

22.3.6.1 黏附基质中的杂交过程

① 用盐水溶液清洗生物膜后（22.3.1 和 22.3.2），加入足量的甲醇以覆盖整个表面（在这种情况下，每孔加 1mL）[图 22-1（a）]。

② 在室温下孵育 15min（注释⑨）。

③ 用纸巾除去过量的甲醇，风干。

④ 使用足够的多聚甲醛，覆盖表面，让其浸泡 10min。如上所述除去多聚甲醛。

⑤ 盖上乙醇，静置 10min，去除多余的乙醇，然后风干。

⑥ 将试样放在预先用铝箔包裹并且内部有湿润吸水纸的培养皿中。

22.3.6.2 PNA FISH 杂交和 DAPI 染色

① 固定生物膜样品后（22.3.6.1），在孔中加入 20～40μL 探针工作液，盖上盖玻片，在适当的杂交温度下，培养皿中孵育 90min，铝箔且内部有湿吸水纸 [图 22-1（b）]（注释⑩）。

② 在染色缸中加入洗涤液，并与试样一起放入杂交室中加热。

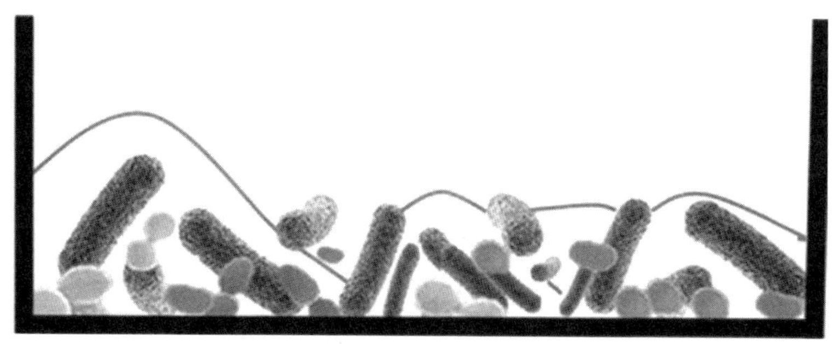

(a) 生物膜固定

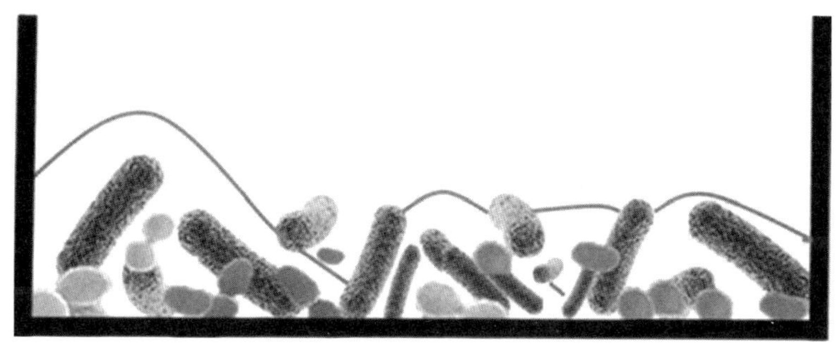

(b) PNA FISH杂交

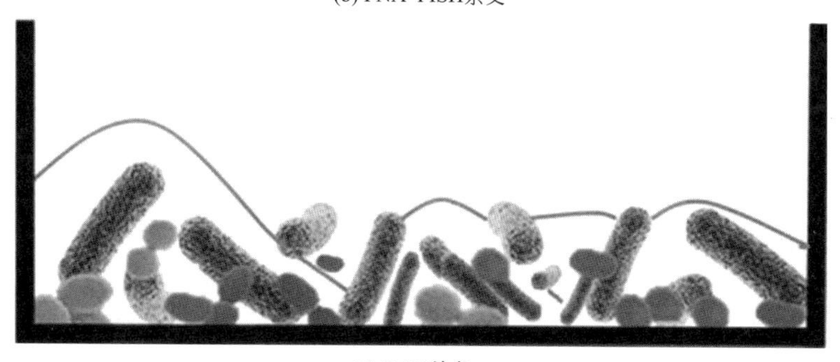

(c) DAPI染色

图 22-1 生物膜染色

③ 从培养皿中取出试样，取下盖玻片并将试样浸入洗涤液中。孵育 30min。

④ 从染色缸中取出试样并让其风干（避光）。

⑤ 涂上 100μL DAPI，在黑暗中孵育 10min［图 22-1（c）］（注释⑪）。

⑥ 用 PBS 洗涤样品，去除多余的缓冲液，风干。

⑦ 放置显微镜浸油和盖玻片，并使用适当的滤光片通过荧光（荧光显微镜和/或共聚焦显微镜）观察耦合到探针上的荧光染料（注释⑫和⑬）。

22.4 注释

① 生物膜也可以在不同的基质上形成。在这种情况下，可以切割不同材料（不锈钢、玻璃、橡胶、硅树脂、丙烯酸等）的试样，并将其放置在孔上。因为可以轻易地从孔中移除试样，所使用的试样可以通过显微镜以简单且直接的方式观察生物膜结构。对于生物膜的形成，可以使用微孔板（例如，6 孔、12 孔、24 孔、48 孔，甚至 96 孔微孔板）。需要使用不同的培养基来培养不同类型的细胞。

② 应优化超声处理的时间，以促进完全去除所有生物膜包裹的细胞而不引起溶解（例如，cfu计数与超声处理时间和生物量应进行结晶紫测定）。

③ 有必要量化活细胞的数量，以便研究人员在所有感染测定中使用恒定的MOI。

④ 通常使用的MOI在0.1至1000之间变化，但也可以测试其他噬菌体与宿主菌比例。

⑤ 在对照实验的情况下，添加950μL无菌培养基和50μL SM缓冲液。

⑥ 根据不同学者的结果，在4～5h后获得最大细胞裂解，并且在此之后，由于噬菌体抗性表型的存在，可以观察到细胞生长的增加。

⑦ 用噬菌体感染生物膜通常导致细胞簇释放到浮游阶段，因此应该对其进行评估。

⑧ 或者，为了便于在将液滴放入含有固体培养基的培养皿中后对菌落进行计数，使板45°倾斜，使液滴沿着板向下流动。

⑨ 该步骤对于避免杂交过程中的生物膜分离非常重要。对于可以轻易地通过膜和细胞壁扩散的非特异性染料（例如DAPI），不需要预固定步骤。此外，不推荐用于评估活力的初步固定步骤。当涉及诸如FISH的特定染色时，需要预固定步骤以通过细胞壁中的孔的开口使细胞透化。

⑩ 杂交时间可能较短，这取决于所用探针的效率。

⑪ 每当需要多重方法（对比染色，同时区分两组或更多组微生物）时，必须保证DAPI染色是最后进行，并且应在干燥步骤后立即开始染色（22.3.5中的①）。如果不需要FISH的后染色步骤，那么立即跳过此步骤。由于DAPI具有致癌性，因此使用时必须小心处理，并且应根据黏附支撑的大小来调整体积。

⑫ 试样可以在黑暗中储存最多24h，然后在先前用铝箔包裹并且内部有湿吸水纸的培养皿中进行显微镜检查。

⑬ 使用的浸油应含有防褪色试剂，以防止样品漂白（荧光染料的光化学破坏现象）。

参考文献

1. Xavier JB, Picioreanu C, Abdul Rani S, van Loosdrecht MCM, Stewart PS (2005) Biofilm-control strategies based on enzymic disruption of the extracellular polymeric substance matrix–a modelling study. Microbiology 151:3817–3832
2. Cerqueira L, Oliveira JA, Nicolau A, Azevedo NF, Vieira MJ (2013) Biofilm formation with mixed cultures of Pseudomonas aeruginosa/Escherichia coli on silicone using artificial urine to mimic urinary catheters. Biofouling 29:829–840
3. Bjarnsholt T (2013) The role of bacterial biofilms in chronic infections. APMIS Suppl 136:1–51
4. Donlan RM (2001) Biofilms and device-associated infections. Emerg Infect Dis 7:277–281
5. Azeredo J, Sutherland I (2008) The use of phages for the removal of infectious biofilms. Curr Pharm Biotechnol 9:261–266
6. Pires D, Sillankorva S, Faustino A, Azeredo J (2011) Use of newly isolated phages for control of Pseudomonas aeruginosa PAO1 and ATCC 10145 biofilms. Res Microbiol 162:798–806
7. Sillankorva S, Neubauer P, Azeredo J (2008) Pseudomonas fluorescens biofilms subjected to phage phiIBB-PF7A. BMC Biotechnol 8:79
8. Cerqueira L, Azevedo NF, Almeida C, Jardim T, Keevil CW, Vieira MJ (2008) DNA mimics for the rapid identification of microorganisms by fluorescence in situ hybridization (FISH). Int J Mol Sci 9:1944–1960
9. Almeida C, Azevedo NF, Santos S, Keevil CW, Vieira MJ (2011) Discriminating multi-species populations in biofilms with peptide nucleic acid fluorescence in situ hybridization (PNA FISH). PLoS One 6:e14786
10. Malic S, Hill KE, Hayes A, Percival SL, Thomas DW, Williams DW (2009) Detection and identification of specific bacteria in wound biofilms using peptide nucleic acid fluorescent in situ hybridization (PNA FISH). Microbiology 155:2603–2611

23 使用噬菌体 FISH 法检测单细胞水平的噬菌体感染

- 23.1 引言
- 23.2 材料
- 23.3 方法
- 23.4 注释

摘要

噬菌体 FISH 法利用荧光原位杂交的功能在单细胞水平上来检测细胞内的噬菌体感染。它结合了通过 rRNA 探针进行宿主细胞识别和通过噬菌体特异性基因探针进行噬菌体识别，允许感染的细胞部分定量化，以及区分感染的不同阶段。本章节涵盖了该过程的所有方面，包括噬菌体探针设计和合成，噬菌体 FISH 方法，以及显微镜和图像的分析。

关键词： 噬菌体 FISH 法，病毒，噬菌体，微生物，荧光原位杂交，FISH，感染周期，感染阶段

23.1 引言

噬菌体 FISH[1] 是通过荧光原位杂交（FISH）技术在单细胞水平定量微生物中病毒感染，从而检测噬菌体基因的一种方法。它已应用于一步生长实验[1,2]，以跟踪噬菌体-宿主感染动态，提供了两个指标：感染细胞的比例（定量指标），以及每个细胞被噬菌体感染的相对程度（每个细胞的噬菌体信号区域，半定量度量，允许区分新的和晚期的感染）。使用这两个指标，该方法可以对感染阶段（吸附、复制、组装和裂解）进行建模，以及对随后的感染波进行区分。此外，该方案能够在感染的裂解阶段检测到游离的噬菌体。

该方案基于 geneFISH 协议[3]。它结合了 rRNA 靶向寡核苷酸的宿主细胞鉴定[图 23-1(a)～(c)]和噬菌体基因检测[图 23-1(d)～(f)]。对于基因检测，使用经地高辛（Dig）标记的多个约 300bp 长的双链 DNA 多核苷酸探针［图 23-1（d）］。随后使用与辣根过氧化物酶（HRP）缀合的抗 Dig 抗体。结合的 HRP 酶在所谓的催化报告基因沉积（CARD）步骤中催化多种荧光染料标记的酪酰胺与细胞蛋白的共价结合。这引起信号放大和信号固定在细胞内［图 23-1（e）］。通过双色荧光显微镜可以用一种颜色识别宿主细胞，而另一种颜色识别细胞内和细胞外噬菌体颗粒［图 23-1（f）］。目前开发了一种新的微生物基因检测方法，称

为基因直接 FISH 法（direct-geneFISH）[4]。它使用直接用荧光染料标记的多核苷酸探针，省略了抗体结合和 CARD 步骤。因此，该协议明显更短且更简单。

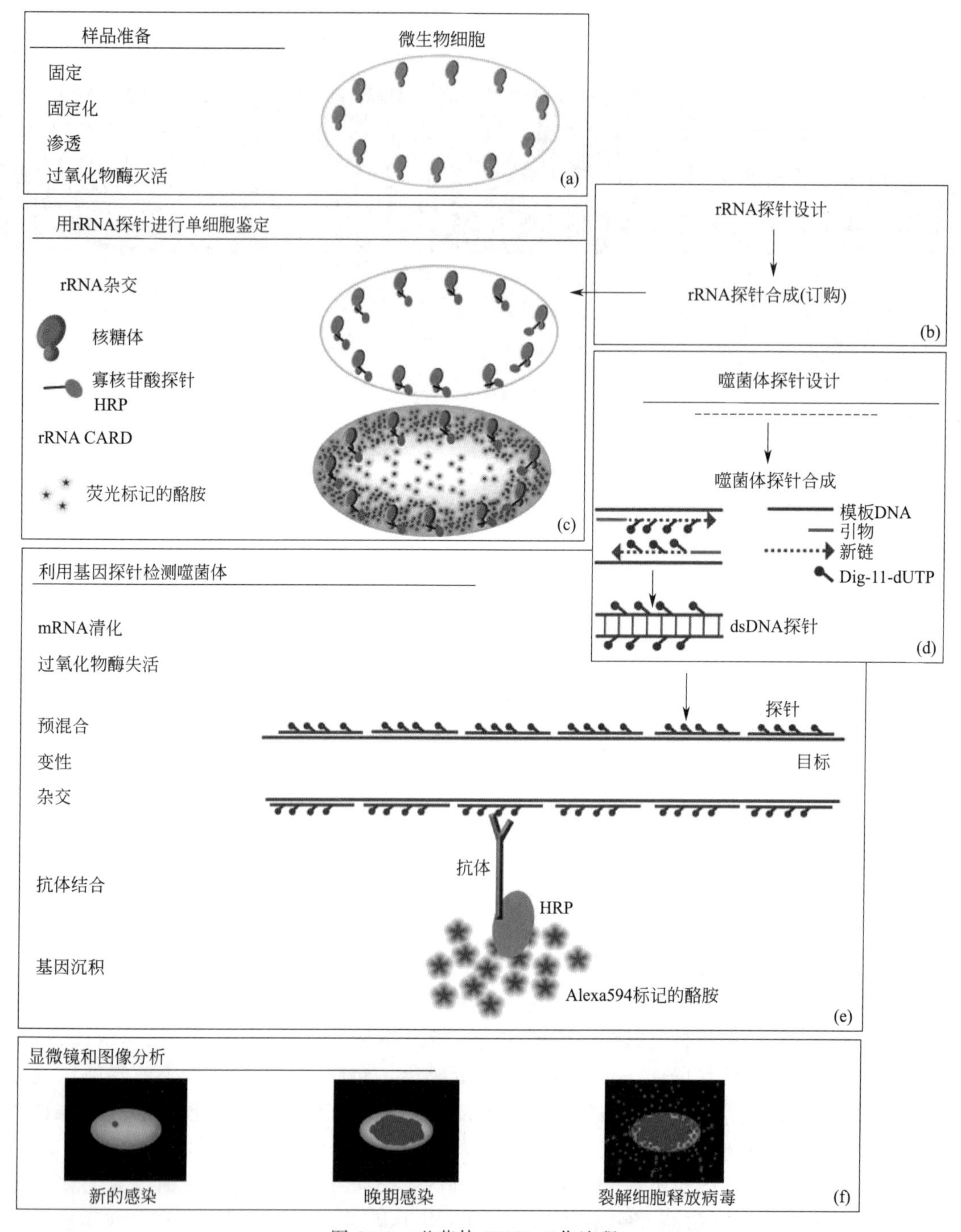

图 23-1　噬菌体 FISH 工作流程

到目前为止，噬菌体 FISH 已经应用于纯培养，以模拟裂解噬菌体-宿主系统的感染动态。而且，它的使用可以扩展到溶原性系统的研究，并且由于其能够同时识别宿主和病毒，因此也可以研究更复杂的环境系统。此外，噬菌体 FISH 不仅可应用于双链 DNA 病毒，还可以应用于单链 DNA 病毒和 RNA 病毒。

23.2 材料

始终使用经 0.22μm 过滤和高压灭菌的超纯水制备溶液。除非另有说明，否则均在室温下制备和储存溶液。需要将荧光试剂存放在不透明的管子中/架子上，或用铝箔包裹，避免将其暴露在光照下。使用的几种化学品是有毒的和/或有挥发性的。需采取合适的保护措施，例如，使用甲酰胺和多聚甲醛，需在装有特殊废弃物处理箱的通风橱中操作。

23.2.1 储备液和化学试剂

① PCR Dig Probe Synthesis Kit（Roche，目录号 11636090910）。−20℃储存。

② PCR Dig Probe Synthesis Kit 替代品：1mmol/L Dig-dUTP（Jena Biosciences，目录号 NU-803-DIGXS），5 Prime Master Taq Kit（5 PRIME，目录号 2200230），100mmol/L dNTP，PCR Grade（Invitrogen，目录号 10297-117）。−20℃储存。

③ Gene Clean Turbo kit（Q-Biogene，目录号 1102-600）或 QIAquick PCR purification kit（Qiagen，目录号 28106）。

④ 3-氨丙基三乙氧基硅烷（TESPA）（Sigma，目录号 A-3648），或聚 L-赖氨酸（Sigma，目录号 P-2636）。

⑤ 10×PBS（Ambion，目录号 AM9625）。

⑥ 1 × PBS，pH7.4：137mmol/L NaCl，2mmol/L、7mmol/L KCl，8mmol/L Na_2HPO_4 和 2mmol/L KH_2PO_4，通过混合 1 份 10×PBS 和 9 份水制备。

⑦ 20%多聚甲醛（PFA），电子显微镜等级（Electron Microscopy Sciences，目录号 RT15713）。

⑧ 1mol/L Tris-HCl，pH8.0（Ambion，目录号 AM9856）。

⑨ 0.5mol/L EDTA，pH8.0（Ambion，目录号 AM9262）。

⑩ TE 缓冲液。5mmol/L Tris，1mmol/L EDTA，pH8.0。

⑪ 20% SDS（Ambion，目录号 AM9820）。

⑫ 20× SSC（Ambion，目录号 AM9765）。

⑬ 5mol/L NaCl（Ambion，目录号 AM9759）。

⑭ 37% HCl（约 10mol/L HCl）。

⑮ 96 % 乙醇，未变性。

⑯ 溶菌酶，粉末（AppliChem，目录号 A4972.0010）。

⑰ 10mg/mL 剪切的鲑鱼精子 DNA（Ambion，cat. no. AM9680）。

⑱ 10mg/mL 酵母 RNA（Ambion，目录号 AM11118）。

⑲ 硫酸葡聚糖（DS），钠盐（Sigma，目录号 D8906）。

⑳ 甲酰胺，分子级，去离子（Sigma，目录号 F9037）。

㉑ 核酸封闭试剂（Roche，目录号 096176001）。

㉒ 马来酸缓冲液（溶解核酸封闭试剂）。100mmol/L 马来酸，150mmol/L NaCl，pH 7.5，用浓缩或固体 NaOH 调节，无菌。

㉓ Alexa Fluor 488（Alexa488）和 Alexa Fluor 594（Alexa594）标记酪酰胺（注释①）。

㉔ RNase I（Ambion，目录号 AM2295）。

㉕ RNase A（Sigma，目录号 R4642-10）。

㉖ Anti-Dig-POD Fab 片段（Roche，目录号 11207733910）。生产商制备的储备液，于4℃储存。不要涡旋含有抗体的溶液！

㉗ Western Blocking Reagent（WBR），溶液（Roche，目录号 11921673001）。

㉘ HRP 标记的 16S rRNA 靶向寡核苷酸探针（Biomers，德国）：按制造商的指示制备储备液。用储备液制备浓度为 50ng/μL 的工作液。解冻后不要冷冻 HRP 储备液！不要涡旋 HRP 探针！

㉙ SlowFade Gold（Invitrogen，目录号 S36936），或 ProLong Gold 抗褪色试剂（Invitrogen，目录号 P36930）。

㉚ 4′，6-二脒基-2-苯基吲哚（DAPI），5mg/mL（SigmaAldrich，目录号 D9542-50MG）。

23.2.2 玻璃器皿和塑料器皿

① 薄镊子，来自耐酸、碱、有机溶剂和高温的材料（例如，Electron Microscopy Sciences 公司，目录号 72692-F）。

② 培养皿，各种大小，无菌，无 DNA 酶。

③ 15mL 和 50mL Falcon 管，无菌，不含 DNA 酶。

④ 手术刀：无菌，一次性。

⑤ 杂交室：任何紧密封闭、耐温的容器，用硅酮 O 形圈密封（例如食品，密封在厨房用玻璃底的容器）。

⑥ 杂交密封室（Electron Microscopy Sciences，目录号 70328-01）。Press-To-Seal 硅酮隔离器（SigmaAldrich，目录号 GBL664301-25EA）。

⑦ 0.22μm 无菌注射器过滤器。

⑧ 0.2μm 聚碳酸酯膜过滤器（GTTP，Millipore 目录号 GTTP02500）。

⑨ 金刚石可伸缩尖端划线器：用于在玻璃、金属和塑料上书写（Electron Microscopy Sciences，目录号 70036）。

⑩ 玻璃载玻片，磨砂末端。

⑪ 聚 L-赖氨酸涂层载玻片（Electron Microscopy Sciences，目录号 63410-02）。

⑫ 盖玻片，#1.5，高精度（Marienfeld，目录号 MARI0107052）。

23.2.3 实验室设备

① 培养箱。不同温度（例如，37℃、42℃、46℃、85～90℃）。

② 玻片变性/杂交系统（培养箱的替代品）。

③ 水浴。不同温度（例如，37℃、42℃、48℃）。

④ 台式离心机。

⑤ 琼脂糖凝胶电泳设备。

⑥ 分光光度计或用于测量核酸浓度的其他装置（例如，Nanodrop）。

⑦ 过滤装置（例如，Millipore）和真空泵。

⑧ 落射荧光显微镜。配备 63×或 100× 物镜，配有荧光滤光片组，适用于区分 Alexa488 和 Alexa594 荧光，配有黑白 CCD 相机和图像捕获软件。滤波器组的示例：对于 Alexa488，配备 472/30 激发，20/35 发射和 495 光束分离器；对于 Alexa594，配备 562/40 激发，624/40 发射和 593 光束分离器。

23.2.4 软件

① PolyPro[5]。用于多核苷酸探针设计。

② DAIME[6]。用于显微镜图像分析。

23.2.5 工作液

① 渗透液。0.5mg/mL 溶菌酶，1× PBS（pH 7.4），0.1mol/L Tris-HCl（pH 8.0）和0.05mol/L EDTA。首先，通过混合5mL 10× PBS，5mL 1mol/L Tris-HCl（pH 8.0），5mL 0.5mol/L EDTA（pH 8.0）和35mL水制备50mL渗透液。其次，制备5mg/mL溶菌酶溶液（例如，将50mg溶菌酶溶解在10mL渗透液中）。如果需要，在37℃预热至溶解。最后，将1份5mg/mL溶菌酶溶液与9份渗透缓冲液混合，得到终浓度为0.5mg/mL的溶菌酶。始终使用新鲜制备的渗透液。

② 0.01mol/L HCl。向50mL水中加入50μL 37% HCl，混合。

③ 0.2mol/L HCl。向49mL水中加入1mL HCl，混合。

④ rRNA杂交缓冲液。35%甲酰胺（注释②）、10%硫酸葡聚糖（DS）、0.9mol/L NaCl，20mmol/L Tris-HCl（pH 8.0）、1%核酸封闭剂、0.25mg/mL剪切的鲑鱼精子DNA、0.25mg/mL酵母RNA和0.02% SDS。为了制备40mL杂交缓冲液，按如下步骤进行。在50mL Falcon管中加入4g DS、7.2mL 5mol/L NaCl、0.8mL 1mol/L Tris-HCl（pH 8.0）和4mL水，盖上管盖并剧烈摇动/涡旋以将DS溶解在溶液中。包封在37℃的水浴中溶解DS，不时涡旋并摇动。DS完全溶解后，让溶液冷却至室温，然后加入4mL 10%核酸封闭剂，1mL 10mg/mL剪切的鲑鱼精子DNA，1mL 10mg/mL酵母RNA，17.5mL 100%甲酰胺和40μL 20%SDS（注释③）。如有必要，用水调节至40mL。涡旋混合试剂，然后快速旋转。或者，可以通过0.22μm无菌注射器过滤器过滤缓冲液。分装，在−20℃储存。使用前在37℃下预热，确保所有沉淀物溶解。

⑤ rRNA杂交缓冲液-探针混合物。在900μL rRNA杂交缓冲液中，加入3μL 50ng/mL HRP标记的16S，至终浓度0.17ng/L（注释④）。通过轻轻摇动或上下移液混合。不要涡旋，以免损坏HRP探针！在使用前制备，保持室温直至杂交。

⑥ rRNA杂交-洗涤缓冲液。70mmol/L NaCl（注释⑤），5mmol/L EDTA（pH 8.0）（仅在杂交缓冲液中甲酰胺浓度≥20%），20mmol/L Tris-HCl和0.01%SDS。在50mL Falcon管中，加入700μL 5mol/L NaCl、500μL 0.5mol/L EDTA、1mL 1mol/L Tris-HCl，用水补充至50mL标记，然后加入25μL 20%SDS。

⑦ rRNA CARD缓冲液。1× PBS、10% DS、0.1%核酸封闭剂和2mol/L NaCl。按照下面方法制备40mL rRNA CARD缓冲液。在50mL Falcon管中加入4g DS、4mL 10× PBS（pH 7.4）、16mL 5mol/L NaCl，以及水至40mL，盖上管盖并剧烈摇动/涡旋以将DS溶解在溶液中。在37℃的水浴中孵育以溶解DS，不时涡旋并摇动。DS完全溶解后，让溶液冷却至室温，然后加入400μL 10%核酸封闭剂，涡旋，快速旋转。通过0.22μm无菌注射器过滤器过滤。分装并在4℃储存。使用前在37℃下预热，确保所有沉淀物溶解。

⑧ rRNA CARD缓冲液-Alexa488酪酰胺混合物。向rRNAC ARD缓冲液中加入H_2O_2至终浓度为0.0015%，并加入Alexa488酪酰胺至浓度为0.33μg/mL（注释⑥）。例如，向3mL缓冲液中加入30μL 100×H_2O_2（通过混合1μL 30% H_2O_2和200μL 1× PBS新鲜制备）和1μL 1mg/mL Alexa488酪酰胺，涡旋，快速旋转。在使用前准备，并在室温下，在

黑暗中，直到 rRNA CARD。

⑨ RNase 溶液。0.1U/μL RNase，75μg/mL RNase A，0.1mol/L Tris-HCl，pH 8.0。当制备 12mL RNase 溶液时，在 15mL Falcon 管中加入 10.8mL H_2O，1.2mL 1mol/L Tris-HCl（pH 8.0），15μL 100U/μL RNase Ⅰ和 30μL 10mg/mLRNase A。

⑩ 基因杂交缓冲液。35% 甲酰胺、5× SSC、10% DS、0.1% SDS、20mmol/L EDTA，1%核酸封闭剂，0.25mg/mL 剪切的鲑鱼精子 DNA 和 0.25mg/mL 酵母 RNA。按照以下方法制备 40mL 基因杂交缓冲液。在 50mL Falcon 管中加入 4g DS，10mL 20× SSC，1.6mL 0.5mol/L EDTA（pH 8.0）和 4.4mL H_2O。关闭管盖并强烈摇动/涡旋以将 DS 分散在溶液中。在 37℃的水浴中孵育以溶解 DS，不时涡旋并摇动。DS 完全溶解后，将溶液冷却至室温，然后加入 4mL 10%核酸封闭剂，1mL 剪切的鲑鱼精子 DNA，1mL 酵母 RNA，14mL 甲酰胺和 200μL 20% SDS。涡旋混合试剂，然后快速旋转。或者，可以通过 0.22μm 无菌注射器过滤器过滤缓冲液。分装并在−20℃下储存。使用前在 42℃下预热，确保所有沉淀物溶解。

⑪ 基因杂交缓冲液-探针混合物。向基因杂交缓冲液中加入每种探针至终浓度为 5pg/μL。例如，向 1mL 基因杂交缓冲液中加入 1μL 5ng/μL 每种探针的储备液。涡旋混合，然后快速旋转。在杂交的同一天新鲜制备，并在使用前在室温下储存。阴性对照探针的浓度见注释⑦。

⑫ 基因杂交洗涤缓冲液Ⅰ。2× SSC 和 0.1% SDS。在 50mL Falcon 管中，加入 5mL 20× SSC，加入 250μL 20% SDS，加 H_2O 至 50mL，涡旋。制备后，1～2d 内使用，在 42℃储存（注释⑧）。

⑬ 基因杂交洗涤缓冲液Ⅱ。0.1× SSC 和 0.1% SDS。在 50mL Falcon 管中，加入 250μL 20× SSC 和 250μL 20% SDS，加水至 50mL，涡旋。准备在 1～2h 内使用；在 42℃储存（注⑧）。

⑭ 抗体封闭/洗涤液。1× PBS 和 1% Western Blocking Reagent（WBR）（注释⑨）。向 50mL Falcon 管中加入 5mL 10× PBS，5mL 10% WBR，加 H_2O 至 50mL，涡旋。与抗体同一天制备，在室温储存直至使用。

⑮ 抗体结合液。1× PBS，1% Western 封闭剂（注释⑨）和 0.3U/mL（500 倍稀释的 150U/mL 原液）抗 Dig HRP 缀合的抗体。向 15mL Falcon 试管中加入 1mL 10× PBS，1mL 10% WBR，8mL 水和 20μL 抗体（使用前，将抗体原液在 10000g、4℃下离心 10min，去除所有沉淀物）。轻轻混合。不要涡旋含有抗体的溶液！新鲜制备并在室温储存直至使用。

⑯ 基因 CARD 扩增缓冲液。1× PBS、20% DS、0.1% 封闭剂和 2mol/L NaCl。按照下面步骤制备 40mL 基因 CARD 缓冲液。在 50mL Falcon 管中加入 8g DS，4mL 10× PBS（pH 7.4），16mL 5mol/L NaCl 和 15.6mL H_2O，关闭管盖并剧烈摇动/涡旋以将 DS 分散在溶液中。在 37℃的水浴中孵育以溶解 DS，不时涡旋并摇动。在 DS 完全溶解后，使溶液冷却至室温，然后加入 400μL 10%核酸封闭剂，涡旋，快速旋转。通过 0.22μm 无菌注射器过滤器过滤。分装并在 4℃储存。使用前在 37℃预热，确保所有沉淀物溶解。

⑰ 基因 CARD 扩增缓冲液-Alexa594 酪酰胺混合物。在 rRNA CARD 缓冲液中，加入 H_2O_2 至终浓度为 0.0015%，加入 Alexa594 酪酰胺至终浓度为 2μg/mL。例如，向 1mL 缓冲液中加入 10μL 100× H_2O_2（通过混合 1μL 30% H_2O_2 和 200μL 1× PBS 新鲜制备）和 2μL 1mg/mL Alexa594 酪酰胺，涡旋，快速旋转。在使用前新鲜制备，并在室温下避光储存，直至 CARD。

⑱ 抗褪色试剂-5μg/mL DAPI 混合物。在 1mL 抗褪色试剂（SlowFade Gold 或 Pro-

Long Gold）中加入 1μL 5mg/mL DAPI 溶液，涡旋，快速旋转。−20℃储存。

23.3 方法

23.3.1 噬菌体探针设计

① 使用实验室中的生物信息学工具选择噬菌体特异性基因组区域（与其他非靶标序列不超过 70%的一致性，注释⑩），这在正在研究的样品的其他微生物成员（样品中可能存在的宿主或共感染病毒，其他细菌、古菌、病毒等）中并未发现。这需要有一个先前验证过的感兴趣样本的基因组/宏基因组信息。如果缺乏此类信息，则将噬菌体基因组与 NCBI 数据库进行比对。

② 在所选区域中识别至少六个探针（注释⑪），每个探针约 300bp，具有相似的 GC 含量。首先使用实验室中的生物信息学工具根据所选 DNA 区域的变化计算 GC 含量。其中一个工具是 DAN，它可以计算变性曲线，包括 GC 含量。使用 DAN 时，请选择以下参数："窗口大小"＝100，"移位增量"＝1，"DNA 浓度"＝1nm，"盐浓度"＝1000mmol/L，"输出格式"＝excel。在 Excel 中，相对于 GC 含量，绘制基准位置（对于 DAN，这将是输出文件中的"开始"列）（注释⑫）。选择探针时，请避免在 GC 含量中具有高变异（例如，超过 10 个单位）的序列。此外，如果可能，选择 GC 含量在 30%～40%的序列段（注释⑬）。使用针对与样品相关的数据库的单个探针执行 Blast 搜索，以识别潜在的非特异性结合位点（在高于 20～30 个碱基的延伸上具有 80%以上同一性的区域）。如有必要，舍弃可能具有非特异性结合的探针。最后，为每个 300bp 探针的末端设计引物。

23.3.2 噬菌体探针合成

噬菌体 FISH 探针是用 Dig 标记的双链 DNA 分子。它们是通过在一个 PCR 反应过程中将 Dig 结合到双链 DNA 中而产生的［图 23-1（d）］。

① 针对模板和引物优化 PCR 条件（为节省费用，可以省略 Dig）。使用病毒 DNA 或质粒 DNA 作为 PCR 模板。

② 继续探针合成 PCR。标记试剂盒可用 Roche-the PCR Dig Probe Synthesis Kit。按照制造商的说明进行探针的合成。由于 Dig 掺入会引起产品产量降低，因此每个探针可以使用两个试剂盒反应并将其汇集用于纯化。有关该试剂盒的替代，请参见注释⑭。

③ 使用 PCR 纯化试剂盒纯化 PCR 产物，例如 Gene Clean Turbo 试剂盒或 QIAquick PCR 纯化试剂盒。在纯化结束时，将探针在 pH 8.0 的 TE 缓冲液中洗脱。

④ 检查 2.5%～3%琼脂糖凝胶上的探针。由于 Dig 的掺入，探针将比未标记的样本迁移得慢。

⑤ 使用分光光度计测量探针浓度。

⑥ 通过 pH 8.0 的 TE 缓冲液进行稀释，制备浓度为 5ng/μL 的每个探针的储备液。

⑦ 在−20℃储存。

23.3.3 基因杂交中严格性参数的确定

杂交和洗涤的严格性不仅会影响杂交的特异性，还会影响杂交的检测效率。严格性是指进行杂交或洗涤的探针-靶杂交体的熔解温度的接近程度。这可以通过改变杂交缓冲液中的甲酰胺浓度，改变杂交和洗涤的温度来修饰。

① 计算甲酰胺浓度，要求杂交温度在42～50℃（注释⑮）。为此，使用PolyPro软件的HPC模块为每个探针-靶标计算熔解温度曲线与甲酰胺浓度的函数关系。作为输入参数，使用DNA-DNA杂交，Na^+浓度为975mmol/L，甲酰胺为1%～100%，标准值25（距Tm的距离，注释⑯）。作为输出选项，选择"甲酰胺%的杂交温度函数"。根据所有探针-靶对的曲线图，选择一个甲酰胺浓度，就能找出每个探针-靶对在42～50℃的杂交温度。

② 通过执行整个PhageFISH方案，使用所选择的甲酰胺浓度来测试不同基因杂交温度（42～50℃）的检测效率。最佳杂交温度将是给出最高检测率的温度（在阴性对照中校正假阳性之后，注释⑰）。

23.3.4 PhageFISH方案

在FISH方案中，细胞固定在固体载体上，最常见的是在0.22μm聚碳酸酯过滤器或载玻片上。有关处理聚碳酸酯过滤器的一般说明，请参见注释⑱，有关载玻片的参见注释⑲。在操作过程中避免过度曝光。除非样品中有特别说明，否则应避免样品干燥（注释⑳）。除非另有说明，否则在室温下进行所有孵育。试剂使用前需预热或预冷，使其达到所需的孵育温度。每当使用有毒物质时，例如固定过程中的多聚甲醛、杂交过程中的甲酰胺，必须使用化学通风橱。除非另有说明，否则所有洗涤步骤应使用大容量体积，例如，50mL，见注释⑱和⑲。

① 样品固定。将20% PFA直接加入目标样品（例如，培养物、海水）中，得到终浓度为1%～4%的多聚甲醛（PFA）。在室温下孵育1h或4℃下孵育过夜（注释㉑和㉒）。为了去除PFA并将细胞置于固体载体上，在0.22μm聚碳酸酯过滤器上过滤固定培养物（关于其他去除PFA的方法，见注释㉓和㉔，将细胞浓缩并固定在载玻片上）。在不高于20Pa的情况下，施加尽可能低的真空压力。首先，测试不同的培养体积以确定哪一个体积能够在过滤器上出现均匀的细胞分布，避免细胞过少或过多。考虑使用能够提供更密集细胞分布的体积，因为在执行噬菌体FISH方案期间，一些细胞将从固体载体上脱离（注释㉕）。过滤固定的培养物后，用10～15mL 1× PBS过滤，然后用10～15mL H_2O进行洗涤。风干滤片。储存在−20℃，或直接进行下一步骤。

② 渗透。用渗透溶液覆盖样品（例如，0.5～1mL的25mm滤片或载玻片），在冰上孵育1h，然后用1× PBS洗涤5min并用水洗涤1min。渗透对样本具有特异性。有关洗涤的信息，请参见注释⑱和⑲；有关渗透操作的详细信息，请参见注释㉖。

③ 内源性过氧化物酶的灭活。将样品浸入0.01mol/L HCl中（例如，将滤片置于加入20mL灭活溶液的培养皿中；或者，当使用载玻片时，用1～2mL灭活溶液覆盖样品区域）10min。然后，用1× PBS洗涤5min，用水洗涤1min，用96%乙醇洗涤1min。风干样品。在−20℃下储存，或直接进行下一步。过氧化物酶的灭活对样品是特异性的。更多详细信息，请参见注释㉗。

④ rRNA杂交。用杂交缓冲液与探针的混合物覆盖样品。例如，将滤片置于培养皿中，样品面朝上，并用足够的混合物完全覆盖过滤器（30～100μL对于1/8的25mm滤片已足够了）。或者，当在玻璃载玻片上处理时，将杂交缓冲液与探针的混合物添加到样品区域的顶部，以足够的体积完全覆盖它。将培养皿或载玻片转移到湿度室（注释⑳）。在46℃下孵育1.5～3h。洗涤时，快速冲洗在rRNA洗涤缓冲液中的样品，然后将其转移到50mL预热的rRNA洗涤缓冲液中，48°C下孵育15min（注释⑱或⑲）。注意：从杂交缓冲液中取出样

品，以避免接触甲酰胺蒸气。

⑤ 用于rRNA检测的CARD。将样品在1× PBS中孵育10～15min。随后将样品转移到rRNA-CARD缓冲液-Alexa488酪酰胺混合物中（例如，将约20个小滤片置于含有10mL混合液的培养皿），并在37℃下孵育10min（注释㉘）。洗涤时，用1× PBS快速冲洗样品，然后转移到1× PBS中，46℃ 10min，然后用水洗涤1min，用96%乙醇洗涤1min。风干并在－20℃下储存，或直接进行下一步。

⑥ RNase的处理（注释㉙）。用RNase溶液覆盖样品（例如，将约20个小滤片置于10mL RNase溶液中；对于载玻片，用0.5～2mL溶液覆盖样品区域），并在37℃下孵育1h。使用1× PBS洗涤两次，每次5min，然后用水洗涤1min。

⑦ 灭活引入rRNA探针的HRP。将样品在0.2mol/L HCl中浸没10min。用1× PBS洗涤1～5min，然后用水洗涤1min，再用96%乙醇洗涤1min。风干样品并在－20℃下储存，或直接进行下一步。

⑧ 基因杂交-预杂交。用杂交缓冲液覆盖样品。例如，将滤片面朝上放在培养皿上，并用30～100μL的杂交缓冲液覆盖。将培养皿放入湿度室（注释⑳），并在杂交温度下孵育0.5～1h（参见22.3.3）。

⑨ 基因杂交-变性和杂交。在培养皿上，依据滤片的数量，放置30～100μL基因杂交缓冲液-探针混合液。轻轻地从预杂交缓冲液中取出滤片，将它们面朝下放入基因杂交缓冲液-探针混合物的混合液中。有关玻璃载玻片的使用，请参见注释㉚。

将样品放回湿度箱中并在85～90℃下变性1h（注释㉛）。此外，快速移动湿度室中的样品到设置在杂交温度的烘箱中杂交2h或过夜（注释㉜）。洗涤时，首先将样品浸入3倍浓度的基因洗涤缓冲液Ⅰ中，室温下1min、42℃ 30min，随后放入3倍浓度的基因洗涤缓冲液Ⅱ中，室温下1min、42℃ 1.5h。42℃孵育时应在缓慢摇动的水浴摇床中进行。最后，室温下用1× PBS中洗涤1min。注意：从杂交缓冲液中取出样品，以避免接触甲酰胺蒸气。

⑩ 抗体结合。将样品在抗体封闭液中孵育30min。使用足够的液体完全覆盖样品。例如，约20个小滤片（一个25mm过滤器的1/8）可以装入含有15mL抗体溶液的培养皿中。或者，玻璃载玻片上的样品应覆盖1～2mL溶液。将样品转移到抗体结合液中并孵育1.5h。洗涤时，将样品浸入抗体洗涤液中1min，然后浸泡在3倍浓度的洗涤液中10min。在操作这些步骤时，缓慢摇动（例如，20r/min）可以改善结果，但也可能导致细胞损失。

⑪ 用于基因检测的CARD。用基因CARD扩增缓冲液-Alexa594酪酰胺混合物（30～100μL）覆盖样品，37℃孵育45min。在室温下用1× PBS中快速清洗1min，然后在46℃烘箱中分别清洗5min、10min、10min，缓慢摇动，然后用水洗涤1min，用96%乙醇洗涤1min。让滤片风干并在－20℃下储存，或直接进行下一步。

⑫ 包埋和复染。将滤片面朝上放在显微镜载玻片上，滴入（1～2μL）包埋试剂。在样品的顶部添加足够的包埋试剂（通常每个滤片2～5μL），以便将盖玻片放置在顶部时，整个样品表面将被包埋试剂覆盖。如果使用非硬化介质（例如，SlowFade Gold），则可立即对样品成像。如果使用硬化介质（例如，ProLong Gold），则需将样品在室温下固化24h。

23.3.5 显微镜和数据分析

① 图像采集。使用Alexa488滤光片组对16S rRNA信号进行成像，使用Alexa594滤光片对噬菌体信号进行成像。由于噬菌体信号在强度方面变化很大，所以拍摄一系列图像需要增加曝光时间。较短的曝光时间将捕获晚期感染，这会产生强烈的信号，而忽略了较弱的

信号。长时间的曝光将导致来自晚期感染的信号过度饱和，同时捕获早期感染/游离噬菌体颗粒的微弱信号。调整最低曝光时间，可以看到晚期感染，但其信号不会过饱和。调整最高曝光时间，使早期感染/游离噬菌体颗粒可见，但信号不会过饱和。在最低和最高曝光时间之间，设置多次曝光。这些将有助于以后的图像分析。对于每个样本，获取代表不同视野的若干图像。每个视野都有与不同采集通道相对应的图像，Alexa488 通道和许多 Alexa594 通道，每个通道的曝光时间不同。

② 使用 DAIME 处理图像（注释㉝）。

a. 从定时曝光系列中，选择曝光时间，使源于晚期感染的强信号不会过度曝光，而且尽管几乎不可见（注释㉞），但源于早期感染/游离噬菌体颗粒的微弱信号也会呈现。该曝光时间将用于噬菌体信号定量，因此称为进一步的“噬菌体定量曝光时间”。

b. 导入 DAIME 中以“堆栈”分组的图像。一个堆栈将包含对应采集通道的一个副本中的所有图像（所有视野）。每个时间点的每个重复样品将具有三个堆栈：rRNA 信号，来自噬菌体定量曝光时间的噬菌体信号（噬菌体定量堆栈）和来自最高曝光时间的噬菌体信号。为了确保一个视野的三个通道之间的正确相关性，每个视野应该接收一个数字，并且该数字应该出现在该字段的所有图像的末尾（注释㉟）。

c. 每个堆栈中的分割对象。这将识别每个单独的细胞或噬菌体的信号，并将其转换为“实物”。测试不同的分割算法，选择最能识别单个细胞和噬菌体信号的算法（注释㉝和㊱）。目的是在堆栈中定义可见的噬菌体对象，但不要过度暴露。因此，应该为其定义对象噬菌体定量叠加中的晚期感染（更大和更强的噬菌体信号）以及最高暴露时间堆栈中的早期感染。在接下来的步骤中，来自两个堆栈的对象将被转移到噬菌体定量堆栈。

d. 通过复制噬菌体定量堆栈并移除掩码来创建第四个堆栈。将目标层从噬菌体最高曝光时间堆栈转移到新创建的噬菌体定量堆栈，进一步命名为“单个噬菌体定量堆栈”。

e. 在“Visualizer”模块中，通过添加以下分段堆栈来创建新的会话：16S rRNA 堆栈，噬菌体定量堆栈和单个噬菌体定量堆栈（来自上述步骤）。对于每个视野，比较两个噬菌体堆栈中的对象，删除任何重复的对象（如果同一对象出现在两个堆栈中，则删除其中一个）。

f. 对于每个堆栈，测量分段对象（“分析菜单”）并将数据导出为 csv 文件。最重要的参数是总面积、平均强度、像素、质心 X（像素）和质心 Y（像素）。

③ 数据分析。

a. 在 Excel 中导入数据。通过将平均强度列与像素列相乘来计算每个噬菌体信号的信号强度。

b. 对于实验中的所有时间点，在同一图表中绘制噬菌体信号强度与噬菌体信号区域（总面积参数，按时间点和重复分组的数据）。

c. 使用上面生成的图形来定义三个噬菌体信号的大小等级。由于 0 次感染应该是新的感染，因此使用它们的噬菌体信号区域范围作为定义第一种大小类别。此外识别信号区域和信号强度都最高的第一时间点。此时间点很可能由晚期感染（晚期复制和包埋）表示。使用此时间点的噬菌体信号区域范围定义第三种大小类别。第一个和第三个大小类别之间的所有信号都可以被认为是第二种大小类别（正在进行的复制）。

d. 为了计算每个时间点被噬菌体感染的细胞部分，计数显示噬菌体信号的所有细胞，并计算它们相对于总宿主细胞的百分比（相应的 16S rRNA 堆栈中的对象数量）。大多数情况下，一个细胞对应一个噬菌体信号。在每个细胞中呈现多个噬菌体信号的情况下，一个单元格必须被计算为一个［通过比较具有噬菌体信号的细胞的像素坐标——每个堆栈的质心 X

(像素)和质心 Y(像素)列]。

④“显示”的图像处理。由于信号强度的差异阻止了以有意义的方式对可见的早期和晚期感染的图像采集,因此必须对时间曝光系列应用图像处理算法,以合并来自不同曝光的信息。这种算法称为高动态范围算法,它们通常包含在用于图像处理的软件包中。

23.4 注释

① Pernthaler 和 Pernthaler 介绍了荧光标记的酪酰胺的制备方法[7]。

② 为了确保杂交的特异性,rRNA 杂交缓冲液中的甲酰胺浓度是探针特异性的。因此当制备 rRNA 杂交缓冲液时,必须相应地调节水和 100%甲酰胺的体积。有关已建立探针的甲酰胺浓度的更多信息,请参阅在线数据库 http://probebase.csb.univie.ac.at/。

③ 为避免沉淀,请始终将 SDS 作为最后一个成分进行添加。

④ 如果靶细胞核糖体含量低,则可以使用更高浓度的 16S rRNA 探针。探针浓度不要超过 0.5ng/μL,因为会造成强烈的背景信号。

⑤ 洗涤缓冲液中 5mol/L NaCl 的量随探针而变化,更准确地说,与杂交缓冲液中使用的甲酰胺浓度一致。NaCl 产生 Na^+,这对杂交严格性很重要。5mmol/L EDTA 也有助于 Na^+ 浓度达到 10mmol/L。在计算加入的 5mol/L NaCl 的体积时必须考虑这一点。当在 48℃洗涤时,甲酰胺(FA)浓度和相应的 Na^+ 浓度如下:0% FA-900mmol/L Na^+,5% FA-636mmol/L Na^+,10% FA-450mmol/L Na^+,15% FA-318mmol/L Na^+,20% FA-225mmol/L Na^+,25% FA-159mmol/L Na^+,30% FA-112mmol/L Na^+,35% FA-80mmol/L Na^+,40% FA-56mmol/L Na^+,45% FA-40mmol/L Na^+,50% FA-28mmol/L Na^+,55% FA-20mmol/L Na^+,60% FA-14mmol/L Na^+。

⑥ 可以根据微生物细胞的要求调节 Alexa488 酪酰胺的浓度。对于含有大量核糖体的快速生长的细胞,可以使用较低浓度的酪酰胺(例如,0.33μg/mL),而生长较慢的细胞需要更多的酪酰胺,因含核糖体的数量较少。通常情况下,浓度不要超过 2μg/mL,因为可能导致背景的形成。如果想保留 rRNA 信号的亚细胞定位,请使用较少的 Alexa488 酪酰胺。此外,rRNA 步骤中过多的 Alexa488 酪酰胺可使细胞中的酪酰胺结合位点饱和,在基因 CARD 步骤中为 Alexa594 酪酰胺保留太少的结合位点,从而影响噬菌体检测。

⑦ 当对基因使用阴性对照探针时(注释⑰),其加入与阳性对照探针混合物中所有探针相同的浓度。例如,如果阳性对照探针混合物含有六个探针,则该基因的阴性对照探针的最终浓度应为 $5pg/\mu L \times 6 = 30pg/\mu L$。

⑧ 如果与 42℃不同,就在洗涤温度下储存用于基因杂交的洗涤缓冲液。

⑨ 抗体结合步骤可导致假阳性信号。为了减少背景形成,在抗体结合步骤之前和期间使用 Western 封闭剂。如果背景增加是样品的问题,可以测试更强的封闭混合物,例如,通过向抗体封闭和结合液中添加牛血清白蛋白或绵羊血清。另一方面,过强的封闭会降低检测效率,因为会干扰特异性抗体结合位点。

⑩ 当使用一组相似的噬菌体时,请记住多核苷酸探针不能区分密切相关的序列。另一方面,这使得能够使用多核苷酸探针靶向更大的错配序列组[3,5]。一种多核苷酸探针可用于检测具有 5%错配的靶标,杂交效率(和检测效率)略微降低。增加错配将导致杂交效率进一步降低,直至错配约 20%,不会发生杂交。PolyPro 软件[5] 可用于设计多个等位基因的多核苷酸探针。在等位基因区域的多重比对中,选择 300bp 的延伸,其显示最小的序列变

异。对于每个 300bp 的延伸，PolyPro 软件将搜索探针-探针混合物，这将使探针与所有靶向等位基因结合。

⑪ 检测效率，即细胞百分比，显示携带各自目标基因的所有细胞都有阳性的基因信号，取决于所用多核苷酸探针的数量和每个细胞的靶标数量。Allers 等的研究[1] 表明，对于每个细胞 3～8 个基因拷贝，一个探针提供 70%的检测效率，并且越来越多的多核苷酸提高了检测效率。例如，用四种多核苷酸获得>90%的杂交效率，用 12 种多核苷酸获得 98%的杂交效率。对于具有大量目标拷贝的细胞，一个探针的检测效率为 90%，而 3 个探针的检测效率为 100%。计算表明，对于具有一个基因拷贝的细胞，100%检测需要至少 12 个多核苷酸。另一方面，用类似的方法，Matturro 等[8] 使用单个多核苷酸探针达到 100%检测效率，可能导致检测效率提高的因素是较高的变性温度（在湿度室中从 85℃持续 1h，到在 PCR 管中 90℃持续 20min），更容易获得活跃转录的染色体区域，因为它们倾向于处于退化状态[9]，因此探针更容易接近，其次，在细菌分裂过程中，每个细胞中的靶细胞数量更多。

⑫ 在图中，某个特定碱基位置的 GC 含量将对应于相应碱基位置加上 99 个碱基的序列延伸（这适用于计算%GC 的“窗口大小”参数已设置为 100 的情况）。

⑬ 具有较低 GC 含量的靶序列将更容易变性并允许探针接近单个 DNA 链。

⑭ 或者，可以使用地高辛-11-dUTP 核苷酸，任何 *Taq* 聚合酶试剂盒（例如，5 Prime MasterTaq 试剂盒）和未标记的核苷酸合成探针。应避免使用高保真聚合酶，因为它们不含有修饰的核苷酸。为了合成，开始制备浓度为 2mmol/L dATP、2mmol/L dCTP 和 2mmol/L dGTP 以及 1.3mmol/L dTTP 的未标记核苷酸的混合物。例如，向 92.7μL H_2O 中加入 2μL 100mmol/L dATP、2μL 100mmol/L dCTP、2μL 100mmol/L dGTP 和 1.3μL 100mmol/L dTTP。通过涡旋混合并在－20℃下储存。接下来，制备具有以下浓度的 100μL PCR 反应液：1×Taq 缓冲液，200μmol/L dATP，200μmol/L dCTP 和 200μmol/L dGTP，130μmol/L dNTP，70μmol/L Dig-11-dUTP，每种引物 1μmol/L，0.04U *Taq* 聚合酶和 50ng DNA 模板。DNA 模板的浓度会影响高探针浓度的获得，建议对模板进行 1∶10、1∶100 和 1∶1000 的连续稀释，并进行 PCR 反应以确定 PCR 混合液中 DNA 的最佳浓度。对于 PCR 热循环，首先在 95℃下进行 5min 的初始变性步骤，然后进行 30 个循环：变性（95℃ 1min），退火（55℃ 1min）和延伸（72℃ 1～3min）。随后在 72℃下 10min 完成延伸反应。必须针对目标引物和模板优化退火温度和延伸时间。

⑮ 由于高温对细胞有害，因此在杂交缓冲液中使用甲酰胺以降低解链温度，并允许在相对低的温度（42～50℃）下进行杂交。其不足在于，高浓度的甲酰胺降低了杂交效率。

⑯ 理论上，多核苷酸的杂交效率最高的温度应比其 T_m 值低 25℃。越接近 T_m 值，杂交效率越低（从而降低检测效率），而温度与 T_m 值相差太多时，不仅会降低杂交效率，还可能形成短的错配杂交[5]。

⑰ 有两种对照可用于 phageFISH：a. 相同样品，但未感染；b. 阴性对照基因探针（例如，NonPolyPro350[3] 或与其他噬菌体结合的探针）。

⑱ 过滤器的使用。

a. 需使用碳素笔标记过滤器，并且最好写在没有细胞的过滤器的边缘。不要使用永久性标记笔，它们可能会干扰荧光信号。

b. 用不同的试剂处理滤片：

- 如果使用的试剂相当昂贵，并且需优先考虑经济适用时（例如，当使用酶或杂交缓冲液时）。将滤片面朝上放在培养皿中，在滤片顶部添加试剂，同时确保滤片完全覆盖。

• 如果试剂相对便宜（例如，当用 0.1mol/L HCl 灭活内源性过氧化物酶时）。用试剂注满 25mL 或 50mL 培养皿（取决于滤片的数量，应避免挤压）并浸没滤片。确保滤片被完全浸没，并且不会漂浮在溶液顶部。

c. 要清洗滤片，请始终使用大量（例如，50mL）的清洗缓冲液。

• 如果在室温或烤箱中进行孵育，则将滤片放入装有 50mL 洗涤液的培养皿中。

• 如果在水浴中进行孵育，则将滤片放入装有 50mL 洗涤液的 Falcon 管中。要将它们从 Falcon 管中取出，或者将溶液倒入培养皿中并取出滤片，或者将溶液倒入可以筛出滤片的陶瓷筛中。

d. 请使用无菌手术刀将滤片切成较小的碎片，或在重复使用时用乙醇清洗手术刀。

e. 干燥滤片时，首先将其涂在色谱纸上以去除大部分液体，然后将其在新鲜的色谱纸上风干。色谱纸的替代品是来自 Kimtech Science 的“Kimwipes”纸。

⑲ 载玻片的使用。

a. 购买已涂布的载玻片，例如 TESPA 或 Lpolylysine。在使用之前确保载玻片是干净的，以避免背景问题。

b. 或者，按照制造商的说明，用 Lpolylysine 或 TESPA 涂布载玻片。在涂布之前，清洁载玻片以除去所有的颗粒或油脂。例如，在 10% HCl 和 70% 乙醇的混合物中浸泡 20min，用 milliQ 水冲洗，然后用 95% 乙醇冲洗并在 60℃ 下风干。

c. 当标记幻灯片时，请使用碳素笔在幻灯片的磨砂末端书写。不要使用永久性标记笔，它们可能会干扰荧光信号。

d. 要在载玻片上标记样品区域，请使用金刚笔在载玻片背面绘制圆形或矩形。不要在载玻片的样品表面划线，因为可能会导致玻璃表面不平整并干扰显微镜观察。

e. 用不同的试剂处理载玻片上的样品。

• 如果经济适用是首选。将载玻片面朝上放置，在样品顶部添加试剂，同时确保样品区域完全被覆盖。

• 如果试剂相对便宜。用试剂填充载玻片染色罐并将载玻片浸入其中。确保先前与其他试剂接触的样品区域或任何其他光滑表面完全浸没。

f. 在玻璃载玻片上清洗样品。

• 如果在室温或烘箱中进行孵育，则将载玻片放入装有洗涤液的染色罐中。

• 如果在水浴中进行孵育，则将玻璃载玻片（每个 Falcon 管最多两个载玻片，背对背）放入装有洗涤液的 50mL Falcon 管中。

⑳ 避免样品干燥。

a. 除非方案中另有说明，否则不要让样品干燥，因为会形成背景，特别是在使用 DS 的步骤中。

b. 将滤片完全浸入各自的缓冲液中，避免在孵育和洗涤步骤中干燥。

c. 当使用较小体积的缓冲液和/或在较高温度下进行孵育时，会发生干燥。为避免在这些情况下干燥，必须将样品放入湿度箱中。湿度箱可以是任何紧密封闭的容器，该容器用硅酮 O 形环密封（例如，厨房中使用的食品容器）。聚丙烯容器适用于低温培养（例如，46℃）。但是，它们会在高温（例如，85℃）下变形，在这种情况下，应该使用底部是玻璃的容器。为了在湿度室中产生和保持湿度，将纸巾在容器底部排成一行并用液体浸泡。当试剂不挥发时，浸泡液体是水；当使用的是挥发性试剂时，浸泡液体是水-挥发性试剂（例如甲酰胺、多聚甲醛）混合物。在这种情况下，挥发性试剂在浸泡混合物中应具有与缓冲液本身相同的浓度。对于固定在滤片上的样品，滤片可以面朝上放在培养皿中，用缓冲液覆盖，然后将培养皿放在湿度箱中。对于固定在载玻片上的样品，将 PCR 管架放在湿度箱中，然后将载玻片放在上面。应注意不要将潮湿的纸张与样品区域接触。

㉑ 不同的样本，其固定程序有所不同。但是大多数情况下可以使用 PFA。通常，避免与 PFA 长时间的孵育，因为这可能导致细胞的自发荧光增加。另一种固定剂是乙醇，主要用于革兰氏阳性菌的固定[10]。

㉒ 更多关于固定方案中细节的差异性，可通透性和内源性过氧化物酶失活，均可在文献［11～14］中找到。

㉓ 可以使用三种方法进行细胞浓缩和去除 PFA：离心，在含有 0.22μm 聚碳酸酯过滤器的 Swinnex 过滤器支架（Millipore）中过滤，或在过滤塔中的 0.2μm 聚碳酸酯膜过滤器上直接过滤（23.3.4）。在所有情况下，应避免刺激细胞溶解的恶劣的条件。

在离心过程中，当细胞是颗粒细胞时需使用最小离心力，最好在摆动转子中进行。离心后，去除上清液并将细胞悬浮于 1× PBS 中。重复清洗步骤，确保已移除所有 PFA。可以立即进行样品的固定步骤。或者，对于长期储存，以 1∶1 的比例添加 96%乙醇与 1× PBS。将细胞在－20℃保存。

在 Swinnex 过滤器支架过滤期间，使用注射器轻轻推动液体，首先是固定的细胞，然后是至少 20mL 的 1× PBS。这将去除培养基和 PFA，同时将细胞浓缩在留在膜过滤器顶部的液体中。要回收细胞，请翻转 Swinnex 过滤器支架，将其细胞末端放入 2mL 管中并拧下。含有细胞的 1× PBS 将进入 2mL 管中。从支架上取下过滤器并将其放入 2mL 管中，然后通过上下移液轻轻清洗其表面，然后再将其取下。可以立即进行样品固定步骤。或者，对于长期储存，将乙醇以 1∶1 的比例与细胞悬浮液一起加入，并在－20℃储存。

㉔ 对于在固定步骤中离心或通过 Swinnex 过滤器支架进行处理的细胞（注释㉓），需要在固体支持物上固定的单独步骤。固体支持物通过 0.2μm 聚碳酸酯过滤器或涂层载玻片表示（注释⑱和⑲）。为了固定在过滤器上，将不同体积的细胞悬液与 10mL 1× PBS 混合并在 0.22μm 聚碳酸酯滤器上过滤，然后用 10～15mL 1× PBS 和 10～15mL 水洗涤。使用 DAPI 染色和显微镜检查哪个细胞悬液体积在过滤器上提供最佳细胞分布。固定在载玻片上，在标记区域内找到 10～100μL 细胞悬浮液（注释⑲）并在 37℃风干。在一些类型的载玻片中，细胞悬液中使用的乙醇会使其过度扩散。为了避免这种情况，可以在使用前在 1× PBS 中稀释细胞悬液，以降低乙醇浓度（例如降低至 10%～25%）。或者，使用压力密封硅树脂隔离器为样品创建“隔离”。样品干燥后，可以移除隔离器。为去除沉淀盐，用水洗一次，然后晾干。

㉕ 为降低细胞的损失，琼脂糖包埋常用于 rRNA CARD-FISH 方案[13]。然而，它显著降低了噬菌体基因的检测效率。

㉖ 必须进行渗透以允许 PhageFISH 期间所使用高分子试剂在细胞内扩散（例如，HRP-寡核苷酸探针、多核苷酸探针、HRP-抗体缀合物）。根据细胞类型，使用不同的渗透试剂（例如，革兰氏阳性菌使用无色肽酶，革兰氏阴性菌使用溶菌酶，古菌使用去污剂、酸或蛋白酶；注释㉒）。

㉗ 对于大多数样品，0.1mol/L HCl 足以灭活内源性过氧化物酶。然而，有些样品需要更强的灭活作用，例如，使用 H_2O_2 或甲醇，见注释㉒中的参考文献。灭活效率可以通过仅进行 PhageFISH 方案的 rRNA CARD-FISH 部分来测试，使用 16S 探针（作为阳性对照）以及不使用任何探针（作为阴性对照）。rRNA CARD-FISH 部分包括样品固定、固定化、渗透、内源性过氧化物酶的失活、rRNA 杂交、用于 rRNA 检测的 CARD，以及包埋和复染。如果显微镜评估表明阴性对照中没有信号，阳性对照中有信号，则灭活程序起作用。如

果不是，则必须进行进一步的优化。

㉘ 对于核糖体含量低的细胞，rRNA 的信号强度可以通过增加 Alexa488 酪酰胺浓度来增强（注释⑥），也可以通过使用 46℃的温度或将 Alexa488 酪酰胺的孵育时间延长（例如 20～30min）。

㉙ 由于需要基于每个细胞的噬菌体信号区域，来识别感染的不同阶段，此时 RNase 的处理是必要的。否则，噬菌体探针与相应 mRNA 的结合将导致高估噬菌体信号区域。

㉚ 如果样品在载玻片上，加入与预杂交液相同体积的杂交混合物，然而，与预期相比，双探针的浓度高达两倍。

㉛ 变性/杂交步骤中的温度控制对于该方法的成功非常重要，因为其影响检测效率（进入靶基因，需要更长时间的高温）和细胞形态及损失（通常，长时间的高温会对细胞造成损害，特别是对于像病毒感染这样脆弱的细胞）。当使用湿度箱和烤箱时，将变性时间从 85℃ 1h 减少到 85℃ 30min，导致早期感染阶段的检测效率降低（每个细胞的病毒基因组数量较少），而对晚期感染阶段没有影响（每个细胞有大量的病毒基因组）。另外，细胞在变性 1h 后看起来受损更严重。可以在 PCR 热循环仪中获得更精确的温度控制，如 Matturro 等[8]的研究已经表明，通过将滤片浸没在具有杂交缓冲液的 PCR 管中实现。这种情况下，在 90℃下仅 20min 就足以获得 100%的检测效率（注释⑪）。为了在使用载玻片时获得类似的温度控制，可使用滑动式热循环机，如下面举例说明的。

请注意，滑动式热循环机的运行模式各不相同。为了说明情况，描述了杭州安盛仪器有限公司的 TDH-500 Slide 变性/杂交系统的使用条件。

a. 按照注释⑲中所述，制备样品载玻片。

b. 为避免杂交混合物蒸发，请使用 Hybriwell 密封室。将腔室放在载玻片上的样品区域顶部（注释⑲）。施加压力以将安全腔室密封到滑块上。

c. 添加杂交混合物，确保完全覆盖样品。一个样品需要约 20μL。

d. 关闭滑动式热循环机，确认其密封严密。

e. 在变性温度（85～95℃）下孵育 5～15min，然后在杂交温度下孵育 2h 或过夜。最佳变性条件将根据样品而变化，因此需要针对每种特定病毒系统优化。

㉜ 通过将杂交缓冲液中的 DS 浓度从 10%增加到 20%，可以显著降低基因的杂交时间。按照以下步骤制备基因杂交缓冲液：在 50mL Falcon 管中加入 8g DS 和 10mL 20× SSC，剧烈涡旋。加入 1.6mL 5mmol/L EDTA（pH 8）和 4mL 水。封闭管盖并强烈摇动或涡旋以将 DS 分散在溶液中。在 46℃的水浴上孵育以溶解 DS，可不时涡旋并摇动。可能需要很长时间（例如，过夜）来溶解所有的 DS。DS 完全溶解后，让溶液冷却至室温，然后加入 4mL 10%核酸封闭剂，1mL 10mg/mL 剪切的鲑鱼精子 DNA，1mL 10mg/mL 酵母 RNA，14mL 100%甲酰胺和 200μL 20%SDS。涡旋混合组分。缓冲液需要通过 0.22μm 无菌注射器过滤器过滤。分装并在−20℃储存。

㉝ 细胞应当每次都充分分离，此时 DAIME 将有效地进行图像分析，以便软件（通过使用分割算法）将它们识别为单独的对象。当分割算法不能识别单个细胞时，则必须以半手动方式进行图像分析。例如，噬菌体感染细胞的计数可以使用 AxioVision 软件（来自 Zeiss），手动标记 Alexa488 通道中的细胞和 Alexa594 通道中的相应基因信号，使用“测量”中的“事件”工具进行操作。可以使用“测量事件”功能确定事件数。类似地，当噬菌体信号不能通过 DAIME 分割时，必须借助图像分析软件半自动地再次测量它们的信号强度。例如，Zen Lite 2011（Blue Edition；Carl Zeiss，Germany）软件中的免费手工工具可

用于标记噬菌体信号并测量其信号强度。

㉞ 大多数时候，早期感染也会记录在低曝光图像中，但强度非常低。只有在图像增强（例如，增加亮度和放大率）和与相同视野的比较之后，眼睛才能看到，但需要更长的曝光时间（其指示在哪里看）。

㉟ 使用以下模式标记图像：replicate _ timepoint _ channel __××（其中××是视野的编号）。有关导入堆栈的文件命名的更多信息，请参阅 DAIME 手册。

㊱ 边缘阈值算法最有效。

致谢

感谢 Rudi Amann 和 Bernhard Fuchs（马克斯普朗克海洋微生物研究所，Bremen）对手稿的批判性阅读，以及提出的有益讨论。感谢 Elke Allers（Vibalogics GmbH，德国），Melissa Duhaime（密歇根大学，美国）和 Matthew B. Sullivan（美国俄亥俄州立大学）建立了密切的合作关系，这种合作关系促成了 PhageFISH 方法的发展，感谢德国马克斯普朗克学会的资助。

参考文献

1. Allers E et al (2013) Single-cell and population level viral infection dynamics revealed by phageFISH, a method to visualize intracellular and free viruses. Environ Microbiol 15:2306–2318
2. Vinh T. Dang, Cristina Howard-Varona, Sarah Schwenck, Matthew B. Sullivan (2015) Variably lytic infection dynamics of large podovirus phi38:1 against two host strains. Environ Microbiol 17(11):4659–4671
3. Moraru C, Lam P, Fuchs B, Kuypers M, Amann R (2010) GeneFISH – an in situ technique for linking gene presence and cell identity in environmental microorganisms. Environ Microbiol. https://doi.org/10.1111/j.1462-2920.2010.02281.x
4. Barrero-Canosa J, Moraru C, Zeugner L, Bernhard M. Fuchs, Amann R (2017) Direct-geneFISH: a simplified protocol for the simultaneous detection and quantification of genes and rRNA in microorganisms. Environ Microbiol 19(1):70–82
5. Moraru C, Moraru G, Fuchs B, Amann R (2011) Concepts and software for a rational design of polynucleotide probes. Environ Microbiol Rep 3:69–78
6. Daims H, Lücker S, Wagner M (2006) daime, a novel image analysis program for microbial ecology and biofilm research. Environ Microbiol. https://doi.org/10.1111/j.1462-2920.2005.00880.x
7. Pernthaler A, Pernthaler J (2005) Simultaneous fluorescence in situ hybridization of mRNA and rRNA for the detection of gene expression in environmental microbes. Meth Enzymol 397:352–371
8. Matturro B, Rossetti S (2015) GeneCARD-FISH: Detection of tceA and vcrA reductive dehalogenase genes in *Dehalococcoides mccartyi* by fluorescence in situ hybridization. J Microbiol Methods. https://doi.org/10.1016/j.mimet.2015.01.005
9. Wang Y, Maharana S, Wang MD, Shivashankar GV (2014) Super-resolution microscopy reveals decondensed chromatin structure at transcription sites. Sci Rep 4
10. Roller C, Wagner M, Amann R, Ludwig W, Schleifer KH (1994) In situ probing of gram-positive bacteria with high DNA G + C content using 23S rRNA-targeted oligonucleotides. Microbiology 140:2849–2858
11. Manz W, Amann R, Ludwig W, Wagner M, Schleifer K-H (1992) Phylogenetic oligodeoxynucleotide probes for the major subclasses of proteobacteria: problems and solutions. Syst Appl Microbiol 15:593–600
12. Pernthaler A et al (2004) Sensitive multi-color fluorescence in situ hybridization for the identification of environmental microorganisms. Molecular Microbial Ecology Manual. 1–2:711–725
13. Pernthaler A, Pernthaler J, Amann R (2002) Fluorescence in situ hybridization and catalyzed reporter deposition for the identification of marine bacteria. Appl Environ Microbiol 68:3094–3011
14. Pavlekovic M, Schmid MC, Schmider-Poignee N (2009) Optimization of three FISH procedures for in situ detection of anaerobic ammonium oxidizing bacteria in biological wastewater treatment. J Microbiol Methods 78:119–126

24 酶谱分析噬菌体裂解蛋白的肽聚糖水解活性

▶ 24.1 引言
▶ 24.2 材料
▶ 24.3 方法
▶ 24.4 注释

摘要

酶谱是一种基于十二烷基硫酸钠-聚丙烯酰胺凝胶电泳（SDS-PAGE）的电泳技术，能够显示通过分子量分离的酶活性蛋白质的种类。该方法是对所讨论的蛋白质进行SDS-PAGE，同时包括将酶的不透明底物嵌入聚丙烯酰胺凝胶中。本章介绍了使用来自易感革兰阳性菌物种的肽聚糖（或全细胞）作为底物的噬菌体裂解蛋白（肽聚糖水解酶）的酶谱方案。在两个单独的凝胶上同时制备和分析蛋白质：首先，标准变性SDS-PAGE，然后进行常规的蛋白质染色（例如，考马斯），以确定样品中蛋白质的迁移模式；其次，酶谱凝胶，其中将来自易感细菌的细胞或肽聚糖嵌入SDS凝胶基质中。电泳后，从酶谱凝胶中去除SDS，使蛋白质（现在由分子量分开）呈现活性构象并最终消化不透明底物（产生非透明产物）。这将导致另外一种不透明的凝胶，与酶活性蛋白质的位置相对应。该法可用于定性测定来自细胞提取物的细胞内溶素的酶活性，或用于鉴定噬菌体颗粒中的病毒相关的肽聚糖水解酶。
关键词：酶，噬菌体裂解蛋白，SDS-PAGE，水解活性

24.1 引言

酶谱通常用于检测肽聚糖水解酶在底物基础上的水解活性，以及用于鉴定假定的纯化蛋白质制剂中蛋白质（污染物）的酶活性[1]。理论上，可以对作用于任何生物基质（例如LPS、DNA）的任何酶进行酶谱分析，并且检测方法基于反应产物的可视化或基质的视觉消失[2]。双链噬菌体编码肽聚糖水解酶（细胞内溶素），以降解细胞壁肽聚糖并裂解宿主细菌，以在裂解感染循环的最后步骤释放噬菌体后代。一些噬菌体还编码结构溶素或病毒粒子相关的肽聚糖水解酶（VAPGH）以在感染周期的早期阶段降解肽聚糖。两种类型的蛋白质作为抗生素的抗菌替代品在抗致病菌方面具有极高的潜力，因此，它们的研究最近在全球多重抗药性病原体增加的情况下有所增加[3,4]。作为底物，活的全细胞[5~9]、高压灭菌的细胞[10~19]、冷冻干燥的细胞[20~23] 或粗

肽聚糖[24] 可用于鉴定肽聚糖水解酶活性。通常，活的全细胞用于评估由感染革兰阳性菌的噬菌体编码的肽聚糖水解酶的水解潜力，而其他底物用于由感染革兰阳性菌或革兰阴性菌的噬菌体编码的裂解蛋白。该技术为肽聚糖水解酶的分析提供了优势，例如，蛋白质不需要纯化，可以使用含有目的蛋白质的粗细胞提取物[6,10,12,13,18,19,21,22,25]。与该优点相关，该技术允许在完全组装的病毒体中检测结构肽聚糖水解蛋白的存在和确定分子量，即无需克隆和过表达[11,14,15,26]。然而，酶谱还具有一些固有的缺点，包括在SDS变性和电泳后需要正确重折叠蛋白质。如果研究人员知道目标肽聚糖水解酶的高活性所需的条件（如离子强度、阳离子和温度），也是很有帮助的，以便在复性步骤中可以涉及这些条件。

本章介绍了一种酶谱方案，使用嵌入聚丙烯酰胺凝胶中的新鲜培养的活细菌细胞，检测噬菌体编码的肽聚糖水解酶的催化活性（图 24-1）。

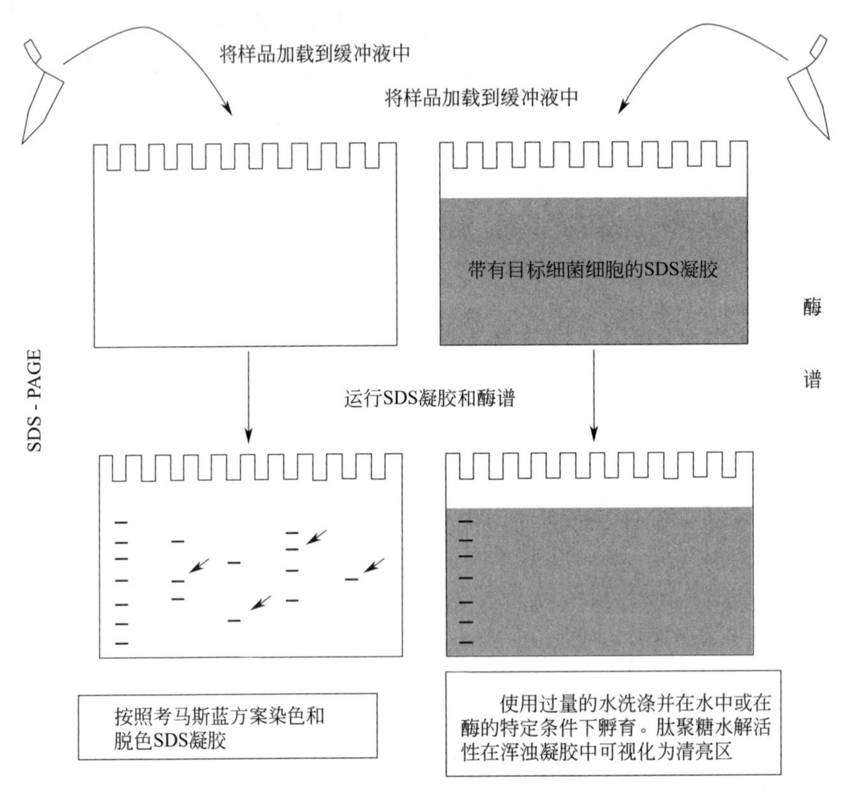

图 24-1 酶谱方案示意

使用嵌入凝胶中的活的全细胞作为底物，对噬菌体编码的裂解蛋白进行酶谱分析的方案。SDS 凝胶中的箭头表示混合物中的蛋白质在酶谱凝胶中具有肽聚糖水解活性

24.2 材料

使用超纯水制备所有溶液（在 25℃下将去离子水净化至 18MΩ·cm 的灵敏度），并将所有试剂室温下储存（除非另有说明）。

24.2.1 底物（细菌细胞）

① 用于培养目标细菌的适合培养基。

② 50mmol/L 磷酸钠缓冲液（pH 7.0）：制备 50mmol/L NaH_2PO_4 和 50mmol/L Na_2HPO_4。将 NaH_2PO_4 溶液缓慢加入 Na_2HPO_4 溶液中，直至达到所需的 pH。

24.2.2 SDS-PAGE 组分

① 1mol/L Tris-HCl，pH8.0。

② 40%丙烯酰胺-双丙烯酰胺（37.5∶1）（Bio-Rad Laboratories）。4℃储存。

③ 100g/L 十二烷基硫酸钠（SDS）。

④ 100g/L 过硫酸铵（APS）。制作等分试样，−20℃储存（稳定性>6 个月）或新鲜制备。

⑤ TEMED（*N*,*N*,*N'*,*N'*-四甲基乙二胺）。4℃储存。

⑥ 样品缓冲液。0.2mol/L Tris-HCl，0.4mol/L 二硫苏糖醇（DTT），8% SDS，40%（体积分数）甘油，4g/L 溴酚蓝。制作等分试样，−20℃储存（长达 1 年的有效期）。

⑦ 5×电泳缓冲液（每升）。15g Tris 碱，72g 甘氨酸。4℃储存（最长 1 个月）。

⑧ 染色液。1g/L 考马斯亮蓝 R-250，7.5%乙酸，50%甲醇。室温下储存在用铝箔包裹的瓶子中。

⑨ 脱色液。10%乙酸，50%甲醇。

24.3 方法

24.3.1 细菌细胞的制备

将细菌菌株培养物 300mL 培养至对数中期（OD_{600} 约为 0.5），并通过离心从培养基中分离细胞。向细胞沉淀中加入 300μL 50mmol/L 磷酸钠缓冲液（pH 7.0）（注释①）。此时缓冲液中含有 500～600μL 的细胞。将细胞置于冰上，直至将其加入 SDS 凝胶混合物中（注释②）。

24.3.2 SDS-PAGE 和酶谱

① 为了进行酶谱分析，SDS 凝胶和酶谱凝胶应同时进行。考马斯染色的 SDS PAGE 将是酶谱凝胶中清除区域的参考。在聚丙烯酰胺微凝胶电泳装置（例如，MiniPROTEAN® 3Cell，Bio-Rad）中放置两组干净的玻璃板。

② 准备四个 50mL 锥形管以制备聚丙烯酰胺凝胶混合物。

③ 管 1 含有凝胶混合物。3.3mL H_2O，3.6mL 1mol/L Tris-HCl（pH8.0），5mL 40%丙烯酰胺-双丙烯酰胺（37.5∶1），120μL 100g/L SDS。

④ 管 2 含有运行凝胶（常规 SDS 凝胶）。5mL 凝胶混合物，600μL 50mmol/L 磷酸钠缓冲液（pH 7.0）（注释③），70μL 10% APS。在将凝胶注入玻璃板之前，立即加入 7μL TEMED 并轻轻旋转；然后将混合物注入玻璃板中（注释④）。在用水或丁醇聚合之前，轻轻地覆盖流动的凝胶，以防止与大气中的氧气接触，并在聚合后为凝胶的上表面提供一个平滑的界面。

⑤ 管 3 含有酶谱凝胶。5mL 凝胶混合物，pH 7.0 的 50mmol/L 磷酸钠缓冲液中的 600μL 细菌细胞，70μL 10% APS。在将凝胶注入第二组玻璃板之前，立即加入 7μL TEMED 并轻轻旋转，然后将混合物注入酶谱玻璃板中。与 SDS 凝胶一样，用水或丁醇轻轻覆盖以防止与大气中的氧气接触，并在一旦聚合的情况下允许调平流动凝胶的上表面。

⑥ 待凝胶完全聚合（10～20min），然后从凝胶顶部倒出水或丁醇。如果使用丁醇，请用水或缓冲液冲洗并去除剩余的液体。

⑦ 管 4 含有堆积凝胶。2mL 凝胶混合物，1.2mL 1mol/L Tris-HCl（pH 8.0），2.8mL H_2O，70μL 10%APS。在将凝胶注入玻璃板之前，立即加入 7μL TEMED 并轻轻旋转，然后将混合物注入玻璃板中。将凝胶注入玻璃板后，放置 10 孔凝胶梳子，不要引入气泡。如果有空隙，请添加更多的堆积凝胶。确保梳子下方没有气泡或板和梳子之间没有任何间隙。

⑧ 在等待堆积凝胶聚合的同时，将 30μL 蛋白质样品与 10μL 4×样品缓冲液混合（注释⑤），在装载前，95℃加热 3min（注释⑥）。

⑨ 将 60mL 5×电泳缓冲液稀释到终体积为 300mL，并加入 1g/L SDS 制备电泳缓冲液。

⑩ 取出梳子，将凝胶放入电泳仪器中，将电泳缓冲液加入中间和底部存储器，每孔加入 20μL 样品，然后加入分子量标准（注释⑦）并在 150V 电压下运行 1～1.5h。

⑪ 从电泳仪中取出凝胶并放在纸巾上。用刮刀将平板撬开。将 SDS 凝胶小心地放入染色液中，酶谱凝胶放入去离子水中（注释⑧），并轻轻摇动。加入足够的染色液或水以覆盖凝胶。

24.3.3 染色/脱色 SDS 凝胶

① 在室温下将 SDS 凝胶在染色液中浸泡 30min，同时轻轻摇动（注释⑨）。

② 倒出染色液（注释⑩）。加入足够的脱色液以覆盖凝胶（注释⑪），并在室温下孵育至少 1h 并轻轻摇动（注释⑨和⑫）。

24.3.4 确定酶谱中的肽聚糖水解酶活性

① 运行酶谱后，将其置于去离子水中 15min 进行洗涤，倒出水，加入清水并在室温下孵育（注释⑬）。

② 监测酶谱凝胶在水中的时间，以确保照片文件在反应时间内酶谱与酶谱的一致性（注释⑭）。

③ 根据酶活性水平，最早可能会在 15min 内看到其澄清（注释⑮）。

④ 根据酶活性，以适当的时间间隔拍照（注释⑯）。

⑤ 通过比较酶谱与染色的 SDS 凝胶，可以预测在混浊凝胶中变为澄清的蛋白质的分子量。

24.4 注释

① 细胞沉淀也可以悬浮在水中。

② 也可以使用高压灭菌的细胞、冻干细胞或粗肽聚糖（实验室获得的或商业上可获得的）。为了制备高压灭菌的细胞，在指数生长期收获细菌细胞，用蒸馏水洗涤三次，悬浮在蒸馏水（1/10 初始培养物的体积）中并高压灭菌。

③ 酶谱和 SDS-PAGE 中的缓冲液应该相同，以便在两种凝胶之间不改变蛋白质的迁移。如果将细胞沉淀悬浮在水中，则在该步骤中使用水。

④ 由于加入 TEMED 后立即开始聚合，所以尽可能快地将凝胶移到玻璃板中。

⑤ 将装载两个凝胶，因此与单个 SDS 凝胶相比，每个样品的量应为两倍。

⑥ 由于有些蛋白质有可能被不可逆地灭活，因此样品不要加热超过 3min。

⑦ 在装载样品之前，应冲洗孔以避免任何可能的阻塞。使用移液管和吸头，只需在每个孔的顶部向上和向下移液电泳缓冲液。如果梳子和玻璃板之间有凝胶形成，最方便的操作是在聚合时，紧贴玻璃板和梳子放置几个回形针。

⑧ 如有必要，通过从凝胶底部切出一个角来标记凝胶的方向。

⑨ 据报道，通过提高温度可以显著缩短染色和脱色时间并显著提高检测灵敏度[27]。例如，一个 0.8mm 凝胶分别加热到 55℃、60℃和 65℃，可分别在 5min、2min 和 1min 内染色，并在相同温度下分别在 20min、15min 和 8min 内脱色。

⑩ 考马斯染色溶液可通过过滤，多次循环使用。

⑪ 由于纸巾或泡沫块可以吸收考马斯蓝染料，因此可以放在凝胶周围的脱色液中，以帮助脱色。避免将擦拭布放在凝胶上，这会导致脱色不均匀。

⑫ 凝胶可在脱色液中孵育 1h 至过夜。当脱色程度足够时，立即停止。

⑬ 可能需要重复洗涤步骤两次以完全去除 SDS 并使蛋白质重新获得活性。

⑭ 如果遵循使用高压灭菌或冻干细胞或粗肽聚糖的方案，将凝胶转移到含有 25mmol/L Tris-HCl（pH 7.5）和 0.1% Triton X-100 的重折叠缓冲液中，洗涤后其量可能略有不同，具体取决于自身[10~24]。然后在 37℃下孵育凝胶 30min～72h。在室温下用 1g/L 亚甲蓝和 0.1g/L KOH 进一步染色酶谱 1～2h（用以染色细菌肽聚糖）并用蒸馏水脱色。肽聚糖水解酶活性在深蓝色背景下呈透明区。

⑮ 如果在水中 1h 后没有活性或活性非常低，则根据先前的知识用适当的缓冲液替换水，所述缓冲液可以增强酶的活性。类似地，可以将其他试剂添加到浸泡缓冲液中，例如 150mmol/L NaCl，可以潜在地增强酶的活性。根据蛋白质的要求，添加阳离子如 Ca^{2+} 或 Mg^{2+} 也可能有效。如果蛋白质不是非常活跃，则在水中或在蛋白质的特定条件下，孵育也可以持续过夜。

⑯ 如果酶谱漂浮在深色背景的水中，将更方便拍照。

致谢

该研究工作得到了 AGL2012-40194-C02-01（西班牙科学与创新部）、GRUPIN14-139（科学，技术与创新计划 2013-2017，阿斯图里亚斯，西班牙）以及来自双农业研究 IS-4573-12R 与发展基金（BARD）的资助。美国农业部（USDA）禁止在其所有项目和活动中的一切歧视，包括种族、肤色、国籍、年龄、健康状况以及适用的性别、婚姻状况、家庭状况、父母身份、宗教、性取向、遗传信息、政治信仰、报复行为，或个人的全部或部分收入来自任何公共援助计划。美国农业部认为机会均等。

参考文献

1. Abaev I, Foster-Frey J, Korobova O, Shishkova N, Kiseleva N, Kopylov P, Pryamchuk S, Schmelcher M, Becker SC, Donovan DM (2013) Staphylococcal phage 2638A endolysin is lytic for *Staphylococcus aureus* and harbors an inter-lytic-domain secondary translational start site. Appl Microbiol Biotechnol 97(8):3449–3456
2. Vandooren J, Geurts N, Martens E, Van den Steen PE, Opdenakker G (2013) Zymography methods for visualizing hydrolytic enzymes. Nat Methods 10(3):211–220
3. Nelson DC, Schmelcher M, Rodriguez-Rubio L, Klumpp J, Pritchard DG, Dong S, Donovan DM (2012) Endolysins as antimicrobials. Adv Virus Res 83:299–365
4. Rodríguez-Rubio L, Martínez B, Donovan DM, Rodríguez A, García P (2013) Bacteriophage virion-associated peptidoglycan hydrolases: potential new enzybiotics. Crit Rev Microbiol 39(4):427–434
5. Becker SC, Dong S, Baker JR, Foster-Frey J, Pritchard DG, Donovan DM (2009) LysK CHAP endopeptidase domain is required for lysis of live staphylococcal cells. FEMS Microbiol Lett 294(1):52–60
6. Rodríguez L, Martínez B, Zhou Y, Rodríguez A, Donovan DM, García P (2011) Lytic activity of the virion-associated peptidoglycan hydrolase HydH5 of *Staphylococcus aureus* bacteriophage vB_SauS-phiIPLA88. BMC Microbiol 11:138
7. Rodríguez-Rubio L, Martínez B, Rodríguez A, Donovan DM, García P (2012) Enhanced staphylolytic activity of the *Staphylococcus aureus*

bacteriophage vB_SauS-phiIPLA88 HydH5 virion-associated peptidoglycan hydrolase: fusions, deletions, and synergy with LysH5. Appl Environ Microbiol 78(7):2241–2248

8. Schmelcher M, Korobova O, Schischkova N, Kiseleva N, Kopylov P, Pryamchuk S, Donovan DM, Abaev I (2012) *Staphylococcus haemolyticus* prophage ΦSH2 endolysin relies on cysteine, histidine-dependent amidohydrolases/peptidases activity for lysis 'from without'. J Biotechnol 162(2–3):289–298
9. Roach DR, Khatibi PA, Bischoff KM, Hughes SR, Donovan DM (2013) Bacteriophage-encoded lytic enzymes control growth of contaminating *Lactobacillus* found in fuel ethanol fermentations. Biotechnol Biofuels 6(1):20
10. Kakikawa M, Yokoi KJ, Kimoto H, Nakano M, Kawasaki K, Taketo A, Kodaira K (2002) Molecular analysis of the lysis protein Lys encoded by *Lactobacillus plantarum* phage phig1e. Gene 299(1–2):227–234
11. Kenny JG, McGrath S, Fitzgerald GF, van Sinderen D (2004) Bacteriophage Tuc2009 encodes a tail-associated cell wall-degrading activity. J Bacteriol 186(11):3480–3491
12. Yokoi KJ, Kawahigashi N, Uchida M, Sugahara K, Shinohara M, Kawasaki K, Nakamura S, Taketo A, Kodaira K (2005) The two-component cell lysis genes *holWMY* and *lysWMY* of the *Staphylococcus warneri* M phage ϕWMY: cloning, sequencing, expression, and mutational analysis in *Escherichia coli*. Gene 351:97–108
13. Wang S, Kong J, Zhang X (2008) Identification and characterization of the two-component cell lysis cassette encoded by temperate bacteriophage phiPYB5 of *Lactobacillus fermentum*. J Appl Microbiol 105 (6):1939–1944
14. Takáč M, Bläsi U (2005) Phage P68 virion-associated protein 17 displays activity against clinical isolates of *Staphylococcus aureus*. Antimicrob Agents Chemother 49(7):2934–2940
15. García P, Martínez B, Obeso JM, Lavigne R, Lurz R, Rodríguez A (2009) Functional genomic analysis of two *Staphylococcus aureus* phages isolated from the dairy environment. Appl Environ Microbiol 75(24):7663–7673
16. Lai MJ, Lin NT, Hu A, Soo PC, Chen LK, Chen LH, Chang KC (2011) Antibacterial activity of *Acinetobacter baumannii* phage ϕAB2 endolysin (LysAB2) against both gram-positive and gram-negative bacteria. Appl Microbiol Biotechnol 90(2):529–539
17. Saravanan SR, Paul VD, George S, Sundarrajan S, Kumar N, Hebbur M, Kumar N, Veena A, Maheshwari U, Appaiah CB, Chidambaran M, Bhat AG, Hariharan S, Padmanabhan S (2013) Properties and mutation studies of a bacteriophage-derived chimeric recombinant staphylolytic protein P128: Comparison to recombinant lysostaphin. Bacteriophage 3:e26564
18. Keary R, McAuliffe O, Ross RP, Hill C, O'Mahony J, Coffey A (2014) Genome analysis of the staphylococcal temperate phage DW2 and functional studies on the endolysin and tail hydrolase. Bacteriophage 4:e28451
19. Sanz-Gaitero M, Keary R, Garcia-Doval C, Coffey A, van Raaij MJ (2014) Crystal structure of the lytic CHAP(K) domain of the endolysin LysK from *Staphylococcus aureus* bacteriophage K. Virol J 11:133
20. Henry M, Begley M, Neve H, Maher F, Ross RP, McAuliffe O, Coffey A, O'Mahony JM (2010) Cloning and expression of a mureinolytic enzyme from the mycobacteriophage TM4. FEMS Microbiol Lett 311(2):126–132
21. Uchiyama J, Takemura I, Hayashi I, Matsuzaki S, Satoh M, Ujihara T, Murakami M, Imajoh M, Sugai M, Daibata M (2011) Characterization of lytic enzyme open reading frame 9 (ORF9) derived from *Enterococcus faecalis* bacteriophage phiEF24C. Appl Environ Microbiol 77(2):580–585
22. Catalão MJ, Milho C, Gil F, Moniz-Pereira J, Pimentel M (2011) A second endolysin gene is fully embedded in-frame with the lysA gene of mycobacteriophage Ms6. PLoS One 6(6): e20515
23. Payne KM, Hatfull GF (2012) Mycobacteriophage endolysins: diverse and modular enzymes with multiple catalytic activities. PLoS One 7(3):e34052
24. Westbye AB, Leung MM, Florizone SM, Taylor TA, Johnson JA, Fogg PC, Beatty JT (2013) Phosphate concentration and the putative sensor kinase protein CckA modulate cell lysis and release of the *Rhodobacter capsulatus* gene transfer agent. J Bacteriol 195 (22):5025–5040
25. Gaidelyte A, Cvirkaite-Krupovic V, Daugelavicius R, Bamford JK, Bamford DH (2006) The entry mechanism of membrane-containing phage Bam35 infecting *Bacillus thuringiensis*. J Bacteriol 188(16):5925–5934
26. Moak M, Molineux IJ (2004) Peptidoglycan hydrolytic activities associated with bacteriophage virions. Mol Microbiol 51:1169–1183
27. Kurien BT, Scofield RH (2012) Accelerated Coomassie Blue staining and destaining of SDS-PAGE gels with application of heat. In: Kurien BT, Scofield RH (eds) Protein electrophoresis: methods and protocols, Methods in molecular biology, vol 869. Springer, New York, pp 471–479

25 即食食品中噬菌体效果的定量测定

▶ 25.1 引言
▶ 25.2 材料
▶ 25.3 方法
▶ 25.4 注释

摘要

噬菌体广泛应用于食品和食品加工环境中细菌性病原体的生物防治。需要制定标准化的方案，以量化噬菌体制剂在降低食源性病原体中的效果。本章提出了一个验证噬菌体制剂在降低即食（RTE）肉类中单核细胞增生性李斯特菌效果的方案。这个方案考虑了现实的实际场景，避免了先前噬菌体去污分析报告中常见的错误。

关键词： 噬菌体，生物防治，单核细胞增生性李斯特菌，即食肉类，LISTEX™ P100

25.1 引言

噬菌体广泛应用于食源性致病菌的生物防治中，并且已成功应用于家禽、牛肉、鱼肉、奶酪、嫩芽、甜瓜和其他食物中[1~7]。先前的研究表明，噬菌体对食品中病原体的成功干预，很大程度上取决于食物的化学成分和特殊基质[3]。噬菌体应用于即食（RTE）产品及其靶细菌的生物防治，需要考虑优化个体使用方案，以及食品基质的不同类型[3,7,8]。

在此展示了噬菌体制剂如何降低即食食品中的食源性病原体。在评估一种商品化抗李斯特菌噬菌体降低RTE烤牛肉和烹制火鸡中单核细胞增生性李斯特菌效果的试验中，以前噬菌体研究中所缺乏的、实验过程中的特征包括：①添加一种四株单核细胞增生性李斯特菌的混合物，其浓度模拟现实生活中实际发生的污染水平；②为了避免高估噬菌体杀菌效果，在直接涂布李斯特菌之前，需要去除胃冲洗液中未结合的噬菌体，之后进行活菌计数；③噬菌体和宿主的使用效率以单位面积表示；④与滥用温度（10℃）相比，噬菌体的去污化研究应该在即食食品的推荐储存温度（4℃）下进行。

25.2 材料

25.2.1 个人防护装备

① 一次性手套。

② 实验服。

③ 一次性前襟罩衣。

④ 生物安全柜（BSC）。

⑤ 合适的鞋子。

25.2.2 设备

① 设置为4℃和10℃的冰箱。

② 设置为37℃的培养箱和摇床。

③ 泡沫塑料肉盘（Dyne-A-Pak Inc.，Laval，QC Canada）。

④ 商品化8″×6″尼龙袋［透氧率：40～50mL/(m^2·d)；（Winpak Ltd.，Winnipeg，MB，Canada）］。

⑤ 铸机C 200（MULTIVAC AGI，Knud Simonsen Industries Ltd.，Rexdale，ON，Canada）。

⑥ 无菌的一次性接种环（Arben Bioscience Inc.，Rochester，NY，USA；Catalogue number KG-5P）。

⑦ 移液器和移液管。

⑧ 微量移液器和枪头。

⑨ 切肉机（将RTE肉切成10cm^2的薄片；或者可使用饼干切割机替代，如Endurance®，RSVP International，Inc. Seattle，WA，USA）。

⑩ 表面冷却至4℃的钢板。

⑪ Stomacher® 80 microBiomaster 实验室搅拌机（Seward Laboratory Systems，Inc. Bohemia，NY，USA）和Stomacher® 80袋子。

⑫ 带有吊篮式转头的台式离心机（Eppendorf 5804 R；Westbury，NY，USA）。

⑬ 可密封的Tupperware®容器。

⑭ 高压灭菌的Nalgene™塑料桶（Thermo Fisher Scientific Inc.，Waltham，MA，USA）。

⑮ 0.45μm注射器过滤器。

⑯ 10mL无菌的一次性注射器。

⑰ 分光光度计。

⑱ 带盖子的一次性杯子。

⑲ 水浴锅（42℃和50℃）。

⑳ 涡旋仪。

25.2.3 试剂

① LISTEX™ P100（Micreos Food Safety B. V. Wageningen，Netherlands）（25.4.1）。

② 单核细胞增生性李斯特菌混合物（必须包含血清型1/2a、1/2b和4b）（25.4.3）。

③ 磷酸盐缓冲液（PBS；100mmol/L NaCl，20mmol/L Na_2HPO_4，pH 7.4）。

④ 参照生产商的指示制备胰蛋白胨大豆肉汤（TSB；BD Biosciences，San Jose，CA，USA）。

⑤ 切片的即食肉（烤牛肉或烤火鸡）。

⑥ 5mol/L HCl。

⑦ 按照生产商的指示制备胰蛋白胨大豆琼脂（TSA；BD Biosciences，San Jose，CA，

USA)。

⑧ 参照生产商的指示制备牛津琼脂（EMD Chemicals Inc.，Gibbstown，NJ，USA)。

⑨ 新鲜制备的杀病毒的溶液。

⑩ SM缓冲液（10mmol/L NaCl，10mmol/L $MgSO_4$，50mmol/L Tris-HCl，pH 7.5)。

⑪ 无菌去离子水（Nanopure®)。

25.3 方法

25.3.1 即食肉类样品的制备

① 直接从加工厂获得新鲜切片的肉制品，并在4℃下保存在密封的Tupperware®容器中直至使用。

② 将新鲜的冷藏样品放在预冷的钢板工作表面（用干净的铝箔包裹并于4℃冷藏)。

a. 样品应始终保存在预冷钢板上。

b. 若在前面的步骤中温度显著升高，则将板更换为冷冻板。

③ 使用高压灭菌消毒的切割机或不锈钢饼干切割机，切割162片均匀的肉片，顶部表面积为$10cm^2$。

④ 丢弃尼龙袋中剩余的肉类残余物。

⑤ 不使用时，将所有切片的肉类样品放回4℃的Tupperware®容器中。

⑥ 对每种加工过的肉类（烤牛肉和熟火鸡）重复步骤①～⑤。对于每次试验，有9个储存时间“t”，(t = 30min、1d、2d、3d、7d、10d、14d、20d、28d）和2个储存温度（4℃和10℃)。

25.3.2 阴性对照的制备

① 将三个$10cm^2$的肉片分别放在BSC中的聚苯乙烯泡沫塑料托盘上，并放入单独的8″×6″尼龙袋中（图25-1)。

② 使用MULTIVAC铸机真空密封18个袋子。

③ 将9个真空密封的一式三份样品盘在4℃储存，并将它们标记为“阴性对照4℃”以及30min、1d、2d、3d、7d、10d、14d、20d和28d（保质期)。

④ 将剩余的9个真空密封的一式三份样品盘在10℃储存，并将其标记为“阴性对照10℃”以及30min、1d、2d、3d、7d、10d、14d、20d和28d（保质期)（图25-1)。

25.3.3 用单核细胞增生性李斯特菌接种样品

① 在BSC的塑料托盘（图25-1）上分别放置3个$10cm^2$的肉片，参照25.3.1中步骤③，接种108个$10cm^2$的肉片（聚苯乙烯泡沫塑料托盘上的36组一式三份样品)，通过使用100μL的1.5×10^3cfu/mL的单核细胞增生性李斯特菌接种物涂抹切片的一侧。

② 在BSC中将接种物风干15min，以使细菌与肉样表面结合。

③ 在前一步骤的聚苯乙烯泡沫塑料托盘上取18份一式三份接种的肉样品，用100μL SM缓冲液涂抹，风干15min，然后放入单独的8″×6″尼龙袋中。

④ 使用MULTIVAC铸机真空密封18个袋子。

⑤ 标记9个真空密封的三个样品盘：“L. mono 4℃”以及30min、1d、2d、3d、7d、

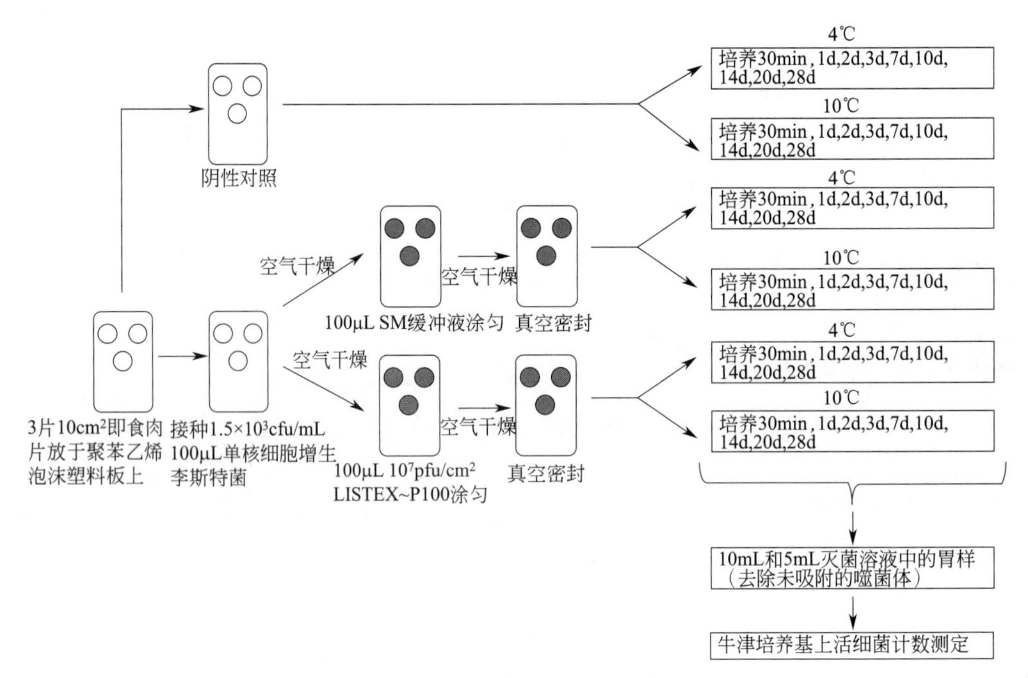

图 25-1　样品制备流程图示例

10d、14d、20d 和 28d（保质期）。

⑥ 将上样品 4℃保存。

⑦ 标记 9 个真空密封的一式三份样品盘："L. mono 10℃"以及 30min、1d、2d、3d、7d、10d、14d、20d 和 28d（保质期）。

⑧ 将上述样品 10℃保存。

25.3.4 用噬菌体接种样品

① 确定在肉片上铺展的噬菌体稀释液的体积，以确保达到 10^7 pfu/cm^2。

如果噬菌体被精确稀释至约 10^9 pfu/mL，预期的接种量将为 100μL。

② 按照 25.3.3 中步骤①的方法，将剩余的 18 份一式三份的接种肉样放在聚苯乙烯泡沫塑料托盘上，并将适当体积的噬菌体制剂铺在与接种单核细胞增生李斯特菌相同的表面。

③ 使用 MULTIVAC 铸机真空密封 18 个袋子。

④ 标记 9 个一式三份的样品盘："L. mono＋phage 4℃"以及 30min、1d、2d、3d、7d、10d、14d、20d 和 28d（保质期）。

⑤ 将上述样品在 4℃保存。

⑥ 标记 9 套一式三份的样品盘："L. mono＋phage 10℃"以及 30min、1d、2d、3d、7d、10d、14d、20d 和 28d（保质期）。

⑦ 将上述样品置于 10℃保存。

25.3.5 计算样品中的活菌数

① 用解剖剪刀无菌打开真空密封的肉样。

② 使用无菌镊子将每个肉样品无菌转移到适当标记的 Stomacher® 80 袋中。对每个样品进行双层包装，以尽量减少传染性物质从袋中泄漏的风险。

③ 使用无菌移液管，向袋中加入 10mL 无菌 PBS。

④ 使用无菌移液管，向袋中加入 5mL 杀病毒溶液，以灭活样品上剩余的噬菌体。

⑤ 将袋子放入可高压灭菌的 Nalgene^{TM} 桶中。

⑥ 对所有样品重复步骤①～⑤。

⑦ 将袋子放入 Stomacher® 实验室搅拌器中，注意将袋子放在桨叶上方，顶部留 3～4 英寸。

⑧ 在中等转速下将样品混合 2min（使用计时器）。

⑨ 将装有均质样品的袋子转移到另一个可高压灭菌的 Nalgene^{TM} 桶中。

⑩ 对所有样品重复步骤⑦～⑨。

⑪ 在无菌 PBS 中连续匀浆稀释 10 倍，得到 10^{-1} 和 10^{-2} 稀释液各 1000μL。

⑫ 对每个样品板，在 90mm 牛津琼脂平板上分别涂布 100μL 10^{-1} 和 10^{-2} 的稀释液，一式三份。

⑬ 如果在任何平板上未观察到菌落，则涂布 1000μL 未稀释的匀浆液（分别在四个 90mm 牛津琼脂平板上涂布 250μL 等分的未稀释的匀浆液）。

⑭ 将板在 37℃ 培养 48h，并对典型的李斯特菌菌落进行计数。

⑮ 单核细胞增生李斯特菌在牛津琼脂上为被黑色光晕包围的绿色菌落。

25.4 注释

25.4.1 噬菌体的制备

新鲜的 LISTEX^{TM} P100 应按照生产商推荐的量进行制备和使用。噬菌体储存液应使用无菌 SM 缓冲液连续稀释至 2×10^{9} pfu/mL 的工作液。可以使用标准软琼脂覆盖法来确定噬菌体效价。滴定板必须在 30℃ 下孵育。应调整涂布量，以达到 10^{7} pfu/cm^{2}。

25.4.2 单核细胞增生性李斯特菌的处理：无菌预防措施

① 对病原体的所有操作都在 BSC 中进行。

② 所有一次性塑料制品都将高压灭菌后置于废物桶中清理。

③ 在洗涤和再使用前，所有玻璃器皿均需通过高压灭菌进行净化。

④ 所有工作区域和使用的实验室设备，应标有表明使用单核细胞增生性李斯特菌的标志。

25.4.3 单核细胞增生性李斯特菌接种物的制备

① 使用无菌的一次性接种环，将单个菌落的单核细胞增生性李斯特菌从新鲜的平板（不超过 3 天）转移到含有 5mL 胰蛋白胨大豆肉汤（TSB）的标记培养管中。

② 在 37℃ 下以 160r/min 振荡培养 24h，以获得约 10^{9} cfu/mL 的浓度（OD_{600} 约 1.2）。

③ 通过将 600～1000μL 培养物转移至比色皿并测量 $\lambda=600$nm 处的吸光度来确认光密度。

④ 将剩余的培养物转移到无菌的离心管中。

⑤ 7000g 离心 10min 收集细胞。

⑥ 用无菌移液管从管中吸出上清液。

⑦ 将细胞沉淀重悬于 5mL PBS 中。

⑧ 重复步骤⑤～⑦两次以洗涤两次细胞。

⑨ 在无菌 PBS 中制备 10mL 连续十倍稀释的单核细胞增生性李斯特菌细胞悬液，以获得所需的细胞浓度（污染食物中目标计数为 10^3 cfu/cm^2）。

⑩ 混合等体积（例如 10mL）制备的属于血清型 1/2a、1/2b 和 4b 的分离株的单核细胞增生性李斯特菌细胞悬液和一种代表性的爆发菌株。

参考文献

1. Pao S, Rolph SP, Westbrook EW, Shen H (2004) Use of bacteriophages to control *Salmonella* in experimentally contaminated sprout seeds. J Food Sci 69:M127–M130
2. Abuladze T, Li M, Menetrez MY, Dean T, Senecal A, Sulakvelidze A (2008) Bacteriophages reduce experimental contamination of hard surfaces, tomato, spinach, broccoli, and ground beef by *Escherichia coli* O157:H7. Appl Environ Microbiol 74:6230–6238
3. Guenther S, Huwyler D, Richard S, Loessner MJ (2009) Virulent bacteriophage for efficient biocontrol of *Listeria monocytogenes* in ready-to-eat foods. Appl Environ Microbiol 75:93–100
4. Sharma M, Patel JR, Conway WS, Ferguson S, Sulakvelidze A (2009) Effectiveness of bacteriophages in reducing *Escherichia coli* O157:H7 on fresh-cut cantaloupes and lettuce. J Food Prot 72:1481–1485
5. Soni KA, Desai M, Oladunjoye A, Skrobot F, Nannapaneni R (2012) Reduction of *Listeria monocytogenes* in queso fresco cheese by a combination of listericidal and listeriostatic GRAS antimicrobials. Int J Food Microbiol 155:82–88
6. Soni KA, Nannapaneni R, Hagens S (2010) Reduction of *Listeria monocytogenes* on the surface of fresh channel catfish fillets by bacteriophage Listex P100. Foodborne Pathog Dis 7:427–434
7. Chibeu A, Agius L, Gao A, Sabour PM, Kropinski AM, Balamurugan S (2013) Efficacy of bacteriophage LISTEX™P100 combined with chemical antimicrobials in reducing *Listeria monocytogenes* in cooked turkey and roast beef. Int J Food Microbiol 167:208–214
8. Holck A, Berg J (2009) Inhibition of *Listeria monocytogenes* in cooked ham by virulent bacteriophages and protective cultures. Appl Environ Microbiol 75:6944–6946
9. Chibeu A, Balamurugan S (2018) Application of a virucidal agent to avoid overestimation of phage kill during phage decontamination assays on ready-to-eat meats. Methods Mol Biol 1681:97–105. https://doi.org/10.1007/978-1-4939-7343-9_8

第 2 部分

噬菌体生物信息学

26 噬菌体的分类与命名

- 26.1 病毒分类和命名的一般规则
- 26.2 ICTV 最新 MSL＃34 版噬菌体分类和命名介绍
- 26.3 新分离噬菌体的命名和分类

摘要

分类的作用：一是将性质上具有共性的物种归纳在一起，便于对物种进行分类认识以及了解不同物种的区别；二是给这些物种提供了一种可以供人类相互交流的名字。分类通常以生物性状差异的程度和亲缘关系的远近为依据。

生物学家一般将地球上现存的生物依次分为：界（Kingdom）、门（Phylum）、纲（Class）、目（Order）、科（Family）、属（Genus）、种（Spieces）7个等级。其中，种是生物分类的基本单位。噬菌体作为病毒中的成员，其分类和命名一般由国际病毒分类学委员会（International Committee on Taxonomy of Viruses，ICTV）进行。但ICTV不负责病毒在种以下的分类和命名，病毒在种以下的血清型、基因型、毒力株、变异株和分离株的名称由公认的国际专家小组确定。

关键词： 噬菌体，分类，命名，国际病毒分类学委员会（ICTV）

26.1 病毒分类和命名的一般规则

由于病毒的极度多样性，国际病毒分类学委员会在最新发布的ICTV病毒分类表（ICTV 2018b Master Species＃34V，2019年5月31日发布）中，在界的上一级增加了圈（Realm）和亚圈（Subrealm）。因此，目前病毒的分类已经由之前最高到目（Order）扩展到了Realm，其15个分类阶元名字依次为："圈"（Realm，后缀为-viria）、"亚圈"（Subrealm，后缀暂无）、"界"（Kingdom，后缀暂无）、"亚界"（Subkingdom，后缀暂无）、"门"（Phylum，后缀为-viricota）、"亚门"（Subphylum，后缀为-viricotina）、"纲"（Class，后缀为-viricetes）、"亚纲"（Subclass，后缀暂无）、"目"（Order，后缀为-virales）、"亚目"（Suborder，后缀为-virineae）、"科"（Family，后缀为-viridae）、"亚科"（Subfamiliy，后缀-virinae）、"属"（Genus，后缀为-virus）、"亚属"（Subgenus，后缀为-virus）以及"种"（Species）。当病毒有明确的科而分属未确定时，这一病毒种在分类学上称为该科的未确定种（unassigned species）。

病毒名称在书写时，不论哪个阶元的英文名，都用斜体，且首字母大写。种的名字由多个词组成的，除首个词的首字母大写外，其他词的首字母都小写。

对于具体的某一个新分离的病毒，为了确定其是否属于现有的某一种，或属于一个新种，需要对其进行足够的表征。目前基因组和蛋白质组等新技术的发展，为更好地对病毒进行分类提供了新的物质基础，病毒分类和命名也在不断完善和变化中。

ICTV 欢迎所有人对病毒分类和命名提出新的建议，只需到其官网下载相关的模板并填写建议材料，发邮件给相关病毒分委员会（分为动物 DNA 和逆转录病毒、动物 dsRNA 和负链 ssRNA 病毒、动物正链 ssRNA 病毒、细菌和古菌病毒、真菌和原生生物病毒、植物病毒）主席即可。按照逻辑，ICTV 只会考虑有 2 个以上全基因组序列，并且在公共的核酸序列库提交过相似病毒序列而新设立病毒属的建议。

26.2 ICTV 最新 MSL# 34 版噬菌体分类和命名介绍

噬菌体根据其内部的基因组核酸性质，可分为 DNA 噬菌体或 RNA 噬菌体。根据单链（ss）或双链（ds）又分为 ssDNA 噬菌体、dsDNA 噬菌体、ssRNA 噬菌体、dsRNA 噬菌体以及基因组分节段的噬菌体等。还可根据宿主菌来命名噬菌体，如伤寒杆菌噬菌体、葡萄球菌噬菌体等。也有根据在电镜下观察到的形状来对噬菌体进行分类，如肌尾噬菌体、短尾噬菌体、长尾噬菌体、丝状噬菌体、球状噬菌体等。但这些噬菌体分类仅考虑了某些方面的特征，不能满足对所有噬菌体进行系统分类的要求。

噬菌体的系统分类传统上基于噬菌体内部的核酸类型以及电镜观察到的形状来对噬菌体在科水平上进行分类。该方法始于 20 世纪 60 年代，David Bradly 使用电镜图像和 acridine orange 染色将有尾噬菌体分为三组，A（肌尾）、B（长非收缩尾）、C（短非收缩尾），即后来 ICTV 采用的肌尾病毒科（Myoviridae）、短尾病毒科（Podoviridae）和长尾病毒科（Siphoviridae）。

1998 年，Ackermann 建议设立一个有尾病毒目（Caudovirales）来包括所有的有尾噬菌体并被 ICTV 所采纳。之后随着蛋白质组和基因组等技术的发展，噬菌体的分类增加了 Autographivirinae 等亚科，并在 ICTV 2018b Master Species ♯34V（2019 年 5 月 31 日发布）中增加了 Ackermanviridae 和 Herelleviridae 2 个新科，详见 ICTV 病毒分类表（♯34V 版本）中噬菌体的分类信息（www. varms. cn）。

从该表可以看出，噬菌体分类和命名在 2015～2018 年间经过了较大幅度的调整：

① 噬菌体从原来的 1 个目和 10 个科，变成了 1 个目 12 个科，其中新增的 Ackermanviridae 科由原来位于 Myoviridae 科 *Vi1virus* 属中的噬菌体（14 种：*Dickeya virus Limestone*，*Escherichia virus CBA120*，*Escherichia virus ECML4*，*Escherichia virus PhaxI*，*Salmonella virus Det7*，*Salmonella virus Marshall*，*Salmonella virus Maynard*，*Salmonella virus SFP10*，*Salmonella virus SH19*，*Salmonella virus SJ2*，*Salmonella virus SJ3*，*Salmonella virus STML131*，*Salmonella virus ViI*，和 *Shigellav irus AG3*）调整组成，并分为 2 个亚科和 3 个属，还有 3 个未确定种。

新增的 Herelleviridae 科由原来位于 Myoviridae 科 Spounavirinae 亚科中芽孢杆菌噬菌体 SPO1 类似的噬菌体组成，分为 5 个亚科、15 个属，还有 7 个未确定种。

② RNA 噬菌体的 2 个科：Cytoviridae 和 Leviviridae 因使用 RNA 依赖的 RNA 聚合酶（RdRP）而划在新增顶级阶元的 Riboviria 圈下。

③ 从最后变动的类别和日期来看，ICVT 分类表中几乎所有的噬菌体都在 2015～2018 年这 4 年间发生了位置移动（moved）、重命名（renamed）、新增（new）或指定

为代表种（assigned as type Species）等变化。这些变化的主因是比较基因组学的发展以及更多噬菌体全基因组被测序，为通过构建进化树来更精细地对病毒进行分类提供了可能。预计基于噬菌体基因组的分类还将持续更新，特别是对于最为复杂的有尾噬菌体目下的噬菌体[1]。

26.3 新分离噬菌体的命名和分类

当在实验室新分离到一个噬菌体后，如何判断是否是一个新噬菌体以及对该噬菌体进行命名分类是非常重要的问题。特别是新噬菌体的名字，对于发表文章、与同行交流、将新噬菌体的序列上传到公共的核酸序列库，甚至对于以后病毒分类后使用的种名和属名都有影响。对于相关问题的指导，强烈建议读者参考 Evelien M. Adriaenssens 和 J. Rodney Brister 发表在 Viruses 上的文章[2]。以下仅说明该文中的几个要点。

目前噬菌体的命名一般包括 3 部分，即宿主名＋Virus＋独特名，如 Escherichia phage T4。给新噬菌体命名时，独特名不应与现有的噬菌体名重复，以免混淆。一个较好的方法是在 NCBI 的网站输入“vhost bacteria [filter] AND ddbj _ embl _ genbank [filter]”进行搜索，会显示所有已在该数据库的噬菌体名，包括已被 ICTV 分类和未分类过的病毒。

给新噬菌体命名后，下一步可以将噬菌体的基因组序列上传到国际公共的核酸序列库，如 GenBank 等。注意要提供尽量准确和详细的分类数据。例如，如果你发现新分离的噬菌体 Escherichia virus WH 属于 Escherichia virus T4，那么应该 lineage 下输入“Viruses; dsDNA viruses, no RNA stage; Caudovirales; Myoviridae; Tevenvirinae; T4 virus; Escherichia virus T4”。如果发现不能确定到种，只能确定到 T4 virus 属，那么在 lineage 下输入“Viruses; dsDNA viruses, no RNA stage; Caudovirales; Myoviridae; Tevenvirinae; T4 virus”。

如何确定新噬菌体属于哪一个种，目前的标准是在核酸水平与现有的噬菌体差异小于 5%，可以算为同一种。可以通过将噬菌体序列与已有的噬菌体序列用 BLASTN、PASC、Gegenees 或 EMBOSS Stretcher 等软件工具比对后得出。如果发现新噬菌体序列与现有任何一个噬菌体种的差异都在 5%以上，那么有可能是一个新种，可以与 ICTV 下的细菌与古菌病毒分委员会联系并提交申请表格，增加新种。

如何确定新噬菌体属于哪一个属，目前的标准是在核酸水平与现有的噬菌体相似性大于 50%，可以归为同一属。建立一个新属至少需要提交成员噬菌体的基因组大小、GC 含量、tRNAs、编码基因、基因比对图，预测的蛋白质组和至少一个保守基因的进化树等信息供 ICTV 审核。

噬菌体科目前主要依据其形貌特征来确定，例如短尾噬菌体被归为短尾噬菌体科等。如果新噬菌体被发现与现有的任何一科都不同，强烈建议与 ICTV 联系确定增加新科。

参考文献

1. 谢天恩，胡志红，主编(2002)普通病毒学．科学出版社．

2. Evelien M. Adriaenssens, J. Rodney Brister (2017) How to name and classify your phage: an informal guide. Viruses, 9, 70; doi: 10.3390/v9040070.

27 病毒组研究方法

▶ 27.1 病毒颗粒的富集方法
▶ 27.2 动物源病毒组
▶ 27.3 RNA 病毒

摘要

病毒是所有环境中最丰富，宿主最多样化的微生物，迫切需要系统的分离和鉴定分析。本章介绍了病毒组提取前的样品富集制备方法和提取后测序文库制备方法，着重总结了猪、禽类病毒组等的DNA病毒组和RNA病毒组的研究成果。借鉴动物源病毒组研究方法有助于噬菌体组的深入研究。

关键词： 富集，病毒组，猪病毒组、禽类病毒组、DNA 病毒组，RNA 病毒组

病毒是所有环境中最丰富的微生物，是影响地球生物化学循环和生态系统动态变化的主要遗传多样性资源，对人和动物的健康起到非常重要的作用[1,2]。研究表明，不同来源的病毒种群有相当大的遗传多样性。就噬菌体而言，据估计已有 10^{31} 个病毒颗粒感染了微生物种群[3]，但是 NCBI 中收录的病毒完整基因组只有 10000 余个。由于缺乏普遍保守的基因组特征和复杂的实验方案，分析病毒有一定的挑战性。

27.1 病毒颗粒的富集方法

当前，高通量测序技术能够产生数百万个序列，但是由于与宿主、细菌和其他动物的高本底相比，临床样品中病毒核酸量少，其他遗传物质的污染给病毒组的检测带来很大干扰。因此，对临床或环境样品中的病毒进行有效而敏感的宏基因组学研究需要去除非病毒核酸和/或富集病毒核酸[4,5]。这些病毒富集方法可大致分为样品制备方法和测序文库制备方法，或者也可分别称为提取前和提取后病毒富集方法。

提取前病毒富集方法的选择在很大程度上取决于待分析样品的性质。通常，病毒宏基因组样品被宿主（细菌或真核生物）和环境核酸污染。对于环境样品的病毒学分析，可采用多种方法进行超滤，氯化铁沉淀和密度梯度离心（聚乙二醇、蔗糖等）用于提取前病毒的富集[6,7]。对于宿主细胞含量低的临床样品的病毒学分析，例如脑脊液、呼吸道样品、血清、尿液或粪便，可以使用过滤和核酸酶消化或密度离心作为提取前病毒富集的方法[8~10]。对于具有大量宿主细胞（例如血液或组织）的临床样品的病毒分析，基于提取前的富集是不合适的，因为病毒基因组本身可以非衣壳形式或转录形式存在。

大多数提取前病毒富集方法都是基于病毒体的物理特性及其与其他生物形式的区别。病毒颗粒是病毒基因组的衣壳形式。除了最近发现的一些大型病毒[11]以外，大多数动物病毒的直径均小于200～300nm，因此可以通过孔径为0.2～0.45μm的过滤器。因此，过滤是在环境或临床样品中对病毒进行选择性测序的最常用方法。值得注意的是，一些基于宏基因组学的病毒鉴定研究使用0.45μm过滤器而非0.2μm过滤器，因为商用过滤器的孔径变化很大，并且使用孔径更接近病毒大小的过滤器会减少样品中的病毒数量。

密度梯度离心（蔗糖、氯化铯、聚乙二醇）可以作为富集病毒样品的方法。密度离心通常在分子病毒学实验室中使用，并且还用于病毒宏基因组学研究中富集海水、湖泊、土壤和极端环境的病毒[12～14]。密度离心法的主要局限性在于它对临床样品分析的适用性。

大多数病毒衣壳可以保护其基因组免受核酸酶降解。研究表明，DNA酶处理含病毒的血清样品有助于从病毒衍生的序列中富集宏基因组文库[10,14]。Allander使用这一方法鉴定了牛血清中的两种新型细小病毒[15]。此后不久，使用类似的方法鉴定了人和动物的多种病毒。尽管这种方法非常有用，但是使用核酸酶处理通常无法富集足够的样品来鉴定低效价病毒。而且，核酸酶处理不能用于发现大多数病毒核酸不是其衣壳形式的细胞或组织样品中的病毒。

提取后的富集用于文库的构建，可使用靶向病毒的探针直接富集样品中的病毒核酸。最简单的例子是利用简并引物靶向几种相关病毒或其变异体，使用通用PCR检测[16,17]。由于多重性的问题，基于PCR的方法只能检测有限数量的病毒。为了扩大检测种类和效率，可以使用DNA微阵列来富集确定分类（科、属、种）的病毒样本[18]。尽管上述富集方法都偏向于已知病毒的序列，但它们可以有效地用于研究混合感染，并对临床样品中存在的所有病毒进行灵敏性表征。随着对病毒在人类健康中所起作用的认识提高，这些方法可以用来研究在疾病出现之前和之后收集的纵向样本中人类病毒的动力学变化。

27.2 动物源病毒组

高通量测序技术的开发和应用已帮助对越来越多的宿主物种进行微生物和病毒群落（微生物群和病毒组）的研究[19]。特别是对养殖动物的研究，其中研究最普遍的是禽类和猪的病毒组[20,21]，牛羊等反刍动物的病毒组也有研究[22,23]。养殖业的集约化意味着养殖动物种群通常是高密度的，并且在基因上是同质的，可能使它们容易遭受病毒暴发感染性疾病，其病毒和微生物群的菌群失调可能影响养殖动物的健康和生长。这些情况会造成重大的经济损失并可能威胁人类健康。

27.2.1 禽类病毒组

迄今为止，禽病毒的研究集中在调查具有经济和动物健康重要性的相对少量的病毒种类，常见的有禽流感病毒、鸭瘟病毒、西尼罗病毒、传染性法氏囊病病毒和新城疫病毒。

鸟类病毒病的研究不仅比鸟类微生物群落的研究少得多，而且其性质和范围也有所不同。鸟类病毒学研究比微生物组研究更可能具有纯粹的描述性，即它们对样本中存在的病毒进行了分类，而没有评估可能解释病毒群落动态和多样性的假设。家禽种群中进行的病毒学和微生物组研究均比在野生鸟类中进行的要多[24,25]。大多数研究调查了胃肠道、粪便、呼吸道的病毒。

健康禽类的病毒组中也包含许多可以导致感染的病毒。禽类肠道和粪便常见的病毒包含细小病毒科、细角病毒科、圆环病毒科、呼肠孤病毒科、杯状病毒科、腺病毒科、皮氏假单胞菌科和天体病毒科。另外也有研究报道了疱疹病毒科、正黏病毒科、冠状病毒科、痘病毒科、指环病毒科和副黏病毒科的病毒，只有少数研究发现有黄病毒科、鼠疫病毒科、肝炎病毒科、多瘤病毒科、鲍氏病毒科的病毒[26]。几乎所有禽病毒研究都报告了多个新的病毒种，主要来自小 RNA 病毒科、细小病毒科、圆环病毒科、杯状病毒科和呼肠弧病毒科。其中一些病毒可能属于新属，并可能感染鸟类[27]。这些结果表明，我们尚不清楚感染家禽的病毒的范围和多样性，而且我们对感染野禽病毒的了解还很少。禽病毒也包括来自噬菌体、环境和饮食相关病毒的序列。此外，现代的家禽养殖业使用活疫苗来控制疾病，并使用减毒活病毒。疫苗接种后至少 18 周，这种序列在禽病毒中是可检测的，但是尚不清楚这种序列的病毒检测是否与传染性病毒的脱落或传播给野生生物有关。

我们对禽病毒的了解还处于初步阶段。但是，由于测序成本不断降低，加上测序深度的增加以及标准化的协议和流水线工作，为获得和分析前所未有的数据量提供了可能性[28,29]。

27.2.2 猪病毒组

猪病毒组是猪体内和表面的病毒总量，还包括内源性逆转录病毒。分析肠道病毒的初步尝试是使用肠道或粪便样本进行的。这些研究可以更好地了解仔猪腹泻的原因，这是世界范围内的常见问题，会导致仔猪的发病和死亡[30]。尽管迄今为止对猪肠道病毒的研究还很有限[31]，但来自瑞典常规猪群的 19 头健康猪的空肠远端样品发现了 8 个不同的病毒家族（表 27-1）[32]。

表 27-1 猪病毒组的主要病毒组成 单位：%

病毒科	遗传物质	健康猪流行率($n=19$)	腹泻猪流行率($n=10$)
腺病毒	dsDNA	16	0
指环病毒	ssDNA	5	10
星状病毒	ssRNA	5	0
杯状病毒	ssRNA	5	0
圆环病毒	ssDNA	42	10
细小病毒	ssDNA	11	0
小 RNA 病毒	ssRNA	53	40
呼肠病毒	dsRNA	11	20

最常见的是小 RNA 病毒，其次是圆环病毒。出生后 24～48h 的仔猪已观察到病毒感染，表明产后立即感染或经胎盘感染。国内相关研究也获得了相似的结果[31]，除瑞典发现的病毒外，还发现了胃肠炎病毒（TGEV）和猪流行性腹泻病毒（PEDV）等可传播的冠状病毒。在这项研究中，病毒的流行率表明，所有样本都至少感染了两种不同的病毒，并且在一个样本中发现了 11 种不同病毒的共同感染。对德国母猪的详细分析表明，猪的粪便病毒是高度可变的，其总体组成主要取决于猪的年龄[33]。在 12 日龄的仔猪中主要检出了科布病毒，在 54 日龄的仔猪中检出了博卡病毒等，在母猪中发现了圆环病毒。猪黏液（肝素生产的原料）中主要发现细小病毒（76%，其中博卡病毒占 80%）、圆环病毒（16%）和小 RNA 病毒（2.5%）[34]。未发现已知可传染给人类的病毒，例如流感病毒、戊型肝炎病毒（HEV）和脑心肌炎病毒（ECMV）。

在分析美国野猪的病毒时，共鉴定出 16 种不同的病毒[35]。主要检测到单链 DNA 病毒，包括圆环病毒科、指环病毒科和细小病毒科。指环病毒科是最常见的病毒（73%），在 13% 的样品中鉴定出 PCV2（猪圆环病毒 2 型）。仅鉴定出 4 种 RNA 病毒：足病毒、沙门病毒、瘟病毒和正肺病毒，这与以前以 RNA 病毒为主导的粪便病毒研究相反。

27.3 RNA 病毒

RNA 病毒感染多种宿主，并具有巨大的遗传和表型多样性。由于它们对公共卫生和农业产业的潜在影响，因此研究者已经将相当多的注意力转向描述 RNA 病毒的多样性和进化规律。国内张永振的研究小组使用宏转录组测序的方法对脊椎动物和无脊椎动物的病毒组进行了深入研究，发现了大量新的 RNA 病毒，重新界定了 RNA 病毒圈[36,37]。

选取了脊索动物门 186 种物种中相关 RNA 病毒进行了大规模的转录组学研究，这些物种代表了脊索动物门的广泛多样性。其中包括狭心纲（文昌鱼）、无颚类（无颌鱼）、软骨鱼纲（软骨鱼）、辐鳍鱼纲（雷翅片鱼）、肉鳍鱼类（肺鱼）、两栖类（青蛙、蝾螈、蚓螈）和爬行类（蛇类、蜥蜴、海龟）。从这些动物的肠、肝、肺或腮组织中提取总 RNA，然后到 126 个文库中进行高通量 RNA 测序，产生了 8060 亿个碱基序列。最后组装并筛选出 RNA 病毒，总共确定了 214 个独特且以前未描述的脊椎动物的病毒物种，其中 196 种可能是脊椎动物特有的。

这些数据表明，RNA 病毒在脊椎动物和鸟类中的数量和多样性都比以前意识到的要多。尤其值得注意的是，两栖动物、爬行动物或鱼类中也存在已知的感染哺乳动物和鸟类的特异性病毒科或属。这是第一次在鱼类和两栖动物中鉴定出这些病毒群。尤其值得注意的是，在雷翅片鱼中存在沙粒病毒科、丝状病毒科、汉坦病毒科的不同病毒，表明这些以哺乳动物为主要宿主的病毒在水生脊椎动物中有亲缘关系较近的群体。鱼类病毒倾向于在两栖动物、爬行动物、鸟类和哺乳动物中成为基础病毒，反映出它们在脊椎动物中的系统发育差异。

病毒系统发生树按宿主分类法（即类别）表现出显著的聚类。但是，尽管总体上是根据宿主聚类，但这些数据还揭示了病毒进化历史中存在许多变换宿主的情况。例如，在雷翅片鱼中鉴定出的流感病毒与哺乳动物乙型流感病毒的亲缘关系最近（氨基酸一致性为 76%），而与从其他四足动物中采集的流感病毒差异较大（大约 30%～62%氨基酸一致性）。在肺鱼中发现的病毒与雷翅片鱼中的病毒更紧密相关，而不是与四足动物中的病毒关系更近。

尽管无脊椎动物构成后生动物的绝大部分，但对这些生物的病毒圈的性质知之甚少。选取了 220 多个样本进行了深度转录组测序代表 9 个后生门的无脊椎动物（节肢动物门、环节动物门、星虫动物门、软体动物门、线虫动物门、扁形动物门、刺胞动物门、棘皮动物门、被囊动物亚门），其中大多数以前没有进行过病毒筛查。因此，我们从这些物种中提取了总 RNA，产生了 6 万亿个碱基序列，最终鉴定出了至少 1445 个系统发育不同的病毒基因组或基因组片段。

为了分析新发现的病毒与已知的病毒生物多样性的相互关系，整理了来自所有已有科和属的 RNA 病毒的 NCBI 参考病毒基因组，以及来自未分类的非参考病毒基因组。RdRp 是所有 RNA 病毒中唯一的保守序列结构域，因此被用于系统发育推断。系统发育分析表明，新发现的 RNA 病毒的遗传多样性超过了先前描述的遗传多样性。许多新发现的病毒占据了属于科或属之间的拓扑位置，从而填补了主要的系统发育缺陷，因此 RNA 病毒有了更连续的系统发育多样性谱。

为了更好地描述和适应此处发现的病毒，我们合并了先前定义的病毒科、目和浮动属，产生了 16 种 RNA 病毒进化枝。这些进化枝类似于但不一定对应于先前提出的 RNA 病毒的“超群”。我们还确定了至少 5 个 RNA 进化枝，其中 RdRp 结构域差异很大，因此可以将它们视为新的病毒科或目。

总体而言，此处描述的 RNA 病毒的宿主范围很广，包括不同的门，有时甚至包括不同的界。我们的大部分采样是针对节肢动物的，这意味着无法对宿主范围做出明确的陈述。尽管存在这种偏差，但节肢动物病毒的多样性还是很明显，因为它们出现在每个主要进化枝的多个谱系中。采用的全转录组方法使我们能够表征多种无脊椎动物的病毒，为病毒生物多样性提供了新的视角。

病毒组是微生物组的重要组成部分，随着测序技术的发展，越来越多的病毒组会得到研究，并且病毒组与人、动物和环境相互作用的研究也会更加深入。这些方法和结论对于更为丰富和多样性的噬菌体组研究具有借鉴意义和应用潜力。

参考文献

1. Greenbaum BD, Ghedin E(2015) Viral evolution: beyond drift and shift. Current opinion in microbiology 26: 109-115. doi: 10.1016/j.mib.2015.06.015
2. Mager DL, Stoye JP(2015) Mammalian Endogenous Retroviruses. Microbiology spectrum 3(1): Mdna3-0009-2014.doi: 10.1128/microbiolspec.MDNA3-0009-2014
3. Hatfull GF, Hendrix RW(2011) Bacteriophages and their genomes. Curr Opin Virol 1(4): 298-303.doi: 10.1016/j.coviro.2011.06.009
4. Capobianchi MR, Giombini E, Rozera G(2013) Next-generation sequencing technology in clinical virology. Clinical Microbiology & Infection the Official Publication of the European Society of Clinical Microbiology & Infectious Diseases 19(1): 15-22
5. Conceição-Neto N, Zeller M, Lefrère H, De Bruyn P, Beller L, Deboutte W, Yinda CK, Lavigne R, Maes P, Ranst MV(2015) Modular approach to customise sample preparation procedures for viral metagenomics: a reproducible protocol for virome analysis. Scientific Reports 5(17): 16532
6. Andrews-Pfannkoch C, Fadrosh DW, Thorpe J, Williamson SJ(2010) Hydroxyapatite-Mediated Separation of Double-Stranded DNA, Single-Stranded DNA, and RNA Genomes from Natural Viral Assemblages. Appl Environ Microbiol 76(15): 5039-5045
7. John SG, Mendez CB, Deng L, Poulos B, Kauffman AKM, Kern S, Brum J, Polz MF, Boyle EA, Sullivan MB(2011) A simple and efficient method for concentration of ocean viruses by chemical flocculation. Environmental Microbiology Reports 3
8. Batty EM, Nicholas WTH, Amy T, Karène A, Moustafa A, David B, Ip CLC, Tanya G, Madeleine C, Rory B(2013) A Modified RNA-Seq Approach for Whole Genome Sequencing of RNA Viruses from Faecal and Blood Samples. PLoS One 8(6): e66129
9. Kohl C, Brinkmann A, Dabrowski PW, Radonic A, Kurth A(2015) Protocol for Metagenomic Virus Detection in Clinical Specimens. Emerging Infectious Diseases 21(1): 50
10. Rosseel T, Ozhelvaci O, Freimanis G, Van Borm S(2015) Evaluation of convenient pretreatment protocols for RNA virus metagenomics in serum and tissue samples. Journal of Virological Methods 222: 72-80
11. Halary S, Temmam S, Raoult D, Desnues C(2016) Viral metagenomics: are we missing the giants? Current opinion in microbiology 31: 34-43
12. Brum JR, Culley AI, Steward GF, Francisco RV(2013) Assembly of a Marine Viral Metagenome after Physical Fractionation. PLoS One 8(4): e60604
13. Kleiner M, Hooper LV, Duerkop BA(2015) Evaluation of methods to purify virus-like particles for metagenomic sequencing of in-

testinal viromes.Bmc Genomics 16(7):7

14. Thurber RV, Haynes M, Breitbart M, Wegley L, Rohwer F(2009) Laboratory procedures to generate viral metagenomes. Nature Protocols 4(4):470-483
15. Allander T.(2001) A virus discovery method incorporating DNase treatment and its application to the identification of two bovine parvovirus species. Proceedings of the National Academy of Sciences of the United States of America 98(20):11609-11614
16. Irving WL, Rupp D, Mcclure CP, Than LM, Titman A, Ball JK, Steinmann E, Bartenschlager R, Pietschmann T, Brown RJP (2014) Development of a high-throughput pyrosequencing assay for monitoring temporal evolution and resistance associated variant emergence in the Hepatitis C virus protease coding-region. Antiviral Research 110(1):52-59
17. Hin K, Alan C(2016) From Conventional to Next Generation Sequencing of Epstein-Barr Virus Genomes. Viruses 8(3):60
18. Gardner SN, Jaing CJ, Mcloughlin KS, Slezak TR (2010) A microbial detection array (MDA) for viral and bacterial detection. Bmc Genomics 11(1):668
19. Mokili JL, Rohwer F, Dutilh BE(2012) Metagenomics and future perspectives in virus discovery. Curr Opin Virol 2(1):63-77
20. Denesvre C, Dumarest M, Rémy S, Gourichon D, Eloit M(2015) Chicken skin virome analyzed by high-throughput sequencing shows a composition highly different from human skin. Virus genes 51(2):209-216.doi:10.1007/s11262-015-1231-8
21. Da Silva MS, Budaszewski RF, Weber MN, Cibulski SP, Paim WP, Mósena ACS, Canova R, Varela APM, Mayer FQ, Pereira CW, Canal CW(2020) Liver virome of healthy pigs reveals diverse small ssDNA viral genomes. Infection, genetics and evolution : journal of molecular epidemiology and evolutionary genetics in infectious diseases 81:104203.doi:10.1016/j.meegid.2020.104203
22. Park J, Kim EB(2020) Differences in microbiome and virome between cattle and horses in the same farm. Asian-Australasian journal of animal sciences 33(6): 1042-1055 doi: 10.5713/ajas.19.0267
23. Namonyo S, Wagacha M, Maina S, Wambua L, Agaba M(2018) A metagenomic study of the rumen virome in domestic caprids. Arch Virol 163(12): 3415-3419 doi: 10.1007/s00705-018-4022-4
24. Wille M, Eden JS(2018) Virus-virus interactions and host ecology are associated with RNA virome structure in wild birds. Mol Ecol. 27(24): 5263-5278. doi: 10.1111/mec.14918
25. Vibin J, Chamings A(2018) Metagenomics detection and characterisation of viruses in faecal samples from Australian wild birds. Sci Rep.8(1):8686.doi:10.1038/s41598-018-26851-1
26. Devaney R, Trudgett J, Trudgett A, Meharg C, Smyth V(2016) A metagenomic comparison of endemic viruses from broiler chickens with runting-stunting syndrome and from normal birds. Avian pathology :journal of the WVPA 45(6): 616-629. doi: 10.1080/03079457.2016.1193123
27. Lima DA, Cibulski SP, Tochetto C, Varela APM, Finkler F, Teixeira TF, Loiko MR, Cerva C, Junqueira DM, Mayer FQ, Roehe PM(2019) The intestinal virome of malabsorption syndrome-affected and unaffected broilers through shotgun metagenomics. Virus research 261: 9-20. doi: 10.1016/j.virusres.2018.12.005
28. Pantaleo V, Chiumenti M(2018) Viral Metagenomics Methods and Protocols. Spriger.2018.
29. Shendure J, Balasubramanian S, Church GM, Gilbert W, Rogers J, Schloss JA, Waterston

RH(2017)DNA sequencing at 40:past,present and future.Nature 550(7676):345-353

30. Svensmark B, Nielsen K, Willeberg P, Jorsal SE(1989)Epidemiological studies of piglet diarrhoea in intensively managed Danish sow herds. Ⅱ .Post-weaning diarrhoea.Acta Veterinaria Scandinavica 30(1):55
31. Zhang B, Tang C, Yue H, Ren Y, Song Z (2014) Viral metagenomics analysis demonstrates the diversity of viral flora in piglet diarrhoeic faeces in China.Journal of General Virology 95(Pt_7):1603
32. Karlsson OE, Larsson J, Hayer J, Berg M, Jacobson M (2016) The Intestinal Eukaryotic Virome in Healthy and Diarrhoeic Neonatal Piglets.PLoS One 11(3):e0151481
33. Sachsenröder J, Twardziok S, Hammerl JA, Janczyk P, Wrede P, Hertwig S, Johne R (2012) Simultaneous Identification of DNA and RNA Viruses Present in Pig Faeces Using Process-Controlled Deep Sequencing. PLoS One 7
34. Dumarest M, Muth E, Cheval J, Gratigny M, Hébert C, Gagnieur L, Eloit M(2015) Viral diversity in swine intestinal mucus used for the manufacture of heparin as analyzed by high-throughput sequencing.Biologicals Journal of the International Association of Biological Standardization 43(1):31-36
35. Gidlewski, Thomas, Hause, Ben M, Padmanabhan, Aiswaria, Pedersen, Kerri(2016) Feral swine virome is dominated by single-stranded DNA viruses and contains a novel Orthopneumovirus which circulates both in feral and domestic swine. The Journal of General Virology: A Federation of European Miorobiological Societies Journal
36. Shi M, Lin XD, Tian JH, Chen LJ, Chen X, Li CX, Qin XC, Li J, Cao JP, Eden JS(2016) Redefining the invertebrate RNA virosphere. Nature 540(7634):539-543
37. Shi M, Lin XD, Chen X, Tian JH, Chen LJ, Li K, Wang W, Eden JS, Shen JJ, Liu L(2018) The evolutionary history of vertebrate RNA viruses.Nature 556(7700):197-202

28 常见细菌的噬菌体

▶ 28.1 大肠杆菌的噬菌体
▶ 28.2 铜绿假单胞菌的噬菌体
▶ 28.3 金黄色葡萄球菌的噬菌体
▶ 28.4 沙门菌的噬菌体
▶ 28.5 支原体的噬菌体

摘要

噬菌体是一种能够特异性感染细菌、真菌、放线菌或螺旋体等微生物的病毒总称，广泛分布于自然界。目前常被用来治疗细菌感染性疾病，本章将介绍大肠杆菌、金黄色葡萄球菌、沙门菌和支原体的噬菌体。

关键词： 噬菌体，大肠杆菌，铜绿假单胞菌，金黄色葡萄球菌，沙门菌，支原体

28.1 大肠杆菌的噬菌体

28.1.1 大肠杆菌介绍

大肠杆菌（*Escherichia coli*，*E. coli*）属于肠杆菌科中的埃希菌属，故又称其为大肠埃希菌。其首次被发现是在 1885 年，由德国人 Theodor Escherich 从粪便中分离得到[1]。大肠杆菌广泛分布于自然界且不断从人体及动物体内排出，因此，大肠杆菌长期被作为粪源性污染的卫生学指标，也是世界公认的卫生学监测指示菌[2]。大肠杆菌是重要的食源性机会病原体，是细菌感染最常见的原因之一，能够引起腹部感染、尿路感染（UTI）、肠感染、肺炎、菌血症和脑膜炎[3]。大肠杆菌是社区获得性 UTI 和医院内 UTI 的主要病原，造成严重的公共卫生问题，多达 50%的女性终生至少会经历一次尿路感染。12%～50%的医院感染和 4%的腹泻病例由大肠杆菌引起[4]。大肠杆菌具有多种血清型。目前，大肠杆菌已知的菌体抗原（O）为 170 种，荚膜抗原（K）为 80 余种，鞭毛抗原（H）为 56 种[5]。

大多数大肠杆菌都无致病性，且在人和动物肠道中属于优势寄居菌群。起初人们认为大肠杆菌是不具致病性的，但 20 世纪后期，有学者发现，具有特殊血清型的菌株可以对人或动物致病，尤其是婴儿或幼畜、禽更易感，例如引起腹泻、败血症等，因此，大肠杆菌又被分为致病性和非致病性两类。根据遗传特点和临床症状，又将其分为共生菌和致病菌。致病性大肠杆菌又分为肠道致病性、肠外致病性大肠杆菌[6]。虽然大多数大肠杆菌都是共生菌，但当宿主免疫能力低下时，大肠杆菌作为条件性致病菌引起宿主感染。

根据致病性大肠杆菌不同的生物特性，将其分为肠致病性大肠杆菌（EPEC）、肠产毒性大肠杆菌（ETEC）、肠侵袭性大肠杆菌（EIEC）、肠出血性大肠杆菌（EHEC）、肠黏附性大肠杆菌（EAEC）和弥散黏附性大肠杆菌（DAEC）、产志贺毒素大肠杆菌（STEC）等类型[6]。ETEC：由于常食用的软食物（易消化）中含有ETEC产生的肠毒素，导致ETEC成为婴幼儿及旅行者腹泻的主要病原。EIEC：主要侵袭结肠黏膜，引起侵袭性腹泻。EHEC：能产生Vero毒素或志贺毒素，可引起出血性腹泻和出血性肠炎[7]，其首次被发现是1982年在美国EHEC引发的出血性肠炎，主要由血清型为O157：H7的大肠杆菌引起。肠外致病性大肠杆菌（ExPEC）虽然不能引起肠内疾病，但它们能够定植于肠道内且主要感染尿道。

28.1.2 大肠杆菌的噬菌体

大肠杆菌噬菌体是目前发现最多，也是研究最深入的一种噬菌体，如T1-T7、λ、ϕX174、F2、MS2、Qβ、fd、fl、M13等都属于大肠杆菌噬菌体。目前发现的大部分大肠杆菌烈性噬菌体均属于噬菌体科。大肠杆菌噬菌体按蛋白质结构可以分为无尾部的二十面体、有尾部的二十面体和线状体3种。无尾部的噬菌体由蛋白外壳组成，核酸被包裹在内部。有尾部的噬菌体除了头部外，还有尾部和基部：尾部由1个中空的针状结构及外鞘组成，基部由尾丝和尾针组成。线状体噬菌体没有明显的头部结构，而是由壳粒组成的盘旋状结构。已知的噬菌体大多都是有尾部的二十面体。许多研究人员分别对养殖场粪便中、河水中和污水中分离出的大肠杆菌噬菌体进行了电镜拍照，照片显示噬菌体都由头部和尾部组成，且头部呈正多面体状，直径45～95nm，尾部粗长、含有尾鞘，长100～120nm[8～12]。此外，郭秋菊等[13]从生活污水中分离了3种类型的大肠杆菌噬菌体，经电镜拍照显示：一种类型的噬菌体尾部不能收缩，头部为二十面体，直径110～120nm，尾长220～230nm，尾宽13～15nm，没有尾鞘、基板、尾丁、尾丝结构；一种类型的噬菌体尾部可以收缩，头部为三十面体，直径70～110nm，尾长120～130nm，尾宽18～22nm，有尾鞘、基板、尾丁和尾丝结构；一种类型为短尾噬菌体，头部直径约20nm，尾长2～3nm。

近几年研究发现，多数大肠杆菌噬菌体的遗传物质为DNA。尹雅菲等[14]对分离出的1种宽谱噬菌体IME11做了遗传物质的鉴定，他们分别用DNase Ⅰ和RNase A处理噬菌体IME11的遗传物质，证明噬菌体IME11的遗传物质为DNA，并用限制性内切酶处理其遗传物质，证明其遗传物质为dsDNA。同时，王冉等[9]对分离出的1株大肠杆菌噬菌体PK88-4也做了基因组分析及酶切鉴定，证明噬菌体PK88-4的遗传物质为dsDNA，基因组大小约为60kb。此外，另一些关于大肠杆菌噬菌体的研究显示，其遗传物质为RNA。徐焰等[15]对1株分离自医院污水的宽宿主范围大肠杆菌噬菌体和1株单一宿主范围噬菌体f2进行了遗传物质测定，结果显示，宽宿主范围大肠杆菌噬菌体和f2噬菌体均为6000 bp左右的单链RNA。

目前公共数据库中已有6000多种噬菌体被详细研究[16]，其中大肠杆菌噬菌体达56株，这些噬菌体大部分为人致病性大肠杆菌的噬菌体，特别集中于O157:H7血清型[17]。Jina等[18]用噬菌体BPECO19抑制人工污染牛肉、猪肉、鸡肉样品中的O157:H7，结果表明噬菌体裂解能力呈MOI依赖型。Gencay等[19]在屠宰场污水中分离到噬菌体M8AEC16，可以显著降低土耳其生肉丸在储存过程中的O157:H7的数量，这是土耳其第一个噬菌体生物防控。Zhou等[20]研究了噬菌体JS09对肠产毒性大肠杆菌EK99 -F41的裂解作用，在2h内，MOI =10、3时，菌体浓度的OD_{600}的值分别降低了0.24和0.11。Cha等[21]评估了肠产毒性大肠杆菌特异性裂解噬菌体CJ12在肠产毒性大肠杆菌感染的猪中的作用，结果表明噬菌体在实验期间没有产生任何副作用，说明 CJ12 可以作为饲料添加剂。Begum 等[22] 从 12 个不同的地表水样品中分离到 49 株噬菌体，其中噬菌体 IMM-001 对 CS7 CF 有显著特异性，可以裂解所有表达 CS7 的肠产毒性大肠杆菌。这项研究表明环境水样中存在特异于肠产毒性大肠杆菌的 CS7 CF 定值因子的裂解性噬菌体。Tomat 等[23] 在食物中分离得到了三株大肠杆菌，两株产志贺毒素大肠杆菌（STEC）和一株肠致病性大肠杆菌（EPEC）的肌尾噬菌体：DT1、DT5 和 DT6，并分别研究了 Na^{+}、Mg^{2+}、温度、pH、高碘酸盐、蛋白酶 K 和细胞生理状态对三株噬菌体吸附作用的影响，结果表明，在 pH 7.5 和 pH 5.7 的条件下，三株噬菌体表现出较高的吸附率，Na^{+} 或 Mg^{2+} 对于噬菌体的吸附过程是必不可少的。在 4 ℃和 50 ℃时，吸附率有较小的影响，37 ℃时，吸附率达到最大值。热处理，失活细胞的吸附率下降，但是使用氯霉素后，失活和不失活细胞的吸附率相同。此外，高碘酸钾能降低吸附作用。所有结果表明，噬菌体的吸附过程仅仅部分受条件影响，大多数自然条件都适合噬菌体完成生命周期的第一步——吸附作用。O'Flynn 等[24] 向牛肉表面添加三种大肠杆菌噬菌体的混合物，成功地减少甚至消除了大肠杆菌 O157:H7 的污染。Abuladze 等[25] 向多种污染了大肠杆菌 O157:H7 的食物中添加了三种噬菌体鸡尾酒，结果表明混合物能明显降低大肠杆菌 O157:H7 的浓度。2011 年，FDA 批准了 EcoShield^{TM} 产品，可以添加到食品中以控制大肠杆菌 O157:H7 污染。可见，随着分子生物学及噬菌体技术的发展，越来越多的噬菌体将被开发成商品，用于病原菌控制的各个领域。

参考文献

1. Feng P, Weagant S (2011). Diarrheagenec *Escherichia coli*. Bacteriological Analytical Manual.Food and drug Administration (FDA) US department of Health & Human service sat (http//www. Fda Gov/food/science research/laboratory methods/bacteriological an a lytical manual/ucm070080. htm).
2. Österblad M, Pensala O, Peterzens M, Heleniusc H, Huovinen P (1999). Antimicrobial susceptibility of *Enterobacteriaceae* isolated from vegetables. *J. Antimicrob. Ch.* 43:503-509.
3. Noller AC, Mc Ellistrem MC, Stine OC, Morris JG, Boxrud DJ, Dixon B, Harrison LH (2003). Multilocus sequence typing reveals a lack of diversity among *Escherichia coli* O157:H7 isolates that are distinct by pulsed-field gel electrophoresis. *J. Clin. Microb.* 41:675-679.
4. Tabasi M, Asadi Karam MR, Habibi M, et al (2015). Phenotypic Assays to Determine Virulence Factors of Uropathogenic *Escherichia coli* (UPEC) Isolates and their Correlation with Antibiotic Resistance Pattern. Osong Pub. *Health Res. Perspect.* 6:261-268.
5. Sorsa LJ, Dufke S, Heesemann J, Schubert S (2003). Characterization of an iro BCDEN gene cluster on a transmissible plasmid of uropathogenic *Escherichia coli*: Evidence for horizontal transfer of a chromosomal virulence factor. *Infect & Immun.* 71:3285.
6. Russo TA, Johnson JR (2000). Proposal for a new inclusive designation for extra-intestinal pathogenic isolates of *Escherichia coli* Ex PEC. *J. Infect. Dis.* 181:1753-1754.
7. Feng P, Weagant SD, Grant MA (2002). Enumeration of *Escherichia coli* and the coliform bacteria; Bacteriological Analytical Manual. Food and drug Administration (FDA) US department of Health & Human services at (http//www.fda.Gov/food/science research/laboratory methods/bacteriological analytical manual/ucm064948. htm).
8. 张培东，孙岩，任慧英，等(2008). 大肠杆菌噬菌体的分离及其生物学特性.中国兽医杂志.44:10-12.

9. 王冉，韩晗，张辉，等(2012). 大肠杆菌 K88 噬菌体的分离鉴定及其生物学特性. 华北农学报. 27：163 -167.
10. 杜崇涛，王文东，刘军，等(2008). 肠出血性大肠杆菌 O157：H7 噬菌体的分离纯化. 吉林畜牧兽医. 29：6-8.
11. 赵贵明，仉庆文，姚李四，等(2008). 阪崎肠杆菌噬菌体的分离及其生物学特性. 微生物学报. 48：1373-1377.
12. 刘霄飞，任慧英，刘文华，等(2010). 大肠杆菌噬菌体 Bp7 裂解性能分析. 中国农学通报.26 ：18 -21.
13. 郭秋菊，滕井华，许荣均，等(2008). 大肠杆菌噬菌体的分离、纯化及其特性研究. 厦门大学学报：自然科学版.47：273 -277.
14. 尹雅菲，张乐，庆宏，等(2013). 新广谱大肠杆菌噬菌体 IME11 的分离及鉴定. 生物医学工程与临床. 17：483-486.
15. 徐焰，熊鸿燕，宋建勇，等(2003).1 株宽宿主谱大肠杆菌噬菌体的生物学特性观察. 第三军医大学学报. 25：2106 -2108.
16. Ei-Shibiny A(2017). Bacteriophages：the possible solution to treat infections caused by pathogenic bacteria. Can *J Microb*. 63 ：865.
17. 刘德珍，郭红(2017). 重新关注噬菌体在疾病防治中的研究与应用.现代医药卫生. 33：82-84.
18. Jian S，Dong JS，Hyejin OH，et al(2016). Inhibiting the Growth of *Escherichia coli* O157：H7 in Beef，Pork，and Chicken Meat using a Bacteriophage. *Korean Soc. Food Sci. Ani. Res*. 36：186-193.
19. Gencay YE，Ayaz ND，Copuroglu G，et al (2016). Biocontrol of Shiga Toxigenic *Escherichia coli* O157：H7 in Turkish Raw Meatball by Bacteriophage. *J. Food Saf*. 36：120-131.
20. Zhou Y，Bao HD，Zhang H，et al(2015). Isolation and Characterization of Lytic Phage vB_EcoM_JS09 against Clinically Isolated Antibiotic Resistant Avian Pathogenic *Escherichia coli* and Enterotoxigenic *Escherichia coli*. *Interv*. 58：270-270.
21. Cha SB，Yoo，AN，Lee WJ，et al(2012). Effect of Bacteriophage in Enterotoxigenic *Escherichia coli*(ETEC) Infected Pigs. *J. Vet. Med. Sci*. 74：1037-1039.
22. Begum YA，Chakraborty S，Chowdhury A，et al(2010). Isolation of a bacteriophage specific for CS7-expressing strains of enterotoxigenic Escherichia coli. *J. Med. Microb*. 59：266-272.
23. Tomat D，Quiberoni A，Casabonne C，et al (2014). Phage adsorption on Enteropathogenic and Shiga Toxin- Producing *Escherichia coli* strains：Influence of physicochemical and physiological factors. *Food Res. Int*. 66：23-28.
24. O'flynn G，Ross RP，Fitzgerald GF，et al (2004). Evaluation of a cocktail of three bacteriophages for biocontrol of *Escherichia coli* O157：H7. *Appl. Environ. Microb*. 70：3417-3424.
25. Abuladze T，Li M，Menetrez MY，et al(2008). Bacteriophages reduce experimental contamination of hard surfaces，tomato，spinach，broccoli，and ground beef by *Escherichia coli* O157：H7. *App. Environ. Microb*. 74：6230-6238.

28.2 铜绿假单胞菌的噬菌体

28.2.1 铜绿假单胞菌介绍

铜绿假单胞菌（*Pseudomonas aeruginosa*，PA）是一种革兰阴性非发酵杆菌（Gram-negative non-fermenting bacillus），广泛存在于各类生态环境中，在动植物、人体中也均可发现[1]。作为条件致病菌（opportunistic pathogen），它常导致皮肤、角膜、手术创口、呼吸道和泌尿系统出现急性或持续性感染，尤其是囊性纤维化患者（Cystic fibrosis，CF）、烧伤患者、AIDS 等免疫功能缺陷患者[2~3]。铜绿假单胞菌的致病性主要与其表达的多种毒力因子有关，包括黏附素（adhesin）、脂多糖（lipopolysaccharide）、弹性蛋白酶（elastase）和绿脓菌素（pyocyanin）等，在定植和感染过程中发挥重要作用，引起机体组织器官的直接损伤，严重干扰宿主免疫系统。

28.2.2 铜绿假单胞菌的噬菌体

截至 2019 年 3 月 20 日，NCBI 数据库存有 357 株假单胞菌属噬菌体（*Pseudomonas* phage）基因组序列，其中 93.3%属于有尾噬菌体目（Caudovirales order），其基因组均为双链 DNA（dsDNA），按尾丝特征分为肌尾噬菌体科（Myoviridae）、长尾噬菌体科（Siphoviridae）和短尾噬菌体科（Podoviriadae），比例分别为 33.3%、27.4%和 32.5%。肌尾噬菌体科基因组差异很大，分布在 22.7～316.7kb 区间，长尾噬菌体科和短尾噬菌体科基因组差异较小，分布在 26.5～112.2kb 和 37.4～74.9kb 区间。此外，假单胞菌属无尾噬菌体仅 11 株：丝杆噬菌体科（Inoviridae）2 株，基因组为单链 DNA（ssDNA），分别为 5.8kb 和 7.3kb[4~5]；囊状噬菌体科（Cystoviridae）7 株，基因组为分段双链 RNA（segment dsRNA），分布在 12.7～15.0kb 区间[6~11]；光滑噬菌体科（Leviviridae）2 株，基因组为单链 RNA（ssRNA），分别为 3.57kb 和 3.59kb[12~13]。PubMed 数据库存有 202 株铜绿假单胞菌噬菌体的基因组序列（表 28-1），其地域分布非常广泛，在 30 多个国家均有分离报道，且在医院污水、生活污水、环境水样、粪便和泥土等样本中均能分离到铜绿假单胞菌噬菌体。这与铜绿假单胞菌的广泛分布有关。铜绿假单胞菌是一种适应性非常强的细菌，不仅可以感染人，还能感染植物、动物，且广泛存在于土壤、水等自然环境中。

表 28-1 铜绿假单胞菌噬菌体的分类

科	属		代表种				
	名称	噬菌体数量	基因组结构	基因组/bp	特性	来源	国家
肌尾噬菌体科	*KPP10-like*	10	线状	88097	裂解	污水	法国
	Pakpunavirus	9	线状	93017	裂解	污水	德国
	PB1-like	10	环状	64144	裂解	水样	日本
	Pbuna-like	13	线状	64427	裂解	池水	西班牙
	P1virus	1	线状	66158	裂解	医院污水	葡萄牙
	Phikz-like	4	环状	211215	裂解	自然环境	比利时
	P2-like	1	环状	35580	温和	前噬菌体	日本
	Pbuna-like	10	线状	66063	未知	未知	美国
	Felixolvirus	1	线状	93129	未知	未知	英国
	未分类	18	线状	66111	裂解	污水、洪水	英国
	未分类	1	线状	92338	未知	河水	俄罗斯
短尾噬菌体科	*Luz24-like*	7	线状	45625	裂解	医院污水	比利时
	N4-like	4	线状	73050	裂解	污水	中国
	PhiKMV-like	13	线状	42519	裂解	池水	俄罗斯
	Litlvirus	5	线状	72697	裂解	池水	俄罗斯
	T7-like	2	线状	42961	裂解	河水	格鲁吉亚
	Luz24-like	1	环状	45503	温和	医院污水	中国
	F116virus	2	线状	65195	温和	前噬菌体	加拿大
	N4-like	2	线状	72646	未知	未知	未知
	未分类	16	线状	43733	裂解	环境水样	墨西哥
	未分类	1	环状	64764	未知	未知	未知

续表

科	属		代表种				
	名称	噬菌体数量	基因组结构	基因组/bp	特性	来源	国家
长尾噬菌体科	*D3112-like*	1	线状	34553	裂解	污水	韩国
	D3-like	1	线状	54024	裂解	河水	俄罗斯
	Yua-like	2	环状	59446	裂解	未知	加拿大
	Septima3virus	4	线状	42999	裂解	未知	加拿大
	D3-like	1	线状	56425	温和	未知	加拿大
	D3112-like	6	线状	36885	温和	环境污水	墨西哥
	Lamba-like	2	线状	36847	温和	前噬菌体	韩国
	D3112-like	2	线状	37714	未知	未知	韩国
	Yua-like	1	线状	61818	未知	未知	希腊
	未分类	19	线状	56537	裂解	污水	科特迪瓦
	未分类	11	线状	37359	温和	临床菌株	墨西哥
	未分类	11	线状	93191	未知	泥土	密歇根
丝状噬菌体科	未分类	1	线状	5833	裂解	未知	澳大利亚
	未分类	1	线状	10675	温和	前噬菌体	未知
	未分类	1	线状	7349	未知	未知	美国
光滑噬菌体科	未分类	2	线状	3588	裂解	污水	苏格兰
囊状噬菌体科	未分类	1	线状	6648(大) 3862(中) 3004(小)	裂解	医院污水	中国
未分类	未分类	2	线状	49639	裂解	未知	美国
	未分类	1	线状	45550	温和	污水	科特迪瓦
	未分类	1	线状	94555	未知	未知	波兰

采用双层平板法测定噬菌体在不同温度（4～80℃）下的感染活性变化，结果表明在4～60℃范围内，铜绿假单胞菌S2的感染活性均在70%以上，但温度升至70℃时完全失活；铜绿假单胞菌S1在4～50℃范围内均能保持80%以上稳定，当温度上升至60℃和70℃时，感染活性分别降至67%和46%，80℃时无活性[14]。

感染复数是为研究病毒感染与产出之间量效关系而提出的一个重要生物学指标。李明等[15]研究表明铜绿假单胞菌噬菌体PaP1对其宿主菌PA1的最佳感染复数为0.01，其前期研究测得另一株绿脓杆菌溶源性噬菌体PaP2感染其宿主菌PA2的最佳感染复数为10，二者相差甚远，充分显示了裂解性噬菌体的毒性要远远强于溶源性噬菌体。各种噬菌体都有其独特的一步生长曲线，如铜绿假单胞菌噬菌体ϕKMV的潜伏时间为12～13min，爆发时间是3～8min，裂解量是25～30[16]。对于铜绿假单胞菌噬菌体作为治疗细菌感染的应用，大部分噬菌体治疗的报道均是基于动物模型，且治疗效果显著。Soothill等[17,18]在小鼠皮肤表面接种铜绿假单胞菌（1.5×10^6cfu），成功构建皮肤感染模型，随后在感染处接种噬菌体（1.2×10^7pfu），发现噬菌体能控制感染。2013年，Golkar等[19]通过浅表皮肤划伤和深度刺伤的方式构建了2种小鼠感染模型，利用腹腔注射和口服噬菌体液，在5d内成功治愈所有感染的小鼠。Mcvay等[20]先用铜绿假单胞菌（2.5×10^2cfu）感染被热水烫伤的小鼠，随后立即注射噬菌体（3×10^8pfu），结果表明噬菌体能有效控制铜绿假单胞菌感染。Yunjeong等[21]证明了噬菌体对感染了铜绿假单胞菌的果蝇具有一定的治疗效果；Beeton等[22]用6种噬菌体组成的混合制剂治疗被铜绿假单胞菌感染后的蜡螟；Daniswlodarczyk等[23]用噬菌体KTN4治疗被铜绿假单胞菌感染的蜡螟幼虫模型，显著增加了感染后的幼虫生存率。因此，大量的动物实验表明噬菌体能有效控制铜绿假单胞菌的感染。2006年，

Marza 等[24] 用噬菌体治疗铜绿假单胞菌感染的烧伤患者，治疗 3d 即成功控制伤口感染，且不能从患处分离到铜绿假单胞菌。欧盟在 2015 年启动了 Phagoburn 计划，拟招募 220 名伤口受到铜绿假单胞菌或大肠埃希菌感染的烧伤患者，使用 Pherecydes 制药公司制备的噬菌体鸡尾酒治疗，从而系统评价噬菌体治疗的安全性，为以后的噬菌体制品的生产和临床试验奠定基础。

参考文献

1. Lyczak JB, Cannon CL, Pier GB(2000). Establishment of *Pseudomonas aeruginosa* infection: lessons from a versatile opportunist. *Microb. Infection*. 2:1051-1060.
2. Wagner VE, Filiatrault MJ, Picardo KF, et al (2008). *Pseudomonas aeruginosa* virulence and pathogenesis issues. *Pseudom. Genom. Molecu. bio*.129-158.
3. Murray TS, Egan M, Kazmierczak BI(2007). *Pseudomonas aeruginosa* chronic colonization in cystic fibrosis patients. *Curr. Opin. Pediat*. 19: 83-88.
4. Luiten RG, Putterman DG, Schoenmakers G, et al(1985). Nucleotide sequence of the genome of Pf3, an Inc P-1 plasmid-specific filamentous bacteriophage of *Pseudomonas aeruginosa*. *J. virology*. 56:268-276.
5. Holland SJ, Sanz C, Perham RN(2006). Identification and specificity of pilus adsorption proteins of filamentous bacteriophages infecting *Pseudomonas aeruginosa*. *Virology*. 345:540-548.
6. Yang Y, Lu S, Shen W, et al(2016). Characterization of the first double-stranded RNA bacteriophage infecting *Pseudomonas aeruginosa*. *Sci. Rep*. 6:38795.
7. Mäntynen S, Laanto E, Kohvakka A, et al (2015). New enveloped dsRNA phage from freshwater habitat.*J.Gen.Virology*.96:1180-1189.
8. Qiao X, Sun Y, Qiao J, et al(2010). Characterization of Φ2954, a newly isolated bacteriophage containing three ds RNA genomic segments. *BMC microb*. 10:55.
9. Gottlieb P, Potgieter C, Wei H, et al(2002). Characterization of φ12, a bacteriophage related to φ6: nucleotide sequence of the large double-stranded RNA. *Virology*. 295:266-271.
10. Qiao X, Qiao J, Onodera S, et al(2000). Characterization of φ13, a bacteriophage related to φ6 and containing three ds RNA genomic segments. *Virology*. 275:218-224.
11. Hoogstraten D, Qiao X, Sun Y, et al(2000). Characterization of Φ8, a bacteriophage containing three duble-stranded RNA genomic segments and distantly related to Φ6. *Virology*. 272:218-224.
12. Ruokoranta, TM, Grahn AM, Ravantti JJ, et al (2006). Complete genome sequence of the broad host range single-stranded RNA phage PRR1 places it in the Levi virus genus with characteristics shared with *Alloleviviruses*. *J. virology*. 80:9326-9330.
13. Olsthoorn, RCL, Garde G, Dayhuff T, et al (1995). Nucleotide sequence of a single-stranded RNA phage from *Pseudomonas aeruginosa*: kinship to coliphages and conservation of regulatory RNA structures. *Virology*. 206:611-625.
14. 郭杨毅君(2019). 铜绿假单胞菌烈性噬菌体的分离与生物特性研究[D]. 华南理工大学微生物学专业硕士学位论文.
15. 李明，申晓冬，周莹冰，等(2005).铜绿假单胞菌噬菌体 PaP1 生物学特性的研究. 第三军医大学学报. 27:860-863.
16. Lavigne, R, Burkal'tseva MV, Robben J, et al (2003).The genome of bac-teriophageφKMV, a T7-like virus infecting *Pseudomonas aeruginosa*. *Virology*. 312:49- 59.
17. Soothill JS(1994).Bacteriophage prevents destruction of skin grafts by *Pseudomonas aeruginosa*. *Burns*. 20:209-211.
18. Soothill JS(1992). Treatment of experimental infections of mice with bacteriophages. *J.*

Med. Microbiol. 37:258-261.

19. Golkar Z, Bagasra O, Jami N(2013). Experimental phage therapy on multiple drug resistant Pseudomonas aeruginosa infection in mice. J. Antivir. Antiretrovir. 10:10.4172.
20. Mcvay CS, Velásquez SM, Fralick JA(2007). Phage therapy of Pseudomonas aeruginosa infection in a mouse burn wound model. Antimicrob. Agents Chemother. 51:1934-1938.
21. Yunjeong H, Yurim L, Hyunhee J, et al (2009). Antibacterial efficacy of phages against Pseudomonas aeruginosa infections in mice and Drosophila melanogaster. Antimicrob. Agents Chemother. 53:2469-2474.
22. Beeton ML, Alves DR, Enright MC, et al (2015). Assessing phage therapy against Pseudomonas aeruginosa using a Galleria mellonella infection model. Int. J. Antimicrob. Agents. 46:196-200.
23. Daniswlodarczyk K, Vandenheuvel D, Jang HB, et al(2016). A proposed integrated approach for the preclinical evaluation of phage therapy in Pseudomonas infections. Sci. Rep. 6:28115.
24. Marza JA, Soothill JS, Boydell P, et al(2006). Multiplication of therapeutically administered bacteriophages in Pseudomonas aeruginosa infected patients. Burns. 32:644-646.

28.3 金黄色葡萄球菌的噬菌体

28.3.1 金黄色葡萄球菌介绍

金黄色葡萄球菌（Staphylococcus aureus，SA）为葡萄球菌属的革兰阳性球菌，可引起动物化脓性感染、食物中毒、心内膜炎、葡萄球菌烫伤皮肤综合征和中毒性休克综合征[1]，是一种常见的人兽共患病病原。金黄色葡萄球菌普遍存在于自然界，能够分泌多种外毒素和酶，如肠毒素、白细胞溶血素和血浆凝固酶等，严重危害人类和动物的健康。金黄色葡萄球菌直径约为 0.8 μm，显微镜观察为单个或呈葡萄串状成簇排列，需氧或兼性厌氧菌，最适生长条件为 37℃、pH 7.4，对营养要求不高。其在血平板上能形成溶血环，对盐具有一定的耐受能力，可在 7.5%～10% 的氯化钠肉汤培养基中良好生长；能利用多种糖类物质，如葡萄糖、麦芽糖、蔗糖、乳糖等。金黄色葡萄球菌分布非常广泛，且能适应各种环境，可导致多种感染性疾病。

金黄色葡萄球菌分为社区源金黄色葡萄球菌（community-associated SA，CA-SA）、医院源金黄色葡萄球菌（hospital-associated SA，HA-SA）以及养殖源金黄色葡萄球菌（livestock-associated SA，LA-SA）。社区源金黄色葡萄球菌菌株在遗传上与医院源金黄色葡萄球菌菌株不同，但社区源和医院源的各种克隆株之间能交叉传播，导致 CA-SA 和 HA-SA 之间的差异变得模糊。在兽医临床，金黄色葡萄球菌常引起动物患关节炎、乳腺炎、脐炎、局部脓肿等疾病，给生产等方面造成巨大经济损失。金黄色葡萄球菌是导致食物中毒的主要病原菌之一，根据中国卫生统计年鉴 2013—2015 报告，从 2011—2014 年起，我国因食源性病原微生物引起的食物中毒多达 1244 起，患病人数为 27479 人，其中由金黄色葡萄球菌引发的患病人数达 3000 多人，占总比例的 11.9%[2]。

28.3.2 金黄色葡萄球菌的噬菌体

近 10 年来，人们分离出越来越多的葡萄球菌噬菌体，并对噬菌体进行生物学特性鉴定，对噬菌体全基因组测序的研究极大地促进了人们对噬菌体的了解。根据 Patric 服务器（弗吉尼亚生物信息学研究所），已有 594 个葡萄球菌噬菌体基因组被测序并公布

在网络上[3]，其中葡萄球菌烈性噬菌体有200多个；这些噬菌体均属于有尾噬菌体科，具有二十面体头部、管状尾部和线形双链DNA的噬菌体[4]。Kwan等[5]研究该组27个噬菌体发现，根据噬菌体基因组大小可将葡萄球菌噬菌体分为三种：< 20kb（Ⅰ级）、≈40kb（Ⅱ级）、> 125kb（Ⅲ级）。Ⅰ级噬菌体的头部等长，尾部短而无收缩性（CI形态）；Ⅱ级噬菌体的头部等长，尾巴长且无收缩性（BI形态）；Ⅲ级噬菌体为肌尾噬菌体科，尾部长且具有收缩性[6]。

汤婷婷等[7]研究温度、pH、有机试剂、去污剂、渗透压及二价阳离子对金黄色葡萄球菌噬菌体的影响，结果显示金黄色葡萄球菌噬菌体的生物学特性相对稳定，为噬菌体治疗金黄色葡萄球菌提供了数据支持及理论依据。Dias等[8]从患奶牛乳腺炎的病牛乳汁中分离出金黄色葡萄球菌并分离出10株噬菌体，研究噬菌体生物学特性发现其宿主范围广且具有良好的热稳定性，这为其进一步的应用提供了广阔的前景。Van-cleef等[9]研究金黄色葡萄球菌噬菌体K在体外裂解金黄色葡萄球菌的能力，结果表明，噬菌体K能够有效地降低金黄色葡萄球菌的数量。Gill等[10]进行的一项研究也呈现出理想的实验结果。他们使用噬菌体K对24头患有乳腺炎的奶牛进行治疗，每天往乳房内分别注射10mL 1.25×10^{11} pfu/mL噬菌体K或等量生理盐水一次，连续注射5天时间，结果发现噬菌体治疗组治愈率可达16.7%，而生理盐水组全部没有治愈。Capparelli等[11]将金黄色葡萄球菌噬菌体Msa用于治疗小鼠金黄色葡萄球菌感染模型，取得了较好疗效。García等[12]研究两种宿主范围广的金黄色葡萄球菌噬菌体（phi H 5和phi A 72）作为牛奶中生物防腐剂的效果，结果发现这些噬菌体有效抑制了高温消毒和巴氏灭菌的全脂牛奶中金黄色葡萄球菌的生长。同时，García[13]将毒力噬菌体phi IPLA 88和phi IPLA 35应用于抑制发酵产品（例如酸凝乳酪或奶酪）中金黄色葡萄球菌的生长，结果发现这些噬菌体可特异性裂解金黄色葡萄球菌，降低了发酵产品中金黄色葡萄球菌的数量，而且不会干扰其他微生物的正常生长[14]。Hoshiba等[15]分离出噬菌体phi MR 25并探究其对感染金黄色葡萄球菌小鼠的治疗效果，结果表明噬菌体phi MR 25可有效抑制金黄色葡萄球菌的生长。Gupta等[16]分离出多价噬菌体P-27/HP，并分析其治疗多重耐药性金黄色葡萄球菌的效果，结果表明噬菌体治疗后可降低小鼠死亡率，且无不良反应。Ji等[17]评估了金黄色葡萄球菌噬菌体VB-Sav M-JYL01对兔坏死性肺炎模型的治疗效果，结果发现金黄色葡萄球菌噬菌体VB-Sav M-JYL01具有高裂解活性和宽宿主范围，且在体外和体内均能有效杀死金黄色葡萄球菌，并且能够显著改善肺组织病变和显著降低血液和肺泡灌洗液中细胞因子TNF-α、IFN-γ、IL-1、IL-8及肺泡灌洗液中总蛋白、PVL、Hla的含量，该噬菌体在治疗金黄色葡萄球菌感染以及作为防治金黄色葡萄球菌引起的兔坏死性肺炎方面具有很大的潜力。Wills等[18]建立家兔伤口感染脓肿模型研究噬菌体治疗的效果，结果显示噬菌体*LS 2a*能有效治疗金黄色葡萄球菌导致的脓肿。Jikia等[19]报道了噬菌体用于治疗两名感染金黄色葡萄球菌的男性患者，这些感染未被抗生素治愈，医生使用Phago Bio Derm药膏，这是一种可生物降解的聚合物，含有抗生素环丙沙星和噬菌体，专为伤口愈合而设计。有趣的是，处理的金黄色葡萄球菌菌株未显示出对环丙沙星和其他抗生素的抗性，因此临床改善归因于产品中噬菌体成分。李跃[20]从患奶牛乳腺炎的奶牛乳汁中分离出金黄色葡萄球菌4P-1并利用其建立小鼠乳腺炎模型，再将噬菌体2Y-10灌入奶牛乳房中进行治疗，结果发现噬菌体治疗后，可有效降低乳腺中的细菌量并缓解乳腺病理损伤及炎症反应。同时研究结果显示，噬菌体在牛奶中存活的时间长达36h，但噬菌体应用于治疗奶牛乳腺炎还需进一步的探索，从而为噬菌体的应用奠定基础。

参考文献

1. Mann NH(2008).The potential of phages to prevent MRSA infections.Res.*Microbiol*. 159: 400-405.
2. David MZ,Daum RS(2010).Community-associated methicillin-resistant *Staphylococcus aureus*: epidemiology and clinical consequences of an emerging epidemic. *Clin. Microbiol. Rev.* 23:616.
3. *Staphylococcal* phage genomes. Available online: http://patricbrc. org/portal/portal/patric/Taxon? c Type= taxon&c Id= 1279,(accessed on 19 September 2013).
4. Ackermann HW(2007). Phages examined in the electron microscope. *Arch. Virol*. 152: 227-243.
5. Kwan T,Liu J,Du Bow MS,et al(2005). The complete genomes and proteomes of 27 *Staphylococcus* aureus bacteriophages. Proceedings of the National Academy of Science of the United States of America. 102:5174-5179.
6. Ackermann HW,Du Bow MS(1987). Natural groups of bacteriophages. Viruses of Prokaryotes,CRC Press Boca Raton,FL,USA.
7. 汤婷婷,王一晗,王孟孟,等(2019). 一株金黄色葡萄球菌裂解性噬菌体的分离及生物学特性鉴定.中国兽医科学.
8. Dias RS, Eller MR, Duarte VS, et al(2013). Use of phages against antibiotic-resistant *Staphylococcus* aureus isolated from bovine mastitis. *J. Animal Sci*. 91:3930-3939.
9. Van-cleef BA,Monnet DL,Voss A,et al(2011). Livestock-associated methicllin-resistant *Staphylococcus* aureus in humans.*Eur. Emerg. Infect. Dis*. 17:502.
10. Gill JJ,Pacan JC,Carson ME,et al(2006). Efficacy and pharmacokinetics of bacteriophage therapy in treatment of subclinical *Staphylococcus* aureus mastitis in lactating dairy cattle. *Antimicrob Gents Chemoth*. 50 :2912-2918.
11. Capparelli R, Parlato M, Borriello G, et al (2007). Experimental phage therapy against *Staphylococcus* aureus in mice. *Antimicrob. Agents Ch*. 51:2765-2773.
12. García P,Martínez B,Obeso JM,et al(2009). Functional genomic analysis of two *Staphylococcus* aureus phages isolated from the dairy environment. *Appl. Environ. Microb*. 75: 7663-7673.
13. García P,Madera C,Martínez B,et al(2007). Biocontrol of *Staphylococcus* aureus in curd manufacturing processes using bacteriophages. *Intern. Dairy J*. 17:7.
14. Bueno E,García P,Martínez B,et al(2012). Phage inactivation of *Staphylococcus* aureus in fresh and hard-type cheeses. *Intern. J. Food Microb*. 158:23-27.
15. Hoshiba H,Uchiyama J,Kato SI,et al(2010). Characterization of a novel *Staphylococcus* aureus bacteriophage phi MR25, and its therapeutic potential. Virology. 155:545-552.
16. Gupta R,Prasad Y(2011). Efficacy of polyvalent bacteriophage P-27/HP to control multidrug resistant *Staphylococcus* aureus associated with human infections. Curr. *Microb*. 62:255-260.
17. Ji Y,Cheng M,Zhai S,et al(2019). Preventive effect of the phage VB-Sav M-JYL01 on rabbit necrotizing pneumonia caused by *Staphylococcus* aureus. *Vet. Microb*. 229: 72-80.
18. Wills QF,Kerrigan C,Soothill SJ,et al(2005). Experimental bacteriophage protection against *Staphylococcus* aureus abscesses in a rabbit model. *Antimicrob. Agents Ch*. 49 :1220-1221.
19. Jikia D, Chkhaidze N, Imedashvili E, et al (2005). The use of a novel biodegradable preparation capable of the sustained release of bacteriophages and ciprofloxacin, in the complex treatment of multidrug-resistant *Staphylococcus* aureus infected local radiation injuries caused by exposure to Sr90. *Clin. Exper. Dermat*. 30:23-26.

20. 李跃(2014). 金黄色葡萄球菌裂解性噬菌体治疗乳房炎的实验研究 [D]. 吉林：吉林大学预防兽医学专业硕士学位论文.

28.4 沙门菌的噬菌体

28.4.1 沙门菌介绍

沙门菌属于肠杆菌科，是一种无芽孢、无荚膜革兰阴性杆菌，广泛存在于人和动物的粪便中，也是食源性疾病最重要的病原体[1~2]。沙门菌血清型众多，根据 Kauffman-White 血清分型标准，全世界已发现 2600 多种血清型，这些血清型均可引起食物性中毒[3]。其中在动物中分离率较高的血清型主要是肠炎沙门菌、伤寒沙门菌、鸡白痢、印第安纳沙门菌等。在人类中分离率较高的血清型主要是伤寒沙门菌、肠炎沙门菌等。在我国，22.2%的食物中毒是由沙门菌引起的，其中绝大部分是由于食用肉制品造成的[4]。人类食用被沙门菌污染的食品后，可导致（尤其是免疫力低的人群）胃肠炎、伤寒及副伤寒等肠道疾病，严重者可导致死亡[5~7]。沙门菌主要来源于鸡、猪等动物，它们被认为是沙门菌最重要的载体，能够通过食物链将沙门菌传递给人类，从而对人类造成危害[8]。人类感染沙门菌引发疾病，主要是食用加热不充分的带菌动物性食品[9]。但是，新鲜的蔬菜和水果也可能在漫长的农场到餐桌的过程中被沙门菌污染，如美国暴发的沙门菌疫情就是食用了被沙门菌污染的土豆和辣椒所致[10]。在欧洲，沙门菌的感染率约为 0.03%，每年有超过 20 万人感染[11]；在美国，每年约有 140 万人感染沙门菌，占所有食源性细菌引起的感染病例的 11%[12]；在非洲，每年由于沙门菌感染导致死亡的人数更是高达上百万[13]。

28.4.2 沙门菌的噬菌体

沙门菌噬菌体来源广泛，从污水、蛋类、肉类、水产品等中均能分离到。分离的裂解性噬菌体均为有尾的二十面体结构，但大小不同；基因组大小在 16～86kb；耐受温度大多在 60℃以下，最适温度与宿主菌沙门菌基本一致；有的菌株最适 pH 范围较宽，在 pH 4～11 都能保持很高的活性，有的范围则较窄，最适 pH 接近中性；各菌株的最佳感染复数相差较大，表明这些菌株的感染能力不同。噬菌体的生物学特性决定了噬菌体对宿主菌的裂解效果，如果噬菌体的耐受温度和 pH 等条件范围较宽，感染复数较低，则具有较好的应用价值。一步生长曲线是噬菌体极具代表性的特征，对于不同的噬菌体或者是同一种噬菌体与不同的宿主菌来说，其形成的一步生长曲线也会有很大的差别。李萌等[14] 报道的鼠伤寒沙门菌烈性噬菌体 SP3 的潜伏期为 5min，暴发期为 75min，裂解量为 20pfu/个细胞。

研究发现，经过丝裂霉素 C 处理后的噬菌体效价有显著下降，但仍可保持一定的数量，这可能与紫外线照射、宿主菌数量下降等诸多因素有关，从而导致大部分噬菌体消亡，而其余部分噬菌体进入宿主菌中成为原噬菌体，所以经丝裂霉素 C 诱导后，这些原噬菌体裂解宿主后释放出来使得检出率升高。另外，噬菌体的数量还受磷酸盐的影响，有研究指出磷酸盐可以抑制噬菌体的释放[15]。除一些环境因素外，影响噬菌体数量变化的因素还有很多，诸如宿主菌数量的变化、宿主菌群抗性的升高、其他噬菌体以及细菌捕食者的竞争等都会影响噬菌体在数量上的变化，可见噬菌体的生存与繁衍受到多方面的影响与威胁[16]。

沙门菌噬菌体能够在体外表现出对沙门菌强大的杀灭能力，可在食品运输、储存和销售过程中作为食品添加剂，抑制和杀灭食物表面和存储环境中的沙门菌，从而起到防止病原菌污染、保护食品安全的作用[17]。利用含有噬菌体的吸收性食品垫在冷藏肉盘中成功地在体外减少了鼠伤寒沙门菌污染[18]。Jorquera 等[19] 将沙门菌噬菌体（5 种噬菌体的混合物）处理预先污染沙门菌的鸡肉、火鸡、牛肉、羊乳酪，结果显示，在 5℃下，第 10 天牛肉、火鸡和鸡肉的沙门菌数量分别降低了 3.54 lgcfu/g、2.84 lgcfu/g 和 1.67 lgcfu/g，而羊乳酪在第 3 天降低了 1.42 lgcfu/g；在 18℃下，第 10 天时沙门菌的减少量最多，其中牛肉和火鸡中沙门菌数量分别降低了 3.65 lgcfu/g 和 3.55 lgcfu/g。Bao 等[20] 用 PA13076、PC2184 两株沙门菌噬菌体的混合物处理预先污染了肠炎沙门菌的鸡胸肉、巴杀菌乳和卷心菜，在 25℃下作用 1h 后肠炎沙门菌的浓度分别降低了 1.65 lgcfu/g、3.89 lgcfu/g 和 2.9 lgcfu/g，5h 后鸡胸肉、卷心菜中肠炎沙门菌的浓度分别降低了 2.5 lgcfu/g 和 3.0 lgcfu/g，而巴杀菌乳中肠炎沙门菌的浓度没有明显变化。

除了用于食品行业，噬菌体作为治疗剂来治疗动物本身的感染并防止可能进入食物系统的病原体是噬菌体研究的另一个重要领域。在一项研究中，口服噬菌体 5 天后，每克肉鸡盲肠内容物中沙门菌血清型肠炎 cfu 水平降低 5/7 倍[21]。在另一项研究中，Toro 等[22] 用沙门菌特异性噬菌体鸡尾酒来减少肠沙门菌血清型鼠伤寒在鸡体内的定植。在噬菌体处理过的禽类中观察到盲肠和回肠沙门菌数量减少。此外，噬菌体鸡尾酒对增重性能也产生了有益的影响。许燕苹等[23] 分离鸡沙门菌噬菌体，并对其生物学特性进行鉴定，发现 1 株宿主范围较广的噬菌体，可用于防控沙门菌感染。Atterbury 等[24] 研究者将分离到的 3 株噬菌体用于治疗肠炎沙门菌、鼠伤寒沙门菌感染的肉仔鸡，结果表明其中 2 株噬菌体对降低肠炎沙门菌和鼠伤寒沙门菌有很好的效果，虽然使用高剂量的噬菌体会产生对沙门菌的抗性菌，但是只要选择合适的噬菌体、采用合适的剂量、选择适宜的接种时间就能很好地治疗肉仔鸡的沙门菌病。Yan 等[25] 使用添加抗沙门菌噬菌体的饲料给猪进行饲喂，结果表明添加噬菌体的饲料对育肥猪的平均日增重（ADG）或饲料转化率（G∶F）没有影响。Kim 等[26] 报道 ADG 和平均每日采食量（ADFI）随着日粮添加噬菌体的量的增加而增加，但对 G∶F 没有影响。Gebru 等[27] 观察到饲喂含有 3×10^{9} pfu/kg 抗鼠伤寒沙门菌噬菌体的日粮后，猪的 ADG 改善、G∶F 降低，结果出现差异可能与所研究的噬菌体的用量和噬菌体种类有关，还与畜群的健康状况、农场卫生、饮食结构、饲料剂型以及其他膳食饲料添加剂的相互作用有关。Seo 等[28] 研究者利用噬菌体混合物治疗感染肠炎沙门菌的猪，取得了不错的治疗效果；然后对猪的粪便进行宏基因组测序分析，结果表明噬菌体组的猪粪便中肠杆菌科细菌的种类和数量均减少，而对正常菌群没有明显影响。这表明噬菌体能够有效地控制猪沙门菌病模型中沙门菌的数量。虽然在养猪业使用噬菌体预防及治疗疾病可能还存在着许多的不足之处，但是已有许多研究为其应用打下良好的基础。

参考文献

1. Chiu LH, Chiu CH, Horn YM, et al(2010). Characterization of 13 multi-drug resistant *Salmonella* serovars from different broiler chickens associated with those of human isolates. *BMC Microbiol*. 10:86.
2. Scallan E, Hoekstra RM, Angulo FJ, et al (2011). Foodborne illness acquired in the United States-major pathogens. *Emerg. Infect. Dis*. 17:7-15.
3. Guibourdenche M, Roggentin P, Mikoletit M, et al(2010). Supplement 2003-2007(No.47) to the white-Kauffmann-le minor scheme. *Res. Microb*.161:26-29.
4. Wang SJ, Duan HL, Zhang W(2007). Analysis of bacterial foodborne disease outbreaks in China between 1994 and 2005. *FEMS Immunol. Med. Microbiol*. 51, 8-13.
5. Liang Z, Ke B, Deng X, et al(2015). Sero-

types, seasonal trends, and antibiotic resistance of non-typhoidal *Salmonella* from human patients in Guangdong Province, China, 2009-2012. *BMC Infect. Dis.* 15: 53.

6. Cui S, Li J, Sun Z, et al(2009). Characterization of *Salmonella* enterica isolates from infants and toddlers in Wuhan, China. *J. antimicrob. ch.* 63: 87-94.

7. Li Y, Xie X, Xu X, et al(2014). Nontyphoidal *Salmonella* infection in children with acute gastroenteritis: prevalence, serotypes, and antimicrobial resistance in Shanghai, China. *Foodborne Pathog. Dis.* 11: 200-206.

8. Vo AT, Van DE, Fluit AC, et al(2006). Distribution of *Salmonella* enterica serovars from humans, livestock and meat in Vietnam and the dominance of *Salmonella* typhimurium phage type 90. *Vet. Microbiol.* 113: 153-158.

9. Butaye P, Michael GB, Schwarz S, et al(2006). The clonal of multidrug-resistant non-typhi *Salmonella* serotypes. *Microbes Infect.* 8: 1891-1897.

10. Klontz KC, Klontz JC, Mody RK, et al (2010). Analysis of tomato and jalapeno and Serrano pepper imports into the United States from Mexico before and during a national outbreak of *Salmonella* serotype Saintpaul infections in 2008. *J. Food Prot.* 73: 1967-1974.

11. Sheila MG, Evonne MC. Edel O, et al(2009). Development and validation of a rapid real-time PCR based method for the specific detection of *Salmonella* on fresh meat. *Meat Sci.* 83: 555-562.

12. Stella I, Smith M, Fowora A, et al(2011). Molecular typing of *Salmonella* spp isolated from food handlers and animals in Nigeria. *Int. J. Mol. Epidemiol. Genet.* 2: 73-77.

13. Cabello FC(2006). Heavy use of prophylactic antibiotics in aquaculture: a growing problem for human and animal health and for the environment. *Environ. Microbiol.* 8: 1137-1144.

14. 李萌, 韩峰, 林洪, 等(2013). 一株沙门氏菌烈性噬菌体的分离纯化与生理特性研究[J]. 水产科学. 9: 531-535.

15. Jacquet S, Heldal M, Iglesias-Rodriguez D, et al(2002). Flow cytometric analysis of an Emiliania huxleyi bloom terminated by viral infection. *Aquat. Microb. Ecol.* 27: 111-124.

16. Maslov S, Sneppen K(2014). Well-temperate phage: optimal bet-hedging against local environmental collapses. *Sc. Rep.* 5: 10523.

17. Pham-Khanh NH, Sunahara H, Yamadeya H, et al (2019). Isolation, Characterisation and Complete Genome Sequence of a Tequatrovirus Phage, *Escherichia* phage KIT03, Which Simultaneously Infects *Escherichia coli* O157: H7 and *Salmonella enterica*. *Curr. Microbiol* 76: 1130-1137.

18. Gouver DM, Mendong RC, Lopez MES, et al (2016). Absorbent food pads containing bacteriophages for potential antimicrobial use in refrigerated food products. *Food Sci. Tech.* 67: 159-166.

19. Jorquera D, Navarro C, Rojas V, et al(2015). The use of a cocktail as a biocontrol measure to reduce *Salonella enterica* serovar Enteritidis contamination in ground meat and goat cheese. *Biocontrol Sci. Tech.* 25: 970-974.

20.. Bao H, Zhang P, Zhang H, et al(2015). Biocontrol of *Salmonella* Enteritidis in foods using bacteriophage. *Viruses.* 7: 4836-4853.

21. Sharma S, Chatterjee S, Datta S, et al(2017). Bacteriophages and its applications: an overview. Folia microb. 62: 17-55.

22. Toro H, Price SB, Mc Kee AS, et al(2005). Use of bacteriophages in combination with competitive exclusion to reduce *Salmonella* from infected chickens. *Avi. Dis.* 49: 118-124.

23. 许燕苹, 韩陶敏, 徐正中, 等(2018). 1株鸡白痢沙门菌噬菌体的分离鉴定. 扬州大学学报. 39: 7-11.

24. Atterbury RJ, Van Bergen MA, et al(2007). Bacteriophage therapy to reduce *Salmonella* colonization of broiler chickens. *Appl. Environ. Microbiol.* 73: 4543-4549.

25. Yan L，Hong SM，Kim IH(2012). Effect of bacteriophage supplementation on the growth performance，nutrient digestibility，blood characteristics，and fecal microbial shedding in growing pigs. Asian-Australasian J. Anim Sci. 25：1451-1456.
26. Kim K，Ingale S，Kim J，et al(2014). Bacteriophage and probiotics both enhance the performance of growing pigs but bacteriophage are more effective. Anim. feed sci.Tech. 196：88-95.
27. Gebru E，Lee J，Son J，et al(2010). Effect of probiotic- bacteriophage- or organic acid-supplemented feeds or fermented soybean meal on the growth performance，acute-phase Response and bacterial shedding of grower pigs challenged with *Salmonella* enterica serotype typhimurium. J. Anim. Sci. 88：3880-3886.
28. Seo BJ，Song ET，Lee K，et al(2018). Evaluation of the broad-spectrum lytic capability of bacteriophage cocktails against various *Salmonella* serovars and their effects on weaned pigs infected with *Salmonella* Typhimurium. J. Vet. Med. Sci. 80：851-860.

28.5 支原体的噬菌体

28.5.1 支原体介绍

支原体是普遍存在的微生物，它可以引起多种动物的疾病。由于支原体的生长需要胆固醇，而它们本身不能够合成胆固醇，所以只能够寄生在宿主动物里。正因如此，支原体和它们宿主之间的共进化关系通常是特异性的宿主-病原菌关系。例如，人类的呼吸道病原菌肺炎支原体（*Mycoplasmas pnumoniae*）不能够引起啮齿动物的疾病，鼠科动物的肺支原体（*Mycoplasmas pulmonis*）同样不能够引起人类的疾病。支原体进化得很快，这可以从rRNA 基因位点的大量碱基变换得到证明。在真菌上，这些位点是典型的保守位点[1]。肺炎支原体和肺支原体的大多数保守基因（例如，*recA*）不能够交叉杂交，并且它们基因组之间的差异也比它们宿主基因组之间的差异大得多。特定的生长环境能够给支原体提供丰富的调节分子，如选择性的σ因子和双组分的信号转导系统，这些调节分子在典型的细菌里是用来阻止产生毒力因子，从而使得细菌能够在动物体外生存[2～5]。

致病性支原体通常能够引起呼吸道、生殖道及关节的慢性病。这些疾病大多与免疫相关。阻止疾病的传播和系统性疾病的发生，必需一个强的宿主免疫应答，但是，受损伤部位随着感染的发展形成炎症[6]。决定支原体致病机理（pathogenesis）的因子大部分都没有鉴定到。通常上皮表面的黏附素对于支原体的定植有很重要的作用。通过与脂肪酸共价结合，支原体的膜可以锚定在表面蛋白上。而支原体的脂蛋白和宿主的 Toll 样受体（Toll-like receptor）相互作用可以刺激宿主的免疫应答[7～9]。不管免疫应答有多么强烈，支原体感染都会持续几个星期或者几个月，但是不会持续几年。大部分引起长期感染的因子还未解释清楚，但是，对于一些种来说，可能与细胞内生活方式有关[10～14]。另外，许多支原体的种能够以很高频率改变表面抗原，因为这些改变有利于它们抵抗相反的免疫应答过程[15]。

28.5.2 支原体的噬菌体

由于支原体挑剔的本性，自身不能够合成必需的胆固醇，并且缺少一些生物合成途径，所以只能够分离到很少的支原体的噬菌体，而且往往很难鉴定。毫无疑问，存在的支原体的噬菌体要比那些已经被分离出来的报道所推测得更多。表 28-2 列出了从柔膜体纲（Mollicutes）分离出来的大多数噬菌体。其中研究最深入的是从无胆甾原体属（*Acholeplasma*）分离到的 L1、L2、L3。与支原体不同的是，无胆甾原体的生长不需要胆固醇，而且具有相对广泛的栖息地。无胆甾原体通常被认为是动物的共生菌。因此，它们的噬菌体在致病机理中没有发现已知的作用。而螺原体是普遍存在植物和昆虫中的病原菌。一些螺原体的基因组里含有噬菌体基因组或残余的噬菌体基因组，包括本章提到的受感染就发病的螺原体的噬菌体。然而，本章介绍的重点是能够感染关节炎支原体（*Mycoplasma arthritidis*）的温和噬菌体 MAVl。MAV1 与大鼠中关节炎支原体的毒力（virulence）相关。读者可以查阅其他相关综述以了解更多的关于无胆甾原体和螺原体的噬菌体信息[16~17]。

噬菌体 MAVl 的宿主是关节炎支原体，能够引起多种啮齿类动物（包括大鼠、小鼠和兔子）的关节炎。MAV1 的第一份鉴定报告不仅说明分离到一种新的噬菌体，也说明了它与毒力的关系[18,19]。研究起初是致力于鉴定一个 16kb 的染色体外 DNA 元件（MAV1 DNA），这个元件偶尔存在于一些关节炎支原体菌株的核酸中。Southern 杂交分析显示，20 株关节炎支原体中有 10 株含有一个或多个拷贝数的 MAV1 DNA 序列，并且整合在支原体的染色体上。将 10 株 MAV1 溶原菌分别注射到大鼠尾巴的静脉，任一菌株都能够引起大鼠严重的关节炎，而另外 10 株 MAV1 非溶原菌也能够引起轻微的关节炎。在制备的这些细胞滤液中含有 MAV1 噬菌体。这些噬菌体原液通常用来将关节炎支原体菌株 158 溶原化。由此产生的 3 株溶原菌在大鼠中都获得了毒力。Southern 杂交分析表明，MAV1 DNA 在菌株 158 基因组里的位置与其他 3 株不同。所以，MAV1 DNA 具有多个整合位点以形成溶原菌，而且这些特异性整合位点与毒力没有关系。仅仅 MAV1 DNA 的存在就与产生关节炎有关，从而推测有一个或多个 MAV1 基因编码一个毒力决定因子。

支原体噬菌体 P1 是所有感染支原体属噬菌体中最具有特征性的。P1 有一个仅为 28nm 的等长头部以及一个短尾[20]。基因组是双链 DNA，长 12kb，在每条 DNA 链的 5′末端共价结合着一个末端蛋白。P1 是能够感染鼠类的肺支原体。虽然 P1 在致病机理中没有作用，但是在揭示支原体对于噬菌体防护的一些有趣体系方面具有启迪作用。噬菌体只能够吸附那些产生 VsaA 表面脂蛋白（VsaA surface lipoprotein）的细胞，推测这种脂蛋白可能是 P1 结合的受体[21]。由于在 *vsa* 编码区里发生 DNA 倒位，VsaA 可以在不同阶段产生[22]。*vsaA* 基因有一个串联的重复区域，这个重复区域可以通过滑链错配（slipped-strand mispairing）得到或者失去一个重复单元来改变大小，从而让 VsaA 蛋白可以调节抵抗补体（complement）和血细胞吸附（hemad-sorption）[23]。肺支原体也存在一个相位变化（phase-variable）的限制性内切酶家族来限制和修饰 P1[24]。VsaA 和限制性内切酶都以每代 10^{-2}/cfu～10^{-3}/cfu 高频率产生[25]。因此，利用 P1-宿主细菌之间的相互作用来研究涉及肺支原体细胞的表型多样性以及感染噬菌体后的基因组碱基对修饰多样性。只有一株支原体属的噬菌体 MAV1，从最初分离开始进行了深入研究。从 MAV1 和 P1 基因组序列看，两株噬菌体相互之间及与其他已知噬菌体之间没有任何关系[26-27]。

在某些方面，支原体噬菌体的感染与病毒感染动物细胞相似。动物细胞和支原体都没有细胞壁，都由单层的脂质双层膜（lipid bilayer membrane）包被。可感染无胆甾原体属的噬菌体[16]，比 P1 和 MAV1 更易于鉴定。大部分无胆甾原体噬菌体不会裂解宿主细胞。它们的子代噬菌体在细胞膜上通过芽殖方式从受感染的细胞中释放出来，这种非裂解形态常常持续数个小时。而 P1 和 MAV1 从宿主细胞中释放子代噬菌体的机制还没有研究清楚。

表 28-2 柔膜体纲的代表性噬菌体

噬菌体	形态	基因组类型(大小)[①]	宿主	细菌生长环境
L1	子弹形状	环状单链 DNA(4491 nt)	莱氏无胆甾原体	多数动物
L2	有被膜,假球状	环状双链 DNA(11956 bp)	莱氏无胆甾原体	多数动物
L3	多面体,短尾	线性双链 DNA(39kb)	莱氏无胆甾原体	多数动物
L172	有被膜,假球状	环状单链 DNA(14kb)	莱氏无胆甾原体	多数动物
M1	有被膜,假球状	未知	中度无胆甾原体	牛
O1	有被膜,假球状	未知	目无胆甾原体	多数动物
Br1	多面体,长尾	未知	牛鼻无胆甾原体	牛
Hr1	多面体,短尾	未知	猪鼻无胆甾原体	猪
P1	多面体,短尾	线性双链 DNA(11660bp)	肺支原体	小鼠,大鼠,其他鼠科动物
MAV1	不确定	线性双链 DNA(15644bp)	关节炎支原体	小鼠和大鼠
ai	多面体,短尾	线性双链 DNA(21kb)	柠檬螺原体	植物和昆虫
SpV3	多面体,短尾	线性双链 DNA(16kb)	柠檬螺原体	植物和昆虫
ESV	多面体,短尾	线性双链 DNA(17kb)	一种螺原体	果蝇
HSV	多面体,短尾	线性双链 DNA(22kb)	一种螺原体	果蝇
NSV	多面体,短尾	线性双链 DNA(22kb)	一种螺原体	果蝇
SpV1-R8A2 B	丝状	环状单链 DNA(8273nt)	柠檬螺原体	植物和昆虫
SpV1-C74	丝状	环状单链 DNA(7768nt)	柠檬螺原体	植物和昆虫
SVYS2	丝状	环状单链 DNA(6824nt)	柠檬螺原体	植物和昆虫
SpV4	二十面体	环状单链 DNA(4421nt)	产蜜螺原体	蜜蜂

① 如果双链 DNA 基因组序列是已知的，则给出碱基对数量，如果是未知的，则给出基因组大小（kb）；单链 DNA 的基因组序列如果是已知的，则给出核苷酸，如果是未知的，则给出基因组大小（kb）。

参考文献

1. Manilof J(1992). Phylogeny of mycoplasmas, p. 549-559. In J. Maniloff, R.N. McElhaney, L.R. Finch, J.B. Baseman(ed.), *Mycoplasmas: Molecular Biology and Pathogenesis*. American Society for Microbiology. Washington, D.C.
2. Chambaud I, Heilig R, Ferris S, Barbe V, Samson D, Galisson F, Moszer I, Dybvig K, Wroblewski H, Viari A, Rocha EPC, Blanchard A (2001). The complete genome of the murine respiratory pathogen *Mycoplasma pulmonis*. *Nucleic Acids Res*. 29: 2145-2153.
3. Fraser CF, Gocayne JD, White O, Adams MD, Clayton RA, Fleischmann RD, Bult CJ, Kerlavage AR, Sutton G, Kelley JM, Fritchman JL, Weidman JF, Small KV, Sandusky M, Fuhrmann J, Nguyen D, Utterback TR, Saudek DM, Phillips CA, Merrick JM, Tomb JF, Dougherty BA, Bott KF, Hu PC, Lucier TS, Peterson SN, Smith HO, Hutchison Ⅲ CA, Venter JC(1995). The rninimal gene complement of *Mycoplasma genitalium*. Science. 270: 397-403.
4. Glass JI, Lefkowitz EJ, Glass JS, Heiner CR, Chen EY, Cassell GH(2000).The complete sequence of the mucosal pathogen *Ureaplasma urealyticum*. Nature 407: 757-762.
5. Himmelreich R, Hilbert H, Plagens H, Pirkl E, Li BC, Herrmann R(1996). Complete sequence analysis of the genome of the bacterium *Mycoplasma plleumoniae*. Nucleic Acids Res. 24: 4420-4449.
6. Cartner SC, Lindsey JR, Gibbs-Erwin J, Cassell GH, Simecka JW(1998). Roles of innate and adaptive immunity in respiratory mycoplasmosis. *Infect. Immun*. 66: 3485-3491.
7. Lien E, Sellati TJ, Yoshimura A, Flo TH, Rowadi G, Finberg RW, Carroll JD, Espevik T, Ingalls RR, Radolf JD(1999). Toll-like receptor 2 functions as a pattern recognition receptor for diverse bacterial cell wall products. *J. Biol. Chem*. 274: 33419-33425.
8. Takeuchi O, Kaufmann A, Grote K, Kawai T,

Hoshino K, Morr M, Muhlradt PF, Akira S (2000). Cutting edge: preferentially the R-stereoisomer of the mycoplasma llipopeptide macrophage-activating lipopeptide-2 activates immune cells through a Toll-like receptor 2- and MyD88-dependent signaling pathway. *J. Immunol.* 164:554-557.

9. Takeuchi O, Kawai T, Muhlradt PF, Morr M, Radolf JD, Zychlinsky A, Takeda K, Akira S (2001). Discrimination of bacterial lipoproteins by toll-like receptor 6. *Int. Immunol.* 13: 933- 940.

10. Baseman JB, Lange M, Criscimagna NL, Giron JA, Thomas CA (1995). Interplay between mycoplasmas and host cells. *Microb. Pathog.* 19:105-116.

11. Bauer FA, Wear DJ, Angritt P, Lo SC (1991). *Mycoplasma fermentans* (incognitus strain) infection in the kidneys of patients with acquired immunodeficiency syndrome and associated nephropathy. *Hum. Pathol.* 22:63-69.

12. Dallo SF, Baseman JB (2000). Intracellular DNA replication and long-term survival of pathogenic mycoplasmas. *Microb. Pathog.* 29: 301-309.

13. Taylor-Robinson D, Davies HA, Sarathchandra P, Furr PM (1991). Intracellular location of mycoplasmas in cultured cells demonstrated by immunocytochemistry and electron microscopy. *Int. J. Exp. Pathol.*72:705-714.

14. Winner F, Rosengarten, Citti C (2000). In vitro cell invasion of *Mycoplasma gallisepticum*. *Infect. Immun.* 68:4238-4244.

15. Dybvig K, Voelker LL(1996). Molecular biology of *mycoplasmas*. *Annu. Rev. Microbiol.* 50:25-57.

16. Maniloff J(1992). Mycoplasma viruses, p. 41-59. In J. Maniloff, R. N. McElhaney, L. R. Finch, and J. B. Baseman (ed.), *Mycoplasmas: Molecular Biology and Pathogenesis*. American Society for Microbiology, Washington, D.C.

17. Maniloff J (1988). Mycoplasma viruses. Crit. Rev. *Microbio*.15:339-389.

18. Maniloff J, Kampo GJ, Dascher CC (1994). Sequence analysis of a unique temperate phage: mycoplasma virus L2. *Gene*. 141:1-8.

19. Voelker LL, Weaver KE, Ehle LJ, Washburn LR (1995). Association of lysogenic bacteriophage MAV1 with virulence of *Mycoplasma arthritidis*. *Infect. Immun*. 63:4016-4023.

20. Dybvig K, Liss A, Alderete J, Cole RM, Cassell GH (1987). Isolation of a virus from *Mycoplasma pulmonis*. *Isr. J. Med. Sci.* 23: 418-422.

21. Dybvig K, Alderete J, Cassell GH (1988). Adsorption of *Mycoplasma pulmonis* virus P1 to host cells. *J . Bacteriol.* 170:4373-4375.

22. Shen X, Yu H, Gumulak J, French CT, Zou N, Dybvig K (2000). Gene rearrangements in the vsa locus of *Mycoplasma pulmonis*. *Bacteriol.* 182:2900-2908.

23. Simmons WL, Dybvig K (2003). The Vsa proteins modulate susceptibility of Mycoplasma pulmonis to complement killing, hemadsorption, and adherence to polystyrene. *Infect. Immun.* 71:5733-5738.

24. Dybvig K, Sitaraman R, French CT (1998). A family of phase-variable restriction enzymes with differing specificities generated by high frequency gene rearrangements. *Proc. Natl. Acad. Sd. USA* 95:13923-13928.

25. Bhugra B, Dybvig K (1992). Highfrequency rearrangements in the chromosome of *Mycoplasma pulmonis* correlate with phenotypic switching. *Mol. Microbiol.* 6:1149-1154.

26. Tu AHT, Voelker LL, Shen X, Dybvig K (2001). Complete nucleotide sequence of the mycoplasma vrus P1 genome. *Plasmid*. 45: 122-126.

27. Voellker LL, Dybvig K (1999). Sequence analysis of the *Mycoplasma arthritidis* bacteriophage MAV1 genome identifies the putative virulence factor. *Gene*. 233:101-107.

28. Bruce J, Gourlay RN, Hull R, Garwes DJ

(1972). Ultrastructure of Mycoplasmatales virus laidlawii 1. *J. Gen. Virol.* 16:215-221.

29. Liss A, Maniloff J(1971). Isolation of Mycoplasmatales viruses and characterization of MVL1, MVL52, and MVG51. *Science*. 173: 725-727.
30. Nowak JA, Maniloff J, Das J(1978). Electron microscopy of single-stranded mycoplasmavirus DNA. *FEMS Microbiol. Lett*. 4:59-61.
31. Gawres DJ, Pike BV, Wyld SG, Pocock DH, Gourlay RN(1975). Characterization of mycoplasmatales virus-laidlawii 3. *J. Gen. Virol.* 29:11-24.
32. Dybvig K, Nowak JA, Sladek TL, Maniloff J (1985). Identification of an enveloped phage, mycoplasma virus L 172, that contains a 14-kilobase single-stranded DNA genome. *J. Virol.* 53:38-390.
33. Liska B (1972). Isolation of a new Mycoplasmatales virus. *Stud. Biophys*. 34:151-155.
34. Congdon AL, Boatman ES, Kenny GE(1979). Mycoplasmatales vius MV-M1: discovery in *Acholeplasma modicum* and preliminary characterization. Curr. *Microbiol*. 3:111-115.
35. Ogawa HI, Nakamura M(1985). Characterization of a mycoplasma virus(MV-01) derived from and infecting *Acholeplasma oculi*. *J. Gen. Microbiol.*131:3117-3126.
36. Gourlay RN, Wyld SG, Garwes DJ (1983). Some properties of mycoplasma virus. *Br. Arch. Virol.* 75:1-15.
37. Gourlay RN, Wyld SG, Poulton ME(1983). Some characteristics of mycoplasma virus Hr1, isolated from and infecting *Mycoplasma hyorhinis*. *Arch. Virol.* 77:81-85.
38. Cole RM, Mitchell WO, Jablonska E, Rahand JM(1977). Spiroplasmavirus citri 3: propagation, purification, proteins, and nucleic acid. *Science*. 198:1262-1263.

29 噬菌体研究的网络资源

▶ 29.1 引言
▶ 29.2 网站

摘要

互联网为噬菌体研究人员提供了很多有用的工具，包括查找培养物库、特定数据库、基因鉴定工具、全基因组比较、网络讲义、最新科学会议信息和书籍等。

关键词： 美国微生物学会（ASM），噬菌体生态学组（BEG），EM，数据库，NCBI，EMBL-EBI，匹兹堡噬菌体研究所，T4，分类学，命名法，ATCC，DSMZ，Felix d'Herelle参考中心，书籍，会议，公司

29.1 引言

对于研究人员来说，互联网是非常好的资源，同时也有不尽人意的地方，因为网站可能会转移服务器、重新命名甚至删除。所以，在此谨慎列出一些但并非唯一可用的网站（URL），并会持续更新网站列表。

29.2 网站

29.2.1 入门网站

① 美国微生物学会（ASM）M 分部：噬菌体：http：//www. asm. org/division/m/M. html。

② www. phage. org——关于噬菌体生态学和进化生物学的噬菌体生态学组主页（S. T. Abedon）：http：//www. mansfield. ohio-state. edu/～sabedon/。

③ 噬菌体：http：//www. sci. sdsu. edu/～smaloy/MicrobialGenetics/topics/phage/。

④ 互联网所有的病毒学：http：//www. virology. net/。

29.2.2 噬菌体图像网站

① 噬菌体生态组噬菌体图像：http：//www. mansfield. ohio-state. edu/～sabedon/。

② ASMM 分部，噬菌体图片目录：http：//www. asm. org/division/m/smile. html。

29.2.3 噬菌体结构网站

① VIPERdb：病毒结构探索——http：//viperdb. scripps. edu/。

② 病毒超微结构：http：//web. uct. ac. za/depts/mmi/stannard/linda. html。

29.2.4 DNA 数据库中的噬菌体基因组

① NCBI 噬菌体基因组：http：//www. ncbi. nlm. nih. gov/genomes/genlist. cgi? taxid=10239&type=6&name=Phages。

② NCBI 微生物基因组完成图（需要注意大部分细菌是溶原性的）：http：//www. ncbi. nlm. nih. gov/genomes/lproks. cgi? view=1。

可以从 GenBank 基因组 FTP 站点（ftp：//ftp. ncbi. nih. gov/genbank/genomes/ Bacteria/）下载多种格式的序列，包括*. asn（ASN. 1 文件，打印格式）、*. faa（FASTA 格式的蛋白质序列）、*. fna（FASTA 格式的核酸文件）、*. gbk（GenBank 格式文件）、*. tab（基因组统计表）以及*. val（ASN. 1 二进制格式文件）。

请注意注释的原噬菌体基因组可以从 NCBI 搜索基因组（search：Genomes）下载，首先获得宿主基因组，在“范围：从起点到终点”（Range：from Begin to End）中选择原噬菌体的端点，点击“刷新”（Refresh），保存获得的缩小的 gbk 文件。从经验看，原噬菌体一般注释得不充分。

③ NCBI 细菌基因组草图：http：//www. ncbi. nlm. nih. gov/genomes/genlist. cgi? taxid=2&type=3&name=Bacterial%20Assembly%20Sequences。

④ NCBI 古菌草图：http：//www. ncbi. nlm. nih. gov/genomes/genlist. cgi? taxid=2157&type=3&name=Archaea%20Assembly%20Sequences。

⑤ EMBL-EBI 基因组：（噬菌体）http：//www. ebi. ac. uk/genomes/phage. html。

⑥ EMBL-EBI 基因组：（古菌）http：//www. ebi. ac. uk/genomes/archaea. html。

⑦ EMBL-EBI 基因组：（细菌）http：//www. ebi. ac. uk/genomes/bacteria. html。

⑧ 匹兹堡噬菌体研究所：http：//www. pitt. edu/～biology/Dept/Frame/pbi. htm。

⑨ T4 样噬菌体的基因组：http：//phage. bioc. tulane. edu/。

⑩ 原噬菌体数据库（http：//bicmku. in：8082/prophagedb/ 或 http：//ispc. weizmann. ac. il/prophagedb）以及原噬菌体发现者（http：//bioinformatics. uwp. edu/～phage/ProphageFinder. php）。

⑪ ACLAME（可移动遗传元件分类）包含噬菌体和原噬菌体的数据库：http：//aclame. ulb. ac. be/。

29.2.5 分类和命名相关网站

① NCBI 分类检索（NCBI 分类主页）：http：//www. ncbi. nlm. nih. gov/Taxonomy/taxonomyhome. html/。

② 国际病毒分类学会（ICTV）分类和索引中病毒分类和命名列表和目录：http：//www. ncbi. nlm. nih. gov/ICTVdb/Ictv/fr-index. htm。

③ 噬菌体命名：Hans-Wolfggang Ackermann 和 Stephen Tobias Abedon。噬菌体生态学组（BEG）新闻，2001. 7. 1（第 9 卷）：http：//www. mansfield. ohiostate. edu/～sabedon/bgnws009. htm。

④ Hans-Wolfggang Ackermann 和 Stephen Tobias Abedon（2001）。噬菌体命名 2000，噬菌体生态学组：http：//www. mansfield. ohio-state. edu/～sabedon/names. htm。

29.2.6 主要噬菌体保藏中心

① 美国典型培养物保藏中心（ATCC）

美国马纳萨斯，VA20108，P. O. Box1549。电话：(800) 638-6597。

网址（噬菌体）：http：//www. atcc. org/ATCCAdvancedCatalogSearch/tabid/112/Default. aspx。

② 德国菌种保藏中心（DSMZ）

德国布伦瑞克，Mascheroder Weg 1b 38124。电话：+49-531-2616-0。

网址：http：//www. dsmz. de。

③ Félix d'Hérelle 细菌病毒保藏中心

加拿大魁北克，QC，G1K7P4，拉瓦尔大学生物化学与微生物系，Sylvain Moineau 博士。电话：418-656-3712。

网址：http：//www. phage. ulaval. ca/index. php。

29.2.7 噬菌体领域 10 年内出版的部分书籍

（完整版请参考 Stephen Abedon 的网络综述：http：//en. wikipedia. org/wiki/Phage_monographs）

① 噬菌体，第 2 版（R. Calendar），2006，剑桥大学出版社，纽约，ISBN0-19-514850-9。

② 噬菌体在细菌致病机制和生物技术中的作用（M. K. Waldor，D. I. Friedman 和 S. L. Adhya），2005，ASM 出版社，华盛顿，ISBN1-55581-307-0。

③ 病毒基因组组装机器：遗传、结构和机制（C. E. Catalano），2005，KluwerAcademic/Plenum 出版社，纽约，ISBN0-306-48227-4。

④ 噬菌体：生物学和应用（E. Kutter，A. Sulakvelidze），2004，CRC 出版社，ISBN 0-84931-336-8。

⑤ 遗传开关（第 3 版），2004，M. Patshne，冷泉港实验室出版社，纽约冷泉港，ISBN0-87969-716-4。

⑥ 病毒保护健康——化解抗药性危机的办法，2003，T. Hausler，piper 出版社，慕尼黑，德国，ISBN2-49204-520-0。

⑦ 细菌和噬菌体遗传，2006，E. A. Birge. 施普林格出版社，纽约，ISBN0-387-23919-7。

⑧ 病毒和超级细菌：抗药性危机的解决办法，2006，T. Hausler，帕尔格雷夫麦克米兰科学出版社，ISBN1403987645。

⑨ Félix d'Herelle 和分子生物学起源，1999，W. C. Summers，耶鲁大学出版社，坎伯兰郡，RI. ISBN0-30007-127-2。

29.2.8 噬菌体会议

① 两年一次的常青噬菌体生物学国际会议（美国奥林匹亚常青州立大学）：http：//academic. evergreen. edu/projects/phage/generalmeetingcalendar. htm。

② 细菌和噬菌体分子遗传学会议：纽约冷泉港实验室或威斯康星大学。

③ 两年一次的噬菌体/病毒组装会议：地点不确定。

④ 美国微生物学会 M 分部：http：//www. asm. org/division/m/M. html。

⑤ 病毒学国际会议（微生物学会国际联盟）：http：//www. iums. org/。

⑥ 噬菌体会议：http：//en. wikipedia. org/wiki/Phagemeetings。

29.2.9 与噬菌体和噬菌体治疗有关的公司

① Biophage Pharma，Inc. （加拿大魁北克省蒙特利尔）：http：//www. biophagepharma. net/index. html。

② Exponential Biotherapies，Inc. （美国华盛顿）：http：//www. expobio. com/。

③ Gangagen Biotechnologies Pvt Ltd（美国加州帕洛阿尔托）：http：//www. gangagen. com/。

④ Hexal Genentech（德国霍尔茨基兴）：http：//www. hexal-gentech. de/。

⑤ Intralytix，Inc. （美国马里兰州）：http：//www. intralytix. com/。

⑥ New Horizons Diagnostics，Inc. （美国，马里兰州，哥伦比亚）：http：//www. nhdiag. com/index. htm。

⑦ Novolytic Ltd. （英国考文垂）：http：//www. novolytics. co. uk/aboutus. html。

⑧ Phage Biotech Ltd. （以色列雷霍沃特）：http：//www. phagebiotech. com/。

⑨ PhageInternational，Inc. （美国加州洛斯拉图斯）：http：//www. phageinternational. com/。

⑩ Phage Therpy Center（格鲁吉亚第比利斯）：http：//www. phagetherapycenter. com/pii/PatientServlet? command=statichome&secnavpos=−1&language=0。

⑪ Targanta Therapeutics，Inc. （加拿大魁北克省圣劳伦特）：http：//www. targanta. com/。

⑫ Varms & phage therapry（山东省兽医抗药性监测网与噬菌体防控平台）：http：//www. varmscloud. cn/。

上面列出的网站都有噬菌体治疗的相关信息，另外也可以参考：噬菌体生态学组噬菌体治疗参考文献（http：//www. mansfield. ohio-state. edu/～sabedon/）以及伊丽莎白库特尔（华盛顿奥林匹亚常青州立大学）的噬菌体治疗网站（http：//www. evergreen. edu/phage/phagetherapy/phagetherapy. htm）。

29.2.10 其他噬菌体研究方法

① Ebioinfogen 噬菌体相关的操作流程：http：//www. ebioinfogen. com/phage. htm。

② 最受欢迎的金实验室配方和操作流程（Jonathan King，MIT）：http：//web. mit. edu/king-lab/www/cookbook/cookbook. htm。

③ 在线操作流程：http：//www. protocol-online. org/prot/Molecular Biology/ Phage/index. html。

④ 托马斯实验室操作流程（George J. Thomas，密苏里堪萨斯城大学）：http：//sbs. umkc. edu/gjthomas-lab/protocols/index. html。

⑤ 噬菌体遗传学指导：分离、纯化、克隆、测序、组装和噬菌体基因组分析：http：//www. sci. sdsu. edu/PHAGE/guide. html。

29.2.11 噬菌体课程资源

① Gene Meyer（南加州大学医学院）：http：//pathmicro. med. sc. edu/mayer/phage. htm。

② Martin E. Mulligan（加拿大纽芬兰纪念大学生物化学系）：

a. http：//www. mun. ca/biochem/courses/3107/Lectures/Topics/bacteriophage. html。

b. http：//www. mun. ca/biochem/courses/3107/Lectures/Topics/bacteriophage _ replication. html。

c. http：//www. mun. ca/biochem/courses/4103/topics/Lambda/Lambda. html。

d. http：//www. mun. ca/biochem/courses/4103/topics/Lambda/Lambdaimmu nity. html。

③ 以噬菌体阅读：诺贝尔奖获得者以及其噬菌体相关的研究：http：//www. drjreid. com/phagebiologyurl. htm。

参考文献

1. Srividhya, K.V., R.V. Greeta, L. Raghavenderan, M. Preeti, J. Prilusky, M. Sankarnarayanan, J.L. Sussman, and S. Krishnaswamy. 2006. Database and comparative identification of prophages, p. 863–868. *In* International Conference on Intellegent Computing 2006. Springer-Verlag, Berlin.
2. Bose, M. and R. Barber. 2006. Prophage Finder: a prophage loci prediction tool for prokaryotic genome sequences. In Silico Biology *6*:0020.

30 噬菌体表征的必要步骤：生物学、分类学和基因组分析

- 30.1 引言
- 30.2 命名
- 30.3 形态学
- 30.4 基因组关系的初步确定
- 30.5 准确完整的元数据
- 30.6 注释前的基因组组构和序列检查
- 30.7 ORF、CDS 和 LocusTag
- 30.8 基因初步注释
- 30.9 基因产物命名
- 30.10 确定编码蛋白质的功能
- 30.11 解释蛋白质基序的注意事项
- 30.12 噬菌体基因产物命名的一致性
- 30.13 启动子和终止子分析
- 30.14 比较基因组学和蛋白质组学
- 30.15 分子分类

摘要

随着抗菌药物抗药性增强，噬菌体治疗越来越受关注。另外，测序成本已经降低到可以用噬菌体基因组作为基因组教学工具。美中不足的是，噬菌体的描述和注释质量经常不够标准。本章可以帮助噬菌体研究领域尤其是刚进入本领域的研究人员，准确描述新发现的噬菌体。

关键词： 注释，CDS，电子显微镜，基因组，位点标记，ORF，噬菌体，启动子，软件，分类学，终止子

30.1 引言

在噬菌体领域，杂志、公共数据库和国际病毒分类学会（ICTV）中，新发现的噬菌体明显增多，但相关描述差强人意。全面表征一株噬菌体，应该准确描述噬菌斑和颗粒拓扑结

构，明确噬菌体吸附动力学和宿主范围，最好可以鉴定其表面受体。

在文献中发现的普遍问题包括：①噬菌体生活周期描述不完整，电镜照片质量较差；②测序结果不能证实噬菌体的分类结果；③不完整的噬菌体基因组被当作完整基因组；④错误组装和嵌合基因组；⑤基因组注释不完整或错误；⑥与噬菌体基因组序列相关的宏基因组数据较少、不正确或不存在。

本章就如何全面和准确描述新噬菌体给出提示，并建议验证数据后再把基因组数据提交到主要数据库（GenBank、EMBL 或 DDBJ）和噬菌体专门数据库［例如，PhagesDB（http：//phagesdb.org/）、ACLAME（http：//aclame.ulb.ac.be/）[1]、PhAnToMe（http：//www.phantome.org）[2]］，以及发表论文。

30.2 命名

科学家对其发现的噬菌体有命名权。有的噬菌体命名会重复（例如，P1、N4、S2[3]），有的过于新颖（例如，SheldonCooper 和 Jabbawokkie）。虽然有的噬菌体使用希腊-罗马字符和阿拉伯数字命名，比如说 β、λ、φX174、K、T4 和 P22，但是这样的名称对普通读者没有意义。另外，由于认识不足，不同名称可能用于同一病毒，以及不同病毒可能使用同一名称。鼓励大家在命名新病毒之前仔细检索噬菌体命名 2000（http：//www.phage.org/names/2000/）、GenBank 和 PubMed。强烈建议不使用希腊字母命名噬菌体，因为在数据库中 ψ 和 Φ 会被记录为 phi 和 Phi。另外，使用“1”（数字）和“l”（字母）、“O”（字母）和“0”（数字）时要特别小心，避免在一个名称中同时出现，比如 SIO1。分枝杆菌噬菌体群体则选择使用更奇特的名称，比如 Rosebush（玫瑰丛）、Corndog（玉米狗）、Seabiscuit（海饼干）和 Jabbawokkie（http：//phagesdb.org/phages/），这一命名系统一直使用，直到用于芽孢杆菌和链霉菌时出现问题。这些命名方法最主要的问题在于名称缺少整体意义，既不能提供宿主信息也不能提供病毒的分类信息。为了解决这些问题，Kropinski 等[4] 提出了一个正式的由四个部分组成的命名系统来命名新发现的病毒。在所有噬菌体的名称之前，加上识别信号“vB”（细菌病毒），类似于许多质粒名称之前的小写英文字母“p”；接下来三个字母是宿主属和物种的缩写，通常来自 REBASE[5]；再加上表示噬菌体形态类型的单个字母，例如 EcoP，表明该病毒是感染大肠埃希菌的短尾病毒；最后附上实验室中常用的名称。因此，如果大肠埃希菌噬菌体 λ 和鼠伤寒沙门菌噬菌体 P22 是新分离出的病毒，将使用正式名称 vB_EcoS_Lambda 和 vB_SenP_P22。在论文的标题和/或摘要中需使用一次噬菌体正式名称，文章的其余部分可以分别称为 Lambda 和 P22。

30.3 形态学

当前电镜可观察的噬菌体已经超过 6400 种[6]，但有基因组信息的噬菌体还不到 1/6，由此产生了许多有意义的见解但毫无价值的数据[7]。一般来讲，形态学研究对于病毒家族是必不可少的，很多情况下可以鉴定到属。但是有的研究者认为基因组学可以代替形态学，此观点并不正确。相反，应用电子显微镜的形态学是鉴定噬菌体的捷径，而纯粹的基因组研究通常由于缺少形态学的数据而导致鉴定结果问题较多。

一些文章在描述新噬菌体时不直接提供电镜照片，而使用模糊的分类代替，比如“肌尾病毒”或“短尾病毒”，或者使用质量很差（不清晰、对比度低）的照片，没有比例尺、尺寸或结构细节（头部、基底或尾丝），缺少电镜信息、染色或病毒的纯化方法。一些描述在没有阴影证实的情况下认为病毒的头部是“二十面体”（但也可能是十二面体或四面体）。如果给出了尺寸但没有给出放大倍数，所有描述就因此缺少确定性。另外，病毒显示在一个邮票大小的照片上的情况并不少见，图片上看起来更像一个钉子而不像噬菌体。这些出版物虽然尊重了电镜结果，但是会误导基因组学研究，对病毒学几乎没有价值。

在这方面冷冻电镜不能提供帮助，因为冷冻电镜是通过重建形成图像，并不是原始的图像。它不能替代常规负染产生的扫描电镜图片。有效改进方法可以总结为以下几点[8]：

① 纯化噬菌体，最好反复洗涤。

② 需要标出电子显微镜类型、纯化方法、最终的放大倍数、校准及染色方法。

③ 标明比例尺。

④ 如果乙酸双氧铀效果不好，尝试磷钨酸（反之亦然）。

⑤ 用完整的尺寸详细描述噬菌体。

⑥ 提交高对比度的显微照片（不是灰色对灰色），具有足够高的放大倍数（至少150000～300000倍）。

研究人员需亲自用显微镜观察，不要外包给缺乏经验的技术人员。

30.4 基因组关系的初步确定

随着公共数据库中完全测序的细菌和病毒基因组的快速增加，新病毒更加可能与现有噬菌体的基因组或蛋白质组在DNA或蛋白质上显示同源性。可以通过相似性搜索算法评估，例如BLASTN和BLASTX，针对nr（非冗余）数据库或“有机体，可选”病毒（taxid：10239）。在处理温和噬菌体时，更推荐使用后者。

30.5 准确完整的元数据

当研究人员提交病毒基因组时，基因组的准确性和完整性非常重要。同时，与病毒本身相关的元数据同样重要，特别是对于未来的比较基因组研究，或其他与病毒/细菌相关的基因组学或宏基因组学研究。

元数据最简单的定义是代表描述提交数据的数据集。对于病毒基因组来说，元数据可能包括描述病毒的任何数据或基因组，特别是那些无法从基因组中推断或计算的数据。例如，基因组的长度（碱基对）、GC含量、核苷酸偏差和密码子选择等是有用的元数据，但很容易从提交的DNA序列中计算出来；另外，其他信息如形态学、命名、分类、分离来源和宿主范围对于一些类型的分析是非常宝贵的信息。

比较基因组学和宏基因组分析通常无法得出重要结论，是因为与基因组分析相关的元数据不完整、虚假或混乱。元数据问题包括拼写不一致（例如，肠杆菌与肠杆菌科，描述噬菌体生活方式的温和性与溶原性）、缺乏控制性词汇（例如，前文描述的命名问题）和无关数据（例如，提供了引起牛乳腺炎的细菌来自法国北部，但没有提供细菌的名称或动物体内的细菌感染部位）。建议提供有关病毒基因组的所有可能的元数据，但必须是有强力证据支撑的数据。和其他基因组信息一样，没有数据优于不准确的数据。

30.6 注释前的基因组组构和序列检查

保存在数据库中的序列必须最低限度地代表噬菌体的非冗余序列并且没有错误。同类病毒应该转化为相同的形式（图 30-1），并且要精确分类。最后，提交数据应该包含足够的元数据，比如：噬菌体的分离人、分离时间、来源和宿主（见上文）。一般来讲，噬菌体基因组包含短的 3′或 5′黏性末端，或末端冗余，长度在几百到几千碱基对不等。后者可能伴随着环状排列。需要特别指出的是，环状排列并不意味着基因组是环状的。有尾噬菌体目中不存在环状基因组，这是由其组装机制决定的。末端的信息可以通过限制性分析[9]、序列数据[10]、脉冲场电泳[11,12]、大亚基末端酶的性质[9] 或者直接对噬菌体基因组 DNA 测序[13～16] 而获得。

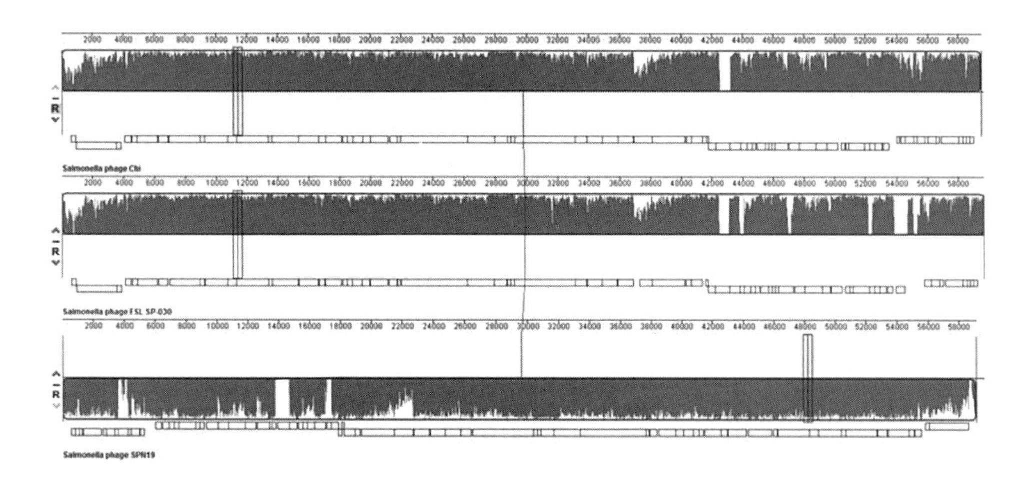

图 30-1　使用 progressiveMauve[17] 比对 NCBI GenBank 中的沙门菌噬菌体基因组

除了特定区域（白色），基因组表现出很高的序列相似度，此现象在噬菌体基因组中非常常见。顶部的噬菌体表示模式物种，噬菌体基因组 A（中间）是共线性的，而最下面的噬菌体 B 的基因组是反向互补的（底部）

如果新噬菌体与数据库中的噬菌体相似，组装中的错误可以通过 BLASTX 与数据库中的“参考”噬菌体比对发现，在 NCBI 的 BLAST 界面中输入物种，选择“物种，选择”。如果基因组＞50kb，建议研究者把基因组拆分为 25kb 的片段再分析。基因组的拆分可以使用 Segmenter 完成，网站是 http：//lfz. corefacility. ca/segmenter/。另外，Artemis 比对工具（ACT）[18,22] 可以通过 BLASTN 或 TBLASTX 比对两个或更多的完整基因组。使用这一工具，可以在全基因组水平上，比对新噬菌体与相关噬菌体，或者在氨基酸或核苷酸水平上比对。如果新噬菌体的基因组没有组装成单个连续序列（contig），ACT 参考基因组的序列可以对 contig 重新排序。为了检查测序错误或确定基因组组装的正确性，测序得到的 reads 需要定位到新基因组组装上，并且要仔细检查。ACT 也可以用于观察已定位的 reads，应该仔细去除基因组组装中的错误。特别要注意的是，与参考基因组比较而发生移码突变的编码基因，通常是同聚物造成的测序错误，这种错误在 454 焦磷酸测序中较为常见[19]。如果 reads 中没有证据证实发生了“正确”的移码突变，需要通过 PCR 的方法确定是否是一个完整的同系物或者是否是一个真实的移码突变（可能通过核糖体滑移或导致假基因形成）。

最后，根据相似度最高的参考基因组，环状排列基因的线性展示的起点需要重新排列，以便与同一类型的噬菌体基因组一致。Easyfi[20] 和 progressiveMauve[17] 这两种工具也可以很好地提供两种或多种噬菌体基因组的可视化比较。

30.7 ORF、CDS和Locus Tag

ORF、CDS和Locus Tag不是同义词，在噬菌体基因描述中引起了很多问题。绝大部分蛋白质序列来自基因预测中编码序列（coding sequence，CDS）的翻译。CDS是DNA的一段区域或者是决定蛋白质氨基酸排列的RNA序列。CDS不能与可读框（open reading frame，ORF）混淆，ORF是指一系列不包含终止密码子的DNA密码子。所有的CDS都是ORF，但不是所有ORF都是CDS……（http：//www.uniprot.org/help/cds _ protein _ definition）。CDS有三个基本特征，起始密码子、核糖体结合位点和终止密码子。细菌和噬菌体的起始密码子一般是ATG（甲硫氨酸）或GTG（缬氨酸），少量的TTG（亮氨酸）和极少的CTG（亮氨酸）、ATA、ATC或ATT（异亮氨酸）。起始密码子一般出现在核糖体结合位点AGGAGGT（Shine-Dalgarno序列/盒子）下游。需要注意的是，不论哪种起始密码子，甲硫氨酸都是新生蛋白质的第一个氨基酸。

locus _ tag是分配到每个基因的一个系统性标识符。每个基因组都有一个统一的locus _ tag前缀，以确保locus _ tag特异性针对特定基因组，这也是要求必须要注册locus _ tag的原因。locus _ tag前缀必须包含3～12位字母或数字，首位不能是数字。另外locus _ tag前缀是区分大小写的。locus _ tag前缀后面是下划线，然后是含有字母数字的标识号，此标识号在给定基因组中是唯一的。只有下划线这一种符号可以用于分割locus _ tag前缀和标识数字，其他的都不可以。（http：//www.ncbi.nlm.nih.gov/genbank/genome-submit/ #locus _ tag）。建议提交locus _ tag时以病毒名称为基础，否则GenBank会自动生成，从而在后续的比较基因组学研究中造成误会。

绝大部分情况下，噬菌体的基因会有短的重叠序列，包括上游基因或短的插入区域（图30-2和图30-3）。最短的CDS是λ噬菌体的Ral（28个氨基酸）和Sf6噬菌体的gp45（27个氨基酸），目前数据库中最长的序列为20798bp，来自蓝细菌噬菌体S-SSM4locus _ tag-CYXG _ 0059（需要注意的是此处病毒名称和locus _ tag描述之间的不同）。

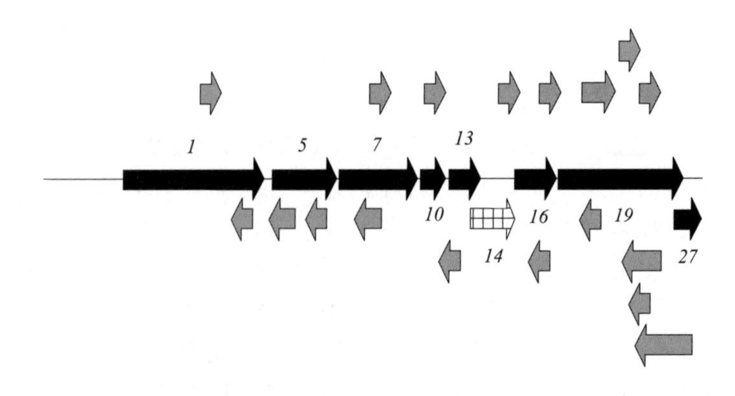

图30-2　来自GenBank噬菌体基因组注释不充分的例子

真实的编码基因用黑色表示；基因14的起始密码子是错误的，导致编码序列之间有明显的重叠区域。点状箭头表示的基因是不存在的，为了掩盖问题，这段序列被隐藏

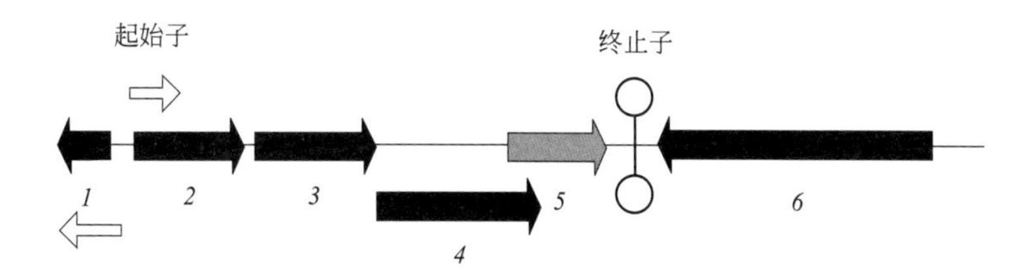

图 30-3 基因之间的关系

基因 1 和基因 2 是分别转录的，基因 2～5 在同一个“操纵子”上，其中基因 3 和基因 4 编码区域有少量重叠，而基因 4 和基因 5 的重叠区域明显较多。由于基因 5 和基因 6 的转录会导致下游基因表达量衰减，所以会由双向 ρ 独立终止子将二者分开

30.8 基因初步注释

噬菌体基因组通常编码密度较高，并且大多数编码区较小。举个简单的例子，T4 噬菌体编码 278 个蛋白质，平均大小为 197 个氨基酸，而其宿主大肠埃希菌 K12 W3110，编码 4213 个蛋白质，平均大小为 317 个氨基酸。因为大部分基因算法是基于较大基因的，所以在区分短码序列和人工产物的时候会出现问题[21]。大部分噬菌体基因排列会有短的重叠区域或有小的基因间隙，但也会有“基因荒岛”[22]。需要注意的是，许多噬菌体也会编码 tRNA，对此推荐两种查找 tRNA 的在线资源，tRNAscan-SE[23]（http：//lowelab. ucsc. edu/tRNAscan-SE/）和 ARAGORN[24]（http：//mbio-serv2. mbioekol. lu. se/ARA-GORN/）。编码 tRNA 的基因与编码蛋白质的基因之间没有重叠区域。

有许多免费的注释程序（表 30-1），包含用来查看和手动注释，可以在 Mac 和 PC 上使用的免费软件。后者包括 Artemis[25,26]（http：//www. sanger. ac. uk/science/tools/artemis）、Unipro UGENE[27]（http://ugene. net/）和 DNA Master（http://cobamide2. bio. pitt. edu/computer. htm；只可用于 PC）。后者广泛用于分析分枝杆菌和芽孢杆菌。注释校对阶段必需的软件可以把蛋白质序列展示在 DNA 序列上，使用者很容易验证起始密码子和核糖体结合位点的位置。

在提交数据库之前，应仔细浏览基因组自动注释的结果，以确定有无漏掉的基因、错误命名的基因、起始密码子不对的基因以及注释错误等。通过比较基因组学分析，提供可靠研究团队发表的一到两个亲缘关系近的噬菌体基因组，有助于检测起始密码子的错误。反面情况也较为常见：自动注释流程的广泛应用以及检查每个 CDS 非常困难，导致注释错误的传播非常普遍，所以检查起始密码子或基因时要准确，需要重视的不是大部分序列，而是注释的可靠性。比较可靠的序列通常是模式物种/参考序列，或者是有实验证据的序列（如蛋白质组证据或 mRNA 序列及描述较好的注释证据）。

表 30-1 噬菌体基因组自动注释程序

名称	统一资源定位地址	注释
RAST	http://rast. nmpdr. org	仅允许联机注释[28]
RASTtk	下载地址：https://github. com/TheSEED/RASTtk-Distribution/releases/教程：http://tutorial. theseed. org	允许批量基因组注释[29]
MyRAST	http://blog. theseed. org/servers/installation/distribution-of-the-seedserver-packages. html 下载：http://blog. theseed. org/downloads/myRAST-Intel. dmg	已过期(没有更新)[30]

续表

名称	统一资源定位地址	注释
Prokka	http://www.vicbioinformatics.com/software.prokka.shtml	原核生物基因组的快速注释。仅限命令行[31]
phAST	http://www.phantome.org/PhageSeed/Phage.cgi? page=phast	提供替代的基因组调用算法
BASys	http://basys.ca/	用 30 多个程序为每个基因确定近 60 个注释子字段[32]
GenSAS v3.0	https://www.gensas.org	需要注册;用 Glimmer3 进行原核生物基因鉴定
IGS Prokaryotic Annotation Pipeline	http://ae.igs.umaryland.edu	通过电子邮件提交 Fasta 格式的基因组。提供对海牛的访问[33]
MAKER Web Annotation Service(MWAS)	http://www.yandell-lab.org/software/mwas.html	Web 可访问的基因组注释流程[34]

30.9 基因产物命名

关于基因注释，将基于有限证据甚至没有证据的基因产物描述为“DNA 聚合酶”，远不如将其描述为“假定蛋白”。不建议使用“gp#”（基因产物）描述一个基因或蛋白质产物，因为有可能存在不确定性，特别是 T4 类噬菌体。更重要的是，当使用自动注释程序时，这种名字或符号会导致错误的注释，因为计算机虽然知道如何最佳匹配，但是不能区分一类噬菌体的 gp3 与另一类噬菌体的 gp3。T4 类噬菌体的 gp43 指的是 DNA 聚合酶，与肌病毒科中同样的 gp43 是完全不同的蛋白质，它对芽孢杆菌、环丝菌、伯克霍尔德菌、欧文菌、李斯特菌、分枝杆菌、鞘氨醇单胞菌等有活性。另外，同样的产物名也用于短尾噬菌体科，而这一蛋白质对伯克霍尔德菌、埃希菌、沙门菌和木杆菌有活性，另外在 12 个菌属的长尾噬菌体中也有标记为 gp43 的蛋白质。其他有问题的产物命名包括：“UboA”“NrdA”“假定蛋白 SA5_0153/152”“ORF184（与 gp184 一样糟糕）”“RNAP1”“32kd 蛋白”，这样的命名对读者没有任何意义。完整的功能描述比符号更好（例如：DNA-依赖的 RNA 聚合酶Ⅰ远比 RNAP1 有意义和针对性）。最后，出于计算机注释流程工作的需要，一致性非常重要。人可以非常轻易地知道“DNA polymerase”和“DNA Polymerase（大写 P）”是同一个意思，但是计算机会把这两个识别为不同的酶，而让计算机忽略大小写会带来更多的问题。

建议提交数据库文件的“注释”部分（以 GenBank 为例），包含这样的描述“类似于 NP_049662 gp43 DNA 的聚合酶［肠杆菌科噬菌体 T4］”。

30.10 确定编码蛋白质的功能

一旦完成基因组前期的注释，研究者会想继续确定噬菌体基因组中大量存在的“假定蛋白”的功能。GenBank 平台文件（*.gbk）中，可以用 GenBank 到 fasta 转换器提取确定的蛋白质序列（例如：http://rocaplab.ocean.washington.edu/tools/genbank_to_fasta 或 gbk2faa）。在 windows 系统的计算机上，可以用 Notepad 或 Wordpad 检测结果。在 Mac 上，可以使用文本编辑软件 TextWrangler 检测。然后可以进行同源检索，用 NCBI 上的

BLASTP（蛋白质 BLAST 比对）、PSI-BLAST（位点特异性重复 BLAST）或 Delta-BLAST，进行单一或批量噬菌体的比对。如果是溶原性噬菌体，建议限制搜索“病毒（taxid：10239）”，因为宿主基因组中原噬菌体基因的注释非常差。相似性算法可以使用 FASTA 家族的相似性搜索[35]。批量处理功能在 EMBL-EBI 或 GenomeNet 上不可使用。在 Artemis 上运行 BLAST 和 FASTA，有多种方法比对全部或选定的 CDS。在很长时间内，人们仅依赖与非冗余蛋白质数据库（nr）进行 BLAST 比对，以获得蛋白质的功能。虽然这样有一定帮助，但是单纯依赖这一搜索结果会存在很多问题。首先，注释不够，特别是自动注释的噬菌体基因组会让人误入歧途；其次，实验得到的数据和计算机得到的数据差别越来越大。在此提供两条建议：①谨慎考虑序列间的亲缘关系——这些蛋白质大小相近吗？一致度足够高吗？蛋白质的全部序列有足够的序列相似度吗？E 值要求足够吗（$>10^{-5}$）？结果有生物学意义吗？②使用基序分析支持提出的命名。后者推荐 Pfam[36]（http://pfam.xfam.org/search）、InterProScan5[37]（http://www.ebi.ac.uk/interpro/）、保守结构域数据库（CDD；http://www.ncbi.nlm.nih.gov/Structure/cdd/wrpsb.cgi[38]）或 HHpred[39]（http://toolkit.tuebingen.mpg.de/#/tools/hhpred），其中 Pfam 和 CDD 可以批量运行。

30.11 解释蛋白质基序的注意事项

再次提醒，解释蛋白质基序数据库的搜索结果需要谨慎。举两个例子说明问题。阪崎肠杆菌噬菌体 GAP32 gp335 是一个大小为 43kDa 的蛋白质，包含定义为“毒性离子耐受蛋白（TelA）”的 pfam05816（E 值 $1.03e^{-45}$）。大肠埃希菌噬菌体 PBECO4 和克雷伯噬菌体 RaK2 都含有同系物，然而，除了这些噬菌体，只在一些细菌中发现了同系物，比如金黄色葡萄球菌中亚碲酸盐耐受蛋白 TelA（WP_000138402；BLASTP E 值 $4e^{-34}$）。在金黄色葡萄球菌中，亚碲酸盐耐受是通过 TeO_3^{2-}（四价 Te）还原为 Te（零价）实现的，这一现象已用于选择性培养基 Baird-Parker 琼脂[40]。在金黄色葡萄球菌中，过氧化氢酶[41]和半胱氨酸合成酶与亚碲酸盐耐受相关，但是这些蛋白质与 gp335 或命名为 TelA 的蛋白质没有同源性。Pfam 家族 TelA（PF05816）基序是基于蛋白质 TelA/KlaB 的，此蛋白质是在质粒和阪崎肠杆菌的“亚碲酸盐耐受”操纵子中发现的[42~44]，而此基序是在金黄色葡萄球菌中 ORFans 发现的[45]。除非是在蛋白质结构域分析方面有经验的生物信息学专家，否则，建议即使在结果中显示是保守的，也要忽略打分$<10^{-4}$的蛋白质基序。

沙门菌噬菌体 vB_SnwM_CGG4-1gp100 编码名为 Hoc 的同系物，Hhpred 提示它与肌纤维弹性相关的肌联蛋白（PDB 号 3b43_A）高度相关。再次提醒，Hhpred 命中率只有大于 90%的才有意义。

基因注释的时候需要考虑所有可用的证据，包括（可能）来自多个蛋白质结构数据库的数据、与相近基因组注释基因的相似度、基因组中的位置以及与实验测定的蛋白质的一致性。

30.12 噬菌体基因产物命名的一致性

目前还没有一致的方法来描述基因编码的蛋白质。表 30-2 是使用大肠埃希菌 T4 噬菌体的 rⅡA 蛋白 BLASTP 搜索的结果，可以看到命名的多样性。如前文所述，为了基因组注释功能正常运行，必须保证使用控制性词汇和拼写一致性。

表 30-2 描述 T4 rⅡA 基因产物的部分名称

rⅡA protector from prophage-induced early lysis(原噬菌体诱导早期裂解的 rⅡA 保护子)
protector from prophage-induced early lysis(原噬菌体诱导早期裂解的保护子)
protector from prophage-induced early lysis rⅡA(原噬菌体诱导早期 rⅡA 裂解的保护子)
membrane-associated affects host membrane ATPase(影响宿主膜的膜相关 ATP 酶)
rⅡA membrane-associated affects host membrane ATPase(影响宿主膜的 rⅡA 膜相关 ATP 酶)
phage rⅡA lysis inhibitor(噬菌体 rⅡA 裂解抑制剂)
rⅡA protector(rⅡA 保护子)
rⅡA
RⅡA
rⅡA protein(rⅡA 蛋白)
putative rⅡa-like protein(推测的 rⅡa 样蛋白)
putative rⅡA(假定 rⅡA)
membrane integrity protector(膜完整性保护器)
orf001 gene product(orf001 基因产物)
1 gene product(1 基因产物)
hypothetical protein(假想蛋白质)
unnamed protein product(未命名蛋白产物)
protein of unknown function(未知功能蛋白质)

30.13 启动子和终止子分析

启动子位于基因上游的 3′端或者基因间的序列。噬菌体基因组中有两种类型的启动子，一种是可以被宿主 RNA 聚合酶（RNP）识别的启动子，一种是可以被噬菌体特定聚合酶识别的启动子。前一种启动子分为两类，一类是被未修饰的宿主 RNP 识别的启动子，类似于宿主本身的启动子，经常有一段可变序列 TTGACA（N15-18）TATAAT；另一类是被噬菌体修饰过的宿主 RNP 识别的启动子。在缺少实验数据的情况下，建议在计算机分析中谨慎报告启动子，并且只允许与保守区有 2bp 的错配。

噬菌体 RNP 识别启动子最好的例子是在 T7 类病毒基因组中发现的。应用程序 extractupstreamDNA（http：//github. com/ajvilleg/extractUpStreamDNA）结合 MEME[46,47] 或者是基于 Windows 的程序 PHIRE[48,49]，可以精确发现整个基因组中的这类启动子。需要注意的是，后面的程序是用 VisualBasic 编写，运行速度很慢。前面的程序对于发现宿主启动子和噬菌体修饰 RNP 启动子，比如 T4 类噬菌体中间的启动子来说非常好用。

与启动子类似，转录终止子存在于基因的 3′端和基因间的序列。图 30-4 展示了不依赖 rho 因子的终止子的典型结构，包含高 GC 含量的茎、小环和聚胸腺嘧啶的尾巴。尾巴的长度与终止效率相关联[50]。

鉴定终止子包括终止子下游基因序列的在线资源包括：WebGeSTer[51]（http：//pallab. serc. iiscc. ernet. in/gester/）、ARNold[52]（http：//rna. igmors. u-psud. fr/toolbox/arnold/）和 FindTerm[53]（http：//linuxl. softberry. com/berry. phtml? topic = findterm&group = programs&subgroup=gfindb)。后一程序中，选择显示“所有可能终止子”且“能量阈值”>−10。

必须检查这些软件找到的终止子的位置以排除位于基因内部的情况。

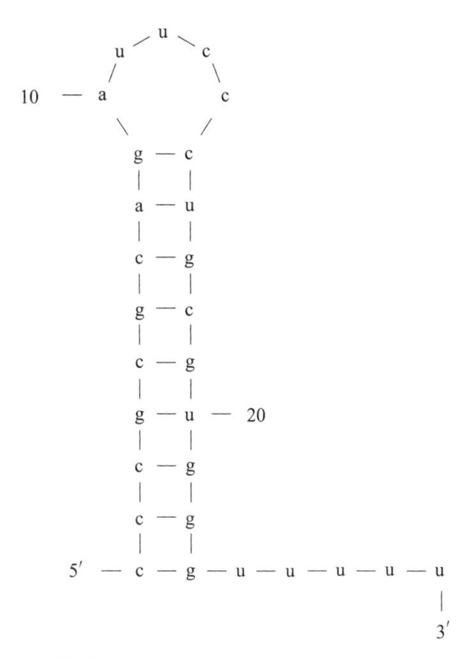

图 30-4 使用 MFOLD[54] 展示假单胞菌噬菌体 ψKMV 不依赖 Rho 因子的终止子

30.14 比较基因组学和蛋白质组学

有多种工具可用于比较噬菌体基因组和蛋白质组。比较线性基因组要求基因组是共线性的，而比较蛋白质组要求基因获得正确的注释。DNA 水平的 EMBOSS Stretcher[55] 可以提供两个基因组序列一致性的定量数据。另外，也可以使用 NCBI BLASTN（覆盖率乘以一致率可以得到整体一致度）、ANI（平均核酸一致度；http：//enve-omics. ce. gatech. edu/ani/）、GGDC2. 0（基因组距离计算器；http：//ggdc. dsmz. de/distcalc2. php）或 jSpeciesWS（也是一个 ANI 程序；http：//jspecies. ribohost. com/jspeciesws/[56～62]）。

定量比较推荐使用 Easyfig[20]（http：//mjsull. github. io/Easyfig/）进行基因图谱和线性基因组比较，使用 BLAST Ring Image Generator（BRIG）；http：//sourceforge. net/projects/brig 进行环状基因组比较，两个程序在 Windows、Mac 和 Unix 三个平台上都可运行；progressiveMauve[17]（http：//darlinglab. org/mauve/mauve. html）可以在 Mac 和 PC 计算机上使用；CGView 使用 BLAST 算法[64]（http：//stothard. afns. ualberta. ca/cgview _ server/）或 WebACT[65]（http：//www. binf. gmu. edu/genometools. html）。后面的工具可以计算蛋白质的同源性以及同系物在基因组中的排列。

30.15 分子分类

ICTV 下的细菌和古菌病毒分委员会经常讨论如何定义病毒的属。过去，噬菌体蛋白质组相似性在 40%（通过 CoreGenes 计算）以上的被认为是同一属[66,67]。虽然这种方法可以清楚表明亲缘关系远近，但也存在问题。首先要保证噬菌体注释在同等水平（其基因应该使用相似的集合并用相似的算法调用；起始和终止密码子用相同的标准确定）；另外，两种噬菌体DNA序列的关联性有限甚至没有，这是宿主分子分类的问题。举三个例子来说明这一问题：假单胞菌噬菌体gh1[68]和大肠埃希菌噬菌体T7（20.6%的序列一致性）；大肠埃希菌噬菌体T1和vB _ EcoS _ Rogue1[69]（14.2%的序列一致性）；大肠埃希菌噬菌体N4和亚硫酸杆菌噬菌体EE36Ψ1[70]（4.0%的序列一致性）。这些成对的噬菌体分别是T7类噬菌体、Tuna类噬菌体和N4类噬菌体属。DNA相似性对于分枝杆菌噬菌体的分类有效[71~73]，并且最近开始应用于肠杆菌科的噬菌体[74]。这些结果强烈表明，ICTV把很多差异较大的噬菌体分到了相同的属，另外DNA序列整体相似度可以有效用于证实属和亚科水平的相互关系，而这些方法都已经实现。

参考文献

1. Leplae R, Hebrant A, Wodak SJ, Toussaint A (2004) ACLAME: a CLAssification of Mobile genetic Elements. Nucleic Acids Res 32: D45–D49
2. McNair K, Bailey BA, Edwards RA (2012) PHACTS, a computational approach to classifying the lifestyle of phages. Bioinformatics 28:614–618
3. Abedon ST, Ackermann H-W (2001) Bacteriophage names 2000. The Bacteriophage Ecology Group (BEG). http://www.phage.org/names.htm
4. Kropinski AM, Prangishvili D, Lavigne R (2009) Position paper: the creation of a rational scheme for the nomenclature of viruses of Bacteria and Archaea. Environ Microbiol 11:2775–2777
5. Roberts RJ, Vincze T, Posfai J, Macelis D (2003) REBASE: restriction enzymes and methyltransferases. Nucleic Acids Res 31:418–420
6. Ackermann HW, Prangishvili D (2012) Prokaryote viruses studied by electron microscopy. Arch Virol 157:1843–1849
7. Ackermann H-W (2014) Sad state of phage electron microscopy. Please shoot the messenger. Microorganisms 2:1–10
8. Ackermann HW, Tiekotter KL (2012) Murphy's law-if anything can go wrong, it will: Problems in phage electron microscopy. Bacteriophage 2:122–129
9. Casjens SR, Gilcrease EB (2009) Determining DNA packaging strategy by analysis of the termini of the chromosomes in tailed-bacteriophage virions. Methods Mol Biol 502:91–111
10. Li SS, Fan H, An XP, Fan HH, Jiang HH, Mi ZQ, Tong YG (2013) Utility of high throughput sequencing technology in analyzing the terminal sequence of caudovirales bacteriophage genome. Bing Du Xue Bao 29:39–43
11. Lingohr E, Frost S, Johnson RP (2009) Determination of bacteriophage genome size by pulsed-field gel electrophoresis. Methods Mol Biol 502:19–25
12. Tamakoshi M, Murakami A, Sugisawa M, Tsuneizumi K, Takeda S, Saheki T, Izumi T, Akiba T, Mitsuoka K, Toh H, Yamashita A, Arisaka F, Hattori M, Oshima T, Yamagishi A (2011) Genomic and proteomic characterization of the large Myoviridae bacteriophage ϕTMA of the extreme thermophile Thermus thermophilus. Bacteriophage 1:152–164
13. Sharp R, Jansons IS, Gertman E, Kropinski AM (1996) Genetic and sequence analysis of the cos region of the temperate Pseudomonas aeruginosa bacteriophage, D3. Gene 177:47–53
14. Juhala RJ, Ford ME, Duda RL, Youlton A, Hatfull GF, Hendrix RW (2000) Genetic sequences of bacteriophages HK97 and HK022: Pervasive genetic mosaicism in the lambdoid bacteriophages. J Mol Biol 299:27–51
15. Ceyssens PJ, Lavigne R, Mattheus W, Chibeu A, Hertveldt K, Mast J, Robben J, Volckaert G (2006) Genomic analysis of Pseudomonas aeruginosa phages LKD16 and LKA1: establishment of the ϕKMV subgroup within the T7 supergroup. J Bacteriol 188:6924–6931
16. Glukhov AS, Krutilina AI, Shlyapnikov MG, Severinov K, Lavysh D, Kochetkov VV, McGrath JW, de LC SOV, Krylov VN, Akulenko NV, Kulakov LA (2012) Genomic analysis of Pseudomonas putida phage tf with localized single-strand DNA interruptions. PLoS One 7:e51163
17. Darling AE, Mau B (2010) Perna NT: progressiveMauve: multiple genome alignment with gene gain, loss and rearrangement. PLoS One 5:e11147
18. Carver TJ, Rutherford KM, Berriman M, Rajandream M-A, Barrell BG, Parkhill J (2005) ACT: the Artemis comparison tool. Bioinformatics 21:3422–3423
19. Becker EA, Burns CM, Leon EJ, Rajabojan S, Friedman R, Friedrich TC, O'Connor SL,

Hughes AL (2012) Experimental analysis of sources of error in evolutionary studies based on Roche/454 pyrosequencing of viral genomes. Genome Biol Evol 4:457–465
20. Sullivan MJ, Petty NK, Beatson SA (2011) Easyfig: a genome comparison visualizer. Bioinformatics 27:1009–1010
21. Basrai MA, Hieter P, Boeke JD (1997) Small open reading frames: beautiful needles in the haystack. Genome Res 7:768–771
22. Kropinski AM, Waddell T, Meng J, Franklin K, Ackermann HW, Ahmed R, Mazzocco A, Yates J, Lingohr EJ, Johnson RP (2013) The host-range, genomics and proteomics of Escherichia coli O157:H7 bacteriophage rV5. Virol J 10:76
23. Lowe TM, Eddy SR (1997) tRNAscan-SE: a program for improved detection of transfer RNA genes in genomic sequence. Nucleic Acids Res 25:955–964
24. Laslett D, Canback B (2004) ARAGORN, a program to detect tRNA genes and tmRNA genes in nucleotide sequences. Nucleic Acids Res 32:11–16
25. Carver T, Berriman M, Tivey A, Patel C, Bohme U, Barrell BG, Parkhill J, Rajandream MA (2008) Artemis and ACT: viewing, annotating and comparing sequences stored in a relational database. Bioinformatics 24:2672–2676
26. Kropinski AM, Borodovsky M, Carver TJ, Cerdeno-Tarraga AM, Darling A, Lomsadze A, Mahadevan P, Stothard P, Seto D, Van DG, Wishart DS (2009) In silico identification of genes in bacteriophage DNA. Methods Mol Biol 502:57–89
27. Okonechnikov K, Golosova O, Fursov M (2012) Unipro UGENE: a unified bioinformatics toolkit. Bioinformatics 28:1166–1167
28. Aziz RK, Bartels D, Best AA, DeJongh M, Disz T, Edwards RA, Formsma K, Gerdes S, Glass EM, Kubal M, Meyer F, Olsen GJ, Olson R, Osterman AL, Overbeek RA, McNeil LK, Paarmann D, Paczian T, Parrello B, Pusch GD, Reich C, Stevens R, Vassieva O, Vonstein V, Wilke A, Zagnitko O (2008) The RAST Server: rapid annotations using subsystems technology. BMC Genomics 9:75
29. Brettin T, Davis JJ, Disz T, Edwards RA, Gerdes S, Olsen GJ, Olson R, Overbeek R, Parrello B, Pusch GD, Shukla M, Thomason JA III, Stevens R, Vonstein V, Wattam AR, Xia F (2015) RASTtk: a modular and extensible implementation of the RAST algorithm for building custom annotation pipelines and annotating batches of genomes. Sci Rep 5:8365
30. Aziz RK, Devoid S, Disz T, Edwards RA, Henry CS, Olsen GJ, Olson R, Overbeek R, Parrello B, Pusch GD, Stevens RL, Vonstein V, Xia F (2012) SEED servers: high-performance access to the SEED genomes, annotations, and metabolic models. PLoS One 7:e48053
31. Seemann T (2014) Prokka: rapid prokaryotic genome annotation. Bioinformatics 30:2068–2069
32. Van Domselaar GH, Stothard P, Shrivastava S, Cruz JA, Guo A, Dong X, Lu P, Szafron D, Greiner R, Wishart DS (2005) BASys: a web server for automated bacterial genome annotation. Nucleic Acids Res 33:W455–W459
33. Galens K, Orvis J, Daugherty S, Creasy HH, Angiuoli S, White O, Wortman J, Mahurkar A, Giglio MG (2011) The IGS standard operating procedure for automated prokaryotic annotation. Stand Genomic Sci 4:244–251
34. Campbell MS, Holt C, Moore B, Yandell M (2014) Genome annotation and curation using MAKER and MAKER-P. Curr Protoc Bioinformatics 48:4.11.1–4.11.39. doi:10.1002/0471250953.bi0411s48.:4
35. Pearson WR (2013) An introduction to sequence similarity ("homology") searching. Curr Protoc Bioinformatics, Chapter 3: Unit3.1.:Unit3
36. Finn RD, Mistry J, Tate J, Coggill P, Heger A, Pollington JE, Gavin OL, Gunasekaran P, Ceric G, Forslund K, Holm L, Sonnhammer EL, Eddy SR, Bateman A (2010) The Pfam protein families database. Nucleic Acids Res 38:D211–D222
37. Jones P, Binns D, Chang HY, Fraser M, Li W, McAnulla C, McWilliam H, Maslen J, Mitchell A, Nuka G, Pesseat S, Quinn AF, Sangrador-Vegas A, Scheremetjew M, Yong SY, Lopez R, Hunter S (2014) InterProScan 5: genome-scale protein function classification. Bioinformatics 30:1236–1240
38. Marchler-Bauer A, Lu S, Anderson JB, Chitsaz F, Derbyshire MK, DeWeese-Scott C, Fong JH, Geer LY, Geer RC, Gonzales NR, Gwadz M, Hurwitz DI, Jackson JD, Ke Z, Lanczycki CJ, Lu F, Marchler GH, Mullokandov M, Omelchenko MV, Robertson CL, Song JS, Thanki N, Yamashita RA, Zhang D, Zhang N, Zheng C, Bryant SH (2011) CDD: a Conserved Domain Database for the functional annotation of proteins. Nucleic Acids Res 39: D225–D229
39. Soding J, Biegert A, Lupas AN (2005) The HHpred interactive server for protein homology detection and structure prediction. Nucleic Acids Res 33:W244–W248
40. Holbrook R, Anderson JM, Baird-Parker AC (1969) The performance of a stable version of Baird-Parker's medium for isolating Staphylococcus aureus. J Appl Bacteriol 32:187–192
41. Calderon IL, Arenas FA, Perez JM, Fuentes DE, Araya MA, Saavedra CP, Tantalean JC, Pichuantes SE, Youderian PA, Vasquez CC (2006) Catalases are NAD(P)H-dependent

tellurite reductases. PLoS One 1:e70
42. Walter EG, Thomas CM, Ibbotson JP, Taylor DE (1991) Transcriptional analysis, translational analysis, and sequence of the kilA-tellurite resistance region of plasmid RK2Ter. J Bacteriol 173:1111–1119
43. Whelan KF, Colleran E, Taylor DE (1995) Phage inhibition, colicin resistance, and tellurite resistance are encoded by a single cluster of genes on the IncHI2 plasmid R478. J Bacteriol 177:5016–5027
44. O'Gara JP, Gomelsky M, Kaplan S (1997) Identification and molecular genetic analysis of multiple loci contributing to high-level tellurite resistance in Rhodobacter sphaeroides 2.4.1. Appl Environ Microbiol 63:4713–4720
45. Fischer D, Eisenberg D (1999) Finding families for genomic ORFans. Bioinformatics 15:759–762
46. Bailey TL, Elkan C (1994) Fitting a mixture model by expectation maximization to discover motifs in biopolymers. AAAI Press, Menlo Park, CA, pp 28–36
47. Bailey TL, Boden M, Buske FA, Frith M, Grant CE, Clementi L, Ren J, Li WW, Noble WS (2009) MEME SUITE: tools for motif discovery and searching. Nucleic Acids Res 37: W202–W208
48. Lavigne R, Sun WD, Volckaert G (2004) PHIRE, a deterministic approach to reveal regulatory elements in bacteriophage genomes. Bioinformatics 20:629–6135
49. Lavigne R, Villegas A, Kropinski AM (2009) In silico characterization of DNA motifs with particular reference to promoters and terminators. Methods Mol Biol 502:113–129. doi:10.1007/978-1-60327-565-1_8
50. Jeng ST, Lay SH, Lai HM (1997) Transcription termination by bacteriophage T3 and SP6 RNA polymerases at Rho-independent terminators. Can J Microbiol 43:1147–1156
51. Mitra A, Kesarwani AK, Pal D, Nagaraja V (2011) WebGeSTer DB–a transcription terminator database. Nucleic Acids Res 39: D129–D135
52. Naville M, Ghuillot-Gaudeffroy A, Marchais A, Gautheret D (2011) ARNold: a web tool for the prediction of Rho-independent transcription terminators. RNA Biol 8:11–13
53. Solovyev V, Salamov A (2011) Automatic annotation of microbial genomes and metagenomic sequences. In: Li RW (ed) Metagenomics and its applications in agriculture, biomedicine and environmental studies. Nova Science Publishers, Hauppauge, NY, pp 61–78
54. Zuker M (2003) Mfold web server for nucleic acid folding and hybridization prediction. Nucleic Acids Res 31:3406–3415
55. Rice P, Longden I, Bleasby A, Rice P, Longden I, Bleasby A (2000) EMBOSS: the European Molecular Biology Open Software Suite. Trends Genet 16:276–277
56. Figueras MJ, Beaz-Hidalgo R, Hossain MJ, Liles MR (2014) Taxonomic affiliation of new genomes should be verified using average nucleotide identity and multilocus phylogenetic analysis. Genome Announc 2: e00927–e00914
57. Goris J, Konstantinidis KT, Klappenbach JA, Coenye T, Vandamme P, Tiedje JM (2007) DNA-DNA hybridization values and their relationship to whole-genome sequence similarities. Int J Syst Evol Microbiol 57:81–91
58. Kim M, Oh HS, Park SC, Chun J (2014) Towards a taxonomic coherence between average nucleotide identity and 16S rRNA gene sequence similarity for species demarcation of prokaryotes. Int J Syst Evol Microbiol 64:346–351
59. Konstantinidis KT, Ramette A, Tiedje JM (2006) Toward a more robust assessment of intraspecies diversity, using fewer genetic markers. Appl Environ Microbiol 72:7286–7293
60. Konstantinidis KT, Tiedje JM (2005) Genomic insights that advance the species definition for prokaryotes. Proc Natl Acad Sci U S A 102:2567–2572
61. Thompson CC, Chimetto L, Edwards RA, Swings J, Stackebrandt E, Thompson FL (2013) Microbial genomic taxonomy. BMC Genomics 14:913. doi:10.1186/1471-2164-14-913.:913-914
62. Richter M, Rossello-Mora R (2009) Shifting the genomic gold standard for the prokaryotic species definition. Proc Natl Acad Sci U S A 106:19126–19131
63. Alikhan NF, Petty NK, Ben Zakour NL, Beatson SA (2011) BLAST Ring Image Generator (BRIG): simple prokaryote genome comparisons. BMC Genomics 12:402. doi:10.1186/1471-2164-12-402.:402-412
64. Stothard P, Wishart DS (2005) Circular genome visualization and exploration using CGView. Bioinformatics 21:537–539
65. Abbott JC, Aanensen DM, Rutherford K, Butcher S, Spratt BG (2005) WebACT–an online companion for the Artemis Comparison Tool. Bioinformatics 21:3665–3666
66. Lavigne R, Seto D, Mahadevan P, Ackermann H-W, Kropinski AM (2008) Unifying classical and molecular taxonomic classification: analysis of the Podoviridae using BLASTP-based tools. Res Microbiol 159:406–414
67. Lavigne R, Darius P, Summer EJ, Seto D, Mahadevan P, Nilsson AS, Ackermann H-W, Kropinski AM (2009) Classification of Myoviridae bacteriophages using protein sequence similarity. BMC Microbiol 9:224
68. Kovalyova IV, Kropinski AM (2003) The complete genomic sequence of lytic bacteriophage

gh-1 infecting Pseudomonas putida-evidence for close relationship to the T7 group. Virology 311:305–315

69. Kropinski AM, Lingohr EJ, Moyles DM, Ojha S, Mazzocco A, She YM, Bach SJ, Rozema EA, Stanford K, McAllister TA, Johnson RP (2012) Endemic bacteriophages: a cautionary tale for evaluation of bacteriophage therapy and other interventions for infection control in animals. J Virol 9:207
70. Zhao Y, Wang K, Jiao N, Chen F (2009) Genome sequences of two novel phages infecting marine roseobacters. Environ Microbiol 11:2055–2064
71. Hatfull GF (2012) The secret lives of mycobacteriophages. Adv Virus Res 82:179–288
72. Hatfull GF (2012) Complete genome sequences of 138 mycobacteriophages. J Virol 86:2382–2384
73. Hatfull GF (2014) Molecular genetics of Mycobacteriophages. Microbiol Spect 2:1–36
74. Grose JH, Casjens SR (2014) Understanding the enormous diversity of bacteriophages: The tailed phages that infect the bacterial family Enterobacteriaceae. Virology 468- 470:421–443

31 使用 RAST 对噬菌体基因组注释

▶ 31.1 噬菌体基因组注释的步骤

摘要

噬菌体依赖于细菌生存，是复杂的生物分子运行装置。噬菌体基因组展现出许多与其生存方式适配的特点，比如，较短的基因、冗余基因含量低以及基因组中含有 tRNA。此外，噬菌体无法独立生存，而是需要宿主进行复制和存活。这些特质给噬菌体基因组生物信息学分析带来许多挑战，尤其像可读框（ORF）的认定、基因组注释、非编码 RNA（ncRNA）的鉴别、转座子和插入子的阐明等，此类分析在噬菌体基因组中都是非常复杂的。鉴于已建立 Subsystems 快速注释工具（RAST），本章介绍了噬菌体基因组注释的流程，并讨论注释过程中面对的挑战以及解决的方法。

关键词： 噬菌体，基因组注释，RAST，功能注释，基因预测

31.1 噬菌体基因组注释的步骤

无论是噬菌体、细菌还是真核生物，注释基因组的基本步骤均包括明确基因组特征、描述这些特征担任的“角色”或功能。噬菌体基因组中典型的特征有编码蛋白质的基因、非编码 RNA 基因、插入元件及转座子、直接和间接重复子、复制起始位点和整合子位点等。注释通常只涉及蛋白质和 RNA 编码基因，而插入元件或转座子常以标签形式提供。噬菌体特殊之处是其依赖于细胞宿主进行复制，所以只有在宿主基因组背景下才能充分了解其基因组功能，因此，预测细菌或古菌宿主的鉴定是噬菌体注释的重要组成部分。以上是噬菌体注释的核心，这种注释提供了理解噬菌体与宿主互作功能的第一步（图 31-1）。本章讨论每一特征的识别和注释方法，并讨论注释中如何使用 RAST 技术[1,2]。

31.1.1 蛋白质编码基因

蛋白质编码基因是大多数自动注释系统的焦点，与其他方面比较，已经开发设计了更多算法来解决这个焦点问题。一般来说，识别出的蛋白质编码基因，在可读框中可以翻译成蛋白质序列的一段长序列，但不包括三个终止密码子中的任何一个，长段序列称为可读框（ORFs）。在基因调取中，终止密码子显而易见，因为只有三个可供选择，它们都是终止密码子（除非噬菌体编码的是抑制物 tRNA，此处不做讨论）。基于可读框越长、偶发可能性就越小的理论，大多数算法试图识别基因组中最长的、不重叠的可读框。在过去二十年中开

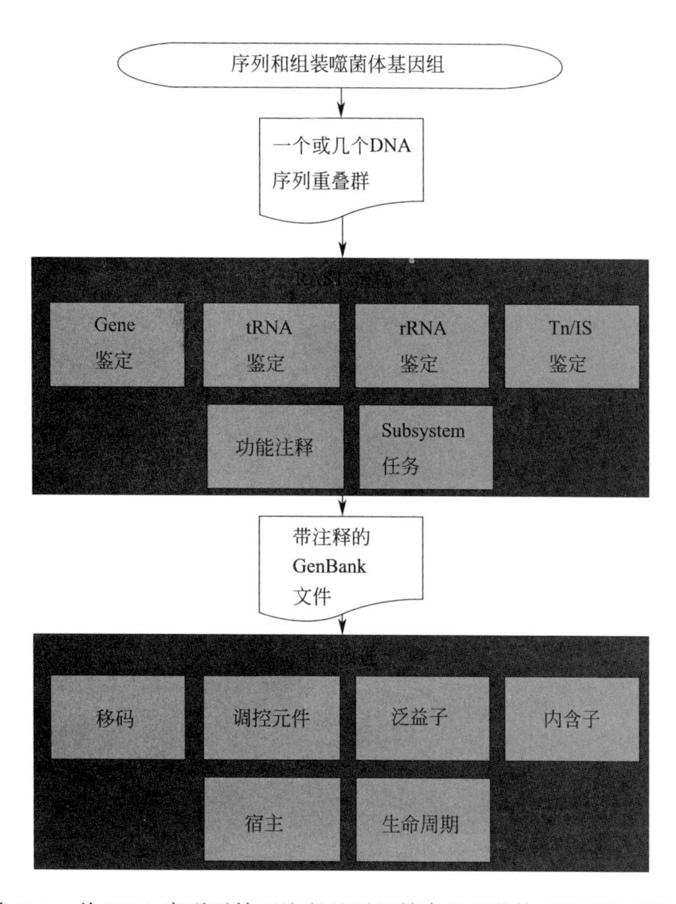

图 31-1 从 DNA 序列开始至注释基因组结束的噬菌体基因组注释流程

图中泛益子，广泛分布于溶原性噬菌体，是分散在溶原菌基因组的基因群，如毒力、抗药性等基因，它们虽然不是噬菌体生存的必需保守基因，但其存在利于溶原性宿主菌的感染能力和生存，因此对噬菌体自身生存和复制间接有益。但在噬菌体作为治疗宿主菌的应用中要加倍防范这些因素的存在及传播

发出了许多发现基因的算法，包括 CRITICA[3]、GeneMark[4,5]、GISMO[6]、Grimer[7,8]、MetaGene Annotator[9] 和 Prodigal[10]。大多数基因发现算法都能找到相同的大基因，因为这些基因显而易见并且可信度高。这些算法可能在识别特定起始位点上有所不同，通常含有多个甲硫氨酸密码子（ATG）或缬氨酸密码子（GTG），而这些都可作为起始密码子。对于一个给定的基因，如果没有对该基因翻译边界进行事先了解，很难准确预测哪一个起始密码子是正确的。此外，基因调取者在识别小蛋白质编码基因的能力上也存在差异。在统计学上，短基因很难从不编码终止密码子的核苷酸片段形成的噪声背景中分离出来，而基因调取算法通常是利用人工切断（例如，75 个氨基酸）。噬菌体基因组中编码多少个小蛋白质还有待确定，但纯粹从生物信息学的角度看，完成确认是不太可能的，这是由于生物信息学预测或大规模蛋白质组学研究需要生物学的验证。

大多数细菌基因组不包含重叠的可读框，重叠的可读框（shadow ORF）在注释步骤中被剔除[10]。然而在病毒中存在几个著名的例子，包括噬菌体，就是两个不同的基因可来自同一 DNA 片段，如 rz/rz1 系统[11]。一项研究甚至表明新基因可能通过这一过程诞生，此证据来自弹状病毒科（*Rhabdoviridae*）基因组的比较基因组学[12]。使用的大多数生物信息学方法通常不能预测这些重叠区域，因为在基因预测算法中，如果为了弥补少数假阴性而增加重叠 ORF，将会带来大量假阳性。因此，大多数噬菌体蛋白质预测方案忽略了重叠的蛋白质。

在对 ORF 进行鉴别之后，根据基因核苷酸使用频率统计，大多数生物信息基因预测工具使用基因预测模型给 ORF 设置一个置信度评分，这些统计数据对特定物种具有特异性，并依赖于如密码子使用情况及基因组 GC 含量等特点。在细菌基因组中，RAST 方法首先鉴别存在于每个基因组中高度保守的基因，然后利用从这些基因中获得的统计数据建立一个基因组特异模型，以此来鉴别基因组剩余部分的可读框。在噬菌体基因中，通常很少有高度保守的基因，如果有的话也不足以建立一个可靠的基因模型。因此，大多数基因调取不是根据正在注释的特定基因组进行学习训练的，而是根据所有噬菌体基因组的通用模型进行的。默认情况下 RAST 使用 Glimmer 识别可读框，但也可以选择使用 MetaGene Annotator[9]、GeneMark[4] 或 Prodigal[10]。

通常基于对现有噬菌体的同源性检索，对编码蛋白质的噬菌体基因进行功能注释。从发展史角度来说，噬菌体基因从 gpA 开始用一个字母命名，要么顺着基因组进行，要么根据基因顺序或发现的产物进行命名，结果导致了一些来自不同噬菌体的不相关的蛋白质都被注释成相同的名称。比如，在 GeneBank 不同噬菌体基因组数据中，末端酶和 DNA 复制起始蛋白都被注释成 gpA。由于近年来基因组序列激增，这种混乱现象加剧，必须将噬菌体蛋白进行分类，或者归为噬菌体同源群（POG）[13]，或者把许多噬菌体蛋白质注释的子系统进行统一[14]。共享的描述性名称为比较不同噬菌体基因组之间的注释提供了一个框架。RAST 系统使用同源性、染色体聚类和子系统的组合来注释蛋白质功能。首先，根据与已知蛋白质的同源性对蛋白质进行注释，如果初始检索产生了与子系统组分相匹配的蛋白质，然后根据之前注释过的基因组信息，RAST 找到子系统中应该存在于同一基因组中的其他成员。这种方法的优点是：RAST 系统可以根据子系统注释的预测，增强其他较弱的同源性判定。值得注意的是，RAST 工具可以在染色体背景下对蛋白质进行分析，有助于根据相邻染色体的功能（例如，不同基因编码的蛋白质亚基、操纵子元件或者代谢酶同基因簇编码的代谢物转运体）来确定功能未知蛋白质的“角色”。噬菌体基因组和细菌基因组一样，对其基因也进行排序，可以利用这些信息鉴别基因簇。例如，小末端酶和大末端酶（TerS 和 TerL）经常在基因组上处于相邻位置，鉴定其中一种也会鉴定出另一种。

噬菌体基因组中蛋白质编码基因功能注释的一个主要难点，是大多数蛋白质在参考数据库中没有相近的同源性蛋白，尤其是对于新噬菌体来说，会导致大多数编码的 ORF 没有注释功能，或者仅是假设功能。可能的解决方案是基于蛋白质氨基酸利用率图谱的注释，而不依赖同源性，例如，iVIREONS（https：//vdm. sdsu. edu/ivireons/）使用机器学习方法“学习”人工注释噬菌体蛋白质的特点，然后测试未知的蛋白质，观察是否具有相似的特点[15]。

31. 1. 2 非编码 RNA（Noncoding RNA，ncRNA）基因

虽然在噬菌体基因组中尚未发现核糖体 RNA（rRNA），但包括 RAST 在内的大多数方法都在进行搜索，在细菌基因组注释中建立的这些方法寻找 rRNA 基因的计算成本很低。核糖体 RNA 基因高度保守，通过外部基因调取——使用已知的 RNA 基因数据库进行比对鉴定；相对于同源性识别的 rRNA 基因，仅利用序列特点，用固有的基因调取识别 tRNA 基因，通常是使用专门识别 tRNA 分子二级结构的计算工具[16]。与 tRNA 一样，其他非蛋白质编码 RNA 基因的功能也取决于折叠 RNA 分子的结构，而不是核苷酸序列。因此，其

他非编码 RNA 基因的识别也是根据其保守的二级结构，而非与现有序列的同源性[17]。RAST 方法使用人工管理的核糖体 RNA 基因数据库在基因组中搜索，并使用 tRNAScan-SE[16] 识别 tRNA 基因。由于细菌 tRNA 不足以覆盖反密码子，据推测，许多噬菌体编码 tRNA 基因是在噬菌体蛋白翻译过程中补充宿主编码的 tRNA[18]。这些 tRNA 基因也常用作宿主基因组中的噬菌体整合位点（attP），噬菌体整合会干扰宿主基因，从而携带完整或接近完整的 tRNA 基因，允许噬菌体重建 tRNA 使其进行整合[19]。噬菌体生活史关于非编码 RNA 作用的研究很少，对 CRISPR/Cas 系统的最新研究已经确定了这些系统存在于噬菌体基因组[20] 和宏基因组中[21]，并且认为非编码 RNA 用于攻击可能感染同一宿主的其他噬菌体。

31.1.3 插入元件和转座子

目前，插入元件和转座子是通过蛋白质编码基因注释来确认的。作为蛋白质编码基因，确认转座酶（Tn）很容易，转座酶家族成员与其他重组酶的相似性很高，所以通常可以被精确注释。插入序列或转座子两侧的重复不会被自动注释，这些可移动元件有对应的数据库[22,23]，但插入元件的分类通常取决于一个或几个残基。自动注释系统可以识别转座酶或插入元件，但不能识别对这些元件进行精确分类的详细信息。在噬菌体自动注释系统中，需要更多研究支撑以准确揭示移动元件的末端。直接和间接重复序列通常用于识别插入元件和转座子的末端[22]，并预测细菌基因组中已发现的原噬菌体末端[13]。标准的信息学方法可以很容易地识别噬菌体基因组中超过大约 14 个核苷酸的重复序列，而在该长度以下，因重复出现频率太高而无法确定是正确的侧翼重复还是随机发生的重复序列元件。一些网站可以用来识别 DNA 序列中的重复序列[24,25]。

31.1.4 噬菌体附着位点

如果仅知道噬菌体序列，不可能检测到噬菌体附着位点，但在噬菌体和宿主基因组序列均已知的情况下，也很难找到噬菌体附着位点。噬菌体携带与细菌附着位点 B（attB）序列同源的附着位点 P（attP）。整合由 attP 和 attB 之间的重组启动，导致 attL 和 attR 位点位于新产生的原噬菌体两侧。

31.1.5 精确注释噬菌体元数据

注释基因组元数据是基因组学和宏基因组学面临的常规挑战。对于噬菌体，因为缺乏系统的病毒命名（不同于细胞生物的双命名法系统），这一问题甚至更加复杂。有人提出为病毒建立类似于质粒的系统性命名[26]，但并没有得到广泛应用或实施。除了对病毒的精确分类描述外，与病毒相关的元数据（例如，病毒的形态、实际宿主、宿主范围和生活方式）也同样重要，使比较基因组学的研究得以建立一些预测工具，例如识别未知噬菌体宿主的工具[27] 或预测新噬菌体的生活方式[14] 以及改进宏基因组或微生物组注释的工具。其他重要的元数据类型可以通过基因组中的信息进行计算，例如基因组的长度、GC 含量以及密码子使用情况[28]。在比较基因组学、原噬菌体发现和宏基因组学方面也有很强的应用，例如，噬菌体基因组的信息可促进原噬菌体的发现[29]，可以提高宏基因组学分析[30]。与基因注释一样，元数据注释需要使用受控词汇表（必须一致，但不能死板或划分等级），拼写不一致（例如，firmicutes、Firmicutes 和 gram-positive bacteria）或术语不一致（例如，temperate 和 lysogenic lifestyles）都是计算分析和数据传播的阻碍。

总之，噬菌体注释涉及几种特征识别和功能描述，包括蛋白质编码基因、RNA 基因、插入元件和转座子、重复序列以及附着位点。此外，噬菌体-宿主的相关性是理解噬菌体生物学的重要组成部分，可以用一系列的计算工具来预测[27]。RAST 方法流程为噬菌体基因组注释提供了一种自动化方法，利用查找细菌可读框算法来识别基因组中的蛋白质，并结合同源和子系统的方法来完善蛋白质的功能注释。RNA 基因是通过外部和内在基因调取方法相结合来检测的。噬菌体基因组的准确注释仍存在很大阻碍，特别是未知功能的蛋白质、基因组中小蛋白质的鉴定以及正确鉴定插入元件和转座子。生物信息学的进步和对噬菌体生物学更好的理解，有助于提高噬菌体基因组注释，使这一领域成为进一步探索的沃土。

致谢

这项工作由国家科学基金 MCB-1330800 和 DUE-1323809 to RAE 资助。BED 获得荷兰科学研究组织（NOW）Vidi 资助（864. 14. 004）。

参考文献

1. Aziz RK, Bartels D, Best AA, DeJongh M, Disz T, Edwards RA, Formsma K, Gerdes S, Glass EM, Kubal M, Meyer F, Olsen GJ, Olson R, Osterman AL, Overbeek RA, McNeil LK, Paarmann D, Paczian T, Parrello B, Pusch GD, Reich C, Stevens R, Vassieva O, Vonstein V, Wilke A, Zagnitko O (2008) The RAST Server: rapid annotations using subsystems technology. BMC Genomics 9:75
2. Brettin T, Davis JJ, Disz T, Edwards RA, Gerdes S, Olsen GJ, Olson R, Overbeek R, Parrello B, Pusch GD, Shukla M, Thomason Iii JA, Stevens R, Vonstein V, Wattam AR, Xia F (2015) RASTtk: A modular and extensible implementation of the RAST algorithm for building custom annotation pipelines and annotating batches of genomes. Sci Rep 5:8365
3. Badger JH, Olsen GJ (1999) CRITICA: coding region identification tool invoking comparative analysis. Mol Biol Evol 16:512–524
4. Borodovsky M, Mclninch JD, Koonin EV, Rudd KE, Médigue C, Danchin A (1995) Detection of new genes in a bacterial genome using Markov models for three gene classes. Nucleic Acids Res 23:3554–3562
5. Lukashin AV, Borodovsky M (1998) GeneMark.hmm: new solutions for gene finding. Nucleic Acids Res 26:1107–1115
6. Krause L, McHardy AC, Pühler A, Stoye J, Meyer F (2007) GISMO - Gene identification using a support vector machine for ORF classification. Nucleic Acids Res 35:540–549
7. Delcher AL, Harmon D, Kasif S, White O, Salzberg SL (1999) Improved microbial gene identification with GLIMMER. Nucleic Acids Res 27:4636–4641
8. Kelley DR, Liu B, Delcher AL, Pop M, Salzberg SL (2012) Gene prediction with Glimmer for metagenomic sequences augmented by classification and clustering. Nucleic Acids Res 40:e9–e9
9. Noguchi H, Taniguchi T, Itoh T (2008) MetaGeneAnnotator: Detecting species-specific patterns of ribosomal binding site for precise gene prediction in anonymous prokaryotic and phage genomes. DNA Res 15:387–396
10. Hyatt D, Chen G-L, LoCascio PF, Land ML, Larimer FW, Hauser LJ (2010) Prodigal: prokaryotic gene recognition and translation initiation site identification. BMC Bioinformatics 11:119
11. Summer EJ, Berry J, Tran TAT, Niu L, Struck DK, Young R (2007) Rz/Rz1 lysis gene equivalents in phages of Gram-negative hosts. J Mol Biol 373:1098–1112
12. Walker PJ, Firth C, Widen SG, Blasdell KR, Guzman H, Wood TG, Paradkar PN, Holmes EC, Tesh RB, Vasilakis N (2015) Evolution of genome size and complexity in the *Rhabdoviridae*. PLoS Pathog 11:e1004664
13. Kristensen DM, Waller AS, Yamada T, Bork P, Mushegian AR, Koonin EV (2013) Orthologous gene clusters and taxon signature genes for viruses of prokaryotes. J Bacteriol 195:941–950
14. McNair K, Bailey BA, Edwards RA (2012) PHACTS, a computational approach to classifying the lifestyle of phages. Bioinformatics 28:614–618
15. Seguritan V, Alves N, Arnoult M, Raymond A, Lorimer D, Burgin AB, Salamon P, Segall AM (2012) Artificial neural networks trained to detect viral and phage structural proteins. PLoS Comput Biol 8:e1002657
16. Lowe TM, Eddy SR (1997) tRNAscan-SE: a

program for improved detection of transfer RNA genes in genomic sequence. Nucleic Acids Res 25:955–964
17. Nawrocki EP (2014) Annotating functional RNAs in genomes using Infernal. Methods Mol Biol 1097:163–197
18. Bailly-Bechet M, Vergassola M, Rocha E (2007) Causes for the intriguing presence of tRNAs in phages. Genome Res 17:1486–1495
19. Williams KP (2002) Integration sites for genetic elements in prokaryotic tRNA and tmRNA genes: sublocation preference of integrase subfamilies. Nucleic Acids Res 30:866–875
20. Seed KD, Lazinski DW, Calderwood SB, Camilli A (2013) A bacteriophage encodes its own CRISPR/Cas adaptive response to evade host innate immunity. Nature 494:489–491
21. Cassman N, Prieto-Davó A, Walsh K, Silva GGZ, Angly F, Akhter S, Barott K, Busch J, McDole T, Haggerty JM, Willner D, Alarcón G, Ulloa O, DeLong EF, Dutilh BE, Rohwer F, Dinsdale EA (2012) Oxygen minimum zones harbour novel viral communities with low diversity. Environ Microbiol 14:3043–3065
22. Aziz RK, Breitbart M, Edwards RA (2010) Transposases are the most abundant, most ubiquitous genes in nature. Nucleic Acids Res 38:4207–4217
23. Riadi G, Medina-Moenne C, Holmes DS (2012) TnpPred: a web service for the robust prediction of prokaryotic transposases. Comp Funct Genomics 2012:678761
24. Benson G (1999) Tandem repeats finder: a program to analyze DNA sequences. Nucleic Acids Res 27:573–580
25. Volfovsky N, Haas BJ, Salzberg SL (2001) A clustering method for repeat analysis in DNA sequences. Genome Biol 2:RESEARCH0027
26. Kropinski AM, Prangishvili D, Lavigne R (2009) Position paper: the creation of a rational scheme for the nomenclature of viruses of Bacteria and Archaea. Environ Microbiol 11:2775–2777
27. Edwards RA, McNair K, Faust K, Raes J, Dutilh BE (2016) Computational approaches to predict bacteriophage–host relationships. FEMS Microbiol Rev 40:58–72
28. Aziz RK, Dwivedi B, Akhter S, Breitbart M, Edwards RA (2015) Multidimensional metrics for estimating phage abundance, distribution, gene density, and sequence coverage in metagenomes. Front Microbiol 6:381
29. Akhter S, Aziz RK, Edwards RA (2012) PhiSpy: a novel algorithm for finding prophages in bacterial genomes that combines similarity- and composition-based strategies. Nucleic Acids Res 40:e126–e126
30. Akhter S, Bailey BA, Salamon P, Aziz RK, Edwards RA (2013) Applying Shannon's information theory to bacterial and phage genomes and metagenomes. Sci Rep 3:1033

32 噬菌体基因组数据的可视化分析：比较基因组学和作图

- 32.1 引言
- 32.2 资源
- 32.3 操作和使用
- 32.4 文件格式
- 32.5 图像编辑软件
- 32.6 DPI、PPI 及图片尺寸
- 32.7 注释

摘要

用图表形式呈现噬菌体基因组可以明确有效地表达特征位置和结构，许多软件应用程序可以清晰准确地将基因组数据形象地表达出来，采用比较分析工具进行插入、删除、重排和同步区域的转化得以可视化。本章主要列举和讨论用于绘制高质量噬菌体基因组图的开源软件和资源。

关键词：噬菌体，基因组，比较基因组学，可视化，软件

32.1 引言

就像 Tufte 所讲的“图形呈现数据”[1]，数据可视化是交流研究和想法的关键要素。图表应力求直观、有指导性、连贯一致，并且无歧义地呈现数据。

环形和线性 DNA 图谱为说明细菌基因组的结构、组织和比较提供了有力的工具。与细菌相比，噬菌体基因组相对较小，其大小范围从基因组大小为 2.4kb 的明串珠菌属噬菌体 L5（*Leuconostoc* phage L5）（GenBank：L06183）到 497.5kb 的芽孢杆菌噬菌体 G（*Bacillus* phage G）（GenBank：JN638751）。较小的基因组便于将基因组和注释特征清晰地以图表的形式呈现出来。

可视化是表明基因组中带注释特征的结构组织强大的工具，除此以外，当比较基因组分析无法得出结果时，也可以举例说明近缘相关噬菌体和远缘相关噬菌体之间的异同，包括基因顺序的同步守恒、基因分组功能模块、位置关系（如插入、删除、重排）、区域化同源基因组的比对和鉴定。用图表的形式表示可以从复杂的数据中快速直观地掌握这些关系，否则

只能以密集的表格信息呈现。

本章概述了可用于创建基因组图的应用程序，列出所有应用程序所附手册和教程以供使用。多数应用程序都有易于访问的图形用户界面，可以在个人计算机上使用（注释①），也可以通过网页服务使用。两个仅限命令行的应用程序 CGView 比较工具和 Circos，以及图形用户界面应用 Easyfig 都有详细的使用步骤，由此可以生成高质量的基因组图像。

32.2 资源

本部分列出目前用于生成线性和/或环形基因组图的一些应用程序和资源，以及简要说明，同时也给出每个程序的特征摘要（表 32-1）。工具的选择首先取决于需要简便的基因组图谱，还是多个来源的复杂比较数据的可视化和组织（注释②）；另一个考虑因素是图形用户界面是否便于操作数据文件或编写脚本。

32.2.1 BLAST 环形图像生成器（http://brig.sourceforge.net）

BLAST 环形图像生成器（BLAST ring image generator，BRIG）是一个综合性、易操作、多平台交叉（Windows、Mac 和 Unix）的应用程序，可用于比较大量基因组和呈现环形图像[2]。通过用户友好的图形用户界面（GUI），BRIG 自动执行所有文件解析和 BLAST 比较，使用本地安装的 BLAST 副本在序列和 CGView 之间执行比较[3]，并以 JPEG、PNG 或 SVG 格式呈现圆形图谱[2]。图谱配置和生成是一个逐步的过程，用户可以选择一个参考序列，一个或多个基因组或序列进行圆形图谱绘制及比对分析[图 32-1(a)]。参考基因组中是否存在 BLAST 片段序列以同心圆环显示，每一个比较基因组分级的颜色是根据比对命中的百分比进行选择的（注释③）。可以通过手动输入每个条目或给出以制表符分隔的文本、GenBank、EMBL 或多序列 FASTA 格式的文件信息来提供自定义注释，从而将关注的区域、自定义标签和附加分析添加到图表中。还可以更改其他图像配置，如最终图像的高度、大小、特征、刻度和标签。每个 BRIG 项目的配置设置可以保存为模板，供以后使用。除了可视化完整的基因组比较之外，BRIG 还能够以输入用户定义的多序列 FASTA 格式基因文件作为参考，呈现比较基因组中的基因存在/缺失/截断/变异。此外，也能够可视化比较 SAM 格式的阅读图谱文件中的基因组草稿和未组装的序列数据[图 32-1(b)]。

32.2.2 GView（http://wishart.biology.ualberta.ca/cgview）

CGView 可以在网页上操作或利用 Unix/Linux 系统的命令行程序进行操作（需要专用的 sun-java6-jdk 安装包）[19]。CGView 服务器以 PNG 格式生成圆形基因组图，可将多达三个比较序列或 FASTA 格式的序列集的结果呈现为同心圆环。比较序列可以使用 BLAST 程序 BLASTn、tBLASTx 和 BLASTx 进行分析，并具有控制查询、拆分大小和重叠的选项。每个比较序列的比对命中可以通过指定百分比标识和对齐长度的截止阈值进行过滤，并以部分不透明度显示，以便识别重叠的命中。对于 tBLASTx 和 BLASTx 程序分析，可以通过读取框显示命中的结果。图形可以展现整个序列偏离平均值的 GC 偏移和 GC 含量，同时展现在可选通用功能格式（GFF）文件中提供的附加特性和分析数据，最后，可制作特定位置为中心的缩放图像以更详细地说明关注区域。

表 32-1 生成基因组图谱的应用

应用	CGView	CCT	GView	Gview Server	GenomeDiagram	BRIG	Circos	OGDraw	DNA Plotter	GenomeVx	Easyfig
类型	WS,CMD	CMD	GUI	WS	API	GUI	CMD	WS,CMD	WS,GUI	WS	GUI,CMD
输入格式①											
FASTA	+	+	+	—	+②	+	—③	—	+	—	+
Multi-FASTA	—	+	—	—	+②	+	—③	—	+	—	+
GenBank	+	+	+	+	+②	+	—③	+	+	+	+
GFF	+	+	+	—	+②		—③	—	+	—	—
EMBL	+	+	+	+	+②	+	—③	—	+	—	+
SAM	—	—	—	—	—	+	—	—	—	—	—
输出格式											
TIF	—	—	—	—	+	—	—	+	—	—	—
PNG	+	+	+	+	+	+	+	+	+	—	—
JPG	+	+	+	+	+	+	—	+	+	—	—
BMP	—	—	—	—	+	—	—	—	+	—	—
SVG/SVGZ	+	+	+	+	+	+	+	—	+	—	+
PS/EPS	—	—	—	—	+	—	—	+	—	—	+
PDF	—	—	—	—	+	—	—	—	—	+	—
特征											
GC 含量	+	+	+	+	+	+	+	+	+	—	+
GC 偏移	+	+	+	+	+	+	+	—	+	—	+
添加用户特征	+	+	+	+	+	+	+	—	+	+	+
添加分析数据	+	+	+	+	+	+	+	—	+	—	+
基因组比对	+④	+	—	+	+	+	+	—	—	—	+
%id 和 E-值筛选	+	+	—	+	+	+	+	—	—	—	+
图表类型											
线形图	—	—	+	+	+	—	—	—	+	—	+
圆形图	+	+	+	+	+	+	+	+	+	+	—
BLAST 程序											
BLASTN	+	+	—	+	—	+	—⑤	—	—	—	+
BLASTP	—	+	—	+	—	+	—⑤	—	—	—	—
TBLASTX	+	+	—	+	—	+	—⑤	—	—	—	+
BLASTX	+	+	—	+	—	+	—⑤	—	—	—	—
TBLASTN	—	+	—	+	—	+	—⑤	—	—	—	—

① 用 EMBOSS Seqret 可以轻松转换文件格式（http：//www. ebi. ac. uk/Tools/sfc/emboss _ seqret/），如 Artemis[8] 或自定义脚本，GFF 文件能够转换为 GenBank、EMBL 或 FASTA 格式。

② 使用适当的 python 脚本，以编程方式授予读取不同平面文件格式、执行分析或读取分析数据的功能。

③ 输入数据必须解析为 Circos 可用的适当文件。

④ CGView 服务器最多可处理三个比较基因组。

⑤ Circos 不运行或分析原始 BLAST 结果，相反，只要转换为 Circos 可用的适当格式，任何程序中的数据都可以显示。

注：CMD，命令行（command-line）；GUI，图形用户界面（graphical user interface）；WS，网页服务（web-service）；API，应用程序界面（application-programming interface）。

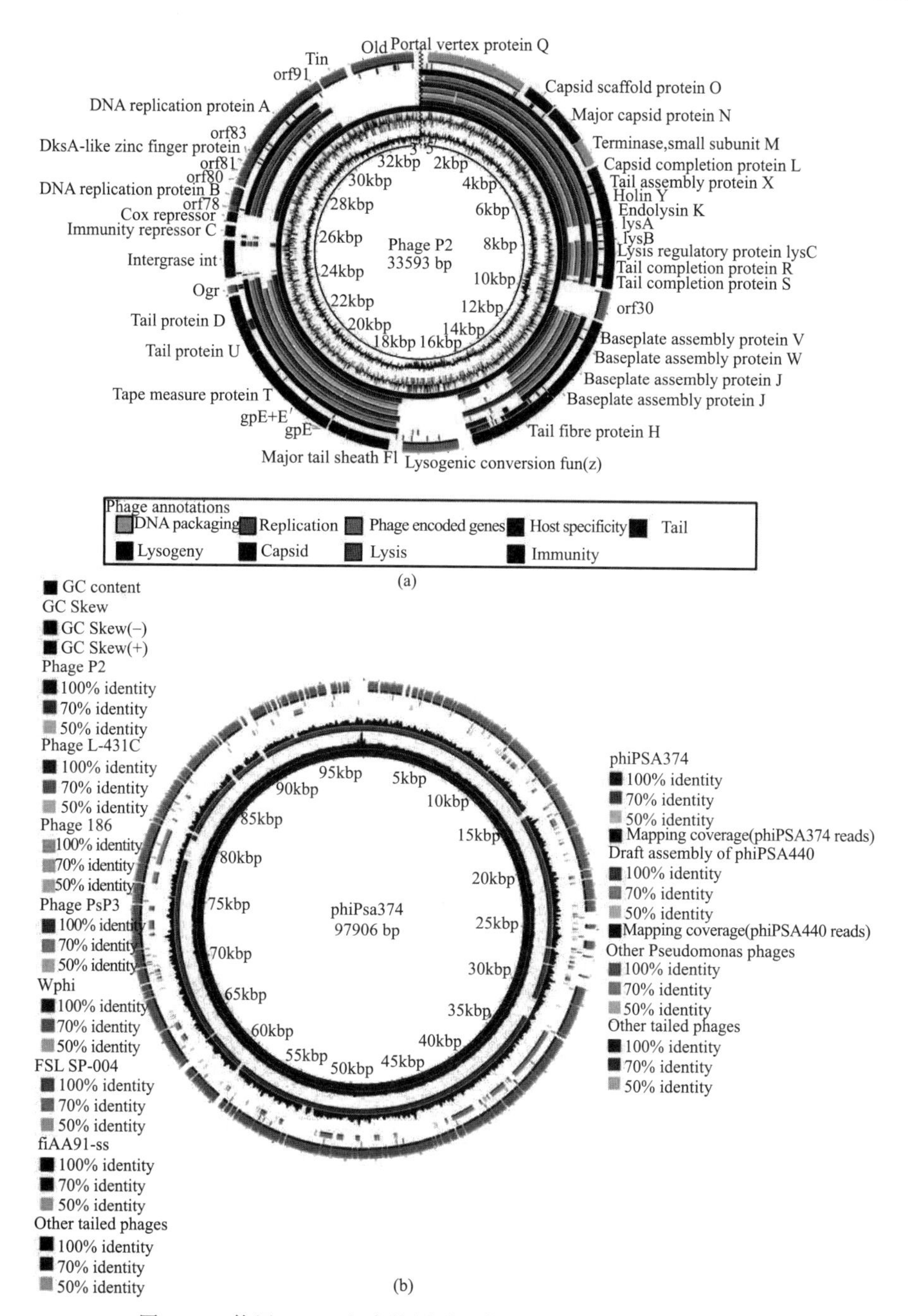

图 32-1 使用 BRIG 生成的圆形比较基因组图谱（见文后彩页）

(a) P2 噬菌体的圆形比较基因组图。肠杆菌噬菌体 P2（AF 063097[4]）为中心参考序列，最内环显示 GC 含量（黑色）和 GC 偏移（紫色/绿色）。下面的环显示了 7 个类 P2 噬菌体基因组与 P2 基因组的 BLASTn 比较结果［L-413C（AY251033[5]），186（U32222），PSP-3（AY135486[6]），WPhi（AY135739），FSLSP-004（KC139521[7]），fiAA 91-ss（KF 322032[8]）］，含有其他尾噬菌体的基因组［Fels-2（NC _ 010463[9]），phiCTX（AB008550[10]），T4（AF158101[11]），Mu（AF083977[12]），T7（V01146[13]）和 lambda（J02459[14]）］，折叠为一个独立的环。BLASTn 点击是按照图（右）中显示的一致性百分比（%）梯度着色。最外圈的环以箭头显示 P2 的 CDS，按功能（底部箭头）进行颜色编码。(b) 假单胞菌噬菌体组装基因组及未组装测序数据的圆形比较基因组图。中心参考序列是假单胞菌噬菌体 phiPsa374（KJ409772[15]）的完整基因组，彩色环显示 BLASTn 与噬菌体 phiPsa440（PRJNA236447[15]）序列 reads 基因组组装草图（contigs>2kb）相吻合的结果，并带有折叠成一个单一环的其他假单胞菌噬菌体的完整基因组［JG004（GU988610[16]），PAK _ P1（KC862297[17]），PAK _ P2（KC862298）和 PaP1（HQ832595[18]）］及其他的尾噬菌体（如上）。使用 BWA 将 phiPsa374 和 phiPsa440 序列 reads 绘图到 phiPsa374 完整的基因组上，绘图 reads（sam 格式）的覆盖范围如每个键（最右边）所示。绘图数据突出了 phiPsa374 基因组的末端冗余（红色图[15]）和 phiPsa440（蓝色图）基因组草图中的误配。最外环以灰色箭头显示 PhiPsa374 的 CDS

32.2.3 CGView 比较工具（http://stothard.afns.ualberta.ca/downloads/CCT）

CGView 比较工具（CGView comparison tool，CCT）是一个命令行应用程序，通过支持大量序列的比较分析和可视化保留和扩展了 CGView 的功能[20]。可以手动安装和配置 CCT，也可以下载带有 CCT 及其他配置都已安装的 Ubuntu Linux 操作系统的虚拟机（与 Windows、Mac 和 Unix 兼容）。参考基因组或序列能以 FASTA、GenBank 或 EMBL 格式提供。用于比较的序列能以 GenBank、EMBL 格式或包含核酸序列（.fna）、蛋白质序列（.faa）的多 FASTA 格式文件提供。使用本地安装的 BLAST＋副本进行比较，比对基因组中参考序列的命中可以用与命中百分比成正比的高度条绘制，也可以用渐变比例表示的颜色绘制。其他特性和分析，例如保守区域和表达数据的位置，可以用 GFF 文件数据的形式来呈现。CCT 提供了几个实用程序脚本，能够直接从 NCBI（GenBank）下载感兴趣的序列，用 PNG、JPEG、SVG 和 SVGZ 格式生成多种尺寸的图形。

32.2.4 Circos（http://circos.ca）

Circos 是一个使用 Perl 语言编写的高度灵活的命令行应用程序，可以在 Windows、Unix 和 Mac 上运行[21]。Circos 使用 GFF 形式的数据表格，图像和相关元素的外观可以通过编辑类似 Apache 的配置文件来控制，图像以 PNG 和 SVG 格式呈现。Circos 是描述基因组间位置关系的理想方法（注释④），这些位置关系由连接线样或丝带样的链接来表示，定义相对位置。分析的数据可以高光图、热图、格子图、散点图、线图和直方图的形式显示在 2D 坐标上。这种固有的灵活性允许 Circos 在多个细节级别上显示多变量数据。然而，应该注意的是，Circos 不进行任何分析，也无法在基因组平面文件中以本地方式阅读。相反，序列和分析数据必须首先转换为 Circos 可解析的格式。

32.2.5 DNAPlotter（https://www.sanger.ac.uk/science/tools/dnaplotter）

DNAPlotter 是一个适用于 Windows、Unix 和 Mac 的交互式应用程序，以位图或矢量图格式生成线性和圆形的 DNA 图[22]。DNAPlotter 包含在 Artemis 注释工具[23] 中，但也可以作为独立程序下载，也可以作为 Java Webstart 应用程序来实现。DNAPlotter 实现了 Artemis 库过滤特性，可以用轨道管理器分割成单独的轨道。可以呈现为 GC 含量和 GC 偏移的图形，还可以在单独的轨道上读取和呈现包含 GenBank、EMBL 或 GFF 格式特征信息的附加文件。

32.2.6 Easyfig（http://mjsull.github.io/Easyfig/）

Easyfig 是一个适用于 Windows、Unix 和 Mac 的应用程序，能够创建一个或多个基因组的线性关系图和 BLAST 比对结果。其图形用户界面易于使用，也可以通过命令行运行[24]。Easyfig 可以绘制输入注释文件（GenBank 或 EMBL 格式）中的特征对象基因、编码序列（CDS）、tRNA 或任何其他用户定义的特征，并可以在 Easyfig 中进行颜色编码，或者通过在注释平面文件基因特征中添加特征限定符“/colour＝”，通过使用 Artemis 很容易执行此任务[23]。两个或多个基因组之间的比较可以使用 Easyfig 的 BLASTn 或 tBLASTx 进行（图 32-2）。如果还没有安装，可以从 Easyfig 中下载 BLAST。BLAST 命中的表现为基因组之间的交叉连接，颜色为百分比的渐变比例。用户可以定义比对图中呈现的比对命中的长度、预期值和百分比标识，可以选择子区域替代整个基因组，也可以将图表添加到图中（GC 含量、GC 偏移和用户定义的自定义图，例如转录数据或序列读取覆盖率）。Easyfig 能以 BMP 或 SVG 格式呈现图像。

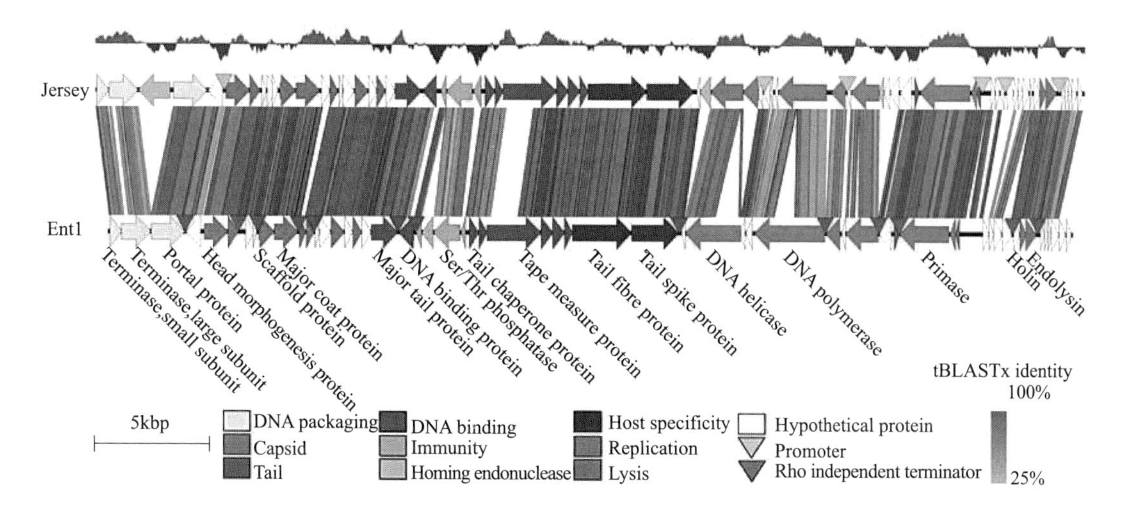

图 32-2 Easyfig 软件制作的沙门菌 siphoviruses Jersey（KF148055[25]）和 VB _ SenSEnt1（HE775250[26]）的比较线性基因组图谱（见文后彩页）

基因组注释按功能进行颜色编码，如图例中所示。两个基因组之间的灰色区域描述了序列的相似性，灰色的深度根据 tBLASTx 比对百分比的结果，如图例（右下角）所示。Jersey 上方的图表显示高于（红色）和低于（蓝色）平均 GC 含量（49.97%；黑线）的变化

32.2.7 GenomeDiagram（http://biopython.org/wiki/Download）

GenomeDiagram 是一个命令行模块，打包成 Biopython 发行版的一部分，可将基因组和比较基因组数据呈现为线性或圆形图[27]。各自基因组和基因组比较的图是用 python 脚本构建的。使用 Biopython 的 SeqIO 和 SeqFeature 模块加载和解析基因组平面文件。类似地，包含比较数据的文件可以在脚本和对单轨着色或生成显示序列同源区域的交叉连接数据中进行解析。虽然 GenomeDiagram 需要知识和耐心来编写适当的脚本，但其生成的图像非常强大，能够以各种矢量图和位图的格式输出。网络上有制作基因组图的教程（http://biopython.org/DIST/docs/tutorial/Tutorial.html# htoc212）。

32.2.8 GenomeVx（http://wolfe.ucd.ie/GenomeVx）

GenomeVx 是一种网页服务，从 GenBank 平面文件中提取或手动输入 CDS、tRNA 和 rRNA 特性，以 PDF 格式呈现简单的圆形基因组图谱[28]。特征是可以自动着色或使用矢量图形编辑程序进行着色（图 32-3）。自定义功能可以手动输入并添加一个或多个内部轨道。

32.2.9 GView（https://www.gview.ca/wiki/GView/WebHome）

GView 是一个适用于 Windows、Unix 和 Mac 的 GUI 应用程序，可以在圆形或线性背景下查看和检查原核基因组[30]。GView 能读取标准序列文件格式（EMBL、GenBank 和 GFF），还可以在 GFF 格式中选择添加附加注释，也能使用“基因组样式表”（GSS）格式

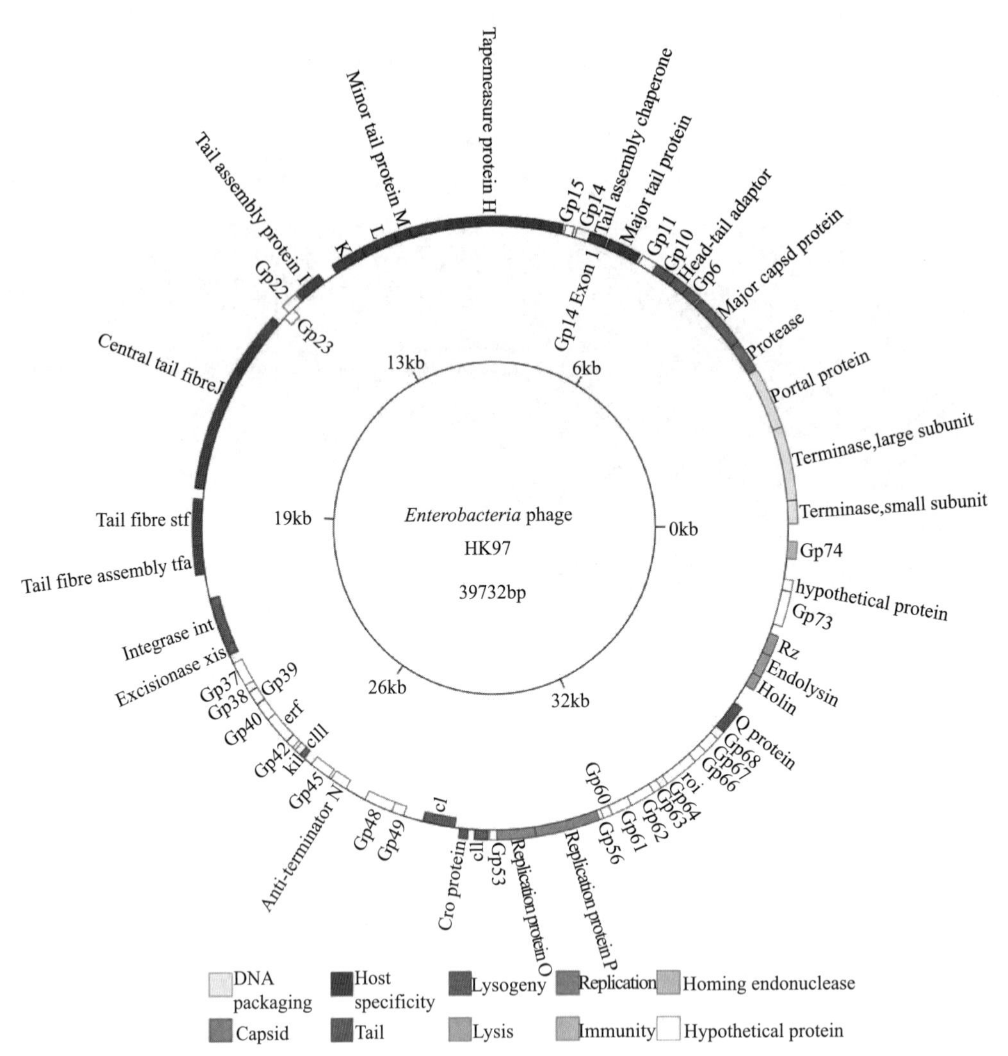

图 32-3 用 GenomeVx 软件制作的 siphovirusHK97（NC_002167[29]）的圆形基因组图谱（见文后彩页）

在 GView 中对基因组图进行额外制作，这些设置也可以保存，供以后使用。产生的图以位图或矢量图的格式输出。

32.2.10 GView Server（https://server.gview.ca）

GView Server 通过提供网页前端服务扩展了 GView 在基因组之间进行比较分析的功能，提供了 BLAST 分析范围，可以绘制表示核心、特点、附件和泛基因组的序列图。一旦服务器完成任务，就立即通过启动 GView Webstart 应用程序查看线性或圆形图，或者可以下载带或不带 GView 可执行文件的结果。BLAST 结果表可以单独以 Excel 或逗号分隔值（csv）文本格式下载。

32.2.11 OrganellarGenomeDRAW（http://ogdraw.mpimp-golm.mpg.de）

OrganellarGenomeDRAW（OGDRAW）是适用于 Unix/Linux 平台的网页服务和命令行应用程序[31]，可以用优化的细胞器基因组显示来制作噬菌体基因组圆形图（图 32-4）。通过创建配置文件自定义输出，允许自主定义功能分类。除 GC 含量图外，可以展示所选限制性内切酶的切割位点和转录组数据。OGDraw 以位图和矢量图的格式呈现图谱。

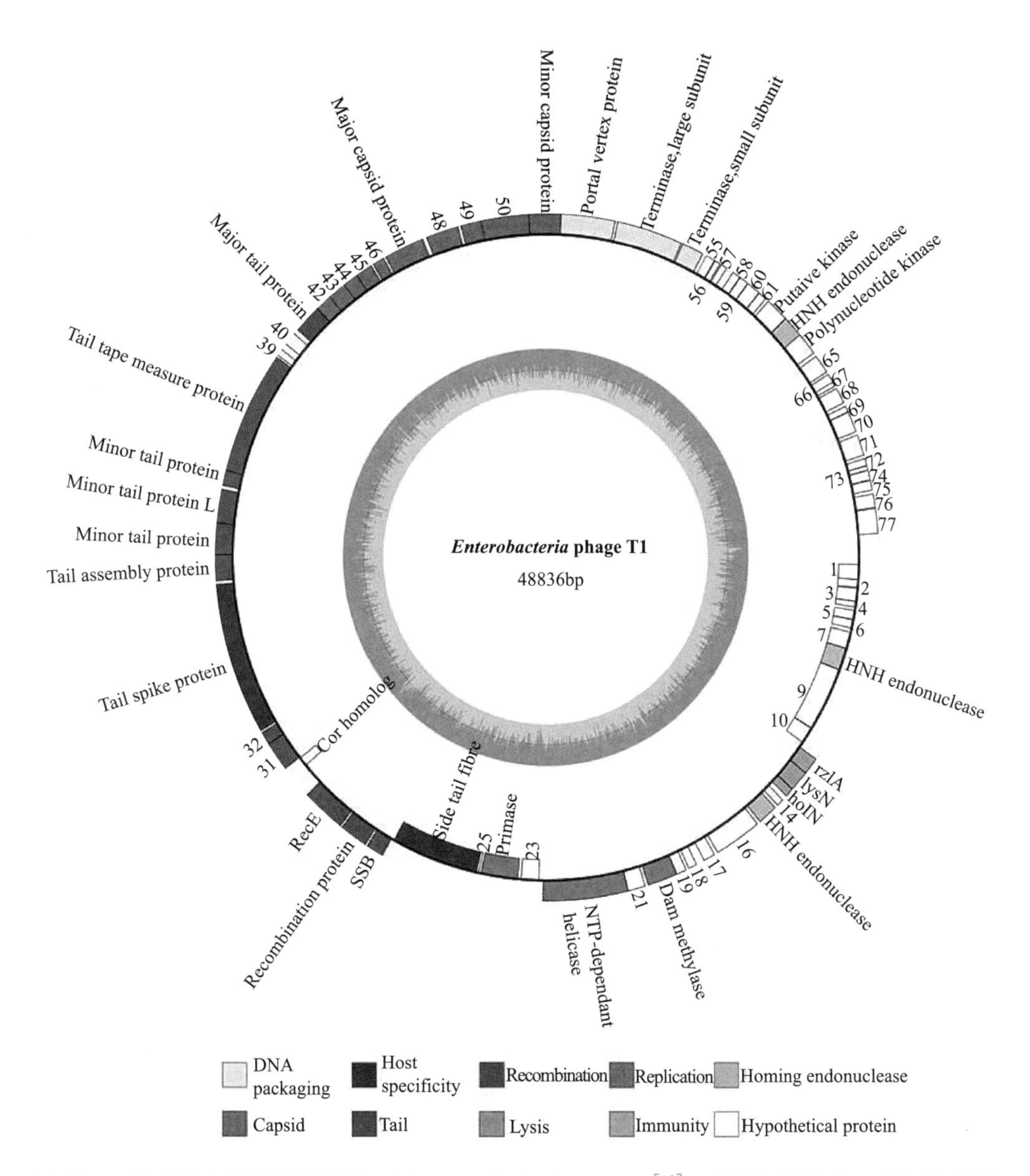

图 32-4 用 OGDRAW 构建噬菌体 siphovirusT1（NC _ 005833[32]）圆形基因组图（见文后彩页）
编码序列按照其功能模块来标注产物和颜色代码。图底部提供颜色代码

32.3 操作和使用

本节详细讲述两个生成不同类型圆形图像的命令行应用程序 CGView 比较工具（CCT）和 Circos，以及生成线性图形 GUI 应用程序 Easyfig 的使用步骤。对于本章中提及的其他应用程序，可在其各自的网站上查阅手册和教程中的详细说明。

32.3.1 CGView 比较工具

① 以下介绍以沙门菌噬菌体 Vi01 作为参考基因组制作比较基因组图（图 32-5）的所需步骤。CCT 网站有大量使用指南和创建图形的教程。

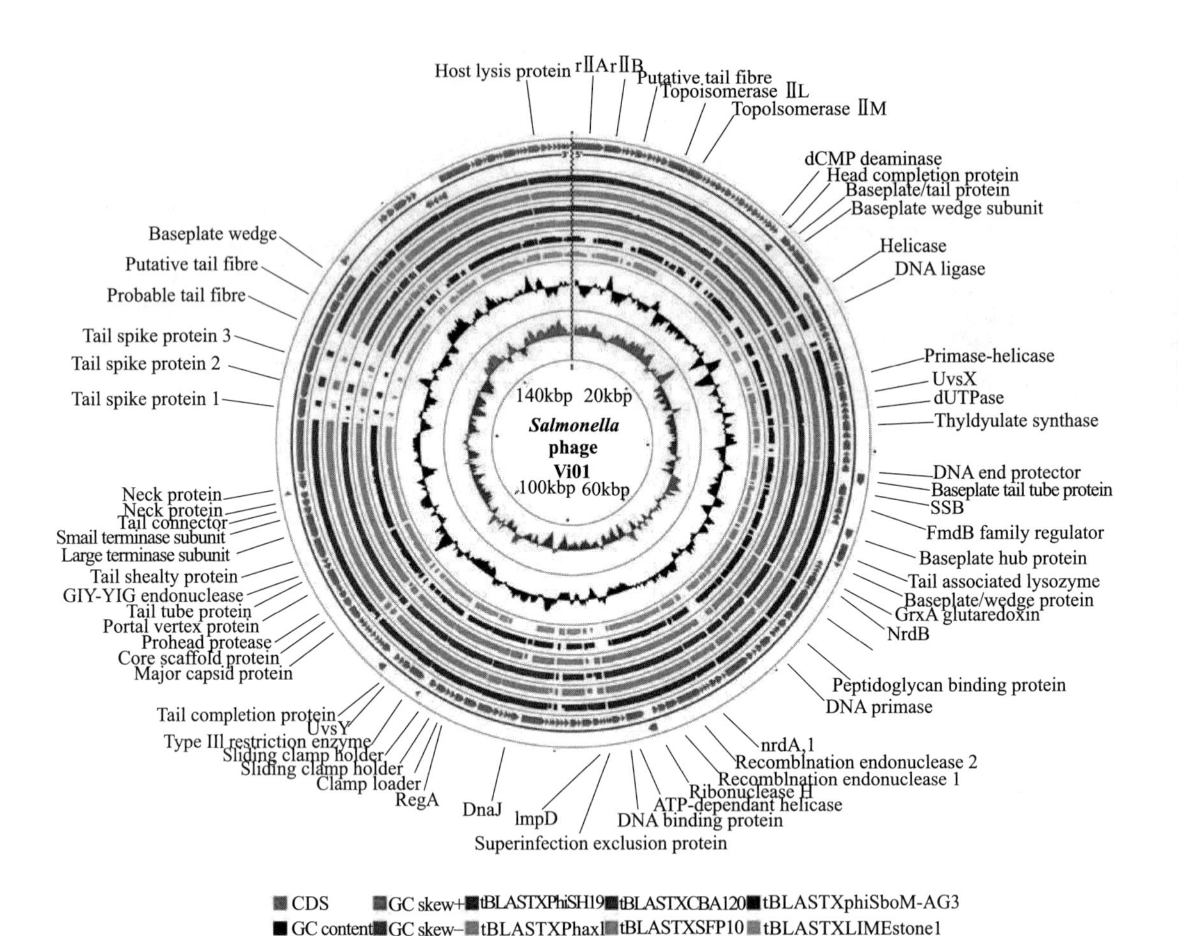

图 32-5 用 CGView 比较工具制作 myovirus genus *Viunavirus* 的比较圆形基因组图（见文后彩页）

以沙门菌噬菌体 Vi01（NC _ 015296[33]）为参照序列，用 tBLASTx（E 值为 0.01）比较 PhiSH19（NC _ 019530[34]），PhaxI（NC _ 019452[35]），CBA120（NC _ 016570[36]），SFP10（NC _ 016073），phiSboM-AG3（NC _ 013693[37]）以及 LIMEstone1（NC _ 019925[38]）的序列相似性。GC 含量用黑色表示，正、负 GC 偏移分别用绿色和紫色表示

② 编辑 cgview _ comparison _ tool/lib/scripts/cgview _ xml _ builder. pl，为单个比较基因组添加其他颜色：

```
Line 110 blastColors=>[
    111"rgb(139,0,0)",#dark red
    112"rgb(255,140,0)",#dark orange
    113"rgb(0,100,0)",#dark green
    114"rgb(50,205,50)",#lime green
    115"rgb(0,0,139)",#dark blue
    116"rgb(106,190,205)",#light blue
```

117]

③ 使用以下命令创建新的 CCT 项目，包含所有所需的命令和配置文件：

cgview _ comparison _ tool. pl-pViunavirus

④ 复制基因组作为对 reference _ genome 文件夹的参考。

⑤ 将比较序列文件复件到 comparisons 文件夹。

⑥ 编辑 project _ setings. conf 文件，以便在引用基因组和查询基因组之间执行 tBLASTx 比较，在图上呈现 GC 含量和 GC 偏移，绘制分隔符表示基因组是线性的：

query _ source=trans

database _ source=trans

cog _ source=none

draw _ gc _ content =T

draw _ gc _ skew =T

draw _ divider =T

map _ size=small，medium

⑦ 项目设置文件还允许用户设置更严格的期望值、查询拆分大小和在 BLAST 搜索中使用查询重叠。

⑧ 创建在最终图像上的系列标签，首先用 Perl 实用程序脚本 gbk _ to _ tbl. pl（补充文件 1）在 GenBank 文件中创建一个汇总表：

$ perlgbk _ to _ tbl. pl<FILENAME. gbk>FILENAME. txt

⑨ 使用电子表格应用程序编辑摘要文件，删除“seqname”和“products”之外的所有列，然后删除产物为假设蛋白质的所有行。使用 Notepad++或替代纯文本编辑器将剩余的两列复制并粘贴到一个空的纯文本文件中，并将该文件在 Viunavirus 项目目录中保存为 labels _ to _ show. txt。

⑩ 创建图表，运行 cgview 比较工具应用程序：

$ cgview _ comparison _ tool. pl-t--custom'labelPlacementQuality = best labelLineThickness=2 maxLabelLength=250 useInnerLabels=false labelFontSize=20 tick _ density=0. 25 labels _ to _ show' -pViunalikevirus

⑪ 如果有偏好，可以用每次命中的百分比来着色 BLAST 结果，而不是使用-cct 选项：

$ cgview _ comparison _ tool. pl-t-cct--custom'label PlacementQuality = best labelLineThickness=2 maxLabelLength=250 useInnerLabels=false labelFontSize=20 tick _ density=0. 25 labels _ to _ show'-pViunalikevirus

⑫ 重新绘制 SVG 格式图：

$ redraw _ maps. sh-pViunavirus-fsvg

⑬ 在矢量图形编辑应用程序中对颜色键的标签和位置做最后调整。

32. 3. 2 Circos

① 以下介绍使用 Circos 版本 0. 67 对 Lambda 噬菌体 HK022 和 HK97 在 tBLASTx 中的比对结果创建图表（图 32-6）的步骤。生成此图所需的配置和数据文件可作为补充资料(Supplementary File2)。

② 创建一个新目录以包含 Circos 项目的文件。创建一个 karyotype. txt 文件，karyotype 文件定义了以“chr-ID、Label、Start、End 和 Colour”格式提供数据的基因组，在

karyotype 文件中定义的 ID 用于识别所有其他数据文件中的染色体。

chr-NC _ 001416Lambda 1 48502 green

chr-NC _ 002167HK97 1 39732 blue

chr-NC _ 002166HK022 1 40751 red

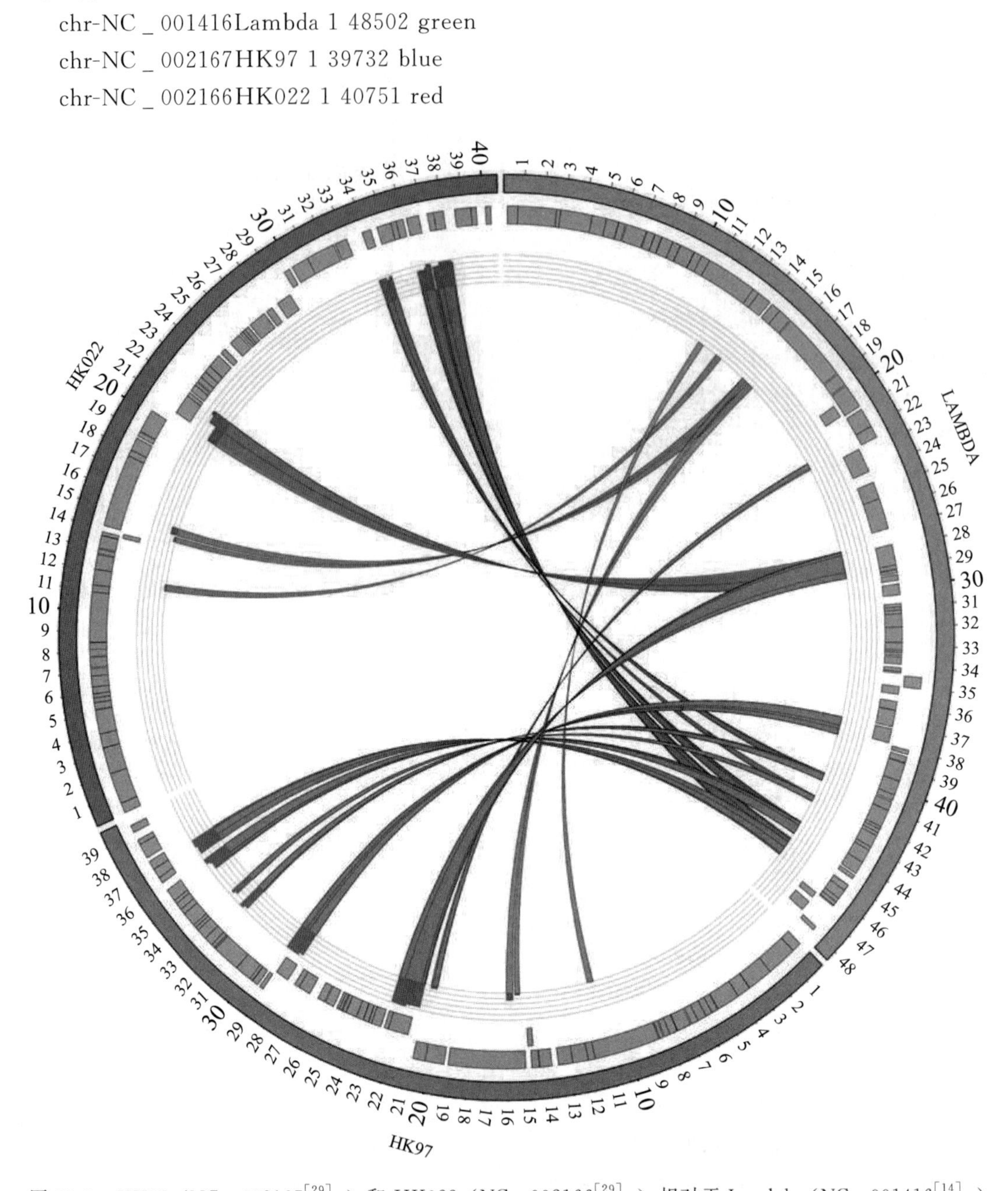

图 32-6　HK97（NC _ 002167[29]）和 HK022（NC _ 002166[29]）相对于 Lambda（NC _ 001416[14]）（E 值阈值为 0.01）的 tBLASTx 比对结果的 Circos 图（见文后彩页）

外环上的着色片段分别是 Lambda（绿色）、HK97（蓝色）和 HK022（红色）的基因组，数字标尺表示基因组的大小（以 kb 为单位）；内环上的剖面标记（灰色）表示基因的位置和编码链，色带代表相对于 Lambda 中≥50bp 翻译序列的保守性和方向，带状结束在显示百分比标识的直方图轨道

③ 创建两个突出显示文件，分别表示正向链和反向链基因特征。数据输入格式为“ID，Start 和 End”。

NC _ 001416 20147 20767

NC _ 002167 14715 14975

NC _ 002166 13751 13972

④ 将查询序列 nc _ 002166 _ HK97. fna 和 NC _ 002167 _ HK022. fna 连接起来生成一个多 Fasta 文件：

$ cat NC _ 002166 _ HK97. fna NC _ 002167 _ HK022. fna>HK97 _ HK022. fna

⑤ 使用命令行 BLAST+应用程序运行 tBLASTx 分析，在表格格式中，"-outfmt7" 标记用于保存对齐结果。此数据将用于创建链接和直方图轨迹数据文件：

$ tblastx -query NC _ 001416 _ Lambda. fna-subject HK97 _ HK022. fna-evalue 0. 01 -outfmt 7-out tblastx. txt

⑥ 除 BLAST 外的其他程序也可用于生成对齐数据，例如，Nucmer[39] 用以下命令运行并解析输出生成对齐坐标：

$ nucmer--maxmatch -b 200 -g 90 -c 65 -l 20NC _ 001416 _ Lambda. fna Lambda _ query. fna

$ show-coords-T out. delta>delta. txt

⑦ 设置链接文件。链接以 "Query ID、Query Start、Query End、Subject ID、Subject-Start 和 Subject End" 格式提供位置：

NC _ 001416 44925 46088 NC _ 002166 37006 38169 color=red _ a1

NC _ 001416 27518 29125 NC _ 002167 21024 22631 color=blue _ a1

⑧ 建立 histogram. txt 数据文件。直方图数据输入为 "ID、Start、End、Score、[Options]"。对于此示例创建一个文本文件，包含主题 ID、主题开始、主题结束和除定义颜色链接列之外的 tBLASTx 结果文件。

NC _ 002166 37006 38169 87. 37 fill _ color=dred

NC _ 002167 21024 22631 92. 54fill _ color=dblue

⑨ 建立主配置文件 Circos. conf 和附加配置文件 ideogram. conf、ideogram. plaction. conf、ideogram. label. conf 和 ticks. conf，分别保存在 Circos 项目中。这些文件包含在补充材料（Supplementary File2）中，并添加注释以解释变量的功能。

⑩ 运行 Circos，使用以下命令生成基因组比较图：

$ circos -conf circos. conf

32. 3. 3 Easyfig

① 以下介绍在沙门菌 siphoviruses Jersey [KF148055] 和 vB _ SenS-Ent1 [HE775250] 之间生成比较 tBLASTx 线性基因组图（图 32-2）所需的步骤。Easyfig GUI 可以从网站上免费下载，有手册及教程指导绘图。注释制作此图像所需的平面文件作为补充材料（Supplementary File 3）提供。开始制作本图之前请确保本地 BLAST 副本已经安装。如未安装，请从菜单栏中打开 Easyfig 选择 Blast，自动下载 Blast。

② 运行 Easyfig。在主屏幕上，点击位于 "Annotation files" 框下的 "Add feature file" 按钮，在新打开的窗口中，导航到解压缩的 "Supemental _ file3" 文件夹。

③ 选择 Jersey. gbk 并单击 "open" 按钮。

④ 再次单击 "Add Feature file" 按钮，导航到 "Supplemental _ file3" 文件夹，选择 "Ent1. gbk" 并单击打开按钮。

⑤ 单击 "Generatet blstx Files" 按钮生成 tBLASTx 比较文件。确保弹出窗口显示

“Supplemental _ file3”文件夹并单击“choose”，关闭弹出窗口并启动 tBLASTx。

⑥ 观察主屏幕上的黄色框。当显示“Performing tblastx... complete”时，才继续下一步。

⑦ 从菜单栏中选择“Image→Figure”。

⑧ 在图选项中，选择“centre”排列基因组，在“Legend”选项中输入“5000”作为比例图例的长度。确保选中“Draw Blast”，将其余选项保留为默认选项。更改完毕单击“close”。

⑨ 从菜单栏中选择“Image→Annotation”。

⑩ 在“Misc _ Feature”下的文本框中输入“Regulations”，确保只选中此复选框和 CDS 旁边的复选框。不需要选择颜色，因为已经在基因组平面文件中限定了。为 CDS 和监管特性分别选择“arrow”和“pointer”。更改完毕单击“close”。

⑪ 从菜单栏中选择“Image→Graph”。

⑫从图形下拉菜单中选择 GC 含量。将“Step”的值更改为“1”，将“Window”的值更改为“500”，更改完毕单击“close”。

⑬ 在主屏幕上，单击“Save As”按钮。确保弹出窗口显示“Supplemental _ file3”文件夹。输入作为“Easyfig example”要保存的文件名，然后单击“Save”关闭此文件窗口。

⑭ 在主屏幕上单击“Create Figure”。形成图像后就可以在“Supemental _ file3”文件夹中找到。

32.4 文件格式

二维图像存储为位图格式或矢量图像格式。位图格式使用点矩阵数据结构，包括 bmp、png、jpg 和 tiff 格式。因为位图格式是由固定的点（像素）组成的，与分辨率有关，所以无法在不造成质量损失的情况下增加大小。

相反，矢量图像格式，如 eps 和 svg 格式，将图像存储为由数学方程定义的路径，这一特点使矢量图形分辨率独立，在缩放、移动、旋转或编辑图像或单个对象时不会降低图像质量。另一个优点是，使用矢量图形图像编辑软件可以轻松编辑以这种格式呈现的图像（见下文）。为了满足出版要求，当矢量图像缩放和操作达到用户需求，就可以光栅化为 tiff 格式文件，以适当的分辨率打印（通常为 300～600ppi）。

32.5 图像编辑软件

矢量格式的图像（EPS、PS、PDF 或 SVG）可通过专业软件 Adobe Illustrator（http：//www.adobe.com）或开源软件 Inkscape（https：//inkscape.org）等进行修改。使用这些应用程序可以进一步增强表现力，包括标签和元件的移动、更改、缩放、旋转和加减法。在 https：//helpx.adobe.com/illustrator/tutorials.html 和 https：//inkscape.prg/en/learn/tutorials 上提供使用 Adobe Illustrator 和 InkScape 的各种教程。矢量格式的图像（BMP、PNG、GIF、JPEG 或 TIFF）可以用各种应用程序调整，包括专业软件 Adobe Photoshop（www.adobe.com/Photoshop）、CorelDraw（http：//www.coreldraw.com）或开源软件 GIMP（http：//www.gimp.org）。

32.6 DPI、PPI及图片尺寸

数字图像的像素是一个绝对值，例如，尺寸为3000×3000像素的图像，是以每英寸300像素（PPI）显示“10×10”的图形。本章所讲的大多数应用程序允许控制图像的输出像素大小，该像素大小与期刊指南中的大小规格相匹配。每英寸的点（dpi）指的是打印设备的分辨率。重要的是，在屏幕上100%显示的图像并不代表实际打印的物理尺寸。

若要更改图像的输出分辨率而不更改Adobe Photoshop中的物理尺寸，选择“Image→Imagesize”菜单选项，在对话框窗口中选中“resample image”框并输入新的分辨率，现在PPI中的图像分辨率已设置为指定值，图像像素尺寸保持不变。若要更改图像输出尺寸，选择“Image→Imagesize”菜单选项，在对话框窗口中选择“resample image”和“constrain proportions”复选框，通过在像素尺寸或文档大小的文本框中输入数据，将宽度更改为所需要的值。

32.7 注释

① 多数情况下，在Linux发行的适当版本中，安装本章提及的程序命令行程序可以增加绘图的灵活性，特别推荐由英国自然环境研究委员会（NERC）开发和维护的Ubuntu Linux 14.04 LTS专用开源生物信息学平台BioLinux8。BioLinux包含大量预先安装的生物信息学安装包，包括Artemis[23]、ACT[41]、BLAST+、MUMMER3[39]、BioPerl[42]、Biopython[43] 和 R[44]。Unix/linux发行版也可以在Windows或Mac OS中运行虚拟机使用，诸如Oracle VM VirtualBox（https://www.virtualbox.org）、VMware（http://www.vmware.）或Parallels（http://www.parallels.com）。

② 只要注释序列是GenBank或EMBL格式的平面文件，所有可视化工具都可以展现未发布的基因组。

③ 调色板的选择是数据图形设计中的一个重要环节，特别推荐Brewer调色板，手动定义顺序、发散和定性数据的颜色选择（http://colorbrewer.org）。MartinKrzywinski's网站上有一个很好的关于Brewer调色板部分，包含将调色板加载到Adobe应用程序中的样本文件（http://mkweb.bcgsc.ca/brewer）。

④ 需要注意的是，将比较基因组显示为相对于参考基因组的同心圆环，此应用并不能说明基因组之间的同步或位置关系。此外，也不会显示在比较基因组中存在而在参考中缺失的序列。

致谢

D. Turner是来自英国布里斯托尔西英格兰大学（the University of the West of England）的讲师，D. Reynolds是来自英国布里斯托尔西英格兰大学“健康与环境”的教授，J. M. Sutton是英国公共卫生、生物技术和技术发展小组的科学带头人，E. M. Sim是澳大利亚悉尼理工大学（University of Technology Sydney）的研究助理，N. K. Petty是澳大利亚悉尼理工大学的高级讲师和微生物基因组组长。

参考文献

1. Tufte ER (2001) The visual display of quantitative information. Graphics Press, Cheshire, CT
2. Alikhan N-F, Petty NK, Ben Zakour NL, Beatson SA (2011) BLAST Ring Image Generator (BRIG): simple prokaryote genome comparisons. BMC Genomics 12(1):402
3. Altschul SF, Gish W, Miller W, Myers EW, Lipman DJ (1990) Basic local alignment search tool. J Mol Biol 215(3):403–410
4. Nilsson AS, Haggård-Ljungquist E (2006) The P2-like bacteriophages. The bacteriophages, 2nd edn. Oxford University Press, New York, NY
5. Garcia E, Chain P, Elliott JM, Bobrov AG, Motin VL, Kirillina O, Lao V, Calendar R, Filippov AA (2008) Molecular characterization of L-413C, a P2-related plague diagnostic bacteriophage. Virology 372(1):85–96
6. Bullas LR, Mostaghimi AR, Arensdorf JJ, Rajadas PT, Zuccarelli AJ (1991) *Salmonella* phage PSP3, another member of the P2-like phage group. Virology 185(2):918–921
7. Moreno Switt AI, Orsi RH, den Bakker HC, Vongkamjan K, Altier C, Wiedmann M (2013) Genomic characterization provides new insight into *Salmonella* phage diversity. BMC Genomics 14:481–481
8. Allué-Guardia A, Imamovic L, Muniesa M (2013) Evolution of a self-inducible cytolethal distending toxin type V-encoding bacteriophage from *Escherichia coli* O157:H7 to *Shigella sonnei*. J Virol 87(24):13665–13675
9. McClelland M, Sanderson KE, Spieth J, Clifton SW, Latreille P, Courtney L, Porwollik S, Ali J, Dante M, Du F, Hou S, Layman D, Leonard S, Nguyen C, Scott K, Holmes A, Grewal N, Mulvaney E, Ryan E, Sun H, Florea L, Miller W, Stoneking T, Nhan M, Waterston R, Wilson RK (2001) Complete genome sequence of *Salmonella enterica* serovar Typhimurium LT2. Nature 413 (6858):852–856
10. Nakayama K, Kanaya S, Ohnishi M, Terawaki Y, Hayashi T (1999) The complete nucleotide sequence of phiCTX, a cytotoxin-converting phage of *Pseudomonas aeruginosa*: implications for phage evolution and horizontal gene transfer via bacteriophages. Mol Microbiol 31(2):399–419
11. Miller ES, Kutter E, Mosig G, Arisaka F, Kunisawa T, Rüger W (2003) Bacteriophage T4 genome. Microbiol Mol Biol Rev 67 (1):86–156
12. Morgan GJ, Hatfull GF, Casjens S, Hendrix RW (2002) Bacteriophage Mu genome sequence: analysis and comparison with Mu-like prophages in *Haemophilus*, *Neisseria* and *Deinococcus*. J Mol Biol 317(3):337–359
13. Dunn JJ, Studier FW, Gottesman M (1983) Complete nucleotide sequence of bacteriophage T7 DNA and the locations of T7 genetic elements. J Mol Biol 166(4):477–535
14. Sanger F, Coulson AR, Hong GF, Hill DF, Petersen GB (1982) Nucleotide sequence of bacteriophage λ DNA. J Mol Biol 162 (4):729–773
15. Frampton RA, Taylor C, Holguin Moreno AV, Visnovsky SB, Petty NK, Pitman AR, Fineran PC (2014) Identification of bacteriophages for biocontrol of the kiwifruit canker phytopathogen *Pseudomonas syringae* pv. *actinidiae*. Appl Environ Microbiol 80(7):2216–2228
16. Garbe J, Bunk B, Rohde M, Schobert M (2011) Sequencing and characterization of *Pseudomonas aeruginosa* phage JG004. BMC Microbiol 11:102
17. Debarbieux L, Leduc D, Maura D, Morello E, Criscuolo A, Grossi O, Balloy V, Touqui L (2010) Bacteriophages can treat and prevent *Pseudomonas aeruginosa* lung infections. J Infect Dis 201(7):1096–1104
18. Lu S, Le S, Tan Y, Zhu J, Li M, Rao X, Zou L, Li S, Wang J, Jin X, Huang G, Zhang L, Zhao X, Hu F (2013) Genomic and proteomic analyses of the terminally redundant genome of the *Pseudomonas aeruginosa* phage PaP1: establishment of genus PaP1-like phages. PLoS One 8(5):e62933
19. Grant JR, Stothard P (2008) The CGView Server: a comparative genomics tool for circular genomes. Nucleic Acids Res 36(Web Server issue):W181–W184
20. Grant J, Arantes A, Stothard P (2012) Comparing thousands of circular genomes using the CGView Comparison Tool. BMC Genomics 13(1):202
21. Krzywinski MI, Schein JE, Birol I, Connors J, Gascoyne R, Horsman D, Jones SJ, Marra MA (2009) Circos: an information aesthetic for comparative genomics. Genome Res 19:1639–1645
22. Carver T, Thomson N, Bleasby A, Berriman M, Parkhill J (2009) DNAPlotter: circular and linear interactive genome visualization. Bioinformatics 25(1):119–120
23. Rutherford K, Parkhill J, Crook J, Horsnell T, Rice P, Rajandream MA, Barrell B (2000) Artemis: sequence visualization and annotation. Bioinformatics 16(10):944–945
24. Sullivan MJ, Petty NK, Beatson SA (2011) Easyfig: a genome comparison visualizer. Bioinformatics 27(7):1009–1010
25. Anany H, Switt AM, De Lappe N, Ackermann H-W, Reynolds D, Kropinski A, Wiedmann M, Griffiths M, Tremblay D, Moineau S, Nash JE,

Turner D (2015) A proposed new bacteriophage subfamily: "Jerseyvirinae". Arch Virol 160:1021

26. Turner D, Hezwani M, Nelson S, Salisbury V, Reynolds D (2012) Characterization of the *Salmonella* bacteriophage vB_SenS-Ent1. J Gen Virol 93(Pt 9):2046–2056
27. Pritchard L, White JA, Birch PRJ, Toth IK (2006) GenomeDiagram: a python package for the visualization of large-scale genomic data. Bioinformatics 22(5):616–617
28. Conant GC, Wolfe KH (2008) GenomeVx: simple web-based creation of editable circular chromosome maps. Bioinformatics 24 (6):861–862
29. Juhala RJ, Ford ME, Duda RL, Youlton A, Hatfull GF, Hendrix RW (2000) Genomic sequences of bacteriophages HK97 and HK022: pervasive genetic mosaicism in the lambdoid bacteriophages. J Mol Biol 299 (1):27–51
30. Petkau A, Stuart-Edwards M, Stothard P, Van Domselaar G (2010) Interactive microbial genome visualization with GView. Bioinformatics 26(24):3125–3126
31. Lohse M, Drechsel O, Bock R (2007) OrganellarGenomeDRAW (OGDRAW): a tool for the easy generation of high-quality custom graphical maps of plastid and mitochondrial genomes. Curr Genet 52(5-6):267–274
32. Roberts MD, Martin NL, Kropinski AM (2004) The genome and proteome of coliphage T1. Virology 318(1):245–266
33. Pickard D, Toribio AL, Petty NK, van Tonder A, Yu L, Goulding D, Barrell B, Rance R, Harris D, Wetter M, Wain J, Choudhary J, Thomson N, Dougan G (2010) A conserved acetyl esterase domain targets diverse bacteriophages to the vi capsular receptor of *Salmonella enterica* Serovar Typhi. J Bacteriol 192(21):5746–5754
34. Hooton S, Timms A, Rowsell J, Wilson R, Connerton I (2011) *Salmonella* Typhimurium-specific bacteriophage PhiSH19 and the origins of species specificity in the Vi01-like phage family. Virol J 8(1):498
35. Shahrbabak SS, Khodabandehlou Z, Shahverdi AR, Skurnik M, Ackermann H-W, Varjosalo M, Yazdi MT, Sepehrizadeh Z (2013) Isolation, characterization and complete genome sequence of PhaxI: a phage of *Escherichia coli* O157 : H7. Microbiology 159 (Pt 8):1629–1638
36. Kutter E, Skutt-Kakaria K, Blasdel B, El-Shibiny A, Castano A, Bryan D, Kropinski A, Villegas A, Ackermann H-W, Toribio A, Pickard D, Anany H, Callaway T, Brabban A (2011) Characterization of a ViI-like phage specific to *Escherichia coli* O157:H7. Virol J 8(1):430
37. Anany H, Lingohr E, Villegas A, Ackermann H-W, She Y-M, Griffiths M, Kropinski A (2011) A *Shigella boydii* bacteriophage which resembles *Salmonella* phage ViI. Virol J 8 (1):242
38. Adriaenssens EM, Van Vaerenbergh J, Vandenheuvel D, Dunon V, Ceyssens P-J, De Proft M, Kropinski AM, Noben J-P, Maes M, Lavigne R (2012) T4-related bacteriophage LIMEstone isolates for the control of soft rot on potato caused by '*Dickeya solani*'. PLoS One 7(3):e33227
39. Kurtz S, Phillippy A, Delcher AL, Smoot M, Shumway M, Antonescu C, Salzberg SL (2004) Versatile and open software for comparing large genomes. Genome Biol 5(2):R12
40. Field D, Tiwari B, Booth T, Houten S, Swan D, Bertrand N, Thurston M (2006) Open software for biologists: from famine to feast. Nat Biotechnol 24(7):801–803
41. Carver TJ, Rutherford KM, Berriman M, Rajandream M-A, Barrell BG, Parkhill J (2005) ACT: the Artemis comparison tool. Bioinformatics 21(16):3422–3423
42. Stajich JE, Block D, Boulez K, Brenner SE, Chervitz SA, Dagdigian C, Fuellen G, Gilbert JGR, Korf I, Lapp H, Lehväslaiho H, Matsalla C, Mungall CJ, Osborne BI, Pocock MR, Schattner P, Senger M, Stein LD, Stupka E, Wilkinson MD, Birney E (2002) The bioperl toolkit: perl modules for the life sciences. Genome Res 12(10):1611–1618
43. Cock PJA, Antao T, Chang JT, Chapman BA, Cox CJ, Dalke A, Friedberg I, Hamelryck T, Kauff F, Wilczynski B, de Hoon MJL (2009) Biopython: freely available Python tools for computational molecular biology and bioinformatics. Bioinformatics 25(11):1422–1423
44. R Core Team (2017) R: a language and environment for statistical computing. http://www.R-project.org

33 噬菌体裂解物的制备和 DNA 纯化

▶ 33.1 引言
▶ 33.2 材料
▶ 33.3 方法
▶ 33.4 总结

摘要

在过去，制备纯噬菌体 DNA 依赖于 CsCl 梯度，这种方法制备 DNA 回收率低并且易受基因组污染的影响。最近出现一些新方法，可以从平板裂解物中纯化 DNA，高产且不受基因组污染，即使在限制性分析或噬菌体测序中也未见基因组污染。

本章提供的方案可以从 1 个或 2 个 9cm L-琼脂平板中制备噬菌体 DNA。建议上层琼脂中使用琼脂糖，以避免某些琼脂中可能存在的限制性抑制剂。

关键词： 噬菌体 DNA 分离，噬菌体裂解物，锁相凝胶纯化，纯化噬菌体 DNA

33.1 引言

噬菌体 DNA 纯化后方可进行限制性酶切分析和其他研究如测序等，而噬菌体 DNA 纯化的方法，或是通过 CsCl 梯度纯化噬菌体颗粒随后裂解释放 DNA，或是避免细菌 DNA 污染的选择性纯化噬菌体 DNA。后一种技术利用噬菌体的完整衣壳保护噬菌体 DNA 不受降解的特点，用 DNase Ⅰ将细菌基因组 DNA 单独降解。这种酶在短时间内消化基因组 DNA 后，可通过添加蛋白酶 K 迅速灭活，然后添加苯酚-氯仿完全降解保护噬菌体 DNA 的噬菌体外壳，进而纯化噬菌体 DNA。

33.2 材料

所需的试剂和材料，下文详细介绍。

33.2.1 使用 Promega Wizard Lambda Prep DNA 无真空源纯化系统（产品编号：A7290）

① 5mL 规格的 Luer-Lok 注射器（Sigma）。
② 20mg/mL 蛋白酶 K 溶液（Roche Cat. No. 03 115 828 001）。
③ 80%异丙醇。
④ E 缓冲液或类似物。

33.2.2 使用 Promega Vac-Man Laboratory Manifold 的 Wizard Lambda Prep DNA 改进版纯化系统

① 20mg/mL 蛋白酶 K 溶液（Roche Cat. No. 03 115 828 001）。
② 80%异丙醇。
③ TE 或 E 缓冲液。
④ Promega Vac-Man Laboratory Vacuum Manifold（Cat. No. A7231 的 20 个样品容量版本或 Cat. No. A7660 的双样品容量 Vac-Man Jr. Laboratory Vacuum Manifold）。

33.2.3 用锁相凝胶（酚-氯仿法）1.5mL Eppendorf 或 15mL Falcon

① DNase I（Roche Cat. No. 11 284 932 001）。
② RNase A（Roche Cat. No. 10 109 142 001）。
③ 蛋白酶 K（Roche Cat. No. 03 115 828 001）。
④ 酚/氯仿/IAA（Sigma-FlukaCat. No. 777617；100mL）。
⑤ 氯仿/IAA（Sigma-FlukaCat. No. 25666；100mL）。
⑥ 醋酸钠-AnalaR 或类似高质量产品。
⑦ 异丙醇或乙醇。
⑧ Eppendorf 1.5mL 轻量锁相凝胶（VWR International Cat No. 713-253）或 Eppendorf 15mL 轻量锁相凝胶（VWR International Cat. No. 713-2537）。

33.3 方法

33.3.1 初始噬菌体感染

通过感染获得半融合噬菌体裂解物：首先，在上层琼脂糖层中添加 lambda 稀释液获得噬菌体颗粒，收集到离心管中；每管加入 3mL lambda 稀释液和 200μL 氯仿，将裂解物在涡旋振荡器上振荡，将噬菌体从裂解的细菌中释放出来。接下来破碎噬菌体释放噬菌体 DNA，从降解的基因组 DNA 污染片段中纯化，下面详细介绍实验室常用的两种纯化方法。为了完整性，在准备高效价平板裂解液之前做一个简要说明。

33.3.2 从 1 个或 2 个 L-琼脂/琼脂糖平板中获得高效价噬菌体

① 在 5mL L-肉汤中接种噬菌体感染所需的细菌菌株（若需要可加入增补剂），37℃振荡培养过夜，制备琼脂含量为 1.4%的 L-琼脂培养基（按需要添加补充物和抗生素）。

② 第二天熔化半固体 L-琼脂（0.35%～0.7%），冷却到 56℃备用，使用前 5min 冷却至 42℃。

③ 用 lambda 缓冲液连续稀释噬菌体原液，从 10^{-1} 到 10^{-5}（取决于效价）。在 15mL 离心管中加入 10mL 液体。

④ 向管中加入 200μL O/N 培养物并轻轻混合，37℃下孵育 20min，使噬菌体吸附到宿主细菌上。

⑤ 向噬菌体-细菌混合物中加入 3mL 0.5% L-琼脂，立即倒在 1.4% L-琼脂平板上。孵育平板直至看到噬菌斑。

⑥ 向平板中加入 3mL lambda 缓冲液，使 O/N 保持在 4℃。

⑦ 第二天刮取上层琼脂和缓冲液，放入 50mL 离心管中并加入 50μL 氯仿，混匀 1min，在台式离心机中 4000r/min 离心 30min。

⑧ 收集上清液并过滤除菌和任何其他不溶物质（优选 45μm 或 70μm 过滤器），至此噬菌体 DNA 纯化方案的准备已完成。

33.3.3 从噬菌体颗粒中分离纯化噬菌体 DNA

以下介绍三种制备噬菌体 DNA 的方法。前两种是用 Promega kit，只在使用 Promega Vacuum Manifold 时有所不同，其中一种方法使用注射器筒和柱塞。第三种方法是锁相凝胶与苯酚氯仿萃取相结合。后者产率稍高，是裂解量较小的噬菌体制备时选择的方法。

33.3.3.1 方法一：Promega Wizard Lambda Preps DNA 纯化体系（产品编号：A7290）

该方法使用 3～5mL Luer-Lok 注射器。如果有 Promega Vac-Man Laboratory Manifold 或类似方法，可以做以下改进（改进版本 1），改进之后可使结果有更好的一致性，并可同时纯化多个样品。

① 在 5mL 噬菌体上清液中加入 40μL 核酸酶混合物（通常是来自一个平板的 5mL 上清液，如果体积小于 5mL 可加入 lambda 稀释液），37°C 孵育 15min。

② 加入 4mL 噬菌体沉淀剂，轻轻混匀，冰浴 30min。

③ 10000*g* 离心 10min。

④ 小心取出，弃掉上清液，将沉淀重悬于 500μL 噬菌体缓冲液中，去除残留的 DNA 酶（存在于核酸酶混合物中降解细菌基因组 DNA 和 RNA），加入终浓度为 0.5mg/mL 的蛋白酶 K，37℃下孵育 10min。

⑤ 将悬浮的噬菌体转移到 Eppendorf 管中，离心 10s 以除去不溶性颗粒。将上清液转移到新的 Eppendorf 中，加入 1mL Promega 纯化树脂（使用前摇匀）。在 5mL 注射器上安装 Promega 微型柱，继续纯化样品。

⑥ 将树脂/裂解物吸进注射器筒，缓慢插入柱塞，将溶液轻推入微型柱。从柱上取下注射器，在另一个注射器中加入 2mL 80%异丙醇，向下推柱塞使其穿过柱体。

⑦ 将微型柱转移到 1.5mL 的 Eppendorf 中，离心 30s 使树脂干燥。

⑧ 将柱转移到新的 Eppendorf 中，用 100μL 事先加热至 80°C 的 TE 缓冲液（或 pH8.5，10mmol/L Tris 的 E 缓冲液）洗脱纯化的噬菌体 DNA。立即 14000r/min 离心 1min，收集噬菌体 DNA 4℃储存。

如果有 Promega Vac Man Laboratory Manifold 或类似物可用，则可以对步骤进行修改。

33.3.3.2 方法一的修改方法：Promega Vac-Man Laboratory Manifold

① 取 40μL 核酸酶混合物加入 5mL 噬菌体上清液中（通常是取自一个平板的 5mL 上清液，如果体积小于 5mL 可加入 lambda 稀释剂），37℃孵育 15min。

② 加入 4mL 噬菌体沉淀剂，轻轻混匀，冰浴 30min。

③ 10000*g* 离心 10min。

④ 小心取出，弃掉上清液，将沉淀重悬于 500μL 噬菌体缓冲液中，去除残留的 DNA 酶（存在于核酸酶混合物中降解细菌基因组 DNA 和 RNA），加入终浓度为 0.5mg/mL 的蛋白酶 K，37℃下孵育 10min。

⑤ 将悬浮的噬菌体转移到 Eppendorf 管中，离心 20s 以除去不溶性颗粒。将上清液转移到新的 Eppendorf 中，加入 1mL Promega 纯化树脂（使用前摇匀）。

⑥ 对于每个制备的噬菌体裂解液，将注射器针筒连接到 Promega Wizard 微型柱的 Luer-Lok 延伸部分，然后通过微型柱末端的尖端将整个组件连接到 Promega Vacuum Manifold 上。

⑦ 将树脂/裂解物混合物转移到注射器筒中，并利用真空将悬浮液吸入微型柱中，当所有混合物都进入柱子，关闭真空管道。

⑧ 将 2mL 80%异丙醇加入注射器筒中，再次抽真空，清洗柱子。

⑨ 所有异丙醇进入微型柱之后，抽真空 30s 以干燥树脂。此阶段不要过度干燥柱子。

⑩ 将微型柱转移到新的 Eppendorf 中，该柱的设计适合于 1.5mL 或 2.0mL Eppendorf 管。洗脱纯化的噬菌体 DNA 中加入 100μL 事先加热至 80℃的 TE 缓冲液（或 E 缓冲液，pH8.5，10mmol/L Tris）。立即 14000r/min 离心 1min，收集到的噬菌体 DNA 于 4℃保存。

33.3.3.3 方法二：锁相凝胶体系（酚-氯仿方法）

可从 VWR 获得两种型号的柱子，下面的方法是使用较小的 1.5mL Eppendorf 管。

① 将 1.8mL 等分试样转移至 15mL 离心管（假定每个平板收集噬菌体裂解液 2.5～3.0mL），加入 18μL 的 1mg/mL DNase Ⅰ和 8μL 12.5mg/mL RNase A，混合，37℃孵育 30min，从噬菌体裂解物中去除基因组污染物。

② 加入 46μL 的 20% SDS 和 18μL 的 10mg/mL 蛋白酶 K，混合，37℃下再孵育 30min。将 500μL 体积等分，移入 4×1.5mL 锁相凝胶 Eppendorf 管中。

③ 用 0.5mL 苯酚：氯仿：异戊醇（25：24：1）提取等分样品，1500*g* 离心 5min 分离各相。

④ 将上述水相移到一个新的锁相凝胶管中，重复上述步骤。

⑤ 将水相移至新的锁相凝胶管中，用氯仿：IAA（24：1）提取一次，6000*g* 离心 5min。

⑥ 将水相转移至 1.5mL Eppendorf 管中，加入 45μL 3mol/L 乙酸钠（pH5.2）和 500μL 100%异丙醇（可使用两倍体积的乙醇替代），将 DNA 在室温下沉淀 20min。

⑦ 14000r/min 离心 20min，在干燥前用 70%乙醇洗涤 DNA 沉淀两次。

⑧ 用 TE 或 E 缓冲液将 DNA 重悬至终体积 200μL（每管 50μL），将 DNA 转移至无菌的 Eppendorf 管。于 4℃储存。

33.3.3.4 使用 15mL 锁相凝胶离心管从较大体积的裂解液中纯化噬菌体 DNA

上述方法使用 1.5mL 锁相凝胶 Eppendorf 管，如果处理 3.6mL 裂解液提取更大量的噬菌体 DNA，则可以使用 15mL 离心管，在前三个步骤中酶用量加倍（36μL 的 1mg/mL DNase Ⅰ；16μL 的 RNase A；92μL 20% SDS 和 36μL 蛋白酶 K）。在 15mL 锁相凝胶管中，需使用 3.8mL 苯酚/氯仿/IAA 等，并在所有后续步骤中扩大所需量。例如，在氯仿：IAA 步骤后，用 E 缓冲液定容至 4mL，加入 360μL 3mol/L 乙酸钠和 4mL 100%异丙醇，如前所述孵育沉淀 DNA。

结果表明，与锁相凝胶体系相比，该体系收率平均低 10%左右。噬菌体由 Colindale 分型实验室提供。

33.4 总结

上述所有方法都可以获得纯度至少为 99%的噬菌体 DNA，可以用于限制性酶切和测序。DNA 收率很高，1.8mL 澄清裂解物的原料可得到接近 10μg DNA。多种噬菌体的典型结果如图 33-1 和图 33-2 所示。虽然凝胶图显示的是由裂解性噬菌体制备的 DNA，但所述方法也适用于适宜宿主和生长条件下的溶原性噬菌体引发的裂解循环（如 λgt11、λ 噬菌体、stx Ⅰ或Ⅱ等）。

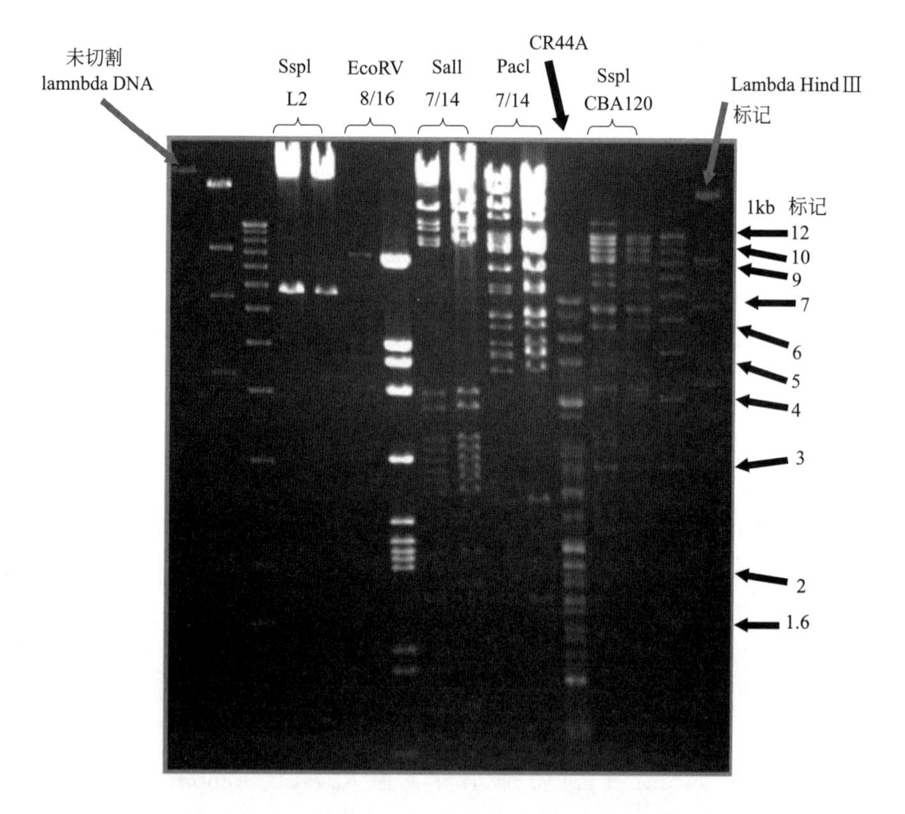

图 33-1 通过锁相凝胶法制备系列噬菌体 DNA

起始量为 0.8mL 或 3.2mL。L2、8/16 和 7/14 是从铜绿假单胞菌中获得的裂解噬菌体 DNA 并用多种限制酶切割，CR44A 是柠檬酸杆菌感染的裂解噬菌体，CBA120 是大肠杆菌的裂解噬菌体。许多样品已多次制备 DNA 并使用不同体积的起始材料（如噬菌体 8/16）。噬菌体由 Betty Kutter、Seamus Flynn 和 Ana Luisa Toribio 友情提供

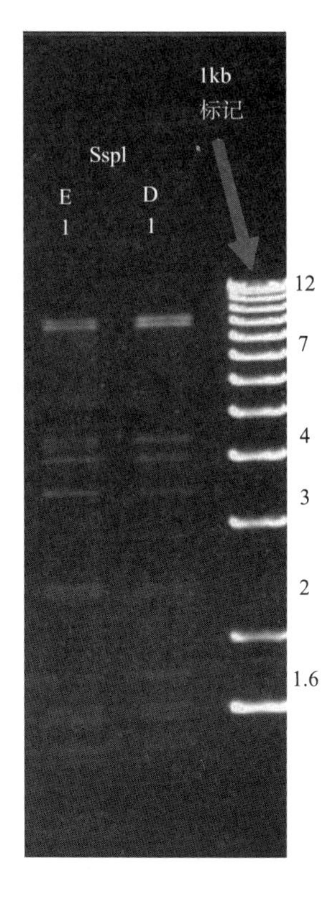

图 33-2　利用 Promega 噬菌体试剂盒制备的伤寒沙门菌裂解噬菌体 E1 和 D1 的噬菌体 DNA 用 Sspl 酶解 DNA

34 脉冲场凝胶电泳（PFGE）测定噬菌体基因组大小

- 34.1 引言
- 34.2 材料
- 34.3 方法
- 34.4 注释

摘要

标准琼脂糖凝胶电泳广泛用于分离 0.2kb 至 40～50kb 的 DNA 片段，较大的基因组片段或整个病毒基因组 DNA 只能通过脉冲场凝胶电泳（PFGE）有效分离，PFGE 分离的有效分子范围是从 200bp 到 12Mb。

关键词： 脉冲场凝胶电泳（PFGE），琼脂糖，基因组大小，RFLP

34.1 引言

标准琼脂糖凝胶电泳广泛用于分离 0.2kb 至 40～50kb 的 DNA 片段。较大的基因组DNA 片段或整个病毒基因组 DNA 由于蠕动（缠结聚合物的蛇状运动）形成共迁移，脉冲场凝胶电泳（PFGE）的有效分子范围是从 200bp 到 12Mb，因此是分析原核基因组大小的首选技术。PFGE 以 PulseNet 为基础，即在限制性内切酶切割模式的基础上对病原体进行分子筛选[1,2]。在病毒方面，PFGE 已用于表征大型病毒基因组[3,4]、分析原噬菌体的整合[5]、研究多联体复制的形成并区分圆形和线性基因组[6]。此外，在病毒宏基因组学领域，PFGE 用于分析海洋[7] 和超咸水环境[8] 以及人类排泄物[9,10] 的病毒多样性。

下面的步骤是一个改进的 PFGE 方法，用于分析细菌 DNA[1]，经过优化用于纯化大肠埃希菌噬菌体。在琼脂糖凝胶中制备噬菌体，将溶解剂和蛋白酶溶解于其中，然后洗涤并将切片装入琼脂糖凝胶中用于 PFGE。脉冲电场允许较大的 DNA 片段进入和移动，片段大小大于标准琼脂糖电泳中迁移的 DNA 片段（图 34-1）。如有需要，可在 PFGE 前用一个或多个限制性内切酶消化整个基因组 DNA，生成较小的片段用于限制性片段长度多态性（RFLP）分析。与提取的噬菌体 DNA 相比，纯化的完整噬菌体更适合用 PFGE 分析基因组大小，这是由于噬菌体基因组核酸剪切较少。通过密度梯度超速离心纯化的噬菌体需要在低盐缓冲液下进行透析，除去在之前加入的氯化铯或蔗糖[11]。尽管该方案针对大小为 100～150kb 的噬菌体基因组进行了优化，但也适于更小和更大范围的基因组，通过调整琼脂糖凝胶中制备的噬菌体数量来实现。

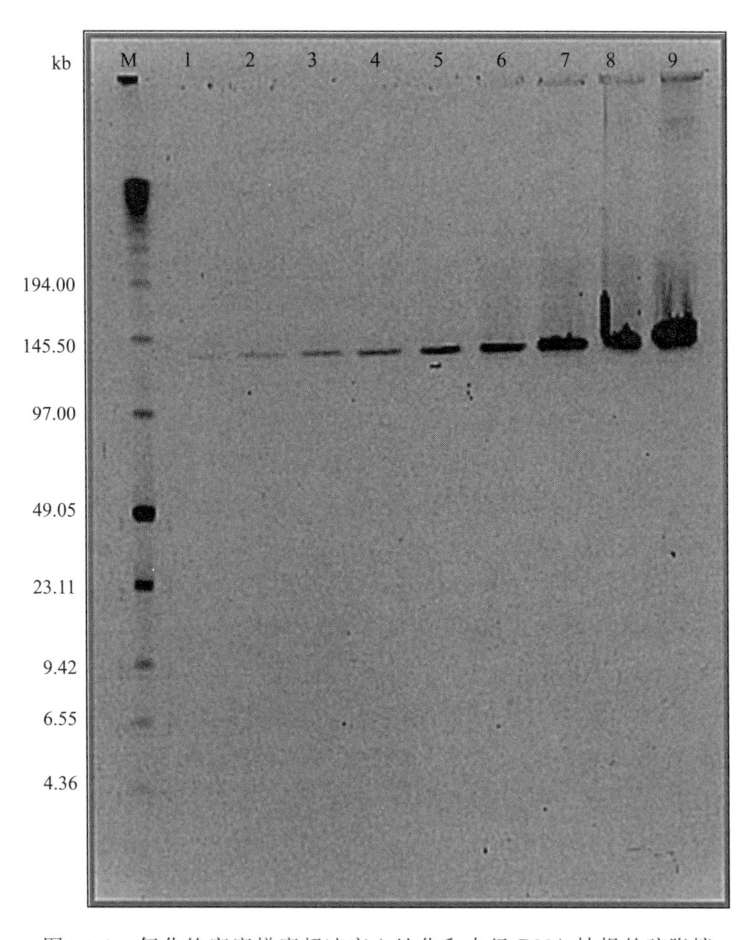

图 34-1 氯化铯密度梯度超速离心纯化和未经 DNA 抽提的琼脂糖凝胶中制备的大肠杆菌 rV5 的脉冲场凝胶电泳图

泳道 M：PFGE 标记 DNA；泳道 1～9 是两倍稀释的噬菌体，泳道 9 中含量最高（1.38×10^8pfu）

34.2 材料

34.2.1 设备

4℃冰箱，恒温箱设定在 50℃，振荡水浴 54℃，无菌微型离心管，无菌小扁平抹刀，无菌手术刀或凝胶刀，无菌 15mL 螺旋盖离心管，带塞式铸造模具的 PFGE 系统（BioRad CHEF-DRⅢ或同等规格），容量为 20μL 至 10mL 的无菌吸管和吸头，分析天平，热板或微波炉，紫外线光源和凝胶记录系统。

34.2.2 试剂和缓冲液

建议使用质量控制良好的供应商提供的分子生物学级试剂、缓冲液和水，以减少逐次运行的变化。同样，建议评估具有相同规格但来自不同供应商的试剂。

① 效价为 10^6～10^9pfu/mL 的纯化噬菌体，通常是 10^7pfu/mL（注释①）。

② 分子生物学级水，无菌、去离子、不含核酸酶及 DNA 和 RNA。

③ pH 8.0 的 1.0mol/L Tris。

每 500mL：	Tris（三羟甲基氨基甲烷）	60.57g
	水	350mL
	调整 pH 为 8.0	
	加水至	500mL

④ pH 8.0 的 0.5mol/L EDTA。

每 500mL：	EDTA（乙二胺四乙酸二钠）	93.05g
	水	50mL
	调整 pH 为 8.0	
	加水至	500mL

⑤ Tris-EDTA（TE）缓冲液，1×(10mmol/L Tris 和 1mmol/L EDTA，pH 8.0)。

每 100mL：	1mol/L Tris，pH 8.0	1mL
	0.5mol/L EDTA，pH 8	0.2mL
	加水至	100mL

⑥ Tris-硼酸盐-EDTA（TBE）缓冲液，5×(0.45mol/L Tris 硼酸盐和 0.01mol/L EDTA)。

每 1000mL：	三羟甲基氨基甲烷	54g
	硼酸	27.5g
	0.5mol/L EDTA，pH 8.0	20mL
	加水至	1L

⑦ Tris-硼酸盐-EDTA（TBE）缓冲液，0.5×(45mmol/L Tris 硼酸盐和 1mmol/L EDTA)。

每 1000mL：	5×TBE	200mL
	加水至	1L

⑧ 噬菌体悬浮（PS）缓冲液（0.1mol/L Tris 和 0.1mol/L EDTA，pH 8.0)。

每 100mL：	1.0mol/L Tris，pH 8.0	10mL
	0.5mol/L EDTA，pH 8.0	20mL
	加水至	100mL

⑨ 琼脂糖凝胶 [1.2% SeaKem Gold 琼脂糖（Cambrex Corp.），1×TE 缓冲液]。

每 100mL：	SeaKem Gold 琼脂糖	1.2g
	1×TE 缓冲液	100mL

加热至溶解，保持在 50℃。

⑩ 噬菌体裂解（PL）缓冲液（50mmol/L Tris，50mmol/L EDTA，10g/L SDS)。

每 100mL：	1.0mol/L Tris，pH 8.0	5mL
	0.5mol/L EDTA，pH 8.0	10mL
	SDS	1g
	水	85mL

⑪ 蛋白酶 K 溶液，20mg/mL。

每 1mL：	蛋白酶 K	20mg
	无菌无核酸水	1mL

⑫ 70%乙醇（体积分数)。

⑬ PFGE 琼脂糖（1% SeaKem Gold 琼脂糖，0.5×TBE)。

每 1000mL：	SeaKem Gold 琼脂糖	1.2g
	0.5×TBE 缓冲液	120mL

水 1L

加热至溶解并冷却至50℃，然后制作凝胶。

⑭ PFGE琼脂糖凝胶中的低范围DNA Marker（New England Biolabs；Ipswich，MA，0.13～194kb（注释②）。

⑮ 溴化乙锭溶液，1×，0.5～1μg/mL。

每1000mL：溴化乙锭 0.5～1.0mg

蒸馏水 1000mL

34.3 方法

34.3.1 胶块制备

① 如有必要，更换PS缓冲液，将纯化的噬菌体透析三次，除去氯化铯和蔗糖（注释①）。

② 组装制作胶块的模具，并做好标记。

③ 按每种噬菌体0.5～1mL的体积制备琼脂糖胶块，在加热块或水浴中保持50～54℃。

④ 将400μL透析纯化的噬菌体转移至标记的微量离心管中，并在50℃的加热块中加热（注释③）。

⑤ 一次处理一种噬菌体，在微量离心管中加入400μL熔化的琼脂糖，小心吹打混合，确保没有气泡，立即将250μL混合物转移至胶块模具中。

剩余部分可以作为额外胶块储存在TE缓冲液中，或使其凝固并在4℃储存。

⑥ 胶块在20～22℃固化30min或在4℃固化10～15min。

⑦ 标记每个胶块样品，并在15mL的螺旋盖管标记。

⑧ 向每个管中加入5mL PL缓冲液和25μL蛋白酶K溶液（20mg/mL）。

⑨ 小心打开胶块模具的盖子，用扁平的经乙醇消毒的小抹刀把胶块取出来，将每个胶块转移到盛有相应PL缓冲液的离心管中。

⑩ 将离心管置于54℃水浴中振荡1.5～2.0h，确保浴槽的水位高于离心管的水位。

⑪ 在水浴槽中将无菌TE缓冲液加热至54℃，洗涤胶块。

⑫ 从水浴槽中取出装有胶块的离心管，小心吸出缓冲液，保留胶块。

⑬ 每管加入至少5mL温热的无菌TE缓冲液，将离心管在54℃的振荡水浴中孵育至少15min。

⑭ 重复步骤⑫和步骤⑬至少一次，保留胶块，更换TE缓冲液。

⑮ 胶块在4℃存储，至用于PFGE。

可选：在此阶段，如果进行噬菌体DNA的RFLP，用限制性内切酶对其进行处理。

34.3.2 PFGE

① 用0.5×TBE缓冲液制备120mL 1%PFGE琼脂糖。

② 准备2.2L 0.5×TBE缓冲液，装入PFGE槽并冷却至14℃。

③ 冷却后沿长轴方向浇铸于合适的胶槽中，在加热块中将稍过量的琼脂糖保持在50℃。

④ 使凝胶凝固。

⑤ 用扁平的经乙醇消毒的小刮刀或手术刀片从TE缓冲液中取出噬菌体胶块，切开胶块的长轴，切片约为胶块长度的五分之一。其余部分保存在4℃的TE缓冲液中。

⑥ 将胶块片装入 PFGE 凝胶孔中，确保触及槽的底部和前壁。将 2mm 的 DNA Marker 切片和其他对照加到凝胶中的各个孔中。

⑦ 用剩余熔化的琼脂糖填充孔缝隙以密封胶块，确保没有气泡，并使凝胶凝固。

⑧ 将凝胶装入含有冷却缓冲液的 PFGE 槽中。

⑨ 在 14℃，6V/cm 条件下运行凝胶 18～20h，增量脉冲为 2.2～54.2s（注释④）。

⑩ 取下凝胶，在溴化乙锭溶液（0.5μg/mL）中染色 30min，用去离子水冲洗 30min 清除未结合的杂质。

⑪ 在紫外线下检测凝胶。

⑫ 使用凝胶记录系统拍摄、打印和保存染色凝胶的图像。

⑬ 与 DNA Marker 和其他对照比较，或通过适当的软件分析，直观估测噬菌体基因组的大小。

34.4 注释

① 噬菌体可以用 CsCl 梯度制备，或从高效价的新鲜上清液中提取，6000*g* 离心除去细菌碎片。

② 可以使用其他标记。如果需要，在进行 PFGE 凝胶之前将其制成胶块。

③ 加热悬浮液，防止加入的熔化后的琼脂凝固。

④ 需要调整脉冲时间优化条带分离。

参考文献

1. Vivanco, A.B., J. Alvarez, I. Laconcha, N. Lopez-Molina, A. Rementeria, and J. Garaizar. 2004. Molecular genotyping methods and computerized analysis for the study of *Salmonella enterica*. Methods in Molecular Biology *268*:49–58.
2. Swaminathan, B., T.J. Barrett, S.B. Hunter, R.V. Tauxe, and T.F. CDC PulseNet. 2001. PulseNet: the molecular subtyping network for foodborne bacterial disease surveillance, United States. Emerging Infectious Diseases *7*:382–389.
3. Raoult, D., S. Audic, C. Robert, C. Abergel, P. Renesto, H. Ogata, B. La Scola, M.Suzan, and Claverie J.-M. 2004. The 1.2-Megabase Genome Sequence of Mimivirus. Science *Fundamentals of Measurement*. *306*: 1344–1350.
4. Atterbury, R.J., P.L. Connerton, C.E. Dodd, C.E. Rees, and I.F. Connerton. 2003. Isolation and characterization of *Campylobacter* bacteriophages from retail poultry. Applied & Environmental Microbiology *69*: 4511–4518.
5. Iguchi, A., R. Osawa, J. Kawano, A. Shimizu, J. Terajima, and H. Watanabe. 2003. Effects of lysogeny of Shiga toxin 2-encoding bacteriophages on pulsed-field gel electrophoresis fragment pattern of *Escherichia coli* K-12. Current Microbiology *46*:224–227.
6. Serwer, P., S.J. Hayes, E.T. Moreno, D. Louie, R.H. Watson, and M. Son. 1993. Pulsed field agarose gel electrophoresis in the study of morphogenesis: packaging of double-stranded DNA in the capsids of bacteriophages. Electrophoresis *14*:271–277.
7. Fuhrman, J.A., J.F. Griffith, and M.S. Schwalbach. 2002. Prokaryotic and viral diversity patterns in marine plankton. Ecological Research *17*:183–194.
8. Diez, B., J. Anton, N. Guixa-Boixereu, C. Pedros-Alio, and F. Rodriguez-Valera. 2000. Pulsed-field gel electrophoresis analysis of virus assemblages present in a hypersaline environment. International Microbiology *3*: 159–164.
9. Breitbart, M., I. Hewson, B. Felts, J.M. Mahaffy, J. Nulton, P. Salamon, and F. Rohwer. 2003. Metagenomic analyses of an uncultured viral community from human feces. Journal of Bacteriology *185*:6220–6223.
10. Edwards, R.A. and F. Rohwer. 2005. Viral metagenomics. Nature Reviews Microbiology *3*:504–510.
11. Carlson, K. 2005. Working with bacteriophages: Common techniques and methodological approaches., *In* E. Kutter and A. Sulakvelidze (Eds.), Bacteriophages: Biology and Applications. CRC Press, Baco Raton, FL.

35 噬菌体基因组末端的高通量测序分析

▶ 35.1 引言
▶ 35.2 材料
▶ 35.3 方法
▶ 35.4 注释

摘要

高通量测序（high-throughput sequencing，HTS）是分析噬菌体基因组及其末端的有力工具。该技术将测序过程并行化，同时产生数千到数百万的 reads。噬菌体基因组末端信息是研究噬菌体生物学的重要基础知识。目前建立了一种高发频率 reads 末端理论，并开展了一种以大量高通量测序数据为基础的实用方法来确定噬菌体基因组末端。该方法在不需要进一步实验室验证的情况下，利用其为噬菌体基因组测序的副产物，仅通过对噬菌体基因组原始测序数据 reads 的统计分析，即可有效、可靠地鉴定噬菌体基因组的末端。

关键词： 高通量测序（HTS），噬菌体，基因组末端，高发频率 reads 末端理论，高频 reads 序列（HFS）

35.1 引言

噬菌体在分子生物学研究中起着重要的作用。1952 年，Hershey-Chase 用噬菌体证明 DNA 是遗传物质[1]；噬菌体基因组酶编码多种实用酶，如 T4 DNA 连接酶、T4 RNA 连接酶和 T4 聚合酶。

近年来，细菌抗生素抗药性的蔓延和严重程度已经威胁到人类健康[2]。例如，肠球菌对万古霉素产生抗药性（抗万古霉素肠球菌，VRE），全世界报告的发病率不断增加[3~5]，而万古霉素是有效抵抗多重抗药超级细菌最后的抗生素之一[6]。耐甲氧西林金黄色葡萄球菌（MRSA）也会导致难以治愈的感染[7]。除 VRE 和 MRSA 外，抗万古霉素的金黄色葡萄球菌（VRSA）及产超广谱 β-内酰胺酶（ESBL）的细菌和多重抗药鲍曼不动杆菌（MRAB）也是常见的抗药细菌。噬菌体疗法有很大的发展潜力，可用于对抗生素产生抗药性的细菌，因此，对感染特异抗药细菌的噬菌体的鉴定和研究，在不久的将来在医学领域可能产生重大影响。

噬菌体的一个重要特征是基因组包装，在噬菌体生命周期中起重要作用。从启动[9]到病毒DNA复制[10]、终止和转录调控[11]，基因组末端鉴定是整个DNA包装过程中的关键阶段。高通量测序（HTS）是一种有效的噬菌体基因组序列分析工具[12~14]，包括基因组末端分析。HTS生成大量reads数据，确定噬菌体基因组末端通常是对分子生物学家的挑战。传统方法是使用这些数据来组装完整的噬菌体基因组序列，然后对噬菌体基因组进行分子生物学实验以确定其末端。传统的末端分析方法复杂、耗时、成本高，因此提出一种与传统方法不同的高发频率reads末端理论，直接用HTS reads数据来研究噬菌体的基因组及包装。与传统方法相比，此方法在没有进一步实验室验证的情况下获得噬菌体基因组末端的相关信息，包括基因组类型、末端位置和序列以及基因重复末端序列的长度，在很大程度上缩短了分析时间，降低了成本。

T4类噬菌体、肠球菌噬菌体、Twort类噬菌体、T7类噬菌体、Viuna类噬菌体和其他一些噬菌体的实验（表35-1）证明了高发频率reads末端理论及相关末端确定方法的正确性和有效性。利用这一理论已经确定了T4类噬菌体、粪肠球菌噬菌体、屎肠球菌噬菌体、Twort类葡萄球菌噬菌体的基因组末端和序列特征。本章总结了不同类群的噬菌体末端和复制特征，例如，T3类噬菌体、T7类噬菌体和N4类噬菌体具有生物特异性的重复末端（在表35-2和图35-1中给出了T3类噬菌体的末端分析以及T3类噬菌体和IME-11类噬菌体的复制特征）。T4类噬菌体具有生物一致性（非特异性）的重复末端（IME-08的结果见表35-3和图35-1）。肠球菌噬菌体IME-EF4和IME-EF3具有特异性的长度为9bp的3′突出的非重复性黏性末端（IME-EF4和IME-EFm1的结果见表35-4和图35-1）。Twort类金黄色葡萄球菌IME-SA1和IME-SA2具有双专一性和相邻可变区域的长重复末端（图35-1）。λ类噬菌体IME-EC3和IME-EC2具有特异性的非重复末端，长度约10bp的5′突出黏性末端（关于IME-EC3的复制见图35-1）。鲍曼不动杆菌噬菌体IME-AB1和IME-AB2没有特殊的末端特征，推测是随机的末端。

从理论上讲，该方法可用于其他微生物基因组末端的分析，如动植物病毒的分析。

表35-1　本实验室分析的噬菌体

噬菌体	科	属	基因组大小/bp	宿主菌	检索号
IME-EF4	Siphoviridae	N/A	40713	粪肠球菌	NC_023551.1
IME-EFm1	Siphoviridae	N/A	42599	屎肠球菌	NC_024356.1
IME-SA1	Myoviridae	Twort类病毒	140218	金黄色葡萄球菌	
IME-SA2	Myoviridae	Twort类病毒	140906	金黄色葡萄球菌	
IME-08	Myoviridae	T4类	172253	大肠埃希菌8099	NC_014260
IME-09	Myoviridae	T4类	166499	大肠埃希菌8099	NC_019503
IME-EC1	Myoviridae	T4类	170335	大肠埃希菌	
IME-EC2	N/A	N/A	41510	大肠埃希杆菌	
IME-EC16	Podoviridae	T7类	38870	大肠埃希菌	
IME-EC17	Podoviridae	T7类	38870	大肠埃希菌	
IME-11	Podoviridae	N4类	72570	大肠埃希菌	NC_019423
T3	Podoviridae	T7类	38208	大肠埃希菌	KC960671
IME-SF1	Podoviridae	T7类	38842	福氏志贺菌	
IME-SF2	Podoviridae	T7类	40387	福氏志贺菌	
IME-AB2	Myoviridae	N/A	43665	鲍曼不动杆菌	JX976549
IME-AB3	Myoviridae	N/A	43050	鲍曼不动杆菌	NC_023590.1
IME-SM1	N/A	N/A	149960	黏质沙雷菌	
IME-SL1	Myoviridae	Viuna类病毒	153667	沙门菌	
IridovirusW150	Iridoviridae	Irido病毒	162590	白纹伊蚊C6/36细胞	

表 35-2 T3 末端序列发生频率统计

噬菌体	DNA 链	一般 reads 出现频率	末端 reads 出现频率	频率比值	末端序列
标记的 T3	正	1.35	890	659	TCTCATAGTTCAAGAACCCA
	负		709	525	AGGGACACATAGAGATGTAC
未标记的 T3	正	5.12	1570	306	TCTCATAGTTCAAGAACCCA
	负		1262	246	AGGGACACATAGAGATGTAC

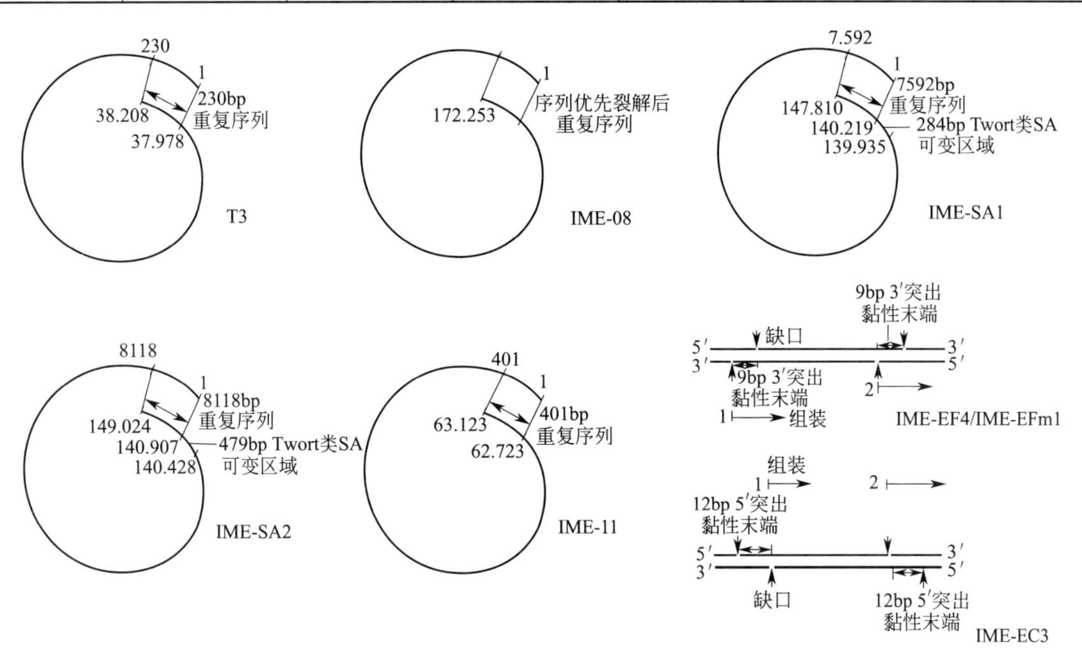

图 35-1 噬菌体复制过程

表 35-3 出现频率最高的前 20 个 reads

reads 序列	出现频率				基因组上位置		
	序号	合计	1. fq	2. fq	DNA 链	位置	所含上游序列
GCTCTTCGGAAAGGTCAAAAACAGTTTGAG	1	828	427	401	正	30641	TCTATTTGGAGCTCTTCGGA
GTTTTACAGAATCGTACTCGGCCTTGTTCG	2	705	388	317	正	3272	AATTACTGGAGTTTTACAGA
GTATAATGATTCATCAACAAACAAAAGACA	3	692	383	309	负	30486	CCCTTTTGGAGTATAATGAT
GCGTAATTCCACCTTTTTCTTCCCAATCTT	4	673	352	321	正	52555	TCTTGTTGGAGCGTAATTCC
GGTATACATCATTAAATAACGATGTATATC	5	641	333	308	正	163251	AGAAATTGGAGGTATACATC
GTATTTCAAGAAACGTGATAAAGCCCAGGC	6	577	318	259	正	121764	AACGTTTGGAGTATTTCAAG
GCGTAATTGCTTCAGGTAAGCCTTTAGGAT	7	505	256	249	正	73140	AGAATATGGAGCGTAATTGC
GTGCATGATTGGTAACAGTTCGGCAACCCA	8	505	277	228	正	40411	GGTCTTTGGAGTGCATGATT
GTTTTACAGACAACGCAAATCTTATCTGAC	9	496	253	243	正	115803	ATCGATTGGAGTTTTACAGA
GCTGAAAAGGCAGCTGAAACTAAAGCCGCT	10	494	270	224	负	3702	TAAATTAGCAGCTGAAAAGG
GTATAATGTAAAAACAAACCTGAGGAAATT	11	490	274	216	负	32654	CTCCCTTGGAGTATAATGTA
GTATTAACAAGATTCCAGAATTTCTCACCC	12	481	253	228	负	75276	GTTTTCTGGAGTATTAACAA
GTTTCTCAGCGATTTTAATCGACCACTCTT	13	448	238	210	正	29924	TCGTCTTGGAGTTTCTCAGC
GTTACATAAGCATCAGGAGCAGATGGTCCC	14	445	254	191	负	102003	TTGCTTTGGAGTTACATAAG
GCTTTAATCTTAACAATAGTGCCGAGATAA	15	443	245	198	正	165136	GTATTTACCTGCTTTAATCT

续表

reads 序列	出现频率				基因组上位置		
	序号	合计	1. fq	2. fq	DNA 链	位置	所含上游序列
GCTGAACGTACCGAAGTTGCAGGTATGACT	16	440	266	174	负	28799	GTTGTTCAGAGCTGAACGTA
GTATAATCTTTCTATCAACTTGAGGAGAAT	17	434	217	217	负	46215	GATGGATGGAGTATAATCTT
GCTGCATCTTCAGATTGGTCTTCGTCTTCA	18	431	251	180	正	5448	TTCAGATGGAGCTGCATCTT
GTTATTACTAAACAAGTTTTTAACCGCACT	19	426	222	204	负	122567	CTCCCTTGGAGTTATTACTA
GTTAACAAATGCCATACGACATTTAAGGGA	20	425	208	217	正	56968	AACGTTTAGAGTTAACAAAT

表 35-4 IME-EF4 和 IME-EFm1 末端序列出现频率统计

噬菌体	DNA 链	一般 reads 出现频率	末端 reads 出现频率	频率比值	末端序列
IME-EF4	正	6.73	1322	196	ATTAGTTTCTTCAAAAAATT
	负	6.73	2318	344	CTTTCGCTTAAACGAATCTC
ME-EFm1	正	12.95	3194	246	ATTAATTCGTTATAAAAAGG
	负	12.95	4412	341	CTCTTCTTCGCACGAAATTC

35.2 材料

35.2.1 软件和网站

Velvet，ABYSS，SOAPdenovo，CLC 基因组学工作台（Aarhus，Denmark），MEGA 5.10，in-house UNIX shell 命令，NCBI 网页，RAST（Rapid Annotation using Subsystem Technology，使用子系统技术的快速标注），Kodon（应用数学，Sint-martens-Latem，比利时），欧洲分子生物实验室（European Molecular Biology Laboratory，EMBL）的噬菌体基因组数据库，tRNAScan-SE（v. 1.21）。

35.2.2 试剂

DNA 酶Ⅰ和 RNA 酶 A（Thermo Scientific，USA），10%十二烷基磺酸钠，500mmol/L EDTA，1mg/mL 蛋白酶 K，苯酚，苯酚-氯仿-异戊醇（25∶24∶1），异丙醇，75%冰乙醇，蒸馏水，Ion Shear™ Plus 试剂，E-Gel® SizeSelect™ 琼脂糖凝胶，Fastx 试剂盒，AMPure 玻璃珠（Beckman Coulter，California，USA），T4 DNA 聚合酶（IonTorrent，San Francisco，USA）。所有引物均由中国北京 Sangon 公司合成。

35.2.3 仪器

Life Technologies Ion Torrent Personal Genome Machine（PGM）离子流测序仪（Ion-Torrent），Solexa HiSeq2000 基因组分析仪（Illumina，San Diego，USA）。

35.2.4 噬菌体

所分析的裂解性肠球菌噬菌体 IME-EF4 和 IME-EFm1、Twort 类噬菌体 IME-SA1 和 IME-SA2、T4 类噬菌体 IME-08 和 IME-09、N4 类噬菌体 IME-11 和 λ 类噬菌体 IME-EC 来自中国人民解放军 307 医院（北京）。上述噬菌体及其他噬菌体的详细资料列在表 35-1 中。从 IME-08

到 Iridovirus W150 的噬菌体信息来自文献［3］，图 35-2 显示其属。

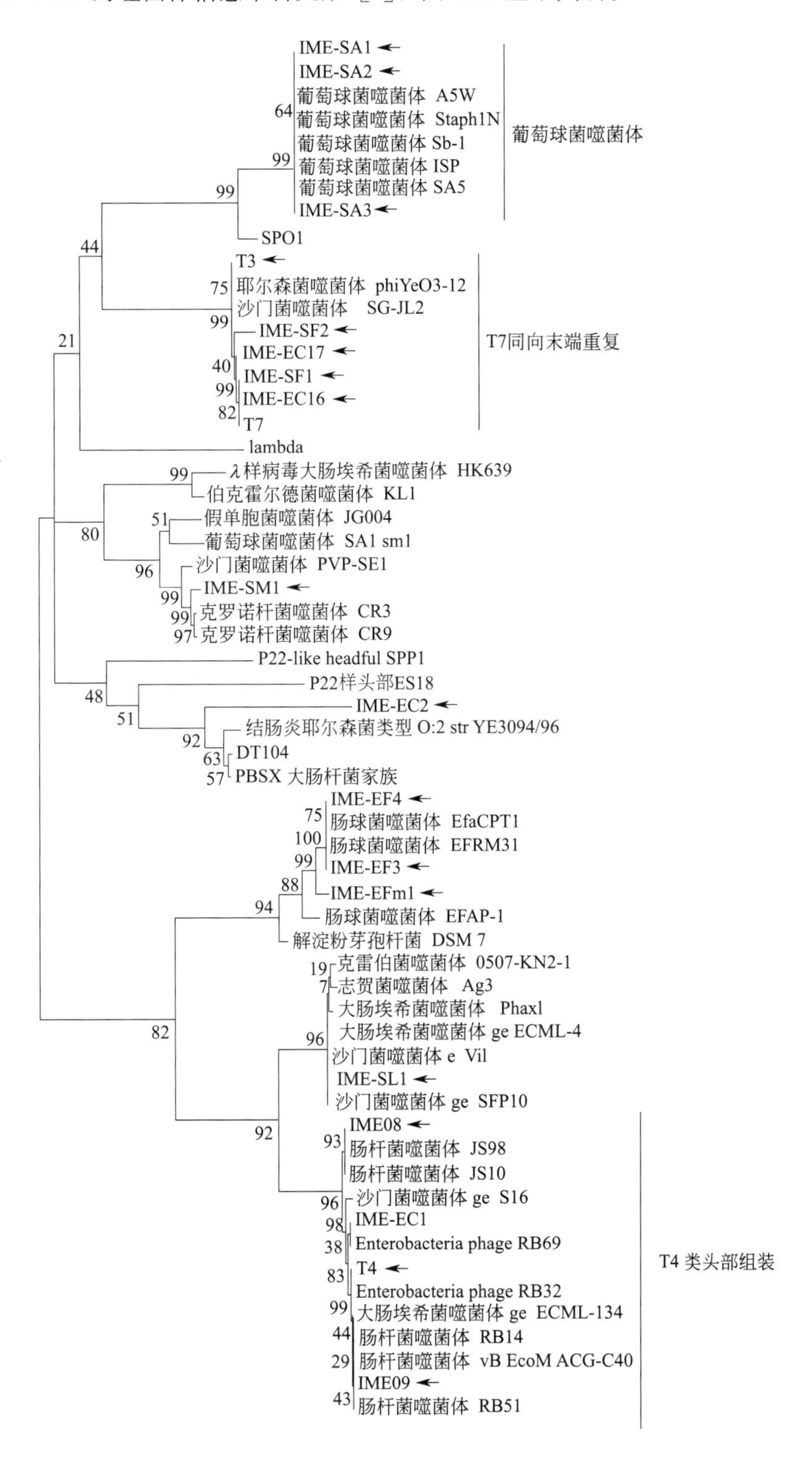

图 35-2 噬菌体系统发育树

本实验室分析的噬菌体以箭头表示。该发育树用 1000 bootstrap replicates 最大似然法（MEGA 5.10）由氨基酸序列生成（缺口开放—10；缺口延伸—1，无缺口—0）

35.3 方法

所有噬菌体均经分离、纯化、浓缩（可选步骤）、基因组 DNA 提取和高通量测序处理。上述噬菌体的末端和复制特征是通过高发频率 reads 末端理论发现的。

35.3.1 样品准备

通过富集培养[4] 来源于中国人民解放军 307 医院（北京）的宿主菌，并从同一家医院的环境污水中分离得到噬菌体。

35.3.1.1 噬菌体分离纯化

噬菌体的纯化、浓缩和复制采用文献标准方法[5]。根据文献 [4] 所述方法用双层琼脂法测定噬菌体效价。

35.3.1.2 噬菌体基因组 DNA 提取

噬菌体 DNA 的提取基于先前发表的方法[6]。简言之，在噬菌体原液中加入 DNase Ⅰ 和 RNase A，终浓度为 1μg/mL，混合物在 37℃孵育一夜，然后在 80℃下孵育 15min，使 DNase Ⅰ失活。在样品中加入裂解缓冲液（终浓度为 0.5%十二烷基磺酸钠，20mmol/L EDTA，50μg/mL 蛋白酶 K)，在 56℃下孵育 1h。加入等量苯酚提取 DNA，7000*g* 离心 5min，水相转移到含有等体积苯酚-氯仿-异戊醇（25∶24∶1）的离心管中 7000*g* 离心 5min。收集水相与等体积异丙醇混合，并在－20℃下储存过夜，混合物在 4℃ 10000*g* 离心 20min，用 75%冰乙醇进行洗涤，得到的 DNA 在室温下晾干，再悬浮于蒸馏水中，贮存于－20℃。

35.3.2 高通量测序

提取噬菌体 DNA 后，用半导体测序仪 Personal Genome Machine（PGM）离子流测序仪（IonTorrent）对噬菌体基因组进行测序，用 Solexa HiSeq 2000 基因组分析仪对 T3 和 IME-11 进行测序。PGM IonTorrent 技术是利用乳液聚合酶链反应（PCR）并结合综合测序方法[7]。根据 IonTorrent 测序程序进行文库的制备、扩增和测序。特别说明，用 Ion Shear™ Plus 试剂对基因组 DNA 样品进行剪切，然后将这些 DNA 片段连接到接头上，以进行随后的缺口修复及纯化。为了获得最佳测序结果，用 E-Gel SizeSelect™ 琼脂糖凝胶筛选约 300bp 的纯化片段。对所选文库进行扩增和纯化后，用乳液聚合酶链反应（PCR）对文库进行处理。PCR 在一个油包水微反应器中进行，反应器中每个珠上含有单个 DNA 分子[8]。在合成测序过程中检测 H^+ 信号，在此过程中，DNA 合成时将四种荧光标记的核苷酸加入流动细胞通道中。基因组分析仪（Genome Analyzer）检测荧光信号从而进行碱基调用[9]。HiSeq 2000 Illumina 测序的方法类似于 PGM Ion Torrent，唯一的区别在于最后一步，HiSeq 2000 Illumina 不用乳液聚合酶链反应，而是用“桥接”扩增处理 DNA 片段库[10]。

35.3.3 生物信息学

使用以下任一软件组装噬菌体全基因组序列：Velvet[12]、ABYSS[13]、SOAPdenovo[14]、和 CLC genomics workbench（Aarhus，Denmark)；用 Fastx toolkit[15] 移除接头序列；用 Analysis in-house UNIX shell 命令计算每个 reads 出现的频率；在 NCBI[16] 网站上进行 BLAST 搜索每个噬菌体的相似序列；用 CLC genomics workbench 将没有接头的基因组序

列映射到组装序列上；用 RAST（Rapid Annotation using Subsystem Technology）实现基因组注释[17]；选择噬菌体保守编码 DNA 序列（coding DNA sequence，CDS），如末端酶大亚基，用 MEGA 5.10 进行系统发育分析；以"细菌和植物质体代码"作为翻译表，用 Kodon 软件（应用数学，Sint-martens-Latem，比利时）预测基因组中大小为 50 个氨基酸的最小可读框（ORF）的潜在编码区，将这些假定编码区域与欧洲分子生物学实验室（EMBL）的噬菌体基因组数据库进行比对，该数据库中的最佳匹配可用于注释和最终确定可读框（ORF）；用 tRNAScan-SE（v. 1.21）预测 tRNA 基因[18]。

35.3.4 高发频率 reads 末端理论

如图 35-3 所示，带有线性双链 DNA（dsDNA）的噬菌体具有末端重复，在噬菌体 DNA 复制过程中这些重复序列的作用是进行同源重组。菌体双链 DNA 可以通过基因组末端重复环化，因此识别被末端酶切割的原本的噬菌体基因组末端是很困难的。本研究构建了高发频率 reads 末端理论，利用 reads 的出现频率找到原本的末端（注释①）。

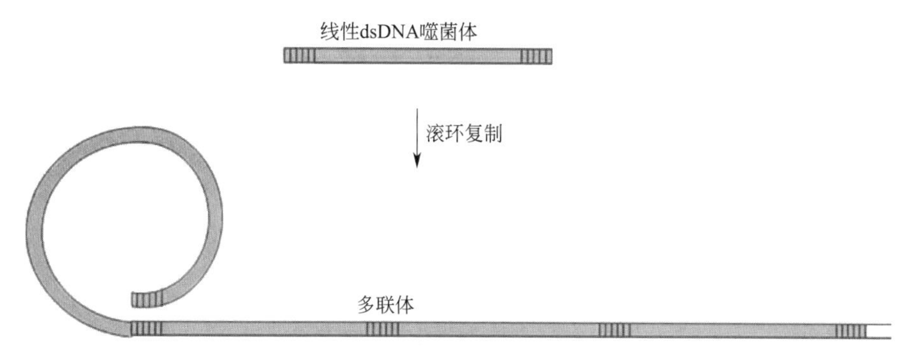

图 35-3 线性双链噬菌体 DNA 的简化示意

末端重复位于 5′和 3′末端

假设有 m 个相同的基因组，每个基因组的长度为 L。所有基因组都被划分为 N_r 个短序列，每一个短序列都被称为一个 read，reads 的平均长度是 L_{reads}。定理见式(35-1)～式(35-4)。

$$R=\frac{\mathrm{Freq}_{ter}}{\mathrm{Freq}_{ave}}=2\times L_{reads} \tag{35-1}$$

（Freq_{ter}：末端 reads 频率，Freq_{ave}：一般 reads 频率）

证据：如图 35-4 所示，有 m 个相同的基因组，高通量测序（HTS）机器从 5′到 3′读取每个 reads。这样，每个含有双链 DNA 的基因组都有两个末端，从自然末端开始的 reads 出现频率：

$$\mathrm{Freq}_{ter}=m \tag{35-2}$$

m 个基因组总共有 N_r 个 reads。如图 35-4 所示，两种不同的 read A 和 read B，以碱基 A 和碱基 T 开始，因此，所有 reads 的平均出现频率：

$$\mathrm{Freq}_{ave}=\frac{N_r}{2\times L} \tag{35-3}$$

Freq_{ter} 和 Freq_{ave} 的比值：

$$R=\frac{\mathrm{Freq}_{ter}}{\mathrm{Freq}_{ave}}=\frac{m}{\frac{N_r}{z\times L}}=\frac{2\times m\times L}{N_r}=2\times L_{reads} \tag{35-4}$$

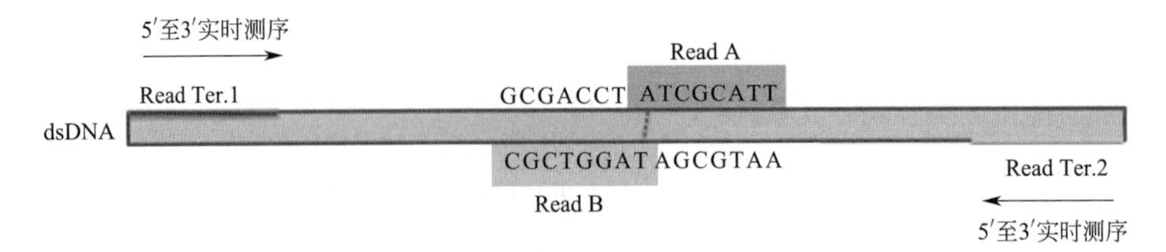

图 35-4 高通量测序（HTS）中 dsDNA reads 的产生（见文后彩页）
Read A 的序列是 ATCGCATT，Read B 的序列是 TAGGTCGC。
起点以红色表示，Read Ter. 1 和 Read Ter. 2 是自然末端开始的两个 reads

35.3.4.1 高发频率 reads 末端理论的检验（可选步骤）

为了验证高发频率 reads 末端理论，首先标记噬菌体基因组 DNA 末端，如果末端与出现频率最高的 HTS reads 相同，则证明高发频率 reads 末端理论正确。本章中，出现频率最高的 HTS reads 简称为高频 reads 序列（HFS）。

特别是如表 35-5，设计一对互补的寡核苷酸。如图 35-5，两个寡核苷酸一起退火形成双链接头，在 3′末端突出一个 T 碱基，用作噬菌体末端标记。用 T4 DNA 聚合酶（IonTorrent，San Francisco，USA）处理噬菌体基因组，使末端钝化，用 T4 多核苷酸激酶（IonTorrent）在 5′末端进行磷酸化，用 Taq DNA 聚合酶（IonTorrent）在 3′末端加入碱基 A。在一个反应体系中，将设计的标签接头与修饰过的噬菌体末端进行连接。该体系包括 25μL 末端修复基因组 DNA 样品、1μL 退火接头、1μL T4 DNA 连接酶（Ion Torrent）和 10μL 10×连接酶缓冲液，在 25℃下孵育 10min，再用 AMPure 珠纯化连接的 DNA。

表 35-5 接头连接到噬菌体末端

标签接头	序列
1	5′-AGTGTAGTAGT-3′
	3′-TCACATCATCA-5′

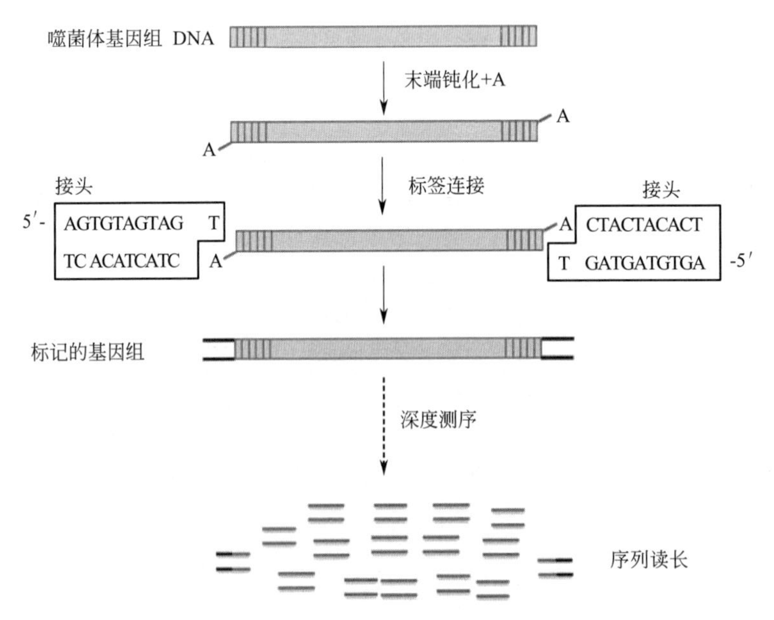

图 35-5 标签接头与噬菌体基因组末端的连接

选择研究透彻的T3噬菌体作为模型，首先利用上述理论对T3基因组序列的末端进行鉴定，然后用合成的双链DNA标记T3基因组DNA的末端（表35-5，以未标记的T3噬菌体基因组样本作为对照组，注释②）。对标记组和未标记组的高通量测序结果进行分析，如图35-6所示，标记组和未标记组的两个HFS分别位于各自末端；如表35-2所示，末端reads与普通reads的发生率分别为659（标记T3基因组正链）、525（标记T3基因组负链）、306（非标记T3基因组正链）和246（未标记T3基因组负链）。此外，末端标记的T3基因组序列与未标记的T3末端基因组序列相同，也与先前报道的T3末端序列（NC_003298）一致。这一结果证实了高发频率reads末端理论的有效性。利用CLCgenomics workbench鉴定了T3的末端并组装其全基因组后，获得其复制如图35-1所示，T3全长为38208bp，带有230bp重复碱基。

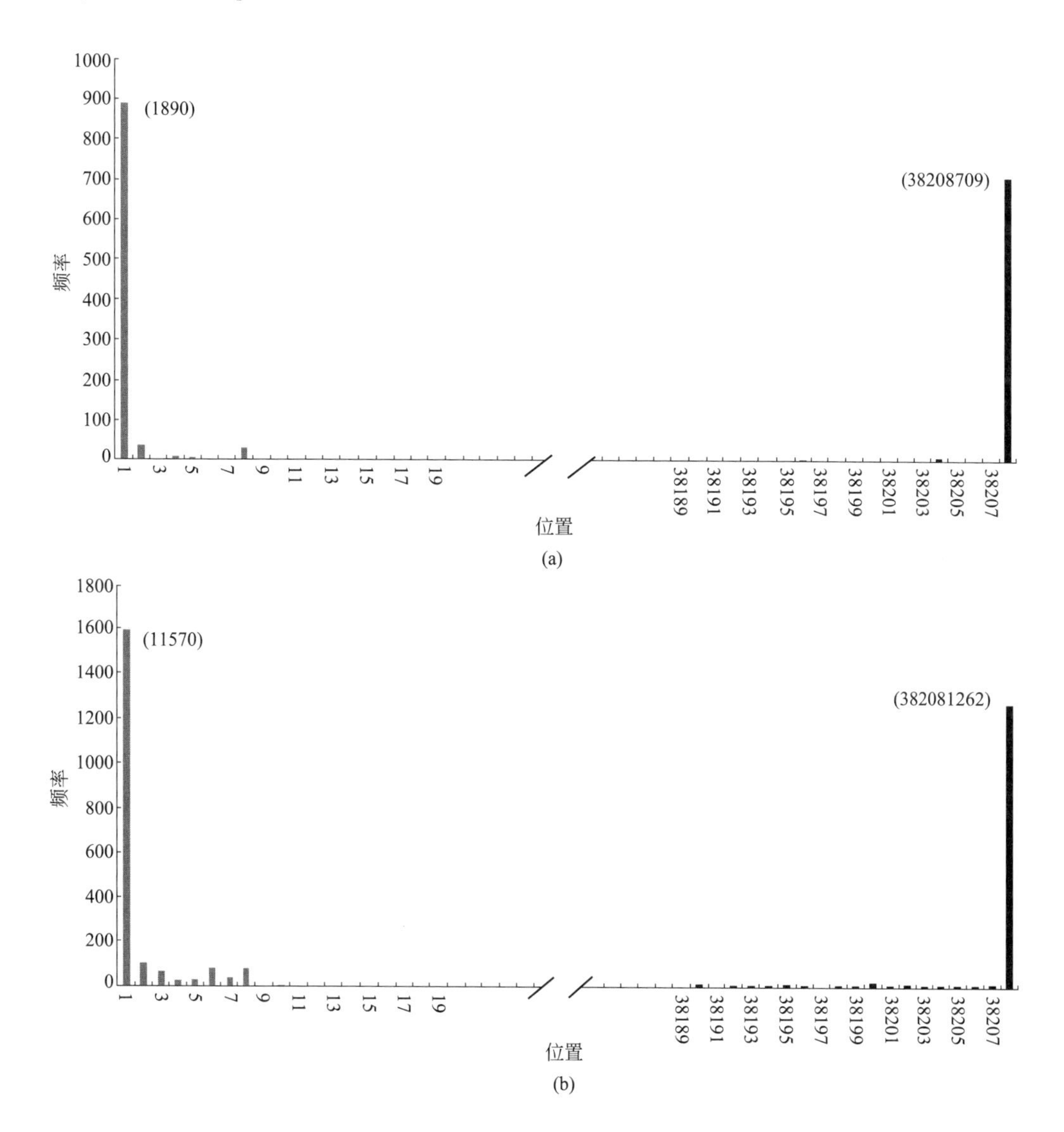

图35-6 T3基因组高发频率reads的分布

发生频率最高的reads是T3基因组末端。(a) 接头标记的T3基因组；(b) 未标记的T3基因组。从GenBank T3噬菌体的全基因组序列记录中（NC_003298）采用链定位和核苷酸编号

35.3.4.2 用高发频率 reads 末端理论测定 T4 类噬菌体一致性末端

T4 类噬菌体是一个模式物种，广泛促进了人们对分子生物学的了解。T4 类噬菌体 DNA 的复制和包装与人双链 DNA 病毒（如疱疹病毒）具有多种类似机制。HTS 数据和实验结果表明，T4 类噬菌体具有序列优先末端酶切割的一致末端，更多细节参考文献[19]。

以 T4 类噬菌体 IME-08 为例，用高发频率 reads 末端理论对其基因组末端进行分析。

① HTS reads 发生频率统计。用 Solexa 基因组分析仪对 IME-08 进行高通量测序，生成 5011480 对 reads 的数据。每对 reads 分别存储在 1. fq 和 2. fq 文件中，平均长度分别为 73bp 和 75bp[20]。高发频率 reads 末端理论（注释③）计算产生的 reads 频率，如图 35-7 所示，大约 70%的 reads 拥有 6～22 次发生频率，最多出现的频率为 13 次，前 20 名 HFS 列在表 35-3 中。与平均发生频率 13 次比较，排名前 20 位的 HFS 超过 400 次。进一步统计起始碱基，包含每个 reads 上游序列的基因组序列也列在表 35-3 中，其中的碱基高频出现于 reads 序列和上游包含序列中。

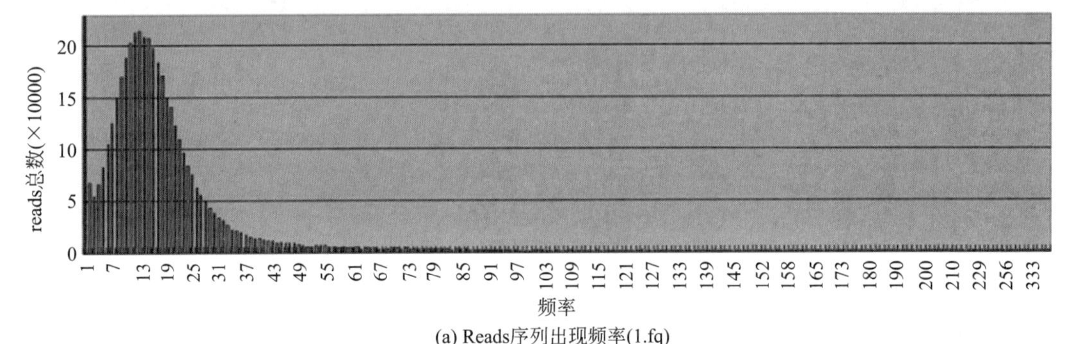

(a) Reads序列出现频率(1.fq)

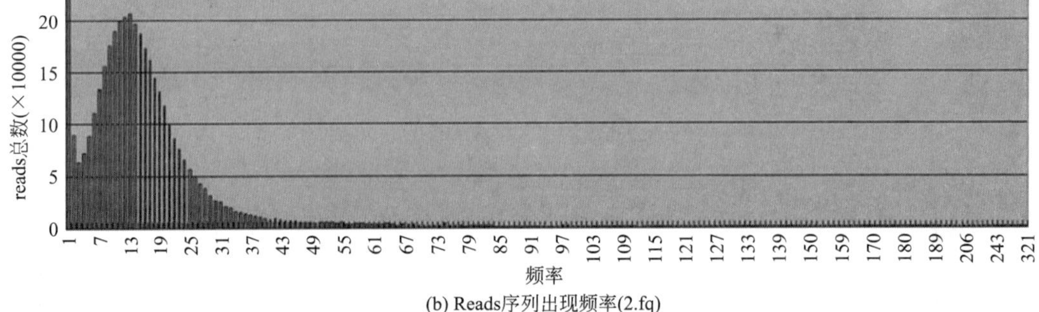

(b) Reads序列出现频率(2.fq)

图 35-7 T4 类噬菌体 IME-08 基因组中 reads 分布

② 噬菌体末端酶序列优先切割的一致末端。从组装的 IME-08 基因组（全长 172253bp）中，用 Weblogo[21] 技术提取出带有上游序列的前 20 位 HFS 标记序列，如图 35-8 所示，切割点附近存在明显的一致序列，其中以 HTS 上游序列为主。在前 20 位 HFS 中，有 16 位有相同的切割位点 5′-TTGGA$_{\ldots}$G-3′，表明 T4 类噬菌体基因组裂解具有高度的序列偏好性（非序列特异性）。用高发频率 reads 末端理论识别 IME-08 末端后，用 Velvet 组装完整的基因组，并用 ABYSS 和 SOAPdenovo 进行进一步验证，IME-08 的复制如图 35-1 所示，其全长为 172253bp，并带有一个序列优先裂解后获得的重复区域。

35.3.4.3 用高发频率 reads 末端理论确定肠球菌噬菌体中 9bp 3′突出黏性末端

在粪肠球菌噬菌体 IME-EF4 和屎肠球菌噬菌体 IME-EFm1 基因组中均存在 9bp 3′突出黏性末端，9 个核苷酸的 3′突出黏性末端为 TCATCACCG（IME-EF4）和 GGGTCAGCG

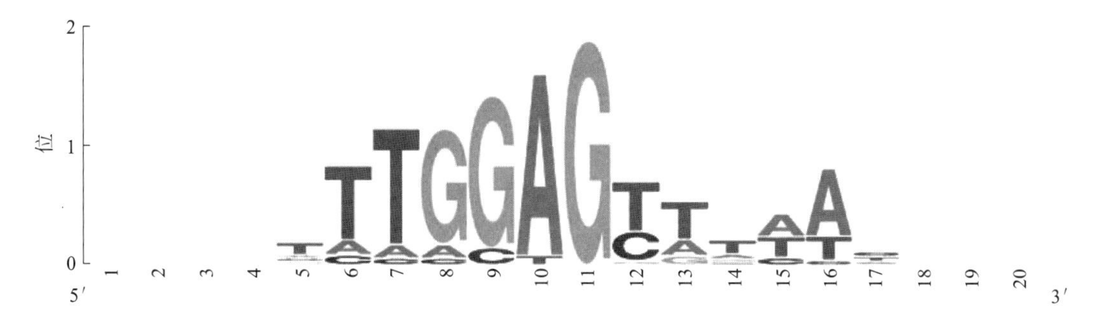

图 35-8 20 个最高频 reads 中上游 reads 的序列标识

此图用 Weblogo 生成[21]

(IME-EFm1)。进一步用分子生物学实验证实上述结果，包括 Mega-Primer PCR 测序、末端断续测序及紧随其后的接头连接，更多末端相关分析的细节可参阅文献 [22]。关于更多 IME-EFm1 特性分析的细节请参见文献 [23]。

在此以粪肠球菌噬菌体 IME-EF4 和屎肠球菌 IME-EFm1 为例，采用高发频率 reads 末端理论对肠球菌噬菌体的末端进行鉴定。

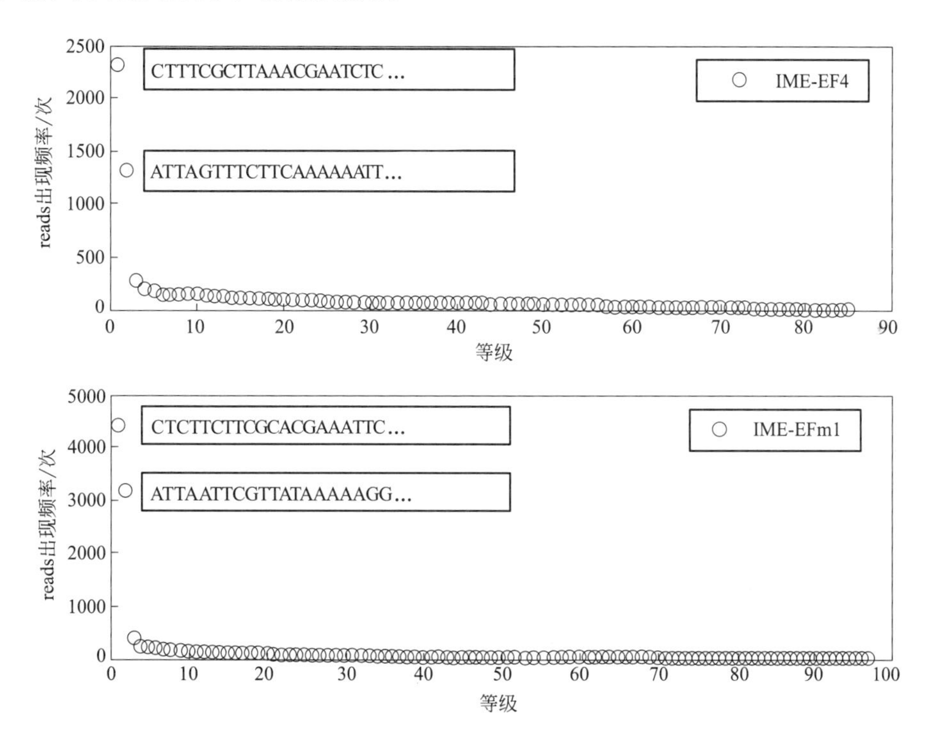

图 35-9 reads 出现频率统计

上图和下图圆环分别代表 IME-EF4 和 IME-EFm1 样品的 HTS reads

如图 35-9 所示，IME-EF4 和 IME-EFm1 HTS reads 数据有两个显著的高频 reads 序列，各自从 CTTTCGCTTAAGACTC 和 ATTATTTCTTCAAAATT、CTCTCTTCGCACGAATTC 和 ATTAATTCGTTATAAAAAGG 开始。IME-EF4 和 IME-EFm1 的 HTS 数据具有相似的序列出现频率曲线，图 35-10 显示 99%以上的 reads 出现频率小于 237.2 (IME-EF4) 和 446.6 (IME-EFm1)。利用高发频率 reads 末端理论可以得出结论：两种出现频率最高的

reads 都正确地代表了噬菌体 IME-EF4 的末端。如表 35-4 所示，末端 reads 与普通 reads 出现频率比值分别为 196（IME-EF4 的正链）、344（IME-EF4 的负链）、246（IME-EFm1 的正链）、341（IME-EFm1 的负链）。

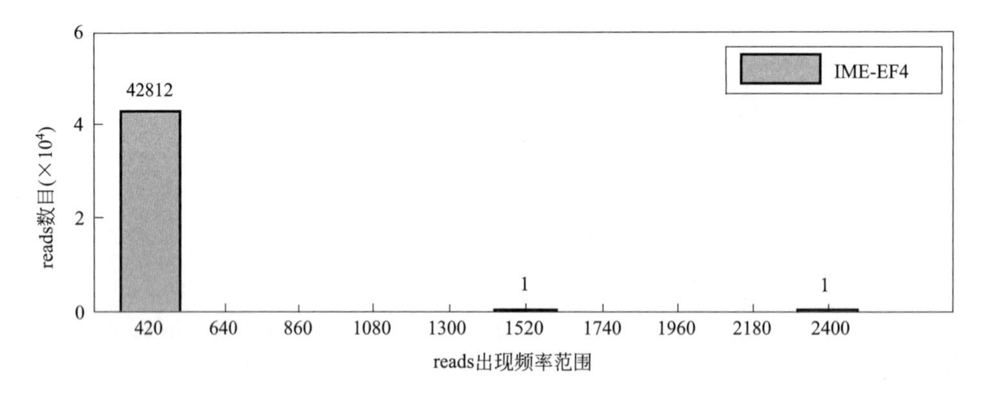

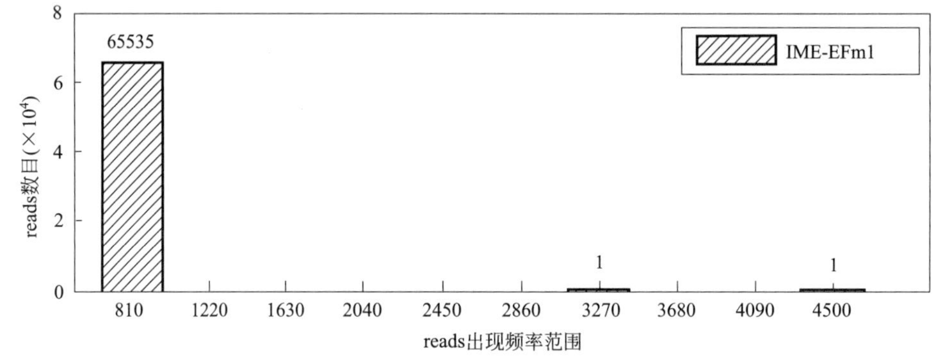

图 35-10 reads 次数的出现频率

柱形图分别表示 IME-EF4 和 IME-EFm1 样本的 HTS reads。x 轴上的数字表示从上一个数字到下一个数字的范围。如“2318”表示 2086.8～2318 范围内的 reads 出现频率

① IME-EF4 和 IME-EFm1 的 9bp 突出黏性末端。用 CLCgenomics workbench 组装 IME-EF4 和 IME-EFm1 的全基因组，所有相关的 HTS reads 分别映射到组装的 IME-EF4 和 IME-EFm1 基因组序列中，结果如图 35-11 所示，其中具有 9bp 突出末端的 reads 的出现频率小于 20 次，利用末端和完全序列分析结果，其复制如图 35-1 所示，IME-EF4 和 IME-EFm1 都有 9bp 3′突出黏性末端。

② Mega-Primer PCR 测序（可选验证步骤）。对 IME-EF4 基因组进行 PCR 扩增，通过突出的黏性末端实现了 Mega-Primer 引导 PCR 反应。包括 9bp 在内的基因组序列快照如图 35-12(a) 所示，其中上游序列为“…GATCGTTTAAGCGAAAG”，下游序列为“ATT-AGTTTCTTCAAAAAATT…”，PCR 结果与上述 HTS 数据统计映射结果一致［图 35-11(a)］，证明 IME-EF4 全基因组和从 HTS 数据统计中获得的突出黏性末端都是正确的。

③ 末端 Run-off 测序（选择验证步骤）。以 IME-EF4 全基因组为模板进行末端 Run-off 测序，过程见文献［11］。用引物 P1（5′-CTCTAGTTTGTTGCGTCGTAATC-3′）标记 IME-EF4 基因组的 3′端，用引物 P4（5′-AGGTACGGACCGCAGGGGTTGGGA-3′）标记 IME-EF4 基因组的 5′末端。

如图 35-13 所示，有四种不同的双链 DNA 突出黏性末端的假设存在。假设 1 是负链突出黏性末端的情况，假设 2 表示正链突出黏性末端，假设 3 是 5′突出黏性末端的情况，假设

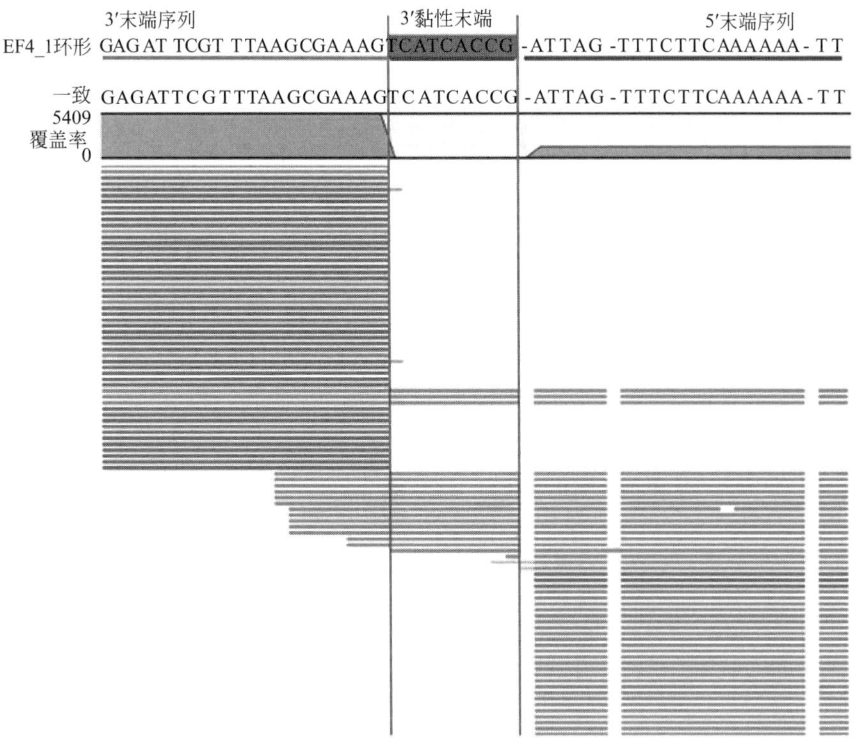

(a) IME-EF4 映射结果

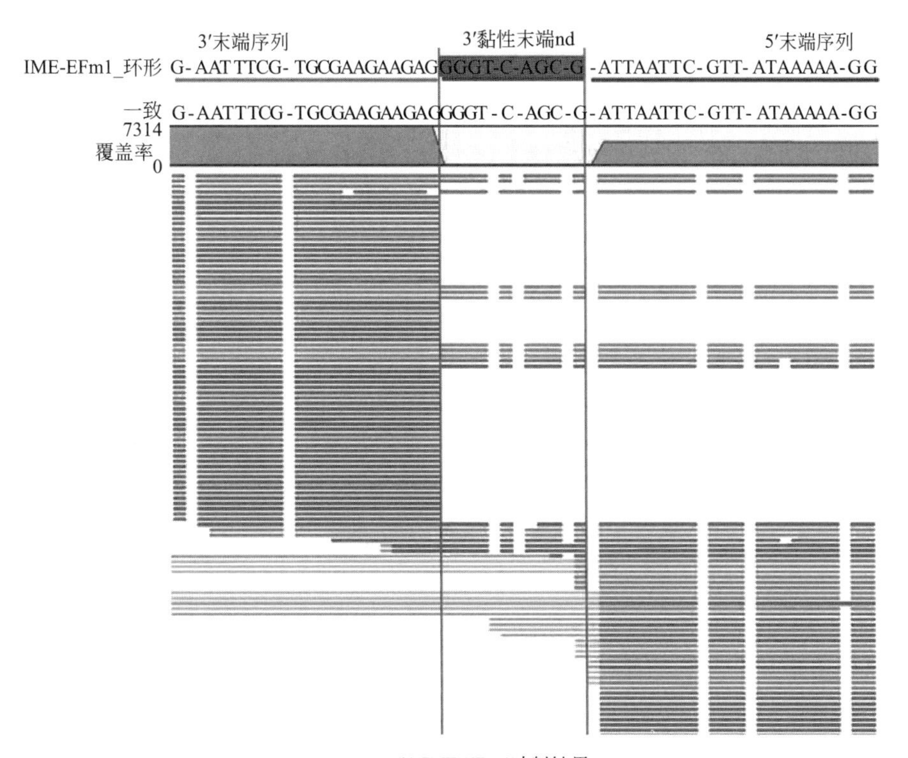

(b) IME-EFm1映射结果

图 35-11　IME-EF4 和 IME-EFm1 映射结果（见文后彩页）

映射的 reads 从原始的 HTS 数据获得。3′末端序列用橙色下划线，5′末端序列用暗红色下划线，3′突出的黏性末端用蓝色下划线

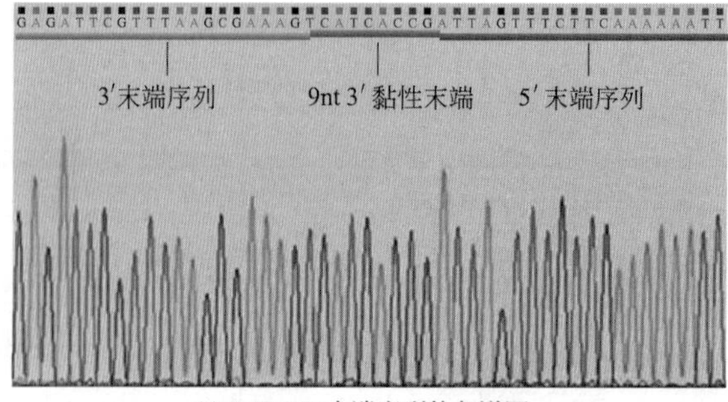

(a) IME-EF4末端序列的色谱图

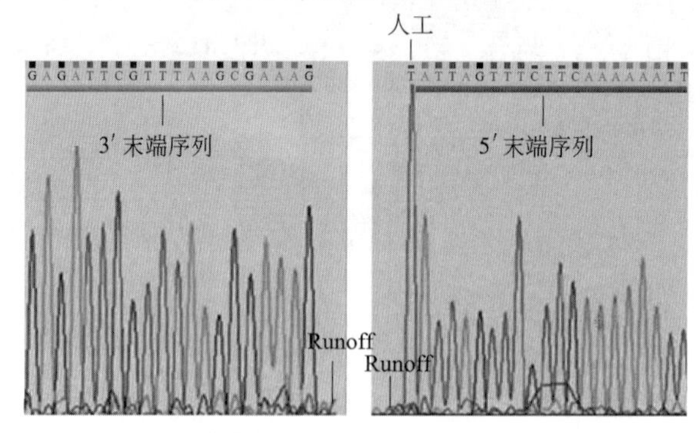

(b) IME-EF4末端Run-off测序的色谱图(右图是反向图)

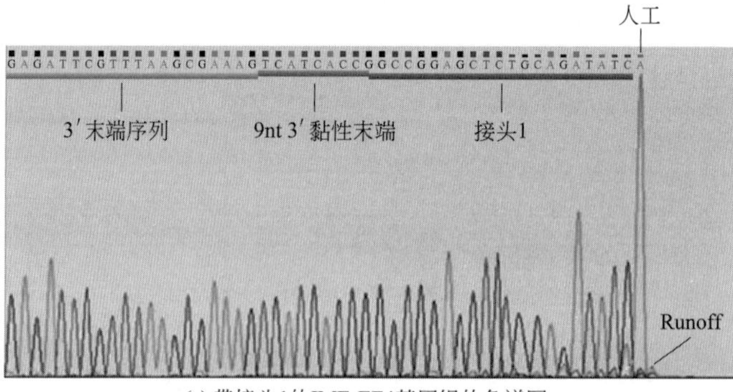

(c) 带接头1的IME-EF4基因组的色谱图

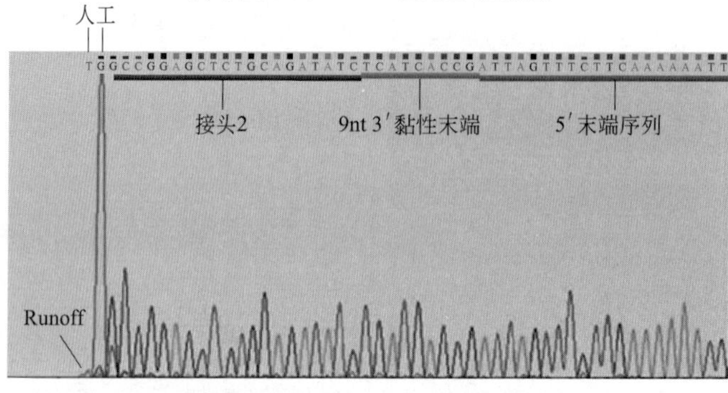

(d) 带接头2的IME-EF4基因组的色谱图(反向)

图 35-12 三个分子生物学实验的色谱图（见文后彩页）

包括 IME-EF4 全基因组测序（a）IME-EF4 末端序列；

（b）IME-EF4 末端 Run-off 测序；（c）（d）IME-EF4 末端序列的接头连接

4 表示 IME-EF4 的 3′突出黏性末端的情况。

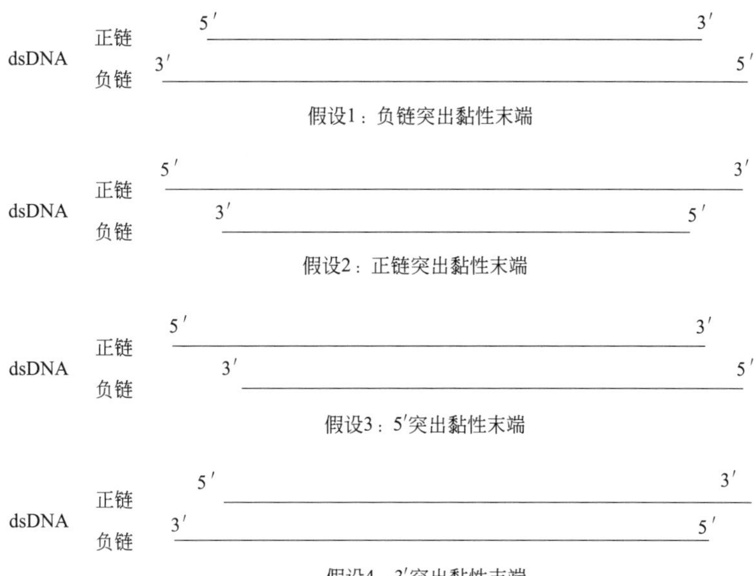

图 35-13 假设的基因组 dsDNA 突出黏性末端情况

根据假设 1、2 或 3，如果 IME-EF4 具有突出的黏性末端，末端 Run-off 测序结果中就会在末端序列“GAGATTCGTTTAAGCGAAAG”或“ATTTTTGAAGAAACTAATA”或两者之后发现信号。然而，如图 35-12（b）所示，在正链的“GAGATTCGTTTA-AGCGAAAG”末端后或在负链中的“ATTTTTTGAAGAAACTAATA”末端后没有检测到任何信号，此结果进一步证实了以下结论：IME-EF4 具有带 9bp 3′突出黏性末端线性的双链 DNA 基因组，即假设 4 中 3′突出黏性末端的情况。

④ 末端接头连接（选择验证步骤）。为了进一步证明 IME-EF4 是带有 9 个核苷酸 3′突出黏性末端的线性双链 DNA，创建了两对接头连接到 IME-EF4 末端，如图 35-14 所示。特别指出，C1 和 C2 结合形成接头 1，C3 和 C4 结合产生接头 2。为了连接 IME-EF4 末端序列，在 C1 和 C4 中添加了磷酸，合成的接头序列如表 35-6 所示。同时，合成引物用于下一步的 PCR 扩增（图 35-14），引物序列如表 35-7 所示。接头和引物寡聚核苷酸由 Sangon 公司合成。通过在 PCR 仪上运行连接程序，接头寡核苷酸混合物分别进行杂交。为了连接 IME-EF4 基因组与接头，加入磷酸进行 IME-EF4 基因组末端修复。具体来说，800ng IME-EF4 基因组用蒸馏水稀释至终体积为 16μL，制备修复混合物，在 PCR 仪上运行程序添加磷酸基。按照说明书纯化连接 DNA 的接头，见 NEBNext® Fast DNA Library Prep Set for Ion Torrent™（版本 3.1）。以纯化的 DNA 样品为模板进行 PCR 扩增和测序，引物为 P1 和 P2 及 P3 和 P4。

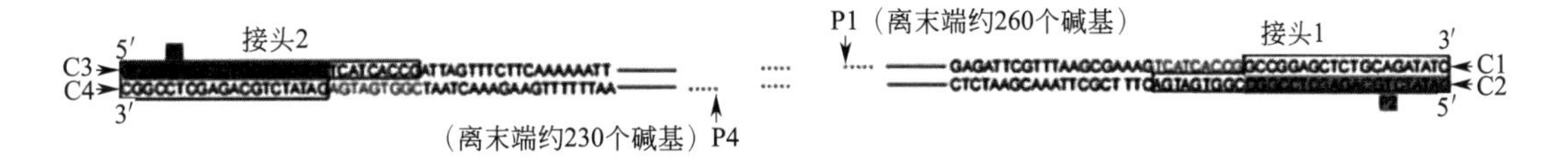

图 35-14 实验中使用的接头和引物的说明（见文后彩页）

接头 1 包括 C1 和 C2，接头 2 包括 C3 和 C4。P2 以绿色突出显示，P3 以蓝色突出显示

表 35-6 接头序列

接头		序列
接头 1	C1-P	P-GCCGGAGCTCTGCAGATATC
	C2	GATATCTGCAGAGCTCCGGC-CGGTGATGA
接头 2	C3	GCCGGAGCTCTGCAGATATC-TCATCACCG
	C4-P	P-GATATCTGCAGAGCTCCGGC

表 35-7 引物序列

引物	序列(5′到 3′)
P1	CTCTAGTTTGTTGCGTGCGTAAATC
P2	GATATCTGCAGAGCTCCGGC
P3	GCCGGAGCTCTGCAGATATC
P4	AGGTACGGACCGCAATGGGTTGGGA

如图 35-15 所示，与接头 1 连接的 IME-EF4 基因组 3′端序列大小约为 280bp，与接头 2 连接的 IME-EF4 基因组 5′端序列大小约为 250bp，符合实验设计（请参考图 35-14 中 P1 和 P2 的插图），测序结果如图 35-12(c) 所示，进一步证明两个接头已成功连接到 IME-EF4 基因组上，表明 IME-EF4 基因组有一个 9bp 的 3′突出黏性末端。

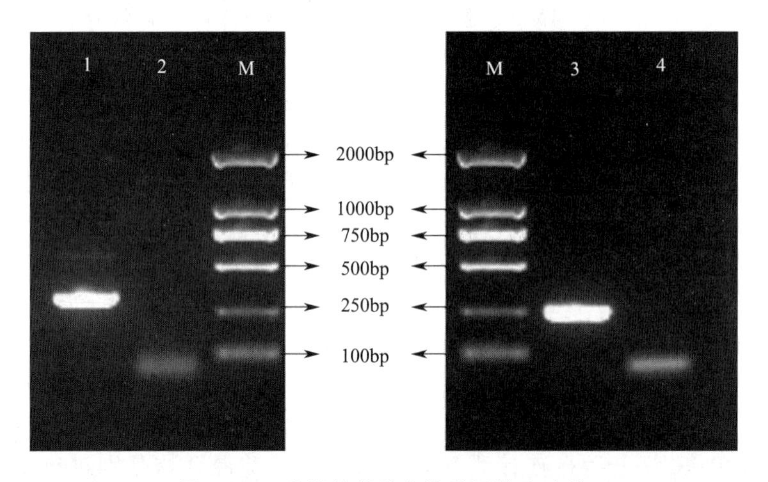

图 35-15 琼脂糖凝胶电泳验证接头连接

M 是 Marker，1 是与接头 1 连接的 IME-EF4 基因组 3′端序列的 PCR 结果（引物 P1 和 P2），3 是与接头 2 连接的 IME-EF4 基因组 5′端序列的 PCR 结果（引物 P3 和 P4），其中 2 和 4 为 IME-EF4 基因组 3′和 5′末端序列的阴性对照 PCR 结果，不含任何接头

35.3.4.4 Towrt 类噬菌体的长直接末端

以 Twort 类噬菌体 IME-SA1 和 IME-SA2 为例，采用高发频率 reads 末端理论鉴定 Twort 类噬菌体的末端。IME-SA1 和 IME-SA2 基因组中都存在约 8kb 的直接末端重复序列 (direct terminal repeat，DTR)，分别为 7592kb DTR 和 8118kb DTR，更多细节可以参考文献 [24]。

① reads 出现频率统计信息。针对 IME-SA1 和 IME-SA2 样本，对所有 HTSreads 进行统计分析，并降序排列所有 reads 发生频率（注释③）。如图 35-16 所示，IME-SA1 和 IME-SA2 HTS reads 数据中有两个显著的高频 reads，分别以 GGAATTCTTTTACCTCTC 和

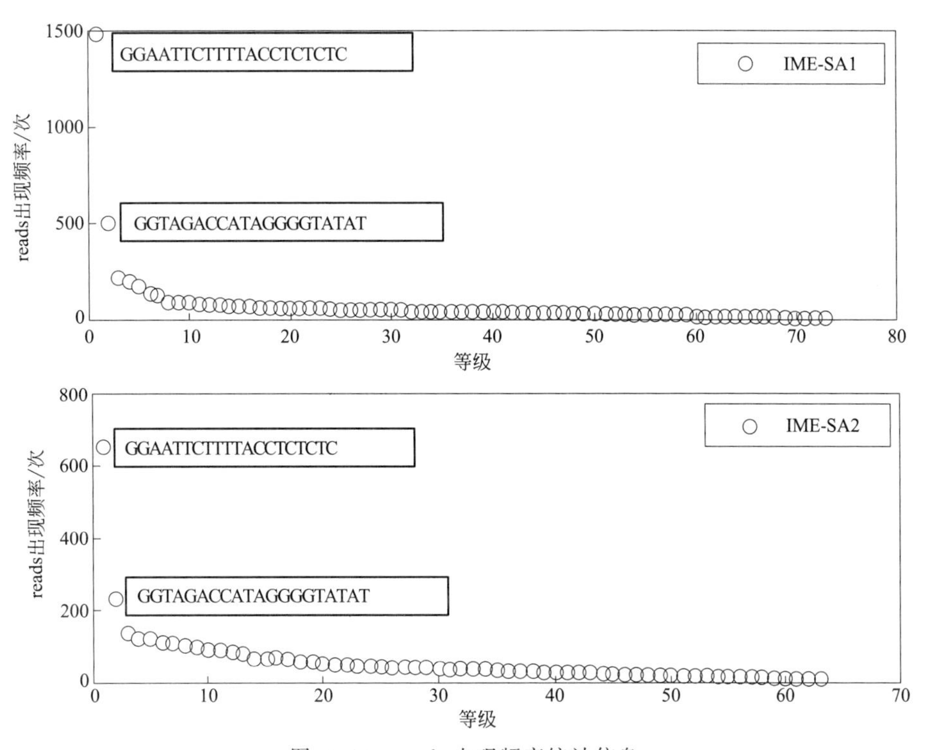

图 35-16 reads 出现频率统计信息

上图和下图的圆环分别代表 IME-SA1 和 IME-SA2 的 HTS reads

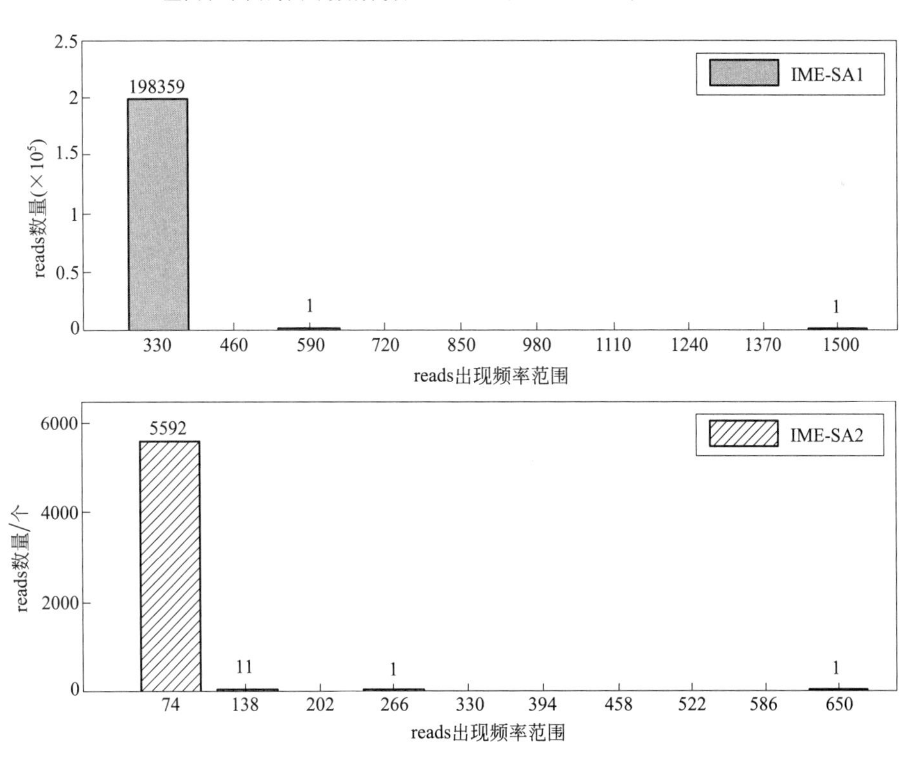

图 35-17 reads 次数的出现频率

柱形图分别表示 IME-SA1 和 IME-SA2 的 HTS reads。x 轴上的数字表示从最后一个数字到下一个数字之间的范围，如“74”指在 0～74 范围内 reads 出现频率

GGTAACCATAGGGGTAT为起点，IME-SA1和IME-SA2的HTS数据有类似的序列出现频率曲线。图35-17显示超过99%的reads小于330（IME-SA1）和74（IME-SA2），根据高发频率reads末端理论，结论是此两种出现频率最高的reads代表噬菌体IME-SA1和IME-SA2的末端。如表35-8所示，末端reads与一般reads的出现频率之比分别为184（IME-SA1阳性链）、62（IME-SA1阴性链）、650（IME-SA2阳性链）和234（IME-SA2阴性链）。

表35-8 ME-SA1和IME-SA2末端序列出现频率统计

噬菌体	链	一般reads出现频率	末端reads出现频率	频率比	末端序列
IME-SA1	正链	8	1473	184	GGAATTCTTTTACCTCTCTC
	负链		498	62	GGTAGACCATAGGGGTATAT
IME-SA2	正链	1	650	650	GGAATTCTTTTACCTCTCTC
	负链		234	234	GGTAGACCATAGGGGTATAT

② IME-SA1和IME-SA2基因组的长直接末端。用CLC genomics workbench分别组装为IME-SA1和IME-SA2完整的基因组，通过末端和完全序列的分析结果，其复制如图35-1所示，其中IME-SA1基因组长为147810bp，长直接末端为7592bp；IME-SA2基因组长149024bp，长直接末端为8118bp。

注释

① 高发频率reads末端理论提供了理论上的末端reads与一般reads的频率比。在实际情况下，只选择300bp的reads进行分析，而不是所有reads。这样的选择会降低实际发生频率比，但仍然可以分辨出末端reads和其他reads（参见35.3）。

② 在实验中必须设计对照试验。

③ 使用以下命令（表35-9）进行reads出现频率统计。

表35-9 用于末端分析和基因组序列组装的Linux命令

<table>
<tr><th>命令</th><th>用法</th></tr>
<tr><td>awk′NR%4==2′input. fastq|sort|uniq-c|sort-g-r-o output. Freq</td><td>HTS基于 . fastq文件统计reads发生频率</td></tr>
<tr><td>awk′NR%2==0′input. fasta|sort|uniq-c|sort-g-r-o output. freq</td><td>HTS基于 . fasta文件统计reads发生频率</td></tr>
<tr><td>sed′ litemp′ input. fastq | awk′ NR% 4 > 1′ | sed′ s/^@/\>/g′ > output. fasta</td><td>将 . fasta文件转换为 . fastq文件</td></tr>
<tr><td>awk′length($1)>50′input. fasta|cat-n|sed′s/\t/\n/g′|sed′s/\//g′>output. fasta</td><td>选择长度超过50个碱基的reads</td></tr>
<tr><td>grep′HFS in500|sed′s/^. * HFS in50/HFS in500|grep′HFS in300|sed′s/HFS in30. * /HFS in30/g′</td><td>选择高频reads序列(HFS)</td></tr>
<tr><td>echo sequences|rev|tr[ATCG][TAGC]|tr[atcg][tgac]</td><td>把序列转换成其互补链</td></tr>
<tr><td>cat inputfile|awk′{print length, $0}′|sort-g|cut-d′′-f2</td><td>根据长度命令行</td></tr>
<tr><td>grep′Unmapped′ReadStatus. txt|cut-f1>unMappedReads</td><td>从HTS结果中提取未映射的reads</td></tr>
</table>

参考文献

1. Hershey AD, Chase M (1952) Independent functions of viral protein and nucleic acid in growth of bacteriophage. J Gen Physiol 36 (1):39–56
2. McKenna M (2014) Drugs: gut response. Nature 508(7495):182–183
3. Li S, Fan H, An X, Fan H, Jiang H, Chen Y, Tong Y (2014) Scrutinizing virus genome termini by high-throughput sequencing. PLoS One 9(1):e85806
4. Adams MH (1959) Bacteriophages. Bacteriophages
5. Carlson K (2005) Appendix: working with bacteriophages: common techniques and methodological approaches. Bacteriophages:437–494
6. Green MR, Sambrook J (2012) Molecular cloning: a laboratory manual. Cold Spring Harbor Laboratory Press, New York
7. Loman NJ, Misra RV, Dallman TJ, Constantinidou C, Gharbia SE, Wain J, Pallen MJ (2012) Performance comparison of benchtop high-throughput sequencing platforms. Nat Biotechnol 30(5):434–439
8. Pennisi E (2010) Semiconductors inspire new sequencing technologies. Science 327 (5970):1190–1190
9. Zhang J, Chiodini R, Badr A, Zhang G (2011) The impact of next-generation sequencing on genomics. J Genet Genomics 38(3):95–109
10. Bentley DR, Balasubramanian S, Swerdlow HP, Smith GP, Milton J, Brown CG, Hall KP, Evers DJ, Barnes CL, Bignell HR (2008) Accurate whole human genome sequencing using reversible terminator chemistry. Nature 456 (7218):53–59
11. Lu S, Le S, Tan Y, Zhu J, Li M, Rao X, Zou L, Li S, Wang J, Jin X (2013) Genomic and proteomic analyses of the terminally redundant genome of the Pseudomonas aeruginosa phage PaP1: establishment of genus PaP1-like phages. PLoS One 8(5):e62933
12. Zerbino DR, Birney E (2008) Velvet: algorithms for de novo short read assembly using de Bruijn graphs. Genome Res 18(5):821–829
13. Simpson JT, Wong K, Jackman SD, Schein JE, Jones SJ, Birol I (2009) ABySS: a parallel assembler for short read sequence data. Genome Res 19(6):1117–1123
14. Li R, Li Y, Kristiansen K, Wang J (2008) SOAP: short oligonucleotide alignment program. Bioinformatics 24(5):713–714
15. Gordon A (2011) FASTX-Toolkit. Hannon Lab. http://hannonlab.cshl.edu/fastx_toolkit/index.html. Accessed 26 Nov 2014
16. NCBI (2014.) Nucleotide Blast http://blast.ncbi.nlm.nih.gov/Blast.cgi?PROGRAM=blastn&PAGE_TYPE=BlastSearch&LINK_LOC=blasthome. Accessed 26 Nov 2014
17. Aziz RK, Bartels D, Best AA, DeJongh M, Disz T, Edwards RA, Formsma K, Gerdes S, Glass EM, Kubal M (2008) The RAST server: rapid annotations using subsystems technology. BMC Genomics 9(1):75
18. Lowe TM, Eddy SR (1997) tRNAscan-SE: a program for improved detection of transfer RNA genes in genomic sequence. Nucleic Acids Res 25(5):0955–0964
19. Jiang X, Jiang H, Li C, Wang S, Mi Z, An X, Chen J, Tong Y (2011) Sequence characteristics of T4-like bacteriophage IME08 benome termini revealed by high throughput sequencing. Virol J 8:194
20. Sheng W, Huanhuan J, Jiankui C, Dabin L, Cun L, Bo P, Xiaoping A, Xin Z, Yusen Z, Yigang T (2010) Isolation and rapid genetic characterization of a novel T4-like bacteriophage. J Med Coll PLA 25(6):331–340
21. Crooks GE, Hon G, Chandonia J-M, Brenner SE (2004) WebLogo: a sequence logo generator. Genome Res 14(6):1188–1190
22. Zhang X, Wang Y, Li S et al. (2015) A novel termini analysis theory using HTS data alone for the identification of Enterococcus phage EF4-like genome termini. BMC Genomics 16 (414): DOI 10.1186/s12864-015-1612-3
23. Wang Y, Wang W, Lv Y, Zheng W, Mi Z, Pei G, An X, Xu X, Han C, Liu J (2014) Characterization and complete genome sequence analysis of novel bacteriophage IME-EFm1 infecting enterococcus faecium. J Gen Virol 95 (Pt 11):2565–2575
24. Zhang X, Kang H, Li Y et al. (2015) Conserved termini and adjacent variable region of Twortlikevirus Staphylococcus phages. Virologica Sinica 30(6):433–440

36 通过分析有尾噬菌体基因组的末端确定 DNA 包装策略

▶ 36.1 引言
▶ 36.2 材料
▶ 36.3 方法与实际问题
▶ 36.4 注释

摘要

有尾噬菌体病毒粒子包含单个线性 dsDNA 基因组，在已知的有尾噬菌体中其大小为 18～500kbp。这些线状染色体有几种已知的末端类型：黏性末端（5′或 3′端单链的延伸）、环状排列的同向末端重复、短或长的精确同向末端重复、末端宿主 DNA 序列或共价结合末端蛋白。这些不同类型的末端反映了 DNA 不同的复制方式，特别是不同的末端酶在 DNA 包装过程中的作用。一般来说，完整的基因组序列测定本身并不能阐明这些末端的性质，因此通常需要直接的实验分析来了解噬菌体染色体末端的性质。本章将讨论这些方法。

关键词： 末端酶，噬菌体，黏性末端，末端冗余，DNA 包装

36.1 引言

36.1.1 一般背景

有尾噬菌体都含有单个线性 dsDNA 分子，这些分子通过类似的 DNA 转位酶分子马达被包装进原壳体；然而，它们的 DNA 复制方式和末端的性质并不完全相同。目前研究比较明确的 DNA 末端有 6 种，①单链黏性末端；②环状排列的同向末端重复；③短的、数百个碱基对的精确（无变化）同向末端重复；④长的、数千碱基对的精确（无变化）同向末端重复；⑤末端宿主 DNA 序列；⑥共价结合末端蛋白（表 36-1）。

表 36-1 有尾噬菌体的 DNA 末端类型及复制方式

末端类型		代表噬菌体	复制方式
黏性末端	5′单链延伸	λ P2	滚环→多联体→成环
	3′单链延伸	HK97	滚环→多联体②

续表

末端类型		代表噬菌体	复制方式
环状排列的同向末端重复①		T4	复合体→多联体
		P22	滚环→多联体
		P1	滚环→多联体
末端宿主 DNA 序列		Mu	复制性转座进宿主 DNA
精确同向末端重复	短(几百碱基对)	T7	线性→多联体
	长(数千碱基对)	SPO1、T5	复合体→多联体
		T5	复合体→多联体
共价结合末端蛋白		ϕ29	蛋白质起始的线性→线性

① 这些噬菌体的个体病毒粒子的染色体在许多基因组序列的不同位置终止，并且末端重复序列的长度因个体病毒粒子而异（见正文）。

② 基因组分析预测了这种复制模式，但尚未通过实验研究。

上述 6 种病毒粒子染色体末端中的 5 种是通过复制的多联体或环状 DNA 分子的核酸酶切割产生的；只有具有末端蛋白质的噬菌体基因组不需要切割。这些切割在所有情况下都与 DNA 包装过程紧密结合，并且由噬菌体编码的“末端酶”进行，因为这种切割产生了噬菌体 DNA 的末端[1,2]。

大多数有尾噬菌体包含的 DNA 来自多联体，这是由滚环或更复杂的复制机制产生的。在这些研究中，只有 P2 类噬菌体（一类染色体具有 5′黏性末端“*cos*”的噬菌体），ϕ29 类噬菌体，其染色体具有共价结合的末端蛋白质，以及 Mu 类噬菌体的 DNA 整合到宿主 DNA 中，具有单体的包装底物；注意，这些中的第一个和最后一个需要通过末端酶切割使分子线性化以进行包装和释放整合的噬菌体 DNA。从多联体包装的噬菌体通常在 DNA 多联体上进行单向“包装系列”，其中非序列启动包装活动在前一活动产生的 DNA 末端开始。这已经在中型噬菌体中进行了较为详细的研究，例如 P22 和 λ，但在更大、更复杂的噬菌体，如 T4 和 SPO1 的包装过程中，对多联体处理的细节仍然知之甚少。图 36-1 显示了 4 种被充分研究的噬菌体 λ（cos 末端）、T7（短同向末端重复即 DTR）、P22（末端冗余和环化）和 Mu（末端宿主 DNA）的包装系列。

这种包装系列中的第一个事件是通过末端酶识别 DNA，然后在包装识别位点处或附近进行双链切割（在头部包装噬菌体[3] 中通常称为 *pac*，在黏性末端噬菌体[4] 中称为 *cos*）。通过第一次（包装系列启动）切割产生的两个 DNA 末端中只有一个被导入原壳体，从而使包装马达只从切割点向一个方向插入 DNA（图 36-1）。当 DNA 填充原壳体时，通过末端酶产生第二次裂解（“头部”切割），其从多联体中释放包装的 DNA，从而终止第一次包装活动。第二个活动像第一个活动一样终止，头部裂解（系列的第二个头部裂解），随后的包装活动以与第二种类似的方式顺序进行。这种单向包装系列通常长达 2～5 个包装活动，但根据侵染条件可以重复 10 次或更多[5]。

下面简要讨论不同种类的病毒粒子 DNA 末端是如何由不同的复制/末端酶切割/包装机制产生的。证明这些类型的每一种的存在都需要专门分析。对这些末端的成功分析需要更多地了解各种可能的 DNA 末端类型以及它们如何生成，而不是通过技术上难以进行的实验分析。本章主要关注基因组完全测序的噬菌体，因为目前对于其末端结构具有兴趣的噬菌体通常已经完成测序。当通过随机鸟枪法（甚至通过噬菌体染色体模板上的引物步移）对噬菌体基因组进行测序时，对于环化和末端定向重复的基因组，甚至是质粒克隆的噬菌体 DNA 插入物，包括已经连在一起的黏性末端的黏性末端基因组都会产生环状序列。当然，这些都是人工环状序列，因为所有已知有尾噬菌体染色体都是线性的。目前对 DNA 包装和注射机制

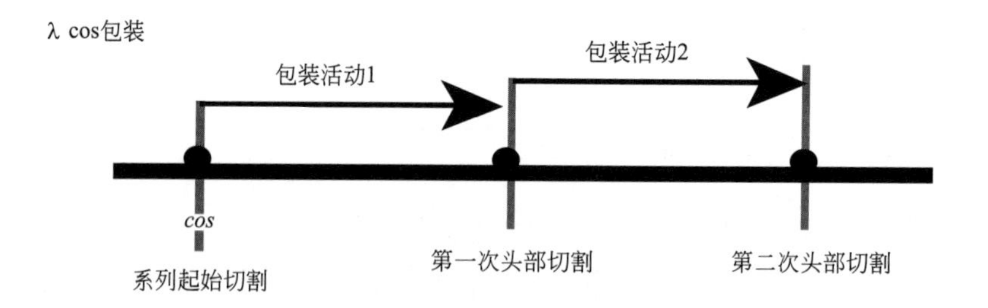

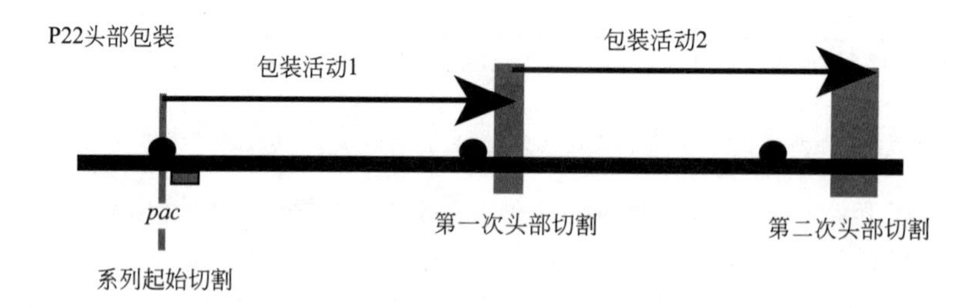

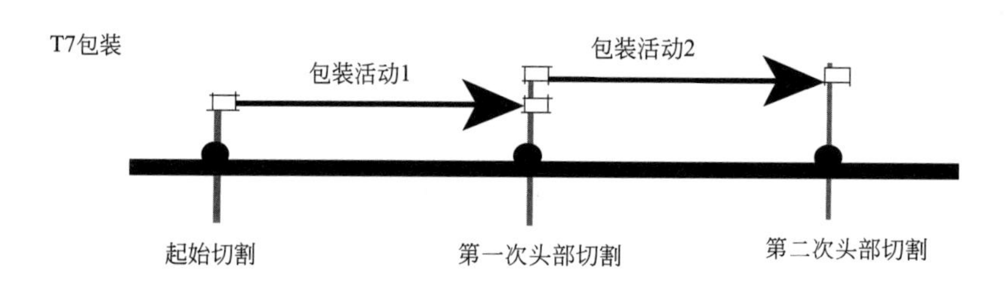

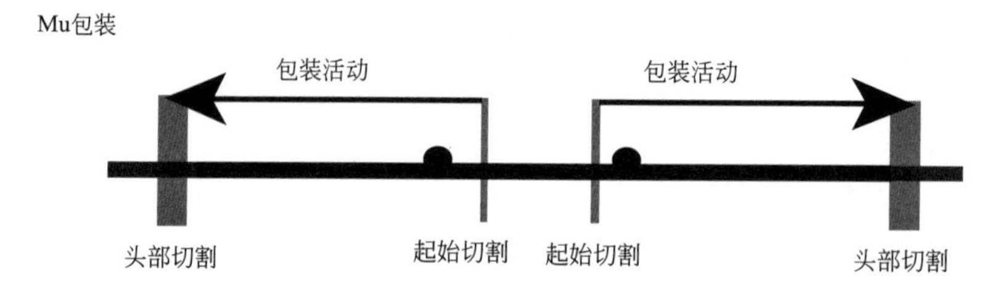

图 36-1 四种噬菌体 DNA 包装策略

噬菌体 λ、P22、T7 和 Mu 的包装策略以图解的方式展示。粗黑色水平线代表噬菌体多联体 DNA，在 Mu 中噬菌体基因组整合到宿主细菌的染色体中（后者用粗灰线表示）。黑色圆圈标记包装识别位点，水平黑色箭头表示单独的包装活动。垂直黑线表示精确的末端酶切割，垂直灰线表示不精确的切割（见正文）。在除 Mu 之外的每种情况下，发生连续的一系列包装活动，其中在相同的多联体分子上的后续活动（图中的活动 2）开始于前一活动（活动 1）产生的多联体末端；图中虽然只显示了两个连续的活动，但包装系列在某些情况下可能长达 10 个或更多。在噬菌体 λ 和 T7 中，每个活动在包装识别位点开始和结束，并且在噬菌体 T7 中，白色矩形表示与包装一致复制的区域（同向末端重复）。在噬菌体 P22 中，向右增加的垂直灰色框的宽度表示随着活动向右进行的切割位点位置的增加范围。第一个 P22 事件下方的小灰色水平矩形是用于分析 *pac* 片段的 Southern 探针的最佳位置（参见正文）

的了解表明，在有尾噬菌体中永远不会发现共价环状 DNA 分子，因为在包装过程中必须将 dsDNA 穿入原壳体，并在注射过程中通过狭窄的“入口”进入原壳体。该通道不能同时容纳两个平行dsDNA（如果染色体是圆形的，则是必需的）[6]，因此，即使确定了完整的基因组序列，通常还需要进行额外的实验来了解线性病毒粒子DNA的真实性质。

36.1.2 黏性末端——研究最透彻的噬菌体λ、HK97和P2

含有黏性末端的噬菌体染色体的两端具有相同长度且互补的突出单链，感染后，这两个末端彼此退火，每条链用DNA连接酶（已知的，为宿主的连接酶）封闭，以产生共价闭合的环状分子，作为DNA复制的模板。这种黏性末端可以具有5′或3′突出的链[7~9]，并且据报道，在各种噬菌体中长度为7～19个核苷酸（例如，P2具有19个核苷酸的5′-突出链[10] HP1具有7个核苷酸的5′-突出链[11]）。这样的末端是组装时，末端酶在切割两条DNA链后产生的交错序列。在一个多联体上，一对交错的切口（由最终单链延伸的长度分开）产生一条染色体的右端和下一条染色体的左端，进而被包装（除了包装系列第一次和最后一次切割，其中DNA只包含一侧；图36-1）。因此，给定*cos*噬菌体的所有个体的黏性末端存在于基因组序列上的相同位置。

具有黏性末端的DNA可以通过相对末端在试管中退火的能力来识别，并且检测这种退火能力最简单的方法是通过两个末端限制性片段的连接或“黏性”（因此得名[7]）。在琼脂

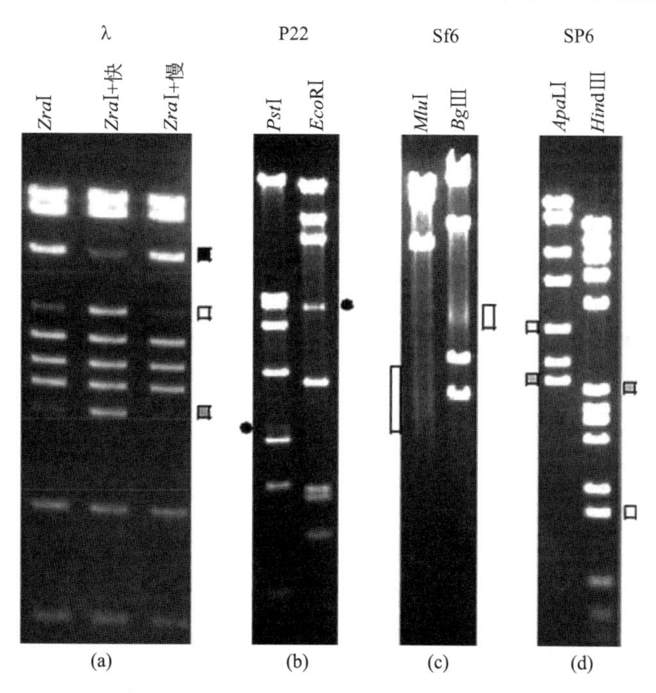

图36-2 有尾噬菌体DNA的限制性酶切片段

通过0.8%琼脂糖凝胶电泳分离DNA片段，并用溴化乙锭染色。DNA的噬菌体来源在每个小组的上方显示，限制酶在每个泳道上方显示。(a) 正常分离和储存后的噬菌体λDNA。将第二和第三泳道中的DNA加热至75℃，15min，然后分别快速或缓慢冷却至室温，如方法中所述。末端DNA片段如下所示：白色方形，左端片段；灰色方块，右端片段；黑色正方形，左右两端的碎片由它们的黏性末端退火连在一起。(b) 噬菌体P22 DNA。由*Pst* Ⅰ和*Eco*R Ⅰ产生的*pac*片段分别由左侧和右侧的黑色圆圈表示。(c) 噬菌体Sf6 DNA。由不精确的包装系列起始产生的扩散*pac*片段带的位置由白色矩形表示[31]。(d) 噬菌体SF6 DNA。末端DNA片段如下所示：白色方形，左端片段；灰色方块，右端片段

糖凝胶电泳中最容易观察到这种退火。因此，如果将含有黏性末端的限制性 DNA 加热至分离黏性末端的温度，但不分离 DNA 其余部分的链（例如，75～80℃）并缓慢或快速冷却。在缓慢冷却条件下，黏性末端碎片将在这种凝胶中相互退火并作为较大的带可见，但在快速冷却条件下，两个末端没有时间与另一个进行退火［图 36-2(a)］。需要注意，限制酶产生的末端≤5bp 时不足以在这种凝胶中将两个片段保持在一起。在某些情况下，例如枯草芽孢杆菌噬菌体 ϕ105，据报道，7 个核苷酸的 3′黏性末端异常快速地结合，并且需要添加甲酰胺和/或用单链特异性核酸酶处理以分离连接的末端片段[9]。

这种简单的分析可以指示是否存在黏性末端，但不确定单链延伸长度或哪个链突出。通常，通过在天然染色体模板 DNA 的两端进行双脱氧核苷酸测序反应，来确定每个末端的确切性质。然后可以通过与封闭末端的序列进行比较来推断每条链的 5′末端的位置[12]，需要注意 *Taq* DNA 聚合酶从模板末端脱离时，倾向于添加至少一个非模板的 A 碱基。每条链的 3′末端更难以直接确定，并且通常通过假设来推断它们的位置，因为在退火黏性末端处的链断裂是可连接的。如上所述，通过单链切口会产生两个末端。如果知道末端在基因组上的哪个位置，则前面的测定是非常简单的。末端酶产生的末端（*cos* 位点）的大致位置，可以根据末端限制性片段的大小（在上述快速冷却实验和慢速冷却实验中）和限制性图谱或基因组序列中限制性位点的位置确定。此外，*cos* 位点的位置是高度保守的，并且在迄今为止研究的大多数情况中，它在编码末端酶小亚基基因上游约 1kb 处。虽然小亚基基因序列变化很大，但更高度保守的末端酶大亚基和门蛋白以及噬菌体头部装配基因（几乎总是）高度保守的顺序通常可以对末端酶小亚基基因的位置进行预测，从而预测 *cos* 位点[13]。必须指出存在例外情况，包括 P2 类噬菌体，结核分枝杆菌噬菌体 L5 和 D29[14～15] 和乳酸乳球菌噬菌体 r1t 和 c2[16～17]；在这些噬菌体中，头部基因似乎具有非典型的顺序，而在后四种情况下，末端酶的小亚基基因尚不可识别。在这种情况下，必须通过限制性图谱来定位黏性末端，然后才能对其进行详细表征。

36.1.3 头部包装——研究最佳的噬菌体 P22、P1、SPP1 和 T4

含有末端冗余和环化染色体的噬菌体称为“头部包装”噬菌体[18]。噬菌体 P22 是最具特色的头部包装噬菌体。在这种情况下，在复制的多联体上识别特定位点以启动包装系列[19]，但决定包装系列中后续切割位置的是头部内部的可用体积，而不是 DNA 序列（图 36-1)[20～22]。此包装系列启动站点称为 *pac*，此名称通常用于终止识别以开始整理包装系列的位点。末端酶进行序列特异性切割（见下文）以启动序列，只有当原壳体（噬菌体头部前体）“装满” DNA 时产生的切割序列特异性才较差[23]。头部包装噬菌体中的包装 DNA 长度通常为基因组序列长度的 102%～110%，因此这些染色体具有同向末端重复，占噬菌体基因组长度的 2%～10%。感染后，这些同向末端重复序列之间的同源重组产生环状基因组，作为 DNA 复制的模板。这种包装策略的结果是一系列中每个连续包装活动的末端沿着基因组序列“移动”（图 36-1 中向右），长度为前一活动产生的重复序列的长度。这种包装系列的结果是病毒体染色体被循环置换并且最终是多余的。DNA 通常仅“部分置换”，因为末端不是完全随机分布在整个基因组序列中，而是分布在基因组的一部分。如果包装系列都在相同位置（*pac* 位点）开始，并且终端冗余大小和系列长度有限，则这是预期的结果；也就是说，末端都位于与 *pac* 位点相邻的区域中，距离取决于终端冗余的大小和包装系列中的活动数量（图 36-1）。头部包装噬菌体的基因组没有黏性末端；它们的 DNA 末端通常被认为是平的，因为它们能够被连接到其他平的 DNA 末端[24]，但实际上它们末端的确切性质很难明确确定，因为任何DNA制备中都存在许多不同的末端位置。

头部包装噬菌体染色体分析的一个复杂因素是，在包装过程中不能精确确定原壳体何时充满DNA，因此会将不同长度的DNA包装在不同的个体中（图36-1）。在已经研究的少数例子中，这种变异约为基因组长度的±2%或±700～1000bp[23～26]。另一个复杂因素是头部包装系列的起始切割位点在迄今为止分析的头部包装噬菌体中并不精确，并且可选择的初始切割位点范围为从噬菌体SPP1中的9bp到噬菌体Sf6中的大约2000bp[27～32]。包装起始和染色体长度都不精确的这种包装活动的总体结果来自不同单个病毒体的DNA分子，其末端位置可位于基因组的实质区域内的多个（如果不是全部）可能位置。下文将介绍头部包装的验证实验。

由于它们染色体的长度不尽相同，因此确定噬菌体是否采用了头部包装策略的一种方法是，脉冲场电泳的结果显示整个染色体条带比相似大小精确长度的DNA分子宽（例如，噬菌体λ病毒粒子DNA）。这里没有详细描述，但请参阅文献［31］中的图7-2(c）和文献［32］的图7-2(b)。尽管噬菌体Mu的包装底物区别很大（见下文），但噬菌体Mu也采用包装机制，因此与本节中讨论的其他头部包装噬菌体一样，它也会产生长度可变的染色体[33]。头部包装的另一个实验指标是广义转导。由于在头部切割中缺乏末端酶序列特异性，如果包装错误地在宿主DNA上启动，会形成功能病毒转导颗粒（与*cos*噬菌体在起始和开始时需要序列特异性不同，需要进行特定的实验以证实广义转导[34]）。

通过分析噬菌体DNA的限制性片段组成，可以获得有关包装的更多信息。当末端冗余、环状排列，且头部包装的DNA被限制性切割时，环状DNA形成的所有限制性片段（两端具有限制酶切割的片段），通常存在于一些DNA分子中。因此，电泳图谱至少是由环状DNA产生的。如果在*pac*位点附近的系列起始切割相对精确（所有切割发生在几百个碱基对区域内），任何系列中来自第一个包装过程的限制性DNA将产生离散的DNA片段，其左侧具有包装起始切割，其右端进行限制性切割（图36-1所示的方向）。该系列起始末端片段称为“*pac*片段”[3]，存在的拷贝数少于真正的限制片段，因为它仅由任何包装系列的第一次DNA包装事件产生（*pac*片段与限制性片段的物质的量比对应于平均包装系列长度）[3,27,35]。由于头部包装DNA长度实际上是不精确的，所以包装最终产生的末端也是不精确的。因此，来自包装系列中的第一个事件的右端限制片段和所有末端片段（来自两端）的量是可变的，并且在凝胶背景中十分分散，使得它们在溴化乙锭染色的电泳凝胶中几乎“不可见”。因此，如果序列起始是相对精确的（例如，在噬菌体P22、SPP1和P1中），则头部包装的DNA的限制性图谱将由除带有*pac*片段的环状基因组以外的所有片段组成。噬菌体P22限制性图谱如图36-2(b）所示；也可以参照文献［3］中的图7-1(a)。当这种类型的限制性图谱存在时，可以确定是头部包装。在研究的案例中，*pac*片段末端酶产生的末端的位置非常接近*pac*位点[19]。

这一分析中需要注意，对于任何给定的限制酶，*pac*片段很小，容易跑出凝胶或被真正的限制性片段遮蔽，因此没有明显的*pac*片段并不能证明不是头部包装，特别是没有基因组存在的情况下；可能有必要尝试许多不同的限制酶来找到可以明确显示*pac*片段的酶。如果环状纯化足以使所有限制性片段分布较为集中，那么这种类型的分析也会有些复杂。如果可以获得基因组的限制性图谱，则此类分析更加可靠。因此，可以使用多个限制性图谱来确定*pac*片段的位置。最后，片段大小、末端冗余长度和头部精度的某些特殊组合可以从非序列起始端给出可见凝胶带［参见参考文献［23］中的图7-2(a)］。

某些头部末端酶能够在*pac*位点识别和切割位点之间沿着DNA持续移动相当长的距离，以启动包装系列。如果它移动的距离很短，则生成如上所述的*pac*片段。然而，如果它可以长距离移动，末端酶的系列起始切割就会变得太不精确，在电泳凝胶中不会产生易于观察的 *pac* 片段。噬菌体 Sf6、ES18[31～32] 和可能的 T4[36] 就是这种情况。然后，在限制性病毒粒子 DNA 的染色电泳凝胶中，它也是一条“看不见的”弥漫条带，并且限制性片段的模式简单地从环状基因组预测；即所有终端片段的长度变化很大，以至于它们在背景中丢失。注意，在图 36-2 中，头部包装噬菌体 P22 和 Sf6 中的这些末端片段显示为背景条带（在条带之间），并且具有独特末端的噬菌体 λ 和 SP6 具有更少的背景反应。在一些偶然的情况下，弥散性 *pac* 片段可以看作模糊的染色条带，如图 36-2(c) 所示的 *Mlu* Ⅰ 和 *Bgl* Ⅱ 消化的噬菌体 Sf6DNA。然而，对于这种类型的噬菌体，使用与所有可变大小的 *pac* 片段杂交探针的 Southern 分析将特异性地显示扩散的 *pac* 片段条带（以及包含 *pac* 片段的真正的限制性片段）[31～32]。选择 DNA 探针时需要核苷酸序列信息。已完成的研究中，头部包装噬菌体 *pac* 位点通常位于末端酶小亚基基因内或附近，并且包装是在该基因转录的方向上进行的。与 *cos* 噬菌体（上文）相同，头部包装的噬菌体，末端酶大亚基基因和门蛋白基因在小亚基基因的下游转录。因此，来自末端酶大亚基或门基因内的 Southern 探针通常将与任何（扩散的或非扩散的）*pac* 片段杂交。但是链球菌噬菌体 MM1 例外，其中 *pac* 位点在末端酶大亚基基因的转录下游约 2kb，而末端酶小亚基基因在 MM1 序列中未被识别[37]。比较由几种不同限制酶产生的扩散条带可以有效地定位 *pac* 片段的可变末端，从而有效地定位包装系列的开始区域。

任何能够定位染色体末端的方法，在理论上都可以实现上述限制性分析的目的，电子显微异源双链和部分变性作图以及末端片段的克隆已经用于这一分析。实际上，Tye 等[20] 使用这种类型的电子显微镜分析，首次推断出噬菌体 P22 使用的“*pac* 位点包装系列”策略。最近，Loessner 等[38] 已将该技术应用于对李斯特菌噬菌体 A118 的分析。Plunkett 等[39] 通过分析噬菌体 933W 染色体 DNA 的随机文库中 DNA 克隆的位置，推断出染色体末端的可能位置。这两种方法都是劳动密集型的，因为需要手动检查许多独立的 DNA 分子以获得必要的统计学强度。

最后要注意的是对噬菌体染色体的明显的、完全随机排列的解释。对噬菌体的研究还没有到已经详细了解了所有分子机制的程度，所以除了这里讨论的包装策略之外，其他的也是可能的。例如，在噬菌体 DNA 上从真正随机的位置开始包装，而没有 *pac* 位点的头部包装噬菌体仍然可能存在。观察到明显完全随机分布的 DNA 末端可能是存在多个 *pac* 位点、长包装系列、长末端冗余和/或识别和 DNA 切割之间的末端酶移动的结果。另外，这可能是由于“新的”包装策略开始以某种方式在没有 *pac* 位点的噬菌体 DNA 上随机包装。前面的解释似乎更有可能，因为已经研究的所有噬菌体都优先包装自己的 DNA，并且没有报道真正的随机情况。最相关的实验研究案例是噬菌体 T4，其破坏被感染细胞中的所有非 T4 DNA，因此可能不需要核苷酸序列靶标来识别其自身的 DNA。其包装策略尚未详细了解，但目前对工作模式最好的解释是它在其末端酶小亚基基因中或其附近的识别位点不精确地启动包装[36]。

36.1.4 短精确同向重复末端——研究最佳的噬菌体 T3 和 T7

这种类型的噬菌体在其末端具有同向的双链重复，其长度为几百个碱基对，并且在每个噬菌体染色体中完全相同（它们不是变化的）。这些染色体被认为具有平末端，这同样是通过与其他末端连接性的能力来判断的。末端重复是由同向重复 DNA 的复制与包装协同产生的[40～41]（图 36-1）。当噬菌体基因组序列由鸟枪法确定时，这种类型的 DNA 末端结构可能被忽略，因为序列组装可以将两端合并成一个圆形序列。对这种类型的 DNA 进行适当限制性消化将产生具有所有等物质的量片段的凝胶图谱（并且加热和冷却不会像 *cos* 位点噬菌体那样改变模式）和末端片段，对这些人工环化的序列片段末端不能正确预测（在短的重复区域中不太可能发生偶然的切割位点；因此，应以这种方式分析多个限制性消化物）。图 36-2(d) 显示了 T7 类噬菌体 SP6 DNA 的两种限制性消化图谱。在这类噬菌体中，由于这些分子的限制性图谱是线性的，所以末端的近似位置可以通过限制性图谱来确定，或者如果核苷酸序列可用，有时可以从相关噬菌体的末端位置来预测近似的重复位置。当染色体末端的近似位置是已知的，通过设计与全基因组中特定位点退火的引物测序，并且使程序向两端合成序列，可以确定合成终止的位置以及重复序列的长度[42～44]。

36.1.5 长精确同向重复末端——研究最佳的噬菌体 T5 和 SPO1

大多数“精确末端重复”噬菌体具有末端重复序列，其长度在 1 到几百碱基对范围内，如上一节所述；然而，几个大型、复杂的噬菌体，其基因组在 130kb 内，其中研究最透彻的是大肠埃希菌噬菌体 T5 和枯草芽孢杆菌噬菌体 SPO1，染色体具有非常长的精确同向重复末端，分别为 10139bp 和 13185bp[45]（R. Hendrix、W. Huang、S. Casjens、G. Hatfull、M. Padulla 和 C. Stewart，未发表的结果）。这些长重复末端产生的机制尚不清楚，但与短精确重复噬菌体一样，在复制产生的串联体中，基因组之间的末端重复似乎只有一个拷贝。这表明在包装之前或期间重复区域是重复的。在这些情况下，鸟枪法测序会确定一个明显循环的序列。长末端冗余可以从遗传方面基[46,47]或通过电子显微镜分析核酸酶模拟 DNA 的异源双链[48]发现，但最好通过限制性图谱发现和研究，它可以定位这些分子末端在序列上的近似位置[49,50]。精确末端序列的确定更加困难，因为没有独特的模板引物可以使测序过程贯穿长末端冗余到病毒粒子染色体模板的分子末端。最好的策略是分离或克隆末端限制性片段，并将其用于模板末端的测序反应[51]。

36.1.6 末端宿主 DNA——研究最佳的噬菌体 Mu

对于 Mu 这类噬菌体，要想将它们的基因组通过复制性转座插入宿主的 DNA，必须进行包装并随机整合到宿主 DNA 中的病毒基因组。Mu 末端酶尚未被详细研究，但它似乎可以识别基因组一端附近的 *pac* 位点，并从该点延伸，通过切入相邻的宿主 DNA 来启动包装活动[52,53]。然后，头部类型的包装活动从该初始切割延伸到整合的噬菌体 DNA 以及更远处，包括约 1800bp 的宿主 DNA[54]（图 36-1)。这一类末端也是平的，因为它们能够连接到其他平的末端（例如，参考文献［55］中的 *Eco*RⅤ末端）。因此，每个 Mu 噬菌体 DNA 分子在两端都有独特的宿主 DNA，这在不同的病毒粒子中是不同的。基因组测序过程中，可以“自动”识别这种末端宿主 DNA[55～56]，但在没有这些信息的情况下很难识别。一种直接的检测方法是在链分离和病毒颗粒 DNA 再退火后，在电子显微镜检查异源双链分子发现“磨损的单链末端”，因为末端的宿主 DNA 具有多样性，并且具有匹配性的末端宿主序列的链在退火期间几乎不会彼此发现。这里没有给出这种技术的细节，请参见参考文献［54］。

36.1.7 共价结合末端蛋白——研究最佳的噬菌体 ϕ29

枯草芽孢杆菌噬菌体 ϕ29 及其感染其他革兰阳性菌的类似噬菌体，是目前已知的少数在其病毒粒子末端共价结合蛋白质并复制染色体的有尾噬菌体。这些 DNA 通常通过其末端 DNA 片段在电泳凝胶中的异常缓慢迁移来识别，并通过蛋白酶处理恢复到“正常”迁移。这里不再详细讨论，但参见参考文献［57～58］。

36.1.8 从末端酶氨基酸序列预测包装策略和DNA末端结构

如果已知噬菌体的末端酶大亚基的氨基酸序列，通常可以预测噬菌体利用的包装策略以

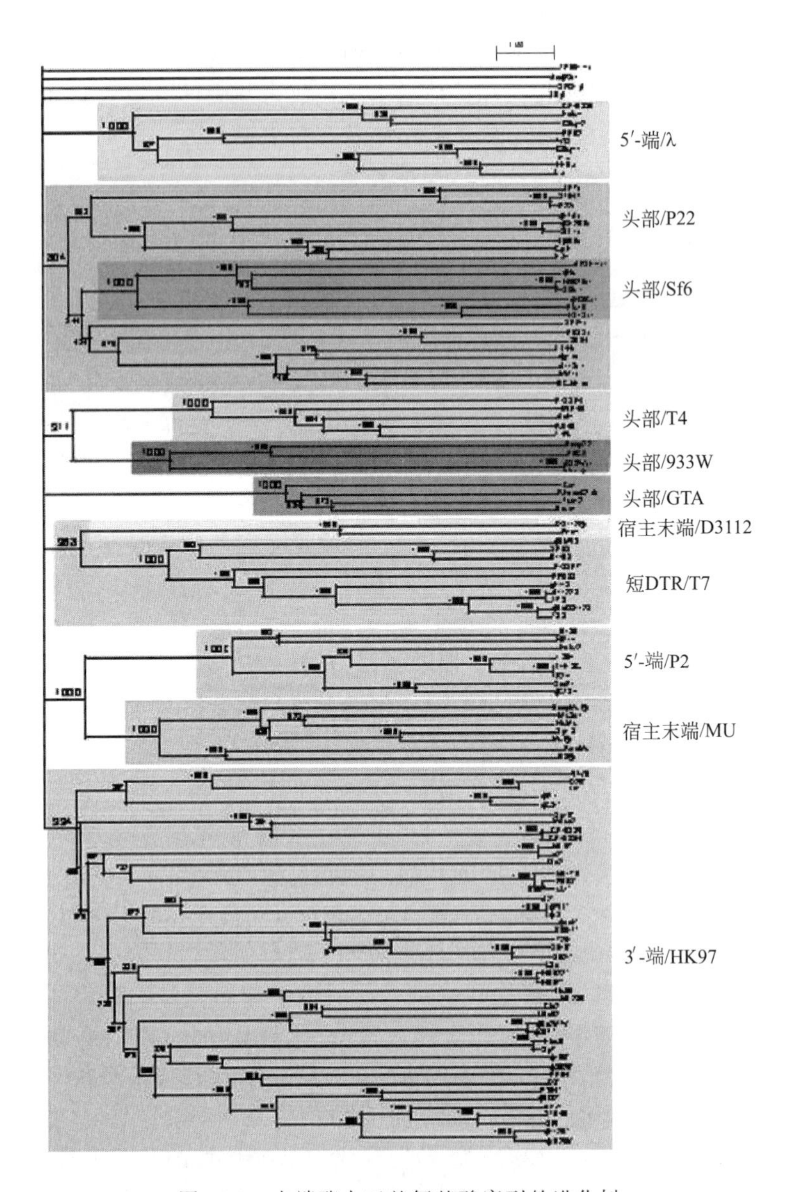

图 36-3 末端酶大亚基氨基酸序列的进化树

通过CLUSTALX生成123个有尾噬菌体末端酶氨基酸序列的进化树[59]。分叉附近的数字是1000次试验的自展值。这里显示的连接主要组的短分支是手动合并的，因为所有分支的自展值都很低，并且主要深分支都显示为从同一个源辐射分出。噬菌体或前噬菌体的名称显示在每个末端分支的右侧（一些前噬菌体名称是Casjens提出的[13]。主要的相关分支用灰色框突出显示，每组的包装策略和前噬菌体在右边给出。这些噬菌体的病毒体DNA末端结构已被实验确定如下：#，λ噬菌体中的5′黏性末端；∧，P2类噬菌体中的5′黏性末端；*，3′黏性末端；$，T7类噬菌体，具有同向重复末端并且没有环化；@，末端具有宿主DNA的噬菌体；†，非T4类噬菌体的头部包装，包括P22和基因转移载体（GTA）；%，T4类噬菌体中的头部包装；•，头部包装噬菌体，在限制性DNA的溴化乙锭染色凝胶电泳中未发现（持续）明显的*pac*片段（见正文；“头部组装/P22”组中较深的橙色背景表示“头部组装/Sf6”亚组似乎是这种末端酶的一个分支）。该图由Casjens等的图修改[32]

及 DNA 末端的类型。产生噬菌体 DNA 末端的末端酶是多种多样的，但仍然是最保守的有尾噬菌体蛋白质[13]。比较分析表明，它们是根据产生的 DNA 末端的类型进行聚集的[32]。因此，如果一个末端酶氨基酸序列稳定地落在一个特征簇中，它很可能形成与该组的其他成员相似的 DNA 末端。从图 36-3 可以看出，3′-*cos* 噬菌体、两组 5′-*cos* 噬菌体、短精确同向重复末端噬菌体、两种末端带有宿主序列噬菌体以及至少 5 组可分离的头部包装噬菌体，可以通过其末端酶氨基酸序列进行区分。需要认识到目前的末端多样性图像并不完整，如果末端酶序列没有合理地归于一个特征簇中（例如，目前包括 SPO1 和 T5 的长直接末端重复序列终止；P1、TP901-1 和 Aaϕ23 的头部末端酶；*cos* 噬菌体 VP16C 和短末端重复噬菌体 VpV260），就很难获得预测结果。此外，正如 Casjens 等[32] 所指出的那样，在图 36-3 所示的树中包含一些末端酶，例如 3-*cos* 噬菌体 TM4、MS1 和 r1t 的末端酶，可降低一些群体的自展值。这种类型的预测当然不应取代实验分析，但有助于指出在实验中进行有尾噬菌体染色体末端结构测定的最佳方法。

36.2 材料

在电泳凝胶中分析有尾噬菌体病毒粒子染色体限制性模式不需要任何特殊的材料或技术，并且可以在任何分子生物学实验室手册中找到用于此类分析的方案[60]。

36.3 方法与实际问题

36.3.1 噬菌体 DNA 释放和分离

① 向 CsCl 线性密度或梯度密度离心纯化得到的噬菌体溶液中，加入 20%SDS、1mol/L Tris-HCl、0.5mol/L EDTA 储备溶液，使终浓度为 0.25%SDS、50mmol/L Tris-HCl（pH 8.0）和 25mmol/L EDTA。

② 75～80℃孵育 15min。

③ 从 2mol/L 原液中加入乙酸钾至终浓度 0.625mol/L，并充分混合。

④ 置于冰上 60min。

⑤ 4℃，10000r/min 离心 15min 以除去钾-SDS 沉淀物。

⑥ 加入两倍体积的乙醇，用无菌巴斯德吸管把释放出来的 DNA 从溶液中抽出。

⑦ 将其浸入室温 70%乙醇中，将移液管尖端的 DNA 冲洗干净，风干几分钟，直至没有明显的液体残留。将尖端浸入 200μL 10mmol/L Tris-HCl（pH 8.0），1mmol/L EDTA 溶液中溶解，DNA 将在几分钟内从移液管尖端释放出来；然后让 DNA 在 4℃溶解至少 12h 后再使用。过度干燥会使再悬浮更加困难。

以这种方式从纯化的噬菌体中制备的 DNA 适合于后续的操作。如果在含有 Mg^{2+} 的缓冲液中孵育后通过污染核酸酶使其降解（如电泳分析所测定的那样），用等体积的酚在室温下缓慢摇动 10min，乙醇沉淀，并重悬于 10mmol/L Tris-HCl（pH 8.0）、1mmol/L EDTA 中。

36.3.2 黏性末端 DNA 分析

① 用选择性限制酶切割 1μg 纯化的病毒粒子 DNA（通过反复试验或基因组序列分析确

定病毒粒子 DNA，能够在分离效果良好的凝胶上展示连接和分离的两个末端片段）。

② 将反应混合物加热至 75～80℃，持续 15min，然后分为两个相等的部分。一个放入冰水混合物中快速冷却，另一个冷却至室温。通过编程 PCR 循环仪在 40min 内从 75℃冷却到 24℃，可以实现缓慢冷却或者只需将管子放在 75℃或 80℃的金属加热块中，然后让加热块在工作台顶部冷却到室温。

③ 在琼脂糖电泳凝胶中分离并展示所得的 DNA 条带，并通过溴化乙锭染色显现条带[60]。

④ 如果噬菌体具有 *cos* 末端，则在快速冷却的样品中将看到两个片段，但在缓慢冷样品中缺失（或几乎如此）。在缓慢冷却的样品中，这两个片段应该作为较大的片段连接，其分子量应该是它们的总和 [图 36-2(a)]。

36.3.3 头部包装 DNA 分析

36.3.3.1 P22 类头部包装——离散的 *pac* 片段

① 用限制酶切割 1μg 纯化的病毒粒子 DNA，使其在宽敞的凝胶位置显示 DNA *pac* 片段。可以通过反复试验确定酶的选择或假设 *pac* 位点位于末端酶小亚基基因内部，就在大型末端酶基因的上游（后者并不是万无一失，因为这个位置有已知的例外情况，见上文）。

② 在琼脂糖凝胶电泳中分离并展示所得的 DNA 条带，并通过溴化乙锭染色显现条带[60]。

③ 由于部分消化可以存在亚摩尔 DNA 片段，因此应该使用过量的限制酶，并且多个酶解都可以观察到单一亚摩尔片段才可以确定是头部包装。

④ 为了使其成为可靠的结论，应该可以获得限制性位点图谱或基因组序列，以证实使用不同的酶解到的 *pac* 片段的末端都位于基因组相同位置。

36.3.3.2 染色后不明显可见的 Sf6 类——弥漫性 *pac* 片段

① 用限制酶切割 1μg 纯化的病毒 DNA，结果显示，单个亚摩尔扩散 *pac* DNA 片段在凝胶中分离效果良好。如果没有正在研究的噬菌体的 DNA 序列等信息，不建议对 sf6 型包装策略噬菌体进行这种分析。例如，可能知道噬菌体 DNA 的长度在某种程度上是可变的（如上所述），或者末端酶与已知的头部末端酶高度相关，但是通过染色来可视化 *pac* 片段的努力被证明是失败的。序列信息是有用的，因为选择用于 Southern 分析的探针（如下）至少需要一个很好的依据，即 *pac* 片段可能位于基因组的何处，以及相对于真正的限制性片段，它们将如何在电泳凝胶中显示。与上面的 P22 型噬菌体（明显的 pac 片段）一样，这个“最佳推测”是 *pac* 位点位于小末端酶基因内，并且包装从那里沿着门蛋白基因的方向进行（同样，后者并非万无一失，因为有已知的例外情况，而且在这方面，大型毒性噬菌体尚未“充分研究”，见上文）。

② 分离并显示琼脂糖凝胶电泳[60] 中得到的 DNA 条带。

③ 将 DNA 转移到膜上，用合适的 DNA 探针进行 Southern 分析[31,60,61]。DNA 探针可以是噬菌体 DNA 的克隆片段，也可以是与 *pac* 片段杂交的 PCR 扩增片段；通常探针位于末端酶大亚基或门蛋白基因内。该探针还将与覆盖 *pac* 片段的真正的限制性片段杂交，限制性酶和凝胶条件应该被选择，以便这两个凝胶带能够良好分离。

④ 与上面的 p22“锋利 *pac* 片段带”类型分析一样，为了得出一个强有力的结论，应该通过限制性位点作图表明，对于所使用的每一种不同酶，*pac* 片段的假定 *pac* 裂解的末端在基因组中的相同位置。

36.4 注释

如上所述，实际的实验室技术使用的是分子生物学实验室的标准技术。因此，分析噬菌体病毒DNA末端结构和包装策略的成败更多地取决于所选择的具体分析策略，而不是技术过程或细节。因此，在讨论中强调了策略问题。也许在这种分析中最重要的技术方面是使用由高纯度噬菌体制备的DNA。氯化铯梯度离心历来是根据颗粒密度纯化噬菌体颗粒的首选方法。一般来说，真正的平衡沉降并不重要，如Earnshaw等[62] 所述，使用CsCl"梯度密度"可节省大量时间。有一些特殊的噬菌体（例如，噬菌体18[32] ），不适用此种方法；可以使用基于大小的分离方法，如差分法和蔗糖梯度离心法。

致谢

感谢RogerHendrix提供的噬菌体SF6和Miriam Susskind从病毒体中分离DNA的方案。该作者的研究得到了NSF向SRC拨款资助（MCB-990526）。

参考文献

1. Mousset, S. & Thomas, R. (1969) Ter, a function which generates the ends of the mature lambda chromosome. *Nature* **221**, 242–244.
2. Feiss, M. & Campbell, A. (1974) Duplication of the bacteriophage lambda cohesive end site: genetic studies. *J. Mol. Biol.* **83**, 527–540.
3. Jackson, E. N., Jackson, D. A. & Deans, R. J. (1978) EcoRI analysis of bacteriophage P22 DNA packaging. *J. Mol. Biol.* **118**, 365–388.
4. Emmons, S. W. (1974) Bacteriophage lambda derivatives carrying two copies of the cohesive end site. *J. Mol. Biol.* **83**, 511–525.
5. Adams, M. B., Hayden, M. & Casjens, S. (1983) On the sequential packaging of bacteriophage P22 DNA. *J. Virol.* **46**, 673–677.
6. Simpson, A. A., Tao, Y., Leiman, P. G., Badasso, M. O., He, Y., Jardine, P. J., Olson, N. H., Morais, M. C., Grimes, S., Anderson, D. L., Baker, T. S. & Rossmann, M. G. (2000) Structure of the bacteriophage f29 DNA packaging motor. *Nature* **408**, 745–750.
7. Hershey, A. D. & Burgi, E. (1965) Complementary structure of interacting sites at the ends of lambda DNA molecules. *Proc. Natl. Acad. Sci. USA* **53**, 325–330.
8. Wu, R. & Taylor, E. (1971) Nucleotide sequence analysis of DNA. II. Complete nucleotide sequence of the cohesive ends of bacteriophage lambda DNA. *J. Mol. Biol.* **57**, 491–511.
9. Ellis, D. M. & Dean, D. H. (1985) Nucleotide sequence of the cohesive single-stranded ends of Bacillus subtilis temperate bacteriophage f105. *J. Virol.* **55**, 513–515.
10. Padmanabhan, R., Wu, R. & Calendar, R. (1974) Complete nucleotide sequence of the cohesive ends of bacteriophage P2 deoxyribonucleic acid. *J. Biol. Chem.* **249**, 6197–6207.
11. Fitzmaurice, W. P., Waldman, A. S., Benjamin, R. C., Huang, P. C. & Scocca, J. J. (1984) Nucleotide sequence and properties of the cohesive DNA termini from bacteriophage HP1c1 of *Haemophilus influenzae* Rd. *Gene* **31**, 197–203.
12. Juhala, R. J., Ford, M. E., Duda, R. L., Youlton, A., Hatfull, G. F. & Hendrix, R. W. (2000) Genomic sequences of bacteriophages HK97 and HK022: pervasive genetic mosaicism in the lambdoid bacteriophages. *J. Mol. Biol.* **299**, 27–51.
13. Casjens, S. (2003) Prophages in bacterial genomics: What have we learned so far? *Molec. Microbiol.* **249**, 277–300.
14. Hatfull, G. F. & Sarkis, G. J. (1993) DNA sequence, structure and gene expression of mycobacteriophage L5: a phage system for mycobacterial genetics. *Molec. Microbiol.* **7**, 395–405.
15. Ford, M. E., Sarkis, G. J., Belanger, A. E., Hendrix, R. W. & Hatfull, G. F. (1998) Genome structure of mycobacteriophage D29: implications for phage evolution. *J. Mol. Biol.* **279**, 143–164.
16. Lubbers, M., Ward, L., Beresford, T., Jarvis, B. & Jarvis, A. (1994) Sequencing and analysis of the cos region of the lactococcal bacteriophage c2. *Mol. Gen. Genet.* **245**, 160–166.
17. van Sinderen, D., Karsens, H., Kok, J., Terpstra, P., Ruiters, M. H., Venema, G. & Nauta, A. (1996) Sequence analysis and molecular characterization of the temperate lactococcal bacteriophage r1t. *Molec. Microbiol.* **19**, 1343–1355.
18. Streisinger, G., Enrich, J. & Stahl, M. (1967) Chromosome structure in T4. III. Terminal

redundancy and length determination. *Proc. Natl'l. Acad. Sci., U.S.A.* **57**, 292–295.
19. Wu, H., Sampson, L., Parr, R. & Casjens, S. (2002) The DNA site utilized by bacteriophage P22 for initiation of DNA packaging. *Molec. Microbiol.* **45**, 1631–1646.
20. Tye, B. K., Huberman, J. A. & Botstein, D. (1974) Non-random circular permutation of phage P22 DNA. *J. Mol. Biol.* **85**, 501–528.
21. Moore, S. D. & Prevelige, P. E., Jr. (2002) Bacteriophage P22 portal vertex formation in vivo. *J. Mol. Biol.* **315**, 975–994.
22. Weigele, P. R., Sampson, L., Winn-Stapley, D. & Casjens, S. R. (2005) Molecular genetics of bacteriophage P22 scaffolding protein's functional domains. *J. Mol. Biol.* **348**, 831–844.
23. Casjens, S. & Hayden, M. (1988) Analysis in vivo of the bacteriophage P22 headful nuclease. *J. Mol. Biol.* **199**, 467–474.
24. Schmieger, H., Taleghani, K. M., Meierl, A. & Weiss, L. (1990) A molecular analysis of terminase cuts in headful packaging of *Salmonella* phage P22. *Mol. Gen. Genet.* **221**, 199–202.
25. Chow, L. T. & Bukhari, A. I. (1978) Heteroduplex electron microscopy of phage Mu mutants containing IS1 insertions and chloramphenicol resistance transposons. *Gene* **3**, 333–346.
26. Humphreys, G. O. & Trautner, T. A. (1981) Maturation of bacteriophage SPPI DNA: limited precision in the sizing of mature bacteriophage genomes. *J. Virol.* **37**, 832–835.
27. Casjens, S. & Huang, W. M. (1982) Initiation of sequential packaging of bacteriophage P22 DNA. *J. Mol. Biol.* **157**, 287–298.
28. Deichelbohrer, I., Alonso, J. C., Luder, G. & Trautner, T. A. (1985) Plasmid transduction by *Bacillus subtilis* bacteriophage SPP1: effects of DNA homology between plasmid and bacteriophage. *J. Bacteriol.* **162**, 1238–1243.
29. Sternberg, N. & Coulby, J. (1987) Recognition and cleavage of the bacteriophage P1 packaging site (*pac*). II. Functional limits of pac and location of pac cleavage termini. *J. Mol. Biol.* **194**, 469–479.
30. Casjens, S., Sampson, L., Randall, S., Eppler, K., Wu, H., Petri, J. B. & Schmieger, H. (1992) Molecular genetic analysis of bacteriophage P22 gene *3* product, a protein involved in the initiation of headful DNA packaging. *J. Mol. Biol.* **227**, 1086–1099.
31. Casjens, S., Winn-Stapley, D., Gilcrease, E., Moreno, R., Kühlewein, C., Chua, J. E., Manning, P. A., Inwood, W. & Clark, A. J. (2004) The chromosome of *Shigella flexneri* bacteriophage Sf6: complete nucleotide sequence, genetic mosaicism, and DNA packaging. *J. Mol. Biol.* **339**, 379–394.
32. Casjens, S. R., Gilcrease, E. B., Winn-Stapley, D. A., Schicklmaier, P., Schmieger, H., Pedulla, M. L., Ford, M. E., Houtz, J. M., Hatfull, G. F. & Hendrix, R. W. (2005) The generalized transducing *Salmonella* bacteriophage ES18: complete genome sequence and DNA packaging strategy. *J. Bacteriol.* **187**, 1091–1104.
33. Chow, L. T. & Bukhari, A. I. (1977). Bacteriophage Mu genome: structural studies on Mu DNA and Mu mutants carrying insertions. In *DNA insertion elements, plasmids, and episomes* (Bukhari, A. I., Shapiro, J. A. & Adhya, S. L., eds.), pp. 295–306. Cold Spring Harbor Laboratory, Cold Spring Harbor, NY.
34. Sternberg, N. (1986) The production of generalized transducing phage by bacteriophage lambda. *Gene* **50**, 69–85.
35. Bachi, B. & Arber, W. (1977) Physical mapping of BglII, BamHI, EcoRI, HindIII and PstI restriction fragments of bacteriophage P1 DNA. *Mol. Gen. Genet.* **153**, 311–324.
36. Lin, H. & Black, L. W. (1998) DNA requirements in vivo for phage T4 packaging. *Virology* **242**, 118–127.
37. Obregon, V., Garcia, J. L., Garcia, E., Lopez, R. & Garcia, P. (2004) Peculiarities of the DNA of MM1, a temperate phage of *Streptococcus pneumoniae*. *Int. Microbiol.* **7**, 133–137.
38. Loessner, M. J., Inman, R. B., Lauer, P. & Calendar, R. (2000) Complete nucleotide sequence, molecular analysis and genome structure of bacteriophage A118 of *Listeria monocytogenes*: implications for phage evolution. *Molec. Microbiol.* **35**, 324–340.
39. Plunkett, G., 3rd, Rose, D. J., Durfee, T. J. & Blattner, F. R. (1999) Sequence of Shiga toxin 2 phage 933W from *Escherichia coli* O157:H7: Shiga toxin as a phage late-gene product. *J. Bacteriol.* **181**, 1767–1778.
40. Chung, Y. B., Nardone, C. & Hinkle, D. C. (1990) Bacteriophage T7 DNA packaging. III. A "hairpin" end formed on T7 concatemers may be an intermediate in the processing reaction. *J. Mol. Biol.* **216**, 939–948.
41. Zhang, X. & Studier, F. W. (2004) Multiple roles of T7 RNA polymerase and T7 lysozyme during bacteriophage T7 infection. *J. Mol. Biol.* **340**, 707–730.
42. Dunn, J. & Studier, W. (1983) Complete nucleotide sequence of bacteriophage T7 DNA and the locations of T7 genetic elements. *J. Mol. Biol.* **166**, 477–535.
43. Dobbins, A. T., George, M., Jr., Basham, D. A., Ford, M. E., Houtz, J. M., Pedulla, M. L., Lawrence, J. G., Hatfull, G. F. & Hendrix, R. W. (2004) Complete genomic sequence of the virulent *Salmonella* bacteriophage SP6. *J. Bacteriol.* **186**, 1933–1944.
44. Scholl, D., Kieleczawa, J., Kemp, P., Rush, J., Richardson, C. C., Merril, C., Adhya, S. & Molineux, I. J. (2004) Genomic analysis of bacteriophages SP6 and K1-5, an estranged subgroup of the T7 supergroup. *J. Mol. Biol.* **335**, 1151–1171.

45. Wang, J., Jiang, Y., Vincent, M., Sun, Y., Yu, H., Wang, J., Bao, Q., Kong, H. & Hu, S. (2005) Complete genome sequence of bacteriophage T5. *Virology* **332**, 45–65.
46. Fischhoff, D., MacNeil, D. & Kleckner, N. (1976) Terminal redundancy heterozygotes involving the first-step-transfer region of the bacteriophage T5 chromosome. *Genetics* **82**, 145–159.
47. Cregg, J. M. & Stewart, C. R. (1978) Terminal redundancy of "high frequency of recombination" markers of *Bacillus subtilis* phage SPO1. *Virology* **86**, 530–541.
48. Rhoades, M. & Rhoades, E. A. (1972) Terminal repetition in the DNA of bacteriophage T5. *J. Mol. Biol.* **69**, 187–200.
49. Perkus, M. E. & Shub, D. A. (1985) Mapping the genes in the terminal redundancy of bacteriophage SPO1 with restriction endonucleases. *J. Virol.* **56**, 40–48.
50. Wiest, J. S. & McCorquodale, D. J. (1990) Characterization of pre-early genes in the terminal repetition of bacteriophage BF23 DNA by nucleotide sequencing and restriction mapping. *Virology* **177**, 745–754.
51. Panganiban, A. T. & Whiteley, H. R. (1983) *Bacillus subtilis* RNAase III cleavage sites in phage SP82 early mRNA. *Cell* **33**, 907–913.
52. George, M. & Bukhari, A. I. (1981) Heterogeneous host DNA attached to the left end of mature bacteriophage Mu DNA. *Nature* **292**, 175–176.
53. Groenen, M. A. & van de Putte, P. (1985) Mapping of a site for packaging of bacteriophage Mu DNA. *Virology* **144**, 520–522.
54. Bukhari, A. I. & Taylor, A. L. (1975) Influence of insertions on packaging of host sequences covalently linked to bacteriophage Mu DNA. *Proc. Natl. Acad. Sci., U S A* **72**, 4399–4403.
55. Morgan, G., Hatfull, G., Casjens, S. & Hendrix, R. (2002) Bacteriophage Mu genome sequence: analysis and comparison with Mu-like prophages in *Haemophilus, Neisseria* and *Deinococcus*. *J. Mol. Biol.* **317**, 337–359.
56. Summer, E. J., Gonzalez, C. F., Carlisle, T., Mebane, L. M., Cass, A. M., Savva, C. G., LiPuma, J. & Young, R. (2004) *Burkholderia cenocepacia* phage BcepMu and a family of Mu-like phages encoding potential pathogenesis factors. *J. Mol. Biol.* **340**, 49–65.
57. Ito, J. (1978) Bacteriophage f29 terminal protein: its association with the 5′ termini of the f29 genome. *J. Virol.* **28**, 895–904.
58. Salas, M., Mellado, R. P. & Vinuela, E. (1978) Characterization of a protein covalently linked to the 5′ termini of the DNA of *Bacillus subtilis* phage f29. *J. Mol. Biol.* **119**, 269–291.
59. Jeanmougin, F., Thompson, J. D., Gouy, M., Higgins, D. G. & Gibson, T. J. (1998) Multiple sequence alignment with Clustal X. *Trends Biochem. Sci.* **23**, 403–405.
60. Maniatis, T., Fritsch, E. & Sambrook, J. (1982). Molecular cloning A laboratory manual, pp. pp150–163. Cold Spring Harbor Labortory, Cold Spring Harbor, NY.
61. Southern, E. (1975) Detection of specific sequences among DNA fragments separated by gel electrophoresis. *J. Mol. Biol.* **98**, 503–517.
62. Earnshaw, W., Casjens, S. & Harrison, S. (1976) Assembly of the head of bacteriophage P22, X-ray diffraction from heads, proheads and related structures. *J. Mol. Biol.* **104**, 387–410.

37 来自单一噬菌斑的双链 DNA 噬菌体的基因组测序

▶ 37.1 引言
▶ 37.2 材料
▶ 37.3 方法
▶ 37.4 注释

摘要

噬菌体基因组测序已成为噬菌体鉴定的常规方法。本章提出的方法可以从单个噬菌斑中快速分离 DNA，然后构建即时测序的 Illumina 兼容文库。

关键词： DNA 测序，单一噬菌斑，基因组，Illumina 测序，有尾噬菌体

37.1 引言

噬菌体 DNA 测序始于 1977 年，ϕX174 基因组首次得以完整测序[1]。5 年后，首个双链噬菌体基因组 λ 噬菌体完成测序[2]。绝大多数已知噬菌体（96%）属于有尾噬菌体目，含有的双链 DNA 作为遗传物质[3]。传统上，通过 CsCl 梯度离心纯化高效价噬菌体后，经透析、蛋白酶 K 处理和酚-氯仿提取 DNA，获得用于测序的高质量 DNA 样本[4]。该方法提供了大量优质 DNA，可以供所有测序平台统一使用，包括第三代测序平台[5]，并且可以进行其他的基因组分析，例如限制性内切酶分析、染色体末端分析等。

如果难以获得足量的 DNA 用于文库构建和测序，可以使用多种 DNA 扩增方法，如多重置换扩增（MDA）[6] 或不依赖序列的单引物扩增（SISPA）[7]。但是，这些方法延缓了测序过程，增加了总成本，还可能引入额外的误差。

随着基于转座子测序文库制备试剂盒的问世，如 Nextera XT（Illumina，CA，美国），使测序所需样品极限低至 1ng DNA[8~9]。

以下方案，可以在短短几个小时内从单个噬菌斑中分离 DNA，并构建一个即时测序的 Illumina 兼容文库。此方法经大肠埃希菌、枯草芽孢杆菌、铜绿假单胞菌和乳球菌的多种噬菌体进行了验证[8,10~12]。

37.2 材料

① 单个噬菌斑分布良好的双层琼脂平板。覆盖层是固化的较低浓度琼脂糖（5～6g/L）为佳。

② 容积可变的移液器，量程为 2μL～1mL。

③ 用 1mL 枪头的宽端或用无菌解剖刀将规则的 1mL 枪头尖端直径拓宽 1～2mm。

④ 1.5mL 封闭式微型离心管，无菌。

⑤ 用于微型离心机管的加热块。

⑥ 实验室涡旋振荡器。

⑦ 超滤离心柱（0.45μm），可安装在 1.5mL 微型离心管（Merck Millipore20-218）中。

⑧ 微型离心管用的离心机。

⑨ DNase Ⅰ和 DNase Ⅰ缓冲液（1U/μL，例如 Thermo Fisher EN0525）。

⑩ 50mmol/L EDTA 溶液。

⑪ 1% SDS 溶液。

⑫ 蛋白酶 K 溶液（例如，Thermo Fisher EO0491）。

⑬ DNA 纯化浓缩-5 试剂盒（Zymo Research cat #D4013，包含 DNA 结合缓冲液、Zymo-离心柱、DNA 洗涤缓冲液和 DNA 洗脱缓冲液）。

⑭ Nextera XT DNA 文库准备试剂盒（Illumina，cat #FC-131-1024 或-1096，包含 Tagment DNA 缓冲液、扩增子 Tagment 混合物、中和 Tagment 缓冲液、Nextera PCR 混合物和重悬缓冲液）。

⑮ Nextera XT Index 试剂盒（Illumina，例如 FC-131-1001），包含 Index 1 和 Index 2 引物。

⑯ 0.2mL PCR 试管。

⑰ PCR 仪。

⑱ 用于 1.5mL 微型离心管的磁性支架（例如，DynaMag^{TM}-2 Magnet 或类似物）。

⑲ Agencourt AMPure XP 珠粒（Beckman Coulter，cat #A63880）。

⑳ 80%乙醇。

㉑ 带 dsDNA 的量子荧光剂 HS 试剂盒（Thermo Fisher，cat #Q32851）。

37.3 方法

37.3.1 从单个噬菌斑中分离 DNA

① 用 1mL 无菌枪头，小心挑取单个噬菌斑，只挑起覆盖层，避开底部琼脂和细菌菌苔。避免转移太多，以免影响后续 DNA 酶Ⅰ活性。

② 将转移物用 100μL 的 1×DNAase Ⅰ缓冲液（不含 DNase Ⅰ酶）悬浮于 1.5mL 微型离心管中。

③ 将噬菌体在 37℃扩散至少 30min。

④ 将溶液转移到 0.45μm 超滤离心柱中，装入新的 1.5mL 微型离心管，2500g 离心 1min，此步骤可去除宿主细胞，减少宿主 DNA 的量。

⑤ 加入 5U DNase Ⅰ（5μL），37℃孵育 30min。此步骤可降低污染。

⑥ 添加 50mmol/L EDTA 10μL 和 1% SDS 10μL 灭活 DNase Ⅰ，提高蛋白酶 K 活性。

⑦ 加入 5μL 蛋白酶 K（约 3U），55℃下孵育 45min。这一步骤用来消化噬菌体衣壳并释放噬菌体 DNA。

⑧ 利用 DNA 纯化浓缩-5 试剂盒纯化 DNA。加入 2 倍体积的 DNA 结合缓冲液(200μL)，将混合物加到收集管中的 Zymo 离心柱中。

⑨ 离心机全速离心（>10000*g*）30s。

⑩ 加入 200μL DNA 洗涤缓冲液，全速离心 30s。重复洗涤步骤。

⑪ 将 Zymo 离心柱放入一个新 1.5mL 微型离心管中，直接加入 6μL DNA 洗脱缓冲液，离心机全速 30s。

⑫ 将洗脱的 DNA 直接用 Nextra XT DNA 文库预处理试剂盒。

37.3.2 测序文库构建

① 用样品名称标记一个新的 0.2mL PCR 管。

② 加入 10μL Tagment DNA 缓冲液。

③ 加入 5μL 扩增子 Tagment Mix。

④ 加入 5μL 前一步洗脱的噬菌体 DNA，不用调整 DNA 浓度。

⑤ 短暂涡旋，离心 30s。

⑥ 将管放在 PCR 仪中，运行以下程序：

a. 55℃ 5min；

b. 保持在 10℃。

⑦ 当样品达到 10℃时，立即加入 5μL 中和 Tagment 缓冲液。

⑧ 短暂涡旋，离心 30s，室温下孵育 5min。

⑨ 加入 15μL 的 Nextera PCR master mix 至 PCR 管中。

⑩ 在 PCR 管中加入 5μL 的 Index 1 引物。

⑪ 在 PCR 管中加入 5μL 的 Index 2 引物。

⑫ 短暂涡旋，离心 30s。

⑬ 将 PCR 管放在 PCR 仪中，运行以下程序：

a. 72℃ 3min；

b. 95℃ 30s；

c. 16 个循环：95℃ 10s，55℃ 30s，72℃ 30s；

d. 72℃ 5min；

e. 保持在 10℃。

当输入 DNA 少于 1ng，需要较高的循环次数（与制造商的报告相比）。

⑭ 进行 PCR 清除。用样品名称标记一个新的 1.5mL 管，并转移 50μL Nextera XT 文库。

⑮ 加入 25μL AMPure XP 珠粒。

⑯ 短暂涡旋，在室温下孵育 5min。

⑰ 把管放在磁性支架上，静置 2min。

⑱ 小心去除上清液。

⑲ 添加 300μL 80%乙醇，在室温下孵育 30s。小心弃去上清液并重复洗涤。

⑳ 小心去除上清液。

㉑ 将管继续放在磁性支架上，使珠粒在空气中干燥 10min。

㉒ 从磁性支架上取下管子，加入 52μL 重缓冲液，短暂涡旋，在室温下孵育 2min。
㉓ 将管放在磁性支架上，静置 2min。
㉔ 将 50μL 准备好的文库转移到一个新的标记好的 1.5mL 管中。
㉕ 将 DNA 文库保存在冰上备用或于－20℃储存。

37.4 注释

① 使用的过滤头避免交叉污染。

② 尽量降低琼脂糖在双层板中的浓度，更容易挑取较大的噬菌斑。

③ 使用新鲜培养物效果更好。

④ 方法可以调整，利用不同截留孔径（如 0.2μm）的超滤离心柱，可适合特定的噬菌体-宿主对。

⑤ 这种方法可能在基因组末端附近不能提供良好的读取范围。Nextera XT 技术从每个远端开始预计的序列覆盖长度约 50bp。因为噬菌体有终端冗余基因组，所以影响不大。

⑥ DNA 纯化浓缩-5 试剂盒的设计是用于纯化高达 23kb 的 DNA 片段，但对较大的噬菌体基因组（例如，T4 噬菌体基因组为 168kb）效果良好。

致谢

感谢丹麦 Council 独立研究基金的支持（基金号 4093-00198）。

参考文献

1. Sanger F, Coulson AR, Friedmann T, Air GM, Barrell BG, Brown NL et al (1978) The nucleotide sequence of bacteriophage φX174. J Mol Biol 125:225–246
2. Sanger F, Coulson AR, Hong GF, Hill C, Petersen GB (1982) Nucleotide sequence of bacteriophage lambda DNA. J Mol Biol 162:729–773
3. Ackermann HW (2011) Bacteriophage taxonomy. Microbiol Aust 32:90–94
4. Russell DW, Sambrook J (1989) Molecular cloning: a laboratory manual. Book 1, 2nd edn. Cold Spring Harbour Laboratory Press, Cold Spring Harbour, NY
5. Schmuki MM, Erne D, Loessner MJ, Klumpp J (2012) Bacteriophage P70: Unique Morphology and unrelatedness to other *Listeria* bacteriophages. J Virol 86:13099–13102. doi:10.1128/JVI.02350-12
6. Dean FB, Nelson JR, Giesler TL, Lasken RS, Dean FB, Nelson JR et al (2001) Rapid amplification of plasmid and phage DNA using phi29 DNA polymerase and multiply-primed rolling circle amplification. Genome Res 11:1095–1099. doi:10.1101/gr.180501
7. DePew J, Zhou B, McCorrison JM, Wentworth DE, Purushe J, Koroleva G et al (2013) Sequencing viral genomes from a single isolated plaque. Virol J 10:181. doi:10.1186/1743-422X-10-181
8. Kot W, Vogensen FK, Sørensen SJ, Hansen LH (2014) DPS - a rapid method for genome sequencing of DNA-containing bacteriophages directly from a single plaque. J Virol Methods 196:152–156
9. Marine R, Polson SW, Ravel J, Hatfull G, Russell D, Sullivan M et al (2011) Evaluation of a transposase protocol for rapid generation of shotgun high-throughput sequencing libraries from nanogram quantities of DNA. Appl Environ Microbiol 77:8071–8079
10. Alves DR, Perez-Esteban P, Kot W, Bean JE, Arnot T, Hansen LH et al (2015) A novel bacteriophage cocktail reduces and disperses *Pseudomonas aeruginosa* biofilms under static and flow conditions. J Microbial Biotechnol 9:61–74. doi:10.1111/1751-7915.12316
11. Kot W, Neve H, Vogensen FK, Heller KJ, Sørensen SJ, Hansen LH (2014) Complete genome sequences of four novel *Lactococcus lactis* phages distantly related to the rare 1706 phage species. Genome Announc 2:4. doi:10.1128/genomeA.00265-14
12. Carstens AB, Kot W, Hansen LH (2015) Complete genome sequences of four novel *Escherichia coli* bacteriophages belonging to new phage groups. Genome Announc 3(4): e00741–e00715. doi:10.1128/genomeA.00741-15

38 利用感染裂解性噬菌体的细胞构建 cDNA 文库以使用 RNA-Seq 进行转录组分析

- 38.1 引言
- 38.2 材料
- 38.3 方法（B 部分）
- 38.4 实验分析（C 部分）
- 38.5 注释

摘要

利用 RNA-Seq 方法进行全基因组转录分析是阐明不同条件下细菌基因特征的差异表达以及预先发现外来 RNA 物种的有力途径。事实上，随着小的非编码 RNA 元件多样性和数量的发现，以及能够清楚地定义操纵子、启动子和终止子，RNA 测序方法已经彻底改变了细菌转录的研究。本章讨论了应用 RNA 测序技术分析裂解周期的经验，包括提取、加工和分析不同宿主和噬菌体转录所必需的统计分析指南。

关键词： 噬菌体，RNA-Seq，文库制备，转录组，RNA，基因表达

38.1 引言

转录组测序（RNA-Seq）也被称为全转录鸟枪法测序，是使用第二代测序平台对靶细胞中存在的 RNA 群体通过逆转录得到的 cDNA 文库进行测序。利用 RNA-Seq 方法进行全基因组转录分析是阐明不同条件下细菌基因特征的差异表达以及预先发现外来 RNA 物种的有力途径。RNA-Seq 与芯片技术相比，具有诸多显著的优势，它不受寡核苷酸之间杂交效率的影响，并且允许在宿主和噬菌体的单核苷酸水平上精确定义 RNA 物种。由于它不依赖于放射性或光学等直接检测方法，因此能够在更广泛的表达水平内捕获目标 RNA 群体。当使用足够的材料检测低丰度转录样本时，这些方法可能变得过饱和[1]。目前，公共数据库中发表的噬菌体和细菌基因组的数量呈指数增长，但理解和注释赋予这些基因组有用功能基因特征的能力并未跟上。已发表的基因特征几乎完全是用生物信息学的方法预测的，它基于开放阅读框，但通常与其可能的特征相差较大。通过实验可以定义噬菌体和宿主中转录本的

形状和位置，定向 RNA-Seq 具有发现新编码序列的能力，特别是对于低于基因预测阈值的小噬菌体肽[2]，并细化现有编码序列的注释。此外，定向 RNA-Seq 允许检测过多的非编码 RNA 物种。例如，它可以定义顺式反义编码的 RNA，已经在 N4 类噬菌体[3] 中描述，存在于条件性双向转录区域，能够阻断翻译或其他正义转录的功能，但不能在计算机中预测。

重要的是要考虑到，除了最小转录本，噬菌体通常会有多种转录方案，并随着时间的推移改变表达方式以适应噬菌体转录本在时间上不同的需要。其中，根据 T4 模型，噬菌体首先转录与关闭宿主自卫能力有关的基因，同时在表达的“早期阶段”将其新陈代谢转化为对病毒的生产。接下来，参与基因组复制和结构蛋白生成的基因在“中期”进行转录，这是在基因组装、包装和“晚期”裂解之前发生的。当 RNA-Seq 作用于同步感染的细胞群时，可以在每个阶段进行单独捕获，并进行定量比较。通过生物学重复（具有统计学意义所必要的），RNA-Seq 还可定性评估噬菌体阴性对照在宿主上施加的基因表达差异。即使噬菌体转录本迅速取代宿主 RNA 物种，RNA-Seq 也会检测到噬菌体特异性靶向调节的宿主操纵子以及宿主介导的对噬菌体感染的反应。通过对感染同一宿主的多个噬菌体进行 RNA-Seq，可以区分差异表达是由宿主介导的还是由噬菌体介导的。

当评估噬菌体溶解周期的 RNA-Seq 是否适用于给定的噬菌体-宿主模型系统时，重要的是要考虑它需要噬菌体和宿主的准确测序基因组以便分析 RNA-Seq 结果（aligh RNA-Seq reads）。此外，同步感染的培养物需要产生高效价的噬菌体，该噬菌体相对于感染的时间跨度能够快速吸附。此外，对何时取样进行合理推测需要控制侵染参数，例如，潜伏期何时结束或裂解何时发生。

38.1.1 设计

RNA-Seq 分为三个不同的部分：从同步感染的不同阶段收集核酸样品（A 部分），将这些样品处理成代表感染培养物中 RNA 群测序条带的集合（B 部分），并将这些条带与宿主和噬菌体基因组比对（C 部分），见图 38-1。

A 部分为收集噬菌体转录各个阶段的数据。首先要进行同步侵染，为此，在允许 5min 内少于 5%细菌存活的条件下，以高 MOI 感染，培养出生长在指数期的～1×10^8 个细胞（注释①）。然后，选择代表早期、中期和晚期转录的时间点，弃去三分之一的感染培养物，并通过在稀释的苯酚中快速冷却而终止，这样可暂时稳定 RNA 群体。需要一式三份来创建生物学重复，从而生成在统计学上具有显著差异的表达数据。

B 部分为将收集的样品处理成 cDNA 文库进行测序。首先裂解细胞，使细胞和培养基中存在的 RNase 失活以产生稳定的核酸悬浮液（第 1 步）。然后通过酶促除去悬浮液中来自噬菌体和宿主的所有基因组 DNA（第 2 步）。可选步骤，用市售试剂盒从样品中除去 rRNA，以更好地节省可用的测序深度（第 3 步）。然后使用市售试剂盒将 RNA 群体逆转录到可以进行鸟枪测序的 cDNA 文库中。

C 部分为对获得的每个样品的测序条带进行处理，去除衔接子和低质量的序列，然后使用开放的程序或商业上可获得的软件将它们与噬菌体和宿主的基因组比对。一旦与噬菌体基因组比对，根据序列的分布来校正基因注释、定义操纵子和上游未翻译区域以及发现新的基因特征，如 sRNA 和小肽，其大小低于普通的基因测序阈值。另外，通过重复，比对注释读取数据，在样本之间对基因特征进行比较，以统计差异表达。

本章主要集中在 B 部分，并讨论了 C 部分的各个方面。

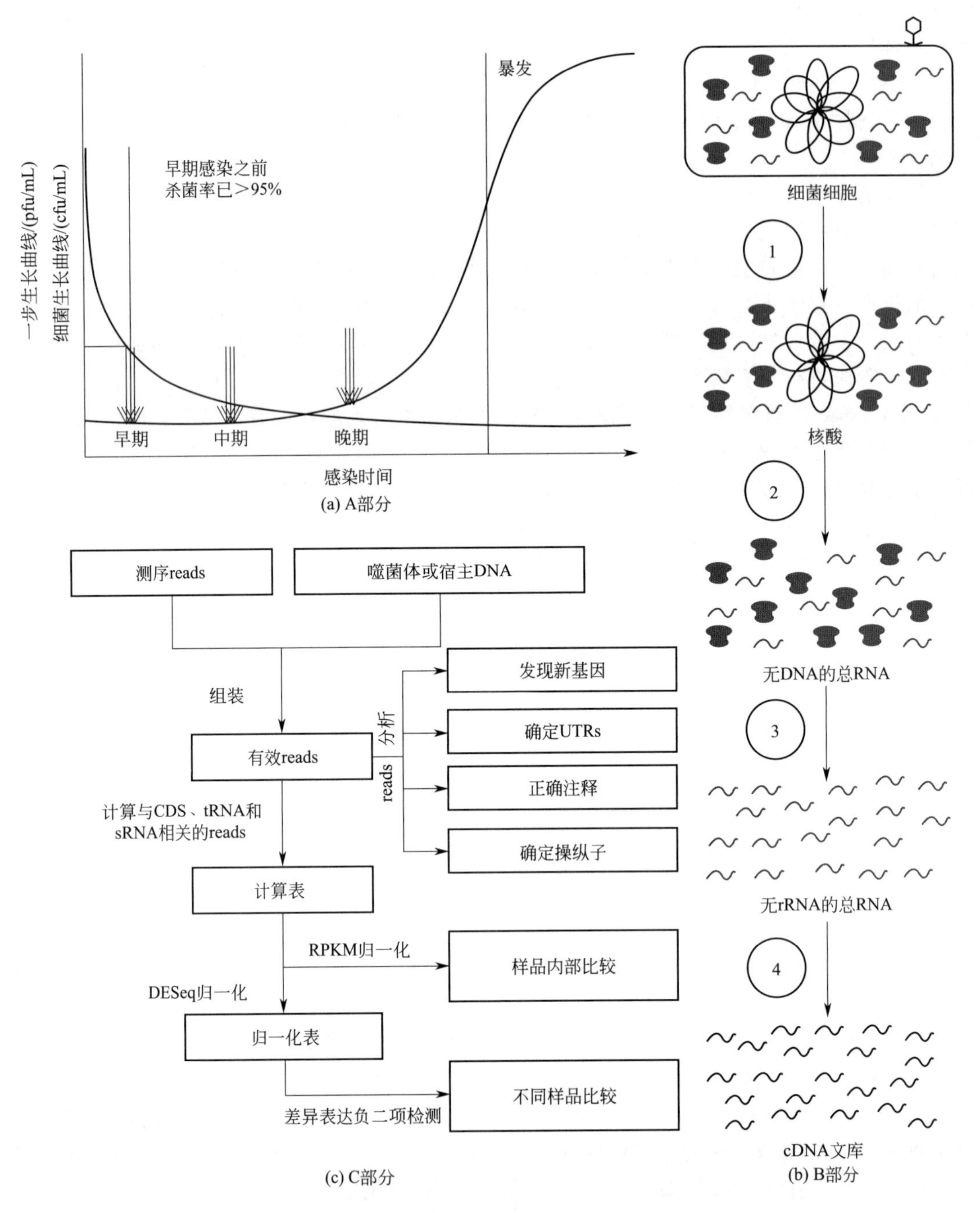

图 38-1 裂解噬菌体感染细胞的 RNA-Seq 分析流程

首先从噬菌体阴性对照和同步感染的时间点收集生物相关样品，一式三份（A 部分）。必须独立处理样品以释放核酸，弃掉噬菌体和宿主基因组 DNA，去除 rRNA，并将剩余的 RNA 转化为 cDNA 文库用于测序（B 部分）。一旦完成测序，所得的条带必须与它们的相关参考基因组匹配，通过可视化显示转录组形状。此外，可以通过数据进行统计分析，比较样本内或样本之间与不同基因特性条带的丰度（C 部分）。

38.2 材料

TRIzol® (Life Techonlogies)、氯仿、无 RNA 酶乙醇、无 RNA 酶水、无 RNA 酶的 3mol/L NaAc pH 5.2、无 RNA 酶的 DNA 酶、无 RNA 酶一次性用品，例如移液器枪头和微量离心管、效价超过 1×10^{11}pfu/mL 的噬菌体、终止液（一份 RNA 苯酚缓冲液和 9 份无水乙醇，冰浴保存）、裂解液（按照厂家说明书制备 4mg/mL 的溶菌酶溶液）。

38.3 方法（B 部分）

38.3.1 组织 RNA 的提取

① 在感染之前，准备一个足够大的离心管，以容纳每个感染时间点 1/3 的样品，每个离心管中带有 1 份终止液，用于终止 9 份细胞悬液，然后提取 RNA，并置于冰上。

② 感染过程中，在所需时间点吸取大约 2.5×10^7 个细胞，立即剧烈摇动并放回冰上，然后将它们吸取到十分之一的终止液中。

③ 感染后，5000g 离心 15min，以使终止的细胞沉淀牢固，并除去上清液。

④ 加入 400μL 裂解液重悬沉淀，然后转移到 1.5mL 离心管中。

⑤ 孵育 10min，时间不要过长，在室温下用液氮冷冻，并在 45℃ 水浴中解冻。重复冻融三次，在显微镜下观察细胞裂解情况（注释②）。

⑥ 加入 500μL TRIzol®，彻底混匀，然后在室温下孵育 10min（注释③）。

⑦ 每管加入 200μL 氯仿然后混合均匀。

⑧ 4℃条件下 16000g 离心 15min。

⑨ 将上层液体小心地转移到新的离心管中，不要触到两相之间的白色蛋白层。

⑩ 加入 1/10 体积无 RNA 酶的 3mol/L NaAc 和 2 倍体积 96%无水乙醇，然后将样品分装成多个管。

⑪ 为确保 RNA 沉淀，在 4℃条件下，16000g 离心 1h，然后−20℃条件下过夜。

⑫ 去除上清液，用冰冷的 70%无水乙醇洗涤沉淀，然后 4℃ 条件下 16000g 离心 15min。

⑬ 去除上清液，再次离心 1min 以去除剩余的上清液，在空气中晾干 5min。

⑭ 加入 200μL 无 RNA 酶水以重悬沉淀，然后合并成一管。

⑮ 用 NanoDrop 分光光度计检测样品的浓度和纯度，确保 OD_{260}/OD_{280} 和 $OD_{260}/OD_{230}>1.8$（注释④）。

⑯ −20℃保存。

38.3.2 去除基因组 DNA

完全去除噬菌体和宿主 gDNA 对于准确获取序列信息是必不可少的，否则将无法区分 cDNA 和 gDNA 序列。消除基因组 DNA 污染可能具有挑战性，因为存在的高浓度 RNA 将作为商业上可获得的 DNase 酶的竞争性抑制剂，阻碍其功能。同样重要的是，要考虑到所用的 DNase 可能对通常存在于噬菌体 DNA 中的非常规核苷酸敏感。根据制造商说明书使用标准的 DNase 可能会起作用，尽管下面是一个优化酶功能的扩展方案，但可能仍需要重复多次。

① 添加无 RNA 酶的 DNase 缓冲液浓度至 1×。65℃孵育 5min，确保残余 DNA 完全溶解于溶液中（注释⑤）。

② 加入推荐剂量的无 RNA 酶的 DNase，37℃孵育 1h，然后恢复至室温。

③ 再次加入相同剂量的 DNase，37℃孵育 1h。

④ 利用 PCR 分析每个样品残留的噬菌体和宿主 DNA，所使用的引物能够扩增小片段，并对低浓度的样品敏感。

⑤ －20℃冻存。

38.3.3 去除 rRNA（可选步骤）

根据可用的测序资源，希望使用市售 rRNA 去除试剂盒去除细菌总 RNA 中的 rRNA，从而增加所需 RNA 物种的覆盖深度（表 38-1）。使用 Illumina（加利福尼亚圣地亚哥）提供的 Ribo-Zero 试剂盒取得了成功。该试剂盒通过使用寡核苷酸杂交来捕获 rRNA，然后用强磁铁去除珠子。市售的试剂盒不如所宣传的可靠，尽管将样品中 rRNA 从 95%减少至大约 50%，但它可导致其他 RNA 物种产量增加一个数量级。

表 38-1 市售细菌 rRNA 去除方法

产品	供应商	目录
Ribo-Zero™ rRNA 去除试剂盒(细菌)	Illumina	#MRZMB126
MICROBExpress™ 细菌 mRNA 浓缩试剂盒	生命技术(赛默飞)	#AM1905
Terminator™ 核酸外切酶(注释⑥)	生物技术中心	#TER51020

38.3.4 cDNA 文库的准备和测序

将 DNA 和 rRNA 去除后，通常将单链 RNA 转化为双链 RNA。通过随机六聚体引物进行反转录，合成第二条链来构建 cDNA 文库，这个过程扰乱了转录所固有的自然链特异性，使两条 cDNA 链的测序结果相同。然而，针对噬菌体基因组的特殊编码密度，已经用于设计 cDNA 文库制备的各种链的特异性方法，这对于理解噬菌体的转录组具有特殊价值[5]。事实上，已经有大量的反义 RNA 被定义[3]，其无法用无链 RNA-Seq 来区分，转录物具有重叠性，经常借助链特异性的特点来定义。

虽然有许多已建立的技术可以实现链特异性的技术，尤其是 RNA-Seq，一种对链特异性的综合比较分析的 RNA 测序方法，能够提供比 Illumina RNA 连接方法[6] 和 dUTP 第二链标记方法[7] 更好的结果[8]，参见参考文献［5］进行额外的讨论。已成功使用 Illumina 公司的 TruSeq® Stranded Total RNA Sample Prep 试剂盒，该试剂盒的使用方法类似于 dUTP 第二链标记方法（产品编号：RS-122-2201）。cDNA 文库一旦建成，就可以使用标准的高通量平台进行测序，产生的数百万个短序列将用于下一步。

38.4 实验分析（C 部分）

38.4.1 映射读取

了解清楚 RNA-Seq 产生的数百万个短序列的第一步是通过将它们与噬菌体或宿主基因组进行比对，然后将这些条带转变为局部转录丰度的量化。这包括尝试将每个序列与每个潜在参考基因组中的对应序列相匹配，由于短的序列与多个位置匹配、RNA-Seq 错误测序、参考基因组错误测序和 RNA 编辑，这个过程可能会变得复杂。当前是使用 Berrows Wheeler 变换或者使用基于散列表的方法来组合每个读取的参考中可用的候选匹配项列表，然后在它们之间进行选择。可以使用各种免费和开放源码软件包如 Burrows Wheeler Aligner[9] 或 TopHat[10] 进行比对。

38.4.2 生成转录图谱

噬菌体和宿主基因组一旦比对，其条带将会生成一个图谱，图谱可以显示从感染细胞中任何给定基因转录的 RNA 丰度，精确到单核苷酸水平。这些图谱可用于准确确定转录起始和结束位点，从而预测启动子、终止子及操纵子的特征。通过定义操纵子，可以注释 50 个上游未翻译区域，并假设它们对翻译的影响。此外，可以检查未标记的但转录的区域，以寻找太小而不能仅从序列中明确预测的肽，实际上可以使用 RNA-Seq Ceyssens 等方法用 63 (20.5%) 个额外编码序列更新 ϕKZ 基因组[2]。由于没有合理的可读框转录特征，非编码 sRNA 也将被突显出来，而顺式和反式编码的反义 RNA 将映射到编码序列的反义链。当先前定义的可读框缺乏有义转录或转录开始表示不同的起始密码子时，这些图谱可以指出错误的注释。

38.4.3 差异表达分析

对在感染前立即采样的对照组和感染后不同时间点之间与特异性注释的宿主基因特征一致的测序读数的差异分析，为噬菌体感染如何影响宿主转录本丰度提供了宝贵的窗口。这是通过将表达数据汇总到一个表格中来完成的，该表格在感染前用三个生物学重复映射到每个宿主 CDS、ncRNA 和 tRNA 的序列，并将它们与感染后的三个生物学重复进行统计学比较。为了进行这种差异分析，建议使用 DESeq 作为 R/Bioconductor 包来标准化样品之间的读数，然后测试差异表达，从而在 RNA-Seq 固有的噪声中推断信号。由于自然变化而预期的差异，DESeq 使用基于负二项分布的方法来建模，从而确定所观察到的读取数据的差异是否具有统计学上的显著性。这比基于泊松分布的其他方法更适合用于模拟噬菌体感染固有的方差[11]。

虽然测序读数与宿主或噬菌体的比对在经验中仍然清晰且独特，但确定宿主或噬菌体是否导致噬菌体感染期间观察到的宿主转录物丰度变化可能变得模糊。差异分析突出了噬菌体强加于宿主的特定转录物丰度的变化，例如促进和抑制特定转录物或靶向降解。然而，取决于关闭宿主系统的噬菌体机制的存在或成功，它还将突出宿主对噬菌体感染的反应以防御或作为对噬菌体感染固有的各种胁迫反应。这两者之间的差异可以通过背景和其他数据来源来潜在地加以区分，也可以通过对同一宿主中若干不同噬菌体的感染进行 RNA-Seq 分析来加以强调。由于在分类学上不同的噬菌体不太可能以相同的方式影响共同的宿主，对许多噬菌体的类似转录组学反应将表明它是作为宿主反应进行的。

当解释自己的结果时，重要的是要考虑到，除了戏剧性的例子，如由宿主感知感染和试图逃逸原噬菌体的例子[2]，大多数宿主转录本相对于由于噬菌体转录本的快速合成而成功感染细胞的总 RNA 将大量降低。宿主转录的特异性调节测试需独立于这种全部耗尽，当只将一个样本中的宿主条带数据标准化为另一样本中的宿主条带数据，而排除噬菌体条带时，便完成了该操作。这将真实突出从宿主基因组转录而来的条带分布是如何变化的，但由于其隐藏了宿主条带的相对减少，因此相对于细胞中转录总数的变化并不明显。

38.5 注释

① 如果噬菌体结合效率不足，可能需要向培养基中添加 1～20mmol/L $CaCl_2$ 和/或 $MgCl_2$ 来辅助噬菌体[12]。

② 如果不足以裂解宿主，可以用其他优选的方法补充或替换溶菌酶的孵育，例如用微珠敲打。重要的是确保样品在步骤⑥之前在室温下花费的时间保持在绝对最小值。

③ 在步骤⑥中悬浮在 TRIzol® 中的 RNA 样品可以在－20℃下安全冷冻长达 3 个月。重要的是要注意，这个阶段旨在使宿主产生的并在介质中出现的 RNase 失活。从这一点开始，在此之后与样品相互作用的所有材料必须不含 RNase，必须戴手套，并且在工作台上使用时确保样品放置在冰上。

④ 如果 OD_{260}/OD_{280} 较小，可能是由于 TRIzol® 中所含苯酚中酚的污染或来自步骤⑨中白色中间层蛋白质的污染。可以从步骤⑥进行处理。如果 OD_{260}/OD_{230} 较低，可能是由于步骤⑩中所使用的 NaAc 以及培养基的盐污染。可以从步骤⑩开始再进行处理。

⑤ RNA 的 2′-OH 基团能够在高温和高 pH 下催化 RNA 链的自动切割。

⑥ EpicenterBioscience 的“终结者”5′-磷酸依赖性外切核酸酶是耗尽 rRNA 的一种廉价且特别有效的方法，rRNA 用 5′-单磷酸盐转录后修饰，但也会去除可能经过类似修饰的 RNA 种类。

参考文献

1. Oshlack A, Robinson MD, Young MD (2010) From RNA-Seq reads to differential expression results. Genome Biol 11:220. doi:10.1186/gb-2010-11-12-220
2. Ceyssens P, Minakhin L, Van den Bossche A, Yakunina M, Klimuk E, Blasdel B, De Smet J, Noben J, Bläsi U, Severinov K, Lavigne R (2014) Development of giant bacteriophage ΦKZ is independent of the host transcription apparatus. J Virol 88(18):10501–10510
3. Wagemans J, Blasdel B, Van den Bossche A, Uytterhoeven B, De Smet J, Paeshuyse J, Cenens W, Aertsen A, Uetz P, Delattre A, Ceyssens P, Lavigne R (2014) Functional elucidation of antibacterial phage ORFans targeting Pseudomonas aeruginosa. Cell Microbiol 16(12):1822–1835
4. Georg J, Hess WR (2011) cis-antisense RNA, another level of gene regulation in bacteria. Microbiol Mol Biol Rev 75(2):286–300
5. Mills JD, Kawahara Y, Janitz M (2013) Strand-specific RNA-Seq provides greater resolution of transcriptome profiling. Curr Genomics 14(3):173–181
6. Croucher NJ, Fookes MC, Perkins TT, Turner DJ, Marguerat SB, Keane T, Quail MA, He M, Assefa S, Bähler J, Kingsley RA, Parkhill J, Bentley SD, Dougan G, Thomson NR (2009) A simple method for directional transcriptome sequencing using Illumina technology. Nucleic Acids Res 37(22):e148
7. Zhang Z, Theurkauf WE, Weng Z, Zamore PD (2012) Strand-specific libraries for high throughput RNA sequencing (RNA-Seq) prepared without poly(A) selection. Silence 3:9. doi:10.1186/1758-907X-3-9
8. Levin JZ, Yassour M, Adiconis X, Nusbaum C, Thompson DA, Friedman N, Gnirke A, Regev A (2010) Comprehensive comparative analysis of strand-specific RNA sequencing methods. Nat Methods 7(9):709–715
9. Li H, Durbin R (2010) Fast and accurate long-read alignment with Burrows-Wheeler Transform. Bioinformatics 1(5):589–595
10. Trapnell C, Roberts A, Goff L, Pertea G, Kim D, Kelley DR, Pimentel H, Salzberg SL, Rinn JL, Pachter L (2012) Differential gene and transcript expression analysis of RNA-Seq experiments with TopHat and Cufflinks. Nat Protoc 1(3):562–578
11. Anders S, Huber W (2010) Differential expression analysis for sequence count data. Genome Biol 11:10. doi:10.1186/gb-2010-11-10-r106
12. Rountree PM (1951) The role of certain electrolytes in the adsorption of staphylococcal bacteriophages. Microbiology 5(4):673–680

39 荧光定量 PCR 测定宿主菌和噬菌体 mRNA 的表达

▶ 39.1 引言
▶ 39.2 材料
▶ 39.3 方法
▶ 39.4 注释

摘要

实时或定量 PCR 是噬菌体研究中用于定量噬菌体或宿主基因转录本丰度的一种有价值的技术。它可以在感染周期用于检测单个病毒转录本的表达以及比较整个感染周期的相关基因表达水平。在细菌-噬菌体系统中，很难获得高产量 RNA，进行荧光定量 PCR 实验相当经济、有效。实时荧光定量 PCR，只需要知道监测的基因 DNA 序列，准确定量 mRNA，获得优质 cDNA，然后进行光循环仪测定。本章简要回顾了实时荧光定量 PCR 的基本原理，重点放在了噬菌体转录组学研究所特有的技术方面。包括：靶基因的选择；校准和参考基因的选择；RNA 的分离用于合成 cDNA；样品的后续分析。本章对其他类型模板中基因的扩增也有指导作用，例如从过滤样本或琼脂糖凝胶中提取的宏基因组 DNA 或 RNA。

关键词：实时荧光定量 PCR，绿色荧光染料，探针和引物，内源性控制，校准

39.1 引言

实时或定量 PCR 是将 PCR 与分光光度法相结合，可以“实时”测量 DNA 浓度的增加，而不是标准 PCR，在反应结束时在琼脂糖凝胶上测量产物大小和近似量。与常规 PCR 不同，对于所有转录物，反应条件是标准化的，以允许在每次分析期间能够检测多个转录本。当扩增区域（扩增子）很小时，实时荧光定量 PCR 效果较好。除了 PCR 的常用成分外，反应混合物中还包括荧光团（绿色荧光染料或荧光探针），反应在透明塑料管中进行，因此可以在扩增过程的相关阶段（聚合之后）检测荧光强度。荧光强度随 PCR 产物的浓度呈指数增加，循环数以对数方式绘制，然后设置阈值（C_T）以便进行样本的比较，该阈值可以在扩增指数期的任何点（图 39-1）。例如 C_T 值允许比较指数阶段的任何点，如果在指数期的任何一点，特定转录本在特定阈值处的 C_T 值为 15，那么在该阈值模板的一半 C_T 为 16，另

一半的 C_T 值为 17，依此类推。

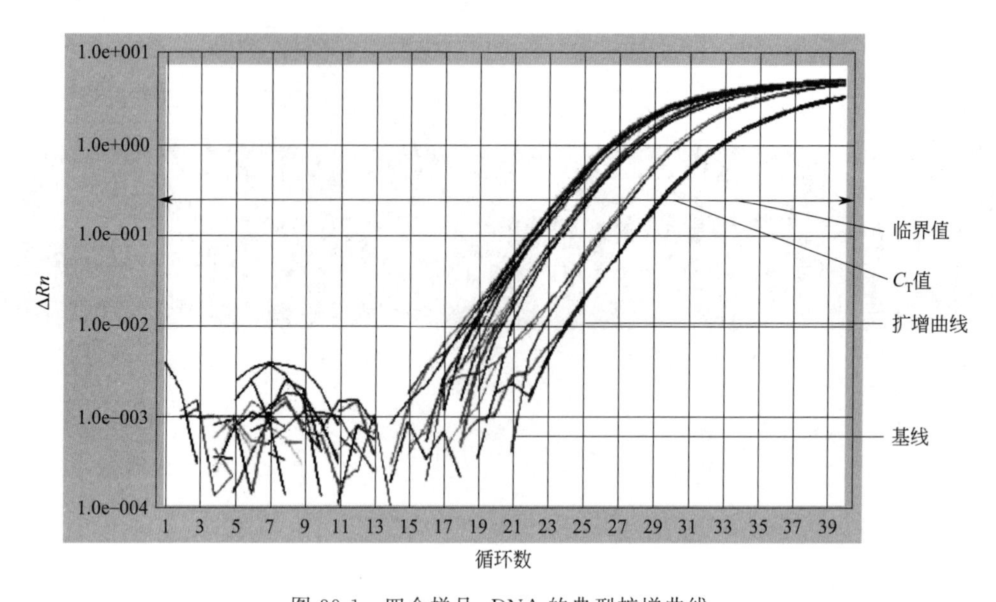

图 39-1 四个样品 cDNA 的典型扩增曲线

注意在基线上方开始扩增，C_T 或阈值在反应的指数期设定。在曲线最右侧的扩增曲线计算 C_T 值的点。x 轴表示循环数，y 轴表示相对荧光，变量增量 Rnvs 循环＝Δ

根据实验设计和检测板布局，对这些数据的分析可以估计样品中基因转录物的绝对量或相对量。在绝对定量中，确定来自特定样品的单个核酸目标序列的绝对数量，而在相对定量中，确定靶序列的数量相对于校准物中相同（或不同）目标序列的数量。在噬菌体转录组学研究中，该校准品可能是一个特定的时间点。例如，我们可能希望确定感染后 10min 与感染后 1min 相比主要存在多少编码衣壳蛋白的转录物。虽然绝对定量在某些情况下是有效的，但相对定量通常在噬菌体转录组学中效果更好，因为通常需要知道相对于特定时间点存在多少转录物。相对定量具有以下优点：可以在几个检测板上进行样品之间的准确比较，而不需要使用每个检测板上的标准曲线。

与任何系统中的实时荧光定量 PCR 一样，主要是基于 SYBR green 的技术或使用特定探针和引物的技术[1]。SYBR green 与双链 DNA 结合，并在结合时发出荧光。大量的生物技术公司（例如，Applied Biosystems 和 Sigma）对特定的引物和探针进行了许多不同的设计。通常，实时荧光定量 PCR 设备的制造商推荐他们自己的特定试剂（虽然它们通常不是最便宜的），并且大多数试剂应该与大多数机器兼容。用于实时荧光定量 PCR 的探针将 DNA 退火设定在两个引物之间的区域，通常它们具有两种染料，一种是荧光染料，另一种是猝灭分子。只有当聚合酶从探针[1] 中裂解荧光染料时，才产生荧光，从而被检测到。

SYBR green 的优势在于其比使用探针引物便宜很多，因此可以简单地检测许多基因。只要基因引物区域是保守的，就可以用相同的引物检测。这一点与使用探针不同，因为探针与序列所有区域杂交，所以基因引物之间的区域也必须保守。因此，SYBR green 可用于定量混合群体中某些在引物之间发生突变的基因存在的模板数量。然而，SYBR green 的主要缺点是缺乏特异性，污染风险大以及优化实验所需的时间长。然而，可以使用扩增后的熔解曲线（T_m）来分析其特异性。将含有 PCR 产物和 SYBR green 的成品板加热至 95℃。在此期间，仪器记录了双链 DNA 的解离导致的 SYBR 绿色荧光的下降，引物二聚体的熔解温度将低于产物的熔解温度，并且多条曲线将代表多个产物。

基于探针方法的主要优点是其特异性强，因为荧光信号是由探针和靶标的结合产生的，而不是简单地与所有双链 DNA 结合。因此，反应很少需要优化，通常存在很少的污染问题。探针和引物的另一个优点是可以进行双重实验，可以使用不同的荧光探针扩增两种产物（注释①）。缺点是成本高，然而当考虑研究人员的时间成本时，这可能被忽略。

细菌被噬菌体的广泛侵染越来越明显。通常希望确定噬菌体在感染周期中处于什么阶段，这个重要的信息可以从感染细胞转录组的检测中获得。实时荧光定量 PCR 是一种高度敏感的工具，可用于探测这一点，以便监测整个裂解感染周期或溶原感染期间转录物的存在。它可以独立地用于监控转录表达，或者作为确认和校准芯片数据集[2~3]的工具。虽然噬菌体必须注入它们的 DNA，复制它们的基因组并构建蛋白质外壳，但这些事件的顺序和时间仅确定了少数噬菌体（例如，T4[2~3]）。此外，在新测序的基因组内发现的过多宿主和未知功能基因的表达谱通常是未知的。

实时荧光定量 PCR 是一种标准技术，越来越多地用于量化。有大量文献详细介绍了实验设计、分析等方法的发展。在 Bustin[4] 最近的一篇综述中对此进行了总结。对实时荧光定量 PCR 原理和应用的介绍可以在实时荧光定量 PCR 机器的制造商（例如，Applied Biosystems、Corbett 和 Stratagene）提供的文献中找到。最近还出版了一本关于这一主题的优秀综合性书籍[5]。然而，几乎没有关于实时荧光定量 PCR 在噬菌体-宿主关系中的应用，本章是第一次对该方面进行概述。实时荧光定量 PCR 也可应用于从一系列模板中检测噬菌体 DNA。在这种情况下，更容易检测，只需准备高质量的 DNA 模板，其他模板也都适用。适用于实时荧光定量 PCR 分析的其他模板包括宏基因组样品（例如，可以确定特定噬菌体或特定病毒或细菌 DNA 中噬菌体基因的数量[6~7]）。

39.2 材料

39.2.1 制备高质量的模板

虽然实时荧光定量 PCR 可以检测低至 1fg 的 DNA 浓度，但对于常规实时荧光定量 PCR，当使用 1～100ng 的 mRNA 转录成 cDNA 时，可以获得最佳结果。RT-PCR 平板上的每个反应孔需要 1～10ng 的 cDNA。

39.2.2 引物和探针

引物可以从常规供应商（例如，Invitrogen）订购，探针和引物组合可以从几家生物技术公司（例如，Applied Biosystems）获得。各种在线资源可以帮助您设计合适的引物（参见 http://molbiol-tools.ca/PCR.htm）。大多数公司提供两种途径来获得探针和引物分析，可选择自行设计引物，或者他们为您设计分析。通常只有后者可以保证有效，但是你可以决定探针结合的基因区域，因为可以避开不希望引物/探针所杂交的区域。产物必须在 60～200bp，引物退火温度必须在 60℃[8]。有专门设计实时荧光定量 PCR 引物的软件程序（例如，Applied Biosystems 的 Primer Express）。

39.2.3 试剂

所用试剂包括标准 PCR 中所使用的试剂，包括聚合酶，缓冲液，$MgCl_2$，dNTP、水和

SYBR green（使用时）。这种混合物通常具有两倍的浓度，并且可以从几家生物技术公司（例如，Applied Biosystems、Qiagen、Sigma）订购（注释②）。

39.2.4 无核酸酶的水（例如，Sigma）

可以在实验室使用高压过滤水，也可以从 Sigma 等公司购买。

39.2.5 孔板和黏合剂盖管

如果机器允许，可以使用 96 孔或 386 孔板，黏合剂盖必须具有耐热性和光学质量特征。一些机器（例如，Corbett）需要使用单独的管，并且每次反应可能需要多达 72 个单独的管。

39.2.6 光循环 PCR 仪

现在有几家公司生产的光循环仪是基于 Peltier 块，有一个 96 孔板。其中包括 Applied Biosystems、Qiagen 和 Eppendorf。另一种选择是有一个旋转室，管子放置在旋转室中，空气以正确的温度泵入和抽出（例如，Corbett）。在后一种系统中，数据采集特别快，并且热分布的均匀性更好。

39.2.7 台式涡旋机

39.2.8 层流罩及相关注意事项

尽量减少样品暴露于核酸酶和任何形式污染物的时间，为了避免从一开始就出现问题，强烈建议所有实时荧光定量 PCR 都安装在层流罩中，并使用抗核酸酶进行喷涂。必须始终佩戴手套，所有塑料制品必须无核酸酶，移液器枪头应有过滤塞。

39.3 方法

39.3.1 时间点选择和噬菌体侵染

重要的是，确保实时荧光定量 PCR 选择的时间点能够代表噬菌体的不同生长阶段。测定转录组，应该事先了解噬菌体的吸附率。这将会使侵染同步并防止信号被第二轮侵染的噪声混淆，其他物理参数也应该测量，如隐蔽期和潜伏期。因此，可以在循环的不同阶段选择时间点，其范围可精确到分钟（T4 感染大肠埃希菌的数小时甚至数天，例如，感染聚球蓝细菌的 S-PM2）。特别是，RNA 必须在每个时间点快速保存并能够保持稳定，试剂如 RNA-late（Qiagen）可能非常有效。

39.3.2 靶基因选择

要进行实时荧光定量 PCR，必须了解转录本中的目的序列。转录本可以是具有已知功能基因的一部分，或者与已知功能基因具有同源性。或者其功能可能是未知的，但是它的表达特点可以显示在感染周期中所转录的时间点。

如果研究人员正在研究新的噬菌体-细菌系统，那么获得相关噬菌体中已知表达谱基因的信息可能是有用的，这可能包括结构基因或已知的“早期”或晚期基因。这些数据可以提供一个新基因的表达框架。可能是因为研究人员对一个特定基因的功能和表达特点感兴趣。例如，研究人员可能只是对合成噬菌体衣壳蛋白的时间感兴趣，在这种情况下，监测主要衣壳蛋白的表达是明智的。对于 T4，已经确定了大多数基因的表达特点[2,9]，并且在评估感染其他细菌的未被研究的 T4 型噬菌体的基因表达时可以提供参考。

39.3.3 控制校准基因选择

噬菌体转录组学的主要困难之一是在整个感染周期中未必存在一个组成型表达的基因，例如，T4 在感染后立即关闭其宿主的复制机制[9]。由于将其宿主作为能源，蓝细菌噬菌体 S-PM2 似乎没有这种完全关闭宿主的方法[10,11]。和其他转录研究的情况一样，核糖体机制似乎代表了不完美解决方案中的最佳方案。当然，S-PM2 的 16S 转录物代表的核糖体 RNA 的量在所有时间点保持恒定。使用核糖体 mRNA 作为内源性对照（校准品）的一个问题是，因为它比任何感兴趣的噬菌体或宿主基因存在更高的丰度，所以需要使用与其他基因不同的阈值灵敏度进行分析。常用的控制基因包括 *rpod*、*gyra* 等。根据所研究的噬菌体-宿主系统，每一种都可能存在特定的问题，没有一种是完美的。从细菌宿主获得候选校准基因序列通常将决定怎么选择。16SrRNA 的高度保守区域可以解决这个问题。当设计用于校准的引物时，应遵循与目标基因引物相同的原则。

一种绕过识别用于标准化数据基因问题的方法是使从细胞中提取 RNA 的总量标准化。这种方法也有其缺点，因为很难精确地定量 cDNA，并且在不同时间点收集的样品之间可能出现差异，mRNA 到 cDNA 的转化不均等。尽管这些都是值得关注的问题，但最近分析了一组数据，其中包括在感染期间表达 12 种噬菌体基因和 5 种宿主基因，无论是否标准化为 16S 或总 mRNA（未发表），都获得了非常相似的结果。因此，尽管对 16S mRNA 或总 mRNA 的标准化并不完美，但令人放心的是它们的信息基本上相同。

校准品的选择总是很困难，并且这不是噬菌体-细菌工作特有的问题，研究人员应该首先使用 16S 作为校准品，如果可能的话，测试认为可能不受噬菌体感染影响的宿主基因的表达水平。

39.3.4 引物与探针的优化

分析从实验中获得的有价值的 cDNA 样品之前，测试所有的引物或探针和引物组合是很重要的。必须确保有效地扩增，并在模板浓度范围内作正确报告。如果研究者使用相对定量，那么在标准曲线执行一次之后，不必在每个板上重复它们。对于待分析的每个基因，对 cDNA 或噬菌体基因组 DNA 进行一系列稀释，因此样品含有 10ng、5ng、2.5ng、1.25ng、0.625ng 和 0.3125ng 模板。加入适量的探针/引物和反应混合物进行反应，并检查放大曲线的斜率在对数视图中是否平行，对于每个样品，cDNA 的数量减少一半，C_T 值增加 1。

如果噬菌体的完整基因组序列是已知的，并且具有希望监控表达的所有基因的一个拷贝，那么它可以作为天然模板，用于比较基因转录本的扩增效率，并建立标准曲线。如果对每个基因引物组进行有效的扩增基因组模板，那么每个基因的阈值应该是相同的。假设以 cDNA 为模板将产生相同的效率，但由于转录本丰度的差异，这不能得到证实。

39.3.5 检测板设计

在确定引物和探针对所有靶基因和校准基因都可以使用的情况下，才可以进行实验。表 39-1 显示了使用实时荧光定量 PCR 对一些噬菌体基因进行相对定量的典型设置实例。所有的检测都一式三份，每个转录本都应该包含阴性对照。阴性对照应该包含除了模板之外的所有成分。如果使用相对定量，那么荧光对照也应当存在，以满足跨板比较。因此，该平板上的设置将允许定期进行相对定量、跨板比较和估计噬菌体转录物的实际数量（见下文）。

表 39-1 所示的实验有五个时间点：感染后 0h、1h、3h、6h 和 9h。这覆盖了噬菌体 S-PM2 在 MOI 为 10 的情况下感染聚球菌 WH7803 的潜伏期。监测一种目的噬菌体基因（D1p）和三种宿主基因（D1h、D1I1 和 D1I2）的表达谱，并将核糖体 RNA（16S）用作内源对照，该板还将 12 个孔用于荧光对照。这些对照由四种不同的噬菌体基因组成，它们在纯化的 S-PM2 DNA 中显示出相同的扩增。这样便于跨板比较，因为将来自同一种原料的 10ng 纯化噬菌体 DNA 用于每个荧光对照。由于这些测量值不变，因此可以在所有板中选择 C_T 值的阈值。从这些样品中检测另外的宿主和噬菌体基因时，可以通过检测这些荧光基因组 DNA 对照的 C_T 值，通过 C_T 值彼此进行比较。这些荧光对照品可以作为第二种噬菌体特异性校准品。因为可以计算已知 DNA 浓度中必须存在多少噬菌体基因组（注释③），所以可以通过与基因组病毒 DNA 样品比较来计算转录本表达的数量。

表 39-1 典型的 RT-PCR 设置

	1	2	3	4	5	6	7	8	9	10	11	12
A	0A[①]	0A	0A	1A	1A	1A	3A	3A	3A	6A	6A	6A
	D1h	D1h	D1h	D1h	D1h	D1h	D1h	D1h	D1h	D1h	D1h	D1h
B	9A	9A	9A	0A	0A	0A	1A	1A	1A	3A	3A	3A
	D1h	D1h	D1h	D1p	D1p	D1p	D1p	D1p	D1p	D1p	D1p	D1p
C	6A	6A	6A	9A	9A	9A	0A	0A	0A	1A	1A	1A
	D1p	D1p	D1p	D1p	D1p	D1p	D1I1	D1I1	D1I1	D1I1	D1I1	D1I1
D	3A	3A	3A	6A	6A	6A	9A	9A	9A	0A	0A	0A
	D1h	D1h	D1h	D1h	D1h	D1h	D1h	D1h	D1h	D1I2	D1I2	D1I2
E	1A	1A	1A	3A	3A	3A	6A	6A	6A	9A	9A	9A
	D1I2	D1I2	D1I2	D1I2	D1I2	D1I2	D1I2	D1I2	D1I2	D1I2	D1I2	D1I2
F	0A	0A	0A	1A	1A	1A	3A	3A	3A	6A	6A	6A
	16S	16S	16S	16S	16S	16S	16S	16S	16S	16S	16S	16S
G	RegA	RegA	RegA	44	44	44	47	47	47	18	18	18
	10ng	10ng	10ng	10ng	10ng	10ng	10ng	10ng	10ng	10ng	10ng	10ng
	DNA	DNA	DNA	DNA	DNA	DNA	DNA	DNA	DNA	DNA	DNA	DNA
H	9A	9A	9A	Neg	Neg	Neg	Neg	Neg	Neg	Neg	Neg	Neg
	16S	16S	16S	RegA	44	47	18	D1p	D1h	D1I1	D1I2	16S

① A 代表 After，即感染时间后。

注：数字 0、1、3、6 和 9 表示感染后的时间；D1h 是检测宿主 psbA、D1I1 和 D1I2 等位基因；D1p 是检测噬菌体编码的 DNA；16S 是内源对照；RegA，基因 44、基因 47 和基因 18 都是荧光对照和校准品。对于每个样品时间点都存在内源对照和阴性对照。

39.3.6 平板设置

每个反应的标准总体积为 20μL。为了降低成本，程序成熟的情况下，可以将体积减少到一半或更少。

① 2×反应缓冲液（10μL）。

② 20×基因表达混合物（1μL 表达混合物或 1μL 各自的不同引物和 1μL SYBRgreen）。

③ 模板（变量）：

a. cDNA（7～9μL 水中含有 10ng）；

b. 基因组 DNA（溶于 7～9μL 水）；

c. 阴性对照（只有水）。

④ 无核酸酶水共 20μL。

制备具有多种测定大板的一种方法是准备两组反应混合物。首先创建探针/引物或引物/SYBR green 反应混合物（总体积分别为 11μL 或 13μL，取决于是否使用 SYBR green 或引物/探针）。将其加入所有孔/管中，然后加入模板、水和混合物，其中模板浓度要合适（例如 9μL 或 7μL 水中浓度为 10ng）。在其他商业化的 Mix 中，Master Mix 溶液含有所有试剂的 2 倍浓度，包括 SYBR green，在这种情况下，将 10μL 混合物加入含有 1～10ng cDNA 的模板中，加入引物和水至总体积为 20μL。

39.3.7　运行反应

若平板设置合理，结果也容易分析。虽然详细信息因机器而异，但是适用于以下共同点。每个测定的转录本应分配一个单独的检测器。基本上，即使 FAM 或 SYBR green 用于每个转录本，也可以将它们指定为单独的“检测器”，因为这样可以对每个转录本进行单独分析。这一点特别有用，例如，如果需要使用不同的设置分析 16S。如果进行相对定量分析，则应指定内源性对照，如果实验中有多个样本，则应对每个样本设置内源性对照。

循环条件通常是标准化的，在每个循环结束时进行荧光测量。如果使用 SYBR green，则在循环结束时执行熔解曲线分析，以显示是否已放大多个样品。

39.3.8　数据分析

分析实时荧光定量结果的第一步是调整基线和阈值（图 39-1）。通常，自动生成的基线为最佳，但如果不是，则应根据需要进行调整（例如，要比较的板和标准的板之间含有相同的样品）。应设置基线，以便所有样品在最大基线值之后发生扩增（图 39-1）。调节阈值或 C_T 值，使其发生在扩增曲线的早期或中期指数期。确定后，有必要对数据进行重新分析。任何有明显错误的 C_T 值都可以从分析中删除。选择适当的基线和 C_T 值后，可以分析结果并将其导出到 Microsoft Excel 电子表格或自定义的实时分析软件（通常是光循环器特有的软件）中。分析绝对和相对实时荧光定量 PCR 数据的方法有很多，在 Michael Pfaffl 编写和维护的网站上可以找到许多有用的参考资料（http：//www.gene-quantification.info/）。详尽的分析方法超出了本章的范围，但是对于数据分析方法的评论，请参阅文献［4，12，13］。尽管在设计实验之前应该确定分析方法，但如果不确定，最好添加适当的控制措施，以排除未来分析的可能性。表 39-1 所示的设置包含 96 孔板在内的参考资料，以便以多种方式进行分析。因此，可以使用 $2^{\Delta\Delta C_T}$ 方法（见下文）将其标准化为 16S，或者使用下面详细描述的方法对其进行分析。在此没有详尽地回顾分析方法，而是给出了一个特别的分析实例，发现它特别有用。它是基于 $2^{\Delta\Delta C_T}$ 方法的改进，并允许根据噬菌体转录本的数量来提供数据。

在标准 $2^{\Delta\Delta C_T}$ 方法中，将样本中的转录本量与内源性对照进行比较，然后与校准品[14]进行比较。为了使计算有效，目标基因（感兴趣的基因）和校准品的扩增效率必须大致相同。这可以通过进行 39.3.3 节中描述的两个基因模板的连续稀释来确定。然后将每个稀释液的 C_T 值彼此减去作为每个浓度的 ΔC_T，并根据总基因组 DNA 输入量的对数绘制在 y 轴上。图的斜率应 <0.1[14]。偶数放大的扩增效率一旦建立，在所有时间点，内源控制的 C_T 值（在这种情况下，每个时间点为 16S）从时间点中减去 ΔC_T，然后 $\Delta\Delta C_T$ 是将该 ΔC_T 值归一化为校准品（例如，时间点 0），这是通过在校准时间点减去内源对照的 C_T 值得到的。

因此，对于表 39-1 中所示的设置，相对于零时间点的噬菌体基因 D1，3h 的 $\Delta\Delta C_T$ 值是 3h 的 C_T 值减去 3h 的 16S 值，减去（噬菌体 D1 零时间点的 C_T 值-16S 零时间点的 C_T 值）。总之，当绘制该值为 $2^{\Delta\Delta C_T}$ 时，给出标准化为内源性对照（3h 16S）和相对于校准剂（零时间点的噬菌体 D1 －3h 的 16S）的靶转录物的量（3h 时的噬菌体 D1）。在该方法中，通过从任何时间点的平均样本值中减去平均校准器值的平方根来计算标准偏差。

为了在感染周期中测量噬菌体和宿主基因的表达，用两种方法修改了这一方案：对于校准品，使用纯化的噬菌体基因组 DNA（允许数据以转录数表示）；为此目的，以保持待测转录本的绝对值。从转录本测定 C_T 值中减去 16S 平均 C_T 值的标准偏差（注释④）。

表 39-2 中显示了修改后的分析的 Microsoft Excel 示例模板。所示的样品数据针对噬菌体 S-PM2 基因 g47，在 T4 中，gp47 参与重组。第 2 列显示了 g47 每个时间点的平均 C_T 值（注释⑤）。第 3 列显示了用每个时间点的实际 16S 值减去平均值 16S C_T（注释④）的结果。因此，通过从每个转录本的基因 g47 C_T 值中（C_{T16S}－平均 C_{T16S}）获得 ΔC_T 值（这在第 4 栏中给出）。校准品（第 5 列）是 10ng 纯化的噬菌体基因组 DNA 扩增的四个噬菌体基因（基因组模板，一式三份）的平均 C_T 值。第 6 列是用第 4 列减去第 5 列而获得的 $\Delta\Delta C_T$ 值。第 7 列将这个值转换为 $2^{\Delta\Delta C_T}$。这个值的倒数在第 8 列中给出，该栏是相对于 16S rRNA 和 10ng 噬菌体 DNA 在不同时间点的转录量。然后将该值除以 10，因为使用了 10ng 噬菌体 DNA 作为模板。最后，将第 9 列中的值乘以 4990000，即 1ng DNA 中 S-PM2 的拷贝数（注释③）。因此，通过将这个值与时间点相对应，现在有了一种有意义且有用的方法来查看单个噬菌体转录本的拷贝数（注释⑥）。

表 39-2 设计用于计算不同感染时间内存在的噬菌体 psbA（上文称为“D1p”）转录物数量的 Excel 电子表格示例

1	2	3	4	5	6	7	8	9	10
时间/h	C_T (D1p)	对照（16S 校准）	修正的 ΔC_T（列 2—列 3）	校准的 C_{TAve}	$\Delta\Delta C_T$（列 4—列 5）	$2^{(列6)}$	转录量（列 7 的倒数）	转录量/10（列 8/10）	绝对转录拷贝数×噬菌体
1	20.058	−0.160	20.218	14.362	5.856	57.925	0.017263	0.0017263	8,614.587
3	17.993	−0.227	18.220	14.362	3.858	14.501	0.068959	0.0068959	34,410.61
6	19.798	0.429	19.369	14.362	5.007	32.158	0.031096	0.0031096	15,517.04
9	20.089	−0.278	20.367	14.362	6.005	64.227	0.015570	0.0015570	7,769.284

39.4 注释

① 除非绝对必要，一般不需要双重实验。

② 一些反应混合物含有 UNG（尿嘧啶-*N*-糖基化酶与 dUTP 结合使用可防止携带污染）。UNG 催化含尿嘧啶的 DNA 以去除尿嘧啶，从而确保起始模板不受扩增产物的污染，如果保持良好的实验室操作，这步通常不是必需的。

③ 用于实时荧光定量 PCR 的 DNA 起始模板中的噬菌体基因组的数量，可以通过将模板的质量（ng）除以噬菌体的分子量并将该值乘以阿伏加德罗常数来计算。为了举例说明表 39-2 中列出的情景，如果使用 1ng 噬菌体 DNA 用作模板，噬菌体的基因组大小为 196280，碱基对 DNA 的平均分子质量为 615Da，那么噬菌体的基因组数量 $=[2\times10^{-9}/(196280\times615)](6\times10^{23})=4.99\times10^{6}$。注意：该值为 2×10^{-9} 的原因是 DNA 是双链的，因此当从 DNA 每条链扩增出两倍的基因组时，基因组的数量就增加了一倍。

④ 使用噬菌体基因组对照作为校准品时，将该值转换成噬菌体转录物的绝对数量。

⑤ 时间点零的 C_T 值为 0，因为此时没有添加噬菌体，这个时间点不包含在表中。

⑥ 为了使这种方法有用，所有噬菌体基因必须进行高效的扩增。事实证明，对于给定模板的所有噬菌体基因的标准偏差可以忽略不计。

参考文献

1. Heid CA, Stevens J, Livak KJ & PM., W. (1996) *Genome Research* **6**, 986–994.
2. Luke, K., Radek, A., Liu, X. P., Campbell, J., Uzan, M., Haselkorn, R. & Kogan, Y. (2002) *Virology* **299**, 182–191.
3. Poranen, M. M., Ravantti, J. J., Grahn, A. M., Gupta, R., Auvinen, P. & Bamford, D. H. (2006) *J. Virol.* **80**, 8081–8088.
4. Bustin, S. A. (2002) *Journal of Molecular Endocrinology* **29**, 23–39.
5. Dorak, M. T. (2006) *Real-time PCR* (Taylor and Francis.
6. Casas, V., Miyake, J., Balsley, H., Roark, J., Telles, S., Leeds, S., Zurita, I., Breitbart, M., Bartlett, D., Azam, F. & Rohwer, F. (2006) *Federation of European Microbiologica Societies: Microbiology Letters* **261**, 141–149.
7. Sandaa, R.-A. & Larsen, A. (2006) *Applied and Environmental Microbiology* **72**, 4610–4618.
8. Bookout, A. L. & Mangelsdorf, D. J. (2003) *Nuclear Receptor Signaling*, doi: 10.1621/nrs.01012.
9. Miller, E. S., Kutter, E., Mosig, G., Arisaka, F., Kunisawa, T. & Rüger, W. (2003) *Microbiology and Molecular Biology Reviews* **67**, 86–156.
10. Clokie, M. R. J., Shan, J., Bailey, S., Jia, Y., Krisch, H. M., West, S. & Mann, N. H. (2006) *Environmental Microbiology* **8**, 827–835.
11. Mann, N. H., Clokie, M. R. J., Millard, A., Cook, A., Wilson, W. H., Wheatley, P. J., Letarov, A. & Krisch, H. M. (2005) *Journal of Bacteriology* **187**, 3188–3200.
12. Rebrikov, D. V. & Tofimov, D. Y. (2006) *Applied Biochemistry and Microbiology* **42**, 455–463.
13. Pfaffl, M. W. (2001) *Nucleic Acids Research* **29**, 2000–2007.
14. (2001) *User bulletin #2. ABI Prism 7700 Sequence Detection System.* (Applied Biosystems) http://docs.appliedbiosystems.com/pebiodocs/04303859.pdf.

40 噬菌体的纯化以及噬菌体结构蛋白的SDS-PAGE分析

▶ 40.1 引言
▶ 40.2 材料
▶ 40.3 方法
▶ 40.4 注释

摘要

感染性颗粒的浓缩和纯化是噬菌体结构和功能表征的先决条件。本章第一部分详细介绍了获得纯化噬菌体的常用方法：用聚乙二醇沉淀法浓缩噬菌体颗粒，然后用CsCl梯度离心法纯化，最后再用平衡离心法纯化。这一系列程序如果作为一个整体来执行，确保了高质量的纯化，非常适合用于表征噬菌体颗粒的大多数分析技术。

本章的第二部分描述了“菌影”或无DNA噬菌体的制备。对于噬菌体结构蛋白的一维SDS-PAGE分析，这些颗粒应该是整个噬菌体的首选，因为噬菌体蛋白通过凝胶运动不受噬菌体DNA的干扰。这是蛋白质组学方法所必需的，例如利用从不同凝胶条带分离蛋白质的*N*-末端蛋白质测序或质谱法。

关键词：噬菌体，纯化，聚乙二醇，CsCl，阶梯梯度，平衡离心，SDS-PAGE，菌影

40.1 引言

近十年来，噬菌体研究重新引起人们的兴趣，促进了噬菌体研究新方法的发展，这些方法对噬菌体样品的质量和纯度有着严格的要求。目前，需要纯化噬菌体的领域主要包括：利用高分辨率冷冻电子显微镜对噬菌体结构进行三维图像重建，对病毒进行形态学特征分析；作为鉴定病毒结构蛋白的蛋白质组学方法。这些最新进展的结合使得对噬菌体结构的理解有了重大进展。噬菌体颗粒结构的亚纳米分辨率与噬菌体蛋白质的结晶学结构知识相关联，包含多种噬菌体的形态学比较。这样提供更广泛的结构信息，有可能揭示被基因组或蛋白质序列比较模糊的进化关系[1~4]。

裂解的噬菌体子代通过细胞裂解过程从宿主细菌中释放后收获。除噬菌体本身外，天然的噬菌体培养物中存在的主要成分是细菌碎片——主要是细胞膜，带有细菌蛋白质、核酸和核糖体。对于革兰阴性菌裂解物，碎片还包括内毒素或脂多糖（LPS），LPS是细菌外膜的

主要成分，裂解时在培养物中释放。对于大多数旨在表征噬菌体结构的生化和生物物理方法，为了获得高度纯化的噬菌体制剂，必须仔细去除所有污染物。此外，最近恢复基于噬菌体为基础的抗菌治疗目的，或“噬菌体治疗”，需要对噬菌体制剂进行完美的表征。必须保证这些污染物的含量非常低，特别是那些对人和动物具有高度毒性的内毒素。

40.2 材料

40.2.1 噬菌体纯化

① 噬菌体悬浮缓冲液也称为 TM 缓冲液（Tris-Mg^{2+} 缓冲液）10mmol/L Tris-HCl（pH 7.2～7.5），100mmol/L NaCl，10mmol/L $MgCl_2$。为了使某些噬菌体保持稳定性，可能需要在悬浮缓冲液中加入 1～10mmol/L $CaCl_2$。

② 来自牛胰腺的 DNAase Ⅰ和 RNase A（Roche 或 Calbiochem）。配制成浓度为 1mg/mL 的溶液储存在−20℃。

③ 氯仿。

④ 氯化钠粉末：分子生物学级别氯化钠≥99.5%。

⑤ 聚乙二醇粉末：PEG 6000（分子量为 5000～7000），分子生物学级别和生化用途。

⑥ 氯化铯：CsCl≥99.9%用于密度梯度纯化。

⑦ 超速离心机设备：Beckman L8-55M 或类似产品。

⑧ 摆动式转子（Beckman）：SW41 或 SW28，SW50 或 SW65。

⑨ 离心管（Beckman）：薄壁或厚壁开口-多元共聚物管：

SW41 转子为 13.2mL，14mm×89mm。

SW28 转子为 385mL，25mm×89mm。

SW50 或 SW65 转子为 5.0mL，13mm×51mm。

⑩ 注射器和 18～22 号皮下注射针。

⑪ 透析管：光谱/Por 分子多孔膜管，MWCO 12-14000。

⑫ 折射计（可选）。

40.2.2 菌影准备

① 氯化锂：分析用氯化锂≥99.0%GR（默克）或等同物。

② 冷冻管小瓶：3.6mL 或 1.8mL（Nunc）。

③ 液氮或冰-乙醇冷冻浴。

④ 脱氧核糖核酸酶Ⅰ：无核糖核酸酶Ⅰ，5～10U/μL（GE 医疗保健）或等同物。

⑤ 蛋白酶抑制剂鸡尾酒片：无 EDTA（罗氏诊断公司）。

40.2.3 SDS-PAGE 分析

① SDS-PAGE 设备：长 6～10cm 的凝胶微型电泳设备。

② 配制浓度变化的丙烯酰胺凝胶或使用线性梯度预制凝胶（来自 Bio-Rad 的 Tris-HCl 或来自 Invitrogen 的 NuPAGE Novex）。

③ 标准 Laemmli 上样缓冲液和电泳缓冲液。

④ 银或考马斯亮蓝染色的标准溶液。此外，还可以使用不需要乙醇和乙酸脱色的 Bio-

Safe Coomassie G-250（Bio-Rad）或 SimplyBlue SafeStain（Invitrogen）溶液。

40.3 方法

40.3.1 通过聚乙二醇（PEG）沉淀浓缩噬菌体

加入聚乙二醇后，可以从感染细菌的天然裂解物中浓缩噬菌体。该方法的效率几乎与噬菌体浓度无关，即使效价很低的裂解物也可用于浓缩噬菌体[5]。这是一种温和而快速的方法，可在低速离心后使噬菌体浓度达到 100 倍，且对噬菌体活性的影响可忽略不计。此外，它适用于大多数噬菌体。

① 将 DNase Ⅰ和 RNase A 分别添加到有噬菌体生长的液体培养基或从软琼脂覆盖培养物中新回收的细菌裂解液中。这一步骤完成了残留细菌 DNA 和未包装的噬菌体 DNA 的降解，并使可能污染噬菌体制剂的核糖体分离（注释①）。同时，加入 0.2%（体积分数）氯仿以完成裂解（含脂噬菌体应省略氯仿添加），并在室温下孵育该制剂 30min。

② 将固体 NaCl 溶解于噬菌体悬浮液中至浓度为 0.5mol/L，让其在 4℃条件下冷却 1h。NaCl 能够促进噬菌体颗粒从细菌碎片中解离，并且需要用聚乙二醇沉淀下一步。

③ 在 4℃条件下将悬浮液以 6000～8000*g* 离心 10min 来除去较致密的细菌碎片。然后将含有噬菌体的上清液转移到干净的烧瓶中。

④ 短暂搅拌，将 PEG 6000 在 4℃下溶解到 8%～10%的最终浓度，并在 4℃下静置至少 1h 以沉淀噬菌体颗粒（注释②）。

⑤ 将噬菌体 10000*g*，4℃下离心 15min 沉淀，小心弃去上清液。颗粒将形成薄膜，粘在离心管的壁上。将离心管倒置 5min，让剩余的液体从颗粒中排出。

⑥ 将沉淀轻轻悬浮于噬菌体悬浮缓冲液（1～2mL，100mL 上清液）中。由于噬菌体颗粒可能因涡旋或剧烈移液而受损，因此建议使用大口径移液器或配有切去枪头尖端（1mL 或 5mL）的自动移液器。或者，可以将颗粒在 4℃放置过夜，使其软化有利于悬浮。

⑦ 通过在 5000*g*，4℃下低速离心 10min，将噬菌体颗粒从共沉淀的细菌碎片中分离。

⑧ 如果不需要进一步纯化，可以去除残留的 PEG 和细菌碎片。可以通过用等体积的氯仿温和萃取 1min 来完成。5000*g* 离心 15min，将噬菌体的水相与白色有机相分离。

上述用 PEG 浓缩的过程本身就是一种纯化方法，根据制备噬菌体所需的纯度等级，该方法是足够的。实际上，该方法可产生用于多种应用的部分纯化的制剂。如果需要，可以通过 CsCl 梯度离心进一步纯化噬菌体。

40.3.2 CsCl 纯化浓缩噬菌体

通过 CsCl 梯度沉降，根据浮力密度将噬菌体颗粒与污染物分离。在 CsCl 梯度中连续离心两次，得到高纯度和浓缩的噬菌体制剂。第一次是在预成型的 CsCl 梯度上进行离心，以便快速弃去大多数碎片和污染物。第二次通过自生成 CsCl 梯度的平衡离心（等比沉淀），确保残留污染物完全消除。该方法适用于大多数噬菌体，只要它们在高浓度 CsCl 存在的条件下稳定性好。虽然这是实现高度纯化使用的最广泛程序，但是一些噬菌体也可以通过甘油或蔗糖梯度离心或通过离子交换色谱法纯化（注释③）。

40.3.2.1 密度梯度离心

密度梯度离心适用于大规模制剂的纯化。应根据需要纯化的噬菌体悬浮液的体积，在适合于贝克曼摆动斗式转子 SW41 或 SW28（或等效离心装置）的大型离心管中进行（注释④）。它提供了非常纯的噬菌体颗粒悬浮液，可进行许多应用。

用 PEG 溶液回收得到的噬菌体，在不连续的 CsCl 溶液阶梯梯度中沉淀。选择不同的 CsCl 层的密度，使得密度范围包括噬菌体的浮力密度。如果不了解噬菌体的浮力密度，或者不能根据噬菌体物理特性来估计（注释⑤），则可能需要测试几种 CsCl 层密度模式来优化。

① 将盐溶解在噬菌体缓冲液中来制备不同的 CsCl 溶液。表 40-1 列出了最常用的溶液，注释⑥详细说明了制备给定密度溶液的可靠方法。每种溶液的密度可以简单地通过在精确加权标度上加权 1mL 来检查，或者更准确一些，如果有折射计可以通过测量折射率来检查。

表 40-1 目前用于噬菌体纯化的 CsCl 溶液

d/(g/mL)	c/(g/mL)	c/(g/50mL)	n(折射率)
1.20	0.275	13.74	1.3527
1.25	0.342	17.11	1.3575
1.30	0.410	20.49	1.3622
1.40	0.546	27.28	1.3717
1.45	0.614	30.70	1.3765
1.50	0.683	34.13	1.3813
1.60	0.820	41.02	1.3908
1.70	0.959	47.96	1.4003

注：d 为密度。

② 使用手动精密移液管准备阶梯梯度。将吸管尖端置于由管壁和弯月面形成的角度来仔细地分层以降低密度。或者，可以使用长针皮下注射器，通过增加管底溶液的密度来使较轻的梯度浓度上升。

③ 一旦梯度制备好，小心地将噬菌体悬浮液层叠在梯度的顶部。如果使用薄壁离心管，请注意将管填充到距离顶部 3～5mm，以获得适当的支撑。因此，如果试管被部分填充，那么有必要向噬菌体样品中添加噬菌体缓冲液。如果使用厚壁管，则不需要额外的缓冲液。

④ 在贝克曼 SW41 或 SW28 转子（或相当）中，以 22000～25000r/min（相对离心力为 100000～120000g）的速度离心 2～3h。

⑤ 离心后，将观察到以下分布：大多数细菌碎片，特别是膜和内毒素，其密度范围 1.15～1.25[6]，超过 1.3 密度层不沉淀。噬菌体颗粒通过最低密度层后，直到它们到达密度等于或大于它们的适宜浮力密度层沉淀。因此，尾噬菌体形成位于 1.4～1.5 交界面或 1.5～1.6 密度层之间的蓝白色和乳白色带。噬菌体 T5 的纯化示例如图 40-1(a) 所示。

⑥ 噬菌体带可以轻易地从上面收集。使用微量移液管或巴斯德吸管仔细清除含有污染物和碎屑的上层。然后，用一个干净的尖端放在目标带下面，收集噬菌体颗粒。当使用薄壁管时，可以选择连接到注射器的针穿刺管壁，在所需带的正下方，慢慢地抽吸噬菌体。

⑦ 通过在 4℃下透析，从噬菌体悬浮液中去除 CsCl，透析时使用 500 倍体积的噬菌体缓冲液重复两次或三次，每次持续 30min，或使用 2000 倍体积的噬菌体缓冲液过夜透析。如果噬菌体耐受氯仿，将透析的噬菌体悬浮液在 4℃下用几滴氯仿保存，以避免微生物污染。

⑧ 对于蛋白质组学的应用，如蛋白质 N 端测序或质谱，旨在鉴定噬菌体结构蛋白，应严格去除污染宿主蛋白或内毒素，以避免背景信号。为此，建议在氯化铯中进行平衡离心。如果结果不理想，可以在两次离心运行之间通过透析或噬菌体悬浮液的缓慢稀释步骤进行第

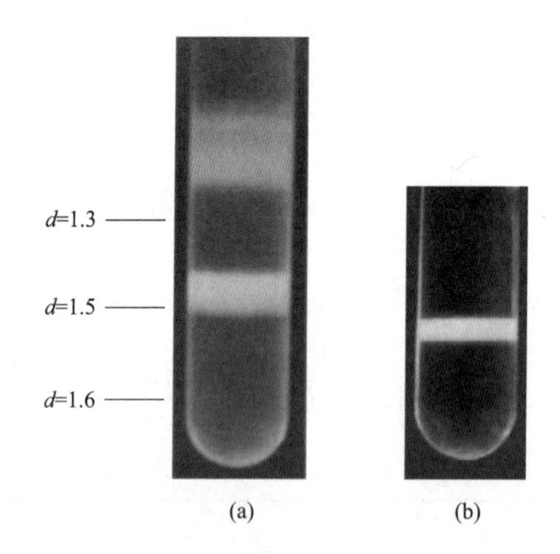

图 40-1 通过 CsCl 离心纯化噬菌体 T5

(a) CsCl 阶梯梯度结果：用 PEG 沉淀后收获的噬菌体 T5（3mL）在 CsCl 阶梯梯度上分层，所述梯度在 Thinwall Pollyallomer 管（来自 Beckman-Coulter 的 No. 331372）中预先形成。CsCl 层为 $d=1.6$：2mL；$d=1.5$：3mL；$d=1.3$：3mL。在转子 SW41 中于 4℃离心 2.5h，转速为 25000r/min，碎片在密度为 1.3 的层上方形成一个白黄色区域，噬菌体颗粒在密度为 1.5 层上形成乳白色条带；(b) 平衡离心：从梯度（a）收集 2.5mL 噬菌体 T5。测得的折射率为 $n=1.3805\pm0.0002$，表明密度为 1.495。用 Ultra-Clear Thinwall Pollyallomer 管（Beckman-Coulter 的 No. 344057）中的 1.5 密度溶液将体积调节至 5mL，并在 SW65 转子中以 38000r/min 在 4℃离心 22h

二次梯度步骤离心。

40.3.2.2 氯化铯平衡离心

该方法常用作 CsCl 噬菌体制剂离心分离纯化的最后步骤，但在处理噬菌体小规模制剂时，也可作为 PEG 沉淀后的单一纯化方法。

均匀密度的 CsCl 溶液的离心产生连续的密度梯度。选择起始溶液的密度和转子速度，使得在平衡时，从梯度的顶部到底部的密度范围足以包括待分离颗粒（碎片和噬菌体）的浮力密度。通过使用适合摆动转子 SW50 或 SW65（Beckman）的 5mL 容量离心管，用浓度为 1.5g/mL 的起始溶液可以获得尾部噬菌体的条带。

① 如果噬菌体悬浮液不含任何 CsCl，则通过每毫升悬浮液溶解 0.75g 固体 CsCl 将其密度调节至 1.5g/mL。应逐渐加入 CsCl 以防止渗透性休克使噬菌体失活。

② 如果噬菌体先前已通过梯度离心纯化，则噬菌体悬浮液的密度必定已接近 1.5。通过测量折射率（1.3813 ± 0.0005）或通过称量悬浮液来检查精确的密度，并在必要时调整密度为 1.5g/mL。

③ 用 1.5g/mL CsCl 溶液将最终体积调节至 5mL，并将噬菌体悬浮液转移至装有摆动转子的超速离心管中。

④ 在 4℃下以 35000r/min（SW50）或 38000r/min（SW65）离心 18～24h。这相当于 150000g 的 RCF。

⑤ 纯化的噬菌体颗粒形成与其适当浮力密度相对应的位置平衡的条带［图 40-1(b)］。如 40.3.2.1 节所述，收集条带并将收获的悬浮液与噬菌体缓冲液进行透析。

40.3.3 噬菌体菌影的制备用于结构噬菌体蛋白的一维凝胶电泳分析

一维十二烷基硫酸钠-聚丙烯酰胺凝胶电泳（1D SDS-PAGE），是用于分析来自纯化的噬菌体颗粒的噬菌体结构蛋白最合适的方法。一旦噬菌体的基因组被测序，将有助于鉴定结构蛋白基因。实际上，使用 Edman 降解的 *N* 末端蛋白质测序以及噬菌体结构蛋白质的质谱，通常通过 1D 凝胶电泳进行对蛋白质条带的分离。

通过 SDS-PAGE 分析噬菌体蛋白可以由完整的噬菌体颗粒或无 DNA 颗粒或“菌影”进行。如果所有结构蛋白都位于凝胶上，即使不是非常浓缩的样品，也可以直接使用噬菌体颗粒。然而，除非使用大量的噬菌体样本，否则一些次要的结构蛋白可能难以可视化。在后一种情况下，浓缩噬菌体样品中含有的噬菌体 DNA 会干扰蛋白质分离并削弱电泳的分辨能力。因此，建议对菌影制剂进行分析，特别是对于大基因组噬菌体（dsDNA 大于 50kb）。下面介绍两种产生菌影的方法：用氯化锂和冻融处理噬菌体。本节中没有详细描述产量较低的其他方法（注释⑦）。

40.3.3.1　无 DNA 菌影的制备

（1）氯化锂处理噬菌体

① 将 1 体积的纯化噬菌体颗粒（$1\times10^{11}\sim5\times10^{12}$pfu/mL）与等体积的 10mol/L LiCl 溶液混合，在 46℃下孵育 10min。根据噬菌体浓度和噬菌体 DNA 的大小，悬浮液或多或少变黏稠。

② 用噬菌体悬浮缓冲液 10 倍稀释混合物。

③ 每 1×10^{12}pfu 加入 10mmol/L $MgCl_2$（或 $MgSO_4$）和 50U 无 RNase 的 DNase Ⅰ，并在 37℃下孵育 2h（注释⑧）。

④ 100000*g*，4℃，超速离心 30min，浓缩菌影颗粒。这可以在 32000r/min 下使用 45Ti 转子在传统的超速离心机中进行浓缩，直至 70mL；或者在 50000r/min 下使用 TL100.3 转子在台式超速离心机中浓缩至 3mL（Beckman 或其他）。

⑤ 让菌影颗粒悬浮在噬菌体缓冲液中。在此阶段，菌影悬液可相对于初始噬菌体悬液浓缩，以便于 SDS-PAGE 检测微量蛋白质。

（2）噬菌体冻融

① 噬菌体悬液的效价不应超过 5×10^{11}pfu/mL，特别是 DNA 大于 100kb 的噬菌体。建议使用冷冻管处理不超过 3mL 的体积。

② 将液体中的噬菌体悬浮液冷冻（或在温度低于－10℃的冰乙醇冷冻浴中），并立即在 46℃的水浴中解冻。至少重复四次。

③ 如果不包括在噬菌体悬浮液中，则加入 10mmol/L $MgCl_2$（或 $MgSO_4$）。

④ 将菌影悬浮液与 DNase Ⅰ 孵育并浓缩菌影颗粒，详见上述（1）。

40.3.3.2　噬菌体和菌影颗粒的 1D 凝胶电泳

① 将噬菌体或菌影颗粒悬浮在含有 100mmol/L *β*-巯基乙醇或二硫苏糖醇的 Laemmli 上样缓冲液中。颗粒的数量应根据噬菌体的类型确定。

② 在 100℃加热 5min 使噬菌体或菌影样品变性。来自整个噬菌体颗粒的 DNA 或来自某些菌影制剂的残留 DNA 在加热后可能使样品变得具有黏性，从而干扰其加载到凝胶上。使用枪尖吹吸热样品，或长时间变性可能有助于上样。如果这些处理仍不充分，就需要稀释样品。

③ 通过使用改良的 SDS-PAGE 凝胶来解析蛋白质。如果可能，使用梯度凝胶，可以分解大分子量的蛋白质（图 40-2）。

40.4 注释

① 大多数时候，细菌 DNA 被噬菌体编码的核酸内切酶降解，这种情况下细菌 DNA 对

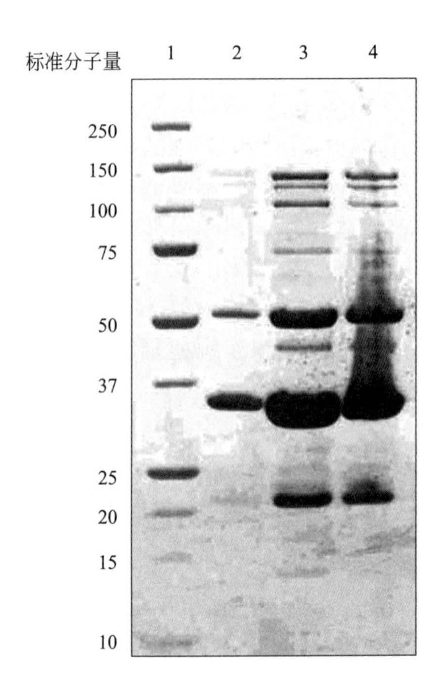

图 40-2 T5 噬菌体和菌影颗粒的 SDS-PAGE 分析

NuPAGE 4%～12% bis-tris 凝胶中的结构蛋白在 MES- SDS 电泳缓冲液（Invitrogen）中溶解，并使用生物安全考马斯-250（Bio-Rad）泳道 1：精密＋蛋白标准 Bio-Rad 染色。泳道 2：噬菌体 T5：1×10^{10}pfu。泳道 3：LiCl 法制备的菌影：2.5×10^{11} 颗粒。泳道 4：冻融法制备的菌影：2.5×10^{11} 颗粒。所有样品于 20μL Laemmli 上样缓冲液中在 100℃下变性 5min，或者必要时延长时间。T5 菌影的量比可以上样在凝胶上的噬菌体 T5 的量多 20 倍。冷冻-解冻得到的菌影制剂中残留的 DNA 降低了 T5 结构蛋白的分辨率。这通常在大基因组噬菌体电泳时观察到

天然裂解物的污染是有限的。核糖体析出的 PEG 浓度超过 5%时，可低速离心沉淀[5]。用浓度为 1μg/mL 的 RNA 酶处理噬菌体裂解液可大大减少核糖体的污染。

② 虽然不同的噬菌体可能需要不同浓度的 PEG 来达到最大沉淀效率，但浓度为 10%的 PEG 在 4℃下可以使大多数（至少 90%）噬菌体在 1h 内被颗粒化。对于密度小于 1.4 的小噬菌体，离心前在 4℃静置较长时间可能会增加沉淀[5] 中噬菌体颗粒的比例。

③ 可以通过蔗糖梯度中的速率区带离心纯化一些噬菌体，然后在蔗糖梯度中进行平衡离心。该方法非常适用于含有脂质的噬菌体的纯化，其密度接近 1.3g/mL[7]。

应该注意的是，某些噬菌体可能被 CsCl 或蔗糖梯度[7] 的离心作用破坏。作为这些方法的补充，使用阴离子交换色谱法可以纯化含脂质的 PRD1 噬菌体。该方法能够保持噬菌体颗粒[8] 的完整性和感染性。

④ 离心管：参见制造商对转子和管子的详尽说明。

⑤ 迄今为止已鉴定的噬菌体可用的数据提供了来自不同家族的噬菌体的浮力密度的概述（参见不同噬菌体的物理特性目录[9] 以及关于噬菌体分类[10] ）。尾部噬菌体代表绝大多数噬菌体（96%），其浮力密度在 1.45～1.52 之间。其他噬菌体（4%）包括多面体、丝状和多形性噬菌体，其浮力密度在 1.27～1.47 之间，具体取决于它们的特征。含有脂质的噬菌体接近 1.3，其他接近 1.4。

⑥ 对于给定密度（g/mL）的 CsCl 溶液的制备，建议使用以下公式来计算最终的 CsCl

浓度 c(g/mL)：$c=0.0478d^2+1.23d-1.27$。相应的折射率 n 可由 $n=0.0951d+1.2386$ 计算。以上公式是根据《化学和物理手册》[11] 中所参考的 CsCl 水溶液的浓缩特性建立的，可在网上查阅（http://www.hbcpnetbase.com)。它们适用于密度介于 1.0～1.9g/mL 之间的溶液。

⑦ 噬菌体[12~14] 的渗透压冲击以及用螯合剂 EDTA[12,15] 处理也已用于菌影制备。然而，用这些方法制备噬菌体 T5 菌影（dsDNA 121750bp）的收率低于 20%［Bonhivers, M.,（1995）博士论文，未发表的结果］。

⑧ 菌影形成时释放的噬菌体 DNA 应该用高纯度的 DNA 酶进行消化，保证不含蛋白酶污染物，避免降解噬菌体结构蛋白。推荐使用市售的无 RNase 的 DNAse 溶液。另外，在用 DNase 处理期间，可以将蛋白酶抑制剂混合物片剂加入菌影悬浮液中。

参考文献

1. Bamford, D.H., Grimes J.M. and Stuart, D.I. (2005) What does structure tell us about virus evolution? *Curr. Opin. Struct. Biol.* **15**, 655–663.
2. Effantin, G., Boulanger, P., Neumann, E., Letellier, L. and Conway, J. F. (2006) Bacteriophage T5 structure reveals similarities with HK97 and T4 suggesting evolutionary relatationships. *J. Mol. Biol.* **361**, 993–1002.
3. Jiang,W., Chang J., Jakana,J., Weigele, P., King, J. and Chiu, W. (2006) Structure of epsilon15 bacteriophage reveals genome organization and DNA packaging/injection apparatus *Nature*, **439**, 612–616.
4. Fokine, A., Kostyuchenko, V. A., Efimov, A. V., Kurochkina, L. P., Sykilinda, N. N., Robben, J., Volckaert, G., Hoenger, A., Chipman, P. R., Battisti, A. J., Rossmann, M. G., and Mesyanzhinov, V. V. (2005) A three-dimensional Cryo-electron microscopy structure of the bacteriophage ΦKZ head. *J. Mol. Biol.* **352**, 117–124.
5. Yamamoto, K. R. and Alberts, B. M. (1970) Rapid bacteriophage sedimentation in the presence of Polyethylene Glycol and its application to large scale virus purification. *Virolgy* **40**, 734–744.
6. Ishidate, K., Creeger, E. S., Zrike, J., Deb,S., Glauner, B., MacAlister, T.J. and Rothfield, L. I. (1986) Isolation of differentiated membrane domains from Escherichia coli and Salmonella typhimurium, including a fraction containing attachment sites between the inner and outer membranes and the murein skeleton of the cell envelope. *J. Biol. Chem.* **261**, 428–43.
7. Kivela, H.M., Mannisto, R. H., Kalkkinen, N. and Bamford, D.H. (1999) Purification and protein composition of PM2, the first lipid-containing bacterial virus to be isolated. *Virology*, **262**, 364–374.
8. Walin, L., Tuma, R., Thomas, G.R. Jr. and Bamford, D.H. (1994) Purification of viruses and macromolecular assemblies for structural investigations using a novel ion exchange method. *Virology* **201**, 1–7.
9. Fraenkel-Conrat, H. (1985) Phages of prokaryotes (Bacteria and cyanobacteria) in *The viruses. Catalogue, characterization and classification* Plenum Press, New York, pp. 173–222.
10. Ackermann, H. W., (2003) Bacteriophage observations and evolution. *Res. Microbiol.*154, 245–251.
11. Handbook of Chemistry and Physics, 87th edition 2006–2007, CRC press.
12. Konopa, G. and Taylor, K. (1975) Isolation of coliphage lambda ghosts able to adsorb onto bacterial cells. *Biochimica et Biophysica Acta*, **399**, 460–467.
13. Konopa, G and Taylor, K. (1979) Coliphage λ ghosts obtained by Osmotic Shock or LiCl treatment are devoid of J- and H- gene products. *J. Gen. Virol.* **43**, 729–733.
14. Duckworth D. H. (1970) Biological activity of bacteriophages Ghosts and "take over" of host functions by bacteriophage. *Bacteriol. Rev.* **34**, 344–363.
15. Yamamoto, N., Fraser, D. and Mahler, H. R. (1968) Chelating agent shock of bacteriophage T5. *J. Virol.* **2**, 944–950.

41 噬菌体蛋白质组学：质谱的应用

- 41.1 引言
- 41.2 材料
- 41.3 方法

摘要

借助于数据库中已有的蛋白质序列，当前的质谱（MS）技术能够灵敏且准确地鉴定蛋白质。本章简要介绍了用于鉴定噬菌体结构蛋白的MS技术，并着重介绍了一种电子喷雾肽电离（ESI-MS/MS）法，以全面和系统的方式识别噬菌体结构蛋白质组。这些分析可以获得结构蛋白的实验数据，并且能确认基于基因组的基因预测。

关键词： 结构蛋白质组，质谱，全噬菌体鸟枪蛋白质组学，噬菌体

41.1 引言

近年来，利用质谱（MS）鉴定噬菌体结构蛋白已日益流行，被认为是完成噬菌体基因组测序后应该进行的下一步分析。实际上，结构蛋白通常与数据库中的蛋白质序列具有较低的序列相似性，这限制了基于同源性的注释，并且通过 Edman 降解的 *N* 末端测序是昂贵的且通常仅适用于主要的病毒粒子蛋白。通过 MS 系统地鉴定结构蛋白可以提供更详细的实验注释和对计算机 ORF 预测的确认。综合 MS 实验数据和基因组注释鉴定的结构蛋白占噬菌体基因总数的 20%～30%（表 41-1）。这些研究结果突显了 MS 技术在鉴定结构蛋白质组中的重要性。

表 41-1 噬菌体结构蛋白质组的实验鉴定列表

噬菌体	基因组大小/kb	ORF 预测	分离	鉴定技术	结构蛋白数量	参考文献
ϕCTX	35538	47	1D gel	*N* 端测序(Edmann 降解)	15	Nakayama 等（1999）[1]
A118	40834	72	1D gel	*N* 端测序(Edmann 降解)	2	Loessner 等(2000)[2]
PSA	37618	57	1D gel	*N* 端测序(Edmann 降解)/MALDI-TOF PMF/ESI MS/MS	5	Zimmer 等(2003)[3]

续表

噬菌体	基因组大小/kb	ORF预测	分离	鉴定技术	结构蛋白数量	参考文献
T1	48836	77	2D gel	MALDI-TOF PMF（Micromass M@LDI R）	4	Roberts 等(2004)[4]
LP65	131573	165	2D gel	ESI-LC-MS/MS	5	Chibani-Chennoufi 等(2004)[5]
SP6	43769	52	1D gel	*N* 端测序(Edmann 降解)	10	Scholl 等(2004)[6]
K1-5	44385	52	1D gel	*N* 端测序(Edmann 降解)	10	Scholl 等(2004)[6]
2972	34704	44	1D gel	*N* 端测序(Edmann 降解)/MALDI-TOF PMF (Voyager-DE PRO Biospec. Workstation)	8	Lévesque 等(2005)[7]
F116	65195	70	1D gel	MALDI-TOF PMF（Micromass M@LDI R）	3	Byrne 和 Kropinski (2005)[8]
BFK20	42968	55	2D gel	*N* 端测序(Edmann 降解)	6	Bukovska 等(2006)[9]
ϕKMV	42519	52	1D gel	ESI-LC-MS/MS	11	Lavigne 等(2006)[10]
				肽离子气相分馏		
LKD16	43200	54	1D gel	ESI-LC-MS/MS	13	Ceyssens 等(2006)[11]
				肽离子气相分馏		
LKA1	41593	56	1D gel	ESI-LC-MS/MS	10	Ceyssens 等(2006)[11]
				肽离子气相分馏		
ϕKZ	280334	306	1D gel	ESI-LC-MS/MS	62	Lecoutere 等，已投稿
				肽离子气相分馏		
EL	211215	201	1D gel	ESI-LC-MS/MS	64	Lecoutere 等，已投稿
				肽离子气相分馏		
YuA	58662	78	1D gel	ESI-LC-MS/MS	16	Ceyssens (PMID：18065532)
				肽离子气相分馏		
ϕSN	66391	89	1D gel	ESI-LC-MS/MS	20	未发表数据
				肽离子气相分馏		

对于基于 MS 的鉴定，需首先用特定的蛋白酶（通常是胰蛋白酶）消化蛋白质。得到的多肽混合物在电离后，使用电喷雾（ESI）或基质辅助激光解吸（MALDI）分析。通过对获得的肽质量指纹图谱（PMF）与蛋白质序列数据库中计算机得到的理论质谱进行比较来鉴定蛋白质。

在串联质谱（MS/MS）中，分别对肽离子进行质量选择并进一步进行物理碎裂，得到的肽断裂谱与计算机产生的碎裂谱相比较。通过这种方式，MS/MS 光谱基于氨基酸序列的鉴定比 PMF 更确切。显然，在这两种情况下，数据库内蛋白质序列的有效性对于鉴定很重要。（胰蛋白酶）肽的液相色谱（LC）与 MS/MS 结合产生大量的串联光谱，并且可以鉴定来自混合凝胶条带甚至来自整个噬菌体颗粒的复杂蛋白质样品中的单个蛋白质，这样可以避免鉴定前所需的蛋白质精细分离。由于现代质谱仪的高灵敏度和准确性，还可以识别低丰度蛋白质和潜在的翻译转换基[10,3]。此外，噬菌体的 MS 鉴定已经被用作靶向细菌的次级生物标志物。另外，使用 Edman 降解的 *N* 端蛋白测序仍然可以提供关于蛋白裂解/成熟的额外信息[1]。

质谱在未来的应用可能包括更复杂的分析，如阐明噬菌体感染机制和感染对宿主蛋白质组的分子效应。

本章主要关注噬菌体结构蛋白的鉴定。如表 41-1 所示，许多噬菌体的结构蛋白质组已经通过一维凝胶法和“全噬菌体鸟枪分析”（WSA）法进行了研究。在这种组合策略中，生成互补数据可以导致结构蛋白质组被更完整的覆盖。两种方法的流程图（图 41-1）体现了二者之间的差异。

流程图中的实线框代表不同的技术步骤，而虚线框表示每个步骤相应的响应结果。反馈循环箭头指示分析更多样本所需的步骤。对于 SDS-PAGE，这意味着分析其他凝胶切片。在 WSA 中，通过在一组窄的、非重叠的质量窗口中分析样品的不同等分试样来降低复杂度。虽然 SDS-PAGE 可以通过分离蛋白质来分析单个蛋白质条带，但 WSA 法可以产生来自所有噬菌体结构蛋白的单个复杂的肽混合物，鉴定之前可以在二维（基于极性和质量）中分离/分级。一般来说，WSA 和 MS/MS 法分离多肽可以显示分子量小和丰度低的结构蛋白，并且对难以制备样品的噬菌体更有效果。

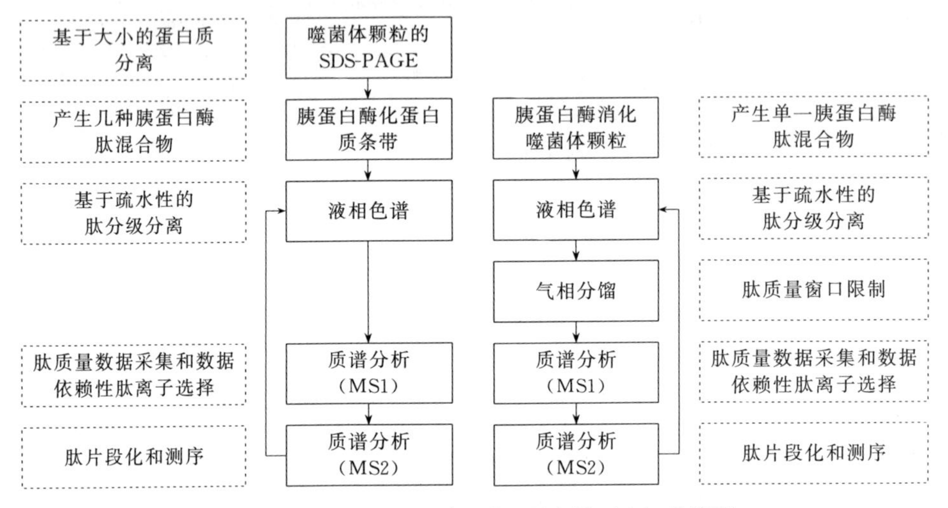

图 41-1 SDS-PAGE（左）和 WSA 法（右）的流程

41.2 材料

41.2.1 噬菌体纯化和浓缩

41.2.1.1 缓冲液和试剂

① SM 缓冲液。1mol/L Tris-HCl（pH 7.5），20g/L 明胶，10mmol/L $MgSO_4 \cdot 7H_2O$，100mmol/L NaCl。

② 透析缓冲液。10mmol/L Tris-HCl（pH 7.5），100mmol/L $MgSO_4$，150mmol/L NaCl。

③ 4 种浓度递增的 CsCl 溶液（表 41-2）。

表 41-2 用于噬菌体纯化的 CsCl 溶液

密度/(g/mL)	CsCl/g	SM 缓冲液/mL
1.33	11	23.42
1.45	15	21.25
1.50	16.75	20.5
1.70	23.75	18.75

41.2.1.2 实验室设备

超净离心管（Beckman Coulter，Inc.；Fullerton，CA）、超速离心机（小型，140000g）、透析盒（Pierce，Rockford，IL）和 Microcon 3500 MWCO Slide-A-Lyzer® 管（Millipore 公司；Billerica，MA）。

41.2.2 SDS-PAGE 分析

41.2.2.1 缓冲液和试剂

① SDS PAGE 缓冲液，β-巯基乙醇（标准 Laemmli 缓冲染料）。

② 用于银和考马斯亮蓝染色的标准试剂缓冲液。

41.2.2.2 实验室设备

加热块（95℃），标准 1D-凝胶电泳单元（例如，Bio-Rad Laboratories；Hercules，CA）。

41.2.3 蛋白质条带分离和凝胶消化

41.2.3.1 缓冲液和试剂

① 100mmol/L NH_4HCO_3。0.79g NH_4HCO_3 溶于 100mL Milli Q 水中（储备溶液）。

② 20mmol/L NH_4HCO_3。10mL 100mmol/L NH_4HCO_3（从 100mmol/L 储备液中稀释）。

③ 55mmol/L 碘乙酰胺（IAA）溶液。100mmol/L NH_4HCO_3 溶液中加入 0.01g/mL 的 IAA（现配现用）。

④ 10mmol/L 二硫苏糖醇（DTT）。在 100mmol/L NH_4HCO_3 溶液中加入 0.0015g/mL 的 DTT（现配现用）。

⑤ 50mmol/L 乙酸。

⑥ 50mmol/L NH_4HCO_3。(由 100mmol/L 储备溶液制备。定期验证确保 pH=8)。

⑦ 133mmol/L NH_4HCO_3。1.05g NH_4HCO_3 溶于 100mL Milli Q 水中。

⑧ 胰蛋白酶（Promega）。将 20μg 冻干胰蛋白酶溶于 1mL 的 50mmol/L 乙酸中。分成小份储存在−80℃。

⑨ 胰蛋白酶消化液（12.5ng/μL 胰蛋白酶）。150μL 胰蛋白酶（20μg/mL）+ 90μL 133mmol/L 的 NH_4HCO_3（现配现用）。

⑩ 5%甲酸。向 Milli Q 水中加入 5mL 甲酸和 50mL 乙腈至总体积为 100mL。

41.2.3.2 实验室设备

56℃的水浴锅，37℃恒温箱和超声波浴。

41.2.4 全噬菌体颗粒的消化

41.2.4.1 缓冲液和试剂

① 50mmol/L NH_4HCO_3。

② 消化缓冲液。在 1μL 50mmol/L NH_4HCO_3 中加入 12.5ng 胰蛋白酶（现配现用）。

③ 变性缓冲液。6mol/L 尿素，5mmol/L DTT 和 50mmol/L Tris-HCl（pH=8）。

④ 封闭溶液。在 50mmol/L NH_4HCO_3 中加入 100mmol/L IAA（现配现用）。

41.2.4.2 实验室材料及设备

液氮，56℃的水浴锅，37℃恒温箱和超声波浴。

41.2.5 质谱

41.2.5.1 缓冲液和试剂

① ESI样品缓冲液。含有可的松（4pg/μL）的100mmol/L乙酸（HAc）（内部分析标准品）。

② HPLC溶液。100mmol/L HAc水溶液和100mmol/L HAc乙腈溶液。

41.2.5.2 实验室设备

目前可提供适用于蛋白质鉴定的各种质谱仪。采用肽质量指纹（MS）或最好是串联质谱（MS/MS）的装置进行凝胶分离蛋白质条带的常规鉴定。对于WSA方法，必须选择LC-MS/MS。参考文献［13］描述了LC-ESI设置的技术细节。本章提到的质谱仪是LCQ-Classic（Thermo Electron Corporation，Waltham，MA）。

41.3 方法

41.3.1 噬菌体纯化和浓缩

噬菌体结构蛋白的鉴定很大程度上依赖于纯化的噬菌体颗粒的可用性。噬菌体原液的典型污染物是细菌裂解后存在的宿主外膜蛋白或脂蛋白。丰富的宿主蛋白质可能会导致严重的背景信号，应在MS分析之前将其去除。连续两轮CsCl梯度离心，然后透析以除去剩余的CsCl，得到超纯噬菌体悬浮液，可得到最佳MS分析结果。为了获得不同结构蛋白的清晰图像，SDS-PAGE上样量在10^{10}个噬菌体以上（41.3.2节）。因此，应进一步浓缩噬菌体原液以达到最佳噬菌体浓度。

① 在Beckman试管中制备梯度CsCl，然后从最低密度开始，将5.7mL的CsCl溶液相互叠加。[注：该方法适用于Beckman型XYZ转子（6×38mL容量）。对于较小容量的转子，可适当调节体积。在1.30g/mL溶液的顶部小心地加入15.2mL噬菌体原液（每毫升含0.5g CsCl以避免渗透压冲击），避免梯度干扰。

② 在4℃下140000g离心3h。

③ 通过小心地去除上层，并将移液管尖端放在目标带下方，收集乳白色噬菌体带（±2mL）。或者，可以通过用20号针头和注射器在噬菌体正下方刺穿离心管的侧面来移取所需的条带。

④ 将噬菌体稀释至最终体积为15.2mL并重复以上步骤。

⑤ 使用噬菌体悬浮液250倍体积的透析缓冲液透析30min，重复3次，以除去剩余的CsCl。

⑥ 通过减少噬菌体原液的体积将溶液浓缩至1/10，例如使用Microcon超滤装置（Millipore）或通过真空离心。

⑦ 通过标准双层平板法确定所得噬菌体原液的效价。

41.3.2 病毒蛋白的SDS-PAGE分离

来自清晰凝胶条带的结构蛋白可以进行深入分析，而非所有噬菌体蛋白，因为单个蛋白质样品不太复杂。具有单一蛋白质的样品适合于快速PMF鉴定，例如Maldi-MS。LC-MS/MS虽然耗时，但在识别方面更成功，因为它可以产生更多图谱，并且图谱还可以提供肽序列数据。因此，较少的肽即可进行可靠的鉴定，并且可以鉴定出混合的低丰度蛋白质。MS/MS的肽电离可通过MALDI或ESI进行。用于MALDI-MS/MS的肽LC需要额外的HPLC装置和部分MALDI靶标指示剂，而LC通常是基于ESI的质谱仪系统的集成组件。

将15～50μL的噬菌体颗粒（不低于10^{12}pfu/mL）悬浮于SDS缓冲液中，加入50mmol/L的β-巯基乙醇后，在95℃条件下热处理5min，使噬菌体颗粒变性。然后在不连续的12% SDS-PAGE凝胶上分离不稳定噬菌体的蛋白质。即使对于EL和φKZ等大型且复杂的噬菌体，长度为5～10cm的一维凝胶也具有足够的分辨率，用于后续LC-MS/MS分析结构蛋白。应该注意的是，电泳条带前沿不能跑出凝胶（可能含有小噬菌体蛋白）。

SDS-PAGE凝胶染色是通过特定的MS兼容银染色方案基基[14]或标准考马斯亮蓝染色来实现的。商用考马斯亮蓝染色，如简单安全蓝色染色（Invitrogen Corp.，Carlsbad，CA）也适用于进一步的MS分析兼容。

41.3.3 蛋白质条带的分离与凝胶消化

可用一些商业替代品从蛋白质凝胶中分离蛋白质带，例如触点2D凝胶点采集器（The Gel Co.，旧金山，CA）。在用锋利的刀加大枪头直径后，使用1000μL微量移液管可以轻松地从凝胶中取出凝胶块。也可以用干净的无菌手术刀将包括电泳前沿的整个泳道切成小段（共20～40个）来获得最全面的结果。这些切片宽约1mm，或在带间区域高达3mm。胰蛋白酶（Trypsin Gold，Promega Corp.，Madison，WI）在凝胶内消化蛋白质，其特异性地切割C末端至精氨酸和赖氨酸残基。虽然使用胰蛋白酶消化足以可靠地鉴定噬菌体蛋白，但使用具有不同特异性的其他消化酶（例如，天冬氨酸N端消化酶AspN）可鉴定其他多肽，从而达到更完整的序列覆盖。

以下方案中的每种液体的加入量应使凝胶切片完全浸没。1～3mm的凝胶切片分别需要20～50μL的缓冲液，避免缓冲液过量。所有凝胶操作最好在层流柜中进行，以避免角蛋白污染样品。

① 将切片（20～50μL/切片）浸入含有50%乙腈的NH_4HCO_3中，置于带有编号的1.5mL Eppendorf管中，并在室温下孵育10min。

② 弃掉液体，并重复步骤①，直到所有的考马斯亮蓝完全从凝胶切片中除去。

③ 在真空离心机中干燥切片。

④ 将切片浸在含有10mmol/L DTT的100mmol/L NH_4HCO_3中，以减少所有二硫键结合。

⑤ 56℃孵育1h，然后冷却至室温。

⑥ 弃掉液体，将切片浸入含有100mmol/L NH_4HCO_3的55mmol/L碘乙酰胺溶液中，共价修饰半胱氨酸残基（至S-羧甲基半胱氨酸）并防止二硫键重新形成。

⑦ 在黑暗中孵育45min，每隔10min通过短暂的涡旋搅拌一次。

⑧ 弃去液体。

⑨ 加入100μL 100mmol/L NH_4HCO_3，孵育10min，除去液体（洗涤）。

⑩ 加入100μL乙腈，孵育10min，弃去液体（脱水）。

⑪ 重复步骤⑨和⑩。

⑫ 使用真空离心干燥。

⑬ 在消化缓冲液中浸泡，在冰上孵育45min，使凝胶片复水并吸附胰蛋白酶。

⑭ 将切片浸泡在50mmol/L NH_4HCO_3中，37℃孵育过夜。

⑮ 在新的Eppendorf管中收集并保存含有胰蛋白酶肽的上清液，每个凝胶切片一个。

⑯ 将切片浸入20mmol/L NH_4HCO_3，超声处理20min，并将上清液收集在适当的管中。

⑰ 将切片浸没在含有50%乙腈的5%甲酸中，超声处理20min并将上清液收集在合适的管中。

⑱ 重复步骤⑰。

⑲ 将上清液保存在−20℃以便进行 MS 分析。

41.3.4 全噬菌体颗粒的消化（WSA 方法）

鉴定噬菌体蛋白的一种替代/互补的方法是消化整个噬菌体颗粒，而不是在 SDS-PAGE 凝胶上分离单个蛋白质。虽然噬菌体会产生更复杂的肽混合物，但已证实这种方法几乎可以鉴定所有预测的结构噬菌体蛋白，尽管与 SDS-PAGE 方法相比具有较低的序列覆盖度[10]。另一个优点是仅需要一个主要消化物，这意味着样品制备的简化。在 MS/MS 分析之前，在质谱仪中采用反相高效液相色谱和气相分馏相结合的方法，直接对复杂样品进行更精细的肽分离。

① 向 1～10μL 噬菌体中添加 25μL 消化缓冲液（至少 10^{10} pfu）。

② 分别在液氮和 37℃温箱中连续进行 5 轮冷冻，使颗粒变得不稳定。

③ 60℃孵育 1h 以完全还原噬菌体。

④ 加入 25μL 封闭溶液和 150μL 50mmol/L NH_4HCO_3。

⑤ 室温下在黑暗中孵育 45min，每 10min 混合一次。

⑥ 加入 40μL 胰蛋白酶（20μg/mL）。

⑦ 37℃孵育过夜。

⑧ 储存在−18℃，直到进行 MS 分析。

41.3.5 质谱

可以通过 MS 结合 ESI 肽电离来分析消化的蛋白质样品[15]。在第一步中，将 41.3.3 和 41.3.4 部分中产生的样品通过真空离心干燥。

① 在含有可的松（4pg/μL）的 20μL 100mmol/L HAc 缓冲液中重建样品（内部分析标准品）。

② 样品中的肽通过反相 HLPC 在 C_{18} 分析柱上分离，使用含有 100mmol/L 乙酸的 5%～60%（体积分数）乙腈水溶液的线性梯度运行 60min（简单蛋白质样品）或 2h（WSA 样本）。

③ 将洗脱液直接电喷雾到质谱仪中，质谱仪在数据相关的采集模式下操作，以便在 MS（m/z 300～1500 Thompson，在质心模式下，标准蛋白质消化物的最大注射时间为 150ms）与 MS/MS 采集三个最强的前体离子之间自动切换。在分析 WSA 样品的复合肽混合物时，对 LCQ 离子阱中的肽进行额外的气相质量分级。质量范围被限制在六个特定质量窗口（400～600Da、600～700Da、700～800Da、800～900Da、900～1020Da 和 1020～1400Da）之一，代替标准获取方法中的全扫描质量范围（350～1500Da）。因此，将样品在含有内标的 100mmol/L HAc 中稀释 7 个梯度。在每个质量窗口中分析 10μL 样品等分试样，并在 LCQ 的标准全质量范围内分析一个等分试样。

41.3.6 蛋白质鉴定

使用 Sequest（Thermo Electron Corp.）和 Mascot（Matrix Science，Inc.，Boston，MA）搜索引擎，以包含所有 GenBank 噬菌体序列以及细菌宿主物种序列而定制的蛋白质数据库为参照，分析 ESI-MS/MS 谱图。最后，数据库得到了来自未发表的新测序噬菌体基因组的预测 ORF 的补充。

考虑到 LCQ 产生光谱的 Sequest 参数，对于单电荷离子、双电荷离子和三电荷离子，互相关值（X_{corr}）分别设定为≥1.8、≥2.5 或≥3.5。δ 相关值（C_n）>0.1，母体和碎片离子质量容差分别为 3Da 和 1Da。分析中通常包括的可能的化学修饰是半胱氨酸氨基甲烷化和甲硫氨酸、组氨酸和色氨酸的氧化。

对于 Mascot 搜索，将显著性阈值设定为 $p \leqslant 0.05$，亲本和肽离子质量耐受性分别为 ±3Da 和 ±0.5Da，并且允许一次胰蛋白酶裂解缺失。

特别是 WSA 样品，通常产生单肽和双肽蛋白质鉴定。为了验证这些蛋白质的鉴定，可以使用新的测序算法重新检查相应的光谱，例如，利用数据库序列选项 Lutefisk1900 v. 1. 3. 2[16]。根据在 Lutefisk 数据库文件中输入的肽序列（由 Sequest 和 Mascot 返回）评估新衍生的候选序列。如果程序评价数据库序列与新序列一样好或比新序列更好，则可以假定相应的单肽和双肽蛋白质鉴定是有效的。

参考文献

1. Nakayama, K., Kanaya, S., Ohnishi, M., Terawaki, Y. and Hayashi, T. (1999) The complete nucleotide sequence of ϕCTX, a cytotoxin-converting phage of *Pseudomonas aeruginosa*: implications for phage evolution and horizontal gene transfer via bacteriophages. *Mol Microbiol.*, **31**, 399–419.
2. Loessner, M.J., Inman, R.B., Lauer, P. and Calendar, R. (2000) Complete nucleotide sequence, molecular analysis and genome structure of bacteriophage A118 of *Listeria monocytogenes*: implications for phage evolution. *Mol Microbiol.*, **35**, 324–340.
3. Zimmer, M., Sattelberger, E., Inman, R.B., Calendar, R. and Loessner, M.J. (2003) Genome and proteome of *Listeria monocytogenes* phage PSA: an unusual case for programmed + 1 translational frameshifting in structural protein synthesis. *Mol Microbiol.*, **50**, 303–317.
4. Roberts, M.D., Martin, N.L. and Kropinski, A.M. (2004) The genome and proteome of coliphage T1. *Virology*, **318**, 245–266.
5. Chibani-Chennoufi, S., Canchaya, C., Bruttin, A. and Brüssow, H. (2004) Comparative genomics of the T4-Like *Escherichia coli* phage JS98: implications for the evolution of T4 phages. *J Bacteriol.*, **186**, 8276–8286.
6. Scholl, D., Kieleczawa, J., Kemp, P., Rush, J., Richardson, C.C., Merril, C., Adhya, S. and Molineux, I.J. (2004) Genomic analysis of bacteriophages SP6 and K1-5, an estranged subgroup of the T7 supergroup. *J Mol Biol.*, **335**, 1151–1171.
7. Levesque, C., Duplessis, M., Labonte, J., Labrie, S., Fremaux, C., Tremblay, D. and Moineau, S. (2005) Genomic organization and molecular analysis of virulent bacteriophage 2972 infecting an exopolysaccharide-producing *Streptococcus thermophilus* strain. *Appl Environ Microbiol.*, **71**, 4057–4068.
8. Byrne, M. and Kropinski, A.M. (2005) The genome of the *Pseudomonas aeruginosa* generalized transducing bacteriophage F116. *Gene*, **346**, 187–194.
9. Bukovska, G., Klucar, L., Vlcek, C., Adamovic, J., Turna, J. and Timko, J. (2006) Complete nucleotide sequence and genome analysis of bacteriophage BFK20–a lytic phage of the industrial producer *Brevibacterium flavum. Virology*, **348**, 57–71.
10. Lavigne, R., Noben, J.P., Hertveldt, K., Ceyssens, P-J., Briers, Y., Dumont, D., Roucourt, B., Krylov, V.N., Mesyanzhinov, V.V., Robben, J. and Volckaert, G. (2006) The structural proteome of *Pseudomonas aeruginosa* bacteriophage ϕKMV. *Microbiology*, **152(Pt 2)**, 529–534.
11. Ceyssens, P-J., Lavigne, R., Chibeu, A., Mattheus, W., Hertveldt, K., Robben, J. en Volckaert, G (2006) Genomic analysis of *Pseudomonas aeruginosa* phages LKD16 and LKA1: Establishment of the ϕKMV subgroup within the T7 supergroup. *J. Bacteriology*, **188(19)**, 6924–6931.
12. Rees, J.C. and Voorhees, K.J. (2005) Simultaneous detection of two bacterial pathogens using bacteriophage amplification coupled with matrix-assisted laser desorption/ionization time-of-flight mass spectrometry. *Rapid Commun. Mass Spectrom.*, **19**, 2757—2761.
13. Dumont, D., Noben, J.P., Raus, J., Stinissen, P. and Robben, J. (2004) Proteomic analysis of cerebrospinal fluid from multiple sclerosis patients. *Proteomics*, **4**, 2117–2124.
14. Shevchenko, A., Wilm, M., Vorm, O. and Mann M. (1996) Mass spectrometric sequencing of proteins silver-stained polyacrylamide gels. *Anal Chem.*, **68**, 850–858.
15. Steen, H. and Mann, M.(2004) The ABC's (and XYZ's) of peptide sequencing. *Nat Rev Mol Cell Biol.*, **5**, 699–711.
16. Taylor, J.A. and Johnson, R.S. (1997) Sequence database searches via de novo peptide sequencing by tandem mass spectrometry. *Rapid Commun Mass Spectrom.*, **11**, 1067–1075.

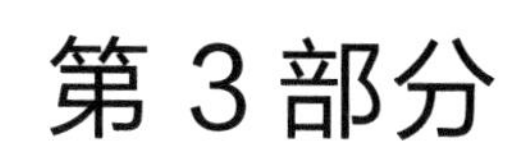

第3部分

噬菌体应用

42 噬菌体治疗

- 42.1 噬菌体在动物生产中的应用
- 42.2 噬菌体在动物源食品加工中的应用
- 42.3 噬菌体在医学临床上的应用
- 42.4 噬菌体技术在污水治理中的应用

摘要

噬菌体能杀死细菌，而且是天然的、安全的、丰富的，可自我复制和自我限制，可特异性作用于目标病原体而不破坏共生细菌，并且具有不同的生物学特性。这些特性使噬菌体成为一种具有吸引力的抗生素替代品，特别适用于控制对抗生素有抗药性的细菌。噬菌体在动物生产、食品加工、医学临床、污水治理等方面得到广泛应用，也推动了微生物学、遗传学、分子生物学等学科的发展。

关键词： 噬菌体，动物生产，食品加工，医学临床，污水治理

42.1 噬菌体在动物生产中的应用

随着科学界和公众越来越关注抗生素耐药性，寻找替代抗生素的意识也提高了。在动物生产中使用抗生素的现状是，欧盟已在 2006 年禁止使用亚治疗浓度的抗生素作为生长促进剂（欧盟法规 1831/2003/EC），美国食品药物管理局禁止在动物生产中使用氟喹诺酮类抗菌药物，并向美国国会提出立法（法案 HR 1549 和 S 619），以限制在动物生产中使用所有的抗生素。2020 年 7 月 1 日，中国在饲料中全面禁用抗生素促生长剂。

噬菌体是杀死细菌的病毒，这个事实使得它们成为有吸引力的生物剂，用于预防和治疗动物的细菌性疾病。d'Hérelle（1917 年）发现噬菌体，立刻意识到可能利用噬菌体作为预防和治疗药物，并继续努力开发有效的商业产品来治疗细菌性疾病。20 世纪 30 年代 d'Hérelle 在巴黎建立了商业实验室并生产了至少五种噬菌体制剂，而在 20 世纪 40 年代制药公司美国礼来公司生产了多种噬菌体产品。最重要的发现是，如果一种裂解噬菌体对目标细菌表现足够高的效价，而且能够运送到感染部位，该噬菌体就能够非常有效地消除感染。

虽然噬菌体控制动物生产中显著疾病的潜在可能性已得以证实，但噬菌体疗法并不代表完全替代抗生素。在动物生产系统的一些应用中，部分噬菌体疗法优于使用抗生素，而另一些噬菌体疗法则逊于使用抗生素。此外，当抗生素和噬菌体联合使用或者交替使用时，治疗动物疾病的效果可以提高。

42.1.1 家禽生产

噬菌体在家禽生产方面的应用主要是预防治疗沙门菌感染（禽伤寒、禽副伤寒和鸡白痢等）、大肠埃希菌感染和肠炎等，降低疾病造成的死亡率。噬菌体产品控制坏死性肠炎效果比类毒素疫苗好，而且该噬菌体产品控制坏死性肠炎的功效得以明显证实，噬菌体效价对于治疗功效的重要性。对于大肠埃希菌造成的气囊炎，噬菌体经喷雾给药治疗效果很差，而噬菌体经肌内注射可显著降低死亡率。经肌内注射噬菌体时，多次给药比单次给药更有效。抗生素和噬菌体联合治疗具有协同作用，其防治疾病效果要高于单独使用噬菌体或抗生素，这有可能允许使用较低剂量的抗生素。

42.1.2 生猪生产

多项研究证实了噬菌体治疗大肠埃希菌引起仔猪严重下痢的功效。特异性噬菌体与非特异性噬菌体均有一定疗效，非特异性噬菌体虽然比特异性噬菌体疗效弱，也有效地降低了仔猪腹泻的严重程度。噬菌体治疗能够改善体重增加，减少腹泻的持续时间和腹泻的严重程度。

42.1.3 肉牛、奶牛生产

使用噬菌体防控大肠埃希菌感染造成的腹泻以及金黄色葡萄球菌引起的乳腺炎是主要的研究内容。

多项研究证实，噬菌体效价在预防大肠埃希菌感染造成的犊牛腹泻上的重要性，噬菌体效价越高，治疗腹泻的效果越好。每日施用噬菌体 2 次能够有效预防腹泻时间延长。重复使用不同的大肠埃希菌和噬菌体得到相似结果。在垫料上喷洒噬菌体比口服噬菌体在预防犊牛腹泻方面更有效。虽然噬菌体疗法能够完全消除大肠埃希菌 O157:H7 危害尚未得到证实，但是能够减少大肠埃希菌 O157:H7 在肠道中的定植已经被证明是可行的。研究表明，大肠埃希菌 O157:H7 的噬菌体是普遍存在的，而这些噬菌体可能在防止大肠埃希菌 O157:H7 在牛上定植发挥作用。

对于奶牛，金黄色葡萄球菌引起的乳腺炎是一个显著问题，因此用噬菌体治疗一直是具有吸引力的目标。乳腺炎的噬菌体疗法缺乏有效性，被认为是几方面原因，包括免疫干扰，与乳蛋白的非特异性结合导致的抑制作用，以及金黄色葡萄球菌与脂肪球的凝集作用等。尽管如此，分离能够预防和治疗乳腺炎的噬菌体的工作仍在继续。

42.1.4 水产养殖

目前噬菌体能有效防治的水产动物疾病主要有杀鲑气单胞菌引起的疖病，假单胞菌引起 Ayu（香鱼）的细菌性出血性腹水病，日本川鲽（牙鲆）的链球菌感染以及嗜水产气单胞菌引起的鳗鱼红鳍病等，使用噬菌体后能够有效降低死亡率。在自然感染哈氏弧菌的商用孵化场中，噬菌体能够增加虾幼体存活率，优于土霉素或卡那霉素治疗组。副溶血性弧菌裂解性噬菌体 VpJYP2 能显著降低生三文鱼片中副溶血性弧菌的含量，结果表明 VpJYP2 具有副溶血性弧菌生物杀菌剂的应用潜力。单一噬菌体及噬菌体混合物均能够有效防止副溶血性弧菌菌膜的形成，但不能破坏已形成的菌膜。噬菌体对牡蛎体内人工污染的副溶血性弧菌具有较好的净化作用。

42.2 噬菌体在动物源食品加工中的应用

随着耐药性细菌数量的不断增加，其对人类健康的威胁越来越大，抗生素在食源性疾病治疗中失败的现象也突现，因此，急需研发新的非抗生素疗法来对抗耐药性细菌病原。在动物肠道中特定病原菌数量庞大，因此在动物屠宰加工前仅仅利用噬菌体将病原在动物肠道完全清除是不可能的，只能相对降低病原菌数量。噬菌体在动物源产品加工环节的防控策略非常重要，将会为食品供应链提供最好防护。

42.2.1 食品供应链中的污染防控

加工环节中的噬菌体应用效果更为显著。在食品的加工保鲜中，通常将噬菌体直接用于食物表面，去除致病菌污染来保障食品安全。目前主要用于防控大肠埃希菌 O157:H7 污染、沙门菌污染、弯曲杆菌污染、金黄色葡萄球菌污染、单增李斯特菌污染等。

2002 年首次报道将 Lm 噬菌体应用于食品，是将噬菌体和 Nisin 联合应用。在其他食物中如奶酪、鱼肉以及豆浆中均表现良好。美国 FDA 于 2006 年批准第一个噬菌体产品 List-Shield^{TM}（一种噬菌体鸡尾酒）用于控制肉和家禽产品中的李斯特菌污染，噬菌体有望成为预防商业食品链细菌性病原菌污染的替代抗生素产品。目前，应用噬菌体防控食品细菌污染已取得重要进展，研究的食品包括肉类、新鲜水果、蔬菜、加工即食食品、婴儿配方乳粉和巴氏杀菌乳。

42.2.2 噬菌体在动物食源性病原菌检验中的应用

噬菌体不仅能够裂解病原菌，它还是检测病原菌的理想工具。自然界中噬菌体的丰富性以及噬菌体的宿主特异性是噬菌体作为检测手段的基础。此外，它们在宿主细胞内的繁殖能力能够提高检测的灵敏度。在这些噬菌体介导的技术中，包括视觉、光学和电化学检测，或者噬菌体本身可以作为信号，如通过开发针对相关噬菌体抗体的免疫分析，或者通过使用分子技术。这些检测方法的原理涉及噬菌体与细菌相互作用的全过程，有的建立在噬菌体与宿主细胞最初的识别与吸附过程中，有的则依赖于侵染过程中噬菌体释放核酸进入宿主细胞体内，如噬菌体基因在宿主细胞内表达，或后代噬菌体裂解释放到胞外等。经常检验的病原主要包括大肠埃希菌 O157:H7、沙门菌、李斯特菌以及枯草芽孢杆菌等，这些食源性病原菌严重威胁着公共卫生。噬菌体快速检测技术在食品检测中的应用，对于减少食物中毒事件的发生起着积极的作用。经典噬菌体介导的鉴定和检测病原菌的方法称为噬菌体分型，这种方法依赖于添加特异性噬菌体至待测培养基中观察病原菌的裂解情况。如果待测样品对噬菌体敏感，则会裂解不能生长，在固体平板上可以观察到透明的噬菌斑，在液体培养基中可见菌浓度下降或菌液变清，这种方法简单易行。液体培养的浊度检测可使用分光光度计，也可使用自动浊度计来进行高通量检测。

42.3 噬菌体在医学临床上的应用

20 世纪 40 年代发现抗生素后，西方国家逐渐放弃对噬菌体疗法的研究，仅波兰、格鲁吉亚和俄罗斯等少数国家还在坚持，并且直到今天仍然使用噬菌体作为治疗细菌感染的主流方法。近年来，由于抗生素耐药情况愈加严峻，噬菌体的抗菌作用重新受到重视，用于预防和治疗细菌感染。

42.3.1 噬菌体疗法的优势和不足

（1）优势　作为抗菌剂，天然噬菌体具有许多优于抗生素的特性。一是噬菌体具有很强的感染特异性，几乎不会对宿主正常菌群造成损害。二是相比于抗生素，噬菌体与细菌两个群体共存共进化，不易产生持续的耐药性。三是噬菌体广泛存在，新噬菌体的分离和开发相对快速且成本低。四是噬菌体个体微小，可渗透药物分子无法穿透的区域。通过全身给药后，能遍布全身，迅速到达感染部位发挥作用。

（2）不足　尽管噬菌体作为抗菌剂具有明显的优势，但也存在一些不足。一是噬菌体的高度特异性使得每次治疗前都需要进行筛选确认，这可能导致患者病情恶化。二是细菌也会对噬菌体产生抗性。三是噬菌体作用后，大量细菌的快速裂解可能导致内毒素和超抗原的释放，从而引起炎症反应，导致严重的副作用。四是噬菌体可能会被免疫系统视为入侵者，迅速从体循环中清除掉，使其难以维持有效的浓度。

42.3.2　传统噬菌体疗法

噬菌体疗法的传统概念是指将天然分离的毒性噬菌体直接施用于患者，目的是裂解造成急性或慢性感染的致病菌。目前还没有噬菌体产品被 FDA 及 EMA 批准应用于人体，也没有相关的Ⅲ期临床试验。不过，几项安慰剂对照的临床人体试验均表明噬菌体疗法是安全的。为数不多的几项Ⅰ/Ⅱ期临床试验证实了噬菌体治疗的潜力。

42.3.3　改造噬菌体疗法

合理使用由多种噬菌体组成的“鸡尾酒”可部分解决宿主范围窄、耐噬菌体性等问题。此外，对噬菌体进行改造，可以克服天然噬菌体应用的一些局限，提高噬菌体的性能和治疗效果。目前的改造目标主要包括以下几方面。一是延长噬菌体在体内循环的时间。有研究表明，通过用噬菌体反复感染小鼠，可人工筛选循环时间延长的噬菌体突变体。二是更改噬菌体的宿主范围。合成噬菌体实现了对新靶细菌的有效杀灭，可在共同病毒基因组片段的基础上组合成鸡尾酒，从多种细菌群体中选择性去除靶细菌。三是降低细胞毒性。裂解性噬菌体作用于细菌时导致的大规模细菌裂解可能会释放有毒蛋白（如内毒素），降低该风险的方法之一是构建裂解缺陷的噬菌体。四是提高细菌对抗生素的敏感性。用改造的噬菌体感染细菌后，细菌对某些抗生素的敏感性大大增加。五是裂解生物膜。生物膜代表了细菌最普遍的生活方式，与几种重要病原菌的感染有很大关联，但是大多数天然噬菌体对生物膜无活性或者活性低。与野生型噬菌体相比，改造的噬菌体的抗生物膜活性提高了 100 倍。

42.3.4　影响噬菌体疗法成功的因素

首先，噬菌体治疗的成功与否很大程度上取决于潜在的生物学特性，比如噬菌体感染细菌的速率应该足够高，噬菌体疗法才能成功。其次，噬菌体与人体免疫系统之间的相互作用对于噬菌体疗法的成功至关重要。最后，研究表明，如果治疗对象外的环境中存在噬菌体抗性细菌，并且病原体感染性和噬菌体抗性之间的权衡并不能完全抑制病原体感染性时，噬菌体疗法可能失败。考虑到医院环境广泛存在细菌，在用噬菌体进行治疗时，同时控制环境中的病原菌或将利于噬菌体疗法的成功。

42.4 噬菌体技术在污水治理中的应用

污水处理过程中伴有大量的微生物，不但对人类健康造成了巨大危害，对污水处理系统的运行也有着严重的影响。多重耐药性细菌在污水中的出现导致了介水传染病的暴发，物理法、化学法等处理手段存在价格昂贵、效果欠佳的问题。噬菌体是自然界中数量最多和分布最广的病毒。噬菌体通过特定的感染和裂解影响细菌群落，在消灭细菌上具有专一性强、指数增殖等特点，可作为污水处理中的一种生物控制技术。

42.4.1 清除病原体

粪便、污水和垃圾中的病原体在进入饮用水源后，容易引发介水传染病，因此去除污水处理中病原体意义重大。与化学抗菌药物相比，噬菌体更加经济高效，噬菌体控制技术能够减少灭菌化学药剂的使用。噬菌体在杀死病原体时不会破坏正常菌群，对耐抗生素的细菌同样有效，并且具有较低的固有毒性。

42.4.2 细菌的指示剂

污水中病原菌的快速检测和鉴定方法的建立，对于水质监测部门具有至关重要的作用。噬菌体作为指标或示踪剂用于检测污水处理系统中的细菌。这些方法可以帮助预测废水中的细菌污染程度，从而确认用于治疗疾病的方法。现阶段，大多研究都是利用噬菌体技术作为评价污水中肠道病毒污染程度的指标。噬菌体也有望作为其他病原体的指示物，各类传染病将会在通过水体暴发之前被发现。

42.4.3 处理丝状细菌

特定的噬菌体作为一种环境友好的方法，来控制生物泡沫和处理活性污泥中的丝状细菌。在研究噬菌体对活性污泥生物群落影响时，发现其有潜力作为丝状细菌的生物防治剂，可能使活性污泥中的泡沫减少。

42.4.4 控制细菌的生物膜污染

噬菌体的另一个重要应用是抑制或破坏在固体表面细菌的生物膜（如膜生物反应器的膜组件）。病原体形成了生物膜后，将会对抑菌剂以及宿主免疫系统产生抗性，对人类造成严重的健康威胁。目前，利用噬菌体控制膜污染有了新进展。噬菌体作为辅助的抗污染方式，有可能成为一种环境友好的方式缓解超滤膜使用过程中的膜生物污染。

参考文献

1. 路建彪，王俊丽，吴伟胜，等．一株鸡大肠杆菌噬菌体的分离鉴定及治疗试验[J]. 中国预防兽医学报，2019，41(5):530-533.
2. BERCHIERI A, LOVELL MA, BARROW PA. The activity in the chicken alimentary tractof bacteriophages lytic for Salmonella typhimurium [J]. Res Microbiol, 1991, 142: 541-549.
3. BARDINA C,SPRICIGO DA,CORTÉS P,et al. Significance of the bacteriophage treatment schedule in reducing Salmonella colonization of poultry [J].Appl Environ Microbiol,2012,78(18): 6600-6606.
4. OLIVEIRA A,SERENO R,AZEREDO J. In vivo efficiency evaluation of a phage cocktail in controlling severe colibacillosis in confined conditions and experimental poultry houses [J]. Vet Microbiol,2010,146(3-4):303-308.
5. HUFF WE, HUFF GR, RATH NC, et al. Therapeutic efficacy of bacteriophage and Baytril (enrofloxacin) individually and in combination to treat colibacillosis in broilers [J]. Poult Sci, 2004,83(12):1944-1947.
6. JAMALLUDEEN N,JOHNSON RP,SHEWEN PE,et al. Evaluation of bacteriophages for prevention and treatment of diarrhea due to

experimental enterotoxigenic Escherichia coli O149 infection of pigs [J]. Vet Microbiol. 2009,136(1-2):135-141.

7. MILLER RW, SKINNER EJ, SULAKVELIDZE A,et al. Bacteriophage therapy for control of necrotic enteritis of broiler chickens experimentally infected with Clostridium perfringens [J]. Avian Dis,2010,54(1):33-40.

8. WERNICKI A, NOWACZEK A, URBANCHMIEL R. Bacteriophage therapy to combat bacterial infections in poultry [J]. Virol J,2017, 14(1):179.

9. Bao H,Zhang P,Zhang H,et al. Bio-control of Salmonella enteritidis in foods using bacteriophages[J]. Viruses,2015,7(8),4836-4853.

10. Baños A,García-López J D,Núñez C,et al. Biocontrol of Listeria monocytogenes in fish by enterocin AS-48 and *Listeria lytic* bacteriophage P100 [J]. LWT-Food Science and Technology,2016,66,672-677.

11. Cui Z,Guo X,Dong K,et al. Safety assessment of Staphylococcus phages of the family Myoviridae based on complete genome sequences [J]. Sci Rep,2017,7:41259.

12. Elbashir S,Parveen S,Schwarz J,et al. Seafood pathogens and information on antimicrobial resistance: A review[J]. Food Microbiol,2018, 70:85-93.

13. Gouvêa D M,Mendonça R C S,Lopez M E S, et al. Absorbent food pads containing bacteriophages for potential antimicrobial use in refrigerated food products[J]. LWT-Food Science and Technology,2016,67,159-166.

14. Gutiérrez D,Rodríguez-Rubio L,Fernández L, et al. Applicability of commercial phage-based products against Listeria monocytogenes for improvement of food safety in Spanish dry-cured ham and food contact surfaces[J]. Food control,2017,73,1474-1482.

15. Haaber J,Leisner JJ,Cohn MT,et al. Bacterial viruses enable their host to acquire antibiotic resistance genes from neighbouring cells[J]. Nat Commun,2016,7:13333.

16. Rauch B J,Silvis M R,Hultquist J F,et al. Inhibition of CRISPR-Cas9 with bacteriophage proteins[J]. Cell,2016,168:150-158.

17. Savelli C J,Abela-Ridder B,Miyagishima K. Planning for rapid response to outbreaks of animal diseases transmissible to humans via food[J]. Rev Sci Tech,2013,32: 469-477.

18. 杨慧敏,吴圆圆,屈勇刚,等．一株鸡致病性大肠杆菌裂解性噬菌体的生物学特性及其对肠道菌群影响分析[J]. 中国家禽,2018,40(23):18-22.

19. WERNICKI A,NOWACZEK A,URBAN—CHMIEL R. Bacteriophage therapy to combat bacterial infections in poultry[J]. Virol J, 2017,14(1) : 179-187.

20. 江艳华,王联珠,李风铃,等．1株副溶血性弧菌裂解性噬菌体 Vp JYP2 的生物学特性及应用[J].食品科学,2020,41(14):146-152.

21. 杜崇涛．大肠杆菌 O157 噬菌体的分离鉴定及其初步应用[D].吉林大学,长春:2015.

22. 廉乐乐．大肠杆菌噬菌体的分离鉴定与初步应用[D].东北农业大学,哈尔滨:2017.

23. 毕晓泽．大菱鲆溶藻弧菌噬菌体制剂制备及其应用效果评价[D].大连理工学院,大连:2019.

24. 殷玉洁．副溶血性弧菌噬菌体的分离及初步应用[D].上海交通大学,上海:2019.

25. 杨金玉,郭聃洋,尤金娜·戴·盖,等．噬菌体在食品工业中的应用综述[J].江苏农业科学,2018,46(6) : 1-5.

26. 李婷华,郭晓奎．噬菌体在控制细菌感染中的临床应用[J].中国抗生素杂志,2018,8:939-945.

27. 钟昀,周欣婧雯,刘菀凝,等．噬菌体技术在水污染控制中的应用[J].辽宁化工,2018,10:1005-1009.

43 使用 Strep-tag® Ⅱ纯化分析噬菌体-宿主的蛋白质-蛋白质相互作用

▶ 43.1 引言
▶ 43.2 材料
▶ 43.3 方法
▶ 43.4 注释

摘要

噬菌体将其基因组注入细菌宿主细胞后，需要将宿主的代谢转化为高效的噬菌体产生。为此，已经进化出特定蛋白质，与关键的宿主蛋白质相互作用，以抑制、激活或调整这些蛋白质的功能。由于目前已注释的噬菌体基因中有70%是功能未知的假设蛋白，因此要鉴定和表征这些参与“宿主-噬菌体”的蛋白质-蛋白质相互作用的噬菌体蛋白质，仍然具有挑战性。本章介绍了一种结合、亲和纯化和质谱分析鉴定这一相互作用的噬菌体蛋白质的方法。设计一种细菌菌株，使其中非细菌靶蛋白与C-末端的*Strep*-tag® Ⅱ融合；让该菌株感染一种特定的噬菌体，随后对标记蛋白进行亲和纯化，使所有细菌和噬菌体特异性相互作用蛋白能够共纯化。在经过SDS-PAGE分析和凝胶内胰蛋白酶消化后，通过质谱分析鉴定纯化的相互作用蛋白。鉴定参与相互作用的噬菌体蛋白质，为阐明这些蛋白质的生物学功能提供了初步线索。

关键词：“宿主-噬菌体”的蛋白质-蛋白质相互作用，亲和纯化，噬菌体，铜绿假单胞菌，质谱

43.1 引言

噬菌体一旦感染易感细菌细胞，就会劫持宿主的分子机制，以获得高效生产噬菌体后代的能力。噬菌体蛋白质和关键宿主蛋白质之间的相互作用（protein-protein interaction，PPI）在这一过程中起着至关重要的作用。这些PPI可抑制、激活或调整细菌相互作用蛋白质的功能[1]。因此，噬菌体-宿主PPI可以为寻找药物的新抗菌靶点提供强有力的工具[2,3]。虽然近年来对铜绿假单胞菌研究较多，但目前研究的宿主噬菌体PPI数量有限[4~6]，其中

大部分涉及模型生物大肠埃希菌 RNA 聚合酶与其噬菌体蛋白质的相互作用。

噬菌体生物学的主要挑战之一是阐明计算机注释的噬菌体基因的功能。由于高通量测序技术的进步，注释噬菌体基因的数量与其功能注释之间的差距越来越大。目前，约70%的注释噬菌体基因是未知功能的假设基因（NCBI Entrez 数据库）。其中许多是小的、早期表达的噬菌体基因，被认为参与上述特定的宿主-噬菌体 PPI[1]。

本章介绍了一种通过与质谱分析相结合的亲和纯化来鉴定和研究宿主-噬菌体 PPI 的技术。利用宿主的关键蛋白质，即条件致病菌铜绿假单胞菌[7~8] 作为诱饵，展示相互作用的宿主和噬菌体蛋白质。优点是它们相互作用配体提供了关于噬菌体蛋白质功能的第一个直接线索。事实上，蛋白质通过 PPI 介导其生物学功能已经变得很清楚了[9]。此外，与酵母双杂交系统等二元 PPI 技术相比，亲和纯化技术为直接和间接相互作用提供了广阔的筛选范围[10]。为了区分真假阳性，强调一旦确定了相互作用，就需要进行二次和互补 PPI 检测。然而，有了涉及多种靶蛋白和噬菌体的大规模分析，区分真假阳性就极为便利了[11]。

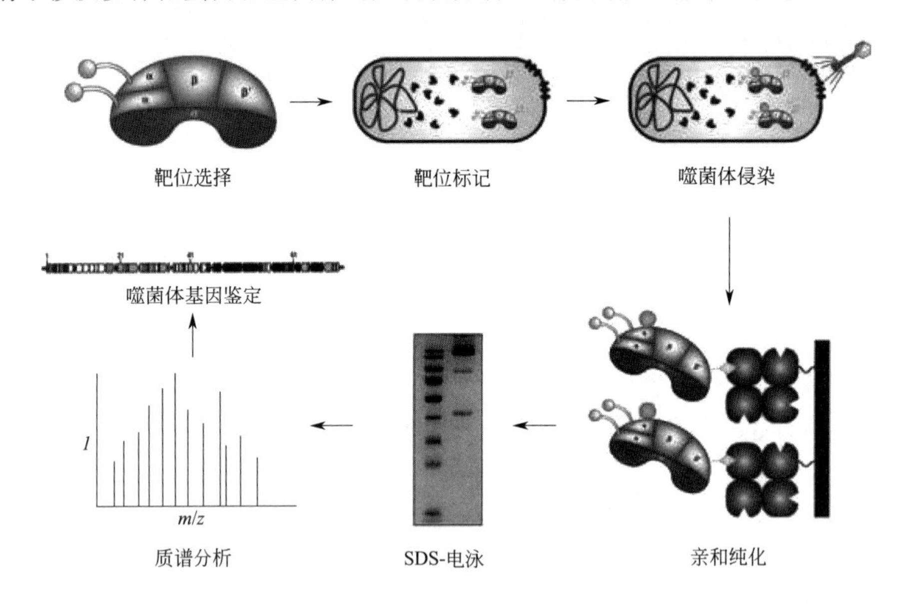

图 43-1　用于鉴定相互作用噬菌体蛋白的方案概述

在选择细菌靶蛋白后，使用体内同源重组将 *Strep*-tag® Ⅱ融合在该靶蛋白的 *C* 末端。在下一步中，用特异性噬菌体感染重组菌株，并在感染的早期阶段停止感染循环。裂解细胞并进行亲和纯化以纯化靶蛋白和所有相互作用的蛋白质。将洗脱的蛋白质样品加到 SDS-PAGE 上。最后，对样品进行凝胶内胰蛋白酶消化，并通过质谱法分析所得肽，以鉴定相互作用的噬菌体蛋白质

图 43-1 是方案中各步骤的概述。一旦选择了宿主的靶蛋白用于分析，就开始改造铜绿假单胞菌，在靶蛋白的 *C* 末端引入亲和标签。选择了基于链霉亲和素-生物素体系[12] 的 8 个氨基酸长链标记 *Strep*-tag® Ⅱ。由于体积小，干扰蛋白质折叠和功能的可能性非常低，蛋白质复合物可以通过一步法纯化[13]。使用 λ Red 重组系统[14] 和含有同源片段的载体，*Strep*-tag® Ⅱ和庆大霉素抗性基因构建"体内同源重组"菌株（参见 43.2.1）。在亲和纯化之前，需验证菌株的活力及其对噬菌体感染的敏感性，并与野生型菌株进行比较。此外，研究标记蛋白的可检测性（参见 43.2.2）。随后，用铜绿假单胞菌特异性噬菌体感染菌株，在感染的早期阶段停止感染并进行亲和纯化（参见 43.2.3）。对洗脱的组分进行 SDS-PAGE 分析（参见 43.2.4），之后进行凝胶内胰蛋白酶消化，并对样品进行质谱分析以鉴定所有纯

化的蛋白质（参见 43.2.5）。通过筛选一个数据库，该数据库包含所有噬菌体的所有六个可读框中所有宿主蛋白和所有“stop-to-stop”蛋白质序列，从而避免了对带注释基因的偏倚，并且可以鉴定出以前未注释的蛋白质（蛋白质组学）[11,15]。

43.2 材料

用超纯水制备所有溶液并使用分析级试剂。室温下准备和储存所有试剂（除非另有说明）。

43.2.1 在铜绿假单胞菌 PAO1 中构建一个 C 末端 *Strep*-tag® Ⅱ融合蛋白

43.2.1.1 *Strep*-tag® Ⅱ构造的构建

① 1ng/μL～1μg/μL 铜绿假单胞菌 PAO1 基因组（模板）。

② 1ng/μL～1μg/μL 编码庆大霉素抗性的质粒（模板）。

③ DNA 聚合酶与相应的 PCR 缓冲液（可商购）。

④ 10mmol/L dNTP 溶液。

⑤ 测序引物。5μmol/L 工作溶液。

⑥ 构建设计的引物。20μmol/L 工作溶液。

⑦ GeneJet PCR 纯化试剂盒（Thermo Fisher Scientific）。

⑧ GeneJet 凝胶提取试剂盒（Thermo Fisher Scientific）。

⑨ 用于测序的 TOPO TA 克隆试剂盒（Thermo Fisher Scientific）。

⑩ 琼脂糖。

⑪ 溴化乙锭（50μg/mL）。

⑫ 6×上样缓冲液。400g/L 蔗糖，1g/L 溴酚蓝。

⑬ TAE 缓冲液。40mmol/L Tris（pH 7.2）、0.5mmol/L 乙酸钠、50mmol/L 乙二胺四乙酸（EDTA）。

⑭ DNA 大小浓度梯度（如 GeneRuler DNA laddermix、Thermo Fisher Scientific）。

⑮ PCR 仪（T3000 Thermocycler，Biometra）。

43.2.1.2 体内重组

① 含有 pUC18-RedS 质粒（编码 λ-Red 重组蛋白质[14]）的铜绿假单胞菌 PAO1 菌株。

② 高压灭菌的肉汤培养基（Luria-Bertani，LB）：10g/L 胰蛋白胨，10g/L NaCl，5g/L 酵母提取物。

③ 高压灭菌的 LB 固体培养基：10g/L 胰蛋白胨，10g/L NaCl，5g/L 酵母提取物，15g/L 琼脂。

④ 1000×羧苄西林储备液（200mg/mL）。

⑤ 1000×庆大霉素储备液（30mg/mL）。

⑥ 20g/L L-阿拉伯糖溶液。

⑦ 300mmol/L 蔗糖。

⑧ 100%甘油。

⑨ 测序引物。5μmol/L 工作溶液。

⑩ DNA 聚合酶与相应的 PCR 缓冲液。

⑪ 10mmol/L dNTP 溶液。

⑫ GeneJet PCR 纯化试剂盒（Thermo Fisher Scientific）。

⑬ 分光光度计（LKB Novaspec® Ⅱ，Pharmacia Biotech）。

⑭ 电穿孔装置（Bio-Rad 脉冲器）和 0.2cm 电穿孔试管（Bio-Rad 实验室）。

⑮ PCR 仪（T3000 热循环仪，Biometra）。

43.2.2 验证构建的菌株

43.2.2.1 对细菌活力和噬菌体感染性的影响

① 含有 *target*::*Strep* Ⅱ融合物的铜绿假单胞菌 PAO1 菌株（见 43.3.1）和野生型铜绿假单胞菌 PAO1 菌株。

② 选定噬菌体的纯原液（$>10^{10}$pfu/mL），在 4℃的噬菌体缓冲液中储存（注释①）。

③ 高压灭菌的 LB 肉汤培养基。

④ 高压灭菌的 LB 固体培养基。

⑤ 高压灭菌的 LB 半固体培养基。10g/L 胰蛋白胨，10g/L NaCl，5g/L 酵母提取物，7g/L 琼脂。

⑥ 噬菌体缓冲液。10mmol/L Tris（pH 7.5），100mmol/L $MgSO_4$，150mmol/L NaCl。

⑦ 分光光度计（LKB Novaspec® Ⅱ，Pharmacia Biotech）。

43.2.2.2 *Strep*-tag® Ⅱ-Fused Protein 的生产

① 含有 *target*:: *Strep* Ⅱ的铜绿假单胞菌 PAO1 菌株和野生型 P. 铜绿假单胞菌 PAO1 株。

② 含有 30μg/mL 庆大霉素的 50mL 经高压灭菌的 LB（使用 1000mg/mL 的 1000μL 储备液）。

③ 过滤的（0.22μm 滤膜）TE 缓冲液。50mmol/L Tris（pH 8.0），2mmol/L EDTA。

④ 冷却的转移缓冲液。25mmol/L Tris，192mmol/L 甘氨酸，20%（体积分数）乙醇（注释②）。

⑤ PBST 缓冲液。140mmol/L NaCl，10mmol/L KCl，10mmol/L Na_2PO_4，1.8mmol/L KH_2PO_4，0.1%（体积分数）吐温，pH 7.5（注释③）。

⑥ 封闭溶液。PBST＋50g/L 奶粉。

⑦ 超纯水。

⑧ 携带 *Strep*-tag® Ⅱ（阳性对照）的蛋白质。

⑨ Amersham ECL Prime 蛋白质印迹法检测试剂（GE 医疗保健）。

⑩ 鸡蛋白溶菌酶（HEWL，Sigma Aldrich）。

⑪ Pefabloc® SC [4-(2-氨基乙基)苯磺酰氟（aebsf)，蛋白酶 k 抑制剂]。

⑫ Benzonase® 核酸酶（EMD Millipore 公司）。

⑬ 预染色参考梯度标记 [如 PageRuler 预染色蛋白梯度标记（Thermo Fisher Scientific)]。

⑭ 与辣根过氧化物酶（HRP，IBA）结合的单克隆抗 *Strep*-tag® Ⅱ抗体。

⑮ Whatman 滤纸（Sigma Aldrich）。

⑯ 透明纸。

⑰ 硝化纤维素膜（Hybond-C Extra，GE Healthcare）。

⑱ Amersham 超薄膜 ECL（18cm×24cm）（GE Healthcare）。

⑲ 超级盒式蓝色标准深度 18cm×24cm（GE Healthcare）。

⑳ 小型槽式转印系统 Trans-Blot® 细胞（BioRAD）：凝胶保持盒，泡沫垫，Trans-Blot Central Core，生物冰冷却装置和 Mini-PROTEAN® Tetra 细胞系统（电泳室）。

㉑ 超声波仪（Sonics Ultra cell）。

㉒ 金属浴（95℃）。

㉓ WT17 微型摇床（Biometra）。

43.2.3 亲和纯化

① 含有 *target*::*Strep* Ⅱ的铜绿假单胞菌 PAO1 菌株和野生型 P. 铜绿假单胞菌 PAO1 株。

② 600mL 含 30μg/mL 庆大霉素的灭菌 LB。

③ 选定噬菌体的纯原液（>10^{10} pfu/mL），在 4℃的噬菌体缓冲液中储存（注释①）。

④ 重悬浮缓冲液。10mmol/L Tris（pH 8.0），150mmol/L NaCl，0.1%（体积分数）NP-40（注释④）。

⑤ 洗涤缓冲液。100mmol/L Tris（pH 8.0）、150mmol/L NaCl、1mmol/L EDTA 或 *Strep*-tag® 洗涤缓冲液（IBA）（注释④）。

⑥ 洗脱缓冲液。100mmol/L Tris（pH 8.0），150mmol/L 氯化钠，1mmol/L 乙二胺四乙酸，2.5mmol/L 脱硫生物素，或稀释 10×*Strep*-tag® Ⅱ洗脱液（缓冲液 E，IBA）。

⑦ 再生缓冲液。稀释 10×*Strep*-tag® Ⅱ再生缓冲液。

⑧ 鸡蛋白溶菌酶（HELL，Sigma Aldrich）。

⑨ Pefabloc® SC（Merck）。

⑩ Benzonase® 核酸酶（EMD MilliporeCorporation）。

⑪ 10×BugBuster® 蛋白提取试剂。

⑫ *Strep*-Tactin® 琼脂糖珠（Sigma-Aldrich）。

⑬ 10mL Bio-Rad Poly-Prep® 色谱柱（Bio-Rad 实验室）。

⑭ 冷冻管（300～600mL）（程序开始前储存在−80℃）。

⑮ 冰浴。

43.2.4 SDS-PAGE

① SDS-PAGE 4×上样缓冲液：200mmol/L Tris（pH 6.8），8mmol/L EDTA，40%（体积分数）甘油，40g/L SDS，4g/L 溴酚蓝。

② 12%分离凝胶。Tris-SDS 缓冲液，pH 8.8（1.5mmol/L Tris、pH 8.8，4g/L SDS），12%（体积分数）37.5∶1 丙烯酰胺-丙烯酰胺凝胶，0.01 %（体积分数）APS（过硫酸铵），0.001%（体积分数）TEMED（*N*,*N*,*N*′,*N*′-四甲基乙二胺）。

③ 4%浓缩胶。Tris-SDS 缓冲液 pH 6.8（1.5mmol/L Tris、pH 6.8，4g/L SDS），4%（体积分数）丙烯酰胺-丙烯酰胺凝胶，0.01%（体积分数）APS，0.001%（体积分数）TEMED。

④ 电泳缓冲液。25mmol/L Tris（pH 8.3），192mmol/L 甘氨酸，1g/L SDS。

⑤ 异丙醇。

⑥ 用于考马斯亮蓝染色的标准试剂［例如，GelCode Blue Safe（Thermo Fisher Scientific）或更敏感的 Imperial 蛋白质染色（Thermo Fisher Scientific）］。

⑦ 金属浴（95℃）。

⑧ 标准 1D-凝胶电泳单元（例如，Mini-PROTEAN® Tetra 细胞系统，BioRad）。

43.2.5 质谱分析

① 133mmol/L NH_4HCO_3。1.05g NH_4HCO_3/100mL 超纯水。

② 100mmol/L NH_4HCO_3。0.79g NH_4HCO_3/100mL 超纯水。

③ 50mmol/L NH_4HCO_3。25mL 100mmol/L NH_4HCO_3 + 25mL 超纯水。

④ 20mmol/L NH_4HCO_3。10mL 100mmol/L NH_4HCO_3 + 40mL 超纯水。

⑤ 在 100mmol/L NH_4HCO_3 体系中浓度为 55mmol/L 的碘乙酰胺（IAA）。0.01g IAA/mL 100mmol/L NH_4HCO_3（在使用前不久制备）（注释⑤）。

⑥ 在 100mmol/L NH_4HCO_3 中的 10mmol/L 二硫苏糖醇（DTT）。0.0015g DTT/mL 100mmol/L NH_4HCO_3（在使用前不久制备）。

⑦ 50mmol/L 乙酸。将超纯水中的 286μL 乙酸稀释至 100mL。

⑧ Trypsin Gold（试剂盒）。20μg 冻干胰蛋白酶/mL 50mmol/L 乙酸（在−80℃储存）。

⑨ 胰蛋白酶消化缓冲液。150μL 胰蛋白酶（20μg/mL）+90μL 133mmol/L NH_4HCO_3（在使用前不久制备）。

⑩ 在 50%乙腈中的 5%甲酸。

⑪ 在 50%乙腈中的 25mmol/L NH_4HCO_3。195.65mg NH_4HCO_3/100mL 超纯水 + 100mL 乙腈。

⑫ 真空离心机。

⑬ 烤箱，温度为 37℃。

⑭ 超声波浴（Branson 2210）。

⑮ 水浴，温度为 56℃。

⑯ 冰浴。

⑰ 质谱分析机构。比利时 Diepenbeek 3950，Hasselt 大学生物医学研究所和林堡国际大学的 Jean-Paul Noben 教授。

设备：Easy-nLC 1000 液相色谱仪（Thermo Fisher Scientific）通过 Nanospray Flex 离子源（Thermo Fisher Scientific）使用 30μm 内径不锈钢发射器，在线连接到质量校准的 LTQ -Orbitrap Velos Pro（Thermo Fisher Scientific）。

软件：Proteome Discoverer 软件 v. 1.3（Thermo Fisher Scientific），内置 Sequest 和界面，并配备内部 Mascot v. 2.4 服务器（Matrix Science）。

43.3 方法

43.3.1 构建铜绿假单胞菌 PAO1 的 *C* 末端 *Strep*-tag® Ⅱ 融合蛋白

43.3.1.1 构建 *Strep*-tag® Ⅱ

一旦选择了铜绿假单胞菌的靶蛋白，就使用“重叠-延伸”PCR 构建 DNA 复合体用于同源重组。该复合体含有与 *Strep*-tag® Ⅱ 融合的靶蛋白的 *C* 末端部分、庆大霉素抗药性基因（Gm^R）和靶基因下游的片段。构建含有 *Strep*-tag® Ⅱ 的 DNA 片段的原理如图 43-2 所示。

① 设计产生三个片段所需的六个引物（注释⑥）。这些片段是一个基因盒，包含 5′末端的 *Strep*-tag® Ⅱ 序列，接着是 Gm^R 基因、3′端（约 300bp）的靶基因和下游 300bp 片段。

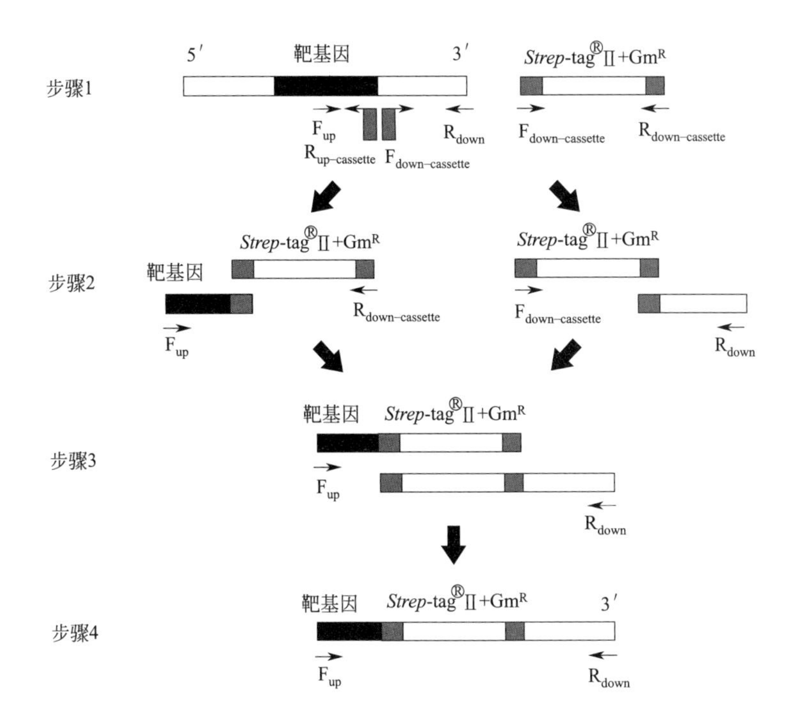

图 43-2 产生用于同源重组的 DNA 结构的步骤

在步骤 1 中，分离片段被扩增（不带终止密码子的目标基因 *C* 端，包含 *Strep*-tag® Ⅱ +Gm^R 的盒基因和基因的 3′端）。在步骤 2 中，允许两个片段融合并加入引物以获得共享 Gm^R 基因盒的两个构建体。在步骤 3 中，融合步骤 2 中得到的片段并加入引物。在步骤 4 中，利用外部引物扩增完整的 DNA 片段

② 使用标准 PCR 扩增三个片段。使用铜绿假单胞菌 PAO1 基因组作为 3′基因片段和下游片段的模板。使用含有 Gm^R 基因的载体作为基因盒的模板。

③ 通过凝胶电泳检查所有三个片段的正确大小，并用 PCR 纯化试剂盒纯化产物（注释⑦）。

④ 将 20ng 的基因盒与等物质的量的 3′基因组合。使用该混合物作为“重叠延伸”PCR 的模板，不添加引物。在 5 个循环后，添加引物（F_{up} 和 $R_{down\text{-}cassette}$）以扩增该片段，并进行 30 个循环的标准 PCR（注释⑧）。

⑤ 将 20ng 的基因盒与等物质的量的下游片段组合，并如步骤④中所述进行“重叠延伸”PCR。在这种情况下，使用引物对 $F_{down\text{-}cassette}$ 和 R_{down} 来扩增片段。

⑥ 对两个片段重复步骤③。

⑦ 合并 20ng 两种片段并使用该混合物作为“重叠延伸”PCR 的模板。5 个循环后，加入引物 F_{up} 和 R_{down} 以扩增整个复合体。

⑧ 对此结构重复步骤③。

⑨ 使用位于盒中间的两个引物来构建复合体，并检查片段之间的退火位点是否不含突变（注释⑨）。

⑩ 如果复合体是无突变的，则按照说明书使用“TOPO TA cioning 试剂盒”进行测序将片段（约 100ng）克隆到 pCR4-TOPO 载体中。

⑪ 通过序列分析检查整个复合体的突变（注释⑩）。

⑫ 使用 10～20ng 的正确质粒作为模板进行标准 PCR，以获得足够量的 DNA 复合体

（注释⑪）。

⑬ 重复步骤③。

43.3.1.2 体内重组

一旦DNA复合体准备就绪，它必须转化为铜绿假单胞菌。首先，使用Choi等的方法制备新的电感受态铜绿假单胞菌细胞[16]。接下来，使用电穿孔将复合体转化到这些细胞中，之后发生同源重组并选择正确的突变体。

① 接种6mL含有120μL铜绿假单胞菌PAO1过夜培养物的LB/Cb^{200}。PAO1细胞含有pUC18-RedS质粒。

② 在培养到OD_{600}为0.4时，加入60μL 300mmol/L L-阿拉伯糖（终浓度为0.2%）以诱导Red操纵子。

③ 诱导2.5h后，将培养物分至4个Eppendorf管（1.5mL/管）。

④ 振荡培养2min，13000r/min（16000g）。

⑤ 除去上清液，将沉淀溶于1mL 300mmol/L蔗糖中（注释⑫）。

⑥ 依次重复步骤④、步骤⑤和步骤④。

⑦ 去除上清液，将颗粒溶解在终体积为100μL的300mmol/L蔗糖中，收集在一个管中（注释⑬）。

⑧ 将100μL细菌与500～1000ng复合体混合，并将它们转移到0.2cm电穿孔杯中（注释⑭）。

⑨ 用2.5kV的脉冲电穿孔细菌（注释⑮）。

⑩ 向电穿孔小管中加入500μL预热（37℃）LB，并将全部体积转移到玻璃管中。

⑪ 在37℃下将细菌振荡2h以使细菌内发生重组。

⑫ 将50μL、200μL LB和其余细菌置于选择性培养基（LB/Gm^{30}）上，并在37℃下孵育过夜。

⑬ 挑取菌落，将它们溶解在小体积LB中，然后在LB/Gm^{30}上划线。在37℃下第二次孵育过夜。

⑭ 挑选几个单菌落，并将其溶解在100μL LB/Gm^{30}中。对5μL培养物进行PCR，并使用DNA凝胶电泳确认复合体的正确插入。使用位于插入物上游和下游100bp的引物，以确保插入基因组中的正确位置（注释⑯）。

⑮ 纯化PCR产物，并通过DNA测序分析检查突变序列。

⑯如果序列正确，将菌株置于20%的甘油管在−80℃储存。

43.3.2 构建菌株的验证

43.3.2.1 对噬菌体的细菌活力和感染性的影响

一旦构建了正确的菌株，就测试插入物对细菌活力和铜绿假单胞菌特异性噬菌体感染性的影响。与野生型铜绿假单胞菌相比，这两个参数都不会产生影响。首先分析突变体的活力。

① 将40μL铜绿假单胞菌PAO1 *target*::*Strep* Ⅱ的过夜培养物接种于4mL LB/Gm^{30}，并将40μL野生型铜绿假单胞菌PAO1菌株的过夜培养物接种于4mL LB。

② 对于两种培养物，在5h内每20min测量OD_{600}。

③ 绘制OD_{600}的时间函数，并比较两个曲线，不应该存在差异。

接下来，必须研究对噬菌体感染的影响。为此，使用双层琼脂方法测定“成斑效率”（efficiency of plating，EOP）。

④ 将 4mL LB 软琼脂与 200μL 过夜培养铜绿假单胞菌 PAO1 *target*::*Strep* Ⅱ和 100μL 噬菌体稀释液混合（注释⑰）。

⑤ 将混合物倒在 LB 琼脂平板上（注释⑱）。

⑥ 使用野生型铜绿假单胞菌 PAO1 菌株重复步骤④和⑤。

⑦ 将平板在 37℃下孵育过夜。

⑧ 计算形成的噬菌斑数量并确定“噬菌斑形成单位”（plaque forming unit，pfu）/ mL。计算 EOP，即构建的菌株 pfu/mL 与野生型菌株 pfu/mL 的比率。EOP 大约应为 1。

43.3.2.2 制备 *Strep*-tag® Ⅱ-融合蛋白

在验证工程菌株的活力和感染性后，研究在生理条件下标记蛋白质的存在（注释⑲）。因此，在构建细菌的裂解物中进行蛋白质印迹（没有噬菌体感染）。如果产生蛋白质，使用抗 *Strep*-tag® Ⅱ的单克隆抗体应该能够检测到信号。

① 在含有 1mL 铜绿假单胞菌工程菌株 *target*::*Strep* Ⅱ的过夜培养物的 200mL 烧瓶中，接种 50mL LB/Gm^{30}。作为阴性对照，接种 50mL LB，过夜培养野生型铜绿假单胞菌 PAO1 细菌，并按照相同的步骤进行。

② 将细菌在 37℃培养至 OD_{600} 为 0.3（注释⑳），将它们转移到 50mL 离心管中，离心收集细菌（30min，4600*g*，4℃）。

③ 弃去上清液，将细菌沉淀溶解在 500μL TE 缓冲液中，并将样品转移到 1.5mL Eppendorf 管中。

④ 为了裂解细菌，首先将样品进行一次冻融循环（注释㉑）。

⑤ 随后，在加入 10μL 5mg/mL HEWL、10μL 100mmol/L Pefabloc® SC 和 1μL Benzonase® 核酸酶后，在室温下孵育样品 15min，同时轻轻搅动。

⑥ 将样品超声处理 8 次，5s（振幅 40%），并加入 166μL 加样缓冲液。

⑦ 将样品在 95℃下煮沸 5min（注释㉒）。

⑧ 在聚丙烯酰胺凝胶上加入 15～20μL 样品，按照'Subheading 3.4（注释㉓）中的描述将其置于 SDS-PAGE 上。在样品旁边加入 5μL 预染色的参考梯度标记（注释㉔）。作为阴性对照，加入 15～20μL 野生型细菌的裂解物。作为阳性对照，加载部分携带 *Strep*-tag® Ⅱ的一种蛋白质样品。

⑨ 准备蛋白质印迹“三明治”。泡沫垫经缓冲液浸泡后放在支架的两侧。将 2 张 Whatman 滤纸（泡沫垫的大小）浸泡在转移缓冲液中，并将它们放在支架的每一侧。将硝酸纤维素膜（凝胶的大小）浸泡在转移缓冲液中，并将其放在旁边，该侧面将与电源的正极连接。将凝胶浸泡在转移缓冲液中，并将其放在支架的负极侧。关闭支架（注释㉕～㉗）。

⑩ 将支架放入装有冷却转移缓冲液的槽中，并在 60～90min 内在其上运行 100V（350mA）的电场（注释㉘和㉙）。

⑪ 将膜放入一个小盒子（大约膜的大小）中，蛋白质面朝上，与 50mL 封闭溶液一起在室温孵育，同时轻轻摇动。

⑫ 弃封闭溶液，并用 PBST 冲洗膜，以除去封闭溶液的残留物。

⑬ 在室温下将膜与 10mL PBST 孵育 1h，向其中加入 2μL 抗 *Strep*-tag® Ⅱ单克隆抗体（1∶5000 稀释），同时轻轻搅动（注释㉚）。

⑭ 弃去溶液，并将其与 10mL PBST 一起孵育 3min 来洗涤膜，搅拌并用水冲洗膜。

⑮ 将检测溶液 A 和 B 以 1∶1 的比例混合，并将 2mL 滴到膜的蛋白质侧（注释㉛），在室温下孵育 2min。

⑯ 排出检测溶液，轻轻摇动干燥膜（注释㉜）。

⑰ 将膜置于透明纸之间，并将其置于放射自显影盒中，使膜的蛋白质面朝上。

⑱ 将暗盒带到暗室，将一张 X 射线胶片放在膜上（注释㉝）并关闭暗盒。

⑲ 让化学发光反应暴露在薄膜上（3～20min）（注释㉞）。

⑳ 将胶片放入显影液中，同时摇动，制成胶片。

㉑ 一旦看到良好的信号，用水冲洗薄膜并将薄膜放入固定溶液中，直到薄膜变得完全透明。

㉒ 用水冲洗薄膜，将其放入架子中并让其干燥。

㉓ 重复步骤⑱～㉒两到三次以优化结果。

43.3.3 亲和纯化

为了寻找细菌与其噬菌体之间的 PPI，通过亲和纯化来纯化目标蛋白质。因此，工程菌株被噬菌体感染并且在感染的早期阶段停止感染循环，因为大多数宿主噬菌体的 PPI 发生在这个阶段[1,11]。为了不干扰相互作用，进行细菌的温和裂解，然后沉降靶蛋白/复合物及其所有相互作用配体。

① 将 600 mL LB/Gm^{30} 接种于 2L 烧瓶中，加入 8mL 铜绿假单胞菌工程菌株 *target*∷*Strep* Ⅱ，过夜培养。

② 将细菌在 37℃下培养至 OD_{600} 为 0.3，用铜绿假单胞菌特异性噬菌体（MOI 为 5～10）感染它们，并在 37℃下孵育（注释㉟）。

③ 在感染的早期阶段停止感染，冰浴培养 5～10min（注释㊱）。

④ 将培养物转移到冰冷的管中并离心培养物（4600*g*，45min，4℃）（注释㊲）。

⑤ 弃去上清液，将细菌沉淀重悬于 8 mL 缓冲液中，补充 100μL 的 100mmol/L Pefabloc ® SC 和 500μL 的 20 mg/mL HEWL（注释㉑）。

⑥ 使样品经受一次冻融循环。

⑦ 加入 10μL Benzonase® 核酸酶和 800μL 10×BugBuster® 蛋白质提取试剂，在室温下孵育样品 10～20min，同时轻轻搅拌（注释㊳）。

⑧ 在冰冷的 Eppendorf 管中离心样品（30min，16000*g*，4℃），收集上清液并置于冰上。

⑨ 准备亲和纯化柱：将 1mL Strep-Tac-tin® 琼脂糖凝胶珠加入 10 mL Bio-Rad Poly-Prep® 色谱柱中。用 2mL 洗涤缓冲液洗涤凝胶珠两次（注释㊴）。

⑩ 将上清液加载到柱上，收集流出液（FT）并在 4℃储存。

⑪ 用 1mL 洗涤缓冲液洗涤凝胶珠 5 次。将洗涤部分收集在单独的 Eppendorf 管（编号 W1-W5）中并在 4℃储存。

⑫ 用洗脱缓冲液以 500μL 的六个组分洗脱蛋白质。在分开的 Eppendorf 管（编号 E1-E6）中收集洗脱组分，并在 4℃下储存。

⑬ 加入 3 次 5mL 再生缓冲液和 2 次 4mL 洗涤缓冲液再生色谱柱。关闭色谱柱，加入 2 mL 洗涤缓冲液，将色谱柱在 4℃保存。

⑭ 通过超滤浓缩洗脱组分（Amicon Ultra-0.5mL 离心过滤器，3kDa）。

43.3.4 SDS-PAGE

随后将洗脱的组分进行 SDS-PAGE。对样品中存在的蛋白质进行一维分离可以首先分析洗脱组分。此外，凝胶电泳除去低分子量杂质，包括洗涤剂和缓冲剂组分，其在下游质谱分析中通常是不容许的。

① 制备 12% SDS-PAGE 凝胶。将分离凝胶混合物倒入 Mini-PROTEAN® Tetra Cell Systems 的两个光板之间（注释㊵），加入少量异丙醇，等待凝胶凝固。倒出异丙醇，倒入浓缩胶混合物（注释㊵）。放置梳子，并等待凝胶凝固。

② 将凝胶放入支架中，然后将支架放入槽中。用运行缓冲液填充槽。

③ 将等分的 10～15μL 蛋白质悬浮于 SDS-PAGE 4× 上样缓冲液中，并在 95℃ 加热 5min 使其变性。

④ 将蛋白质样品加到孔中（移除梳子后）并运行 200 V 的电场，直到电泳前端到达凝胶底部（注释㊶）。

⑤ 从光板上取下凝胶，将其放入盒子中，用水洗涤凝胶 15～30min。

⑥ 用 MS 兼容的标准考马斯染料如 GelCode Blue Safe Stain（Thermo Fisher Scientific）将 SDS-PAGE 凝胶染色 0.5～2h。

⑦ 用水冲洗凝胶过夜，以减少背景污染。

43.3.5 质谱分析

最后，从 SDS-PAGE 凝胶切下凝胶片并进行凝胶内胰蛋白酶消化。通过 LC-MS/MS 分析获得的肽，确定样品的组成。在实验过程中，必须始终佩戴手套，并避免接触皮肤、头发和衣服（注释㊷）。此外，应使用不含角蛋白的材料。

① 用手术刀加宽枪头尖端开口后，用 1000μL 微量移液器从凝胶上切取纯化蛋白质条带（总共 8～13 个噬菌斑）（注释㊸～㊺）。

② 将每个凝胶块转移到单独的 1.5mL Eppendorf 管中。

③ 去除残留的水，将每个凝胶块浸入 100μL 溶液（25mmol/L NH_4HCO_3 的 50% 乙腈溶液）中，室温下孵育 10min。

④ 弃去液体，重复步骤③，直至将考马斯亮蓝从凝胶块中完全去除（约 3 次）。

⑤ 将样品在真空离心机中 40℃ 干燥 10～15min（注释㊻）。

⑥ 将片段浸没在 30μL 溶液（10mmol/L DTT 的 100mmol/L NH_4HCO_3）中，以还原所有二硫键（还原），并在 56℃ 下孵育 1h。

⑦ 将样品冷却至室温并除去液体。

⑧ 将凝胶块浸没在 30μL 溶液（55mmol/L IAA 的 100mmol/L NH_4HCO_3）中以修饰半胱氨酸残基，并防止二硫键重新形成（烷化）。

⑨ 在黑暗中孵育 45min，每 10min 涡旋摇动一次。之后去除液体。

⑩ 加入 100μL 100mmol/L NH_4HCO_3，孵育 10min，并去除液体（水合）。

⑪ 加入 100μL 乙腈，孵育 10min，然后去除液体（脱水）。

⑫ 重复步骤⑩和⑪。

⑬ 40℃ 下，在真空离心机中将凝胶块干燥 10min。

⑭ 将凝胶块浸入 10μL 胰蛋白酶消化缓冲液中，冰浴 45min。

⑮ 加入 30μL 50mmol/L NH_4HCO_3，在 37℃ 下孵育过夜。

⑯ 在新的 Eppendorf 管中加入含有胰蛋白酶的上清液，每个凝胶块用一管。

⑰ 将凝胶块浸入 20μL 20mmol/L NH_4HCO_3 中，在超声浴中超声处理 20min，并在相应的管中收集上清液（注释㊼）。

⑱ 将凝胶块浸入 50μL 溶液（5%甲酸的 50%乙腈溶液）中，在超声浴中超声处理 20min，并将上清液收集在相应的管中（注释㊼）。

⑲ 重复步骤⑱。

⑳ 将收集的上清液在－20℃保存，可以进行质谱分析（注释㊽）。

㉑ 将样品用质谱设备进行分析。在这种情况下，生物医学研究所和林堡国际大学（哈斯特大学，比利时）使用 Easy-nLC1000 液相色谱仪（Thermo Fisher Scientific），在线耦合到质量校准 LTQ-Orbitrap Velos Pro（Thermo Fisher Scientific）[17]。

㉒ RAW 数据通过 Proteome Discoverer 软件（Thermo Fisher Scientific，版本 1.3）进行分析，该软件具有内置 Sequest，并与内部的 Mascot V. 2.4 服务器（Matrix Science）接口。在数据库中可以搜索 MS/MS 光谱，该数据库包含所有噬菌体的所有六个框架中的所有铜绿假单胞菌 PAO1 蛋白和所有“stop-to-stop”的蛋白质序列。

43.4 注释

① 噬菌体原液不需要超纯（例如，用氯化铯离心法纯化），而是可以使用 PEG 沉淀的原液。

② 转移缓冲液在 4℃存储，可以重复使用几次。

③ 可制备不含聚山梨酯的 10×PBS 缓冲液并在室温下存储。在使用时将聚山梨酯即时加入 PBS 中。

④ 缓冲液在 4℃存储。

⑤ 光敏感。存放在黑暗的地方。

⑥ 总共需要开发六种不同的引物（图 43-2）。两种引物（$F_{down\text{-}cassette}$ 和 $R_{down\text{-}cassette}$）扩增含有 *Strep*-tag® Ⅱ标签和 Gm^R 基因的片段。$F_{down\text{-}cassette}$ 从 *Strep*-tag® Ⅱ标签序列开始，然后是终止密码子。$R_{down\text{-}cassette}$ 包含 Gm^R 基因的 *C* 末端部分。两个引物（F_{up} 和 $R_{up\text{-}cassette}$）用于扩增靶基因的 *C* 末端部分（约 300bp）。$R_{up\text{-}cassette}$ 包含与含有 *Strep*-tag® Ⅱ-标签和 Gm^R 基因的片段的 5′区域融合的靶基因的 *C* 末端序列（不含密码子!）。同样，两个片段将共享 18～25bp 的同源性。同样，设计两个引物（$F_{down\text{-}cassette}$ 和 R_{down}）以扩增靶基因的下游区域（约 300bp）。在这种情况下，$F_{down\text{-}cassette}$ 与含有 *Strep*-tag® Ⅱ标签和 Gm^R 基因的片段的 3′区域具有 18～25bp 的同源性。

⑦ 如果有多个条带，请使用凝胶切除试剂盒选择大小正确的片段。

⑧ 对于“重叠延伸”PCR，重要的是使用等物质的量的想要融合的片段，这与相同数量的 DNA 分子相对应。因此，必须考虑到片段的大小。例如，10ng 的 1000bp 片段与 1ng 的 100bp 片段物质的量相等。

⑨ 设计和使用位于 Gm^R 盒中并位于距离重叠区域 200～300bp 的引物。

⑩ 使用用于复合体设计的所有六种引物来确保复合体的完整序列覆盖。

⑪ 有时需要重复扩增以获得足够量的复合体，其为约 1μg 的 DNA。

⑫ 去除上清液时要小心，因为在多次洗涤步骤后颗粒会失去其稠度。

⑬ 首先将一个试管的沉淀溶解在 100μL 300mmol/L 蔗糖中，然后转移溶液到第二个试管中。

⑭ 高盐浓度会导致过量风险，切勿添加超过 3μL 的 DNA 复合体。当 DNA 复合体的浓

度低时，首先在样品上加入乙醇沉淀以增加终浓度。

⑮ 时间常数应在 4.8～5.1ms。增加洗涤步骤的次数可以增加该值。

⑯ 如果对细菌的 PCR 失败，建议首先在细菌的过夜培养物上进行基因组提取。然后可以将获得的基因组 DNA 用作模板，其具有更好的结果。

⑰ 噬菌体应稀释度至约 100pfu/ mL。该量取决于形成的噬菌斑的大小，因为在平板上形成的噬菌斑应该是可数的。如有必要，可以用几个不同稀释度的噬菌体涂布平板。

⑱ 确保软琼脂在平板顶部形成均匀的层，这有助于计数噬菌斑。

⑲ 在与将要进行的亲和纯化相同条件下验证标记蛋白的可检测性。

⑳ 使 OD_{600} 达到 0.3，因为这是细菌在亲和纯化（Subheading 3.3）之前被噬菌体感染的 OD_{600}。

㉑ 此时，细菌可以在－80℃储存。

㉒ 此时，样品可以在－20℃储存。

㉓ 根据目标蛋白质的大小，可调整凝胶的百分比：高分子量蛋白质为 8%，低分子量蛋白质为 15%。

㉔ 选择预染色的梯度标记，因为在印迹后它将在膜上可见。同样地，梯度标记可以用于验证蛋白质在蛋白质印迹期间成功转移到膜上。

㉕ 在蛋白质印迹过程中，戴手套很重要。

㉖ 建议在转移蛋白质后切开膜的一角，以识别正面和背面。

㉗ 关闭“三明治”后，凝胶和膜之间的气泡应通过在其上滚动除去。

㉘ 为了保持低温，可以将槽放在冰上，也可以将冷却装置放在槽内。

㉙ 转移时间取决于蛋白质的大小。对于具有高分子量的蛋白质，需要更长的转移时间。可以通过浮动梯度标记来验证转移。

㉚ 应使用的抗体稀释度和孵育时间取决于品牌和抗体，并且可能在实验前进行优化。

㉛ 检测溶液应始终保持在冰上。

㉜ 取膜时，应使用钳子。

㉝ 切开膜的一角，并将其放置在与膜角相同的方向上。

㉞ 每次都应优化接触时间。因此，可以使用 2 个或 3 个膜。

㉟“感染复数”（MOI）是在感染时间点噬菌体的数量（pfu）与细菌细胞的数量（cfu，“菌落形成单位”）的比率。在大规模亲和纯化之前，应针对每个噬菌体优化所需的 MOI。因此，噬菌体感染 5min 后的细菌量（cfu/mL）应减少至低于感染前的 5%，以实现成功地同步感染。

㊱ 预计噬菌体感染的早期阶段大约为感染周期长度的前 1/3。

㊲ 为了确保在早期噬菌体感染中停止感染周期，非常重要的是使样品保持冷却直至细菌裂解。

㊳ 当样品从混浊溶液转变为清澈溶液时，细菌裂解。

㊴ 所有缓冲液的温度应与色谱柱相同，以避免形成气泡。可以肯定的是，纯化可以在 4℃下进行，但是，该程序也可以在室温下的工作台上进行。

㊵ 在浇注凝胶之前加入 APS 和 TEMED。反转几次以获得良好的混合效果。

㊶ 注意电泳前端（可能含有少量噬菌体蛋白质）不会从凝胶中流出。

㊷ 为避免角蛋白污染，应使用手套和无角蛋白材料。此外，在层流罩下执行所有操作可能有帮助。

㊸ 如果蛋白质条带不明显，可选择所有存在蛋白质的洗脱组分，通过超滤浓缩，并在凝胶内消化前进行新的SDS-PAGE分析。

㊹ 在分离蛋白质条带之前和之后拍照，以观察SDS-PAGE凝胶上的条带定位。

㊺ 作为手动切片凝胶的替代方案，也可以使用许多自动化的位点拾取器。

㊻ 干燥的凝胶块变白并从Eppendorf管的壁上脱落。干燥的凝胶块可在－20℃下储存几个月，直至进行进一步分析。

㊼ 将来自相同凝胶块的所有上清液收集在一个Eppendorf管中。

㊽ 不要丢弃提取的凝胶块，可将凝胶块在－20℃保存直至进行MS分析。如果消化失败，可以用相同的凝胶片重复[18]。

参考文献

1. Roucourt B, Lavigne R (2009) The role of interactions between phage and bacterial proteins within the infected cell: a diverse and puzzling interactome. Environ Microbiol 11:2789–2805
2. Liu J, Dehbi M, Moeck G et al (2004) Antimicrobial drug discovery through bacteriophage genomics. Nat Biotechnol 22:185–191
3. Yano ST, Rothman-Denes LB (2011) A phage-encoded inhibitor of Escherichia coli DNA replication targets the DNA polymerase clamp loader. Mol Microbiol 79:1325–1338
4. Nechaev S, Severinov K (2003) Bacteriophage-induced modifications of host RNA polymerase. Annu Rev Microbiol 57:301–322
5. Häuser R, Blasche S, Dokland T et al (2012) Bacteriophage protein-protein interactions. Adv Virus Res 83:219–298
6. De Smet J, Hendrix H, Blasdel BG et al (2017) Pseudomonas predators: understanding and exploiting phage-host interactions. Nat Rev Microbiol 61:517–530
7. Stover CK, Pham XQ, Erwin AL et al (2000) Complete genome sequence of *Pseudomonas aeruginosa* PAO1, an opportunistic pathogen. Nature 406:959–964
8. Gellatly SL, Hancock REW (2013) *Pseudomonas aeruginosa*: new insights into pathogenesis and host defenses. Pathog Dis 67:159–173
9. Wodak S, Vlasblom J, Turinsky A et al (2013) Protein-protein interaction networks: puzzling riches. Curr Opin Struct Biol 23:941–953
10. Fields S, Song O (1989) A novel genetic system to detect protein-protein interactions. Nature 340:245–246
11. Van den Bossche A, Ceyssens PJ, De Smet J et al (2014) Systematic identification of hypothetical bacteriophage proteins targeting key protein complexes of *Pseudomonas aeruginosa*. J Proteome Res 13:4446–4456
12. Korndörfer IP, Skerra A (2002) Improved affinity of engineered streptavidin for the Strep-tag II peptide is due to a fixed open conformation of the lid-like loop at the binding site. Protein Sci 11:883–893
13. Schmidt TGM, Skerra A (2007) The Strep-tag system for one-step purification and high-affinity detection or capturing of proteins. Nat Protoc 2:1528–1535
14. Lesic B, Rahme LG (2008) Use of the lambda Red recombinase system to rapidly generate mutants in *Pseudomonas aeruginosa*. BMC Mol Biol 9:20
15. Armengaud J, Trapp J, Pible O (2014) Non-model organisms, a species endangered by proteogenomics. J Proteome 105:5–18
16. Choi KH, Kumar A, Schweizer HP (2006) A 10-min method for preparation of highly electrocompetent *Pseudomonas aeruginosa* cells: application for DNA fragment transfer between chromosomes and plasmid transformation. J Microbiol Methods 64:391–397
17. Ceyssens PJ, Minakhin L, Van den Bossche A et al (2014) Development of giant bacteriophage ϕKZ is independent of the host transcription apparatus. J Virol 88:10501–10510
18. Shevchenko A, Tomas JH, Olsen J et al (2007) In-gel digestion for mass spectrometric characterization of proteins and proteomes. Nat Protoc 1:2856–2860

44 用于分枝杆菌药物敏感性试验的荧光杆菌噬菌体

- 44.1 引言
- 44.2 材料
- 44.3 方法
- 44.4 注释

摘要

氟霉菌噬菌体是一类新的报告噬菌体，含有 Laboratorio 荧光报告基因（绿色荧光蛋白、黄色荧光蛋白和红色荧光蛋白），并提供一种简单的方法来揭示分枝杆菌细胞的代谢状态，进而揭示它们对抗生素的反应。本章使用荧光显微镜、流式细胞仪或方便的多孔格式荧光计描述了一种简单快速的分枝杆菌药敏试验（DST）方法。

关键词： 报告噬菌体，分枝杆菌，DST，荧光杆菌噬菌体，抗生素，抗药性

44.1 引言

结核病（TB）是造成人类死亡的一个主要原因，每年有 900 万新病例和近 200 万人死亡；大约有 20 亿人感染致病因子结核分枝杆菌[1]。虽然结核分枝杆菌感染可以用 6～9 个月的抗生素疗程和至少三种药物有效解决，但耐药菌株的出现使治疗大大复杂化。特别值得关注的是那些对两种或多种一线抗结核药物具有抗性的菌株，包括对利福平和异烟肼具有抗性的多重耐药（MDR）菌株，以及另外对二线可注射药物（如卷曲霉素、卡那霉素或阿米卡星）和一种氟喹诺酮类药物具有抗药性的广泛抗药性（XDR）菌株[2]。使用敏感和自动化方法或基于 DNA 的技术可以很容易地确定耐药性特征，但可能很昂贵，限制了它们在绝大多数发生结核病例的发展中国家的适用性。因此，需要结合速度（检测时间）、灵敏度、特异性生物安全性和成本的新诊断方法来确定对常用抗结核药物的抗性。

分枝杆菌噬菌体是开发诊断工具的优秀候选者，因为它们在分枝杆菌宿主中有效且特异地感染和复制。已经了解了开发氟霉菌噬菌体作为一类新的报告基因噬菌体，其含有荧光报告基因绿色荧光蛋白或黄色荧光蛋白[7,8]。与现有的基于噬菌体的结核病诊断方法相比，这些氟环化合物噬菌体具有潜在的显著优势。商用噬菌体扩增生物测定法（FASTPlaque^{TM}Biotec）利用噬菌体 D29 的结核分枝杆菌依赖性繁殖和快速生长的耻垢分枝杆菌病毒颗粒计数的测

定[9,10]，已适用于确定对利福平的耐药性[11]。荧光素酶报告基因噬菌体试验使用携带萤火虫荧光素酶基因的重组分枝杆菌噬菌体，通过发光检测结核分枝杆菌，并在抗生素存在下通过光发射经验确定耐药性[12,13]。这些方法快速、准确且简单，但不适合检测部分抗性培养物，并且需要活的潜在感染性培养物的繁殖。氟霉菌噬菌体使用简单、快速、灵敏度高，主要受限于通过荧光显微镜或流式细胞仪检测细胞的效率。虽然使用荧光显微镜检测似乎不是廉价诊断的最佳选择，但已经报道了低成本 LED（发光二极管）荧光适配器可用于非常适于发展中国家使用的显微镜[14~16]。此外，最近开发的第二代 Fluoromycobacteriophages（带有密码子的 *mCherry* 基因在分枝杆菌中优化使用）具有更高的灵敏度和更短的结核分枝杆菌信号检测时间[17]。还在药物存在的情况下建立了多孔感染的条件。这种创新方法不仅可用于临床分离株的 DST，还可进一步应用于新型抗结核化合物的 HTS（高通量筛选）。

44.2 材料

44.2.1 Fluorophage 储备液的准备

① 噬菌体缓冲液。50mmol/L Tris-HCl pH7.5；150mmol/L NaCl；10mmol/L $MgSO_4$。

② 7H10 平板，含 10%（体积分数）ADC（2g/L D-葡萄糖，5g/L 牛血清白蛋白组分 V，0.85g/L NaCl），羧苄西林（CB，50μg/mL），环己酰亚胺（CHX，10μL/mL）。按照制造商的说明制备 7H10 培养基，高压灭菌并补充 ADC、CB 和 CHX。

③ 分枝杆菌顶级琼脂（MBTA）。含有 0.7% Bacto 琼脂的 7H9，高压灭菌。

④ 高压灭菌的 0.1mol/L $CaCl_2$ 储备液。

44.2.2 细菌培养物的制备

① 按照制造商的说明制备 7H9 液体培养基并高压灭菌。7H9 中补充添加用于耻垢分枝杆菌的 10%（体积分数）ADC（白蛋白葡萄糖过氧化氢酶补充剂）或用于结核分枝杆菌的 OADC（油酸白蛋白葡萄糖过氧化氢酶补充剂）（注释①）。

② 聚山梨酯 80。制备 20%（体积分数）溶液并过滤除菌。

③ 玻璃管。

④ 挡板烧瓶。

⑤ 螺帽管。

44.2.3 抗生素储备液的制备

溶于 DMSO 的利福平（RIF）（50mg/mL）和溶于 1mol/L NaOH 中的氧氟沙星（OFLO）（10mg/mL），可以在水中制备从 5mg/mL 开始的其他稀释液。异烟肼（INH）（5mg/mL）、乙硫异烟胺（ETH）（10mg/mL），乙胺丁醇（EMB）（10mg/mL），卡那霉素（KAN）（5mg/mL），链霉素（STR）（10mg/L），羧苄西林（50mg/mL）和环己酰亚胺（10mg/mL）在蒸馏去离子水中制备并过滤灭菌。抗生素储备液可以储存于−20℃。

44.2.4 细胞固定

PBS（0.1mol/L 磷酸钠，0.15mol/L 氯化钠）。溶于 PBS 中的 4%（体积分数）多聚甲

醛溶液。

44.2.5 荧光分析

黑色、扁平，有透明底部的 96 孔微孔板（GreinerBio-One）。黑色吸光密封膜（AbsorbMax，Excel Scientific 公司）。

44.3 方法

44.3.1 Fluorophage 储备液的准备

因为获得的噬菌体突变体荧光较少，所以从储备液中扩增荧光噬菌体不宜超过两次。理想的情况下，将耻垢分枝杆菌 mc^2155 细胞用 phasmid DNA 电穿孔，并扩增各个噬菌斑以进一步获得高效价的储备液（见下文）。

① 电穿孔耻垢分枝杆菌 mc^2155 感受态细胞，含有 200～300ng 适当的质粒（Bio-Rad Gene Pulser；设置：对于 0.2cm 比色皿需要 2500mV，1000Ω，25μF）（注释②）。

② 在 1mL 7H9＋ADC 中于 30℃恢复细胞 30min。

③ 将细胞与 200μL 处于指数生长的耻垢分枝杆菌 mc^2155 培养物（见下文），以及 3mL MBTA＋$CaCl_2$（终浓度 1mmol/L）混合。倒入 7H10/ADC/CB/CHX 平板。

④ 将平板 30℃孵育 48h（注释③）。

⑤ 用 3mL 噬菌体缓冲液覆盖平板（如果有 100～200 个噬菌斑），或使用无菌尖端挑选约 10 个噬菌斑并将它们汇集在 500μL 噬菌体缓冲液中（如果有 20～50 个噬菌斑）。在 4℃孵育 2h 至开始。可以通过双琼脂覆盖法直接计算这种少量原液的效价。

⑥ 如果用缓冲液盖住平板，则回收缓冲液（也要刮掉顶部琼脂的碎片部分），于 4℃ 3500*g* 离心 5min 除去细胞碎片和琼脂。

⑦ 通过 0.45μm 滤膜过滤上清液，并通过双琼脂覆盖法计算平板原液的效价（注释④）。

⑧ 稀释噬菌体，以获得约 5×10^4～1×10^5 pfu/mL 浓度。

⑨ 将 2mL 适当的稀释液与 20mL 耻垢分枝杆菌 mc^2155 指数期培养物混合。在室温下孵育 15min。

⑩ 将细菌-噬菌体悬浮液与 180mL 含有 1mmol/L $CaCl_2$ 的 MBTA/ADC 混合。

⑪ 向每个 7H10/ADC/CB/CHX 板（150mm×15mm 培养皿）倒入 10mL 混合物（总共 20 个板）。

⑫ 在 30℃孵育 48h。应该得到几乎完全裂解的细菌菌泥，以获得高效价的原液。

⑬ 用 10mL 噬菌体缓冲液＋1mmol/L $CaCl_2$ 覆盖每个平板，并在 4℃下孵育过夜。

⑭ 从板上回收并合并缓冲液，并通过在 3500*g*、4℃下离心 15min，除去细胞和细胞碎片。

⑮ 用 0.45μm 过滤器过滤上清液。

⑯ 为了浓缩噬菌体原液，在 4℃下 100000*g* 离心 2h（注释⑤）。

⑰ 弃去上清液，用 1mL 噬菌体缓冲液＋1mmol/L $CaCl_2$ 覆盖沉淀。4℃孵育过夜。

⑱ 完全重悬沉淀。

⑲ 用 0.45μm 过滤器过滤噬菌体悬浮液。

⑳ 通过双琼脂覆盖法计算原料的效价。

44.3.2 通过荧光显微镜或流式细胞术检测

44.3.2.1 耻垢分枝杆菌培养物的感染

① 在无菌玻璃管中将耻垢分枝杆菌 mc^2155 菌落接种到 3mL 7H9 肉汤（含有 ADC、CB、CHX 和 0.05%聚山梨酯）中，并在 37℃振荡直至培养物饱和（约 2 天）。将其在 125mL 带挡板的无菌烧瓶中（含有 15mL 不含聚山梨酯和 CB，CHX 的相同培养基）进行传代培养，至最终 $OD_{600}=0.020$，然后 37℃振荡过夜（注释⑥）。

② 一旦细胞培养至 $OD_{600}=0.800\sim1$，将 250μL 细胞加入微量离心管中，并用 250μL 噬菌体稀释液感染，使感染复数达到 100（MOI）（注释⑦）。始终包含模拟感染的对照。

③ 如果进行 DST，则在含有噬菌体的同时加入适当浓度的抗生素。对于某些抗生素，在加入噬菌体前需要预孵育 4h（注释⑧）。

④ 将噬菌体-细胞混合物静置孵育 15min，然后孵育 3h（对于 $mCherry_{bomb}$ 噬菌体）或 5h（对于 phAE87：：*hsp60-EGFP*）在 37℃温和摇动（注释③）。

⑤ 在 PBS 中加入 500μL 4%多聚甲醛，在室温下孵育 1h（注释⑨）。

⑥ 使用微型离心机（最高转速下 3min）将细胞沉降下来，并使用 500μL PBS 洗涤沉淀（注释⑩）。

⑦ 将细胞重悬于 25μL（用于显微镜检查）或 300μL（用于流式细胞仪检测）PBS 中。细胞可在 4℃下储存，直至使用。

⑧ 对于显微镜检测，点 4.5μL 于载玻片上，盖上盖玻片，用纸巾擦去多余的液体，然后密封（注释⑪）。

⑨ 用荧光显微镜观察细胞（注释⑫）。

44.3.2.2 结核分枝杆菌培养物的感染

① 在无菌螺帽塑料管中将结核分枝杆菌菌落接种到 3mL 7H9 肉汤（含有 OADC、CB、CHX 和 0.05%聚山梨酯）中，并在 37℃下静置直至培养物达到饱和（约 10d）。在 50mL 无菌塑料管中将这些 3mL 培养物接种到 15mL 相同的培养基中，并在 37℃下静置培养。

② 一旦细胞 $OD_{600}=0.800\sim1$（对应于 McFarland4 的浊度），用 7H9 洗涤两次并将其重悬于 7H9＋OADC（不含聚山梨酯和 CB，CHX）（注释⑬）。将细胞在 37℃孵育 24h（注释⑭）。

③ 将 250μL 细胞加入微量离心螺旋盖管中，并用 250μL 噬菌体稀释液感染，使感染复数（MOI）达到 100（注释⑮）。

④ 进行 DST 时，在含有噬菌体的同时加入适当浓度的抗生素。对于某些抗生素，需要在加入噬菌体前预孵育 24h（注释⑯）。

⑤ 将噬菌体-细胞混合物孵育 15min，然后孵育 5h（适用于 $mCherry_{bomb}$ 噬菌体）或在 37℃孵育 16h（适用于 phAE87：：*hsp60-EGFP*），温和摇动（注释③）。

⑥ 在 PBS 中加入 500μL 4%多聚甲醛，室温孵育 3h（注释⑨和注释⑰）。

⑦ 使用微型离心机（最高转速下 3min）将细胞沉降下来，并使用 500μL PBS 洗涤沉淀（注释⑩）。

⑧ 将细胞重悬于 25μL（用于显微镜检查）或 300μL（用于流式细胞仪检测）PBS 中。细胞可以在 4℃下储存，直至使用。

⑨ 对于显微镜检测，点 4.5μL 于载玻片上，盖上盖玻片，用纸巾擦去多余的液体，然后密封（注释⑪）。

⑩ 使用荧光显微镜观察细胞（注释⑫）。

44.3.3 使用多孔格式的荧光计进行检测

① 分别如44.3.2.1步骤①和②，或44.3.2.2步骤①和②中所述，培养耻垢分枝杆菌细胞或结核分枝杆菌细胞。当测试临床分离株时，可选择将7H9/OADC中的一些菌落重新悬浮至McFarland4的浊度。

② 在黑色、平坦、底部透明的96孔微孔板中准备经过一系列培养基两倍稀释的最终体积为100μL的药物，分别在7H9/ADC培养基（对于耻垢分枝杆菌）和7H9/OADC培养基（对于结核分枝杆菌）中测试。向最后一个孔加入100μL培养基作为对照。

③ 向每个孔中加入100μL耻垢分枝杆菌 $mc^2$155细胞或结核分枝杆菌细胞（注释⑱和注释⑲）。

④ 加入10μL噬菌体稀释液，每孔感染复数为100（注释⑳）。

⑤ 用黑色吸光密封膜覆盖微孔板顶部（注释㉑）。

⑥ 在先前设定为37℃的荧光计中放入密封的微孔板。

⑦ 设置一个程序，允许在37℃下监测荧光随时间的变化（注释㉒）。建议在每次阅读前进行双轨道振动。

⑧ 检索结果时，请减去每个时间点的背景（零时的细胞和噬菌体）。图44-1显示了在不同浓度药物存在下结核分枝杆菌 $mc^2$6230的典型曲线。

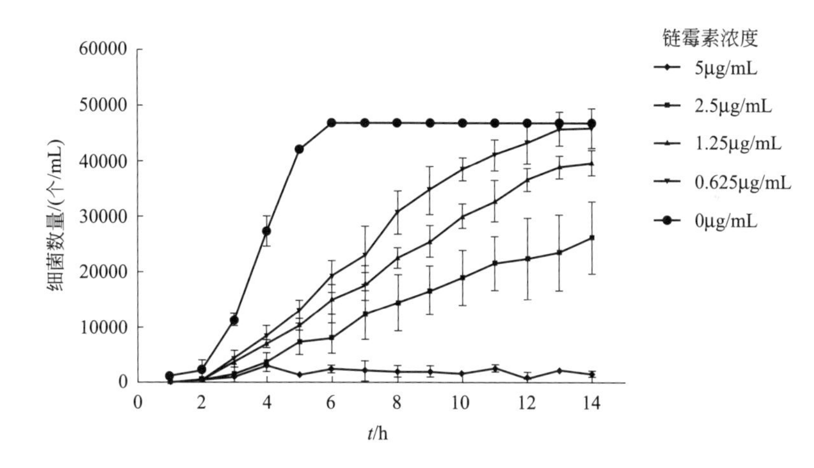

图44-1 在不同浓度的链霉素存在下用 $mCherry_{bomb}$ 噬菌体感染结核分枝杆菌 $mc^2$6230后荧光基因表达的动力学

44.4 注释

① 将ADC和OADC制备为10×储备液。在烧瓶中加入925mL去离子水、8.5g NaCl和20g葡萄糖。再用磁棒搅拌，加入50g BSA并搅拌至完全溶解。如果制备OADC，加入50mL 1%油酸钠溶液并搅拌直至完全混合。pH应为6.9～7。通过0.22μm孔膜过滤除菌，于4℃储存。

制备500mL 1%油酸钠溶液：将12.5mL 2mol/L NaOH、6mL油酸（5g）和481.5mL水混合。

② 总体而言，细胞如 44.3.2.1 步骤①和②中所示生长，并用 10%无菌冰冷甘油洗涤数次。

③ 荧光杆菌噬菌体是热敏表型噬菌体 pH101 的衍生物，其具有热敏表型。感染后，细胞裂解条件是在 30℃下而不是 37℃。因此，在 30℃孵育平板以获得噬菌斑和细胞悬浮液以及在 37℃观察荧光细胞，是至关重要的。

④ 根据电穿孔后获得的噬菌斑数量，原液的效价为 10^7～10^8pfu/mL。

⑤ 这一离心步骤必须通过超速离心机进行。或者可以选择遵循 Sarkis 和 Hatfull 方法（分子生物学方法）。

⑥ 在聚山梨酯存在的条件下，细胞不被感染，因此耻垢分枝杆菌细胞应在不存在去污剂或者存在结核分枝杆菌的情况下生长，在感染前彻底洗涤，并在没有去污剂的环境下孵育至少 8h。

⑦ OD_{600}=1 的耻垢分枝杆菌 $mc^2$155 相当于每毫升含有 10^8 个细胞。250μL 含有约 2.5×10^7 个细胞，必须用 2.5×10^9 个噬菌体感染才能使 MOI 达到 100。

⑧ 当测试药物的靶标是基因表达（转录或翻译）时，可以同时添加噬菌体和抗生素。相反，当抗生素具有不同的靶标（例如，细胞壁合成）时，在添加噬菌体之前必须与药物一起预孵育。可以与噬菌体同时加入的有利福平（50μg/mL）、卡那霉素（10～20μg/mL）、氧氟沙星（12.5μg/mL）和链霉素（12.5～25μg/mL）。对于乙硫异烟胺（20μg/mL）、乙胺丁醇（10μg/mL）和异烟肼（25μg/mL）来说，细胞在加入噬菌体前，应在 37℃预孵育 4h。当使用耻垢分枝杆菌 $mc^2$155 菌株时，在测试时这些浓度会抑制荧光。使用不同的菌株时，可能需要优化这些数值。

⑨ 最好在滚筒旋转器或类似物中进行这种孵育，以确保细胞和多聚甲醛溶液之间充分接触。

⑩ 可以再次重复此洗涤以获得更清洁的样品，但请记住，每次洗涤都会丢失细胞。

⑪ 避免使用指甲油，因为它可以消除荧光。建议使用以下密封剂：凡士林-羊毛脂-石蜡（1∶1∶1），在加热板上的烧杯中熔化，然后温度调低（此混合物可以多次使用）。

⑫ 首先在明亮的环境中检查细胞，然后切换到荧光。使用以下过滤器：对于 EGFP，使用 CLON ZsGreen1（42002-HQ470/30，HQ520/40m，Q495LP）；对于 mCherry，使用 64 HE m Plum shift free（E）。

⑬ 检查浊度是否与 McFarland4 相似。

⑭ 如果进行 DST，则利用这 24h 与抗生素（例如，异烟肼和乙硫异烟胺）预孵育。

⑮ OD_{600}=1 的结核分枝杆菌相当于每毫升含有 10^9 个细胞。250μL 含有约 2.5×10^8 个细胞，其必须用 2.5×10^{10} 个噬菌体感染才能使 MOI 达到 100。

⑯ 可以与噬菌体同时添加的抗生素有利福平（2μg/mL）、卡那霉素（4μg/mL）、链霉素（6μg/mL）和氧氟沙星（10μg/mL）。对于乙硫异烟胺（10μg/mL）、乙胺丁醇（5μg/mL）和异烟肼（0.4μg/mL）来说，细胞在加入噬菌体前，应在 37℃下预孵育 24h。当使用结核分枝杆菌 $mc^2$6230 菌株（H37Rv 的衍生物）时，在测试时这些浓度会抑制荧光，并能区分敏感菌株和抗性菌株。使用不同的菌株时，可能需要优化这些数值。

⑰ 当使用结核分枝杆菌 $mc^2$6230 菌株时，3h 的孵育足以杀死所有存活的细菌，但建议在使用其他菌株时进行测试。固定后，样品操作是安全的，不需要在 2 级或 3 级生物安全条件下工作。

⑱ 使用多通道移液器添加细胞，添加每种药物时更换多通道移液器枪头。

⑲ 如果正在测试需要预孵育的抗生素（注释⑧和⑯），盖上盖子并在37℃孵育细胞4h（耻垢分枝杆菌）或24h（结核分枝杆菌），然后加入噬菌体。预孵育24h后，用水填充微孔板中的一些空孔以避免蒸发。或者，在湿室中孵育。

⑳ $OD_{600}=1$ 的耻垢分枝杆菌 mc^2155 相当于每毫升有 10^8 个细胞。100μL含有约 10^7 个细胞，必须用 10^9 个噬菌体感染以使MOI达到100。结核分枝杆菌的 $OD_{600}=1$ 相当于每毫升有 10^9 个细胞。100μL含有约 10^8 个细胞，其必须用 10^{10} 个噬菌体感染以使MOI达到100。

㉑ 使用10％次氯酸钠溶液小心清洁微孔板外部。

㉒ 设置每小时测量荧光条件，至少检测8h。黑色吸光密封膜的存在仅允许底部读数，因此请确保设备具有该选项。为方便起见，板可以过夜读取。

参考文献

1. WHO (2014) Global Tuberculosis Report. World Health Organization, Geneva
2. Zumla A et al (2012) Drug-resistant tuberculosis--current dilemmas, unanswered questions, challenges, and priority needs. J Infect Dis 205(Suppl 2):S228–S240
3. Watterson SA, Drobniewski FA (2000) Modern laboratory diagnosis of mycobacterial infections. J Clin Pathol 53(10):727–732
4. WHO (2011) Automated real-time nucleic acid amplification technology for rapid and simultaneous detection of tuberculosis and rifampicin resistance. Xpert MTB/RIF system, Geneva
5. Rachow A et al (2011) Rapid and accurate detection of Mycobacterium tuberculosis in sputum samples by Cepheid Xpert MTB/RIF assay--a clinical validation study. PLoS One 6 (6):e20458
6. Bowles EC et al (2011) Xpert MTB/RIF(R), a novel automated polymerase chain reaction-based tool for the diagnosis of tuberculosis. Int J Tuberc Lung Dis 15(7):988–989
7. Piuri M, Jacobs WR Jr, Hatfull GF (2009) Fluoromycobacteriophages for rapid, specific, and sensitive antibiotic susceptibility testing of Mycobacterium tuberculosis. PLoS One 4(3): e4870
8. Piuri M et al (2013) Generation of affinity-tagged fluoromycobacteriophages by mixed assembly of phage capsids. Appl Environ Microbiol 79(18):5608–5615
9. Wilson SM et al (1997) Evaluation of a new rapid bacteriophage-based method for the drug susceptibility testing of Mycobacterium tuberculosis. Nat Med 3(4):465–468
10. Watterson SA et al (1998) Comparison of three molecular assays for rapid detection of rifampin resistance in Mycobacterium tuberculosis. J Clin Microbiol 36(7):1969–1973
11. Albert H et al (2001) Evaluation of FASTPlaqueTB-RIF, a rapid, manual test for the determination of rifampicin resistance from Mycobacterium tuberculosis cultures. Int J Tuberc Lung Dis 5(10):906–911
12. Jacobs WR Jr et al (1993) Rapid assessment of drug susceptibilities of Mycobacterium tuberculosis by means of luciferase reporter phages. Science 260(5109):819–822
13. Banaiee N et al (2003) Rapid identification and susceptibility testing of Mycobacterium tuberculosis from MGIT cultures with luciferase reporter mycobacteriophages. J Med Microbiol 52.(Pt 7:557–561
14. Marais BJ et al (2008) Use of light-emitting diode fluorescence microscopy to detect acid-fast bacilli in sputum. Clin Infect Dis 47 (2):203–207
15. Miller AR et al (2010) Portable, battery-operated, low-cost, bright field and fluorescence microscope. PLoS One 5(8):e11890
16. Tapley A et al (2013) Mobile digital fluorescence microscopy for diagnosis of tuberculosis. J Clin Microbiol 51(6):1774–1778
17. Urdániz E et al (2016) Antimicrobial Agents and Chemotherapy 60(5):3253–3256

45 工程噬菌体生物传感器

- 45.1 引言
- 45.2 材料
- 45.3 方法
- 45.4 注释

摘要

噬菌体曾被用于诊断，但由于缺乏可并行化的工程方法，它们的适用性被限制在了很窄的诊断范围内。然而，最近DNA测序技术的进步和更灵敏的报告系统的引入促进了新工程方法的发展，从而反过来扩大了现代噬菌体诊断的范围。本章介绍了以模块化和快速方式设计噬菌体基因组的先进方法。

关键词： 工程噬菌体，基因组工程，报告系统，诊断，荧光素酶

45.1 引言

噬菌体已经被工程化改造表达报告蛋白，目的是检测特定类型细菌的存在与否，这些细菌易被噬菌体感染[1~4]。特定噬菌体分离物的天然宿主范围是有限的，并且对于给定的诊断应用，所有已表征过的噬菌体的宿主组合，仍可能不包含足够比例的目标靶细菌。所以对噬菌体进行工程改造，使其具有新的、有针对性的宿主范围对于扩大噬菌体诊断的使用范围有利。要达到这一目的，需要高通量的特异性噬菌体改造方法[4]。

由于噬菌体基因组的某些特性，工程改造噬菌体较困难。例如，噬菌体基因组已经进化到包含相对较少的限制性酶切位点，它们的DNA经过大量化学修饰，所以利用传统的克隆技术操作噬菌体具有挑战性[5,6]。噬菌体基因组非常紧凑，包含许多必需基因和非常少的非编码DNA。这个特征使得插入异源序列或替换部分基因组[7] 难以找到可接受的工程修改位点。

其中一种克隆噬菌体DNA的方法依赖于分离噬菌体DNA，以限制性内切酶切割DNA，连接异源序列和转化DNA返回宿主或用于装配工程噬菌体[8]。另一种方法是克隆噬菌体DNA中的一个小片段至质粒，然后通过插入异源序列来修改该片段，把修改后的质粒转入宿主菌株，然后使用野生型噬菌体感染宿主。在某些低频率下，噬菌体基因组和质粒之间将会发生同源重组，使异源序列插入野生型噬菌体基因组[9]。筛选噬菌体后代重组表型将获得工程噬菌体。

虽然这些基本技术在一些实例中已经取得了成功，但是它们也有许多局限性。例如，在功能上测试重组噬菌体分离株诊断特性之前，必须测定噬菌体的基因组特征，以确保其

DNA已经按要求修改。另外，对于每个创建的工程菌株或测定新的插入位点，整个工程流程必须从头到尾重复[1,9]。为了克服这些限制，在改造过程中做了一些改进，以使其更快、更高效[10,11]。这个改进方案，称为噬菌体感染工程（PIE，图45-1）[10,11]。

为了设计噬菌体，创建了噬菌体靶向载体（PTV），它由一个报告基因（荧光素酶）和一个大约1kb的噬菌体基因组序列组成，分别对应于所需插入位点的直接上游和下游。PTV由PCR片段组装而成，使用特意将20bp重叠序列掺入每对相邻插入片段的引物进行扩增，以便通过基于重组的克隆方法促进装配[12]。

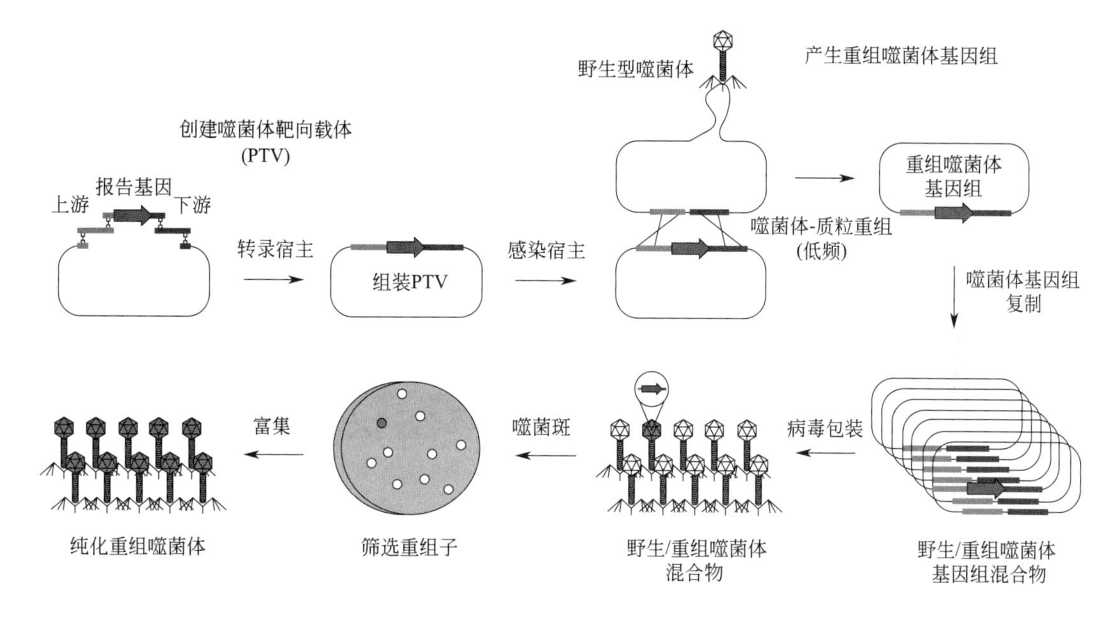

图45-1 噬菌体感染工程（PIE）工作流程示意（见文后彩页）

基于重组的克隆方法构建噬菌体靶向载体（PTV），其中报告基因（绿色箭头），如荧光素酶，侧翼为约1kb与上游（UHR，黄色矩形）和下游（DHR，蓝色矩形）同源的DNA序列区域，其目的在于修饰。这个载体被转进可接受的细菌宿主菌株中。随后，用野生型噬菌体感染该菌株。在感染过程中，概率较低的双交换同源重组发生在PTV和野生型噬菌体DNA之间，使报告基因的插入序列进入噬菌体基因组。这些表达报告基因的重组噬菌体基因组，在感染周期中的噬菌体中占少数，所以病毒包装后形成少量重组噬菌体，大部分是野生型的噬菌体。迭代然后进行多轮筛选和富集重组噬菌体直至获得纯单克隆抗体样品并随后进行扩增（有关富集程序的更多详细信息，请参见图45-2）

45.2 材料

使用超纯水和分析纯试剂准备所有溶液。在合适温度下制备和保存试剂（除非另有说明）。废弃物的处理要符合相关规定。

45.2.1 构建和组装所需材料

① Phusion® 高保真PCR Master Mix带HF缓冲液（M0531S，New England Biolabs，USA）。
② 引物，25nmol/L，标准脱盐（Integrated DNA Technologies，USA）。
③ PCR仪（6321 000.515，Eppendorf，USA）。
④ GeneArt® 无缝克隆和组装试剂盒（A13288，Thermo Fisher Life Technologies，USA）。
⑤ 基础质粒pMK4或其他革兰阴性/阳性菌穿梭质粒（ATCC37315）。

⑥ One Shot®大肠埃希菌感受态（C4040-10，Thermo Fisher Life Technologies，USA）。

⑦ Gene Pulser Xcell™ 电转仪（165-2662，Bio-Rad Laboratories，USA ）。

⑧ 电转杯（165-2083，Bio-Rad，USA）。

⑨ BHI 平板（W15，Hardy Diagnostics，USA）。

⑩ BHI＋500mmol/L 蔗糖肉汤（高压蒸汽灭菌）（90，003-032，VWR，USA）。

⑪ 青霉素（50mg/mL）（AAJ63901-22，VWR，USA）。

⑫ 甘油蔗糖冲洗缓冲液（500mmol/L 蔗糖，10%甘油 pH 7.0，过滤除菌）：蔗糖（P-908，Boston Bio Products，USA）；甘油（G5516-100ML，Sigma Aldrich，USA）。

⑬ 溶菌酶（50mg/mL）（470301-618，VWR，USA）。

45.2.2 筛选所需材料

① GloMax® 96 微孔板发光检测仪（E6521，Promega，USA）。

② ChemiDoc™ XRS＋ImageLab™ 软件系统（170-8265，Bio-Rad，USA）。

③ Nano-Glo®荧光素酶检测（N1110，Promega，USA）。

④ RC-5C 超速离心机（Beckman Coulter，USA）。

⑤ SLA-1500 转子（Beckman Coulter，USA）。

⑥ UltraPure™ 低熔点琼脂糖（16520-050）。

⑦ 500mmol/L 蔗糖溶液（蔗糖，P-908，Boston Biop Products，USA）。

⑧ Greiner Bio-One Lumitrac 96 孔板（655，075）。

45.3 方法

除非特殊说明，所有操作在室温下进行。

45.3.1 目标 DNA 载体设计和组装——设计

为了将报告基因靶向定位到噬菌体基因组中的特定位置，构建的质粒必须包含报告基因以及特定的上游和下游同源区域。为了使重组效率最大化，同源片段设计长度一般为 1kb 左右。目标启动子、核糖体结合位点、间隔区都可以轻易地通过 PCR 引物片段引入上游、报告基因和下游 DNA 片段之间的连接处。该质粒一旦组装完毕，将会使位点特异性重组的报告基因进入感兴趣的基因座。在本小节，描述了无启动子的荧光素酶基因进入李斯特菌噬菌体 A511 的主要衣壳蛋白下游的噬菌体基因组[10,11,13]。

45.3.2 噬菌体组装、转化和在宿主菌中扩增

本节主要介绍 PTV 在大肠埃希菌中扩增，然后转移至李斯特菌宿主。

45.3.2.1 组装

① 根据 2×Phusion Master Mix 流程 PCR 扩增所需片段。

② 使用 *Sma* Ⅰ和 *Pst* Ⅰ消化使载体（pMK4）线性化。

③ 使用基于同源性的组装试剂盒（GeneArt Seamless Cloning Kit，Thermo Fisher Scientific）把 3 个目的片段和线性化载体组装成完整载体。

45.3.2.2 转化

GeneArt Seamless 克隆试剂盒包含 TOP10 化学法制备的感受态细胞。如果使用其他的

试剂盒，请参照相应的说明。

① 取 6～8μL 组装反应液加入 One Shot® TOP10 大肠埃希菌感受态细胞中，轻轻涡旋混匀。

② 重要！不要使用移液枪吹吸混匀。注意：如果需要转化对照实验，取 2.5μL pUC19 质粒加入 1 支新的 One Shot® TOP10 感受态细胞中，同步进行转化流程。

③ 混合物冰浴 20～30min。

④ 42℃热击 30s，不要摇晃。

⑤ 立即把离心管转移至冰上，冰浴 2min。

⑥ 在转化混合物中加入 250μL 室温的 S. O. C。

⑦ 盖紧离心管，37℃、200r/min 振荡离心管 1h。

⑧ 孵育后，使用 S. O. C 以 1∶10 稀释转化液，然后每个预热的选择性平板涂布 10～50μL。如果是 4 个片段的组装，则直接涂布不需要稀释。建议在平板上涂布两个不同体积，以确保至少一个平板有间隔良好的菌落。

⑨ 37℃过夜培养。

45.3.2.3 大肠埃希菌：PTV 筛选

为了筛选包含正确组装载体的克隆，比较简便的方法是使用目的片段边缘引物进行一个克隆 PCR。然而，一般使用一种快速的，更加高通量的方法进行转化子的初筛。这种方法依赖于大肠埃希菌宿主的 NanoLuc 荧光素酶基因的高表达。

① 为每个待筛选的克隆准备一个带有 50μLLB 培养基的微量离心管。

② 使用 200μL 枪头挑取单克隆至预备好的微量离心管中。振荡混匀 10s。使用获得的菌悬液进行下面的步骤。

③ 吸取 5μL 菌悬液至包含 Lumitrac200 培养基的 96 孔板中，其余菌悬液待用。

④ 根据操作说明准备 Nano-Glo® 试剂。

⑤ 每孔加入 5μL Nano-Glo® 试剂。

⑥ 使用 Promega GloMax96 光度计，建立“SteadyGlo”程序（间隔 1s）或其他程序测定发光强度。

⑦ 亮度较高的克隆可能包含正确组装的载体。使用菌悬液作为模板，通过菌落 PCR 和测序进行验证。

⑧ 使用带有合适抗生素的 LB 培养基，培养已确定质粒正确组装的克隆。

⑨ 使用 QIAGEN maxi-prep 试剂盒提取质粒。

45.3.2.4 李斯特菌：体内重组

完成组装和测序确定重组质粒后，必须将其转移到噬菌体目标宿主中。在此示例中，A511 可以感染单核细胞增生性李斯特菌菌株 EGD-e（ATCCBAA-679）。感受态细胞在重组之前必须准备好并进行转化。

（1）制备电转感受态细胞

① 从−80℃保存的甘油管中挑取 EGD-e，划线接种于 BHI 平板。

② 30℃过夜培养。

③ 从平板上挑取单菌落，接种于 6mL 包含 500mmol/L 蔗糖的 BHI 培养基（高压灭菌）。

④ 30℃，200r/min 过夜培养。

⑤ 按 1∶100 稀释 EGD-e 的过夜培养物于 500mL 含有 500mmol/L 蔗糖的 BHI 培养基中。

⑥ 37℃，200r/min 培养至 OD_{600}＝0.25。

⑦ 加入 100μL 浓度为 50mg/mL 的青霉素（终浓度 10μg/mL），放回培养箱，37℃、150r/min 培养 1h。

⑧ 从培养箱中取出细胞，并在冰上冷却 10min。

⑨ 使用 SLA-1500 离心机，4℃、5000g（5700r/min）离心 10min。

⑩ 小心去除上清液，在 500mL 冰冷的蔗糖甘油洗涤缓冲液中旋转（“SGWB”，500mmol/L 蔗糖，10%甘油，pH7.0，已过滤灭菌）并重悬细胞。在这些步骤中轻轻重悬细胞非常重要。最初的重悬通常需要 30min 或更长时间，这种情况并不少见。

⑪ 4℃下，5000g 离心 10min。

⑫ 除去上清液并小心地将细胞重悬于 250mL 的预冷的 SGWB。

⑬ 在 4℃下，5000g 离心 10min。

⑭ 将细胞重悬于 50mL 预冷的 SGWB 中。

⑮ 将细胞转移到 50mL 锥形管中，加入 10μL 50mg/mL 溶菌酶（终浓度为 10μg/mL），并在 37℃下静置 20min 孵育细胞。

⑯ 将细胞转移回离心管并在 4℃下以 3000g 离心 10min（在 SLA1500 中为 3000g）。

⑰ 弃去上清液并将细胞重悬于 20mL 的预冷的 SGWB。

⑱ 在 4℃下以 3000g 离心 10min。

⑲ 丢弃上清液并将细胞重悬于 2mL 预冷的 SGWB。

⑳ 将 50μL 细胞等分分装到预冷的微管中。

㉑ −80℃冷冻细胞。

（2）电穿孔条件

① 在冰上融化李斯特菌 EGD-e 电转感受态细胞。

② 加入 4μL PTV 质粒 DNA（通常为 250～1000ng），冰浴 30min。

③ 将细胞转移到 0.1cm 电穿孔比色皿中（Bio-Rad 或类似物）。

④ 在 1kV，400Ω，25μF 的条件下电穿孔细胞。

⑤ 加入 1mL 添加 500mmol/L 蔗糖的 BHI（过滤除菌）。

⑥ 在 30℃静置孵育 3h。

⑦ 将整个转化混合物涂布在含 10μg/mL 氯霉素的固体 BHI 培养基上。

⑧ 在 30℃下将平板培养 2～4d。

⑨ 与大肠埃希菌 PTV 转化子类似，根据上述方案，筛选阳性李斯特菌转化子在 NanoLuc 存在情况下产生光的能力（请参见 45.3.2.3 中的“筛选”），并同样应通过菌落 PCR 和测序进行验证。

45.3.3 重组

① 接种 5mL 经过验证的 PTV 阳性李斯特菌转化子的过夜培养物，30℃，200r/min 振荡培养 16～24h。

② 将过夜培养物在 5mL 0.5×BHI 培养基中稀释至 OD_{600} =0.02。

③ 将 10^4～10^7 pfu/mL 野生型噬菌体加至培养物中，轻轻混合。26℃，50r/min 过夜培养。

④ 在 5mL 0.5×BHI 培养基中接种李斯特菌 EGD-e 培养物。

⑤ 用 0.22μm 真空过滤装置或等效的注射器过滤器对重组裂解液进行过滤除菌。

45.3.4 感染实验

为了确定标记已重组到噬菌体中，必须进行感染试验。如果重组裂解物可以在感染野生型细胞后产生信号，则表明重组已经发生，可以进行富集。

① 制备感染的野生型 EGD-e 细胞，包含 190μL 0.5×的 BHI 培养基、5μL 45.3.3 的重组裂解物和 5μL EGD-e 过夜培养物。

② 制备不含噬菌体、不含细胞的对照，取 5μL 细胞或重组裂解液，分别加入 195μL 0.5×BHI 培养基。

③ 每支离心管加入 10μL Nano-Glo® 试剂，取出 10μL，使用 Glomax96 光度计测量。将测量值存为第一个数据点（$T=0$），随时间监测测试感染的发光情况。

④ 将所有离心管在 30℃下静置孵育 6h。

⑤ 在 6h（$T=6$）之后再次测量所有离心管的发光情况。

⑥ 如果测试感染的发光度强于背景值（对照组的测量值）10 倍，则存在重组噬菌体颗粒。

45.3.5 富集

① 预先准备噬菌体细菌宿主细胞培养物，使其在富集程序开始之前达到指数生长阶段（OD_{600} 为 0.2）。

② 根据表 45-1 制备不同的噬菌体稀释液。如果要使用多通道移液器，一次性储存器是制备混合物的优先选择。

③ 移取 200μL 含有最高浓度 $C_{噬菌体}$ 的溶液进入第一个 96 孔板顶部三排的每个孔中。

④ 移取 200μL 含有中间浓度 $C_{噬菌体}$ 的溶液进入第一个 96 孔板排底部五排的每个孔中。

⑤ 移取 200μL 含最低浓度 $C_{噬菌体}$ 的溶液进入第二个板的每个孔中（图 45-2）。

⑥ 盖好板以最大限度地减少蒸发，并在 26～28℃的温度下孵育过夜。

⑦ 按照发光筛选流程，将来自测试孔的 5μL 液体与 25μL Nano-Glo® 底物混合，使用 GloMax 96 发光计测量生物发光情况。

⑧ 以最高的生物发光和最低噬菌体浓度来确定数值。正信号表示重组噬菌体比纯野生型噬菌体的值高 10～100 倍。随着重组噬菌体的进一步富集，正信号将增加。

⑨ 将液体从 96 孔板转移到微量离心管中，保存重组裂解液以进一步富集。

⑩ 取出这种重组裂解物的样品，以确定存在的噬菌体的效价。

⑪ 按照以下步骤设置下一轮富集，除通过进一步稀释重组裂解液降低测试的噬菌体浓度外，进行上述操作（图 45-2）。

⑫ 根据需要进行多次液体富集，直到 10～100pfu 裂解物中可以观察到发光孔。

⑬ 从获得的重组裂解液平板分离出单个噬菌斑（请参见下文）。

表 45-1 不同噬菌体稀释液的制备配方

	$C_{噬菌体}=10^8$ pfu/mL	$C_{噬菌体}=10^7$ pfu/mL	$C_{噬菌体}=10^6$ pfu/mL
$V_{噬菌体}$	$\frac{20mL\times10^8 pfu/mL}{X pfu/mL}$	$\frac{20mL\times10^7 pfu/mL}{X pfu/mL}$	$\frac{20mL\times10^6 pfu/mL}{X pfu/mL}$
$V_{细菌培养物}$	$\frac{20mL\times0.02AU}{Y AU}$	$\frac{20mL\times0.02AU}{Y AU}$	$\frac{20mL\times0.02AU}{Y AU}$
$V_{培养基}$	至 20mL	至 20mL	至 20mL

X—$C_{噬菌体}$的噬菌体浓度（pfu/mL）；Y—细菌培养物的 OD_{600}（AU）；$V_{细菌培养物}$和 $V_{培养基}$—各富集液的体积。

45.3.5.1 重组裂解物的平板培养

① 准备重组裂解液的系列稀释液（稀释液范围），并使用顶部琼脂覆盖法将其接种到

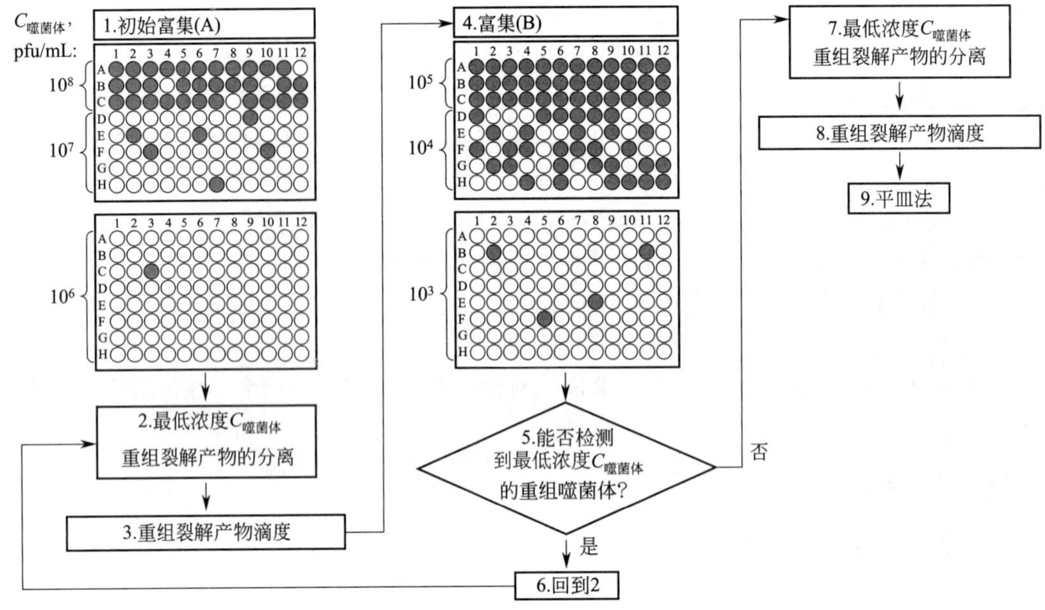

图 45-2 富集程序示意

灰色孔代表生物发光含有重组噬菌体的孔。在充分稀释噬菌体之前，富集必须重复以下操作，降低每一轮的噬菌体浓度，如图所示：最高的噬菌体浓度与最初的最低噬菌体浓度相比，富集（A）中使用的最低噬菌体浓度比富集（B）中使用的最高噬菌体浓度高 10 倍。随着进行更多轮富集，重组噬菌体发生频率应增加。如图所示，显示明亮的孔数与初始富集 A 相比，富集 B 中的生物发光增加了

0.5×BHI 琼脂平板上。

② 将平板在 30℃下孵育过夜。

45.3.5.2 重组裂解斑的测定

① 通过将 1 mL Nano-Glo®底物与 4mL 0.5×的低熔点顶部琼脂糖 BHI 培养基混合，制备足够量的“检测溶液”。

② 用检测溶液覆盖每个板，使其凝固（约 5min）。

③ 使用 Bio-Rad Chemidoc 系统对平板按两次不同的方法成像：化学发光法（通常是 10s 曝光）；比色法（通常 5s 曝光）。Bio-Rad Chemidoc 软件可以覆盖两个图像，使人们更容易从所得的合成图像中识别发光的噬菌斑（图 45-3）。

45.3.5.3 重组噬菌斑的分离

① 使用 1mL 移液器的吸头挑破琼脂分离所需的噬菌斑（或裂解区），然后将其放入装有 100μL 0.5×BHI 肉汤的微量离心管中。

② 上下吹吸混合物以破碎琼脂并使混合物均匀。

③ 在温室富裕混合物 10min，以便噬菌体扩散到肉汤中。

④ 使用 0.22μm 滤膜或在试管中加入 10μL 氯仿，去除细菌细胞和碎片。

⑤ 滴定滤液以确定噬菌体浓度。

45.4 注释

45.4.1 靶向 DNA 载体

① 有多个组装过程中丢失片段的实例，即质粒仅包含 UHR 和 NanoLuc 片段，但缺少

DHR。在这些案例中，使用以下技术获得了成功：

a. 提高丢失片段的浓度并再次组装。例如，如果质粒中缺少 DHR，则增加该片段在组装混合物中的浓度至原浓度的 2～3 倍。

b. 组装前，可以使用交叉 PCR 将 UHR、报告基因和 DHR 片段连接成一个较大的插入片段。与初始组装相比，组件数量较少的后续组装更可能成功。

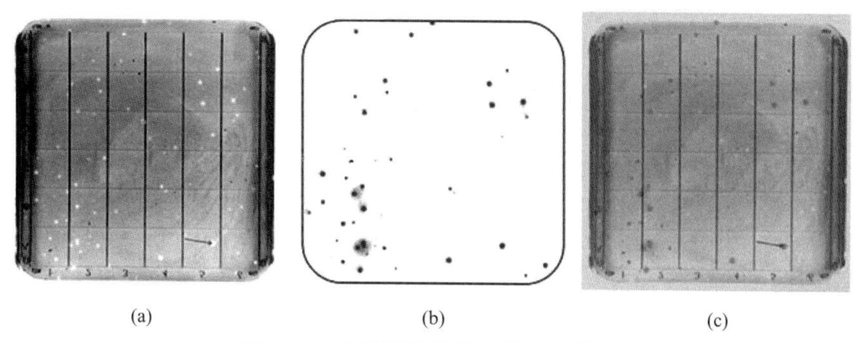

(a) (b) (c)

图 45-3 噬菌斑的图像（见文后彩页）

(a) 比色图像，噬菌斑以白色/清晰斑点出现在图像中，而未裂解的菌苔是不透明的，由于琼脂的聚合而显示阴影。
(b) 化学发光图像，使用 Bio-Rad XRS＋ChemiDoc 系统曝光 10s。
(c) 综合图像，使用 ImageLab 软件包进行人工着色。此图突出显示了两者之间的区别，野生型（不发光）和重组（发光）噬菌斑。图 (a) 和图 (c) 中的箭头显示分离良好的重组噬菌斑

c. 组装反应量和试剂减半仍然可以产生成功的载体，这样可以节省试剂。

② 上下游同源性片段设计：通常，噬菌体和 PTV 之间较长的同源序列增加了重组效率。但是，更长的片段也会增加完整病毒基因存在于 PTV 质粒中的可能性，另外某些病毒基因的表达影响组装过程。发现最合适的长度为 500bp 和 1200bp。

③ 载体线性化：为了简化 PTV 的构建，载体骨架一般通过一种或多种限制酶消化来线性化。但是，如果消化不完全，未切割的质粒或单次切割的质粒会重新循环，在转化中产生背景菌落。为防止这种情况，可以使用插入序列的反向序列作为 PCR 引物。

45.4.2 转化

① 具有化学结构的大肠埃希菌容易从 PTV 组装反应中获得克隆。通常不需要电转，电转需要额外的除盐步骤。可以参照相应试剂盒的说明。

② 组装产物的 DNA 定量不能说明载体的正确组装，因为反应混合物包含大量未组装或未完全组装的线性片段。

③ 感受态细胞制备：如果使用除 EGD-e 以外的李斯特菌菌株，需要制备不同的感受态细胞和改变电转条件。有许多条件可能需要针对给定的宿主进行优化，包括青霉素、溶菌酶等的浓度。

④ 李斯特菌转化效率不如大肠埃希菌。使用更多的 DNA 进行转化将提高转化成功率，但必须保持平衡以避免增加多余的体积，否则会稀释渗透防护剂和其他盐，而这可能会导致电弧放电至电穿孔样品。

45.4.3 重组

① 在某些情况下，简短的 6h 重组已被证明是足够的。进行后续富集时，可能需要更保守的稀释系列。

② 如果使用不同的噬菌体/宿主组合，则可能需要不同浓度的每种组合才能成功重组。

另外，可以观察到不同的重组效率。

45.4.4 富集

① 按照噬菌斑接种规程（见 45.3.5.1），可以通过平板接种 100μL 未稀释的重组裂解液来富集初始重组裂解液。可以隔离正向发光区，重新分离出单个噬菌斑。

② 使用 Glomax96 发光计时，如果相邻孔的信号极高，则信号可能会通过。通常会观察到相邻孔中信号降低 10^5。

③ 根据不同的菌株/噬菌体，可以将基于 96 孔板的富集操作规程缩短为当天 6h。在大多数情况下，观察到的信号水平将比过夜孵育的低。

45.4.5 筛选

① 使用低熔点琼脂糖制备顶部琼脂，以使熔融物料在 42℃时保持液态。这个温度足够低，既不会损坏 NanoGlo® 底物，也不会破坏初始平板中已经凝固的顶部琼脂。

② 当天能否分离噬菌斑取决于细胞/噬菌体。

参考文献

1. Loessner MJ, Rees CE, Stewart GS, Scherer S (1996) Construction of luciferase reporter bacteriophage A511::luxAB for rapid and sensitive detection of viable listeria cells. Appl Environ Microbiol 62:1133–1140
2. Klumpp J, Loessner MJ (2014) In: Thouand G, Marks R (eds) Bioluminescence: fundamentals and applications in biotechnology—volume 1. Springer, Berlin Heidelberg, p 155–171. http://link.springer.com/chapter/10.1007/978-3-662-43385-0_5
3. Loessner MJ, Rudolf M, Scherer S (1997) Evaluation of luciferase reporter bacteriophage A511::luxAB for detection of Listeria monocytogenes in contaminated foods. Appl Environ Microbiol 63:2961–2965
4. Lu TK, Bowers J, Koeris MS (2013) Advancing bacteriophage-based microbial diagnostics with synthetic biology. Trends Biotechnol 31:325–327
5. Karlin S, Burge C, Campbell AM (1992) Statistical analyses of counts and distributions of restriction sites in DNA sequences. Nucleic Acids Res 20:1363–1370
6. Gelfand MS, Koonin EV (1997) Avoidance of palindromic words in bacterial and archaeal genomes: a close connection with restriction enzymes. Nucleic Acids Res 25:2430–2439
7. Zhang H, Fouts DE, DePew J, Stevens RH (2013) Genetic modifications to temperate Enterococcus faecalis phage ϕEf11 that abolish the establishment of lysogeny and sensitivity to repressor, and increase host range and productivity of lytic infection. Microbiology 159:1023–1035
8. Makowski L (1994) Phage display: structure, assembly and engineering of filamentous bacteriophage M13. Curr Opin Struct Biol 4:225–230
9. Pouillot F, Blois H, Iris F (2010) Genetically engineered virulent phage banks in the detection and control of emergent pathogenic bacteria. Biosecurity Bioterrorism Biodefense Strategy Pract Sci 8:155–169
10. Koeris MS, Shivers RP, Brownell, DR, Holder JW, Bowers JL (2014) Recombinant phage and bacterial detection methods. http://www.google.com/patents/US20140302487
11. Lu TKT et al (2013) Recombinant phage and methods. http://www.google.com/patents/US20130122549
12. Gibson DG et al (2009) Enzymatic assembly of DNA molecules up to several hundred kilobases. Nat Methods 6:343–345
13. Klumpp J et al (2008) The terminally redundant, nonpermuted genome of Listeria bacteriophage A511: a model for the SPO1-like myoviruses of gram-positive bacteria. J Bacteriol 190:5753–5765
14. Monk IR, Gahan CGM, Hill C (2008) Tools for functional postgenomic analysis of Listeria monocytogenes. Appl Environ Microbiol 74:3921–3934

46 将噬菌体基因组导入大肠埃希菌的电穿孔法

- 46.1 引言
- 46.2 材料
- 46.3 方法
- 46.4 注释

摘要

电穿孔技术已成为将DNA导入原核细胞和真核细胞，促进基础研究和改进医学治疗的一种成熟工具。本章介绍了噬菌体基因组DNA在大肠埃希菌细胞中的应用，包括制备电性能细胞、电脉冲优化和电转化细胞的回收。这项技术也适用于其他细菌。

关键词： 噬菌体基因组，电转化，细菌

46.1 引言

电穿孔辅助的DNA摄取依赖于短高压脉冲的传递，这些脉冲会导致细胞膜的可逆渗透。在这种过渡状态下，细胞可以装载不同大小和来源的DNA。虽然电转换的机理还不完全清楚，但众所周知，当生物膜暴露在强度足够的电脉冲下，跨膜电压超过一定值时，膜对小分子或大分子具有渗透性[1]。电穿孔已成功地用于转化各种原核生物、真菌、酵母菌和哺乳动物细胞[2~4]。影响电转换结果的参数有细胞能力、电脉冲参数（脉冲幅度、持续时间、数量和电场强度）和脉冲后操作。可以用非常相似的转化方案来处理革兰阴性菌，而革兰阳性菌则需要额外的步骤来达到令人满意的效果[5]。建议遵循制备电感受态细胞方案的一致性，注意收获点，降低温度，在低离子强度的缓冲液中充分洗涤，最后将细胞浓度调整到 10^8～10^{10} cfu/mL。大的噬菌体DNA可通过脉冲转移DNA的同时保持细胞活力。细菌膜的渗透程度取决于电场强度、脉冲持续时间、脉冲数和脉冲重复频率[6]。由于细胞半径很小，应用的电场强度必须很大，许多目前市面上可买到的脉冲发生器只能产生有限范围的脉冲参数[7]。渗透后，细菌细胞必须恢复并表达噬菌体DNA。这一步可能是额外的优化，因为它会显著影响噬菌斑的数量。

本章提出了一种通过电穿孔将λ噬菌体DNA转运至大肠埃希菌的可靠方法，但其转化效率低于小质粒DNA。但是，从获得的噬菌斑中提取的噬菌体可以通过电子显微镜［图46-1(c)］轻易

分析，也可以采用常规技术对其进行培养［图 46-1(b)］。本章所述的方案可扩展到其他细菌种类及其噬菌体，但应根据正在研究的相关内容进行调整。

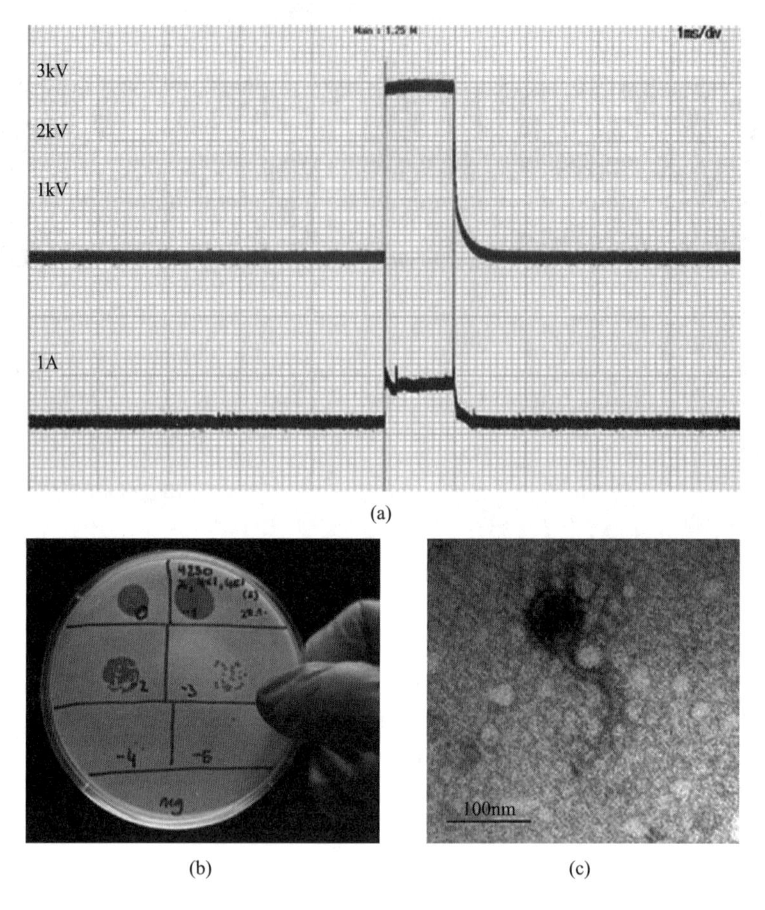

(a)

(b) (c)

图 46-1　噬菌体电穿孔到大肠埃希菌

(a) 使用高压探针（P6015A，Tektronix，美国）和电流探针（Tektronix TCP0150）通过示波器（DLM 2024，Yokogawa，日本）测量的 4×1ms、3kV、1Hz 脉冲。上方线：电压（U）＝3kV，下方线：电流＝1A；(b) 连续十倍稀释噬菌体提取物，是从平板接种的大肠埃希菌 DSM 4230 上直接获得的噬菌斑；(c) 电转化大肠埃希菌 DSM 4230 表达的 λ 噬菌体

46.2 材料

46.2.1 电感受态细胞的制备

① 适宜的宿主，大肠埃希菌菌株，例如 DSM 4230（注释①）。

② 溶源性肉汤（LB）琼脂板。按照制造商的说明制备培养基，加入 15 g/L 的工业琼脂并进行热灭菌。分装 18～25mL 到无菌培养皿中，使其在室温下凝固。

③ 预热的 LB 肉汤。

④ 用于培养的烧瓶。

⑤ 设为 37℃具有振荡功能的恒温箱或温水浴。

⑥ 分光光度计测量 OD_{600}。

⑦ 冰。

⑧ 50mL 无菌塑料离心管。

⑨ 离心机。

⑩ 经冰预冷的无菌蒸馏水。

⑪ 经冰预冷的 10%（体积分数）无菌甘油。

⑫冷冻瓶。

⑬置于−20℃冰箱（短时间储存）或−80℃冰箱（长时间储存）。

46.2.2 电穿孔、脉冲后操作和转化恢复

① 电极间隙为 0.2cm 的电穿孔试管。

② 冰。

③ 在 TE 缓冲液中的 λ 噬菌体 DNA（用于一次转化 1.5μg）：10mmol/L Tris-HCl，1mmol/L EDTA，pH 7.6。

④ 电感受态细胞（见 46.3.1）。

⑤ 脉冲发生器（注释②）

⑥ 在预热的市售 S.O.C. 培育基或 S.O.B. 培育基中，添加 20mmol/L 葡萄糖：2%胰蛋白胨、0.5%酵母提取物、10mmol/L 氯化钠、2.5mmol/L 氯化钾、10mmol/L 氯化镁、10mmol/L 硫酸镁、20mmol/L 葡萄糖。

⑦ 1～2mL 无菌塑料管。

⑧ 设为 37℃具有振荡功能的恒温箱或温水浴。

⑨ 离心机。

⑩ 无菌的 10mmol/L 硫酸镁。

⑪ LB 琼脂板。按照制造商的说明制备培养基，加入 15g/L 的工业琼脂并进行热灭菌。分装 18～25mL 到无菌培养皿中，在室温下凝固。

⑫ 覆盖 LB 琼脂。根据制造商的说明制备培养基，添加 6g/L 技术琼脂并进行热杀菌。分装 3～5mL 覆盖 LB 琼脂到无菌管中，并保持在 54℃直到使用。

46.3 方法

46.3.1 电感受态细胞的制备

① 将在 LB 琼脂平板上过夜生长的适宜的大肠埃希菌菌落接种到 150mL LB 肉汤中（注释③）。于 37℃搅拌孵育，直至培养物的 OD_{600} 达到 0.25 左右（注释④）。

② 将细菌培养物分开并转移到四个无菌管中。在冰上冷却 20min。从此刻开始，尽可能将细胞保持在冰上或置于 4℃环境。

③ 4℃，3000*g* 离心 30min。弃上清液。

④ 在 37.5mL（共 150mL）冷却无菌蒸馏水中重新悬浮沉淀，4℃，3000*g* 离心 30min。弃上清液。

⑤ 在 18.75mL 冷却蒸馏水中重新悬浮沉淀，并将其合并后分装在两个试管中（共 75mL）。

⑥ 4℃，3000*g* 离心 30min。弃上清液。

⑦ 将细胞沉淀重新悬浮于 10mL 经冰预冷的 10%甘油中，并将它们合并收集在一个试管中。

⑧ 4℃，3000g 离心 30min。尽可能去除上清液。

⑨ 将细胞沉淀重悬于 3mL 冰冷的甘油中，并将其分装 200μL 到冷冻瓶中。立即转移它们到冰箱中。将感受态细胞保存在−80℃或−20℃下较短时间。

46.3.2 电穿孔、脉冲后操作和转换恢复

① 在 4℃下预冷比色皿，在冰上解冻感受态细胞（46.3.1 制备）。

② 将 1.5μg DNA（溶解在 5～10μL TE 缓冲液中）转移到含有感受态细胞的试管中，并轻轻混合。

③ 在冰上孵育 2min，并将混合物转移到比色皿中（注释⑤）。将比色皿放在脉冲发生器室中。输出 4×1ms，3kV，1Hz 的脉冲（注释⑥）。

④ 从室中取出比色皿，立即加入 0.8mL S. O. C. 培养基。轻轻混合，将比色皿中的所有液体转移到无菌的 1mL 试管中。在 37℃孵育 45min，剧烈摇动。

⑤ 室温下 8000g 离心 5min。

⑥ 尽可能去除上清液，轻轻将细胞沉淀重悬于 1mL 10mmol/L 硫酸镁中。

⑦ 将 500μL 该悬浮液加至 3～5mL 熔融的 LB 顶层琼脂中，混合，然后倒在 LB 琼脂平板上（注释⑦）。

⑧ 当顶层琼脂凝固后，将平板倒置并在 37℃下孵育 24h。

⑨ 24h 后，成功的转化将出现可视化的噬菌斑。为了进一步分析，可从覆盖琼脂中挑取噬菌斑，并在 50～100μL LB 肉汤中均匀化。液体提取物可直接用电子显微镜检查或使用双琼脂覆盖技术（噬菌斑测定）培养［图 46-1(b)(c)］。

46.4 注释

① 电转化效率也可能受到与能力、脉冲或脉冲后操作无关的参数的影响，例如 DNase 或遗传不相容的噬菌体-宿主系统。

② 本章描述了使用原型方波［图 46-1(a)］脉冲发生器优化的脉冲方案。后者在广泛的脉冲参数范围内工作，并提供高振幅的方波脉冲[8]。适用于细菌电穿孔的设备可从 Bio-Rad（基因脉冲器）、Tritech Research（Bactozapper）或 BTX（ECM630、Gemini SC 或 Gemini X2）购买。

③ 用琼脂平板上的菌落作为接种物，比过夜培养的液体细菌培养物（通常用于制备指数生长的肉汤培养物）具有更高的电感受态。

④ 细菌培养必须达到早期指数生长阶段。如果使用未知的细菌菌株，则应在制备电感受态良好的细胞前确定其生长参数。生长阶段对电转化效率影响很大。

⑤ 为确保比色皿外部干燥，并且样品均匀分布在比色皿中的电极之间，不能在移液过程中形成气泡，建议每次使用新的比色皿。因为清洁可能会导致电极发生变化，从而影响脉冲的应用。

⑥ 用 4kb 质粒以 1×1ms，2kV，1Hz 脉冲电转化同一株大肠埃希菌。

⑦ 这里将细菌培养物与覆盖琼脂混合，类似于双琼脂覆盖技术的方案[9]。

参考文献

1. Kotnik T, Kramar P, Pucihar G, Miklavčič D, Tarek M (2012) Cell membrane electroporation—Part 1: the phenomenon. IEEE Electr Insul Mag 28:14–23
2. Satkauskas S, Ruzgys P, Venslauskas MS (2012) Towards the mechanisms for efficient gene transfer into cells and tissues by means of cell electroporation. Expert Opin Biol Ther 12:275–286
3. Lu Y-P, Zhang C, Lv FX, Bie XM, Lu Z-X (2012) Study on the electro-transformation conditions of improving transformation efficiency for *Bacillus subtilis*. Lett Appl Microbiol 55:9–14
4. Rivera AL, Magaña-Ortíz D, Gómez-Lim M, Fernández F, Loske AM (2014) Physical methods for genetic transformation of fungi and yeast. Phys Life Rev 11:184–203
5. Dower WJ, Chassy BM, Trevors JT, Blaschek HP (1992) Protocols for the transformation of bacteria by electroporation. In: Chang DC, Saunders JA, Chassy BM, Sowers AE (eds) Guide to electroporation and electrofusion. Academic Press, San Diego
6. Pucihar G, Krmelj J, Rebersek M, Batista Napotnik T, Miklavcic D (2011) Equivalent pulse parameters for electroporation. IEEE Trans Biomed Eng 58:3279–3288
7. Lelieveld HLM, Notermans S, de Haan SWH (eds) (2007) Food preservation by pulsed electric fields. Woodhead Publishing, Abington
8. Flisar K, Haberl Meglič S, Morelj J, Golob J, Miklavčič D (2014) Testing a prototype pulse generator for a continuous flow system and its use for *E. coli* inactivation and microalgae lipid extraction. Bioelectrochemistry 100:44–51
9. Kropinski AM, Mazzocco A, Waddell TE, Lingohr E, Johnson RP (2009) Enumeration of bacteriophages by double agar overlay plaque assay. In: Clokie MRJ, Kropinski AM (eds) Bacteriophages: volume 1: isolation, characterisation and interactions. Humana Press, New York

47 枯草芽孢杆菌噬菌体 SPO1 的定点突变

▶ 47.1 引言
▶ 47.2 材料
▶ 47.3 方法
▶ 47.4 注释

摘要

本章主要介绍了向枯草芽孢杆菌噬菌体 SPO1 基因里引入可抑制的无义突变的方法。目的基因被克隆到枯草芽孢杆菌/大肠埃希菌穿梭载体上。然后用体外酶反应借助寡核苷酸引物将一个点突变插入克隆的基因，导致用一个无义密码子（TAG 或者 TAA）替换了先前的赖氨酸密码子（AAA 或 AAG）。将突变的质粒转入大肠埃希菌然后再转入携带抑制剂的枯草芽孢杆菌（其在 TAG 或 TAA 密码子处插入赖氨酸）。在突变质粒和超感染野生型 SPO1 之间进行重组，并且突变体后代噬菌体可通过与携带突变序列标记的寡核苷酸和噬菌斑影印杂交法来鉴定。这个办法也适用于其他类型的突变，以及其他有合适的菌株和质粒可用的噬菌体-细菌组合。

关键词： 定点突变，噬菌体 SPO1，枯草芽孢杆菌，引物引导的突变，重组，杂交

47.1 引言

突变导致基因失活是个常用的阐明基因生物学功能的办法。经典的噬菌体遗传学通过筛选条件致死性突变体，分离必需基因影响的突变体，这些条件致死性突变体可以在一个温度而不是另一个温度下生长，或在一种菌株上而不是另一种菌株上生长[1,2]。但是这个办法对于非必需基因是不起作用的。本章将介绍一个用来构建枯草芽孢杆菌噬菌体 SPO1 非必需基因定点突变的方法。该方法可以简单分成以下五个步骤：①克隆需要突变的目的基因；②在体外突变克隆的基因，利用突变的寡核苷酸作为扩增反应的引物，扩增携带克隆基因的质粒，从而产生在靶基因中携带所需突变的质粒；③转化此质粒到枯草芽孢杆菌；④通过重组的方式将突变整合到 SPO1 的基因组上，携带突变型质粒的枯草芽孢杆菌菌株感染野生型 SPO1，允许在质粒和噬菌体基因组之间重组，从而在 SPO1 基因组中插入突变代替其野生型等位基因；⑤识别突变噬菌体，通过与具有突变序列的寡核苷酸进行噬菌斑杂交，在该感

染的后代中鉴定出突变噬菌体。该方法的概述已发表[3]。

47.2 材料

47.2.1 枯草芽孢杆菌菌株

CB313 和 CB10 分别是抑制阳性菌株和抑制阴性菌株[4]。菌株 CB313 中的抑制剂由赖氨酸插入了无义密码子构建而成[5]。

47.2.2 克隆载体

Wei 和 Stewart 先前描述过，枯草芽孢杆菌/大肠埃希菌的穿梭质粒是 pPW19[6]。这个质粒有一个氯霉素抗性的选择基因，和一个 IPTG 可诱导的启动子。

47.2.3 生长培养基

① TSA 平板：40g 胰酶解大豆酪蛋白胨琼脂（BBL）+1L 水。用来分离单菌落和用作噬菌体双层平板法底层平板。

② TC 平板：含有 10μg/mL 的氯霉素（Cm）的 TSA 平板。

③ TC2 平板：含有 20μg/mL 的氯霉素的 TSA 平板。

④ TBAB 上层琼脂：15.4g 胰蛋白血琼脂平板（Difco）+1L 水。用于双层平板法中的上层。

⑤ VY 肉汤：25g 小牛肉浸液肉汤（Difco），5mg 酵母膏（Difco）和 1L 水。

⑥ Penassay 肉汤：17.5mg 抗生素培养基 3（Difco）+1L 水。

47.2.4 溶液

① 1.0mol/L 的 Tris pH 7.4：132.2mg Tris-HCl 缓冲液（Sigma-Aldrich），19.4g Tris 盐（Sigma-Aldrich），1L 水（注释①）。

② 0.5mol/L Tris pH 7.4：66.1mg Tris-HCl 缓冲液（Sigma-Aldrich），9.7g Tris 盐（Sigma-Aldrich），1L 水。

③ SSC（标准柠檬酸盐溶液）：0.15mol/L 氯化钠，0.015mol/L 柠檬酸钠。

④ CSC（浓缩柠檬酸盐溶液）：1.5mol/L 氯化钠，0.15mol/L 柠檬酸钠。

⑤ 10% SDS（十二烷基硫酸钠）：10g SDS，加水至 100mL。

⑥ 5×SSC，0.1% SDS：10mL 10%SDS，500mL CSC，490mL 水。

⑦ 50×Denhardt′s 溶液：500mg 菲可（Ficoll 400），500mg 聚乙烯吡咯烷酮（PVP）（分子量为 360000），500mg 小牛血清（BSA），50mL 水。

⑧ 液体阻断（Liquid Block）：由 GE Healthcare 公司生产的 ECL 试剂盒提供。具体配方如下：0.1mol/L Tris，0.6mol/L 氯化钠，10%照射酪蛋白（irradiated casein），0.1%卡松（Kathon）　（Methylchloroisothiazolinone；5-chloro-2-methyl-1,2-thiazol-3（2*H*）-one；Sigma-Aldrich），0.05%消泡剂 A（Sigma-Aldrich）。

⑨ 杂交缓冲液 A：30mL 10×SSC，2mL 2.5%SDS，300mg 硫酸葡聚糖（分子量为 500000），3.0mL 液体阻断，25.2mL 水。

⑩ 杂交缓冲液 B：6mL 10×SSC，0.6mL 10%SDS，1mL 50×Denhardt′s 溶液，1mL 水。

47.3 方法

47.3.1 克隆目的基因

本方法用到的克隆载体是 pPW19。获得目的基因最常用的办法是用 PCR 来扩增噬菌体 SPO1 的 DNA。用于克隆的限制性酶切位点被设计在 PCR 引物的 5′端。从突变位点到 PCR 扩增片段的末端的距离越长，重组的频率就越高。因此，一小部分的噬菌斑需要检测一下是否存在突变。然而，由于有几个目的基因离启动子的距离很近，造成克隆困难（无法保证长距离），成功采用了短距离的克隆方案。比如说，有一个 PCR 扩增片段的突变位点左侧有 108 个碱基对，右侧有 760 个碱基对。根据检测噬菌斑的结论，此片段的突变频率达到了 0.4%。经验证明即使距离突变位点的长度只有 63 个碱基对，本章的方法也能达到很高的突变频率。

47.3.2 体外突变

本方法使用了 Agilent Technologies（以前的 Stratagene）提供的 Quik Change Ⅱ Site-Directed Mutagenesis Kit。包括突变密码子的寡核苷酸用作体外扩增质粒的引物。任何剩余的野生型质粒都通过 *Dpn* Ⅰ切割而失活，*Dpn* Ⅰ对甲基化和半甲基化 DNA 具有特异性。然后将突变质粒转化到大肠埃希菌 XL1-Blue 中（用试剂盒提供的感受态细胞）。此大肠埃希菌也具有修复切口的能力。在试剂盒提供的实验流程基础上做了优化，实验证明，经过优化的实验操作流程显著提高了实验结果。只把优化的部分在这里加以详细描述。

① 选择突变密码子。每个突变是通过将早期的赖氨酸密码子（AAA or AAG）转化为无义密码子（TAG or TAA）来完成的。突变通常通过改变两个核苷酸来完成，这样可以保证下游的杂交过程有足够的分辨能力来区分野生型和突变型。即使突变密码子中的中间核苷酸保持不变，当任何一侧存在不匹配的碱基时，它也不能完成碱基配对。因此，从有助于双链体稳定的角度来看，它实际上是错误匹配的。之所以选择赖氨酸密码子，是因为选择的抑制菌株由赖氨酸插入了无义密码子构建而成。

② 选择 PCR 引物。一般 PCR 引物的设计原则是在突变密码子两边设计出 10～15 个碱基配对，实验证明 16～17 个碱基对成功率更高，甚至于多达 20 个碱基（对于 GC 比例低达 36.4%的寡核苷酸）。这个经验对于 GC 比例达到 50%的寡核苷酸同样有效。

③ 循环变温加热参数。对于每个 PCR 反应，通常用 50ng 的 pPW19 衍生质粒。这是最高用量。对于 PCR 的扩增时间，采用的是两分钟扩增一千碱基对，而不是通常推荐的一分钟扩增一千碱基对。

④ 转化。用含有 20μg/mL 氯霉素的 TC2 平板来筛选抗氯霉素的转化体。氯霉素的浓度是常用的筛选大肠埃希菌的浓度的两倍。也尝试过用 10μg/mL 氯霉素来筛选大肠埃希菌 XL1-Blue 菌体，但是发现该浓度的氯霉素造成了大量的背景菌体生长。

47.3.3 转化突变质粒进入枯草芽孢杆菌宿主

突变的质粒从大肠埃希菌 XL1-Blue 里被转移到抑制阳性枯草芽孢杆菌 CB313，用于和超级感染 SPO1 重组。

47.3.4 突变质粒和 SPO1 基因组重组

突变质粒和野生型的 SPO1 基因组重组的实验设计基于一套 Sayre and Geiduschek 发表

的实验流程[7]。为了能够构建多个突变，可以用突变的 SPO1 噬菌体作为感染噬菌体。具体流程如下。

① 在 250mL Klette 烧瓶（标记 1 号烧瓶）中，37℃摇床培养 10mL 携带突变基因的 CB313 菌株（培养基：VY 添加 5μg/mL 氯霉素）。通过稀释平板法（TC 平板）来跟踪菌体生长状况，至菌体浓度达到大约 5×10^7 cfu（菌落形成单位）/mL（注释②和③）。

② 一旦 1 号烧瓶中细菌浓度达到上述要求，加入 5×10^8 野生型 SPO1 噬菌体，即达到了感染复数（MOI）大约为 1 的要求。

③ 随后 37℃摇床培养 5min，通过稀释平板法来算出活菌数目。这样就能计算出精确的感染复数（注释④）。

④ 继续 37℃摇床培养 10min，然后将 1 号烧瓶里的 0.2mL 菌液转接到容量为 250mL 的 2 号烧瓶中，该烧瓶中含有 9.8mL 添加了 5μg/mL 氯霉素的 VY 培养基（此 VY 培养基已经预热至 37℃）。两个烧瓶同时 37℃摇床培养。

⑤ 随后，将 2 号烧瓶中的液体稀释 1000 倍，用两份 0.1mL 的稀释液铺平板来计算噬斑形成单位（pfu）。所有的双层板实验中的底层琼脂都是 TSA，上层琼脂是 15.4g/L 的 TBAB，菌体是 CB313。

⑥ 继续培养，当 1 号烧瓶中的菌液呈现出完全裂解的状态后，3020*g* 离心 10mim（Sorvall SS34 离心转头，5000r/min）去除未感染的细胞。将离心后的上清液稀释 10^7 倍，然后取两份 0.1mL 用来铺平板来计算裂解液的 pfu。

⑦ 将 2 号烧瓶培养至细菌感染后 60min（相当于从 1 号烧瓶转接到 2 号烧瓶后又培养了 45min）。然后加入 0.2mL 的氯仿并摇瓶 1min。一旦所有的氯仿都沉淀到了三角瓶底部（仅几秒钟），马上将 0.1mL 稀释到 9.9mL 的 Penassay 里，一定避免吸取到移液器中的氯仿。取这种 10^{-2} 稀释液，将 1.0mL 稀释到 9mL 的 Penassay 中，再将 0.1mL 稀释到 9.9 mL 的 Penassay 中，分别制备 10mL 的 10^{-3} 和 10^{-4} 的稀释液。

⑧ 10^{-3} 和 10^{-4} 的稀释液各取两份 0.1mL，用来铺平板计算 pfu。60min 的 pfu 除以 15min 的 pfu 就是噬菌体的裂解量。通常来讲，成功的裂解量在 100 左右。

⑨ 在⑥和⑧形成的噬菌斑可以用来做噬菌斑影印杂交实验（plaque-lifthybridization）鉴定突变。一旦检出裂解物的效价，可以调整相应的稀释度，准备更多的噬菌斑测定双层平板，以提高突变的检出率（注释⑤）。

47.3.5 通过噬菌斑影印杂交实验来鉴定突变噬菌体

通过可预测的表型变化来鉴定发生突变的噬菌斑无疑是最简单易行的办法。但是大多数的突变都不具备通过表型来鉴定的可能。以前大量的通过条件致死的突变方法已经鉴定出了大多数 SPO1 噬菌体的必需基因，猜测（随后的实验也验证该假设）在这里的目标基因都不是必需基因，所以也没有办法通过噬菌斑形成的有无（所谓的表型变化）作为筛选途径。因此，已经使用序列特异性杂交来明确识别具有突变序列的噬菌斑，并在抑制菌株上生长以确保突变不会限制噬菌斑的形成。

(1) 准备噬菌斑过滤器（注释⑥）　用的滤纸是 BA85，82mm 直径的硝化纤维滤纸（生产厂商：GEHealthcare）。最理想的滤纸是在圆形边缘带有三个不对称缺口的硝化纤维滤纸。如果没有，用剪刀剪出来也可以。放入平板之前，用圆珠笔在滤纸的最顶端写上序列号。

倒入后，将用作底部琼脂的 TSA 平板在单层中固化 3～4h。倒入操作宜在一天的早些时候进行，由此可以在第二天的中间时间进行倒板。接下来，将板在37℃下以单层干燥24h，然后在几小时内用于倒板。对平板编号，将编号放在靠近平板的边缘处。编号的位置代表着平板的顶部边缘。

每个平板需要用2.5～3.0mL的15.4g/L的TBAB作为上层琼脂。用来做影印的平板需要的噬菌斑数目应该在1000以下，这样既可以提高效率又不至于造成噬菌斑连片的情况。于37℃过夜培养后噬菌斑就会出现，没有必要培养超过24h。于37℃孵育后，一旦观察到了噬菌斑，平板可以在室温下保存8～24h。平板需要在4℃冰箱过夜，然后才能进行下一步的影印（注释⑦）。

需要时，一次从冰箱中取出一个平板。用不锈钢镊子夹住滤纸，轻轻地将其放在平板上，使其数字朝上，与平板上相同编号的位置吻合。将滤纸居中放置在平板内，一旦滤纸接触琼脂，避免任何横向移动。最简单的办法是用镊子夹住远离编号的滤纸边缘，首先将编号一边向下放置在正确的位置，然后让滤纸的其余部分固定在平板上，捏住与编号相对的滤纸边缘直到滤纸完全固定。使用印度墨水在滤纸的三个缺口位置标记。将滤纸留在平板中已固定好的位置，直至滤纸均匀湿润即可。使用镊子将滤纸一边缓慢、稳定地抬起，避免滤纸与琼脂接触的部分发生横向移动。将滤纸沾有噬菌斑的一面朝上（墨水面朝下）放在试管架上，干燥60min以上。

（2）变性，中和及交联　按如下的办法准备三摞（摞一，摞二，摞三）3MM的滤纸（Whatman：每摞三张滤纸（大小为10英寸×7英寸）放在大的铝箔上，将每摞滤纸用70mL以下溶液浸湿：①0.5mol/L的氢氧化钠，1.5mol/L的氯化钠；②1.0mol/L的Tris，pH7.4；③1.0mol/L的Tris，pH7.4。

用10mL移液管轻轻滚过滤纸表面，将液体从摞中滑出。用纸巾在一端收集多余的水分。挤后的结果应该是没有肉眼可见的“水洼”存在，但是滤纸仍然是完全润湿的。

使用镊子将六张滤纸（有噬菌斑的面朝上）相互不重叠地放在摞一上。一旦滤纸与摞一接触，避免横向移动。每一张滤纸单独摆放，滤纸之间不要重叠。等待5min。

如上一段所述，将滤纸转移到摞二，重复以上操作，依然注意一旦滤纸与摞二接触，避免横向移动。等待5min。

重复以上操作，将滤纸转移到摞三，等待5min。将滤纸转移到大托盘中的用以上溶液③浸润的纸巾上，以便转移到UV交联炉中。同样，在转移过程中避免滤纸横向移动。

可以将上述各摞纸用于多组噬菌斑，然后添加10mL适当的溶液，并在每次使用前用移液器再次抚平。

经过以上处理，这些变性的DNA通过UV交联的方法“影印”到滤纸上。使用的UV交联炉是Stratagene的UV Stratalinker 2400。将潮湿的滤纸放在交联炉内的湿纸巾上，DNA侧朝上，并用紫外线照射约1min。将湿滤纸包裹在SaranWrap中并在4℃下储存直至用于杂交。

（3）选择寡核苷酸探针　原则上，具有40%～60% GC含量的15碱基寡核苷酸应与其精确互补的序列杂交，但不与位于中心的错配的序列杂交[8]。如上所述，使用3碱基错配来最大化突变体和野生型序列之间的区别。典型的突变探针应包括突变密码子两侧的六个核苷酸，而相应的野生型探针的序列除了野生型密码子外，其余都是相同的（注释⑧）。

（4）标记寡核苷酸　许多技术可用于标记寡核苷酸，来鉴定它们与之杂交的噬菌斑。以下介绍三种技术的核心步骤，但不会提供确切的步骤，因为每种技术都不是最理想的标准技术，都存在或多或少的问题。提供给读者“核心”的信息，希望能起到抛砖引玉的作用，使读者能自主判断，选择适合自己的技术和方法并改进。

磷 32 标记（P^{32} labelling）是个经典技术。通过多核苷酸激酶的作用将磷 32 标记的磷酸盐添加到寡核苷酸的 5′端。在对影印着噬菌斑的滤纸进行杂交后，将滤纸放置在照相胶片上，由于磷 32 的放射性，在胶片上对应着携带互补杂交序列的噬菌斑的位置处会产生暗点。这个方法非常有效，但由于磷 32 的放射性危险，因此必须采取一套预防措施，因此这个方法也越来越多地被其他办法取代。

ECL3′端的寡核苷酸标记和检测。该技术基于最初由 Amersham（现为 GE Healthcare 的一部分）提供的试剂盒。通过末端转移酶将荧光素-11-dUTP 添加到寡核苷酸的 3′末端。杂交后，用抗荧光素辣根过氧化物酶缀合物（horseradishperoxidaseconjugate）处理滤膜，将过氧化物酶与已融合寡核苷酸的噬菌斑结合。由于过氧化物酶催化的化学发光反应，过氧化物酶存在的地方发出的光在照相胶片上的相应位置上产生暗点。这个技术也很有效，但 Amersham 不再销售完整的试剂盒套件，虽然可以从他们和/或其他几家公司购买整个实验需要的各个组件，但是可靠性和可重复性还有待研究。

AlkPhos 直接标记和检测。由 GE Healthcare 的 Amersham 部门提供。将碱性磷酸酶与寡核苷酸共价连接，这样不会干扰寡核苷酸的杂交能力。杂交后，磷酸酶催化化学发光反应，发出光，在照相胶片上的相应位置产生暗点。该系统与一些探针配合良好，但与其他探针确不是很理想，它们会产生大量的非特异性背景使得准确读数非常困难。

（5）杂交　杂交管。我们使用 Robbins Scientific Model 400 杂交培养箱，Robbins 为该培养箱提供 12 英寸管。使用不锈钢镊子，将滤纸平放在管壁上，DNA 侧朝向管内（墨水侧朝外）。尽量减少重叠放置滤纸，以每管不超过四张滤纸为宜。管顶部和底部的滤纸应位于管的相对侧，杂交管应布置在旋转器中，这样就能使其末端处于最低位置时，每张滤纸位于底部，因此能和大部分缓冲液接触。

预杂交。滤纸就位后，加入 26.4mL 杂交缓冲液 A（注释⑨）。使缓冲液缓慢地在管中上下滚动，以经过所有表面。在杂交培养箱中于 27℃缓慢旋转（4r/min）60min。这一步保证了用保护性聚合物覆盖滤纸，以防止寡核苷酸探针的非特异性结合。

杂交。将 2μg 标记的寡核苷酸加入管中的杂交缓冲液中。对于超过 15 个核苷酸的寡核苷酸，在 2μg 的基础上，与寡核苷酸长度的增加成比例地增加标记的寡核苷酸，不计入已添加的标记化合物。具体添加步骤如下：从杂交管中取 1mL 杂交缓冲液，并将其放入微量离心管中。将标记的寡核苷酸加入其中并混合。然后将整个 1mL 移回到杂交管中，注意放入杂交管中时是加到缓冲液中而不是直接加到滤纸上（这是为了避免浓缩的寡核苷酸直接放在滤纸上而产生伪影）。充分混合，然后使缓冲液缓慢地在管中上下滚动，以经过所有表面。将管子放在与上述相同的位置，在杂交培养箱中于 27℃缓慢旋转过夜（注释⑩）。

低离子强度洗涤。去除杂交液。在每个管中放入 20mL 5×SSC，0.1% SDS，密封盖子，并使液体在管子中滚动至其完全分布。倒出液体。将滤纸取出放入玻璃托盘中。用（106×*N*）mL 5×SSC，0.1% SDS 覆盖，其中 *N* 是滤纸的数量。轻轻搅拌约 5min，用镊子将滤纸倒置几次。倒出液体，用等体积的 5×SSC，0.1% SDS，重复洗涤 5min。倒出液体（注释⑪和⑫）。

47.4 注释

① Tris 溶液是根据 Sigma-Aldrich 提供的表格制备的，pH7.4，25℃。

② VY 可以维持枯草芽孢杆菌的最大生长速率，以及 SPO1 感染的最大裂解量，这两者都需要剧烈摇动（例如，200r/min）。

③ 通过使用侧臂烧瓶（Klett 烧瓶）和 Klett-Summerson 比色计测量浊度来估算细胞密度。细菌密度为 5×10^7 cfu/mL，在色度计上读数约为 25，这相当于 OD_{500} 约为 0.45。

④ 使用泊松概率函数计算 MOI。比如，如果噬菌体感染后的菌落计数结果是感染前的 30%～45%，就意味着 MOI 为 0.8～1.2。

⑤ 2 号烧瓶更接近原始的 Sayre 和 Gei-duschek 方法[7]。有时使用 1 号烧瓶的裂解物更方便，未发现从 1 号烧瓶裂解物中获得的突变噬菌斑的频率有任何降低。

⑥ 干净的噬菌斑影印需要既不太湿也不太干的平板。本章节描述的方法一直运用良好，尽管没有严格遵守所有细节。

⑦在冰箱中保存 3 天是可以的，但应避免在冰箱中存放更长时间。

⑧ 随着 GC 区域的降低，将寡核苷酸的长度扩展到 20 个。发现 T_m 值低至 35 和高达 45 的寡核苷酸也提供了有效的分辨力，其中 T_m 使用 4(G+C)+2(T)+1(A)的公式来计算[8]。寡核苷酸中每个 A 残基的值为 1 是因为 SPO1 DNA 中的羟甲基-尿嘧啶（hmUra）代替了胸腺嘧啶。A∶hmUra 的配对不如 A∶T 配对稳定。

⑨ 这里描述的程序是基于 ECL-或 AlkPhos-标记的寡核苷酸杂交。根据历史记录，P^{32} 标记的寡核苷酸杂交使用更高浓度的杂交缓冲液（杂交缓冲液 B）和更高的温度。但是，没有理由怀疑这里所描述的程序对 P^{32} 标记的寡核苷酸同样有效。

⑩ 如果环境温度过高，培养箱可能无法将温度保持在 27℃，但这似乎无关紧要，因为在环境温度大大高于 27℃的情况下也获得了令人满意的结果。

⑪一般方案要求进行高严格洗涤（例如，在 36℃下，300 mL 5×SSC 中洗涤 2min），但并未发现这是必要的。对于每个测试的基因，能够设计一种寡核苷酸探针，其在 27℃下与突变序列杂交良好，但无法与相应的野生型序列杂交。

⑫ 由于许多靶基因都处于末端冗余状态，因此最初的重组体通常是杂合子，它必须通过另一个生长周期来分离纯合突变体，这些突变体通过与上述相同的杂交方法进行鉴定[6]。

参考文献

1. Campbell A (1961) Sensitive mutants of bacteriophage lambda. Virology 14:22–32
2. Edgar RS, Denhardt GH, Epstein RH (1964) A comparative study of conditional lethal mutations of bacteriophage T4D. Genetics 49:635–648
3. Sampath A, Stewart CR (2004) Roles of genes 44, 50 and 51 in regulating gene expression and host takeover during infection of *Bacillus subtilis* by bacteriophage SPO1. J Bacteriol 186:1785–1792
4. Glassberg JS, Franck M, Stewart CR (1977) Initiation and termination mutants of *Bacillus subtilis* phage SPO1. J Virol 21:147–152
5. Mulbry WW, Ambulos NP, Lovett PS (1989) *Bacillus subtilis* mutant allele *sup3* causes lysine insertion at ochre codons. J Bacteriol 171:5322–5324
6. Wei P, Stewart CR (1993) A cytotoxic early gene of *Bacillus subtilis* bacteriophage SPO1. J Bacteriol 175:7887–7900
7. Sayre MH, Geiduschek EP (1988) TF1, the bacteriophage SPO1-encoded type II DNA-binding protein, is essential for viral multiplication. J Virol 62:3455–3462
8. Sambrook J, Russell DW (2001) Molecular cloning, a laboratory manual, 3rd edn. Cold Spring Harbor Laboratory Press, Cold Spring Harbor, New York

48 电穿孔DNA噬菌体重组技术(BRED)在裂解性噬菌体基因操作中的应用

- 48.1 引言
- 48.2 材料
- 48.3 方法
- 48.4 注释

摘要

本章以分枝杆菌噬菌体为例介绍了一种应用重组工程学对裂解性噬菌体的遗传操作方法。这种方法利用了重组工程成熟的菌株耻垢分枝杆菌，采用将纯化的噬菌体基因组DNA和诱变底物共转化的策略，从而仅选择那些能够摄取外源DNA的细胞。共转化与分枝杆菌重组工程成熟菌株的重组高效相结合，可以有效快速地产生噬菌体突变体。

关键词：电穿孔DNA噬菌体重组技术（BRED），重组工程学，电穿孔，分枝杆菌，分枝杆菌噬菌体。

48.1 引言

噬菌体可能是地球上最大的序列多样性库，而在试图了解这些噬菌体如何影响细菌宿主以及它们之间的相互作用时，到目前也只是刚刚触及了表面[1]。这些努力的关键点取决于拥有能够对噬菌体进行基因操纵和构建突变体的有效方法。尽管已有几种用于噬菌体基因组遗传操作的策略，包括前噬菌体操作与噬菌体“杂交”，但用这些方法有效地制造精确突变，包括无标记的非极性缺失突变，在大多数微生物系统中是不可行的[2~10]。本章主要介绍如何应用耻垢分枝杆菌重组工程菌株去构建分枝杆菌噬菌体缺失、插入以及点突变的突变株。

以重组工程学为基础的生物技术的发展促进了分枝杆菌功能基因组学的研究[11~14]。重组工程学，即重组蛋白基因工程[15]，通过利用λ噬菌体编码的Red系统中重组蛋白（Exo和Beta）或原噬菌体Rac编码的RecE和RecT蛋白，在大肠埃希菌中发展起来。Exo/RecE是5′-3′核酸外切酶[16~19]。Beta/RecT是单链结合蛋白（SSB），通过催化链退火，链交换或链入侵来促进同源重组[20~24]。重组工程系统利用具有短同源区域的底物，有效促进双链

DNA（dsDNA）或单链 DNA（ssDNA）底物与细菌染色体中的同源靶标之间的同源重组，从而允许高频率地在细菌染色体上生成靶基因替代突变体、缺失突变体和点突变体，这个方法也可用于在复制质粒上制造突变体[19,25~30]（参见文献综述［15，31］）。来自分枝杆菌噬菌体 Che9c 的，与编码原噬菌体 Rac 重组蛋白 RecE 和 RecT 的 gp60 和 gp61 的同源序列已经被用于构建分枝杆菌重组工程菌株，这极大地促进了耻垢分枝杆菌和生长缓慢的病原体结核分枝杆菌中突变体的构建[11~14]。

通过调整分枝杆菌重组工程系统，开发了一种在裂解性分枝杆菌噬菌体中制造突变体的策略，被命名为电穿孔 DNA 噬菌体重组技术（BRED）[14,32,33]。该方法利用重组工程熟练的菌株耻垢分枝杆菌，在诱导型乙酰胺酶启动子调控下表达 Che9c 噬菌体编码的 gp60 和 gp61。BRED 能够在裂解性分枝杆菌噬菌体中构建多种不同类型的突变体，包括未标记缺失突变、点突变、短序列插入突变和基因替换突变[14,32,34~42]。随后这个方法也被借鉴用于构建感染其他细菌物种的裂解性噬菌体突变体，例如大肠埃希菌和肠沙门菌[43,44]。

BRED 方法需要两种 DNA 底物的共电穿孔。其中一个是简单的噬菌体基因组 DNA，可以用相对少量的噬菌体颗粒制备。另一个是小的线性 dsDNA 底物，其中包含要引入的突变，可以通过合成或 PCR 轻松生成。分枝杆菌的重组频率受靶向底物同源性长度的影响，并且在进行插入、缺失或基因置换时，通常需要两端均具有 100bp 的同源性。对于缺失，底物应包含上游和下游同源性区域，接近要删除区域的侧翼。对于小的插入和基因替换，底物应包含要插入的序列，其侧翼是与要靶向区域的任一端同源的大约 100bp 的序列。可以使用两个合成的互补寡核苷酸（寡核苷酸），通常为 70 个核苷酸（nt），生成包含一个或多个点突变的突变体，其中包含要引入的突变（位于中心）。共电穿孔和短暂恢复后，将转染的细胞铺板，并铺上额外的细菌细胞（铺板细胞）和软琼脂。然后可以通过 PCR 筛选感染中心形成的噬菌斑，以鉴定含有突变等位基因的噬菌斑。由于重组使用了复制底物，所以所有噬菌斑均包含野生型等位基因，但突变体和野生型后代可以通过噬菌斑分离和 PCR 轻松分离。只要重组的效率足够高，并且该突变不干扰裂解生长，那么在两轮 PCR 的每一轮中仅需检测 12～18 个噬菌斑。

48.2 材料

所有溶液都使用超纯双去离子水（ddH_2O）制备，除非另有说明，将所有试剂在室温储存。

48.2.1 重组工程和 PCR 筛选

① Tris-EDTA（TE）。

② *Pfu*DNA 聚合酶（或类似的高保真 DNA 聚合酶）和 10×*Pfu* 缓冲液，－20℃储存。

③ 10mmol/L dNTP 库存，dATP、dTTP、dCTP 和 dGTP 各含有 2.5mmol/L，－20℃ 储存。

④ 二甲基亚砜（DMSO）。

⑤ 琼脂糖/凝胶盒/TBE 电泳液/溴化乙锭（或其他 DNA 染色剂）。

⑥ 0.1mol/L $CaCl_2$，高压灭菌消毒。

⑦ 噬菌体缓冲液：10 mmol/L Tris-Cl，pH7.5；10mmol/L $MgSO_4$；68.5mmol/L NaCl；1mmol/L $CaCl_2$（注释①）。

48.2.2 细菌培养

① 7H9 液体培养基，根据制造说明书制备并高压灭菌；补充 10%（体积分数）ADC（白蛋白葡萄糖过氧化氢酶补充剂；2g/L D-葡萄糖，5g/L 牛血清白蛋白组分Ⅴ，0.85g/L NaCl）（注释②）。

② 抗生素储备液。羧苄西林（CB；50mg/mL），环己酰亚胺（CHX；10mg/mL）和卡那霉素（Kan；50mg/mL），过滤除菌并在 4℃保存。

③ 20%（体积分数）聚山梨酯 80，过滤灭菌并在 4℃保存。

④ 0.1mol/L $CaCl_2$，高压灭菌。

⑤ 玻璃试管，高压灭菌。

⑥ 带挡板和无挡板的烧瓶，高压灭菌。

48.2.3 电感受态细胞制备

① 重组工程质粒 pJV53[11]（或其他重组工程质粒）。

② 耻垢分枝杆菌 mc^2155。

③ 10%（体积分数）甘油，过滤除菌并在使用前在冰上冷藏。

④ 20g/100mL 琥珀酸盐，过滤除菌，4℃保存。

⑤ 20g/100mL 乙酰胺，过滤除菌，4℃保存。

⑥ 玻璃试管，高压灭菌。

⑦ 无菌微量离心管。

48.2.4 转化和突变体恢复

① 噬菌体重组工程底物和纯化的待修改的噬菌体 DNA。

② 微量离心管和电穿孔比色皿。

③ 电穿孔仪。

④ 7H9 液体培养基。

⑤ 0.1mol/L $CaCl_2$ 储液，高压灭菌。

⑥ 无菌巴斯德吸管。

⑦ 分枝杆菌上层琼脂（MBTA）。含有 0.7% Bacto 琼脂的 7H9，高压灭菌。

⑧ 7H10 琼脂板，其中含有 10%（体积分数）ADC，CB（50μg/mL），CHX（10μg/mL）和 1mmol/L $CaCl_2$。根据制造说明书制配培养基并高压灭菌，之后添加 ADC、CB、CHX 和 $CaCl_2$。

48.3 方法

48.3.1 设计寡核苷酸（oligo）构建重组工程底物（注释③）

① 构建缺失突变体，要设计订购一个约 100 nt oligo，其中包含待删除区域的上游和下

游各 50nt 的同源区，并确保这个删除突变与阅读框相符合。构建短序列插入突变，将要插入的序列置于这个要设计的 oligo 的中心，两端则分别包含 40～45nt 的两侧翼同源区（注释④）。

② 设计订购两个 75nt 的“扩展引物”，用于制备 dsDNA 底物。扩展引物 1 包含一段和这个 100nt oligo 的前 25nt 相吻合的序列，5′端 50nt 是缺失或插入突变上游同源区。扩展引物 2 要包含一段和这个 100nt oligo 的后 25nt 相吻合的序列，3′端 50nt 是缺失或插入突变下游同源区。然后订购这个序列的反向互补序列。

③ 构建基因置换突变体需设计订购两组 75nt 引物：设计第一组引物，使其能够 PCR 扩增置换盒，并在两端分别添加 50bp 的同源基因。设计第二组引物，使其能够在第一组引物的 PCR 产物上多添加一个 50bp 同源基因，使得最终产物的任一端都携带 100bp 同源基因。

④ 构建点突变体，需设计订购两个大约 75 nt oligo。第一个 oligo 是待改变的基因组的同源区域，并在其中心点引入所需的点突变。第二个 oligo 是第一个的反向互补序列。

48.3.2 设计引物筛选突变体

① 引物应为 25～30nt，解链温度≥ 60℃。

② 侧翼引物应退火于噬菌体基因组中的缺失突变、插入突变或置换突变区域的上游和下游。并且使得突变体的 PCR 产物易与野生型的分辨（产物长度不等）；还要保证它们的产物都不能过短（>300bp）。

③ 也可以设计订购更具选择性的引物，它们或退火于一个特定的标签序列（由底物插入），或跨越过由突变形成的新结点，称为缺失扩增检测分析法（DADA）-PCR[32]。在点突变中，可设计嵌入一个独特的限制性酶切位点，或者设计成可以使用错配扩增突变分析法（MAMA）-PCR[45] 来检测突变株。

④ 将侧翼引物重悬于 TE 缓冲液中以制备 100μmol/L 储备液，再用无核酸酶的蒸馏水稀释成 10μmol/L 溶液。

48.3.3 通过 PCR 制备重组工程底物

① 将缺失/插入突变 oligo 重悬于 TE 缓冲液中以制备 1μg/μL 储备液，再用无核酸酶的蒸馏水稀释成 20ng/μL 溶液。将扩展引物重悬于 10μmol/L TE 缓冲液中。全部于－20℃储存。

② 每个底物需要 4 个 PCR 反应来合成，在这些 PCR 反应中应含有 1μL（20ng）稀释的 oligo 和以下成分：69μL 无核酸酶的蒸馏水，10μL 10 × *Pfu* 缓冲液，10μL dNTP（10mmol/L），5μL DMSO，2μL 各扩展引物（10μmol/L），1μL *Pfu* DNA 聚合酶。

③ 使用以下参数在热循环仪中运行 PCR 反应：

96℃，5min；

96℃，30s；55℃，30s；72℃，45s，5 个循环；

96℃，30s；60℃，30s；72℃，45s，25～35 个循环；

72℃，7min；

4℃，保持（注释⑤）。

④ 用 5～10μL 的产物在 1%～1.2%琼脂糖凝胶上进行凝胶电泳来检查每个反应的 PCR 产量。

⑤ 汇集 PCR 反应产物，用 QIAquick PCR 纯化试剂盒（QIAGEN）或 MinElute Reaction

Clean-up Kit（QIAGEN）来纯化 PCR 产物，重悬于 30μL 无菌水中，并于－20℃储存。

⑥ 检测纯化产物浓度；理想浓度在 100ng/μL 左右或更高，因为在转化过程中需要添加足量底物（200～400ng）而又要避免加入过量的体积。

⑦ 构建基因置换时，将所有引物重悬于 10μmol/L TE 缓冲液中。如上所述进行第一轮 PCR，每个反应使用 20ng 含有置换盒的 DNA 作为模板。如上所述通过凝胶电泳检查，汇集并纯化 PCR 扩增产物；但如果存在非特异性扩增产物则可能需要凝胶纯化法来纯化产物。检测完纯化产物浓度后，以第一轮反应产物（50～100ng）作为模板，使用第二组扩展引物进行第二轮 PCR。

⑧ 构建点突变时，将每个 oligo 重悬至 1μg/μL 并用蒸馏水稀释至 200ng/μL；用 1μL 的 oligo 进行转化。在转变之前不必进行退火。

48.3.4 制备重组菌株

① 用电穿孔将 pJV53 DNA 转化到电感受态耻垢分枝杆菌 $mc^2$155 细胞中（注释⑥）。在 2.5kV、1000Ω 和 25μF 条件下进行电穿孔，并筛选抗卡那霉素的转化体。

② 在补充了 10% ADC、0.05%聚山梨酯 80 和 Kan（20μg/mL）的 7H9 培养液中，培养重组工程菌株 $mc^2$155 的小型培养物：pJV53[11]。将等分试样冷冻在 20%甘油中，并在－80℃储存备用。

48.3.5 制备电感受态耻垢分枝杆菌重组工程菌株 $mc^2$155: pJV53 细胞（注释⑦）

① 在 7H9 、10%ADC，Kan（20μg/mL）和 0.05%聚山梨酯 80 中培养 3mL 重组菌株 mc^2 155：pJV53[11] 的培养液至饱和；在 37℃下以 250r/min 振荡（约 2d）孵育。

② 接种 100 mL 7H9 诱导培养液［7H9，0.05%聚山梨酯 80，0.2%琥珀酸盐，Kan（20μg/mL）和 1mmol/L $CaCl_2$］；用无挡板烧瓶在 37℃，250r/min 振荡，过夜培养至 OD_{600} 约 0.02；注意不要加入 ADC（注释⑧）。

③ 当培养液 OD_{600} 达到约 0.4 时，添加乙酰胺至终浓度为 0.2%，继续在 37℃振荡培养 3h。

④ 将细菌培养液分装至四个无菌管中（每管 25 mL），并置于冰上 30min～2h。

⑤ 4℃，5000r/min 离心 10min 以沉淀细胞。

⑥ 用 1/2 体积的 10%无菌经冰预冷的甘油（注释⑨）洗涤细胞（每管约 12.5mL，共 50mL）。

⑦ 如前所述沉淀细胞；用 1/2 体积的 10%无菌经冰预冷的甘油洗涤细胞（每管约 12.5mL，共 50mL）。将菌体合并成两管（每管约 25mL）。

⑧ 如前所述沉淀细胞；用 1/4 体积的 10%无菌冰冷甘油洗涤细胞（每管约 12.5mL，共 50mL）。

⑨ 如前所述沉淀细胞；用约 1/20 体积的 10%无菌冰冷甘油洗涤细胞（共 4～5mL），（注释⑩）。

⑩ 将 100μL 细胞等分到已预冷的 1.5 mL 微量离心管中。在干冰上速冻并在－80℃下储存；使用前需在冰上融化。

⑪ 用对照质粒和噬菌体 DNA 测试细胞的感受态能力（注释⑪和⑫）。

48.3.6 转化

① 挡板烧瓶中，在补充了 10% ADC、CB（50μg/mL）、CHX（10μg/mL）和

1mmol/L $CaCl_2$（无聚山梨酯）的7H9培养液中，于37℃振荡培养耻垢分枝杆菌 $mc^2$155至早期静止期。

② 将装有电感受态细胞的离心管放置在湿冰上，解冻约10min，每个转化需要约100μL细胞。

③ 在细胞解冻时（或之前），在无菌试管中加入900μL 7H9/10% ADC/1mmol/L $CaCl_2$ 以备细胞恢复用，并在管上做好标注。

④ 将50～150 ng噬菌体DNA和100～400ng的200bp重组底物移到解冻的细胞中，轻轻混合。过程中确保加入DNA的总体积不超过5μL（注释⑬）。

⑤ 在冰上冷却约10min，然后将细胞和DNA移到预冷好的电穿孔比色皿中。

⑥ 擦干比色皿的外壁，在2.5 kV、1000Ω、25μF的条件下进行电穿孔。

⑦ 用无菌巴斯德吸管小心地从一个试管中取出900μL培养液，加入比色皿的细胞中，然后将比色皿中所有的液体移回到这个试管中。

⑧ 在37℃，250r/min振荡培养恢复细胞30min～2h；注意恢复时间不要长于2h，因为细胞会裂解。

⑨ 每个电转化标记一个7H10琼脂板，并制备上层琼脂平板混合物：a. 小心熔化MBTA软琼脂；b. 在适当大小的无菌容器中，混合1.5mL 7H9，50μL 0.1mol/L $CaCl_2$ 储备液（终浓度1mmol/L）和2.5mL熔化的MBTA，冷却几秒钟。c. 每个平板添加250～300μL新鲜的耻垢分枝杆菌菌液（不含聚山梨酯）（注释⑭）。

⑩ 将转化物铺上层菌平板：a. 用5 mL移液管将4 mL上层琼脂平板混合物转移到装有电穿孔细胞的恢复试管中；b. 将试管中的液体小心地倒在7H10琼脂板表面，轻轻旋转使薄薄的一层琼脂分布均匀。

⑪ 在37℃过夜培养平板（约24～36h）。

48.3.7 筛选噬菌斑（注释⑮）

① 挡板烧瓶中，在补充了10% ADC、CB（50μg/mL）、CHX（10μg/mL）和1mmol/L $CaCl_2$（无聚山梨酯）的7H9培养液中，于37℃振荡培养耻垢分枝杆菌 $mc^2$155至早期静止期。

② 将18～25个独立噬菌斑分别挑取到100μL噬菌体缓冲液中。在室温下孵育1～2h，或在4℃过夜孵育，于4℃储存噬菌斑。

③ 用1μL噬菌斑-噬菌体缓冲液混合物作为模板，用侧翼引物进行PCR，并用野生型噬菌体DNA（5～10ng）做对照（注释⑯）。

④ 按以下配比制备母液：每个PCR反应需要12.5μL无核酸酶蒸馏水，2μL 10×*Pfu*缓冲液，2μL dNTP（10mmol/L），1μL DMSO，0.5μL各扩展引物（10μmol/L），0.5μL *Pfu* DNA聚合酶。分装19μL至每个PCR管中。

⑤ 使用以下参数在热循环仪中进行PCR反应：

96℃，5min；

96℃，1min；x℃（退火温度），1min；72℃，每千碱基对（kb），产物1.5min，30～35个循环；

72℃，7min；

4℃，保持（注释⑰）。

⑥ 通过凝胶电泳来检查每个反应的PCR产物。除野生型亮带之外，阳性“混合”噬菌

斑会在预估长度处显示一条微弱的突变产物亮带。

⑦ 如果鉴定出携带缺失突变的混合噬菌斑，按以下噬菌斑铺板方法纯化突变噬菌体。用噬菌体缓冲液系列稀释噬菌斑（至 10^{-3}、10^{-4} 和 10^{-5}），在无菌试管中用每个稀释梯度（10μL）噬菌体悬液感染 300μL 新鲜的耻垢分枝杆菌（不含聚山梨酯），在室温下吸附 30min，并制备上层琼脂：a. 在无菌容器中按每个平板需要 2.5mL 熔化的 MBTA 软琼脂＋2.5mL 7H9＋50μL $CaCl_2$ 储备液的比例混合各种液体；b. 在每个试管中加入 5mL 上层琼脂；在 37℃静置培养平板 24～36h。

⑧ 选择至少 18 个单独的“二级”噬菌斑斑块并分别悬浮到 100μL 噬菌体缓冲液中，并用含有约 1000 个噬菌斑（稀释度通常为 10^{-3}）的平板制备噬菌体平板裂解液（注释⑱）。

⑨ 分别以每个纯化噬菌斑和平板裂解液的 1μL 悬液作为模板进行侧翼引物 PCR。如果突变噬菌体能够存活，会有相当数量的二级斑块只含有突变体，表明这个噬菌斑来自一个纯突变体。如果平板裂解液 PCR 中不存在突变体的扩增，很可能意味着这个突变体不能存活（注释⑮）。但是，如果在平板裂解液 PCR 中有突变物的扩增，但所有二级噬菌斑都是野生型的扩增，就再筛选另外的二级噬菌斑（注释⑲）。

⑩ 一旦鉴定出纯突变噬菌体噬菌斑，重新铺板并制备平板裂解物。该裂解物应过滤除菌，并通过 PCR 证实仅含有突变噬菌体。

48.4 注释

① 高压灭菌后，加入无菌的 0.1mol/L $CaCl_2$ 储备液。

② ADC 以 10×储备液来配制；在 924mL 去离子水中加入 8.5g NaCl 和 20g 葡萄糖，用磁棒搅拌溶解。加入 50g 牛血清蛋白（BSA）并搅拌至完全溶解。pH 应在 6.9～7 之间。用 0.22μm 滤膜过滤除菌，于 4℃储存。

③ 作为 PCR 合成的代替方法，经过序列验证的合成 dsDNA 片段，称为 Block，可以从 Integrated DNA Technologies（IDT）购买，用作重组工程底物。

④ 长于 40 个碱基的 oligo 应进行 PAGE 纯化。

⑤ 前五个循环退火温度标为 55℃；但在运行 PCR 前，要确认扩展引物中与删除/插入 oligo 相符的那段 25bp 的解链温度。如果低于 57℃，将退火温度设置为比 oligo 中最低的解链温度再低 2℃。并根据 DNA 聚合酶制造商说明设置链延长温度。

⑥ 参照 48.3.5（制备电感受态耻垢分枝杆菌重组工程菌株 mc^2155：pJV53 细胞）并按照以下修改方案制备电感受态 mc^2155 细胞。a. 所有的培养基中免添加 Kan；b. 在步骤②中，用 7H9、10%ADC、CB（50μg/mL）、CHX（10μg/mL）、0.05%聚山梨酯 80 混合液稀释细胞；c. 省略步骤③，d. 用 OD_{600} 达到 0.8～1.0 的菌液来制备。

⑦ 在制备感受态细胞时，需要在冰上预冷菌体，在 4℃离心，并保证 10%无菌甘油也要预先在冰上冷冻。可以培养制备任何体积的菌液；一般来说 100mL 菌液可以制备 40 等份的感受态细胞。

⑧ 需要接种一个或两个不同的初始 OD 值，确保菌液不会生长过度。

⑨ 在洗涤过程中，用巴斯德吸管上下吹吸直至细胞团块分散。

⑩ 细胞悬液不应过浓或颜色泛黄，但也不能过于稀释。如不确定，制备浓度稍高些，这样可以在之后的实验中稀释至合适的浓度。如果在电转化时时间常数一直过低

(<18ms)，表明细胞浓度过高（注释⑫）。如果细胞过于稀释，时间常数会保持在优值(19～22ms)，但产生的噬菌斑数量会少（150ng 的噬菌体 DNA 收获到噬菌斑少于 100 个）。

⑪ 按此方法制备的感受态细胞通常会在每微克（μg）染色体外复制质粒 DNA 中产生 10^6 个转化菌体。同样重要的是用待突变的噬菌体 DNA 检测这些细胞的感受态能力。理想状态下，50～100ng 的噬菌体 DNA 应该能够得到 100～300 个噬菌斑。必要时可以通过增加噬菌体 DNA 的量来产生更多的噬菌斑，但这样做时，需要避免增加 DNA 悬液的体积。

⑫ 时间常数是个重要的参数，特别是在转化高分子量 DNA 时，如噬菌体基因组 DNA，应该大于 18ms，19～21ms 是最佳的。时间常数<18ms 将导致噬菌斑很少，甚至没有噬菌斑产生。感受态细胞洗涤不充分，以及噬菌体 DNA 或底物悬液中盐的存在都会对时间常数产生不利影响，这就是电转化中所有的 DNA 都要溶于无菌蒸馏水的原因。理想的时间常数范围为 19～22ms，但随着加入的 DNA 体积增加，这个值会降低，这有可能是残留盐的存在造成的。如果加入底物造成时间常数降到 18ms 以下，可以尝试以下几种解决办法：a. 降低底物量（尽管效率会降低一些，缺失突变可以用低至 100ng 的底物 DNA)；b. 用冰冷水稀释感受态细胞（时间常数低可能是细胞悬液过浓造成的)；c. 重新制备底物以提高其浓度。

⑬ BRED 应用共转化策略以噬菌体 DNA 筛去不具转化能力的细胞，并在宿主细胞裂解前铺双层琼脂板。这就确保了只有具有接受 DNA 能力的细菌形成感染中心（称为“原发噬菌斑”)。根据筛选方法，5%～50%的原发噬菌斑含有突变型和野生型 DNA 的混合物。

⑭ 这里给出的编号是制备一块上层琼脂平板混合物的量，按需要的平板数量扩大混合物的制备量。

⑮ 突变噬菌体是通过对含有高比例突变等位基因的原发噬菌斑再次进行铺双层琼脂板，在次级噬菌斑中以 PCR 筛选出来的。如果突变体可存活，这其中一部分噬菌斑是纯突变噬菌体斑块。用含有 1000～5000 个噬菌斑的平板制备噬菌体平板裂解液对实验也是有帮助的。如果突变在必需基因中，那么用侧翼引物进行 PCR 时，这个平板裂解液将不会产生突变体的扩增产物。通常，可以使用表达突变基因野生型拷贝的耻垢分枝杆菌菌株进行互补来分离必需基因中的突变体[32]。

⑯ 扩增产物长于野生型的突变体（例如插入突变)，这有可能难以用侧翼引物 PCR 检测出，这时可能需要使用针对突变等位基因的特异引物来对它们进行鉴定。

⑰ 以低于所有引物中最低解链温度 2℃的温度作为 PCR 的退火温度。

⑱ 用 3～5mL 噬菌体缓冲液浸渍双层平板以制备平板裂解物，并静置至少 1h，然后将缓冲液收集在无菌管中。

⑲ 对于难以分离的突变体，选择 5～10 个次级噬菌斑（至少 250μL 缓冲液）可能会有所帮助。当发现含有该突变体的库时，可以将其重新铺板，再次通过 PCR 筛选单个噬菌斑。

致谢

感谢 RebekahDedrick 博士提供了对该方法的批判性阅读以及有益的评论和讨论。

参考文献

1. Hatfull GF, Hendrix RW (2011) Bacteriophages and their genomes. Curr Opin Virol 1:298–303
2. Katsura I (1976) Isolation of lambda prophage mutants defective in structural genes: their use for the study of bacteriophage morphogenesis. Mol Gen Genet MGG 148:31
3. Katsura I, Hendrix RW (1984) Length determination in bacteriophage lambda tails. Cell 39:691
4. Selick HE, Kreuzer KN, Alberts BM (1988) The bacteriophage T4 insertion/substitution vector system. A method for introducing site-specific mutations into the virus chromosome. J Biol Chem 263:11336
5. Struthers-Schlinke JS, Robins WP, Kemp P, Molineux IJ (2000) The internal head protein Gp16 controls DNA ejection from the bacteriophage T7 virion. J Mol Biol 301:35
6. Moak M, Molineux IJ (2000) Role of the Gp16 lytic transglycosylase motif in bacteriophage T7 virions at the initiation of infection. Mol Microbiol 37:345
7. Oppenheim AB, Rattray AJ, Bubunenko M, Thomason LC, Court DL (2004) In vivo recombineering of bacteriophage lambda by PCR fragments and single-strand oligonucleotides. Virology 319:185
8. Murray NE (2006) The impact of phage lambda: from restriction to recombineering. Biochem Soc Trans 34:203
9. Piuri M, Hatfull GF (2006) A peptidoglycan hydrolase motif within the mycobacteriophage TM4 tape measure protein promotes efficient infection of stationary phase cells. Mol Microbiol 62:1569
10. Martel B, Moineau S (2014) CRISPR-Cas: an efficient tool for genome engineering of virulent bacteriophages. Nucleic Acids Res 42:9504
11. van Kessel JC, Hatfull GF (2007) Recombineering in Mycobacterium tuberculosis. Nat Methods 4:147
12. van Kessel JC, Hatfull GF (2008) Efficient point mutagenesis in mycobacteria using single-stranded DNA recombineering: characterization of antimycobacterial drug targets. Mol Microbiol 67:1094
13. van Kessel JC, Hatfull GF (2008) Mycobacterial recombineering. Methods Mol Biol 435:203
14. van Kessel JC, Marinelli LJ, Hatfull GF (2008) Recombineering mycobacteria and their phages. Nat Rev Microbiol 6:851
15. Court DL, Sawitzke JA, Thomason LC (2002) Genetic engineering using homologous recombination. Annu Rev Genet 36:361
16. Little JW (1967) An exonuclease induced by bacteriophage lambda. II. Nature of the enzymatic reaction. J Biol Chem 242:679
17. Joseph JW, Kolodner R (1983) Exonuclease VIII of Escherichia coli. II. Mechanism of action. J Biol Chem 258:10418
18. Datsenko KA, Wanner BL (2000) One-step inactivation of chromosomal genes in Escherichia coli K-12 using PCR products. Proc Natl Acad Sci U S A 97:6640
19. Yu D et al (2000) An efficient recombination system for chromosome engineering in Escherichia coli. Proc Natl Acad Sci U S A 97:5978
20. Hall SD, Kolodner RD (1994) Homologous pairing and strand exchange promoted by the Escherichia coli RecT protein. Proc Natl Acad Sci U S A 91:3205
21. Kolodner R, Hall SD, Luisi-DeLuca C (1994) Homologous pairing proteins encoded by the Escherichia coli recE and recT genes. Mol Microbiol 11:23
22. Noirot P, Kolodner RD (1998) DNA strand invasion promoted by Escherichia coli RecT protein. J Biol Chem 273:12274
23. Li Z, Karakousis G, Chiu SK, Reddy G, Radding CM (1998) The beta protein of phage lambda promotes strand exchange. J Mol Biol 276:733
24. Rybalchenko N, Golub EI, Bi B, Radding CM (2004) Strand invasion promoted by recombination protein beta of coliphage lambda. Proc Natl Acad Sci U S A 101:17056
25. Murphy KC (1998) Use of bacteriophage lambda recombination functions to promote gene replacement in Escherichia coli. J Bacteriol 180:2063
26. Zhang Y, Buchholz F, Muyrers JP, Stewart AF (1998) A new logic for DNA engineering using recombination in Escherichia coli. Nat Genet 20:123
27. Muyrers JP, Zhang Y, Testa G, Stewart AF (1999) Rapid modification of bacterial artificial chromosomes by ET-recombination. Nucleic Acids Res 27:1555
28. Murphy KC, Campellone KG, Poteete AR (2000) PCR-mediated gene replacement in Escherichia coli. Gene 246:321
29. Ellis HM, Yu D, DiTizio T, Court DL (2001) High efficiency mutagenesis, repair, and engineering of chromosomal DNA using single-stranded oligonucleotides. Proc Natl Acad Sci U S A 98:6742
30. Lee EC et al (2001) A highly efficient Escherichia coli-based chromosome engineering system adapted for recombinogenic targeting and subcloning of BAC DNA. Genomics 73:56
31. Muyrers JP, Zhang Y, Stewart AF (2001) Techniques: recombinogenic engineering—new options for cloning and manipulating DNA.

Trends Biochem Sci 26:325
32. Marinelli LJ et al (2008) BRED: a simple and powerful tool for constructing mutant and recombinant bacteriophage genomes. PLoS One 3:e3957
33. Marinelli LJ, Hatfull GF, Piuri M (2012) Recombineering: a powerful tool for modification of bacteriophage genomes. Bacteriophage 2:5
34. Payne K, Sun Q, Sacchettini J, Hatfull GF (2009) Mycobacteriophage Lysin B is a novel mycolylarabinogalactan esterase. Mol Microbiol 73:367
35. Catalao MJ, Gil F, Moniz-Pereira J, Pimentel M (2010) The mycobacteriophage Ms6 encodes a chaperone-like protein involved in the endolysin delivery to the peptidoglycan. Mol Microbiol 77:672
36. Catalao MJ, Milho C, Gil F, Moniz-Pereira J, Pimentel M (2011) A second endolysin gene is fully embedded in-frame with the lysA gene of mycobacteriophage Ms6. PLoS One 6:e20515
37. Catalao MJ, Gil F, Moniz-Pereira J, Pimentel M (2011) Functional analysis of the holin-like proteins of mycobacteriophage Ms6. J Bacteriol 193:2793
38. Savinov A, Pan J, Ghosh P, Hatfull GF (2012) The Bxb1 gp47 recombination directionality factor is required not only for prophage excision, but also for phage DNA replication. Gene 495:42
39. Jacobs-Sera D et al (2012) On the nature of mycobacteriophage diversity and host preference. Virology 434:187
40. Dedrick RM et al (2013) Functional requirements for bacteriophage growth: gene essentiality and expression in mycobacteriophage Giles. Mol Microbiol 88:577
41. da Silva JL et al (2013) Application of BRED technology to construct recombinant D29 reporter phage expressing EGFP. FEMS Microbiol Lett 344:166
42. Piuri M, Rondon L, Urdaniz E, Hatfull GF (2013) Generation of affinity-tagged fluoromycobacteriophages by mixed assembly of phage capsids. Appl Environ Microbiol 79:5608
43. Feher T, Karcagi I, Blattner FR, Posfai G (2012) Bacteriophage recombineering in the lytic state using the lambda red recombinases. Microb Biotechnol 5:466
44. Shin H, Lee JH, Yoon H, Kang DH, Ryu S (2014) Genomic investigation of lysogen formation and host lysis systems of the Salmonella temperate bacteriophage SPN9CC. Appl Environ Microbiol 80:374
45. Swaminathan S et al (2001) Rapid engineering of bacterial artificial chromosomes using oligonucleotides. Genesis 29:14

49 用亲和层析法分离竞争性噬菌体修饰展示的 T4 噬菌体

- 49.1 引言
- 49.2 材料
- 49.3 方法
- 49.4 注释

摘要

从各种溶液，包括生理样品中回收噬菌体，以及从粗裂解物中纯化噬菌体通常需要特定的分离方法。本章证明了 T4 类噬菌体可以通过亲和色谱方法有效分离。该方法使用特异性亲和标签［(GST（谷胱甘肽 S-转移酶）或组氨酸标签］分离噬菌体。这些特异性亲和标签利用噬菌体展示而暴露在噬菌体头外部。通过竞争性噬菌体展示与亲和色谱法的结合，野生型噬菌体可以从该噬菌体与其他噬菌体的混合物中、从噬菌体浓度极低的溶液中特异性地回收，或者从粗噬菌体裂解物中纯化。

关键词： 噬菌体纯化，亲和色谱法，竞争性噬菌体展示，T4 噬菌体，Hoc 蛋白，大肠埃希菌

49.1 引言

从各种溶液，包括生理样品中回收噬菌体，以及从粗裂解物中纯化噬菌体需要特定的分离技术。分离噬菌体的传统方法是梯度离心[1~3]，新方法通常为色谱法，包括空间排阻色谱[4]、色谱聚焦[5] 或单片阴离子交换色谱[6~8]。色谱法提供了安全、简单的程序，可以轻松扩展到工业用途，但需要对每株噬菌体进行个体优化。色谱法可以去除细菌培养基以及菌体蛋白质、DNA、脂多糖、肽聚糖等。

T4 类噬菌体可以通过亲和色谱来纯化（或从多种溶液中分离出来）（图 49-1）。该方法使用亲和标签 GST（谷胱甘肽 *S*-转移酶）或组氨酸标签（His-tag），使噬菌体能够特异性分离。这些亲和标签通过噬菌体展示暴露在噬菌体头上。重要的是噬菌体不需要任何遗传修饰，并且可以通过竞争性噬菌体展示，用噬菌体野生菌株完成整个程序[9]。

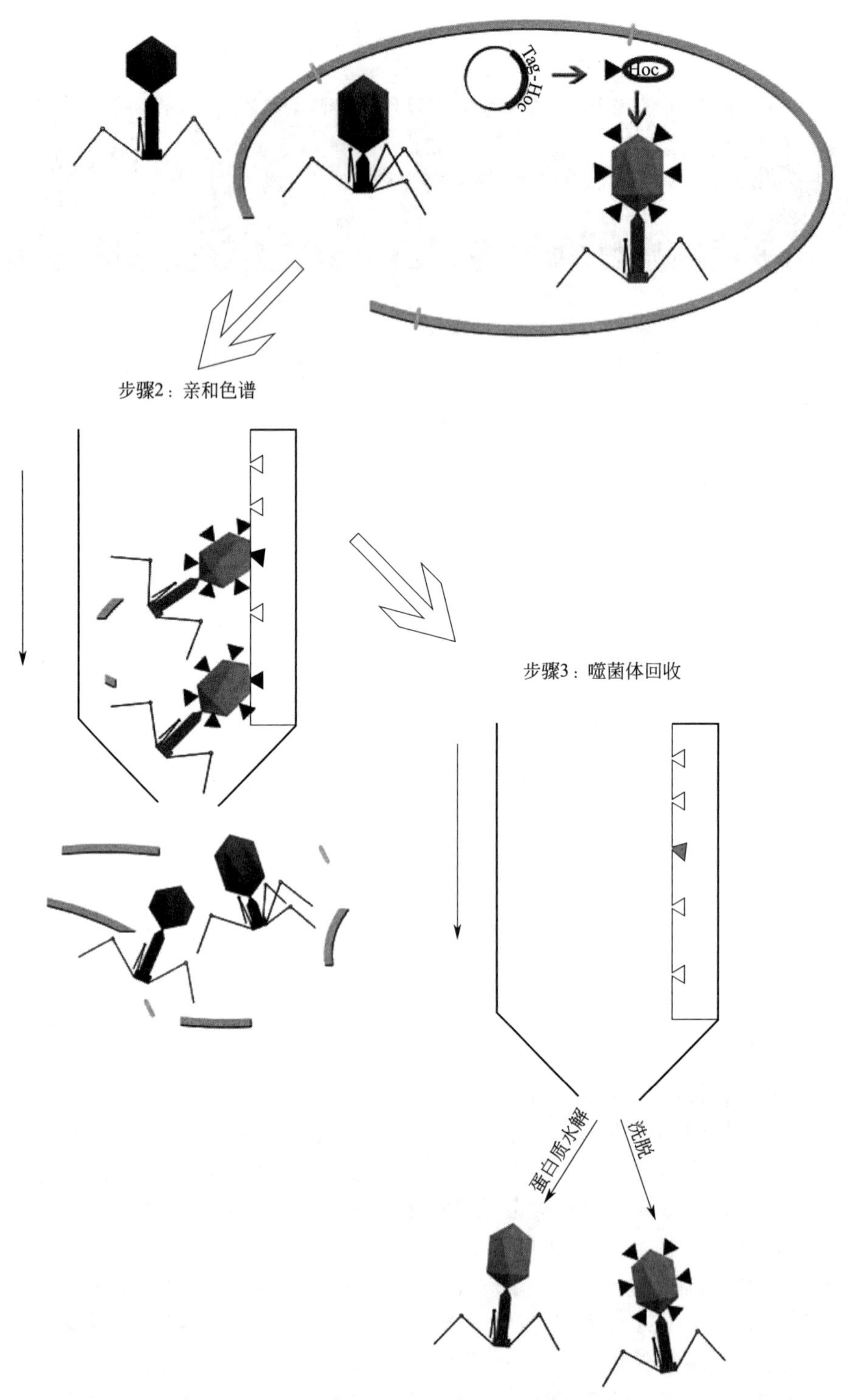

图 49-1 噬菌体亲和纯化步骤示意[9]

在竞争性噬菌体展示中，将结构噬菌体基因（*gpHoc*）克隆到具有适当亲和标签的表达质粒中，用于在细菌生产菌株中表达。在 T4 类噬菌体感染该菌株后，能够从以下可能的裂解液中收获修饰噬菌体[9]：与另一种噬菌体 1∶1 比例的混合物；噬菌体浓度非常低的悬液（10pfu/mL），并且纯化噬菌体裂解物，纯化后噬菌体浓度通常为每毫升 5～100 个内毒素活性单位。

49.2 材料

49.2.1 噬菌体展示组件

① 含有 T4 噬菌体 *hoc* 基因的表达载体，其 5′-末端融合 GST-或 His-tag-序列（注释①）。

② 根据载体说明书，选择适合该表达载体的抗生素。

③ 适用于该表达载体的蛋白质表达诱导物（根据载体说明书，例如 0.5mmol/L IPTG）。

④ 对 T4 噬菌体敏感的大肠埃希菌表达菌株（例如，大肠埃希菌表达菌株 B834，Novagen；EMD Millipore Corporation）（注释②）。

⑤ T4 噬菌体裂解液（注释③）。

⑥ LB 培养基：胰蛋白胨 10.0g/L，酵母膏 5.0g/L，氯化钠 10.0g/L，在 25°C 下 pH7.5±0.2，按实验要求选择性地加入：适于实验中所用表达载体的抗生素；琼脂粉 15g/L，以制备固体培养基平板。

⑦ 蛋白质聚丙烯酰胺凝胶电泳：标准材料和试剂[10]。

⑧ 规格为 1L 的底部带挡板锥形瓶。

⑨ 具有温度调节和振荡功能的烧瓶培养箱。

⑩ 孔径为 0.22μm 的无菌过滤器（Millipore：Steritop® bottletopfilter），并配备真空泵和无菌玻璃瓶。

49.2.2 亲和色谱组件

① 标准亲和色谱树脂，保证与 Hoc 重组产物上融合的亲和标签相匹配：GST 亲和标签需要谷胱甘肽琼脂糖 Glutathione Sepharose®，6×His-tag 需要 Ni-NTA 琼脂糖。

② 磷酸钠缓冲液：50mmol/L Na_2HPO_4，300mmol/L NaCl，pH7.5。

③ 咪唑磷酸钠缓冲液：50mmol/L Na_2HPO_4，300mmol/L NaCl，500mmol/L 咪唑，pH7.5。

④ 谷胱甘肽缓冲液：20mmol/L 谷胱甘肽，100mmol/L Tris，200mmol/L NaCl，0.1%聚山梨酯 20，pH8.0。

⑤ 咪唑洗脱缓冲液：500mmol/L 咪唑，50mmol/L Na_2HPO_4，300mmol/L NaCl，0.1%聚山梨酯 20，pH7.5。

⑥ 内毒素检测试剂盒，例如 EndoLISA（Hyglos GmbH；Bernried am Starnberger See，Germany）。

49.3 方法

49.3.1 体内竞争性噬菌体展示

① 将携带 T4 噬菌体 *hoc* 基因的 5′-末端融合 GST-或 His-tag 编码序列的表达载体，转化到大肠埃希菌感受态细菌中；可以使用 Hanahan 法[10]，电穿孔法[10] 或其他方法来进行转化。将这些细菌涂布在含有适当筛选抗生素的 LB 平板上，放置在 37℃过夜培养。该平板不宜储存，应该在当天使用。

② 制备用于噬菌体展示的初始培养物。将转化菌体的单菌落接种于 10mL 加有筛选抗生素的 LB 液体培养基中（注释④）。当菌体培养液浓度达到 OD_{600} =0.5 时，将 0.5mL 菌液加入无菌甘油中（终浓度：25%），并立即在−80℃冷冻。

③ 将初始培养物其中的一部分用来检测 Hoc 重组蛋白的表达。于 100～200mL 含有选择抗生素的 LB 液体培养基中培养该管细菌，当 OD_{600} =0.5 时，收集约 20mL 作为阴性对照细菌，并将收获的细菌在−20℃保存。对剩余的菌液进行诱导表达（根据载体说明书，例如，通过加入梯度浓度但终浓度不超过 0.5mmol/L 的 IPTG)，并在 37℃下继续培养 3～12h。通过离心收获细菌。并通过 SDS-PAGE 来比较阴性对照细菌与诱导细菌，以评估 Hoc 重组蛋白的表达[10]。只有当 Hoc 重组蛋白显著过量表达时，这组转化细菌才可用于接下来的程序中（注释⑤）。

④ 制备用于噬菌体展示表达的细菌培养物。使用一份初始培养物，将其加入 2.4L 预热至 37℃的含有筛选抗生素的 LB 培养液中，再分装到 6 个带挡板的锥形瓶中（每瓶 400mL)，在 37℃下振荡培养至 OD_{600} =0.08～0.1（注释⑥）。

⑤ 对其中 5 瓶细菌进行重组蛋白质诱导表达，第 6 瓶细菌作为蛋白质表达的阴性对照（注释⑦）。加入的表达诱导剂的终浓度为 1/10 的有效浓度（步骤③）（注释⑧），并在 37℃下振荡培养 1h。

⑥ 用 T4 噬菌体感染 5 瓶诱导菌体中的 4 瓶；第 5 瓶诱导菌体用作阳性表达对照（注释⑦）。每瓶 400mL 的培养液中加入 10^6～10^7pfu 噬菌体并在 37℃下振荡培养 8h。澄清裂解液，4651*g* 离心 10min；再用 0.22μm 无菌过滤器过滤。得到的无菌裂解物可以在 4℃下储存至少 3 个月并分批使用（注释⑨）。

49.3.2 亲和色谱法纯化噬菌体

① 将 50mL 噬菌体裂解过滤物与 10mL 亲和树脂混合；当使用 GST-Hoc 融合时，需要 Glutathione Sepharose®，而使用 His-tag-Hoc 融合时，需要 Ni-NTA 琼脂糖。在 4℃轻轻混合，过夜。

② 去除未与树脂结合的组分，用以下缓冲液清洗树脂：5L 磷酸钠缓冲液用于清洗 Glutathione Sepharose®，5L 咪唑磷酸钠缓冲液用于清洗 Ni-NTA 琼脂糖（注释⑩）。

③ 洗脱特异性结合的噬菌体：Glutathione Sepharose® 用谷胱甘肽缓冲液洗脱，Ni-NTA 琼脂糖用咪唑洗脱缓冲液。可以连续三次用量为 15mL 的洗脱（注释⑪）。

④ 根据需要对噬菌体洗脱制剂进行评估：用 Adams[11] 的双层平板法滴定，内毒素含量测定或其他检测。

49.4 注释

① 在这里，我们报告了采用竞争性噬菌体展示的方法，在野生型噬菌体T4的衣壳上表达Hoc重组蛋白质。Hoc *N* 末端融合方法显示，能够有效地将外源蛋白质表达到噬菌体衣壳[9,12~14]。而其他蛋白质也可以在优化程序后使用此法表达。此外，如果具备有效的表达体系，并且相应的噬菌体基因可以与亲和标签编码序列融合并在宿主细菌中表达，这个方法也可在优化后用于其他噬菌体的分离纯化。

② 首先应测试此工作中将要用到的任何菌株对T4噬菌体感染的敏感性，例如，通过将噬菌体制剂的梯度稀释液滴在固体LB培养的细菌菌苔上。噬菌体引发的裂解可以通过独立个体噬菌斑清晰显示。

③ 由于竞争性噬菌体展示发生在噬菌体生产菌株内部，野生型T4噬菌体适合于此过程[9]。简而言之，噬菌体颗粒在细胞质中组装，既有野生型蛋白（由噬菌体基因组表达），也有重组型蛋白（由表达载体表达）。两种类型的蛋白质将随机组合掺入噬菌体衣壳。但是在这个操作中，可以使用一株缺陷噬菌体，由于Hoc基因突变或缺失不表达Hoc蛋白，从而使重组蛋白更有效地组装到衣壳中。

④ 将表达载体转化入大肠埃希菌后，测试几个菌落以选择最佳生产力的菌株有助于实验过程。

⑤ 有效地在宿主细菌中表达重组蛋白对整个过程至关重要。为达到最佳表达，可能需要优化各种条件和试剂，包括鉴定诱导剂的最适浓度、最适温度和最佳的大肠埃希菌表达菌株。使用带挡板锥形瓶和进行剧烈摇晃以确保适当的通气，或者使用可调控通气的生物反应器对此都是有帮助的。

⑥ 尽管实验要求的 $OD_{600} \leqslant 0.1$ 相对较低，但实验者需要确保细菌已经处于或正进入对数生长期。因此 OD_{600} 值翻番的时间，例如，从0.04到0.08不应超过30～40min。

⑦ Hoc重组蛋白在诱导和非诱导宿主细菌中的产量比较可通过SDS-PAGE显现出来[10]（见49.3.1，第③步）。

⑧ 当噬菌体从细菌中的释放不尽如人意时，可以降低噬菌体展示培养液中表达诱导物（如IPTG）的浓度。通常它的范围在宿主细菌过度表达最适浓度的1/10～1/50。

⑨ 噬菌体展示修饰的噬菌体可直接用作进一步纯化（例如，去除内毒素和其他细菌产物），但也可以用其他实验程序，与其他噬菌体和/或化合物混合，之后通过亲和色谱法回收（参见49.3.2）。

⑩ 该步骤可以根据用户的需要进行优化。如要获得最高纯度的噬菌体，清洗液用量以及这个步骤的持续时间可以增加。如果对纯度的要求不那么严格，清洗步骤可以使用较少量的清洗液更快地完成。

⑪ 洗脱也可以根据用户的需求进行优化。可以用一个较小量的洗脱缓冲液洗脱噬菌体以获得更高效价的噬菌体悬液。但是，用较大量的洗脱缓冲液和对该树脂的多次洗脱可以对噬菌体进行更大量且全面的回收。

如果在亲和标签和噬菌体蛋白之间克隆了蛋白酶切割位点，洗脱也可以用蛋白水解从树脂上释放噬菌体来代替[9]。选用的蛋白酶不能损坏噬菌体衣壳；例如，T4噬菌体对蛋白酶AcTEV（Life Technologies/Thermo Fisher Scientific）具有抗性，但对其他噬菌体颗粒可能不适用。

参考文献

1. Chibani Azaïez SR, Fliss I, Simard RE et al (1998) Monoclonal antibodies raised against native major capsid proteins of lactococcal c2-like bacteriophages. Appl Environ Microbiol 64:4255–4259
2. Shelton CB, Crosslin DR, Casey JL et al (2000) Discovery, purification, and characterization of a temperate transducing bacteriophage for *Bordetella avium*. J Bacteriol 182:6130–6136
3. McLaughlin MR, King RA (2008) Characterization of *Salmonella* bacteriophages isolated from swine lagoon effluent. Curr Microbiol 56:208–213
4. Boratyński J, Syper D, Weber-Dabrowska B et al (2004) Preparation of endotoxin-free bacteriophages. Cell Mol Biol Lett 9:253–259
5. Brorson K, Shen H, Lute S et al (2008) Characterization and purification of bacteriophages using chromatofocusing. J Chromatogr A 1207:110–121
6. Kramberger P, Honour RC, Herman RE et al (2010) Purification of the *Staphylococcus aureus* bacteriophages VDX-10 on methacrylate monoliths. J Virol Methods 166:60–64
7. Adriaenssens EM, Lehman SM, Vandersteegen K et al (2012) CIM(®) monolithic anion-exchange chromatography as a useful alternative to CsCl gradient purification of bacteriophage particles. Virology 434:265–270
8. Oksanen HM, Domanska A, Bamford DH (2012) Monolithic ion exchange chromatographic methods for virus purification. Virology 434:271–277
9. Ceglarek I, Piotrowicz A, Lecion D et al (2013) A novel approach for separating bacteriophages from other bacteriophages using affinity chromatography and phage display. Sci Rep 3:3220
10. Sambrook J, Russell DW (eds) (2001) Molecular cloning: a laboratory manual, 3rd edn. Cold Spring Harbor Laboratory, New York
11. Adams MH (1956) Bacteriophages. Inter Science Publication, New York
12. Ren Z, Black LW (1998) Phage T4 SOC and HOC display of biologically active, full-length proteins on the viral capsid. Gene 215:439–444
13. Shivachandra SB, Li Q, Peachman KK et al (2007) Multicomponent anthrax toxin display and delivery using bacteriophage T4. Vaccine 25:1225–1235
14. Jiang J, Abu-Shilbayeh L, Rao VB (1997) Display of a PorA peptide from *Neisseria meningitidis* on the bacteriophage T4 capsid surface. Infect Immun 65:4770–4777

50 用于检测和生物防控的噬菌体及其蛋白质的固定化

- 50.1 引言
- 50.2 全噬菌体颗粒的固定化
- 50.3 噬菌体衍生蛋白质的固定化

摘要

噬菌体对其宿主的天然特异性使得噬菌体具备了用于捕获和检测细菌病原体的巨大潜力。比如，噬菌体通过改造可携带报告基因，以及报告基因在细菌内部的表达来改变靶病原体的表型，从而使靶病原体现形。噬菌体也可以作为细菌的“染色剂”，或者通过检测感染过程的噬菌体的后代来确定病原菌的存在。或者，使用噬菌体的一部分组件（而不是全噬菌体）作为探针来检测致病菌具有小尺寸（易于操作）和抗干燥的能力。噬菌体的结构被改造后可提高其亲和力、特异性和结合特性。然而，这些概念的实施都需要有能够将噬菌体和噬菌体组件锚定在机械支持物上（例如，珠子或平坦表面）的技术。而且为了优化噬菌体的结合效率，还需要有相应的技术来保证噬菌体的定向锚定。本章介绍了将噬菌体和噬菌组件附着到支持物（如珠子、滤纸和传感器表面）上的各种方法。

关键词：空肠弯曲杆菌噬菌体 NCTC1267，ColorLok 纸，固定化，喷墨打印，顺磁性二氧化硅微珠，受体结合蛋白

50.1 引言

噬菌体的特异性和裂解性使其具备了成为多种细菌病原体生物防治和检测工具的潜力。固定完整的噬菌体颗粒或其组分之一，如尾纤维、受体结合蛋白（RBP）和噬菌体内溶素的细胞壁结合域（CBD），将扩大噬菌体的应用范围，并促使开发更多基于噬菌体的病原体快速检测和控制技术[1]。因此根据需求，使用了不同的方法来固定噬菌体[2]。如以治疗和生物防治为目的，将噬菌体固定在脱脂乳或乳清蛋白上[3]；包封并纺成聚合纳米纤维[4]；包封在藻酸盐和明胶胶囊中[5~8]；固定在以纤维素为基础的材料上[9]。

另外，固定在固体基质上的噬菌体已被用作捕获剂以检测靶细菌[1,10,11]。噬菌体与其靶细菌细胞之间的结合可以通过各种传感器实时监测，例如表面等离子共振（SPR）[12,13]或磁弹性生物传感器[14~18]。有趣的是，RBP 生物传感器是为简化生物传感器的构建而被提

出来的[19,20]。独立的 RBP 具有与细菌细胞壁上某个结构域特异性结合的能力，因此可以像抗体一样用作捕获剂和鉴定剂[21]。

固定的全噬菌体颗粒不仅可以用来进行特异性结合，也可以用来感染靶细菌以导致其裂解并释放后代噬菌体。子代噬菌体可以使用任何基于分子技术的检测法而快速检测出，如 qPCR 或等温 DNA 扩增技术。子代噬菌体的存在可作为细菌存在的指标[1]。此时，使用固定化的全噬菌体颗粒的主要优点就体现在能够通过除去最初添加的固定化噬菌体，而只检测数量大大多于靶细菌的子代噬菌体而增强该技术的灵敏度。假设每个被感染的细菌细胞释放相同数量的子代噬菌体，则该试验可以做到半定量。这个方法面临的主要问题是要确保噬菌体以正确的方向固定在固体基质上，这要求将噬菌体头部附着在基质表面，使得尾纤维自由且具有功能性而能够接近细菌细胞上的噬菌体受体。考虑到这一点，为实现这个定向固定，学者们已经提出了几种方案[2]。例如，对壳蛋白做化学或遗传修饰来引入亲和标签，从而在固定步骤中直接定向噬菌体颗粒[20,22~24]。近来又提出了一个更简单并通用的方法，基于噬菌体头部和固体基质之间电荷差异和静电相互作用[25]。据称，噬菌体具有偶极性质，头部蛋白质总体带负电荷，尾纤维蛋白质带正电荷。结果就是，噬菌体将因其头部而吸引至带正电荷的基质表面，使得尾纤维可以接触到细菌细胞上的噬菌体受体。

本章介绍了将全噬菌体颗粒和受体结合蛋白（RBP）固定于固体表面的技术，这项固定技术已成功地应用于捕获和检测不同的靶细菌。然而，应该提到的是，需要进一步研究以更好地理解固定化噬菌体（及 RBP）和支撑材料之间的相互作用，特别是固定化噬菌体（及 RBP）的分布和每单位表面积的计数。可以使用不同的工具来估算固定噬菌体颗粒的密度，例如扫描电子显微镜（SEM）、原子力显微镜（ATM）和渐逝波光散射。

50.2 全噬菌体颗粒的固定化

50.2.1 全噬菌体颗粒在顺磁性二氧化硅微珠上的固定化

50.2.1.1 实验材料

① S-NH_2 顺磁性二氧化硅微珠（直径 1μm）（BocaRaton，FL，USA）（PR-MAG00013-01）。

② 3-氨基丙基三乙氧基硅烷（APTS）。

③ 四氢呋喃（THF）。

④ 离心机，超声波仪，水浴，ZETA 电位测量仪器。

⑤ 磁性微量离心管架。

⑥ Boekel Scientific Orbitron Rotator Ⅱ 定轨摇床（Boekel IndustriesInc.，Feasterville，PA，USA 或 Fisher Scientific）。

50.2.1.2 实验方法

（1）顺磁性二氧化硅微珠修饰

①通过在 4000*g* 下离心 2min 分离出储备液中的磁性二氧化硅微珠（100mg），并通过多次离心步骤用 5mL 去离子水洗涤 3 次，然后在 110℃，氮气中干燥 1h。

② 将珠粒在含有 3-氨基丙基三乙氧基硅烷（200g/L，5 mL）的四氢呋喃（THF）中重

新分散悬浮，并将悬浮液在室温下超声处理 2h。

③ 以 4000g 离心 2min，然后在氮气中将混合物在 100℃保温 1h。

④ 通过在 4000g 离心 2min，用 THF 洗涤 5 次，然后在 50℃下真空干燥 10h 以除去残留的 THF。

⑤ 用 ZETA PALS 仪（Brookhaven Instruments Corp.，Holtsville，NY）在 25℃下测量修饰二氧化硅微珠的 zeta 电位。通过将微珠悬浮在 2mmol/L NaCl 中来计算每批修饰二氧化硅微珠的平均 zeta 电位（微珠的 zeta 电位应为 18～20mV）。

⑥ 将干燥的 APTS 修饰的微珠在 4 ℃保存直至用于噬菌体固定。

（2）噬菌体制备

① 培养噬菌体及其宿主。

② 在氯化铯梯度上纯化噬菌体，滴定，然后于 4℃储存。

（3）固定步骤

① 将干燥的顺磁性修饰二氧化硅微珠（PMSB）重悬至终浓度为 20mg/mL，配合使用磁性微量离心管架 Dynal MPC-S（Life Technologies，Burlington，ON），用不含明胶的 SM 缓冲液（5.8g NaCl，4g $MgSO_4 \cdot 7H_2O$，50mL 1mol/L Tris-HCl pH7.5，用 HCl 调节至 pH 为 6.5，终体积为 1L）洗涤 6 次。

② 将 10μL 纯化的噬菌体（稀释至约 10^6pfu/mL）加入 60μL 洗涤过的 PMSB 微珠和 930μL SM 缓冲液中，以达到约 10^5pfu/mL 的噬菌体终浓度。

③ 使用 Boekel Scientific Orbitron Rotator Ⅱ 在 4℃ 旋转混合噬菌体-珠粒混合物 24h。

④ 在噬菌体缓冲液（0.74g $CaCl_2$，2.5g $MgSO_4 \cdot H_2O$，0.05g 明胶，1mol/L Tris-HCl，pH7.0，添加重蒸去离子水使终体积为 1L）中洗涤固定化噬菌体 5 次，配合使用磁力微量离心管架以除去未结合的噬菌体颗粒。将微珠重新悬浮在 1mL 噬菌体缓冲液中。

⑤ 为了确定微珠的感染性，使用磁性颗粒分离器将噬菌体包被的磁珠浓缩在微量离心管的底部，并将它们点到新鲜制备的宿主细菌菌膜平板上。还应将等分的 30μL 游离噬菌体（10^5 pfu/mL）点在同一个菌膜平板上，以测量噬菌体包被磁珠的感染性。固定化噬菌体的感染性可以使用以下标度来指示裂解的程度：5＋表示完全裂解；4＋表示大约 75％裂解；3＋表示 50％～75％裂解；2＋表示 25％～50％裂解；1＋表示低于 25％裂解。

50.2.2 在纸上喷墨打印全噬菌体颗粒

50.2.2.1 实验材料

① TritonX-100。

② 甘油。

③ Dimatix Materials 打印机墨盒（惠普，密西沙加，加拿大）。

④ 惠普认证的具有 ColorLok 技术的多用途纸张。(惠普，密西沙加，加拿大)。

⑤ Dimatix Materials 打印机 DMP 2800（Fujifilm DimatixInc.，Santa Clara，CA，USA）。

⑥ 带有氯化钡的塑料容器，用于存放打印纸。

50.2.2.2 实验方法

① 培养噬菌体及其宿主。

② 通过向噬菌体裂解物（10^9 pfu/mL）中加入 Triton X-100（2mmol/L）和 30%甘油（体积分数）以制备含有噬菌体的生物墨剂，并通过孔径 0.22μm 滤膜过滤。在打印前即时制备。

使用提供的注射器将生物墨剂装入 Dimatix Materials 打印机墨盒。

③将 ColorLok 纸放置到 Dimatix Materials DMP2800 打印机。将打印机设置为 40V 的点火电压，5kHz 的点火频率，20μm 的液滴间距，11.43cm 水位（在水柱中）的弯月面真空和 120s 开始一次的喷嘴清洁周期。一厘米约有 500 个液滴沉积在打印纸上，每滴包含约 10pL 的生物墨剂。应准备对照生物墨水，以等量的噬菌体缓冲液代替噬菌体。

④ 让纸干燥 30min，然后转移到 25 ℃的充满氯化钡的湿度室（80%～85%RH）。

⑤ 噬菌体打印纸的感染性可以通过覆盖技术和/或在肉汤培养基中来确定。前一种方法是通过将噬菌体打印的纸切成圆形（直径约 2.5cm），并使用无菌镊子将这些圆盘转移到接种了宿主细菌的半固体琼脂表面上来完成的。在 37℃下过夜培养，然后目测检查含有噬菌体的纸片周围的抑菌圈。噬菌体打印纸的感染性也可以通过将携带噬菌体的上述圆盘（直径约 2.5cm），接种到 10mL 在肉汤培养基中培养的细菌悬浮液（约 10^3 cfu/mL）中，在 37℃下培养 18～24h 来确定。培养后，对细菌计数，并将其与不含生物活性纸的对照管进行比较。

50.2.2.3 注释

① 将针对大肠埃希菌 *E. coli* O157：H7 而分离到的肌尾噬菌体（rV5）[26]，用于在修饰的顺磁性二氧化硅微珠和 ColorLok 阳离子纸上进行全噬菌体固定化实验。如对其他噬菌体进行固化，需要优化噬菌体初始浓度。

② 基于目前使用的全噬菌体固定方案的结果，建议在洗去多余噬菌体后 2h 内，使用在 PMSB 上的固定噬菌体检测（捕获）靶细菌。将固定化噬菌体储存超过 24h 将影响捕获效率。另外，生物活性噬菌体纸可以在 4℃下在 80%～85%相对湿度的容器中储存 1 周。

50.2.3 将全噬菌体共价固定在金层上

50.2.3.1 方法一：活化的半胱胺单层法[10]

（1）实验材料

① 镀有金（Au）涂层的硅（Si）基底。

② 半胱胺盐酸盐（50mmol/L 去离子水溶液）。

③ 溶剂（丙酮、异丙醇、乙醇、去离子水）。

④ 戊二醛［2%（体积分数）去离子水溶液］。

⑤ 聚山梨酯 20［0.05%（体积分数）去离子水溶液］。

（2）实验方法

① 5nm 铬作为黏附层，在 Si（100）基底上溅射涂覆 20nm 厚的金（Au）层。

② 将镀 Au 的 Si 基底依次用丙酮、异丙醇、乙醇和去离子水超声处理 5min，以在功能化之前清洁表面。

③ 将洗涤过的表面浸浴在 50mmol/L 半胱胺盐酸盐溶液中，室温（25℃）下在定轨摇床上混合 20h，以在基底表面上形成硫醇结合的自组装单层（SAM）。

④ 将半胱胺结合的金基底用大量去离子水彻底洗涤两次，每次 5min，以除去任何过量的半胱胺。

⑤ 表面结合的半胱胺的末端胺（NH_2—）通过浸浴在 2%戊二醛溶液（体积分数）中

1h来活化。

⑥ 将活化的半胱胺包被的基底用去离子水洗涤两次，立即用于噬菌体固定。

⑦ 将悬浮在SM缓冲液（pH7.5）中的噬菌体（10^{12}pfu/mL）通过定轨摇床与活化的半胱胺涂覆的基底在室温（25℃）下混合20h，以将全噬菌体固定到活化半胱胺涂覆的基底上。

⑧ 最后用0.05%聚山梨酯20（体积分数，混于SM缓冲液中）洗涤噬菌体功能化的基底两次，然后单独用SM缓冲液洗涤以除去任何结合不牢固/未结合的噬菌体。

⑨ 通过在不超过40℃的较高温度下进行噬菌体结合改善噬菌体的固定密度。

50.2.3.2 方法二：使用Dithiobis（琥珀酰亚胺丙酸酯）（DTSP）的一步法[12,27]

（1）实验材料

① Dithiobis（琥珀酰亚胺丙酸酯）（DTSP）溶液（2mg/mL）。

② 镀有金（Au）涂层的硅（Si）基底。

③ 溶剂（丙酮、异丙醇、乙醇、去离子水）。

④ PBS（pH7.4）。

⑤ 10%（体积分数）乙醇胺。

（2）实验方法

① 使用5nm铬作为黏附层，在Si（100）基底上溅射涂覆20nm厚的金（Au）层。

② 将镀Au的Si基底依次用丙酮、异丙醇、乙醇和去离子水超声处理5min，以在功能化之前清洁表面。

③ 将洗涤过的表面浸浴在2mg/mL的DTSP溶液中，室温（25℃）下在定轨摇床上混合30min，以在基底表面上形成硫醇结合的自组装单层（SAM）。

④ 将DTSP功能化的衬底在丙酮中洗涤两次，然后用去离子水洗涤除去任何过量的DTSP，并立即用于噬菌体固定。

⑤ 将悬浮在SM缓冲液（pH7.5）中的噬菌体（10^{12}pfu/mL）通过定轨摇床与DTSP功能化的基底在室温（25℃）下混合20h，以将全噬菌体固定到DTSP功能化的基底上。

⑥ 用PBS彻底洗涤固定了噬菌体的表面以除去任何结合不牢固/未结合的噬菌体。

⑦ 使用10%（体积分数）乙醇胺水溶液封闭基底上未反应的琥珀酰亚胺基。

50.3 噬菌体衍生蛋白质的固定化

50.3.1 噬菌体重组结合蛋白质的生产和纯化

50.3.1.1 空肠弯曲杆菌噬菌体NCTC1267 Gp047重组受体结合蛋白质[28]

（1）实验材料

① 磷酸钠。

② 磷酸钾。

③ 氯化钠。

④ 氯化钾。

⑤ 二硫苏糖醇（DTT）。

⑥ 乙二胺四乙酸（EDTA）。

⑦ 谷胱甘肽。

⑧ PBS（磷酸盐缓冲溶液，pH7.4，1.8mmol/L KH_2PO_4，10mmol/L Na_2HPO_4，2.7mmol/L KCl，137mmol/L NaCl）。

⑨ PBS-DTT-EDTA 缓冲液：补充有 1mmol/L DTT 和 5mmol/L EDTA 的 PBS。

⑩ GA 洗脱缓冲液：补充有 5mmol/L EDTA 和 10mmol/L 谷胱甘肽的 PBS，pH8.0～8.5。

⑪ cOmplete Mini，无 EDTA 的蛋白酶抑制剂混合物（Roche）。

⑫ 补充 50μg/ mL 氨苄青霉素的 LB 培养基（BD Biosciences）。

⑬ 冰。

⑭ 标准 pH 计。

⑮ 超声波仪，例如 Branson Sonifier 450 或类似型号。

⑯ 标准低速落地式离心机，例如 Beckman J2-21 或类似的新型号。

⑰ 标准微生物摇床。

⑱ 标准台式实验室摇床。

⑲ 0.22μm 过滤器（Millipore）。

⑳ 谷胱甘肽-琼脂糖颗粒（Sigma-Aldrich）

（2）制备方法

① 先前已经描述了来自空肠弯曲杆菌噬菌体 NCTC1267 的弯曲杆菌细胞结合蛋白 Gp047 的编码基因的表征和克隆方法[29]。

② 用含有噬菌体基因的 pGEX 6P-2 质粒转化大肠埃希菌 BL21 细胞。

③ 在 2L 含有氨苄青霉素的 LB 培养基中，于 30℃下将菌液培养至 OD_{600} 为 0.5。

④ 用 0.1mmol/L IPTG 诱导细菌培养液，并使用标准微生物摇床以 250r/min 于 30℃振荡过夜。

⑤ 使用常规方法通过离心收集细胞。

（3）纯化方法

① 将细胞重悬于 100mL 预冷的补充有蛋白酶抑制剂混合物的 PBS-DTT-EDTA 缓冲液中。

② 使用常规超声方法处理细胞使其破壁。

③ 在 4℃下，27000g 离心 30min 除去细胞碎片。

④ 将上清液经 0.22 μm 过滤器过滤。

⑤ 用 PBS-DTT-EDTA 缓冲液预平衡过的 10 mL 谷胱甘肽-琼脂糖混合孵育滤液。应在 4℃下轻轻振荡混合 1h。

⑥ 用 50 mL 含有蛋白酶抑制剂混合物的 PBS-DTT-EDTA 缓冲液洗涤谷胱甘肽-琼脂糖颗粒，然后再用 200mL PBS-DTT-EDTA 缓冲液洗涤。

⑦ 用 20mL GA 洗脱缓冲液将谷胱甘肽-琼脂糖颗粒在 4℃孵育 1h，并轻轻摇动，以洗脱目标蛋白。

⑧ 用 PBS 透析洗脱液（可在 4℃下过夜）。

50.3.1.2 分枝杆菌噬菌体次尾蛋白（Gp6）和噬菌体裂解酶（Gp10）蛋白的生产和纯化[30]

（1）实验材料

① 磷酸钠。

② 磷酸钾。

③ 氯化钠。

④ 氯化钾。

⑤ 二硫苏糖醇（DTT）。

⑥ 咪唑。

⑦ 固定化金属亲和层析（IMAC）缓冲液 A：pH8.2，50mmol/L 磷酸钠，1mmol/L DTT，1mol/L 氯化钠，30mmol/L 咪唑。

⑧ IMAC 缓冲液 B：pH8.2，50mmol/L 磷酸钠，1mmol/L DTT，1mol/L 氯化钠，500mmol/L 咪唑。

⑨ PBS（磷酸盐缓冲溶液，pH7.4，1.8mmol/L KH_2PO_4，10mmol/L Na_2HPO_4，2.7mmol/L KCl，137mmol/L NaCl）。

⑩ cOmpleteMini，无 EDTA 蛋白酶抑制剂混合物（Hoffmann-La Roche Limited，Mississauga，ON，Canada）。

⑪ 补充 25μg/mL 卡那霉素的 LB 培养基（BD Biosciences，Mississauga，ON，Canada）。

⑫ 冰。

⑬ 标准 pH 计。

⑭ 超声波仪，例如 Branson Sonifier 450 或类似型号。

⑮ 标准低速落地式离心机，例如 Beckman J2-21 或类似的新型号。

⑯ 标准微生物摇床。

⑰ 0.22μm 过滤器（Millipore）。

⑱ 1mL His Trap HP 色谱柱（GE Healthcare，Little Chalfont，United Kingdom）。

（2）制备方法

① 先前描述了编码假定的分枝杆菌噬菌体细胞结合蛋白的基因的选择和克隆[30]。从分枝杆菌噬菌体 L5 的裂解物中直接扩增合适的基因。通过常规方法进行克隆。

② 用含有噬菌体基因的 pET-30a（+）质粒转化大肠埃希菌 BL21（DE3）细胞。

③ 使用含有卡那霉素的 LB 培养基，在 30℃下培养 2L 细菌至 OD_{600} 为 0.5。

④ 用 0.2mmol/L IPTG 诱导细菌培养液，并使用标准微生物摇床以 250r/min 于室温下振荡过夜。

⑤ 用常规方法离心收集细胞。

（3）纯化方法

① 将大肠埃希菌细胞重悬于 100mL 含有蛋白酶抑制剂混合物的经冰预冷的 IMAC 缓冲液 A 中。

② 用常规方法超声裂解细胞。

③ 4℃，27000*g* 离心 30min 去除细胞碎片。

④ 用 0.22μm 过滤器过滤上清液。

⑤ 将滤液上样到用缓冲液 A 平衡过的 1mL His Trap HP 色谱柱上。

⑥ 用 5mL 含有蛋白酶抑制剂混合物的缓冲液 A 洗涤柱子，然后再用 20mL 缓冲液 A 洗涤。

⑦ 用 2mL 缓冲液 B 洗脱目标蛋白质。

⑧ 将色谱柱静置 10min，然后用另外的 2mL 缓冲液 B 洗脱剩余的蛋白质。

⑨ 将两次洗脱液合并，并用 PBS 透析（可在 4℃下过夜）。

50.3.1.3 注释

① 结果显示，一些基因不能用 NCTC 12673 弯曲杆菌噬菌体裂解液或该噬菌体

的苯酚-氯仿纯化 DNA 直接扩增。显然，Taq 和 Vent 聚合酶均不能利用噬菌体 DNA 做底物模板。这可能是由噬菌体 DNA 的未知修饰引起的。为了克服这个障碍，加入了等温预扩增步骤，如参考文献［29］中所述。简短说来，用 DNaseⅠ和 RNaseH（各 1μg/mL）处理 40mL NCTC 12673 噬菌体裂解液（10^7pfu/mL）以去除宿主 DNA 和 RNA。随后用苯酚/氯仿溶液将噬菌体 DNA 抽提三次，再用氯仿抽提两次。然后用异丙醇沉淀 DNA，并将 DNA 溶于 100μL 10mmol/L Tris（pH8.0）。然后将 5μL 该噬菌体 DNA 溶液加入含 phi29 DNA 聚合酶（Fermentas/Thermo Fisher Scientific）的 50μL 预扩增反应体系中，在 37℃下反应过夜。该反应包含了 10U Phi29、5μmol/L（终浓度）抗外切随机引物（Fermentas）、1U 酵母无机焦磷酸酶（Fermentas）和 0.5mmol/L dNTP（Roche）。将 5μL 该预扩增反应处理过的噬菌体 DNA 用于标准的 50μL PCR 反应，以扩增噬菌体 047 基因。

② 所有缓冲液应使用 MilliQ 级水制备，并使用 0.22μm 过滤器进行预过滤。所有化学品应为分子生物学级，纯度至少为 99%。

③ 除非另有说明，否则所有缓冲液应冷却至 4℃，并在整个过程中保持该温度。

④ Gp047 蛋白样品可以在 4℃的 PBS 中储存长达 18 个月而不丧失细胞结合活性。

⑤ 建议使用玻璃过滤器或空的色谱柱洗涤谷胱甘肽-琼脂糖颗粒。

⑥ 在使用前检查并调整 GA 洗脱缓冲液的 pH 至 8.0～8.5 很重要。

⑦ 通过测量紫外吸光度来确定蛋白质浓度。使用 Christian-Warburg 方法来确定 Gp10 制剂的总蛋白质浓度。假设所有半胱氨酸残基均处于还原状态，并用 ProtParam 工具计算了带 His 标记的 Gp6 在 280nm 处的消光系数，结果为 $43430M^{-1}\ cm^{-1}$，$A_{0.1\%}$为 1.093。

⑧ 尽管也可以使用其他常规方法（例如，蠕动泵），但一次性塑料注射器（例如，BD-Luer-Lok™）可用于过滤蛋白质提取物和洗涤 IMAC 色谱柱。

50.3.2 噬菌体固定程序

50.3.2.1 将弯曲杆菌噬菌体 Gp047 受体结合蛋白（RBP）固定在金层上[28]

（1）实验材料

① GST-GP047 噬菌体受体结合蛋白（RBP）。

② 磷酸盐缓冲溶液（PBS）。

③ 2mg/mL 谷胱甘肽。

④ 0.05%（体积分数）聚山梨酯 20-PBS。

⑤ 1mg/mL 牛血清白蛋白（BSA）。

⑥ 丙酮。

⑦ 异丙醇（IPA）。

⑧ 乙醇。

⑨ 去离子水。

⑩ 超声仪。

⑪ 定轨摇床 。

⑫ Eppendorf 离心管。

（2）实验方法

① 在功能化之前，将装置依次在丙酮、异丙醇、乙醇和水中各洗涤 5min 以清洁表面。

② 将清洁过的装置浸泡在含 2mg/mL 谷胱甘肽的 PBS 溶液中，并在定轨摇床上以 1000r/min 振荡 1h。

③ 将 GSH-SAM 装置在 PBS 中洗涤 2 次，每次 5min，以洗去表面过量的试剂。

④ 将功能化装置浸入溶有 5μg/mL GST-GP48 蛋白质的 PBS 溶液中，在定轨摇床上以 1000r/min 振荡 1h，然后在 0.05%聚山梨酯 20PBS 溶液中洗涤 5min，最后用 PBS 洗涤 2 次，每次 5min。

⑤ 使用 1mg/mL 牛血清白蛋白（BSA）溶液来阻断任何非特异性结合。

50.3.2.2 将分枝杆菌噬菌体 Gp10 噬菌体裂解酶固定在金层上[30]

（1）实验材料

① 金基底。

② 食人鱼洗液处理过的硅基底。

③ 丙酮、异丙醇、乙醇和 MilliQ 水。

④ 半胱胺盐酸盐（Sigma-Aldrich）。

⑤ 戊二醛（Sigma-Aldrich）。

⑥ 使用分枝杆菌噬菌体 L5 悬液扩增的分枝杆菌噬菌体 L5 噬菌体裂解酶（Gp10）。

⑦ BupH 磷酸盐缓冲液盐水包（PBS）（Pierce）。

⑧ 牛血清白蛋白（BSA）-聚山梨酯 20（Sigma-Aldrich）。

⑨ 刃天青（Sigma-Aldrich）。

⑩ 鸟分枝杆菌亚种副结核分枝杆菌 ATCC 19851，海分枝杆菌 ATCC927，耻垢分枝杆菌 $mc^2$155。

⑪ Middlebrook 7H9 肉汤培养基（BD Biosciences，USA），并补充油酸-白蛋白-葡萄糖-过氧化氢酶混合物（BD Biosciences，USA）和分枝杆菌生长素 J（Allied Monitor，USA）。

⑫ Branson Ultrasonics 1510 超声波仪（40kHz 频率，80W 功率）。

⑬ 日立 S-4800 /LEO1430 扫描电子显微镜。

⑭ 奥林巴斯 1X81 荧光显微镜并配备 FITC 滤光片和 Roper Scientific Cool Snaps HQ-CCD 相机。

⑮ 微生物振荡培养箱。

（2）实验方法

① 蛋白质固定

a. 通过溅射涂覆 25nm 厚的金层制造食人鱼洗液处理过的硅基底。

b. 在表面改性之前，应通过在丙酮、异丙醇、乙醇和 MilliQ 水中超声处理 5min，对金基底进行清洗。

c. 将金基底浸泡在 50mmol/L 半胱胺盐酸盐溶液中，40℃下过夜。

d. 在室温下，用 2%戊二醛修饰胱胺自组装单层（SAM）基底 1h，然后在 PBS 中洗涤 2 次。

e. 在设置为 60℃的温控水浴中，将这些修饰基底在含有 20μg/mL 分枝杆菌噬菌体裂解酶 Gp10 的 PBS 溶液中浸泡过夜。作为阴性对照，将修饰基底在 PBS 中而不是蛋白质溶液中浸泡过夜。

f. 将固定有蛋白质的金基底暴露于 1mg/mL 牛血清白蛋白（BSA）中 30min。

g. 在 PBS 中洗涤 2 次以除去未结合的 BSA。

② 结合实验

a. 在 PBS 中洗涤细菌细胞 2 次，去除培养基。

b. 将固定有蛋白质基底暴露于含有 10^9 cfu/mL 分枝杆菌细胞的 PBS 中，并在室温下孵育 1h。用海分枝杆菌和大肠埃希菌细胞来确定蛋白质的特异性。

c. 在分析之前，用 0.05%的聚山梨酯 20 洗涤固定的基底表面。

d. 对于荧光显微镜检，细菌细胞在与蛋白质固定基底结合之前，先用 50μmol/L 刃天青染色 20min。

e. 可以使用配备 FITC 滤光片和 Roper Scientific Cool-Snaps HQ CCD 照相机的 Olympus IX81 显微镜来拍摄荧光图像。

f. 在室温下用 2%戊二醛固定样品 2h，然后在 SEM 之前用 50%～100%的乙醇梯度脱水。

g. 最后通过暴露于氮气来干燥样品。

h. 使用 HitachiS-4800/LEO1430 显微镜记录 SEM 图像。

i. 使用 ImageJ 软件（美国 NIH）分析微观图像。结合在表面的细胞的平均数量根据视野内细胞数量的评估值得出，每个测试使用八个镀金芯片。

50.3.2.3 将弯曲杆菌噬菌体 Gp047 蛋白固定在磁珠上[31]

（1）实验材料

① Dynabead M-280 甲苯磺酰基活化和/或冻干的 Dynabead M-270 环氧树脂珠。

② 0.1mol/L 磷酸钠缓冲液。

③ 3mol/L 硫酸铵。

④ GST-Gp48 噬菌体 RBP。

⑤ 1g/L BSA。

⑥ PBS。

⑦ 谷胱甘肽。

⑧ 磁分离架。

⑨ Eppendorf 离心管。

⑩ 定轨摇床 。

（2）实验方法

① 磁珠的制备

a. 首先，将 5mg 冻干的 Dynabeads® M-270 环氧树脂或 165μL Dynabeads® M-280 甲苯磺酰基活化的磁珠在 0.1mol/L 磷酸钠缓冲液（pH7.4）中洗涤 2 次，持续 10min。

b. 将装有洗涤过的珠子的试管放在磁体上 1min，然后除去上清液。

c. 将洗涤过的磁珠重悬于 100μL 0.1mol/L 磷酸钠缓冲液（pH7.4）和 100μL 的 3mol/L 硫酸铵（pH7.4）中。

注意：从悬浮液中捕获和分离细菌的效率可以通过两种不同的受体结合蛋白固定模式进行检查，即随机包被和定向固定。

② GST-Gp48 RBPs 在磁珠上的无定向固定

a. 对于随机无定向固定，将 100μL GST-Gp48 RBPs 加入含有洗涤过的磁珠悬浮液中，并在定轨摇床上以 1000r/min 混合过夜。

b. 将装有 RBP 包被磁珠的管子置于磁体上，去除上清液。

c. 在 PBS-BSA 缓冲液［含有 1g/L BSA 的 PBS（pH7.4）］中洗涤 RBP 包被的磁珠 4

次以阻断任何未结合的表面。

d. 将 BSA 封闭的磁珠重悬于 1mL PBS 缓冲液（pH7.4）中，并在 4℃下储存。

③ GST-Gp48 RBP 在磁珠上的定向固定

a. 对于定向固定，将洗过的磁珠重悬于含 100μL 1mg/mL 谷胱甘肽的 PBS 溶液中，并在定轨摇床上以 1000r/min 振荡过夜，以形成谷胱甘肽的自组装单层（GSH-SAM）。

b. 在 PBS 中洗涤 GSH SAM 磁珠 1 次，然后置于磁铁上并除去上清液。将 GSH-SAM 磁珠重悬于含 40μg GST-Gp48 RBPs 的 PBS 中，并在定轨摇床上以 1000 r/min 振荡 1h。

c. 在 PBS-BSA 缓冲液中洗涤 RBP 衍生磁珠 4 次，以阻断自由表面。

d. 将 BSA 封闭的磁珠重悬于 1mL PBS（pH7.4）缓冲液中，并在 4℃下储存直至用于细菌捕获。

50.3.2.4 将分枝杆菌噬菌体裂解酶 Gp10 固定在甲苯磺酰基活化磁珠 Dynabeads® M-280 上[32]

（1）实验材料

① Dynabead® M-280 甲苯磺酰基活化磁珠（Life Technologies Inc.，USA）。

② DynaMag 2 磁体（Life Technologies Inc.，USA）。

③ 使用分枝杆菌噬菌体 L5 的悬浮液扩增分枝杆菌噬菌体 L5 噬菌体裂解酶（Gp10）。

④ BupH 磷酸盐缓冲液盐水包（PBS）（Pierce）。

⑤ 牛血清白蛋白（BSA）。

⑥ MilliQ 级水。

⑦ 温控水浴培养箱。

（2）实验方法

① 在修饰前，Dynabeads® M-280（100mg/mL）应用无菌 PBS 洗涤 2 次，每次 10min。为了将上清液与磁珠分离，应将管子放在 DynaMag 2 磁体上 1min。

② 将磁珠重悬于 1mL 无菌 PBS 中。

③ 将清洗过的磁珠与 100μg/mL 分枝杆菌噬菌体裂解酶在 37℃下混合 1h，然后在室温下混合过夜。

④ 进一步用 1mg/mL BSA 与功能化的磁珠混合 30min，以阻断自由表面，并防止非特异性结合。所有的混合步骤都应该轻轻振荡。

⑤ 最后，用无菌 PBS 洗涤磁珠 2 次以除去任何未结合的 BSA。

⑥ 分枝杆菌细胞因其疏水性细胞表面而聚集成团块，因此在与磁珠混合孵育之前，应将待测样品超声处理 5min，获得均匀的悬浮液，以防止聚集细胞团非特异性沉积在磁珠表面。

⑦ 将分枝杆菌噬菌体溶菌酶 Gp10 功能化磁珠悬浮于样品中，并在室温下温和振荡 1h。

⑧ 通过在磁体上处理样品 5min 分离磁珠，并用无菌 PBS 洗涤 2 次。

致谢

感谢加拿大公共卫生局国家微生物学实验室（Guelph）的 Roger Johnson 博士提供了用于整个噬菌体固定化实验的 rV5 噬菌体。另外，还要感谢麦克马斯特大学的 Drs Carlos Filipe 和 Robert Pelton 及其研究小组在噬菌体印迹实验中的帮助。

参考文献

1. Brovko LY, Anany H, Griffiths MW (2012) Bacteriophages for detection and control of bacterial pathogens in food and food-processing environment. In: Jeyakumar H (ed) Advances in food and nutrition research. Academic Press, Cambridge, pp 241–288
2. Anany H et al (2015) Bacteriophages as antimicrobials in food products: history, biology and application. In: Taylor M (ed) Handbook of natural antimicrobials for food safety and quality. Woodhead Publishing, Cambridge, pp 69–83
3. Murthy K, Engelhardt R (2012) .Encapsulated bacteriophage formulation, United States *Patents*
4. Salalha W et al (2006) Encapsulation of bacteria and viruses in electrospun nanofibres. Nanotechnology 17(18):4675
5. Zhang J et al (2010) Development of an anti-Salmonella phage cocktail with increased host range. Foodborne Pathog Dis 7 (11):1415–1419
6. Ma Y et al (2008) Microencapsulation of bacteriophage felix O1 into chitosan-alginate microspheres for oral delivery. Appl Environ Microbiol 74(15):4799–4805
7. Stanford K et al (2010) Oral delivery systems for encapsulated bacteriophages targeted at Escherichia coli O157:H7 in feedlot cattle. J Food Prot 73(7):1304–1312
8. Yongsheng M et al (2012) Enhanced alginate microspheres as means of oral delivery of bacteriophage for reducing Staphylococcus aureus intestinal carriage. Food Hydrocoll 26 (2):434–440
9. Anany H et al (2011) Biocontrol of Listeria monocytogenes and Escherichia coli O157: H7 in meat by using phages immobilized on modified cellulose membranes. Appl Environ Microbiol 77(18):6379–6387
10. Singh A et al (2009) Immobilization of bacteriophages on gold surfaces for the specific capture of pathogens. Biosens Bioelectron 24 (12):3645–3651
11. Gervals L et al (2007) Immobilization of biotinylated bacteriophages on biosensor surfaces. Sensors Actuators B-Chem 125(2):615–621
12. Arya SK et al (2011) Chemically immobilized T4-bacteriophage for specific Escherichia coli detection using surface plasmon resonance. Analyst 136(3):486–492
13. Balasubramanian S et al (2007) Lytic phage as a specific and selective probe for detection of Staphylococcus aureus—a surface plasmon resonance spectroscopic study. Biosens Bioelectron 22(6):948–955
14. Grimes CA et al (2011) Theory, instrumentation and applications of Magnetoelastic resonance sensors: a review. Sensors 11 (3):2809–2844
15. Chai Y et al (2012) Rapid and sensitive detection of Salmonella Typhimurium on eggshells by using wireless biosensors. J Food Prot 75 (4):631–636
16. Horikawa S et al (2011) Effects of surface functionalization on the surface phage coverage and the subsequent performance of phage-immobilized magnetoelastic biosensors. Biosens Bioelectron 26(5):2361–2367
17. Mi-Kyung P et al (2012) The effect of incubation time for Salmonella Typhimurium binding to phage-based magnetoelastic biosensors. Food Control 26(2):539–545
18. Park M-K, Oh J-H, Chin BA (2011) The effect of incubation temperature on the binding of Salmonella typhimurium to phage-based magnetoelastic biosensors. Sensors Actuators B-Chem 160(1):1427–1433
19. Singh A et al (2010) Bacteriophage tailspike proteins as molecular probes for sensitive and selective bacterial detection. Biosens Bioelectron 26(1):131–138
20. Singh A et al (2012) Bacteriophage based probes for pathogen detection. Analyst 137 (15):3405–3421
21. Amit S et al (2011) Specific detection of Campylobacter jejuni using the bacteriophage NCTC 12673 receptor binding protein as a probe. Analyst 136(22):4780–4786
22. Sun W, Brovko L, Griffiths M (2000) Use of bioluminescent Salmonella for assessing the efficiency of constructed phage-based biosorbent. J Ind Microbiol Biotechnol 25 (5):273–275
23. Tolba M et al (2010) Oriented immobilization of bacteriophages for biosensor applications. Appl Environ Microbiol 76(2):528–535
24. Minikh O et al (2010) Bacteriophage-based biosorbents coupled with bioluminescent ATP assay for rapid concentration and detection of Escherichia coli. J Microbiol Methods 82 (2):177–183
25. Cademartiri R et al (2010) Immobilization of bacteriophages on modified silica particles. Biomaterials 31(7):1904–1910
26. Kropinski A et al (2013) The host-range, genomics and proteomics of Escherichia coli O157: H7 bacteriophage rV5. Virol J 10(1):76
27. Naidoo R et al (2012) Surface-immobilization of chromatographically purified bacteriophages for the optimized capture of bacteria. Bacteriophage 2(1):15–24
28. Javed MA et al (2013) Bacteriophage receptor binding protein based assays for the simultaneous detection of Campylobacter jejuni and

Campylobacter coli. PLoS One 8(7)
29. Kropinski AM et al (2011) Genome and proteome of Campylobacter jejuni bacteriophage NCTC 12673. Appl Environ Microbiol 77 (23):8265–8271
30. Arutyunov D et al (2014) Mycobacteriophage cell binding proteins for the capture of mycobacteria. Bacteriophage
31. Poshtiban S et al (2013) Phage receptor binding protein-based magnetic enrichment method as an aid for real time PCR detection of foodborne bacteria. Analyst 138 (19):5619–5626
32. Singh U et al (2014) Mycobacteriophage lysin-mediated capture of cells for the PCR detection of Mycobacterium avium subspecies paratuberculosis. Anal Methods 6 (15):5682–5689

51 铜绿假单胞菌噬菌体中编码生长抑制性 ORFan 的筛选

▶ 51.1 引言
▶ 51.2 材料
▶ 51.3 方法
▶ 51.4 注释

摘要

与所有病毒一样，噬菌体的繁殖在很大程度上依靠其宿主的生理状态。因此，噬菌体已经进化出许多影响宿主代谢的蛋白质，以促进其感染过程。这些蛋白质中的一部分强烈扰乱宿主细胞，最终导致细胞死亡。这些生长抑制性噬菌体蛋白可能针对细胞的关键代谢步骤，可能会为创新性噬菌体衍生抗菌药物的发展提供基础。不幸的是，这些蛋白质大多数是所谓的 ORFan，因为它们与其他基因没有已知功能或序列的同源性。本章介绍了用于鉴定感染革兰氏阴性菌（例如，铜绿假单胞菌）的噬菌体编码的生长抑制性 ORFan 的筛选方法，这个方法使用了 pUC18-mini-Tn7T-Lac 载体系统，该系统可以在 IPTG 诱导型启动子的控制下，单拷贝噬菌体 ORFan 稳定整合于假单胞菌基因组。此外，本章还介绍了一个通过使用不同的载体拷贝数来检查噬菌体蛋白在不同宿主中作用的方法。最后，解释了如何使用延时显微成像来研究 ORFan 的表达对宿主形态的影响。

关键词： 噬菌体，铜绿假单胞菌，Gateway 克隆系统，染色体整合，点板测试，生物筛选，延时显微成像

51.1 引言

严格裂解性噬菌体严重依赖于宿主细菌的代谢而进行繁殖。从感染初始，噬菌体必须建立有利于复制的环境，并能够抵抗细菌的多种防御机制。因此，噬菌体已经进化出了大量高度多样化的蛋白质，可以抑制或调适细菌的代谢过程而利于自身[1]。虽然这些相互作用并非都对宿主细胞有害，但大多数确实会导致细胞周期停滞甚至宿主致死。因此，对数千种已测序的噬菌体基因组的开采可能会成为一个全新的抗菌剂资源，并且可以为噬菌体生物学提供功能性见解。

由于这些蛋白质-蛋白质相互作用并非都针对关键的细菌蛋白质而对宿主细胞产生不利

影响，假设在个体表达时对其宿主具有生长抑制作用的噬菌体蛋白质，在阻断关键代谢途径方面显示出最大的可能。因此，将 pUC18-mini-Tn7T-Lac 载体系统用来筛选对铜绿假单胞菌生长有影响的噬菌体蛋白。该大肠埃希菌-铜绿假单胞菌穿梭系统可以在 IPTG 诱导型启动子的控制下，单拷贝噬菌体基因稳定整合于假单胞菌基因组中[2]。单拷贝表达优于高拷贝表达，在于它可以减少宿主细胞中非天然高数量重组蛋白和与重组表达相关的生长迟缓导致的假阳性结果的数量。此外，表达盒编码的 $lacI^q$ 基因会限制渗漏表达[3]，这个功能在筛选生长抑制蛋白时是可取的。使用庆大霉素抗性盒在铜绿假单胞菌中进行抗性筛选。同时，在没有抗生素的情况下也能稳定地保持。插入表达盒不影响邻近铜绿假单胞菌基因的表达[2]。通过鉴定这些毒性噬菌体 ORFan 的宿主靶标并探索其作用方式，这些毒性噬菌体 ORFan 可能会在不久的将来开发成为全新的抗生素，并揭示功能信息[4]。

为了使必需噬菌体-宿主相互作用的筛选更加可行，可以使用一些合理的标准来减少目的蛋白质的数量。尽管噬菌体-宿主相互作用几乎涉及感染周期的所有阶段，但大多数相互作用被认定为在早期阶段发生[1]。除了选择早期表达蛋白之外，挑选 ORFan 时还可以包含如下额外标准：①必须小于 250 个氨基酸（对 52 个已描述过的噬菌体-宿主相互作用的调查结果显示，90%的噬菌体蛋白为这种大小[1]）；②没有已知功能性的预测，例如 DNA 代谢或结构蛋白；③没有明显的可预测的毒性作用（例如，核酸酶，噬菌体裂解酶）；④预测位置应在细胞质中。

本章介绍了筛选对宿主细胞生长具有抑制作用的噬菌体 ORFan 的方法。尽管这里以铜绿假单胞菌 PAO1 作为靶生物，但该方法可以很容易地用于筛选抗菌蛋白，以对抗其他有噬菌体可用的致病原菌。唯一的先决条件是兼容表达载体的可用性。首先是使用 Gateway 克隆系统（Thermo Fisher Scientific，Waltham，Massachusetts，USA）将 ORFan 作为单拷贝表达盒整合在铜绿假单胞菌基因组中。接下来介绍了抑制性噬菌体 ORFan 的鉴定，以及抑制性噬菌体 ORFan 的鉴定。此外，通过使用不同的载体拷贝数，解释了噬菌体蛋白在不同宿主中的作用。最后，使用延时显微成像术研究 ORFan 的表达对宿主细胞形态的影响，以揭示不同的表型，例如丝状体，铜绿假单胞菌生长延迟或生长停滞。

51.2 材料

51.2.1 克隆噬菌体 ORFan

① 大肠埃希菌化学感受态细胞，例如 One Shot TOP10 大肠埃希菌化学感受态细胞（Thermo Fisher Scientific，Wal-tham，Massachusetts，USA）。

② pUC18-mini-Tn7T-Lac 载体和 Gateway 载体转换系统。

③ LB 培养基。10g 胰蛋白胨，5g 酵母膏，10g 氯化钠，（15g 琼脂）。加去离子水至 1L 并高温高压灭菌。冷却至室温再加入抗生素。

④ 抗生素。1000×硫酸卡那霉素储备液（50mg/mL；筛选终浓度：$Km^{50}=50\mu g/mL$）。1000×氨苄青霉素储备液（100mg/mL；筛选终浓度：$Amp^{100}=100\mu g/mL$）。

⑤ 超纯水。

⑥ 矿物油。

⑦ 甘油。

⑧ 琼脂糖。

⑨ 噬菌体 DNA，作为 PCR 模板。
⑩ 引物。
ORFan 引物
pENTR _ F：GCGGCCGCCTTGTTTAAC
pENTR _ R：GTCGGCGCGCCCACCCTT
pUC18-mini-Tn7T-LAC _ F：CGGTTCTGGCAAATATTCTGA
pUC18-mini-Tn7T-LAC _ R：GGAGGGGTGGAAATGGAGTT
⑪ 高保真 DNA 聚合酶。
⑫ Taq DNA 聚合酶。
⑬ pENTR/SD/D-TOPO 克隆试剂盒（Thermo Fisher Scientific）。
⑭ 10mmol/L dNTP 溶液。
⑮ DNA 分子量标准（marker）。
⑯ 质粒小量制备试剂盒。
⑰ LR Clonase Enzyme mix（Thermo Fisher Scientific）。
⑱ 蛋白酶 K。
⑲ 0.5mL PCR 试管。
⑳ 10mm 培养皿。
㉑ 无菌牙签。
㉒ 96 孔 PCR 板。
㉓ 96 孔微量滴定板。
㉔ 微量移液枪（单通道和多通道）。
㉕ PCR 热循环仪（适合单管和 96 孔板）。
㉖ 37℃培养箱。
㉗ DNA 电泳设备。
㉘ 温控水浴。

51.2.2 在铜绿假单胞菌和大肠埃希菌中的毒性分析

① 铜绿假单胞菌 PAO1[5] 菌株。
② pTNS2 载体[2]。
③ pHERD20T 载体[6] 和 Gateway 载体转换系统（Thermo Fisher Scientific）。
④ 高温高压灭菌的液体和固体 LB 培养基。
⑤ 抗生素。1000×庆大霉素储备液（30mg/mL；筛选终浓度：$Gm^{30}=30\mu g/mL$）。1000×羧苄西林（100mg/mL；筛选终浓度：$Cb^{200}=200\mu g/mL$）。
⑥ 1000×异丙基 β-D-1-硫代吡喃半乳糖苷储备液（IPTG）（1mol/L；诱导终浓度：1mmol/L）。
⑦ 超纯水。
⑧ 蔗糖（终浓度：300mmol/L）。
⑨ 矿物油。
⑩ 甘油。
⑪ 琼脂糖。
⑫ 引物。
RBS _ F：5′-TAAGAAGGAGCCCTTCAC-3′

GlmS _ up：5′-GTGCGACTGCTGGAGCTGAA-3′
Tn7T _ R：5′-CACAGCATAACTGGACTGATTTC-3′
GlmS _ down：5′-GCTCTCGCCGATCCTCTACA-3′
pHERD20T _ F：5′-ATCGCAACTCTCTACTGTTTCT-3′
pHERD20T _ R：5′-TGCAAGGCGATTAAGTTGGGT-3′

⑬ *Taq* DNA 聚合酶。

⑭ 10mmol/L dNTP 溶液。

⑮ DNA 长度标记。

⑯ 1.5mL 和 2mL 微量离心管。

⑰ 10mm 培养皿。

⑱ 无菌牙签。

⑲ 96 孔 PCR 板。

⑳ 96 孔微量滴定板。

㉑ 微量移液抢（单通道和多通道）。

㉒ PCR 热循环仪（适合 96 孔板）。

㉓ 37℃培养箱。

㉔ 电穿孔仪，例如 Gene Pulser Xcell™（Bio-Rad，Hercules，California，USA）。

㉕ 2mm 间距电穿孔比色皿（Bio-Rad）。

㉖ DNA 电泳设备。

㉗ 离心机。

㉘ 生物筛选仪 C（Growth Curves USA，Piscataway，New Jersey，USA）。

㉙ 多孔平板（Growth Curves，USA）。

51.2.3 活细胞延时显微成像

① 高温高压灭菌的液体和固体 LB 培养基。

② 1000×IPTG 储备液（1mol/L；诱导终浓度：1mmol/L）。

③ 1000×庆大霉素储备液（30mg/mL；筛选终浓度：Gm^{30}＝30μg/mL）。

④ 琼脂糖（Eurogentec，Liège，Belgium）。

⑤ 50mL falcon 管子。

⑥ Gene Frames（1.7cm×2.8cm）（Thermo Fisher Scientific）。

⑦ 盖玻片（Thermo Fisher Scientific）。

⑧ 显微镜载玻片（Rogo Sampaic，Wissous，France）。

⑨ 可温控（Okolab，Ottaviano，Italy）的 Eclipse Ti 倒置显微镜（Nikon，Champigny-sur-Marne，France），带有 60×物镜，Ti-CT-E 电动冷凝器和 CoolSnap HQ2 FireWire CCD 相机。

⑩ 软件。NISelementsAR 软件（Nikon）；Open source software Fiji（i. e.，ImageJ）。

51.3 方法

51.3.1 克隆噬菌体 ORFan

由于通常有大量的 ORFan，并且需要多个含有相同噬菌体基因的载体系统，采用了

Thermo Fisher Scientific 的 Gateway 克隆系统（注释①）。该系统基于利用来自噬菌体 λ 的蛋白酶系统，这种温和噬菌体利用该系统通过特异性识别位点［附着（att）位点］将噬菌体基因整合和切除到细菌基因组中特定的位点[7]。

51.3.1.1 在 pENTR 载体中构建噬菌体 ORFan 构建体

首先使用高保真 DNA 聚合酶从起始密码子到终止密码子扩增 ORFan 基因，并添加额外的 5′-CACC 黏性末端（注释②）。随后，使用定向 pENTR/SD/D-TOPO 试剂盒将它们克隆到 pENTR/SD/D-TOPO 载体上。

① 为了构建每个 ORFan 的 entry 克隆，总是在终体积为 6μL 的体系中加入并混合 0.5μL PCR 产物（注释③）与 0.25μL pENTR/SD/DTOPO 载体（注释④）和 1μL 试剂盒提供的盐溶液。

② 将混合物在 22 ℃孵育 15min 以将 PCR 产物连接至载体中（注释⑤）。

③ 将全部连接混合物（6μL）用来转化大肠埃希菌化学感受态细胞。将全部细胞涂在一块含有 Km^{50} 的 LB 平板上（注释⑥）。

④ 使用菌落 PCR 检查转化体，在每个构建体中挑取 4 个单菌落并分别重悬于 100μL LB/Km^{50} 中。这个过程可以在 96 孔微量滴定板中完成（注释⑦）。

⑤ 在 37℃培养 2h。

⑥ 使用多通道移液枪将每个细胞悬浮液转移 2.5 μL 至 96 孔 PCR 板，并将以下组分添加至每个孔（注释⑧）：0.05μL（0.25U）Dream*Taq* DNA 聚合酶，0.5μL 20μmol/L PENTR _ F 引物，0.5μL 20μmol/L PENTR _ R 引物，2.5μL 10 _ Dream*Taq* DNA 聚合酶绿色缓冲液，0.5μL 10mmol/L dNTP 混合物和 18.5μL 超纯水（总体积 25μL）。通过微量移液枪上下吹吸混合物，并离心该板。最后在每个孔表面加入一滴矿物油（注释⑨）。

⑦ 按以下 PCR 程序在 PCR 仪中进行反应（盖子温度设定为 99℃）（注释⑩）：95℃ 5min；30 个循环：95℃ 30s，54℃ 30s，72℃ 1.5min；72℃ 5min；保持在 12℃。

⑧ 一旦程序开始运行，通过向剩余的细胞悬浮液中加入 60μL LB 和 40μL100%（体积分数）甘油来制备挑选菌落的－20℃临时细胞库。还要准备用于 DNA 电泳的 1%琼脂糖凝胶。

⑨ PCR 后，在凝固的凝胶上运行 10μL PCR 产物。还要在每行的孔中加入 DNA marker（例如，来自 Thermo Fisher Scientific 的 GeneRuler DNA Ladder Mix）。预期长度是该 ORFan 基因的长度加上来自载体骨架的 57bp。

⑩ 为每个 ORFan 选择一个正确的转化体，并用该克隆的－20℃细胞库接种 4mL LB/km^{50} 培养液。过夜培养（注释⑪）。

⑪ 第二天，使用标准小量制备试剂盒对 pENTR/SD/D-TOPO _ ORFan 构建体质粒进行小量制备。

⑫ 通过 DNA 测序验证质粒（注释⑫）。从正向引物到反向引物的预期序列是 5′-GCGGCCGCCTTGTTTAACTTTAAGAAGGAGCCCTTCACC-ORFan-（AA）GGGTGGGCGCGCCGAC-3′。

51.3.1.2 Gateway pUC18-Mini-Tn7T-LAC-GW 载体克隆

为了在铜绿假单胞菌 PAO1 中表达噬菌体早期蛋白，将全部噬菌体基因转移至大肠埃希菌-铜绿假单胞菌穿梭表达载体 pUC18-mini-Tn7T-Lac[2~3] 上，按照试剂盒中提供的说明，首先使用“Gateway 载体转换系统”以与 Gateway 兼容。

① 为每个噬菌体基因准备以下反应混合物：150ng entry 克隆，150ng pUC18-mini-

Tn7T-LAC-GW 目标载体和 1μL LR Clonase Enzyme mix，终体积为 5μL（注释⑬）。

② 在 22℃静置反应 2h。

③ 添加 0.5μL（1μg）蛋白酶 K 溶液（Thermo Fisher Scientific），在 37℃下反应 10min，使酶混合物灭活。

④ 将全部连接混合物（5μL）用来转化大肠埃希菌化学感受态细胞。将全部细胞涂在一块含有 Amp^{100} 的 LB 平板上（注释⑭）。

⑤ 使用菌落 PCR 检查转化体，请按照 51.3.1.1 的步骤④～⑩进行，但用 Amp^{100} 代替 Km^{50}。PCR 反应中，将引物更改为 pUC18-mini-Tn7T-LAC _ F 和 R。使用这些引物，PCR 产物的预期长度是 ORFan 基因的长度加上 443bp。

⑥ 进行 pUC18-mini-Tn7TLAC _ ORFan 构建体的质粒的少量制备。再次通过 DNA 测序验证构建体（例如，Sanger sequencing）。从正到反向引物的预期序列是 5′-CGGTTCTG GCAAATATTCTGAAATGAGCTGTTGACAATTAATCATCGGCTCGTATAATGTGTG GAATTGTGAGCGGATAACAATTTCACACAGGAAACAGAATTCGAGCTCCTCACTA GTGGATCCCCCATCAAACAAGTTTGTACAAAAAAGCAGGCTCCGCGGCCGCCTTGT TTAACTTTAAGAAGGAGCCCTTCACC-ORFan-AAGGGTGGGCGCGCCGACCCAGCTT TCTTGTACAAAGTGGTTCGATGGGCTGCAGGAATTCCTCGAGAAGCTTGGGCCCGG TACCTCGCGAAGGCCTTGCAGGCCAACCAGATAAGTGAAATCTAGTTCCAAACTA TTTTGTCATTTTTAATTTTCGTATTAGCTTACGACGCTACACCCAGTTCCCATCTA TTTTGTCACTCTTCCCTAAATAATCCTTAAAAACTCCATTTCCACCCCTCC-3′。

51.3.2 在铜绿假单胞菌和大肠埃希菌中的毒性分析

51.3.2.1 染色体在铜绿假单胞菌基因组中的整合

通过 pUC18-mini-Tn7T-Lac _ ORFan 构建体和辅助质粒 pTNS2 利用电穿孔共转化至铜绿假单胞菌 PAO1，而实现了与铜绿假单胞菌 PAO1 基因组的稳定整合。辅助质粒（假单胞菌中的自杀质粒）编码 Tn7T 位点特异性转座途径有助于 *ORFan* 基因在铜绿假单胞菌 PAO1 基因 *PA5548* 和 *PA5549* 之间的插入，这两个基因分别编码转运蛋白和葡糖胺-果糖-6-磷酸氨基转移酶 GlmS（图 51-1）。体内噬菌体蛋白表达受 IPTG 诱导型 *tac* 启动子的控制[2]。虽然该方法应用于铜绿假单胞菌 PAO1，但是只要该菌株含有 *glmS* 基因下游的 Tn7 附着点（attTn7）[2]（注释⑮），该方法也可应用于其他细菌。

① 在 4mL LB 培养基中为每个 ORFan 制备野生型 PAO1 菌株的过夜培养物。

② 第二天，按照 Choi 等描述的“十分钟制备电感受态铜绿假单胞菌细胞法”[8] 制备电感受态细胞。简而言之，将每个 ORFan 的 3mL 过夜培养物分装到两个 2mL 微量离心管，并将细胞在 12100*g* 下离心 2min。弃去上清液，用 1mL 300mmol/L 蔗糖洗涤细胞，再以 18000*g* 离心 2min。重复洗涤步骤，在 1mL 300mmol/L 蔗糖中洗 2 次。最后，将两个管中的细胞沉淀物重悬于 100μL 300mmol/L 蔗糖中（注释⑯）。

③ 立即向细胞重悬物中加入 300ng pUC18-mini-Tn7T-LAC _ ORFan 质粒和 500ng pTNS2 质粒。对每个 ORFan 重复此步骤。

④ 室温孵育 5min。

⑤ 将混合物转移至预冷的 0.2cm 电穿孔比色皿中。将电穿孔仪设置为 25μF、200Ω 和 2.5kV（注释⑰），将比色皿放入轨道并同时按下两个红色按钮，直到听到一个高频声音。

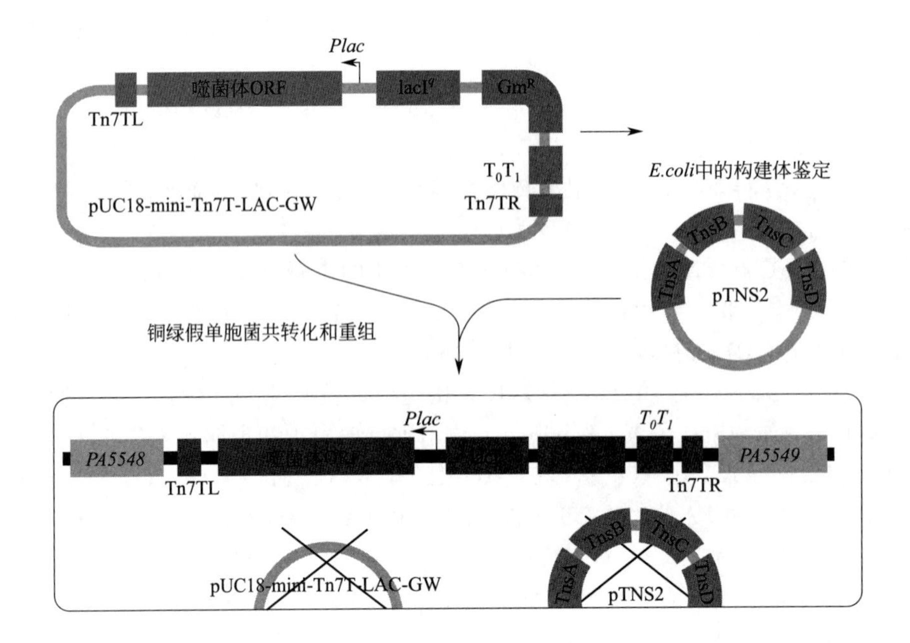

图 51-1 pUC18-mini-Tn7T-LAC-GW 载体系统允许噬菌体蛋白在铜绿假单胞菌中的单拷贝表达

将 pUC18-mini-Tn7T-LAC-GW 构建体与 pTNS2（其编码的 TnsABCD 介导 Tn7 位点特异性转座途径）共转化至铜绿假单胞菌允许表达盒（从 Tn7TL 至 Tn7TR），在其基因 *PA5548* 和 *PA5549* 之间位点特异性整合。由于 pUC18-mini-Tn7T-LAC 和 pTNS2 不含铜绿假单胞菌 *ori*，这些质粒会在细胞分裂过程中丢失。表达盒从左向右包含了在 *lac* 启动子后面的噬菌体基因，*lacI^q* 阻遏物以阻止 *lac* 启动子的基础表达，庆大霉素抗性基因 *aacC1*（Gm^R）和转录终止子 T_0 和 T_1 以防止来自染色体启动子对不需要的通读带入克隆序列中

⑥ 立即向细胞中加入 450 μL LB 液体培养基，并将比色皿中内容物转移到 1.5mL 微量离心管中。

⑦ 对每个 ORFan 重复以上两步。

⑧ 在 37℃振荡培养 1.5～2h。

⑨ 将感受态细胞涂布在 2～3 个含有 Gm^{30} 的 LB 平板上（注释⑱）。

⑩ 37℃培养平板 20～24h。

⑪ 为了确认铜绿假单胞菌基因组中表达构建体的存在，对每个菌落进行两个 PCR 反应，分别检查 PA5548 侧（引物对：GlmS _ up-RBS _ F）和 PA5549 侧（引物对：GlmS _ down-Tn7T _ R）的整合。前一对引物扩增产物长度应为 ORFan 基因长度加 330bp，后一对引物扩增产物长度应为 272bp（图 51-1）。每个 ORFan 选择 4 个转化单菌落，分别重悬于 100μL LB/Gm^{30} 中。

⑫ 用步骤⑪所述引物对每个菌落进行两次 PCR 反应，PCR 反应按 51.3.1.1 步骤⑤～⑨进行。每个反应混合物包含 5μL 细胞悬液，1.5μL 20μmol/L F _ 引物，1.5μL 20μmol/L R _ 引物，0.15μL Dream*Taq* DNA 聚合酶，2.5μL 10×Dream*Taq* DNA 聚合酶 Green 缓冲液，0.5μL 10mmol/L dNTP 和 14μL 超纯水。PCR 程序：95℃ 10min；95℃ 45s，54℃ 30s，72℃ 2min（30 个循环）；72℃15min；保持在 12℃。可以在 96 孔 PCR 板上进行（注释⑲和⑳）。

⑬ 配制带有正确基因组插入菌株的 20 %甘油储备液（每个 ORFan-株）并储存在−80℃。

51.3.2.2 噬菌体蛋白在铜绿假单胞菌中的单拷贝表达

一旦正确的铜绿假单胞菌菌株构建成功，就可以测试噬菌体 ORFan 对细菌生长的影响。在固体培养基和液体培养基上都要测试，因为它们为噬菌体蛋白对表型的影响提供了互补信息。本章所述实验采用了营养丰富的 LB 培养基。然而，某些噬菌体-宿主相互作用可能仅在特定的生理条件下（靶标存在且活性好）表现得至关重要。因此，类似的实验可以在假单胞菌成分明确的最简培养基[9] 和人工痰培养基[10] 上进行，它模拟了囊性纤维化患者的痰，在此病患中常见铜绿假单胞菌感染。首先，进行固体 LB 培养基的点板试验。

① 在 96 孔微量滴定板中制备每种突变菌株的三个过夜培养物。每孔，在 150μL LB/Gm^{30} 中接种少量 20%甘油储备液（来自 51.3.2.1 步骤⑬）（注释㉑）。将 96 孔板在 37℃振荡过夜培养。

② 使用多通道移液枪在 96 孔微量滴定板中用 LB/Gm^{30} 制备每个独立过夜培养物的 100 倍系列稀释（10^0，10^{-2}，10^{-4}，10^{-6}）。

③ 使用多通道移液枪（注释㉓）将每个稀释度样品的 2 μL 平行点样到含有和不含 IPTG 的 LB/Gm^{30} 固体培养基上（注释㉒）。每种突变菌株都重复此步骤。

④ 在 37℃过夜培养这两平板。

⑤ 比较含有和不含诱导噬菌体蛋白的表达对突变铜绿假单胞菌菌株生长的影响。生长抑制性噬菌体 ORFan 会在含有 IPTG 的固体培养基上显示出细菌生长的减少（注释㉔）。

接下来，测试在液体培养基中对生长的影响。在这个生长条件中，养料更容易获取，可能会产生不同的结果。此外，生长曲线可以为功能性预测提供初步提示。例如，类似于野生型铜绿假单胞菌菌株的生长曲线可能指示丝状生长。通过 Bioscreen 测定各菌株的生长曲线（注释㉕）。

⑥ 参照步骤①制备过夜培养物。

⑦ 使用多通道移液枪，用新鲜的 LB/Gm^{30} 配制终体积为 100μL 的含有和不含（对照）IPTG 的细胞培养液的 1∶100 稀释液。将细胞稀释液转移至 Honeycomb 微孔板（10×10 孔板）（注释㉖）。

⑧ 使用 Bioscreen C™ 分析仪，以 30min 的间隔，对 OD_{600} 进行长达 10h 的监控记录（注释㉗）。

⑨ 比较有或无诱导噬菌体蛋白表达的铜绿假单胞菌生长曲线。

51.3.2.3 噬菌体蛋白在铜绿假单胞菌和大肠埃希菌中的高水平体内表达

虽然单拷贝表达是优选的，但高拷贝表达也可能令人感兴趣，因为感染期间噬菌体蛋白的丰度通常是未知的。然而，应该注意的是，由于蛋白质表达过程本身会带来毒性，高拷贝表达可导致假阳性结果。铜绿假单胞菌中噬菌体蛋白的高水平体内表达，用到了多拷贝大肠埃希菌-铜绿假单胞菌穿梭载体 pHERD20T[5]，首先使用“Gateway 载体转换系统”按照试剂盒中提供的说明将载体制备为 Gateway 兼容（注释㉘）。这能够将噬菌体 ORFan 基因从已有的 pENTR/SD/D-TOPO _ ORFan 质粒（51.3.1.1）有效转移到与 Gateway 相容的 pHERD20T 载体中。

① 按照 51.3.1.2 的步骤①～⑥构建 pHERD20T _ ORFan。使用引物 pHERD20T _ F 和 pHERD20T _ R 进行 PCR，该 PCR 产物的长度是 ORFan 基因长度加上 338bp。从正向引物到反向引物的预期序列如下：5′-ATCGCAACTCTCTACTGTTTCTCCATACCCGTT
TTTTTGGGCTAGAAATAATTTTGTTTAACTTTAAGAAGGAGATATACATACCCA
TGGGATCTGATAAGAATTCGAGCTCGGTACCCATCACAAGTTTGTACAAAAAAGC

AGGCTCCGCGGCCGCCTTGTTTAACTTTAAGAAGGAGCCCTTCACC-ORFan-AAGG GTGGGCGCGCCGACCCAGCTTTCTTGTACAAAGTTGGTGGGGATCCTCTAGAGTC GACCTGCAGGCATGCAAGCTTGGCACTGGCCGTCGTTTTACAACGTCGTGACTGG GAAAACCCTGGCGTTACCCAACTTAATCGCCTTGCA-3′。

② 毒性分析类似于 51.3.2.2 的步骤①～⑨。有几点需要注意，在这里使用 Cb^{200} 代替 Gm^{30} 并用 2g/L 阿拉伯糖诱导噬菌体 ORFan 表达，因为噬菌体基因在阿拉伯糖诱导型 p_{BAD} 启动子的控制下。

此外，为了研究革兰氏阴性菌之间噬菌体蛋白的细菌靶标潜在的保守性，构建的 pUC18-mini-Tn7T-Lac 和 pHERD20T 也可以在大肠埃希菌中进行测试，两种载体都以高拷贝数存在其中。该分析类似于 51.3.2.2 的步骤①～⑨。

51.3.3 活细胞延时显微成像

使用延时显微成像技术使毒性噬菌体蛋白质对细胞的形态和生长所施加的作用可视化。为此，将细菌转移到固体培养基中，以确保在实验过程中向细胞提供足够的营养。此外，由于该基质的不连续性，使储层中存在足够的氧气以保证有氧条件。这些固体 LB 培养基垫采用了 de Jong 等描述的方法制备[11]。该文还提供了这个方法的操作视频。延时显微成像获得的数据用 open source Fiji 软件来分析。

① 制备含有每种生长抑制性 ORFan 的突变菌株的过夜培养物。

② 第二天，从准备琼脂糖垫开始。首先，取下 gene frame 一面的塑料薄膜，小心地将此面附着到一块干净的显微镜载玻片上。胶质确保了 gene frame 固定在该显微镜载玻片上。

③ 取一个 50 mL 含有 75mg 琼脂糖的 falcon 管，加入 5mL LB。

④ 将混合物在微波炉中煮沸，确保琼脂糖完全溶解。

⑤ 将 5 μL IPTG（1mmol/L）与 5μL Gm^{30} 一起加入 falcon 管中，并短暂涡旋振荡使混合物均匀化。

⑥ 向附着的 gene frame 内转移 500μL LB-琼脂糖混合物。

⑦ 将干净的盖玻片安装在温暖的介质顶部，然后轻轻按压四个角以确保形成平坦的琼脂糖垫。

⑧ 让 LB-琼脂糖冷却凝固；如有必要，这些琼脂糖垫可在 4 ℃放置 1d（注释㉙）。

⑨ 在 37 ℃预热 LB-琼脂糖垫，最好在实验开始前 2h 开始预热。

⑩ 用无菌手术刀从 LB-琼脂糖垫上切出约 5mm×5mm 的正方形。重复步骤①，制作一个新的附着 gene frame 的显微镜载玻片，并用手术刀刀尖将切好的方块转移至载玻片（注释㉚）。在一个 1.7cm×2.8cm 的 gene frame 上，可以彼此相邻放置多个 LB-琼脂糖垫（注释㉛）。

⑪ 用 LB 培养基中以 1∶100 稀释过夜培养物以获得约 1×10^{7} cfu/mL 的终浓度。稀释可防止细菌彼此之间过于靠近，从而降低在显微镜下的生长过程中营养缺乏的风险。

⑫ 短暂地涡旋振荡细菌稀释液，以确保单个细胞在 LB-琼脂糖垫上能够很好地铺展开，避免聚集在一起。

⑬ 将 2μL 细胞稀释液转移至 LB-琼脂糖方形垫上，让液滴干燥，通常 1～2min。

⑭ 取下 gene frame 顶部的贴纸，并将盖玻片压到载玻片上（注释㉜）。

⑮ 将一滴油涂抹在盖玻片上，定位物镜在所观察目标的上面滑动。对每个样本载玻片，可以选择和监视多个位点。

⑯ 使用 NIS elements AR 软件，在 5h 内，每 10min 获取一次图像。

⑰ 使用开源的软件 Fiji（ImageJ 发行的图像处理程序）将实验中获得的数据创建成延时影像。

⑱ 打开 Fiji 软件中的文件，然后选择需要在延时影像中显示的一系列图片。

⑲ 通过 “Image” ＞ “Stacks” ＞ “Times tamper” 添加时间戳，并调整与显微成像设置对应的时间间隔。通过 “Analyze” ＞ “Tools” ＞ “Scale bar” 添加比例尺（注释㉝）。

⑳ 以 AVI 格式保存文件。

51.4 注释

① 通过比较非 Gateway 和 Gateway 克隆的 ORFan，发现添加 pENTR/SD/D-TOPO 载体提供的 5′非翻译区域（至少包括 Shine-Dalgarno 序列和翻译增强子 5′-TTAACTTTAAGAAGGAGCCCTTCACC-3′；当然最佳方法还是加入整体额外序列，因为只有这样才可以观察到相同的抑制水平）是正确表达蛋白质所必需的。这也可以通过将该额外序列作为尾部添加到正向引物中来完成。

② 定向克隆需要 5′-CACC 突出端。

③ 在冰上准备反应混合物。装有载体的管也要始终放在冰上。为了获得最高的克隆效率，使用（0.5∶1）～（2∶1）物质的量比的 PCR 产物-TOPO 载体。载体的分子质量约为 2601bp×649g/mol＝1688.049ng/pmol。在克隆反应中，需用 0.25μL 15ng/μL 的溶液，这意味着使用 3.75ng 或 0.0022215pmol TOPO 载体。因此，在克隆反应中使用 0.001～0.004pmol 的 PCR 产物。通常使用 0.5μL 可产生足够量的转化体。

④ 对于难以克隆的蛋白质，按制造商所建议的，该反应中的载体量可以增加至 1μL。

⑤ 该反应时间可缩短至 5min。但在 15min 时取得了最佳效果。

⑥ 如果使用更多量的 TOPO 载体，则应将转化混合物涂布在两个平板上以确保形成单菌落。

⑦ 对于难以克隆的 ORFan，可以筛选更多数量的单菌落。

⑧ 应根据筛选的菌落总数配置预混液。保持酶在冰上，并在冰上制备预混液。

⑨ 可以用 1 mL 枪头轻松完成。使枪头吸满，轻轻推动移液枪，每孔加一滴。也可以使用特殊胶带。

⑩ 扩增时间应能实现最长 ORFan 的长度加上 57bp。理想的 Taq DNA 聚合酶的平均扩增速率为 1kb/min。因此，对于大多数 ORFan，扩增 1.5min，甚至 1min 的时间应该是足够的。

⑪ 在大多数情况下，选择单个转化子（具有正确长度的 PCR 产物）用于质粒分离和 DNA 测序验证就足够了。

⑫ 这种 DNA 测序可以外包，例如 Eurofins Genomics。当含有终止密码子 TGA 或 TAA 时，经常观察到在载体 3′端缺失 1 个或 2 个腺嘌呤（AAGGGTGGG），但不会给接下来的分析带来任何问题。

⑬ 对于难以克隆的 ORFan，可以增加酶混合物的量以获得更多的转化体。在冰上制备混合物。

⑭ 将全部混合物涂在一个平板上通常会得到单菌落。如果不是这种情况，可以将混合物涂到更多的平板上。

⑮ 将一个生长抑制性噬菌体 ORFan 整合到铜绿假单胞菌临床菌株 PA14 和工业发酵菌株恶臭假单胞菌 KT2442 中，已经得到成功验证。

⑯ 在使用当天，务必准备具有电感受态活性的新鲜铜绿假单胞菌细胞。由于铜绿假单胞菌细胞会形成生物膜，建议在早晨进行实验（最多培养 16h）。

⑰ 用冷的比色皿可以避免电弧放电。建议戴上手套，不要触摸铝电极板。用 70%乙醇洗涤并在−20℃下储存，比色皿可以重复使用。

⑱ 应将转化混合物涂布于 2 个或 3 个平板，以确保完全干燥。

⑲ 为确保铜绿假单胞菌细胞的适宜裂解，可将 96 孔 PCR 板置于 1000W 微波炉中处理 5s。

⑳ 两个片段都符合预期长度的情况下，尽管测序确认不是必需的，但可以提供额外验证。从 RBS _ F 到 GlmS _ up 的预期序列是 TAAGAAGGAGCCCTTCACC-ORFan-AAGGGTGGGCGCGCCGACCCAGCTTTCTTGTACAAAGTGGTTCGATGGGCTGCAGSGAATTCCTCGAGAAGCTTGGGCCCGGTACCTCGCGAAGGCCTTGCAGGCCAACCAGATAAGTGAAATCTAGTTCCAAACTATTTTGTCATTTTTAATTTTCGTATTAGCTTACGACGCTACACCCAGTTCCCATCTATTTTGTCACTCTTCCCTAAATAATCCTTAAAAACTCCATTTCCACCCCTCCCAGTTCCCAACTATTTTGTCCGCCCACAAGCCGGGGCAGGCATGCGGCCCCGGCGCTCGCTGTCAATCGCGCAACGGCAGCGCTTCGTTGCTCCTGCGGCTGGCGAACCAGTCCAGCACGGTGAACCAGGCGCCGATGCCCAGGCCGATGCCCAATACCCACAGGGTGGCGGGCGGCCCCTTCAGCTCCAGCAGTCGCAC。

㉑ 为了检查实验的设置，建议设计阴性和阳性对照。含有空表达盒 pUC18-mini-Tn7TLac 质粒的铜绿假单胞菌菌株，可以作为阴性对照。另外，将具有已知生长抑制噬菌体 ORFan 的铜绿假单胞菌菌株作为阳性对照。

㉒ 重要的是先点无 IPTG 的平板，然后再点含有 IPTG 的平板，因为枪头尖端与培养基的接触会转移痕量的 IPTG。

㉓ 要进行更精确的移液操作，请使用 Finntip® Flex 枪头（Thermo Fisher Scientific）

㉔ 在无诱导噬菌体蛋白表达的情况下，p_{tac} 启动子的漏表达可以引起细菌生长抑制。

㉕ 如果仅测试少量的 ORFan，则该步骤可以在玻璃培养管中进行，用 NovaspecⅡ分光光度计（Pharmacia）监测 4mL 细胞培养物的 OD_{600}。

㉖ 该步骤也可以在 96 孔微量滴定板分光光度计中进行。但是，实验期间的凝结和蒸发经常干扰 OD 读数，或者是测量之前移除盖子。

㉗ 可以调整测量时间和间隔时间。

㉘ 也可使用其他大肠埃希菌-铜绿假单胞菌穿梭载体，例如 pME6032。

㉙ 可以将琼脂糖垫放在 4℃由 Parafilm 环绕的培养皿中，以防止培养基变干。但是不建议保存琼脂糖垫超过 1d。

㉚ 这些琼脂糖垫可含有不同浓度的诱导剂。

㉛ 确保琼脂糖垫间隔 3～4mm，避免在使用盖玻片时垫片互相接触，否则将导致细胞、抗生素和诱导剂从一个垫扩散到另一个垫。

㉜ 盖玻片将与琼脂层接触。不要在盖玻片中间施加压力，否则可能会导致琼脂层破裂。

㉝ 这是与显微镜相关的特性，应确保以正确的像素/微米值设置时间刻度。

参考文献

1. Roucourt B, Lavigne R (2009) The role of interactions between phage and bacterial proteins within the infected cell: a diverse and puzzling interactome. Environ Microbiol 11:2789–2805
2. Choi KH, Gaynor JB, White KG et al (2005) A Tn7-based broad-range bacterial cloning and expression system. Nat Methods 2:443–448
3. Amann E, Brosius J, Ptashne M (1983) Vectors bearing a hybrid trp-lac promoter useful for regulated expression of cloned genes in Escherichia coli. Gene 25:167–178
4. Liu J, Dehbi M, Moeck G et al (2004) Antimicrobial drug discovery through bacteriophage genomics. Nat Biotechnol 22:185–191
5. Stover CK, Pham XQ, Erwin AL et al (2000) Complete genome sequence of Pseudomonas aeruginosa PAO1, an opportunistic pathogen. Nature 406:959–964
6. Qiu D, Damron FH, Mima T et al (2008) PBAD-based shuttle vectors for functional analysis of toxic and highly regulated genes in pseudomonas and Burkholderia spp. and other bacteria. Appl Environ Microbiol 74:7422–7426
7. Nash HA (1981) Integration and excision of bacteriophage lambda: the mechanism of conservation site specific recombination. Annu Rev Genet 15:143–167
8. Choi KH, Kumar A, Schweizer HP (2006) A 10-min method for preparation of highly electrocompetent Pseudomonas aeruginosa cells: application for DNA fragment transfer between chromosomes and plasmid transformation. J Microbiol Methods 64:391–397
9. Sambrook J, Russell DW (2001) Molecular cloning. Cold Spring Harbor Laboratory, Cold Spring Harbor, N.Y
10. Sriramulu DD, Lunsdorf H, Lam JS et al (2005) Microcolony formation: a novel biofilm model of Pseudomonas aeruginosa for the cystic fibrosis lung. J Med Microbiol 54:667–676
11. de Jong IG, Beilharz K, Kuipers OP, Veening J-W (2011) Live cell imaging of *bacillus subtilis* and *streptococcus pneumoniae* using automated time-lapse microscopy. J Vis Exp (53):3145

52 噬菌体展示技术

▶ 52.1　噬菌体展示平台

▶ 52.2　展示密度的重要性

▶ 52.3　噬菌体展示技术的应用

▶ 52.4　结语

摘要

噬菌体展示技术（phage display technology）是利用噬菌体表面展示外源多肽或蛋白质，将目标多肽从大量变异体中筛选出来的强大技术。载体表面的多肽或蛋白质与其DNA编码序列有遵循中心法则的对应关系，展示技术的优势和能力由此而生。当根据靶蛋白来选择噬菌体颗粒上展示的多肽（表型，phenotype）时，多肽相对应的基因型（genotype）是包装在同一噬菌体颗粒中的，实现了蛋白质/多肽表型与基因型的统一。从丝状噬菌体M13表面展示多肽开始[1]，到现在噬菌体展示技术已经得到充分发展，涉及各个领域。目前已经获得多个展示载体，发展出完善的体系，成功展示了多种多肽和蛋白质，应用上具有多样化。

关键词： 噬菌体展示，噬菌体展示载体，拷贝，展示密度

52.1 噬菌体展示平台

随着对噬菌体展示技术认识的深入，已经发展出一系列展示平台，灵活展示不同大小、不同功能和组成的多肽与蛋白质。最常用的表面展示平台是丝状噬菌体M13[2]，另外，大基因组噬菌体，如λ、T4和T7等噬菌体，扩展了表面展示系统，可以在宿主细胞的溶质中装配并通过细胞裂解释放[3]。

52.1.1 M13展示系统

丝状噬菌体M13是最普遍、最广泛的展示载体。Ff类丝状噬菌体（fl、fd和M13）含有环状单链DNA基因组，包装在蛋白质组成的圆柱体衣壳里。一些噬菌体把大肠埃希菌的F菌毛作为感染的受体，因此对含有F质粒的大肠埃希菌菌株具有特异性。噬菌体基因组携带11种基因（命名为基因Ⅰ至Ⅺ），编码11种功能蛋白（gpⅠ至gpⅪ）。gpⅡ、gpⅤ和

gpX 与噬菌体基因组复制有关，gpⅠ、gpⅪ和 gpⅣ涉及噬菌体的装配。gpⅧ是主要衣壳蛋白，gpⅢ、gpⅥ、gPⅦ和 gpⅨ是次要衣壳蛋白。噬菌体的装配在周质空间进行，gpⅧ围绕其 DNA 装配，而 gpⅦ和 gpⅨ存在于衣壳前端（图 52-1），gpⅥ和 gpⅢ位于衣壳末端[4～6]。

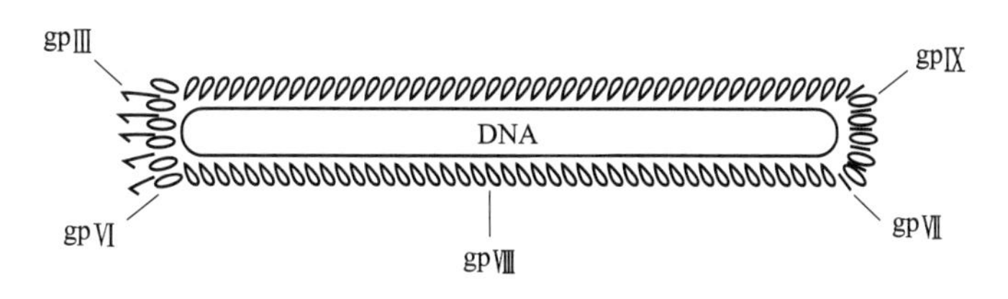

图 52-1　丝状噬菌体 M13 示意

单链环状 DNA 核心被 5 种衣壳蛋白包裹，见图中示意位置。

gpⅧ蛋白约有 2700 个拷贝，gpⅢ、gpⅥ、gpⅦ和 gpⅨ各自约有 5 个拷贝。

所有衣壳蛋白都能作为展示平台。除 gpⅢ之外，其他衣壳蛋白都很小，只有 33～102 个氨基酸

M13 有 5 种衣壳蛋白，都适合功能展示，大多数情况下与衣壳蛋白的 *N* 末端和 *C* 末端融合[7,8]。在 5 种衣壳蛋白中，有 3 种能够插入外源多肽。主要衣壳蛋白 gpⅧ能够在噬菌体表面展示数百种多肽拷贝，gpⅢ能够展示 5 个拷贝，gpⅥ与前两者相反，只能展示与 *C* 末端融合的多肽。gpⅧ和 gpⅢ使用最为广泛，由于多肽与 gpⅧ和 gpⅢ融合，需要展示的 DNA 序列插入信号肽与成熟衣壳蛋白氨基酸末端的密码子区域之间。这样的插入方式使融合蛋白在周质空间表达，合并到正在装配的噬菌体颗粒中，产生表面能够展示相应多肽的噬菌体。

人们开发了一些基于 M13 衣壳蛋白 gpⅧ和 gpⅢ融合的载体展示系统[9]。理论上，这些载体系统可以在每个噬菌体颗粒的次要衣壳蛋白（gpⅢ）上展示 3～5 个外源蛋白或多肽拷贝，在主要衣壳蛋白（gpⅧ）展示多达 2700 个拷贝。但是由于融合多肽可能被降解，展示的真实数量会低一些。另外，主要衣壳蛋白不能与多于 6～8 个氨基酸的多肽融合[10]，可能是被展示的多肽与噬菌体装配过程有所冲突而造成的[11]。杂交的噬菌体既能展示与 gpⅧ融合的多肽，也能展示与 gpⅢ融合的多肽[12]。在这个系统中，载体的主链来自一种噬菌粒，带有一个序列盒，由可以调控的启动子、信号序列和克隆位点组成，这些克隆位点的功能是使编码 gpⅧ和 gpⅢ的基因的 5′末端可以插入外源 DNA。通过天然噬菌体感染噬菌粒转化的大肠埃希菌细胞，可以产生噬菌体颗粒。在装配中，噬菌粒编码的融合蛋白与辅助噬菌体产生的天然衣壳蛋白一起被装配到噬菌体颗粒中。据统计，每个颗粒个体一般能够展示至多一个融合蛋白[13]。

任何一种展示技术的成功，取决于多肽展示在噬菌体表面的高效性。随着对高密度展示需求的增大，人们不断提高 gpⅧ和 gpⅢ展示载体上的展示密度。gpⅢ噬菌粒系统已取得可喜进展，在展示的选择条件下使用了不表达或低水平表达的野生型 gpⅢ辅助噬菌体突变株[14,15]，但是每个噬菌体颗粒最多只能展示 5 个融合蛋白拷贝。

在噬菌粒的系统中，分离衣壳蛋白展示增强的突变株，部分或完全地随机阻断 gpⅧ的 10 个残基，构建 gpⅧ突变株文库，这种方法可以提高与 gpⅧ融合蛋白的密度[16]。从与酶联免疫吸附剂的结合来看，能够耐受衣壳蛋白突变的病毒粒子显示结合的数量级更大，而展示与野生型 gpⅧ融合的同种蛋白的相应噬菌体颗粒则结合较少，但每个噬菌体颗粒的融合蛋白数量尚未测定。这些研究表明，M13 噬菌体衣壳延展性强，从而能够设计出更好的展示系统，扩大噬菌体展示的应用性，使其成为生物技术中强有力的工具。

在一项研究中，一种选择系统运用了基于 gpⅢ的金黄色葡萄球菌 DNA M13 文库，在两轮筛选后能够得到 20%～40%的阳性克隆。通过 gpⅧ展示的应用，当每个噬菌体颗粒融合蛋白的数量增大时，正确克隆子的概率增加到 75%～100%[17]。设计噬菌体衣壳蛋白作为展示平台的作用，已经取得了快速进展。

虽然 M13 系统十分普遍，但是也存在一些缺陷。由于 M13 中缺乏有效的 *C* 末端展示，并且展示的多肽分泌于周质空间，对高效展示的序列成分造成了限制。

52.1.2 T7 噬菌体展示载体

T7 是一种双链 DNA 噬菌体，在大肠埃希菌内装配并且通过细胞裂解而释放[18]。以 T7 为基础的展示载体能够以高拷贝数（每个噬菌体 415 个）展示高达 50 个氨基酸的多肽，或者以低拷贝数（每个噬菌体 0.1～1 个）展示高达 1200 个氨基酸的多肽或蛋白质。从 Novagen 获得的 T7 选择噬菌体展示系统用 T7 衣壳蛋白在噬菌体表面展示多肽或蛋白质[19]，T7 的衣壳蛋白通常由两种形式构成：10A（344 个氨基酸）和 10B（397 个氨基酸），每个衣壳蛋白有 415 个拷贝。10A 的第 341 个氨基酸发生翻译移码产生了 10B。衣壳蛋白中 10B 的组成至多为 10%。T7 选择型噬菌体展示载体有两种基本类型：用于高拷贝数多肽展示的称为 T7 选择型 415-1 载体，用于低拷贝数多肽或大蛋白质展示的称为 T7 选择型-1 和 T7 选择型-2 载体。在所有载体里，衣壳蛋白基因中的天然翻译移码位点都被移除，在 10B 蛋白第 348 位残基后插入了一系列多克隆位点。

T7 选择型 415 载体已经用于展示多达 39 个氨基酸的功能多肽，其衣壳基因由一个强的噬菌体启动子（Φ10）控制，翻译起始位点（S10）与野生型噬菌体相同，在感染过程中产生大量衣壳与多肽的融合蛋白。噬菌体的外壳完全由衣壳-多肽融合蛋白构成，从而在噬菌体表面展示了 415 个拷贝的多肽。低拷贝数的展示载体 T7 选择型-1 不携带衣壳基因启动子，翻译起始位点有所不同。衣壳 RNA 仍然是由该基因上游远处的噬菌体启动子产生，但是衣壳蛋白产量却极大减少。T7 选择型-1 噬菌体生长在互补宿主（BLT5403 和 BLT5615）上，由质粒克隆提供了大量的 10A 衣壳蛋白。

根据上面的研究，T7 选择型 415 系统已用于以高拷贝数（每噬菌体 415 个）展示多肽（10～39 个残基），而 T7 选择型-1 载体用于以低拷贝数展示多肽和蛋白质。Western 印迹法测定的每个噬菌体拷贝数：单纯疱疹病毒（herpes simplex virus）Tag 为 0.5，T7 单链 DNA 结合蛋白为 0.3，β-半乳糖苷酶为 0.2，T7 RNA 聚合酶为 0.1[19]。

与丝状噬菌体展示载体的情况相似，在 T7 系统里，生物淘洗（biopanning）之后不能用低 pH 缓冲液洗脱结合的噬菌体，因此推荐用 1%的十二烷基硫酸钠洗脱，洗脱的噬菌体在扩增前应该进行适当稀释。另一种方法是在结合的噬菌体中加入对数中期的宿主细胞，展示在衣壳上的融合蛋白对尾部装配或结合噬菌体的感染力并没有影响。此外，可以修饰 T7 展示载体，使 10A 和融合蛋白之间含有一个蛋白酶位点，生物淘洗后能用特异性蛋白酶来洗脱结合在固体表面的噬菌体。T7 噬菌体活性非常稳定，可以选用多种试剂，如 1%十二烷基硫酸钠、5mol/L NaCl、4mol/L 尿素、2mol/L 盐酸胍、10mmol/L EDTA 或 pH10 的碱处理后，噬菌体仍然具有感染性。T7 作为展示载体的另一个特性是能够迅速复制，37℃下感染后 2h 内培养物就裂解，3h 能形成噬菌斑，可以在短时间内进行多轮筛选。T7 容易培养，DNA 易于纯化用于克隆，还可以在体外高效包装。

基于 T7 噬菌体的 cDNA 文库已用于识别和表征新型血管紧张素结合蛋白[20]、马来丝虫（*Brugiamalayi*）的候选疫苗[21] 和细菌核糖核酸酶抑制剂[22]，并用来研究蛋白质之间的相互作用[23,24] 与克隆 RNA 结合蛋白[25]。商业来源的 T7 噬菌体展示系统、优化方案和创建选择文库，加强了对该系统的研究利用。

52.1.3 T4 噬菌体展示载体

噬菌体 T4 衣壳由 3 种基本衣壳蛋白组成：主要衣壳蛋白 gp23（每个噬菌体颗粒 960 个拷贝）、两种次要衣壳蛋白 gp24（顶点蛋白，vertexprotein，每个颗粒 55 个拷贝）和 gp120（门顶点蛋白，portal vertex protein，每个颗粒 12 个拷贝）。另外，衣壳的外表面被 2 种非基本衣壳蛋白 HOC（分子质量为 40kDa）和 SOC（分子质量为 9kDa）包裹，这两种蛋白质的特性适合展示多肽和蛋白质：①HOC 和 SOC 对于 T4 衣壳的形成并不重要，但是如果存在的话，在衣壳蛋白装配后、DNA 包装之前，会与衣壳外表面上的位点高亲和度结合；②HOC 和 SOC 以高拷贝数存在，在每个衣壳颗粒中，HOC 有 160 个拷贝，而 SOC 有 960 个拷贝；③通过突变排除其中一种蛋白质或者两种都排除，不会对噬菌体的产率、生存力或感染力造成影响。这些蛋白质的存在使 T4 噬菌体在极端 pH 或渗透压冲击等不利条件下也能保持稳定。

由于 HOC 和 SOC 的这些特性，T4 已用于展示许多多肽和蛋白质。为了使展示的多肽和蛋白质与 SOC 融合，首先要在质粒中创建融合基因，之后通过噬菌体和质粒之间的同源重组，合并至 T4 基因组中。T4 SOC 展示系统已用于展示人类 1 型免疫缺陷病毒（HIV-1）gp120 蛋白质的 43 个氨基酸结构域（V3），每个衣壳上有大量拷贝。V3 展示噬菌体在小鼠中有强抗原性，能够与天然 gp120 反应产生抗体[26]。这个系统用来展示脊髓灰质炎病毒（poliovin）VP1 衣壳蛋白质（312 个残基），但是拷贝数较少。T4 噬菌体展示的 SOC-VP1 经过两轮简单的生物淘洗步骤，从 1∶106 的混合物中分离出来。与抗蛋白溶解酶免疫球蛋白质 G 抗体融合的 271 个残基的重链和轻链连接在 SOC 衣壳蛋白的羧基末端，以其活性形式展示。同样，另一个 T4 的非必需衣壳蛋白质 HOC 用来展示 HIV-1 CD4 的 183 个氨基酸受体，通过与人类 CD4 结构域 1 和结构域 2 作用的单克隆抗体进行检测[27]，展示在每个噬菌体颗粒上的蛋白质分子数量很小（每个噬菌体 10～40 个），但是展示的分子有天然构象。Jiang 等用 T4 SOC 和 HOC 作为 *N* 末端融合展示脑膜炎奈瑟菌（*Neisseria meningitidis*）的 36 个氨基酸的 PorA 多肽[28]。在酶联免疫吸附试验中，可以用特异性单克隆抗体检测展示的多肽。研究也指出，不止一种亚型特异性 PorA 多肽可以在衣壳表面展示，多肽也可以在不含 DNA 的空衣壳上展示。即使在使用弱辅助剂或没有辅助剂情况下，PorA-HOC 和 PorA-SOC 重组噬菌体也是小鼠的强免疫原，显示出很强的抗多肽抗体效价，表明 T4 HOC-SOC 系统有潜力生产下一代多组分疫苗。用双向噬菌体 T4 展示系统，在 *soc* 3′末端和 *hoc* 5′末端融合 DNA 编码的 5 种随机氨基酸，就产生了随机肽文库[29]。

上述表明 T4 噬菌体有可能用于高密度展示系统，但是所需要的克隆方法并不简单，还没有研究报道构建任意一种文库来展示蛋白质大结构域及采用生物淘洗选择目标噬菌体。

52.1.4 λ 噬菌体展示系统

衣壳稳定蛋白质 gpD 是一种用于展示的 λ 噬菌体蛋白。λ 噬菌体的 D 基因产物 gpD 是一个小蛋白质（11.4kDa），每个衣壳有 405～420 个拷贝[30]。噬菌体形态发生过程中，前头部扩大，暴露出 gpD 与前头部的结合位点[31]，之后 λ 噬菌体 DNA 就在预成型的前头部中进行包装。gpD 在噬菌体头部以三聚体形式存在[32]，结合到下面的 gpE 分子上形成前头部（图 52-2）。gpD 能发挥稳定噬菌体头部的作用，对于 λ 噬菌体基因组含量低于 82%的头部不是必需的。gpD的条件性要求表明它可以用作展示载体，并且融合多肽和蛋白质时不会干扰噬菌体的装配。另一种用于λ噬菌体展示的蛋白质是尾部蛋白质gpⅤ，其羧基末端部分不是必需的，在尾部外表面形成突出[33,34]。这种特性使它成为理想的平台，多肽和蛋白质能够与其突出的*C*末端融合进行展示。

近年来的一些研究展示了与gpD和gpⅤ融合的多肽。在最早的研究中，Sternberg和Hoess展示了与gpD *N*末端融合的蛋白质，并且用识别融合对象的试剂选择性捕获了展示的噬菌体[35]。之后Mikawa等指出，gpD的*N*和*C*末端都能够融合，像*β*-内酰胺酶和*β*-半乳糖苷酶四聚体那样大小的蛋白质都能以功能活性形式进行展示[36]。在最近的研究中，发现每个衣壳展示的分子数取决于其分子大小，在每个噬菌体中，10个残基的小肽约有405个拷贝[37]。

图 52-2　λ噬菌体头部蛋白质D和E的排列

D蛋白质和E蛋白质展示均超过400个拷贝。D蛋白质能够作为有效的展示平台，D蛋白质三聚体围绕着E蛋白质六聚体排列。图中展现二十面体头部的一个面，以E蛋白质五聚体为顶点。面的三个转角以三角形表示

首次与gpⅤ蛋白质羧基末端融合的是*β*-半乳糖苷酶和羊蹄甲（*Bauhiniapurpurea*）植物凝集素。用特异性抗体亲和选择展示的噬菌体，发现*β*-半乳糖苷酶以四聚体的功能活性形式存在[38]。一些多肽和更大的蛋白质片段已经与gpⅤ融合而展示出来[39～41]。

λ噬菌体展示可用来定位单克隆抗体的抗原决定簇，能与大量人类和微生物蛋白质作用[42～45]，也可以用来确定所展示DNA结合蛋白质的DNA结合特异性[46]，最有前景的潜在应用之一是构建cDNA编码文库的展示。在一项研究中，肝炎C病毒的cDNA文库展示在λ噬菌体上，用于单抗如病人血清的亲和选择[47]。源于HeLa和HepG2细胞系的文库已经构建成功[48]，并用于亲和选择慢性自体免疫干扰的病人血清。在研究中发现了引起特殊

症状的新的自身抗原。λ 噬菌体展示的酵母基因组文库已用来研究蛋白质相互作用和选择与热休克因子结合的克隆子[49]。

与丝状噬菌体展示相比，λ 噬菌体展示的应用局限性比较大。原因：①λ 噬菌体生物学比 M13 噬菌体更复杂；②λ 噬菌体基因组很大（48kb），因此分离病毒 DNA、插入特定的限制位点、克隆外源片段和在体外包装连接的产物都比较困难，获得的文库也比 M13 噬菌粒载体所获得的要小[50]；③噬菌体胞内装配不会在展示的分子内形成二硫键。

但 λ 噬菌体仍是有吸引力的展示载体，它能够展示多聚体蛋白质，展示的融合蛋白质不需要分泌，并且能改变融合蛋白质的化合价[51]。λ 噬菌体能够插入大的基因片段而不影响噬菌体的形态。

一项研究通过高效的噬菌体感染过程和体内重组方法，描述了一种 λ 噬菌体系统能够展示与头部蛋白 gpD 的 *C* 末端融合的多肽和蛋白质。编码展示在 λ 噬菌体表面的多肽基因序列整合至 λ 噬菌体基因组上，而克隆序列编码的多肽以 gpD 融合蛋白的形式展示在子代 λ 噬菌体颗粒的表面。这种策略是在质粒载体（供体质粒）里 *lac* 启动子控制下，把编码外源多肽或蛋白质的 DNA 插入编码 gpD 的 DNA 片段中。这个质粒也含有 $lox\mathrm{P}_{wt}$ 和 $lox\mathrm{P}_{511}$ 突变重组序列，转化进入位点特异重组酶（Cre）表达的细胞，然后该细胞被受体 λ 噬菌体感染，这种 λ 噬菌体携带着侧翼有 $lox\mathrm{P}_{wt}$ 和 $lox\mathrm{P}_{511}$ 位点的 DNA 片段。在体内的重组发生于 *lox* 位点，形成 Amp^r共合体。该共合体能够产生重组噬菌体，展示与 gpD 的 *C* 末端融合的外源蛋白。由于克隆在质粒中进行，因此能达到高转化率（通过电穿孔）。此外，由于重组子在体内产生，不需要分离 λ 噬菌体 DNA，在其中克隆 DNA 序列和体外包装 λ 噬菌体重组子。质粒水平和噬菌体水平（共合体）上的重组子频率都大于 90%，比直接在 λ 噬菌体展示载体里进行克隆的频率（3%～15%）要大得多[48]。

这个系统采用两个不兼容的 *lox* 重组序列 $lox\mathrm{P}_{wt}$ 和 $lox\mathrm{P}_{511}$[52]，重组只能够在 *trans* 中进行，使质粒序列整合到 λ 噬菌体上。由于共合体上有 2 个兼容的 $lox\mathrm{P}_{wt}$ 位点，这种方法巧妙解决了整合质粒从 λ 噬菌体 DNA 切除下来的问题。形成的重组子（共合体）易于由质粒整合引入的抗生素抗性所选择。共合体包括克隆的外源 DNA 序列，是基因组的一部分，相应的噬菌体在表面展示其编码的多肽和蛋白质，可以作为 gpD 融合蛋白。用这种系统，大于 75%的共合体都是双交联共合体，但是不能在 *cis* 里重组。单交联重组子有 2 个 $lox\mathrm{P}_{wt}$ 位点和 2 个 $lox\mathrm{P}_{511}$ 位点，能够在 Cre-宿主里重组[53]，既能引起双交联构象改变，也会使整合的质粒丢失。

λ 噬菌体系统能够展示不同大小的蛋白质（72 个、156 个和 231 个氨基酸），每个噬菌体颗粒中，每种蛋白质的拷贝数比 M13 噬菌体 gpⅧ和 gpⅢ融合展示高出 2～3 个数量级。λ 噬菌体的高密度展示使基因片段文库中带有抗原决定簇的克隆子选择性增加。抗体的单链 Fv 片段也能以功能形式在 λ 噬菌体上展示，表明在大肠埃希菌中 λ 噬菌体颗粒的胞质体装配过程中，二硫键的形成是无误的。

52.2 展示密度的重要性

噬菌体展示的多肽和蛋白质文库的筛选，是在大分子“海洋”中寻找急需的“针”的有效方法。单个颗粒表面上展示的多肽或蛋白质的拷贝数，即展示密度，是展示平台的重要特性之一。当分离改进的诱饵黏合剂时，比如配体的高亲和抗体分子，低至每个颗粒只有 1 个拷贝的展示密度，对蛋白质工程来说是很重要的。展示 3～10 个分子的拷贝足以使特异黏合剂分离出来，此时相互作用的强度只有在纳摩尔到微摩尔范围内。但是，为了研究弱的相互作用（微摩尔到毫摩尔范围），每个颗粒的展示密度需达到数百分子的数量级。实际上，对于大量即将面临的新应用，比如用展示载体来转移定位的基因、体内诊断、分离组织特异性多肽、组织成像等方面，高展示密度是本质需求。

生物系统中分子相互作用取决于作用双方的浓度和亲和力，噬菌体展示提供了调整这些参数的途径，通过改变展示对象的化合价而改变反应物浓度，也能够发展出更高亲和性的配对物。所有这些参数中，首先要识别细胞里相互作用的分子，有许多例子都提及为了此目的而使用噬菌体展示多肽和/或 cDNA 文库。从已有研究结果分析，增加展示密度具有潜在的优势。下面简要叙述了一些高密度表面展示的未来应用。

噬菌体展示能够用于研究不同疾病，如癌症、自身免疫紊乱和年龄相关症状患者的免疫反应特异性[54~58]，涉及随机多肽文库、基因片段文库或 cDNA 文库的应用，识别引起病人免疫反应的多肽。在大部分研究中，特殊疾病病人血清里的特异性抗体效价相对较低，给识别特异性抗原决定簇带来困难。噬菌体上的高密度展示对于选择过程以及从大量非黏合剂中富集特异性黏合剂是很有帮助的[59]。血清抗体结合配体的识别有利于设计诊断试剂和医疗疫苗。

完整的噬菌体所展示的特异多肽或抗体可以用作许多危害因子的生物检测器，比如病毒、细菌、孢子和毒素。噬菌体高密度展示的多肽或抗体将是更敏感的检测器，因为随着检测多肽密度增大，会产生相应的检测限制[60]。

目标基因的转移利用了特异性受体-配体相互作用，因此依赖于浓度、时间和亲和性。由于不可能修改这些基因转移载体胞内受体的特性，但可以改进载体，使其改变这些参数来进行高效转移。噬菌体展示技术不仅能用来识别高亲和性的目标多肽，也能有效改进转移载体。由于易控制、效价高、对不同细胞型没有固有定向（一些展示载体的缺陷）、按不同分离要求进行的基因操作相对简单，因此噬菌体是比现有系统更好的基因转移载体。

然而，作为有效的基因转移载体，基因转移复合物外表面上展示的膜转运蛋白拷贝数必须充足。λ 噬菌体噬菌体的衣壳鞘直径大约为 55nm，包装着一个大的双链 DNA，能够在衣壳上展示许多种多肽而不干扰衣壳装配和颗粒的稳定性。重组噬菌体颗粒展示的多肽使跨膜运输更为方便，并且包装了医用核苷酸，是一种有效的基因转移载体[61]。

在一些细胞系中，噬菌体上的多价展示使转导效率从 1%～2%增加到 45%[62]。这些研究表明，通过基因修饰，加强细胞定位、增强稳定性、减少免疫球蛋白、减少非特异定向、改变有效基因转移所需的其他特性，从而改进了载体。这种载体对于药物和疫苗向特定细胞的转移很有帮助[63]，噬菌体展示的目标蛋白作为体内成像剂也很有用。

用异源载体开发活疫苗，使用病毒或其他微生物在其表面展示作为免疫原的多肽，比如“景观”（landscape）载体展示的多肽很密集，覆盖了载体的整个表面，是更好的免疫原。作为生物催化剂或生物吸收的表面展示载体，其使用同样也获益于高密度展示。

噬菌体 cDNA 文库有助于研究自然状态下生物分子间的相互连接作用。在此情况下，如果展示分子的浓度很高，那么对于弱相互作用的研究更加有效。最近的研究显示噬菌体展示的新应用，表达细胞特异性多肽的噬菌体进入哺乳动物细胞，整合在噬菌体基因组里的外源基因被转移到细胞里内。这个系统又一次得益于目标多肽的高密度展示，有利于外源蛋白的胞内表达[64]。人们能够设计出噬菌体载体，用于受体所介导的基因向哺乳动物细胞转移[65]。

在噬菌体展示蛋白的一种特定应用中，Frenkel 和 Solomon 指出丝状噬菌体能够渗透到中枢神经系统，通过鼻腔进入小鼠大脑，转移噬菌体展示抗 β-淀粉蛋白的抗体[66]。在另一项研究中，表面展示可卡因结合蛋白的丝状噬菌体在鼻腔投药后到达小鼠大脑，并且能够在大脑里潜伏[67]。此研究展现了基于蛋白质来医治由于滥用药物而产生的症状。可以想象，对这种定位于脑部的转移，高密度具有很大优势，并且 λ 噬菌体更为有用。如果 λ 噬菌体噬菌体能够在鼻腔投药后进入大脑，仍然是可以观察到的。

采用噬菌体展示的实验方法发展很快。比如，M13 展示系统用来分离与白脂肪脉管系统同源的多肽[68]。在经过体内的四轮选择后，分离出对脂肪序列特异的促凋亡多肽。人们发现这些多肽与抑制子有关，对脂肪组织的再吸收也很有效。此外，基因组目标蛋白高产纯化和天然构象固定的发展，使噬菌体能够从噬菌体展示文库中快速而直接选择出来[69]。

52.3 噬菌体展示技术的应用

近年来，噬菌体展示技术得以广泛应用，主要如下。

① 最早的噬菌体展示的例子是 George Smith 在噬菌体 M13 表面展示多肽和蛋白[70,71]。目前，几乎所有类型的蛋白和多肽序列都能成功展示在噬菌体上。

② 噬菌体展示技术在抗体筛选和抗体工程领域已经取得显著成功[72]。噬菌体展示技术为快速、高效筛选抗体和阐明抗原决定簇提供了便利。与所有抗原直接反应的完整的人类抗体，可由噬菌体展示实现。

③ 抗体展示技术与其他蛋白质工程技术，如 DNA 改造、随机诱变或定点诱变等，扩展了天然蛋白的结构和功能，可合成定制或“设计”多肽和蛋白质[73,74]。

④ 噬菌体展示多肽文库用于许多疾病的重要蛋白酶的快速测定[75]，也有助于了解已知底物中每个残基的重要性[76,77]。

⑤ 用噬菌体展示创建新的 DNA 识别域，比如：为选择性调控基因表达而设计的转录因子，有潜在治疗功能[78~80]。这种方法对于转录，既能正调控也能负调控。

⑥ 噬菌体文库用于识别小肽配体和检测生物危害因子，包括毒素、细菌、孢子和病毒的抗体[60,79]。

⑦ 噬菌体展示已经应用在受体研究中，包括识别细胞、组织和疾病的特异性受体及其配体，识别药物设计中调节受体活性的多肽和抗体[80,81]，以及筛选对特殊细胞型有选择性的多肽配体，还有设计与选择多肽相连接的新基因转移载体，从而提高性能[82,83]。

⑧ 噬菌体展示文库用于识别自身免疫病中的自身抗体差异，定位自身抗原决定簇，识别非蛋白质抗原的多肽类似物，例如组织红斑狼疮的抗 DNA 抗体以及脑膜炎和其他疾病中的荚膜多糖抗体[84,85]，也能够识别不同细胞之间相互作用的多肽对抗物[86,87]。

⑨ 噬菌体展示的组合多肽和 cDNA 文库，可用来研究蛋白质与蛋白质之间的相互作用[88]，识别药物靶标，使靶标-药物的相互作用发生效用[89,90]。

⑩ 噬菌体展示技术用于研究新抗原和药物环境中病人的免疫反应情况。这些药物环境与试剂、病毒和细菌感染、癌症、血液病[91~93]、敏感症[94,95] 有关。

⑪ 噬菌体展示也用于发展特定合成的配体，开发应用于血浆产品的亲和色谱[96]。

⑫ 噬菌体展示广泛用于分离器官和肿瘤归巢多肽，这些多肽可以用于化疗剂、多肽、生长因子和细胞因子的定向转移[4,51,59,39]。细胞特异性多肽不仅能用作药物传递载体，也能用作细胞纯化的诊断剂，亲和反应物和基因转移的媒介，研究细胞表面的探针以及无线电成像、放射线疗法的反应剂。

52.4 结语

噬菌体展示技术已经成为蛋白质组学时代的关键工具，其应用领域将持续扩展。DNA克隆方法的发展将有助于在高密度展示系统中产生更大的文库，如λ系统弥补低密度M13系统的不足，促进cDNA文库用于多种相互作用的研究。高密度展示系统能够开发用于基因转移媒介和多肽展示载体。在不久的将来，噬菌体展示技术将为众多新的研究领域带来极大帮助。

参考文献

1. Smith GP. 1985. Filamentous fusion phage: novel expression vectors that display cloned antigens on the virion surface. Science 228: 1315-1317.
2. Sidhu S. 2001. Engineering M13 for phage display. Biomol. Eng. 18:57-63.
3. Castagnoli L, Zucconi A, Quondam M, Rossi M, Vaccoro P, Panni S, Paoluzi S, Santonico E, Dente L and Cesareni G. 2001. Alternative bacteriophage display systems. Comb. Chem. High-Throughput Screen. 4:121-133
4. Russet M. 1995. Moving through the membrane with filamentous phages. Trends Microbiol. 3:223-228.
5. Russet M. 1993. Protein-protein interactions during filamentous phage assembly J. Mot. Biol. 231:689-697.
6. Russet M, Linderoth NA and Sali A. 1997. Filamentous phage assembly-variation on a protein export theme. Gene 192:23-32.
7. Gao C, Mao S, Lo CH, Wirsching P, Lerner RA and Janda KD. 1999. Making artificial antibodies: a format for phage display of combinatorial heterodimeric arrays. Proc. Natl. Acad. Sci USA 96:6025-6030.
8. Jaspers LS, Messens JH, De Keyser A, Eeckhout D, Van den Brande I, Gansemans YG, Lauwereys MJ, Vlasuk GP and Stanssens PE. 1995. Surface expression and ligand-based selection of cDNAs fused to filamentous phage gene VI. Biotechnology (New York) 13:378-382.
9. Gupta S, Arora K, Sampath A, Khurana S, Singh SS, Gupta A and Chaudhary UK. 1999. Simplified gene-fragment phage display system for epitope mapping. Biotechniques 27: 328-330, 332-334.
10. Greenwood J, Willis AE and Perham RN. 1991. Multiple display of foreign peptides on a filamentous bacteriophage. Peptides from Plasmodium falciparum circumsporozoite protein as antigens. J. Mol. Biol. 220:821-827.
11. Iannolo G, Minenkova O, Petruzzelli R and Cesareni G. 1995. Modifying filamentous phage capsid: limits in the size of the major capsid protein. J. Mot. Biol. 248:835-844.
12. Felici F, Castagnoli L, Musacchio A, Jappelli R and Cesareni G. 1991. Selection of antibody ligands from a large library of oligopeptides expressed on a multivalent exposition vector. J. Mol. Biol. 222:301-310.
13. Corey DR, Shiau AK, Yang Q, Janowski BA and Craik CS. 1993. Trypsin display on the surface of bacteriophage. Gene 128:129-134.
14. Kramer RA, Cox E, van der Horst M, van der Oudenrijn S, Res PC, Bia J, Ogtenberg TL and de Kruif J. 2003. A novel helper phage that improves phage display selection efficiency by preventing the amplification of phages without recombinant protein. Nucleic Acids Res. 31: e59.
15. Rondot S, Koch J, Breitling R and Dubel S. 2001. A helper phage to improve single chain antibody presentation in phage display. Nat. Biotechrzol. 19:75-78.
16. Sidhu SS, Weiss GA and Wells JA. 2000High copy display of large proteins on phage for

functional selections. J. Mot. Biol. 296: 487-495.

17. Jacobsson K and Fryicberg L. 2001. Shotgun phage display cloning. Comb. Chem. High-Through-put Screen. 4:135-143.

18. Dunn JJ and Studier FW. 1983. Complete nucleotide sequence of bacteriophage T7 DNA and the locations of T7 genetic elements. J. Mol. Biol. 166:477-535.

19. Rosenberg A, Griffan K, Studier EW, McCormick M, Berg J, Novy R and Pdierendorf R. 1996.T7Select phage display system: a powerful new protein display system based on bacteriophage T7 Innovations 6:1-6

20. Kang HT, Bang WK and Yu YG. 2004. Identification and characterization of a novel angiostatin-binding protein by the display cloning method. J Biochem. Mol. Biol. 37:159-166.

21. Gnanasekar M, Rao KV, He YX, Mishra PK, Nutman TB, Kaliraj P and Ramaswamy K. 2004. Novel phage display-based subtractive screening to identify vaccine candidates of Brugia malayi. Infect. Immun, 72:4707-4715.

22. Krajcikova D and Hartley RW. 2004. A new member of the bacterial ribonuclease inhibitor family from Saccharopolyspora erythraea. FBBS Lett. 557:164-168.

23. Gearhart DA, Toole PF and Warren Beach J. 2002. Identification of brain proteins that interact with 2-methylnorharman. An analog of the Parkinsonian-inducing toxin, MPP + . Neurosci. Res. 44:255-265.

24. Houshmand H and Bergqvist A. 2003. Interaction of hepatitis C virus NSSA with La protein revealed byT7 phage display. Biochem. Biophys. Res. Common. 309:695-701.

25. Danner S and Belasco JG. 2001. T7 phage display: a novel genetic selection system for cloning RNA-binding proteins from cDNA libraries. Proc. Natl. Acad. Sci. USA 98: 12954-12959.

26. Ren ZJ, Lewis GK, Wingfield PT, Locke EG, Steven AC and Black LW. 1996. Phage display of intact domains at high copy number: a system based on SOC, the small outer capsid protein of bacteriophage T4. Protein Sci. 5: 1833-1843.

27. Ren Z and Black LW. 1998. Phage T4 SOC and HOC display of biologically active, full-length proteins on the viral capsid. Gene 215: 439-444.

28. Jiang J, Abu-Shilbayeh L and Rao VB. 1997. Display of a PorA peptide from Neisseria meningitidis on the bacteriophage T4 capsid surface. Infect. Immun. 65:4770-4777.

29. Malys N, Chang DY, Baumann RG, Xie D and Black LW. 2002. A bipartite bacteriophageT4 SOC and HOC randomized peptide display library: detection and analysis of phage T4 terminase (gp17) and late sigma factor (gp55) interaction. J. Mot. Biol. 319:289-04.

30. Casjens SR and Hendrix RW. 1974. Locations and amounts of major structural proteins in bacteriophage lambda. J. Mot. Biol. 88: 535-545.

31. Imber R, Tsugita A, Wurtz M and Hohn T. 1980. Outer surface protein of bacteriophage lambda. J. Mol. Biol. 139:277-95.

32. Yang F, Forrer P, Dauter Z, Conway JR, Cheng N, Cerritelli RE, Steven AC, Pluckthun A and Wlodawer A. 2000. Novel fold and capsid-binding properties of the lambda phage display platform protein gpD. Nat. Struct. Biol. 7:230-237.

33. Katsura I. 1976. Isolation of lambda prophage mutants defective in structural genes: their use for the study of bacteriophage morphogenesis. Mol. Gen. Genet. 148:31-42.

34. Katsura I. 1981. Structure and function of the major tail protein of bacteriophage lambda. Mutants having small major tail protein molecules in their virion. J Mol. Biol. 146:493-512.

35. Sternberg N and Hoess RH. 1995. Display of peptides and proteins on the surface of bacteri-

ophage lambda. Proc. Natl, Acad. Sci. USA 92:1609-1613.

36. Mikawa YG, Maruyama IN and Brenner S. 1996. Surface display of proteins on bacteriophage lambda heads. J. Mol. Biol. 262:21-30.

37. Gupta A, Onda M, Pastan I, Adhya S and Chaudhary VK. 2003. High-density functional display of proteins on bacteriophage lambda. J. Mol. Biol. 334:241-254.

38. Maruyama IN, Maruyama HI and Brenner S. 1994. Lambda foo: a lambda phage vector for the expression of foreign proteins. Proc. Natl. Acad. Sci. USA 91:8273-8277.

39. Dunn IS. 1995. Assembly of functional bacteriophage lambda virions incorporating C-terminal peptide or protein fusions with the major tail protein. J. Mol. Biol. 248:497-506.

40. Dunn IS. 1996. In vitro alpha-complementation of beta-galactosidase on a bacteriophage surface. Eur. J. Biochem. 242:720-726.

41. Dunn IS. 1996. Total modification of the bacteriophage lambda tail tube major subunit protein with foreign peptides. Gene 183:15-21.

42. Kuwabara L, Maruyama H, Kamisue S, Shima M, Yoshioka A and Maruyama IN. 1999. Mapping of the minimal domain encoding a conformational epitope by lambda phage surface display: factor Ⅷ inhibitor antibodies from haemophilia A patients. J. Imrnunol. Methods 224:89-99.

43. Kuwabara L, Maruyarna H, Mikawa YG, Zuberi RI, Liu FT and Maruyama IN. 1997. Efficient epitope mapping by bacteriophage lambda surface display. Nat. Biotechnol. 15:74-78

44. Moriki T, Kuwabara, Liu FT and Maruyama IN. 1999. Protein domain mapping by lambda phage display: the minimal lactose-binding domain of galectin-3. Biochem. Biophys. Res.

45. Stolz J, Ludwig A, Stadler R, Biesgen C, Hagemann K and Saner N. 1999. Structural analysis of a plant sucrose carrier using monoclonal antibodies and bacteriophage lambda surface display FEES Lett. 453:375-379.

46. Zhang Y, Pak JW, Vtaruyama IN and Machida N. 2000. Affinity selection of DNA-binding proteins displayed on bacteriophage lambda.

47. Santini C, Brennan D, Mennuni C, Hoess RH, Nicosia A, Cortese R and Luzzago A. 1998. Efficient display of an HCV cDNA expression library as C-terminal fusion to the capsid protein D of bacteriophage lambda. J. Mol. Biol. 282:125-135.

48. Niwa NL, Maruyarna H, Fujimoto T, Dohi K and Vlaruyama IN. 2000. Affinity selection of cDNA libraries by lambda phage surface display. Gene 256:229-236.

49. Lin JT and Lis JT. 1999. Glycogen synthase phosphatase interacts with heat shock factor to activate CUP1 gene transcription in Saccharomyces cerevisiae. Mol. Celt. Biol. 19:3237-3245.

50. Sheets MD, Amersdorfer P, Finnern R, Sargent P, Lindquist E, Schier R, Hemingsen G, Gerhart JC, Marks JD and Lindqvist E. 1998. Efficient construction of a large nonimmune phage antibody library: the production of high-affinity human single-chain antibodies to protein antigens. Proc. Natl. Acad. Sci. USA 95:6157-6162.

51. Hoess RH. 2002. Bacteriophage lambda as a vehicle for peptide and protein display. Curr. Pharm. Biotechnol. 3:23-28.

52. Hoess RH, Wierzbicki A and Abremski K. 1986. The role of the loxP spacer region in P1 site-specific recombination. Nucleic Acids Res. 14:2287-2300.

53. Santi E, Capone S, Mennuni C, Lahm A, Tramontano A, Luzzago A, and Nicosia A. 2000. Bacteriophage lambda display of complex cDNA libraries: a new approach to functional genomics. J. Mot. Biol. 296:497-508.

54. Deocharan B, Qirig X, Beger E and Putterman C. 2002. Antigenic triggers and molecular targets for anti-double-stranded DNA antibodies.

Lupus 11:865-871.

55. Ditzel HJ. 2000. Human antibodies in cancer and autoimmune disease. Immunol. Res. 21: 185-193.

56. Santoso S and Kiefel V. 2001. Human platelet alloantigens. Wien. KIin. Wochenschr. 113: 806-813

57. Sioud M, Hansen M and Dybwad A. 2000. Profiling the immune responses in patient sera with peptide and cDNA display libraries. Int. J. Mol. Med. 6:123-128.

58. Weetman AP. 2003. Autoimmune thyroid disease: propagation and progression. Eur. J. Endocrinol. 148:1-9.

59. Brown KC. 2000. New approaches for cell-specific targeting: identification of cell-selective peptides from combinatorial libraries. Curr. Opin. Chem. Bioi. 4:16-21.

60. Petrenko VA and Vodyanoy VJ. 2003. Phage display for detection of biological threat agents. J. Microbiol. Methods 53:253 262.

61. Nakanishi M, Eguchi A, Akuta T, Nagoshi E, Fujita S, Okabe J, Senda T and Hasegawa R. 2003. Basic peptides as functional components of non-viral gene transfer vehicles. Cnrr: Protein Pept. Sci.4: 141-150.

62. Larocca D, Burg MA, Jensen-Pergakes K, Ravey ER, Gonzalez AM and Baird A. 2002. Evolving phage vectors for cell targeted gene delivery. Curr. Pharm. Biotechnol. 3:45-57.

63. Lambkin, L, and C. Pinilla. 2002. Targeting approaches to oral drug delivery Expert Opin. Biol. Ther. 2:67-73.

64. Uppala A and Koivunen E. 2000. Targeting of phage display vectors to mammalian cells. Comb. Chem. High-Throughput Screen. 3: 373-392.

65. Monad P, Urbanelli L and Fontana I. 2001. Phage as gene delivery vectors. Curr. Opin. Mol Ther. 3:159-169

66. Frenkel D and Solomon S. 2002. Filamentous phage as vector-mediated antibody delivery to the brain. Proc. Natl. Acad. Sci. USA 99:5675-5679.

67. Camera MR, Kaufmann GA, Mee JM, Meijler MM, Koob GF and Janda KD. 2004. Treating cocaine addiction with viruses. Proc. Natl. Acad. Sci. USA 101:10416-10421.

68. Kolonin MG, Saha PK, Chan L, Pasqualini R and Arap W. 2004. Reversal of obesity by targeted ablation of adipose tissu e. Nat. Med. 10:625-632.

69. Scholle MD, Collars ER and Kay BK. 2004. In vivo biotinylated proteins as targets for phage-display selection experiments. Protein Expr. Purif. 37:243-252.

70. Scott JK and Smith GP. 1990. Searching for peptide ligands with an epitope library. Science 249:386-390.

71. Smith GP and Scott JK. 1993. Libraries of peptides and proteins displayed on filamentous phage. Methods Enzyrnol. 217:228-257.

72. Soderlind E, Carlsson R, Borrebaeck CA and Ohlin IY. 2001. The immune diversity in a test tube-non-immunised antibody libraries and functional variability in defined protein scaffolds. Comb. Chem. High-Throughput Screen. 4:409-416.

73. Forrer P, Jung S and Pluckthun A. 1999. Beyond binding: using phage display to select for structure, folding and enzymatic activity in proteins. Curr. Opin. Struct. Biol. 9:514-520.

74. Graddis TJ, Remmele RL and McGrew JT. 2002. Designing proteins that work using recombinant technologies. Curr. Pharm. Biotechnol. 3:285-297.

75. Deperthes D. 2002. Phage display substrate: a blind method for determining protease specificity Biol. Chem. 383:1107-1112.

76. Nixon AE. 2002. Phage display as a tool for protease ligand discovery. Curr. Pharm. Biotechnol. 3:1-12.

77. Richardson PL. 2002. The determination and use of optimized protease substrates in drug

discovery and development. Curr. Pharrn. Des. 8:2559-2581.

78. Falke D and Juliano RL. 2003. Selective gene regulation with designed transcription factors: implications for therapy. Curr. Opin. Mol. Ther. 5:161-166.

79. Turnbough CL. 2003. Discovery of phage display peptide ligands for species-specific detection of Bacillus spores. J. Microbiol. Methods 53:263-271.

80. Wolfe SA, Nekludova L and Pabo CO. 2000. DNA recognition by Cys2His2 zinc finger proteins. Annu. Rev. Biophys. Biomol. Strud. 29:183-212

81. Qiu J, Luo P, Wasmund K, Steplewski Z and Kieber-Ernmons T. 1999. Towards the development of peptide mimotopes of carbohydrate antigens as cancer vaccines. Hybridoma 18:103-112.

82. Ainafl F, Sroka TC, Chen NL and Lam KS. 2002. Therapeutic cancer targeting peptides. Biopolymers 66:184-199.

83. Baker A. 2002. Development and use of gene transfer for treatment of cardiovascular disease. J. Card. Surg. 17:543-548.

84. Mertens P, Walgraffe D, Laurent T, Deschrevel N, Letesson JJ and De Bolle X. 2001. Selection of phage-displayed peptides recognized by monoclonal antibodies directed against the lipopolysaccharide of Brucella. Int. Rev. Immunol. 20:181-199.

85. Moe GR, Tan S and Granoff D. 1999. Molecular mimetics of polysaccharide epitopes as vaccine candidates for prevention of Neisseria meningitidis serogroup B disease. FEMS Immunol Med. Microbiol. 26:209-226.

86. Cochran AG. 2000. Antagonists of protein-protein interactions. Chem. Biol. 7:885-894.

87. Hauet T, Liu J, Li H, Gazouli M, Culty M and Papadopoulos V. 2002. PBR, StAR, and PKA: partners in cholesterol transport in steroid-genic cells. Endocr: Res. 28:395-401.

88. Dowd CS, Zhang W, Li C and Chaiken IM. 2001. From receptor recognition mechanisms to bioinspired mimetic antagonists in HIV-1/cell docking. J. Chromatogr. B 753:327-335.

89. Lohse PA and Wright MC. 2001. In vitro protein display in drug discovery Curr. Opin. Drug Dev. 4:198-204.

90. Rodi DJ, Makowski L and Kay BK. 2002. One from column A and two from column B: the benefits of phage display in molecular-recognition studies. Curr. Opin. Clzem. Biol. 6:92-96.

91. Kristensen P, Rave P, Jensen KB and Jensen K. 2000. Applying phage display technology in aging research. Biogerontology 1:67-78.

92. Mullaney BP, Pallavicini MG. 2001 Protein-protein interactions in hematology and phage display Exp. Hematol. 29:1136-1146.

93. Voorberg J, and Brink EV. 2000. Phage display technology: a tool to explore the diversity of inhibitors to blood coagulation factor Ⅷ. Semin. Thromb. Hemost. 26:143-150.

94. Crameri R and Kodzius R. 2001. The powerful combination of phage surface display of cDNA libraries and high throughput screening. Comb. Cherry. High-Throughput Screen. 4:145-155.

95. Edwards MR, Collins AM and Ward RL. 2001. The application of phage display in allergy research: characterization of IgE, identification of allergens and development of novel therapeutics. Curr: Pharm. Biotechnol. 2:225-240.

96. Burnouf T and Radosevich M. 2001. Affinity chromatography in the industrial purification of plasma proteins for therapeutic use. J. Biochem. Biophys. Methods 49:575-586.

97. Kolonin M, Pasqualini R and Arap W. 2001. Molecular addresses in blood vessels as targets for therapy Curr. Opin. Chem. Biol. 5:308-313.

跋

人类的共识决定了现实。

在人类敬天信鬼的蒙昧时代，生死只能依赖于巫医的想象力，人像其他物种一样在大自然的惊涛骇浪中自生自灭。在认识到人体也是一个“小宇宙”后，中药、化学药物、疫苗就用于调理人体；在显微镜下发现微生物并确立病原学说后，噬菌体、溶菌酶、青霉素纷纷被从自然界发掘出来，用于综合防治细菌感染，尤其青霉素引发的抗生素产业，成为现代医学之基石。

当简便、廉价、高效的抗生素压倒其他药物成为绝对主流，并随之滥用后，微生物种群强大的适应力被激发和筛选出来，细菌抗药性锈蚀了抗生素这把宝刀。人类开始重新思考传染病，思考传染病的防治策略，思考消毒剂、中药、抗生素、疫苗、噬菌体、裂解酶等各种防治措施的特点与协同应用，此时，人类刚刚经历了超级细菌、非洲猪瘟等的残酷洗礼，惊魂未定之间进入公共卫生的新时代，遏制细菌耐药成为国家行动计划，“监抗减抗降抗”（监测抗药性、减少抗生素使用量、降低抗药性）成为全民共识。

回望历史，我们可以看到医学向系统化发展，从宏观的生态体系到微观的基因调控，传染病从一个点扩展到生态生化网络的调控，药物从无选择地杀灭到精准压制，沿着消毒剂、中药、抗生素、疫苗、噬菌体、裂解酶的顺序在进化。药物对人体和微生物的选择性毒力才是药物的根本，噬菌体又是一个独立的活的生命体，因此噬菌体是应对流行变异菌群难得的精准抗菌药物。

噬菌体也将引发两场变革，一场是倒逼流行病学监测体系构建的变革，在这条传染病信息高速公路上，抗生素、疫苗、噬菌体有了协同作用的靶标和评价的标准；另一场是传染病防治药物的管理体系与时俱进的变革。基于化学药物和工业革命的标准化管理模式，“安全、有效、可控”的管理措施，已对疫苗、抗体管理力不从心，噬菌体更需要以群体来动态特异性地压制病原菌流行群体，抗菌药理学也需要吸纳活体药物而增加新的内容。

噬菌体不仅是目前“减抗降抗”的迫切需求，更是抗菌药物体系的必然一员，为此译者提出“减抗降抗”的3V模式：提高遏制细菌耐药的公共卫生价值（Value of public health），扩展兽医抗药性监测网（Varm），开展VAMPH（疫苗、抗生素、微生态制剂、噬菌体、中药）的综合防治。

作为管理部门确实要面对巨大的技术困难和责任风险，但是“东风一来，冰释花开”是必然的节律。本书可以支撑建立噬菌体药理学的框架和研发技术方法，让噬菌体在审慎中理性应用，借此让管理措施日渐成熟，建章立制，使人类的医疗系统回归生态本性。

现实形成新的共识。

感谢高培基先生、徐建国院士、沈建忠院士的指引帮助，《细菌抗药性》《环境抗药性》《细菌毒力》《噬菌体治疗》《噬菌体药理学及其实验方法》得以系列出版；感谢Martha Clokie教授对中国“减抗降抗”事业的关注，并亲自精简她主编的四册《*Bacteriophages：Methods and Protocols*》，合作出版本书。感谢齐鲁国际讲堂和齐鲁公共卫生云讲堂的参与者，使“减抗降抗”的理念得以传播，技术方法得以交流应用。感谢国家科技重大专项（2018ZX10733402）、国家重点研发计划（2019YFA0904）、山东省重大科技创新工程（2019JZZY010719）的资助，感谢化学工业出版社严谨细致的编辑们！

刘玉庆

辛丑仲夏于济水之南

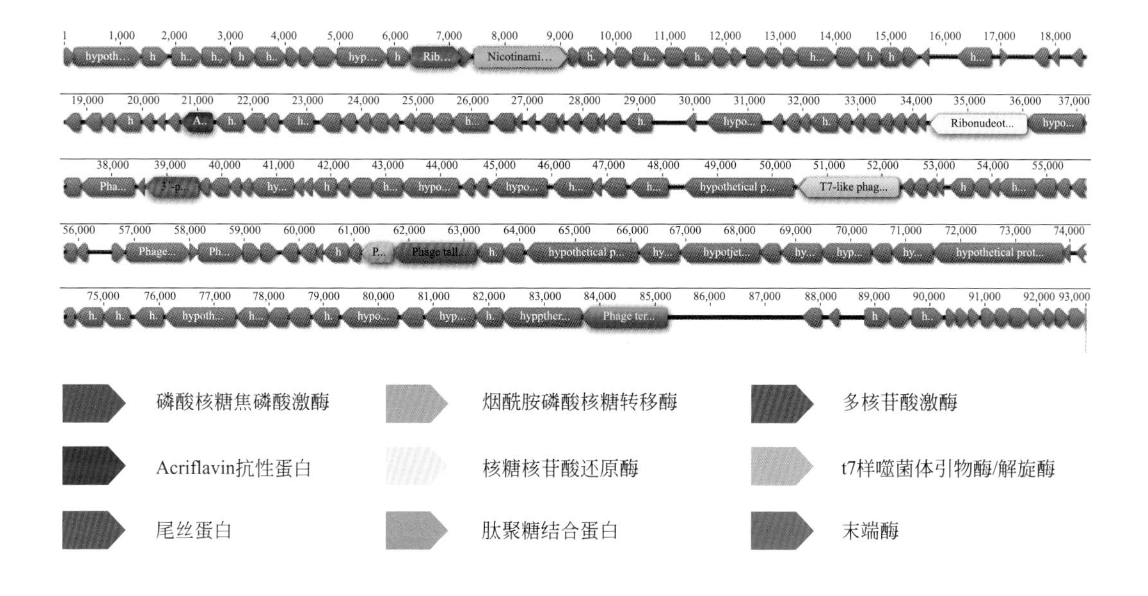

图0-2 噬菌体MH12-Q的基因注释

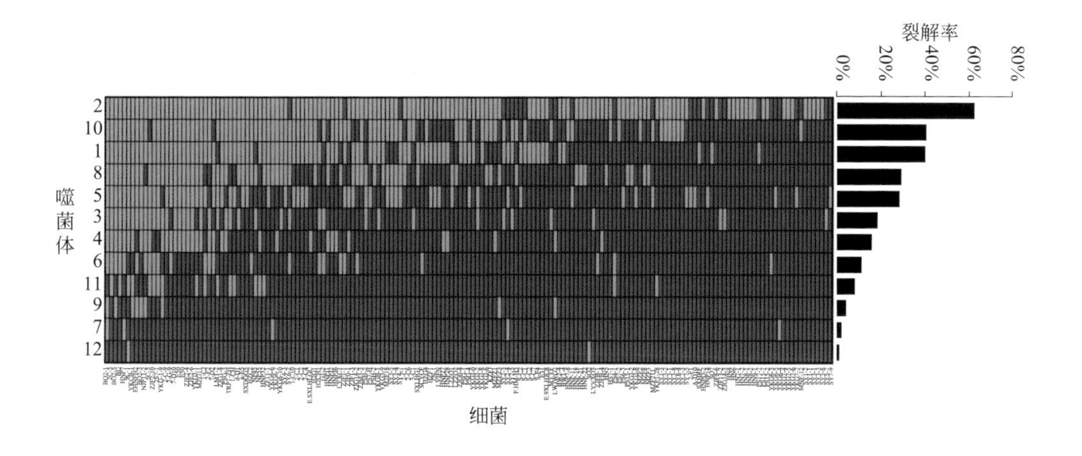

图0-7 12株噬菌体对171株细菌的裂解谱

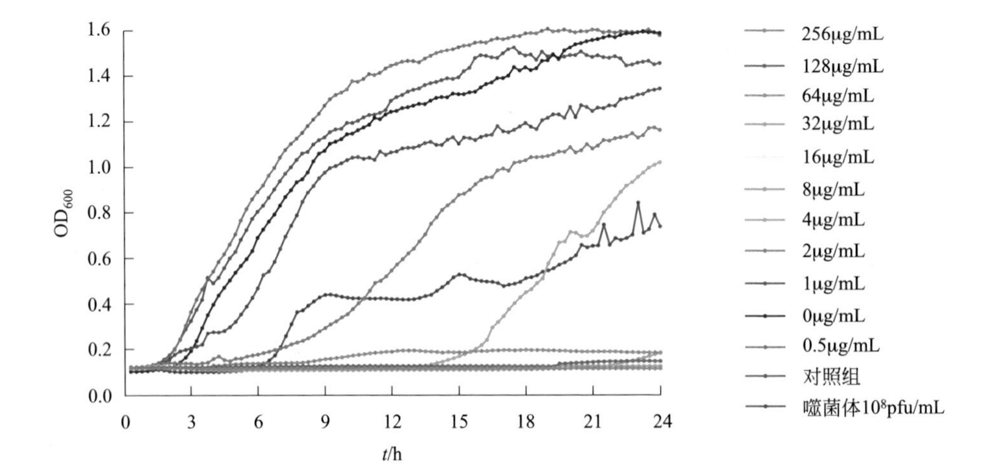

图0-10 单一抗生素抑菌效果

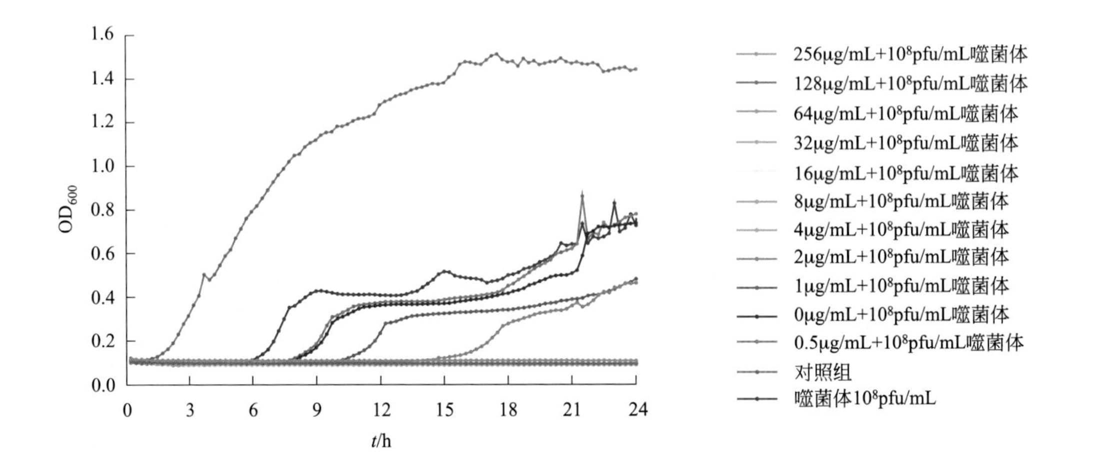

图0-11 抗生素、噬菌体联合抑菌效果

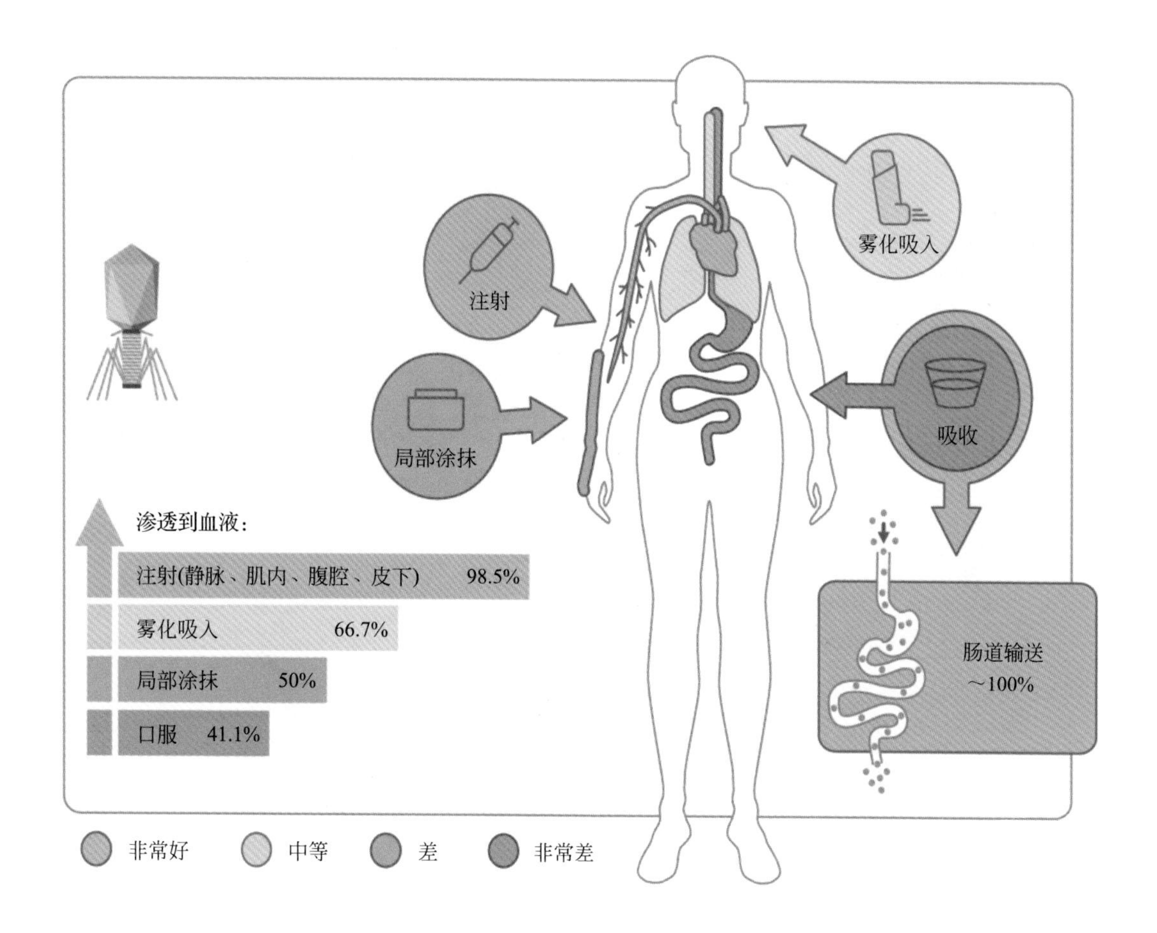

图0-12 噬菌体药代动力学给药方案和生物利用度

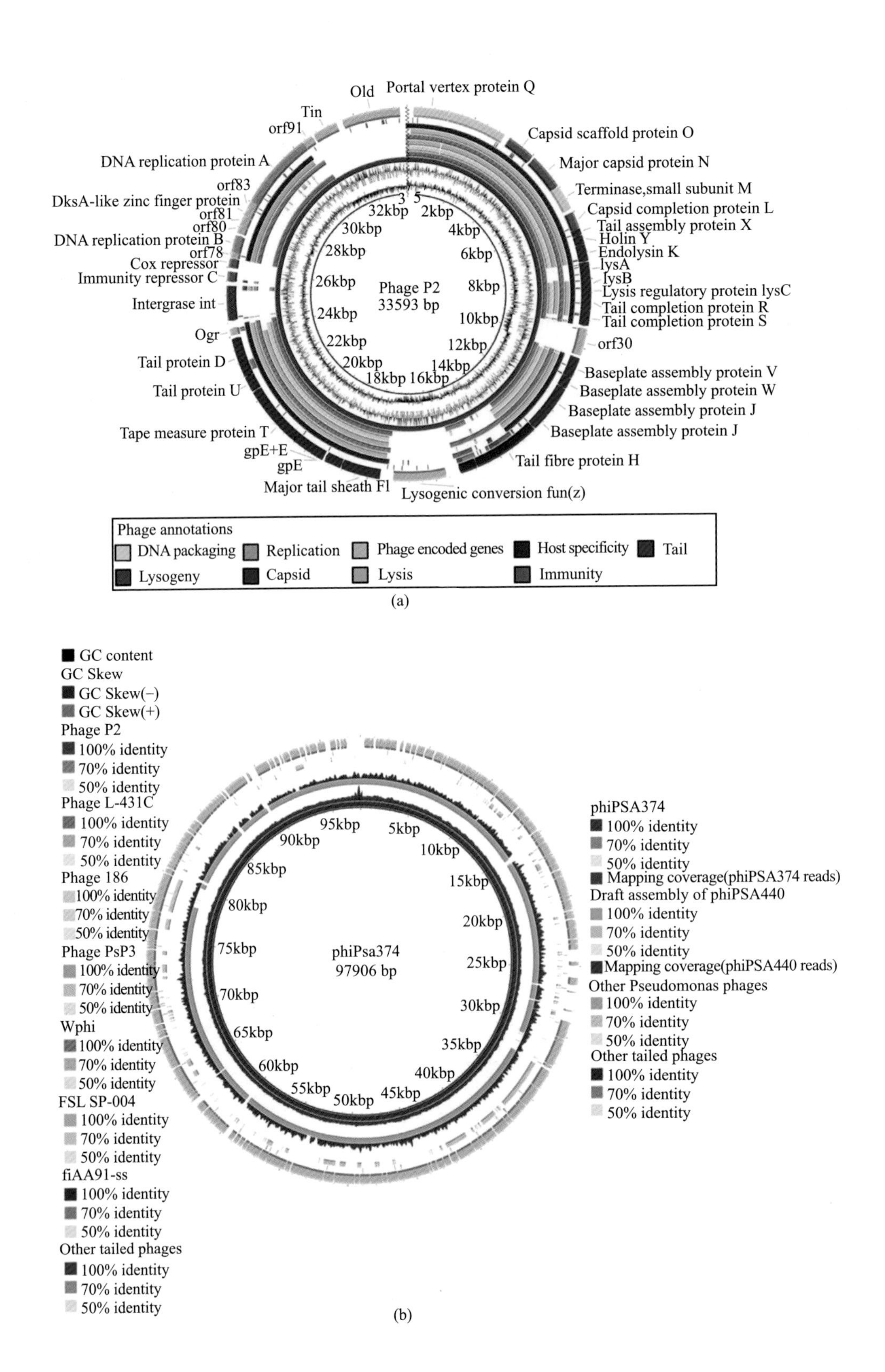

图32-1 使用BRIG生成的圆形比较基因组图谱

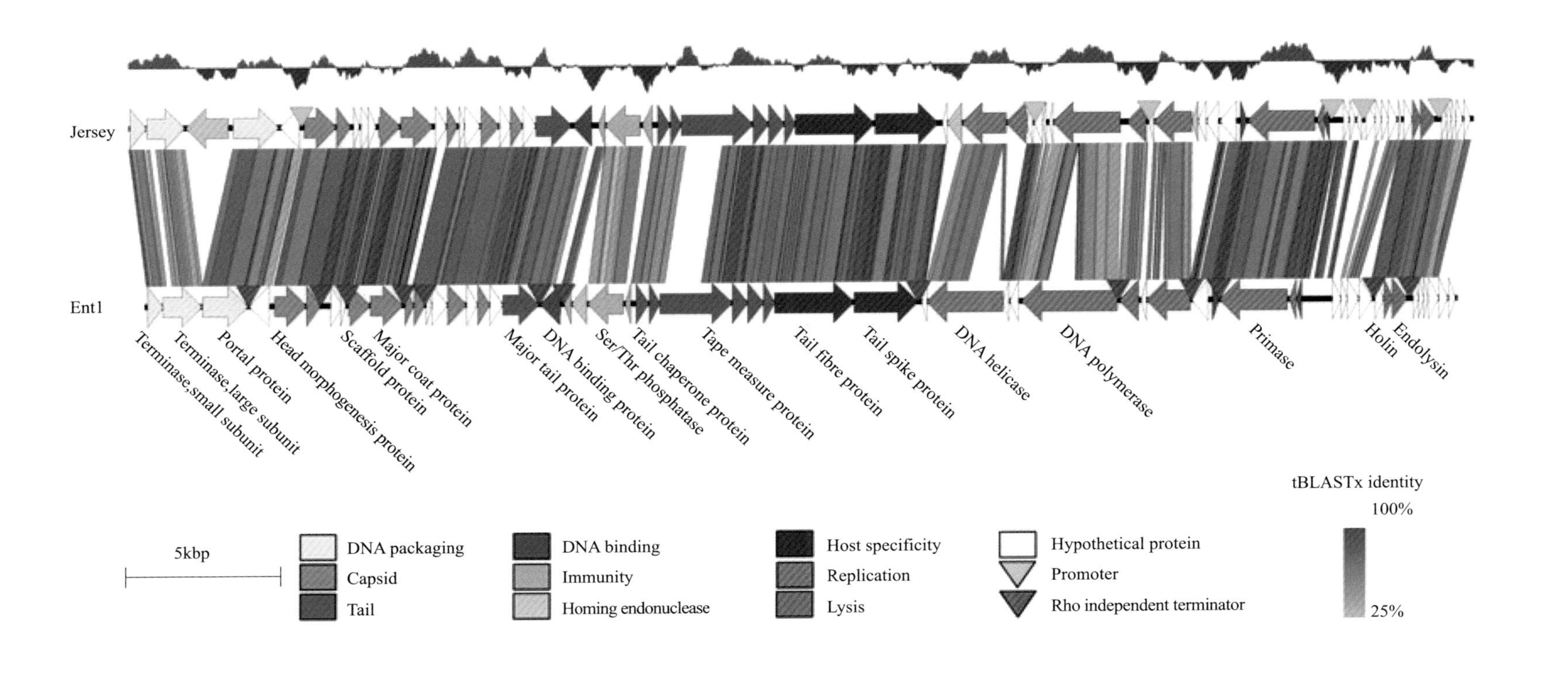

图32-2 Easyfig软件制作的沙门菌siphoviruses Jersey(KF148055)和VB_SenSEntl(HE775250)的比较线性基因组图谱

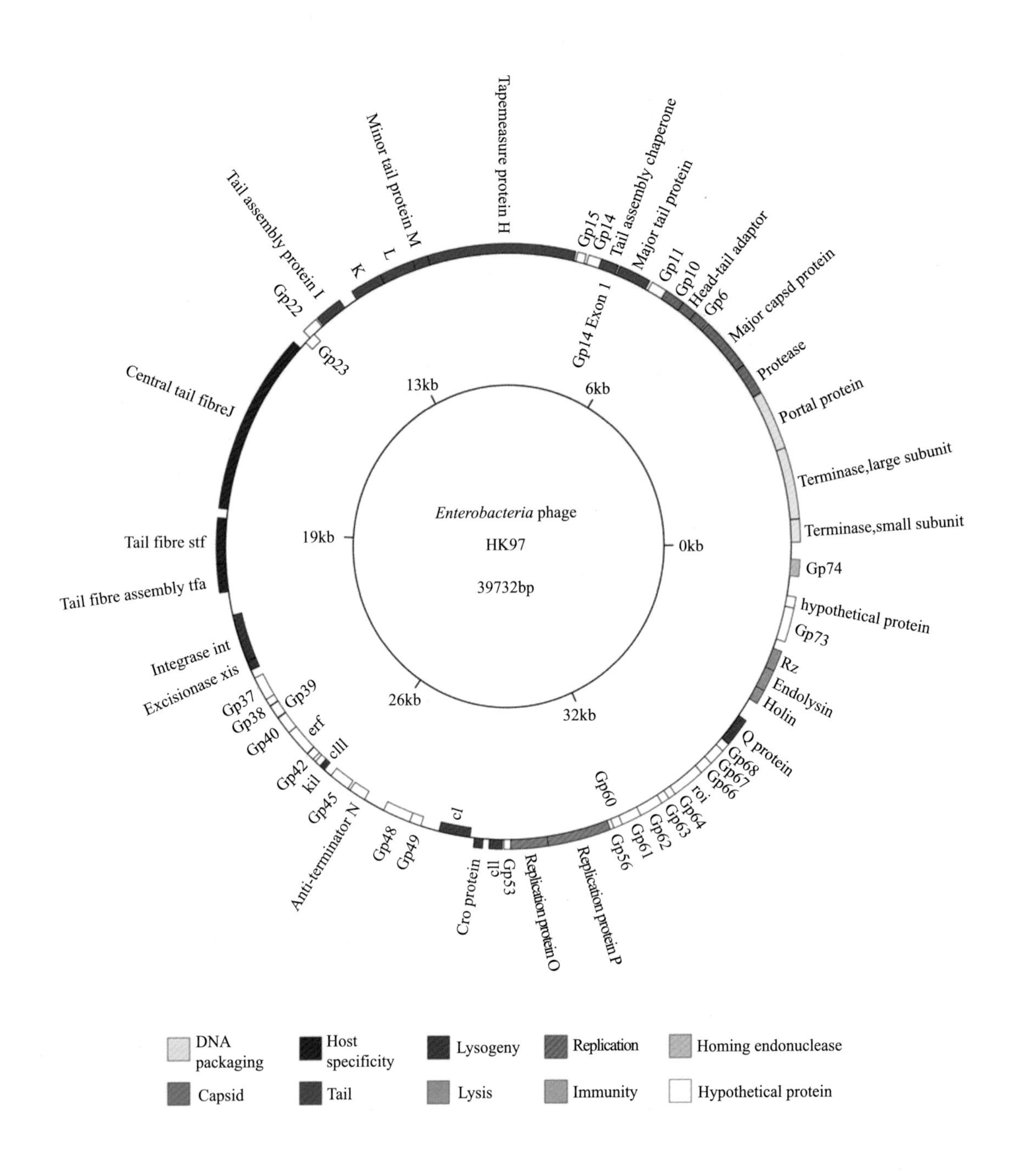

图32-3 用GenomeVx软件制作的siphovirusHK97(NC_002167)的圆形基因组图谱

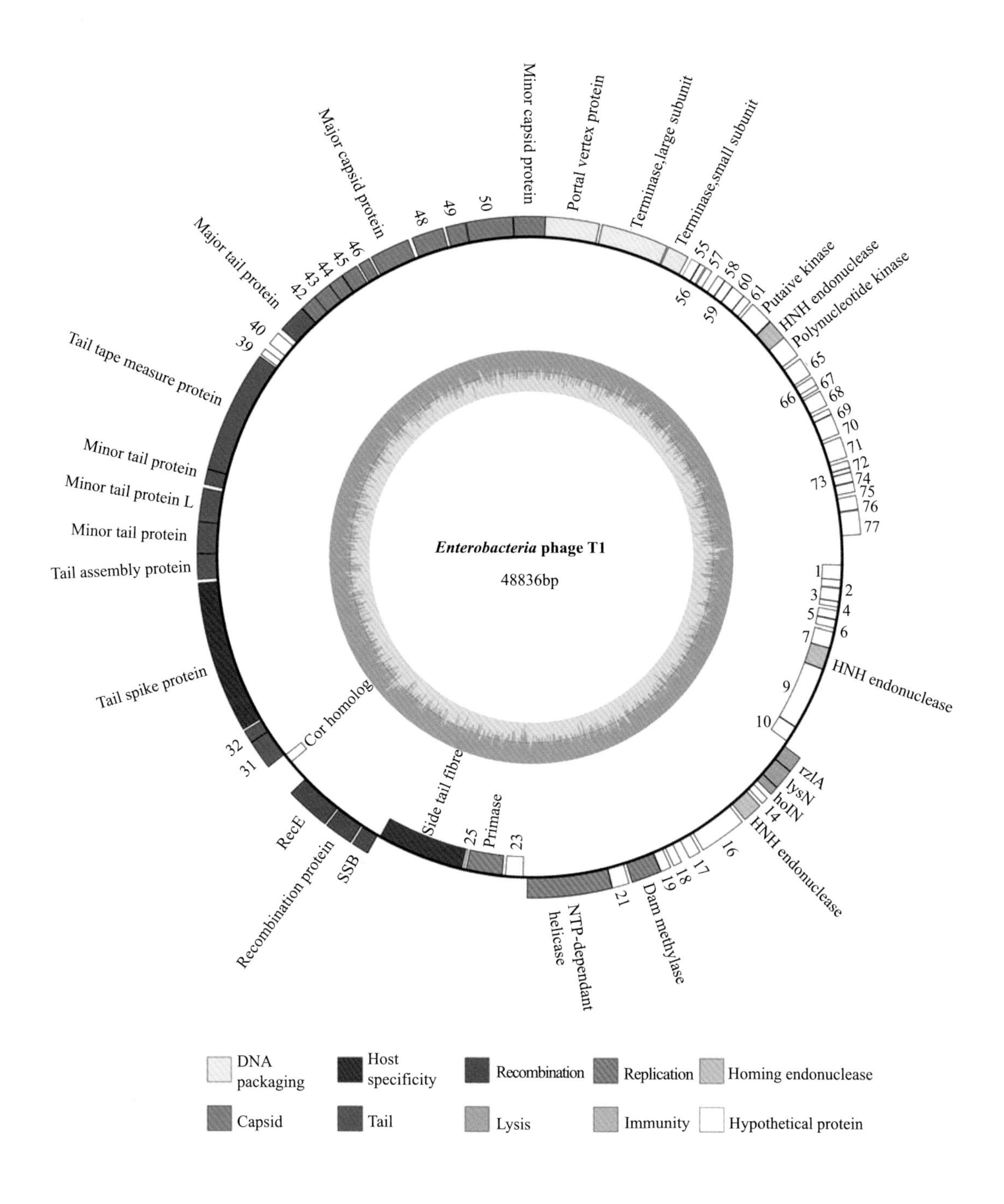

图32-4 用OGDRAW构建噬菌体siphovirusT1(NC_005833)圆形基因组图

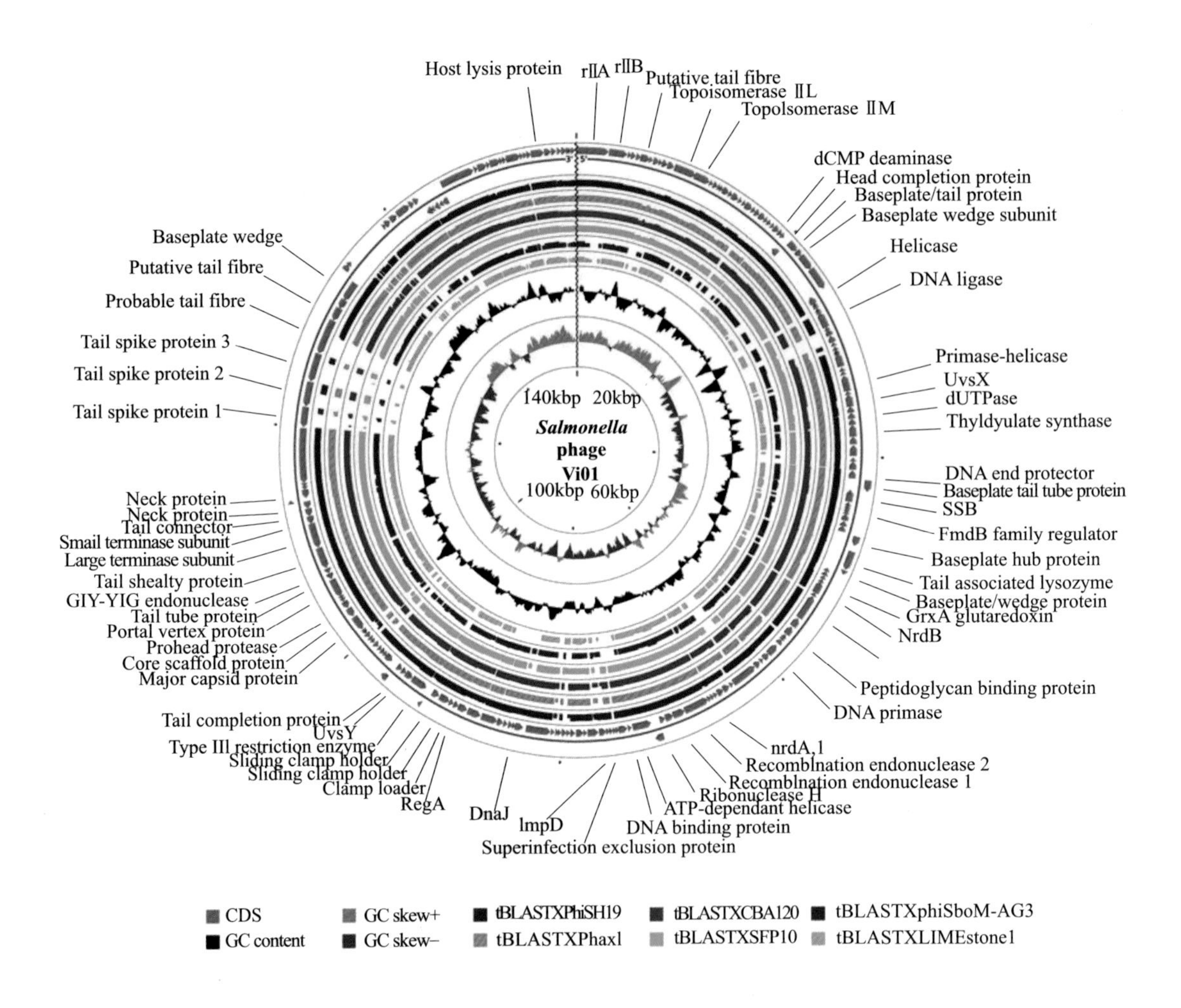

图32-5 用CGView比较工具制作myovius genus Viunavirus的比较圆形基因组图

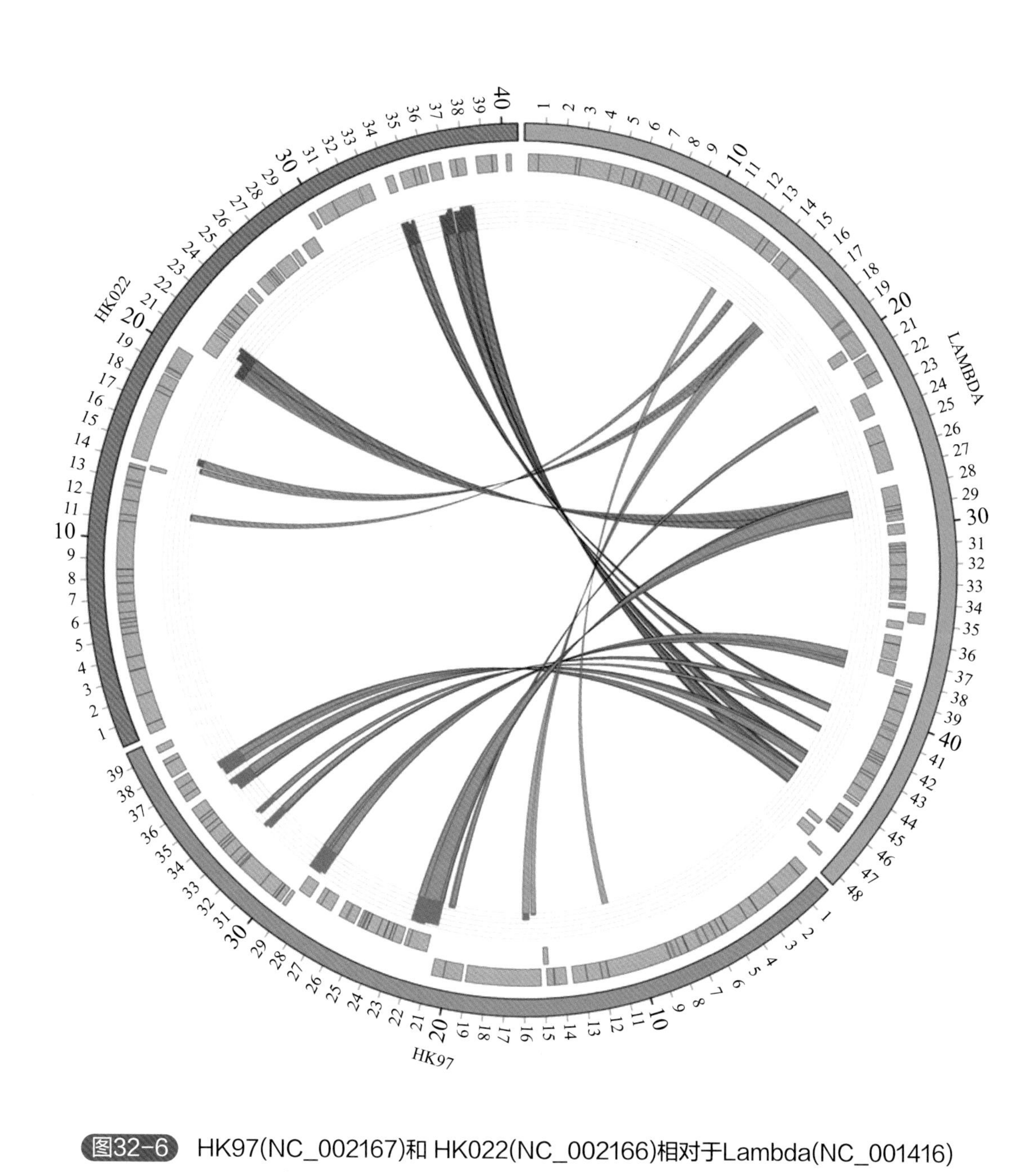

图32-6 HK97(NC_002167)和 HK022(NC_002166)相对于Lambda(NC_001416)(*E*值阈值为0.01)的tBLASTx比对结果的Circos图

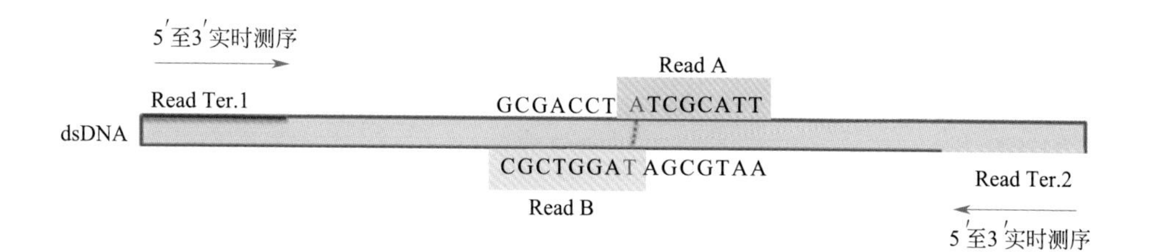

图35-4 高通量测序（HTS）中dsDNA reads的产生

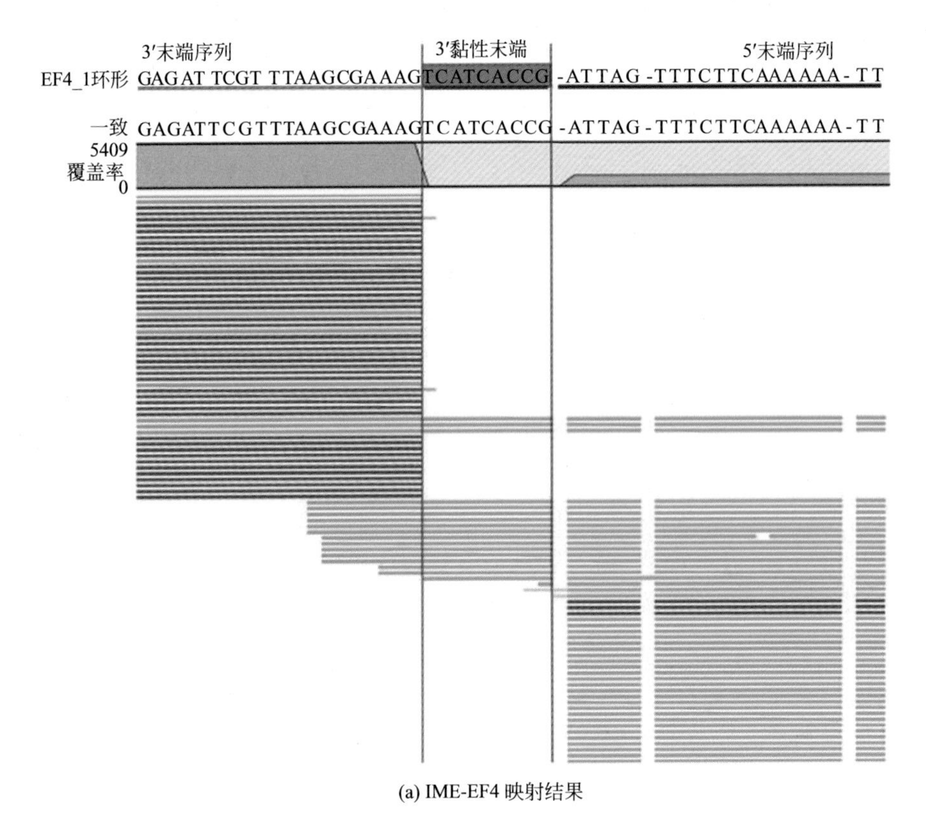

(a) IME-EF4 映射结果

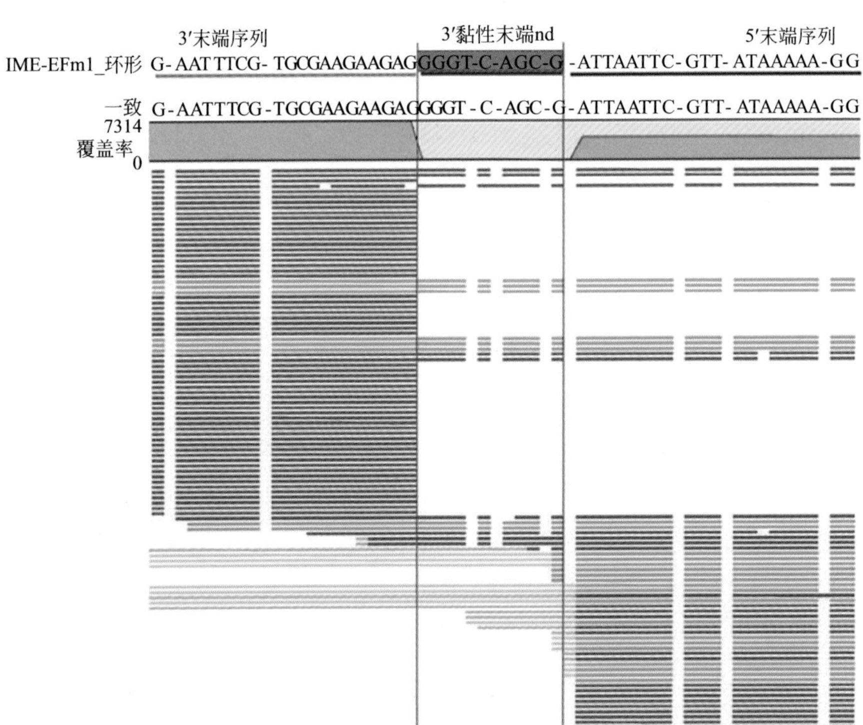

(b) IME-EFm1映射结果

图35-11 IME-EF4和IME-EFml映射结果

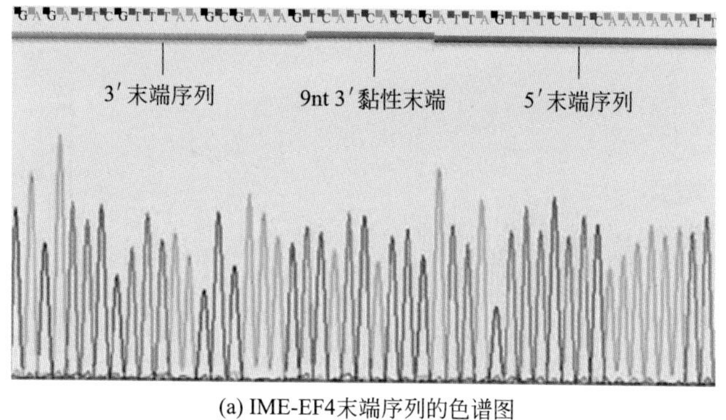

(a) IME-EF4末端序列的色谱图

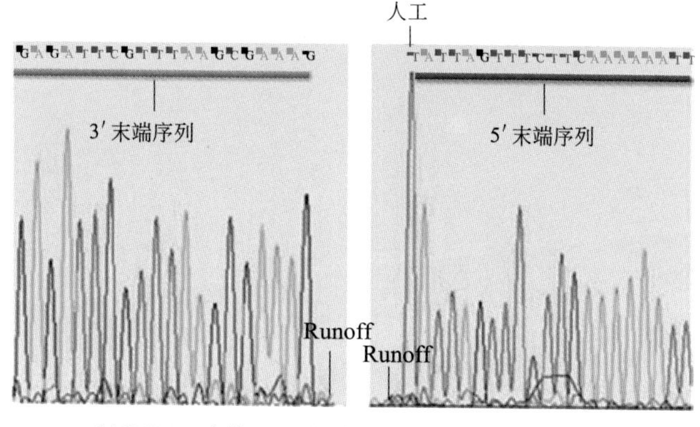

(b) IME-EF4末端Run-off测序的色谱图(右图是反向图)

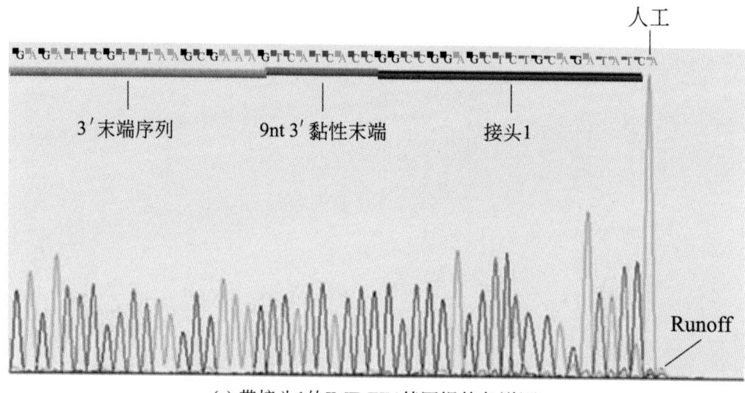

(c) 带接头1的IME-EF4基因组的色谱图

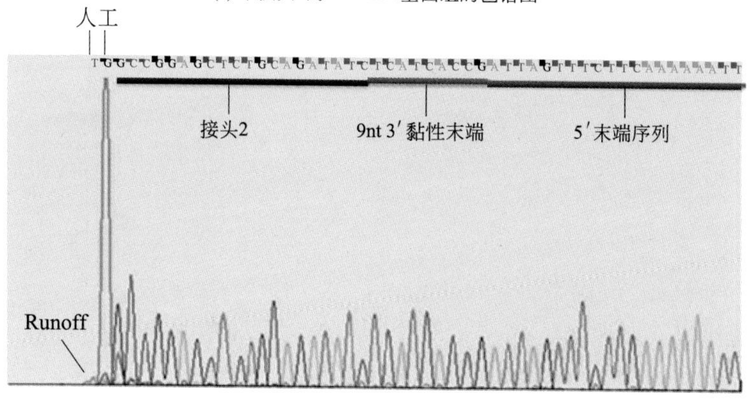

(d) 带接头2的IME-EF4基因组的色谱图(反向)

图35-12 三个分子生物学实验的色谱图

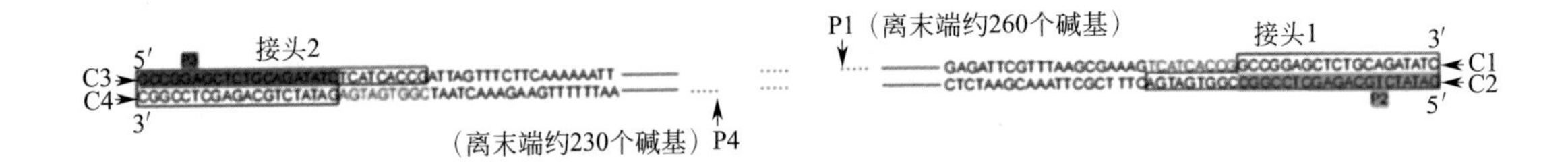

图35-14 实验中使用的接头和引物的说明

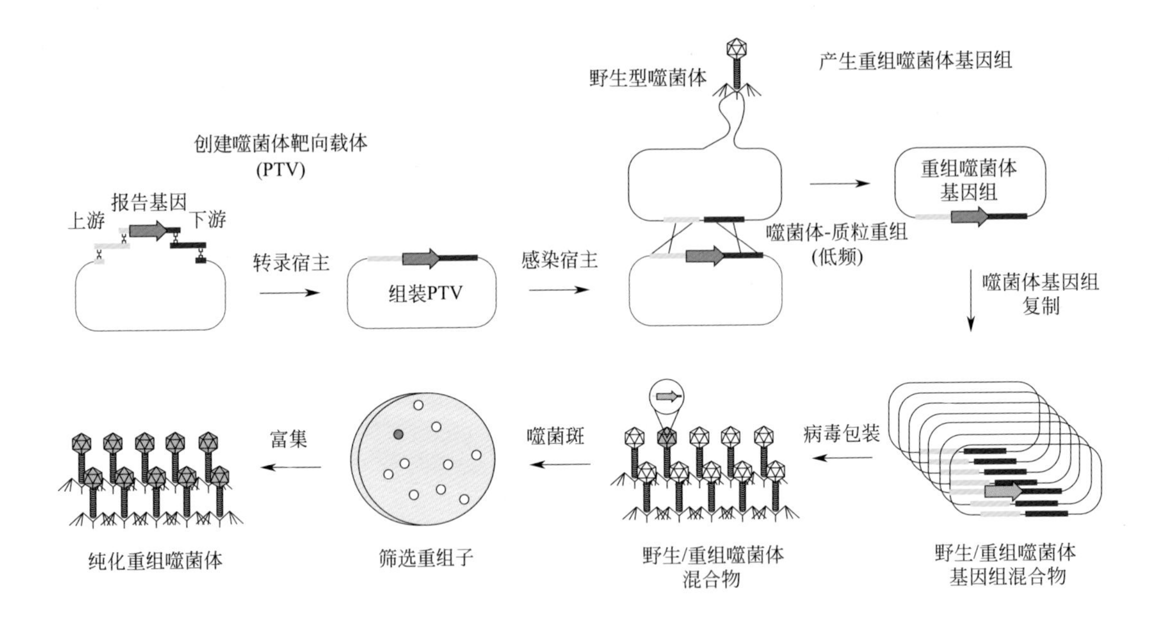

图45-1 噬菌体感染工程（PIE）工作流程示意

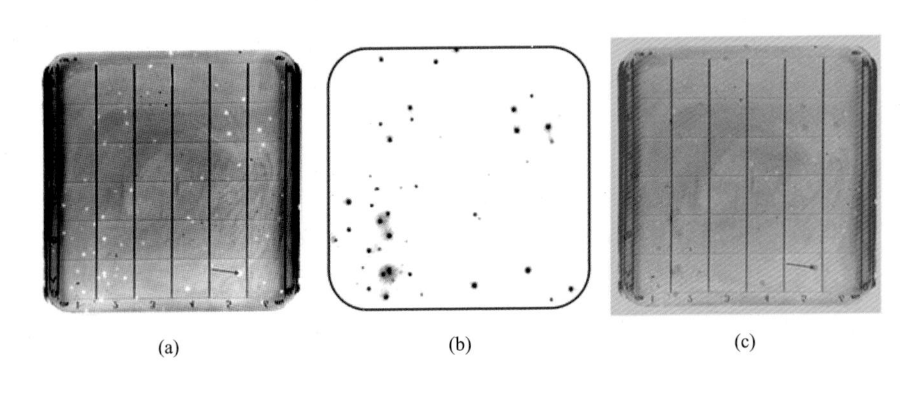

图45-3 噬菌斑的图像